Jetzt helfe ich mir selbst

Motor buch Verlag

Einbandgestaltung: Anita Ament
Umschlagfoto: Mazda Presseabteilung

Fotos: Bosch 1, Champion 8, Mazda 5, Nauck 320.
Zeichnungen: Bosch 1, Bridgestone 3, Brunner 3, Fiat 1, Haeberle 3, Hofmann 1, Lautenschlager 3, Mazda 90, Pirelli 1, Uniroyal 1, Volkswagen 3, ZF 1.
Schaltpläne: Mazda

ISBN 978-3-613-01520-3

3. Auflage 2010

Sie finden uns im Internet unter www.motorbuch.de

Bildgrafik: Ulrike Nülsen
Druck & Bindung: DZS Grafik, Ulica Jožeta Jame 12, 1210 Ljubljana - Šentvid
Printed in Slovenia

Thomas Heaberle
Thomas Nauck

Mazda MX-5

Motorbuch Verlag
Stuttgart

Inhaltsverzeichnis

Seite

Wer ist Mazda?

1920: Gründung der Toyo Cork Kogyo Co. Ltd. in Hiroshima/Japan. Das Unternehmen beschäftigt sich mit der Veredelung von Kork.
1927: Im Hinblick auf neue Aktivitäten wird der Firmenname in Toyo Kogyo Co. Ltd. geändert.
1928: Einstieg in die Metallindustrie mit der Herstellung von Werkzeugmaschinen.
1930: Das erste Motorfahrzeug kommt auf den Markt. Es handelt sich um ein Motorrad, dessen Produktion allerdings schon bald wieder eingestellt wird.
1931: Unter dem Bezeichnung Mazda – der Name der altpersischen Gottheit des Lichts – geht das Lastendreirad »DA« in Produktion. An einen Motorradrahmen ist ein offener Kasten zum Transport von Gütern angebaut.
1935: Erweiterung der Produktpalette durch Gesteinsbohrer für den Bergbau und Meßwerkzeuge.
1938: Produktionsbeginn des dreirädrigen Klein-LKW »GA«.
1940: Als Prototyp entsteht ein kleiner vierrädriger Pkw, dessen Weiterentwicklung durch die Kriegshandlungen gestoppt wird.
1945: Bereits kurz nach Kriegsende wird die Produktion von Gesteinsbohrern, Werkzeugmaschinen und Dreirad-Lkw wieder aufgenommen.
1950: Neu ins Fahrzeugprogramm aufgenommen werden der kleine Vierrad-Lkw »CA«, das kompakte Feuerwehrfahrzeug »DF« und der Dreirad-Laster »CT«.
1953: Fertigstellung eines Autowerks mit einer Produktionskapazität von 3000 Fahrzeugen monatlich.
1954: Mit dem Metall-Sandguß wird ein neuer Produktionszweig aufgenommen.
1957: Der 200000. Dreirad-Lkw ist vom Band gelaufen.
1958: Bei Toyo Kogyo werden die ersten Computer installiert. Das Lkw-Programm erfährt durch den kompakten vierrädrigen »Romper« eine Erweiterung.
1959: Einweihung einer Eisengießerei. Neu im Lkw-Programm ist das Dreirad K 360.
1960: Die Produktionskapazität wird erweitert. Das neue Werk ist für einen Ausstoß von 20000 Fahrzeugen im Monat konzipiert. Der erste Pkw erscheint auf dem Markt – ein kleines Coupé mit der Bezeichnung Mazda R 360. Für den Vortrieb sorgt ein luftgekühlter Zweizylinder-V-Motor mit 12 kW Leistung.
1961: Mit dem B 360 kommt ein kleiner Vierrad-Lkw ins Programm. Toyo Kogyo schließt mit NSU einen Lizenzvertrag für den Wankelmotor ab.
1962: Das Pkw-Angebot wird mit den beiden Viertürern Mazda 360 und 600 erweitert.
1963: 1 Million Fahrzeuge seit Produktionsbeginn. Der bislang größte Mazda ist der 800 Kombi.
1964: Ergänzung des Angebots durch die Mazda 800 Limousine.
1965: Einstieg in die Diesel-Ära durch einen Vertrag mit Perkins/England.
1966: Die Produktionszahl überschreitet 2 Millionen. Vorstellung des Mazda 1500.
1967: Neu auf den Markt kommt der Mazda 1000. Mit dem 110 S (Cosmo Sport) stellt Mazda das erste Fahrzeug mit Zweischeiben-Wankelmotor vor.
1968: Neue Mazda-Modelle in diesem Jahr sind das R 100 Coupé und der 1800.
1969: Die Zahl der hergestellten Fahrzeuge überschreitet 3 Millionen. Mazda bietet die R 100 Limousine mit Wankelmotor an. Zusätzlich kommt das Mazda R 130 Coupé ins Angebot.
1970: Vorstellung der neuen kompakten Modellgeneration Mazda 1000 und 1300. Die R 100-Serie wird überarbeitet. Neue Wankel-Baureihe RX-2.
1971: Vorstellung des Mazda 818 mit Hubkolbenmotor sowie des auf gleicher Grundkarosserie basierenden RX-3 mit Wankelmotor.
1972: Ergänzung des Modellprogramms durch eine Kombiversion des Mazda 818 und RX-3. Mit dem RX-4 wird das erste abgasentgiftete Wankelfahrzeug präsentiert. Eröffnung der deutschen Vertriebsfiliale.
1973: Das Mazda-Angebot auf dem deutschen Markt umfaßt den 818, den etwas größeren 616 und den RX-3 als Wankel-Coupé. Ab Herbst kommt der Mazda 1300 hinzu.
1977: Vorstellung des ersten heckgetriebenen Mazda 323.
1978: Der RX-7 mit Wankelmotor erscheint auf dem Markt. Bisher wurden 1 Million Mazda mit Kreiskolbenmotor gebaut.
1980: Ein völlig neu konstruierter 323 mit Frontantrieb löst die bisherige Version ab.
1984: Die Toyo Kogyo Co. Ltd. wird in Mazda Motor Corporation umbenannt.
1987: Die Mazda-Fahrzeugproduktion überschreitet die 20-Millionen-Grenze.
1989: Der MX-5 (Miata) wird auf der Chicago Motor Show der Öffentlichkeit präsentiert.
1995: Mehr als 350000 MX-5 sind bislang produziert worden.

Der MX-5 stellt sich vor

1979 hatte der damalige Entwicklungschef von Mazda, Kenichi Yamamoto, ein Treffen mit dem amerikanischen Journalisten Bob Hall. Im Verlauf dieses Gesprächs entwickelte sich eine hitzige Diskussion zum Thema »Welche Art von Autos sollte Mazda bauen«. Hall zeigte mit ein paar Kreidestrichen an einer Tafel seine Idee eines kleinen Sportwagens auf.
Es vergingen Jahre, aber der Techniker Yamamoto, der als Querkopf schon den in Deutschland erfundenen Kreiskolbenmotor zum richtigen Leben erweckt hatte, verfolgte auch das von den Stückzahlen her kaum vertretbare Modell eines kleinen Roadsters weiter.
Die besten wurden rekrutiert: Toshihiko Hirai, Marc Jordan, Takashi Kuroda, Tsutomu »Tom« Matano und Yasuo Tatsutomi, der den »Kreativen« auf die Finger sah. Da saß man nun – Segnung von oben, aber welche Idee sollte man letztendlich verwirklichen? Die Kalkulatoren hatten die Meinung aller Großserienhersteller vertreten, daß ein solches Vorhaben eine nette Spielerei sei, aber nichts für den Profit eines Unternehmens.

Es geht los

Bei Mazda in Hiroshima gibt es so etwas wie eine Bühne für junge Artisten. In dieser Arena präsentierten die Designer ihren Vorschlag eines kleinen Sportwagens. In der »römischen Arena« gingen die Daumen nach oben – das hieß zunächst einmal weitermachen. Zahlreiche Detailentwürfe folgten, die Techniker gaben eine Reihe von Konzepten hinzu.
Dann kam die Stunde der Entscheidung, und alle hatten sich festgelegt: Es ging um einen kompromißlosen zweisitzigen Roadster mit Hardtop, Kofferraum nahezu Null, Motor vorn, Antrieb hinten, Karosserie ein fließendes Etwas. Dieses »unvernünftige Auto« hatte allerdings – so sahen es die Kalkulatoren vor – in einer Komponentenbauweise dem Großserienprinzip zu folgen.
Japaner sind Menschen, die ihren Erfolg planen. Aber auch sie wurden von der »Jahrhundertwelle« überrascht. Die Motorshow in Chicago 1989 hatte – ganz verschämt – den neuen Roadster namens MX-5 präsentiert. Und dann brach die Welle los. Zuerst am Sunset Boulevard in LA, dann am sonnenüberfluteten Malibu Drive, später in Frisco. Die Woge schwappte über den Kontinent, und selbst im autoverwöhnten Washington zahlten Yuppies und Broker Aufpreise für »EM-EX-Five«.
Was zunächst für den kalifornischen Sonnenstrand gedacht war, entwickelte sich zunehmend zu einem Kultauto, auf das auch in anderen Kontinenten ein wahrer Run einsetzte. Was macht den Erfolg dieses Roadsters aus? Sicher nicht so profane Dinge wie der c_w-Wert, der Kraftstoffverbrauch oder das Kofferraumvolumen. Mit nur zwei Sitzen und Stauraum für einen Aktenkoffer ist dieses Auto unvernünftig. Aber alle Welt schreit danach. Durch Autos wie den MX-5 ändern sich vielleicht die Gewohnheiten. Denn die Geschwindigkeit ist sekundär. Man lernt wieder, Auto pur zu genießen, und darum wurde dieser Roadster gebaut.

Links: Diese Kreidezeichnung von Bob Hall auf eine Tafel brachte die Idee zum Bau des Mazda MX-5 ins Rollen.
Rechts: Die vier Abbildungen geben nur eine ganz kleine Auswahl der Vorschläge wieder, die in der ersten Phase von den Designern eingebracht wurden.

LEV-MX 5

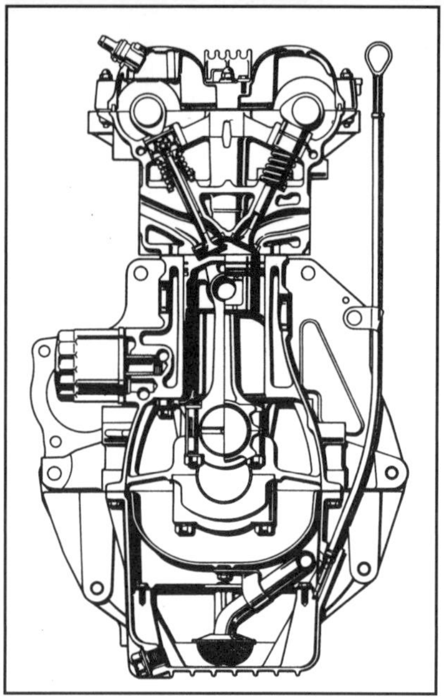

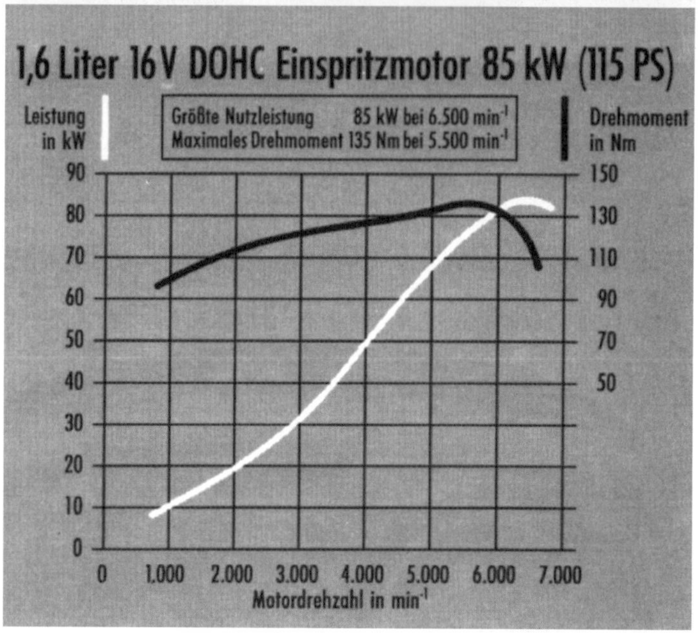

Links: Ein Querschnitt durch das 1,6-Liter-Triebwerk des Mazda MX-5. **Rechts:** Leistungs- und Drehmomentkurve des 85-kW-Motors.

Die Technik

Motor

Herz des MX-5 ist ein Vierzylinder-Viertakt-Ottomotor in Reihenbauart mit zwei obenliegenden Nockenwellen und zwei Einlaß- und Auslaßventilen pro Zylinder (16-Ventiler). Dieser Motor hat zwar seine Basis in einem Aggregat der 323-Baureihe, unterscheidet sich von ihm jedoch in einer Vielzahl von Details – u. a. durch seine konsequente Leichtbauweise, ein elektronisches Motormanagement und einen Fächer-Auspuffkrümmer aus Edelstahl. Die maximale Leistung von 85 kW wird bei einer Motordrehzahl von 6500 erreicht, was die Verwandtschaft des MX-5-Motors zu den im Motorsport eingesetzten hochtourigen Aggregaten unterstreicht. Trotz seiner sportlichen Attribute stand bei der Entwicklung dieses Motors ein Ziel im Vordergrund: auch bei ihm die von Mazda bekannte Qualität, Langlebigkeit und Zuverlässigkeit zu erreichen.

Fahrwerk

Beim Fahrwerk konnten die Mazda-Ingenieure nicht auf Komponenten aus der übrigen Serienfertigung zurückgreifen, es wurde von Grund auf neu entwickelt. Sein auffallendstes Kennzeichen ist die sonst nur vom Motorsport bekannte Einzelradaufhängung an jeweils zwei Dreiecksquerlenkern, die sogenannte Double Wishbone Suspension, die einen optimalen Kontakt der Reifen zur Straßenoberfläche garantiert. Charakteristisch für diese aufwendige Aufhängung ist auch, daß die Feder/Stoßdämpfer-Einheiten keine Radführungsfunktion haben. Die Querlenker sind jeweils vorne und hinten an stabilen Teilrahmen montiert, die ihrerseite durch Fahrzeuglängsträger verbunden sind. Dieses Konstruktionsprinzip gewährleistet eine optimale Straßenlage, ein äußerst präzises Handling des Fahrzeugs und eine für einen offenen Zweisitzer ungewöhnliche Stabilität.

Lenkung, Bremsen und Getriebe

Ein agiles Fahrzeug wie der MX-5 erfordert auch entsprechend dimensionierte Lenk- und Bremsaggregate. Ein Zahnstangen-Lenkgetriebe mit Servounterstützung und Scheibenbremsen an allen vier Rädern (die vorderen innenbelüftet) werden diesem Anspruch gerecht. Auch die Kraftübertragung des Hecktrieblers wurde daraufhin ausgelegt. Das Fünfgang-Getriebe läßt sich über einen kleinen Schalthebel auf kurzen Wegen präzise

Der Triebwerksrahmen verbindet das Triebwerk mit dem Antriebsstrang zu einer Einheit.

Gefällige Rundungen, wohin man blickt, ob Außenspiegelgehäuse, Türgriff oder Heckleuchte.

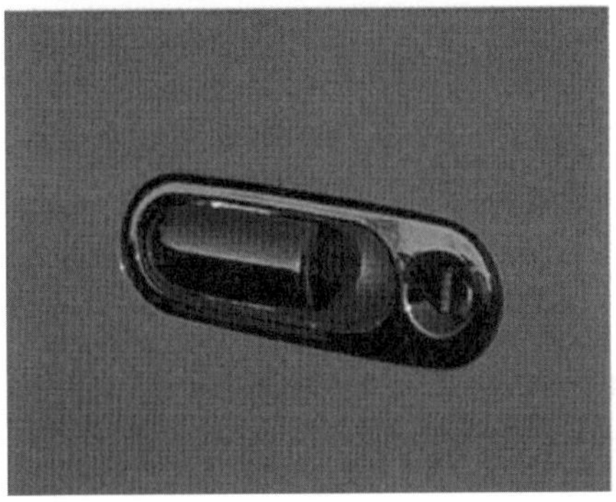

bedienen. Und auch hierbei haben sich die Mazda-Techniker etwas Besonderes einfallen lassen: ein Metallstift sorgt dafür, daß ein sattes »Klack« ertönt, wenn ein Gang einrastet.

Karosserie und Innenraum

Niedriges Gewicht und Stabilität waren die Kernpunkte bei der Karosserieentwicklung. Daher entschied man sich bei Mazda für eine Stahlblechkarosserie, lediglich die Motorhaube ist zur Gewichtsersparnis aus Aluminium gefertigt. Die Stoßfänger bestehen dagegen aus Kunststoff, vorn handelt es sich um Urethan, hinten um Polypropylen.
Im Design verbünden sich Kompromißlosigkeit mit Liebe zum Detail: Seien es die aerodynamisch geformten Außenspiegel, der verchromte, filigrane Türgriff oder der fast nahtlos in die Außenhaut eingepaßte Tankdeckel. Die Rückleuchten schmiegen sich harmonisch in das Blechkleid. Wo es nur ging, vermieden die Karosserie-Designer störende Ecken oder Kanten. Bei der Gestaltung des Cockpits wecken Rundinstrumente mit Chromrahmen Erinnerungen an alte Roadster-Herrlichkeit.

Weiterentwicklung

Bei einem so »stimmigen« Auto wie dem Mazda MX-5 bedarf es keines regelmäßigen Facelifts, um den Strömungen der Zeit zu folgen. Dennoch wurden im Lauf der Bauzeit einige Änderungen an den in Deutschland ausgelieferten Modellen vorgenommen:

- Zum Modelljahr 1994 ersetzt ein 1,9-Liter-Triebwerk mit 96 kW den bisherigen 1,6-Liter-Motor. Zusätzlich erhält der MX-5 serienmäßig einen Fahrer-Airbag, ein Antiblockiersystem, elektrisch betätigte Außenspiegel und neu gestaltete Leichtmetallräder. Weitere Verbesserungen: Zusatzstrebe am vorderen Querträger; Differential-Verstärkungsrohr am hinteren Querträger, Verstärkungsstrebe zwischen den hinteren Federbeindomen.
- Mit dem Modelljahr 1995 kommt ein Einsteiger-Modell mit 1,6-Liter-Triebwerk und auf 66 kW reduzierter Leistung ins Angebot, in der Grundausführung ohne ABS und mit Stahlrädern. Die 1,9-Liter-Version erhält serienmäßig einen Beifahrer-Airbag.

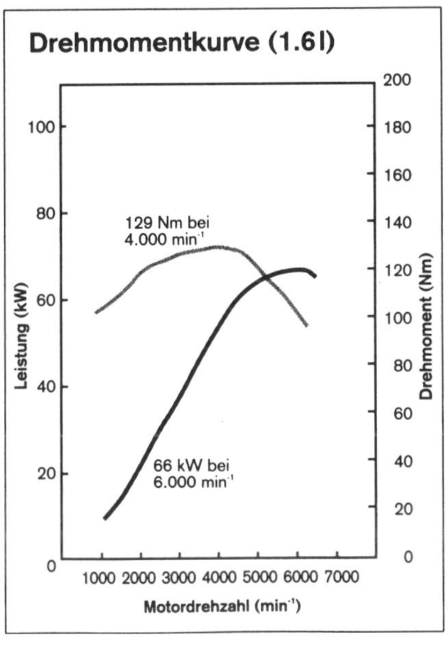

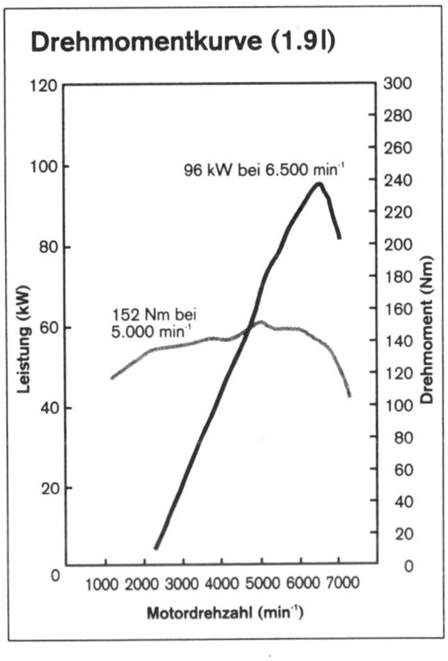

Leistungs- und Drehmomentkurven für den 1,6-Liter-Motor mit 66 kW und das 1,9-Liter-Triebwerk.

1,6-Liter-Motor

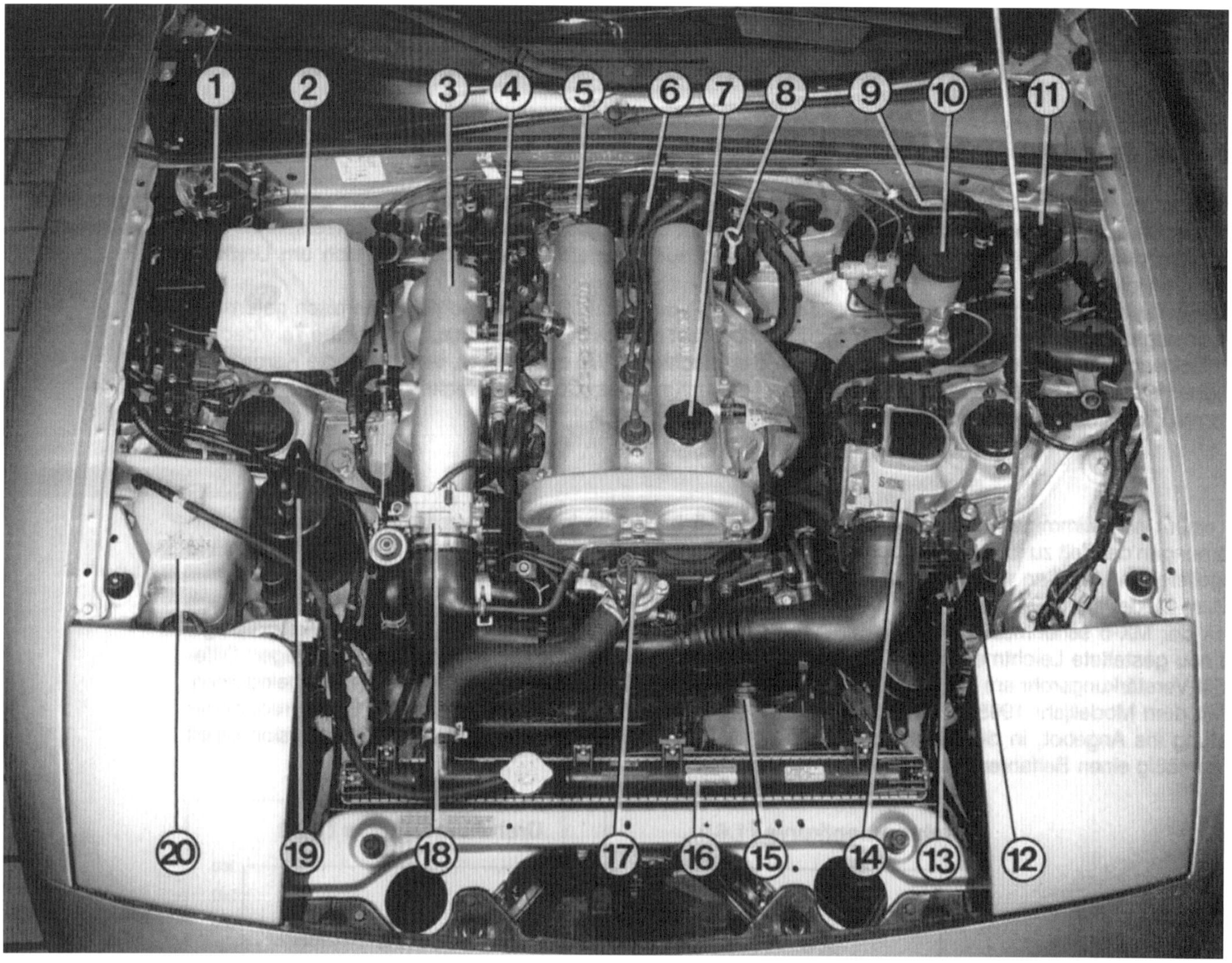

Im Motorraum eines MX-5 mit 85-kW-Motor sind hier die folgenden Teile beziffert: 1 – Scheibenwischermotor; 2 – Scheibenwaschwasserbehälter; 3 – Ansaugrohr; 4 – Zusatz-Luftschieber; 5 – Drehwinkelgeber; 6 – Zündspulen; 7 – Deckel auf Öleinfüllstutzen; 8 – Ölpeilstab; 9 – Bremskraftverstärker; 10 – Vorratsbehälter für Bremsflüssigkeit; 11 – Vorratsbehälter für Kupplungs-Hydraulikflüssigkeit; 12 – Notbetätigung für Schwenkscheinwerfer; 13 – Vorratsbehälter für Servolenkungs-Hydraulikflüssigkeit; 14 – Luftmengenmesser; 15 – Kühlerventilator; 16 – Kühler; 17 – Thermostatgehäuse; 18 – Drosselklappenstutzen; 19 – Aktivkohlebehälter; 20 – Kühlmittel-Ausgleichsbehälter.

1,9-Liter-Motor

Der Motorraum des hier gezeigten 96-kW-Mazda zeigt: 1 – Hauptsicherungskasten; 2 – ABS-Hydraulikeinheit; 3 – Sicherungs- und Relaiskasten für ABS; 4 – Abgas-Rückführungsventil; 5 – Zündspulen; 6 – Drehwinkelgeber; 7 – Ölpeilstab; 8 – Vorratsbehälter für Bremsflüssigkeit; 9 – Bremskraftverstärker; 10 – Vorratsbehälter für Kupplungs-Hydraulikflüssigkeit; 11 – Relaisleiste; 12 – Notbetätigung für Schwenkscheinwerfer; 13 – Vorratsbehälter für Servolenkungs-Hydraulikflüssigkeit; 14 – Luftmassenmesser; 15 – Scheibenwaschwasserbehälter; 16 – Luftansaugschlauch mit Resonanzkammer; 17 – Deckel auf Öleinfüllstutzen; 18 – Kühler-Verschlußdeckel; 19 – Drosselklappengehäuse; 20 – Aktivkohlebehälter; 21 – Kühlmittel-Ausgleichsbehälter.

Pflege nach Plan

Zuverlässigkeit und Fahrsicherheit erfordern Pflege und Wartung. Andernfalls darf man sich über Ausfälle nicht wundern. Wo und wann nach dem Rechten gesehen werden soll, hat der Mazda-Kundendienst in ausführlichen Wartungsanweisungen festgelegt.

Das Wartungssystem

Für unseren Mazda MX-5 gelten folgende Wartungsanweisungen.

- **Kleine Wartung mit Ölwechsel** und Filterwechsel alle 10000 km.
- **Wartung** alle 20000 km (mindestens jedoch einmal im Jahr).
- **Abgas-Untersuchung** erstmals drei Jahre nach der Erstzulassung und dann alle zwei Jahre.
- Zum **Bremsflüssigkeitswechsel** wird der Mazda-Fahrer alle 40000 km bzw. alle zwei Jahre gebeten.
- Die Wartungsarbeiten, die in der Betriebsanleitung bei Kilometerstand 1000 aufgeführt sind, haben wir in unserem Wartungsplan nicht aufgeführt. Diese Wartung in einer Mazda-Werkstatt ist zwingend erforderlich, wenn Garantieansprüche geltend gemacht werden sollen.

Wartungsplan für den Selbsthelfer

Auf den Empfehlungen von Mazda basiert auch der Wartungsplan dieses Buches, wobei wir die Reihenfolge speziell für den Heimwerker zusammengestellt haben.
Damit Sie zu unserem **Wartungsplan** während der Arbeit nicht ständig blättern müssen, haben wir ihn **hinten auf der inneren Umschlagseite** abgedruckt. So haben Sie ihn ständig vor Augen und können die Arbeiten Punkt für Punkt erledigen.
Ganz zu Anfang finden Sie eine Anzahl von Arbeiten unter der Überschrift »Ständige Kontrollen«. Diese Wartungspunkte lassen sich in kein Kilometerintervall pressen.

Wer soll was machen?

Fast alle Wartungsarbeiten am Mazda können Sie selbst ausführen. Das entsprechende Wissen hierzu liefert unser Handbuch. Wenn dennoch Werkstatt oder Tankstelle den einen oder anderen Wartungspunkt rationeller erledigen können, so haben wir das im Wartungsplan vermerkt. Die »Selbsthelfer-Ampel« weist Ihnen dabei den richtigen Weg:
Grün: Freie Fahrt für den Selbsthelfer. Diese Arbeit können Sie mit den Kenntnissen aus diesem Buch fachgerecht durchführen und Geld sparen.
Gelb: Die Arbeit ist zwar nicht schwierig, doch es fehlen meist die nötigen Einrichtungen. In diesem Fall sind Sie an der Tankstelle am besten aufgehoben.
Rot: Halt, hier lassen Sie am besten die Werkstatt ran. Spezielle Werkzeuge oder Meßgeräte sind erforderlich. Der Aufwand an Eigenarbeit lohnt sich nicht, weil die Werkstatt wesentlich schneller arbeitet oder weitergehende Kenntnisse erforderlich sind.

Garantiebedingungen beachten!

Für die von Mazda Deutschland vertriebenen MX-5 gilt eine Garantiefrist von 3 Jahren oder maximal 100000 km, je nachdem, was früher erreicht ist. Innerhalb dieses Zeit/Kilometerabschnitts verlangt Mazda, daß die Wartungsarbeiten termingerecht in einer autorisierten Werkstatt erledigt werden. Andernfalls können auch berechtigte Garantieansprüche abgelehnt werden.

Vor Ort

Nicht jeder Platz ist dafür geeignet, um dort Krankheiten des Wagens zu beseitigen oder um regelmäßige Wartungsarbeiten durchzuführen. Auf einem Rasenplatz versickern beispielsweise Öltropfen, Kraftstoff oder Frostschutz unaufhaltsam böse im Erdreich oder heruntergefallene Teile sind unauffindbar. Ist der Untergrund zudem noch weich, wird das Aufbocken nicht nur schwieriger, sondern auch wesentlich gefährlicher. Wo also arbeiten?

Der Pflegeplatz

○ Am günstigsten ist natürlich eine Garage, die ausreichend breit und gut beleuchtet ist. Bei warmem, trockenem Wetter eignet sich genauso eine ebene Fläche mit festem Boden im Freien. Vor der Arbeit sollten Sie den Arbeitsplatz sauberkehren, damit Sie sich weder im Schmutz herumwälzen noch Schrauben unter den Blättern suchen müssen.
○ Vorsicht mit Benzin und Öl auf Asphalt. Diese Flüssigkeiten greifen dessen Oberfläche an. Außerdem wird Asphalt bei sommerlichem Temperaturen weich, was unschöne Löcher von Hebe- und Abstützwerkzeugen hinterläßt.
○ Falls sich ein Wasserablauf in der Nähe befindet, sollten Sie ihn während der Arbeit abdecken, sonst verschwinden garantiert Kleinteile darin.
○ Falls Ihnen eine Montagegrube zur Verfügung steht, gilt es folgendes zu beachten: Benzin- und andere Dämpfe können sich in einer schlecht belüfteten Grube sammeln. Vorsicht mit offenem Feuer und beim Rauchen! Ebenso sammeln sich die Auspuffgase in der Grube – bei laufendem Motor herrscht also Vergiftungsgefahr.

Fingerzeig: Gegen Ölspuren auf dem Boden hilft fürs erste ein scharfer Haushaltsreiniger oder Geschirrspülmittel. Auch saugende Materialien, wie Sägemehl oder Katzenstreu, schaffen Besserung. Im Zubehörhandel und von der Take GmbH, Trumppstraße 2, 80997 München werden auch spezielle Ölfleck-Entferner angeboten.

Wagen immer abstützen

Wagenheber sind – wie ihr Name schon sagt – nur dazu da, das Fahrzeug anzuheben. Das gilt für den Bord-Scherenwagenheber, einen hydraulischen Stempelwagenheber und einen Rangierwagenheber. Sie sind keine ausreichende Abstützung für Arbeiten an der Wagenunterseite. **Lassen Sie es auch in der größten Eile nie an der fachgerechten Abstützung des aufgebockten Fahrzeugs fehlen!** Sonst kann die eigenhändige Reparatur das Leben kosten.
Zum richtigen Abstützen gehört natürlich auch das Unterlegen der Räder mit Steinen oder Holzkeilen, damit der Wagen beim Anheben nicht wegrollen kann.

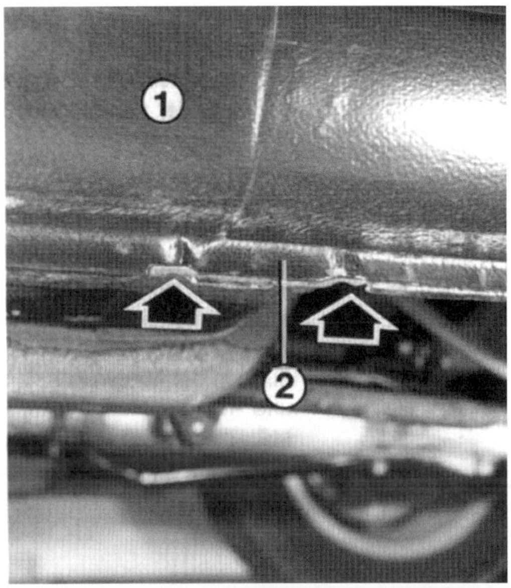

Links: Die Pfeile zeigen auf die Ansetzpunkte im Schweller (1), an denen der Bordwagenheber (2) angesetzt werden muß.
Rechts: Zwischen den mit Pfeilen bezeichneten Stellen muß der Bordwagenheber unten am Schweller hinten (1) im Falz (2) angesetzt werden.

Links: Vorn wird der Rangierwagenheber (3) mit zwischengelegtem Holzstück (2) am vorderen Querträger (1) angesetzt.
Rechts: Um den Wagen hinten hochzuheben, wird der Rangierwagenheber (3) am Differential (1) ebenfalls mit einem Holzstück (2) angesetzt.

Womit abstützen?

Hohlblocksteine haben sich als preisgünstige Abstützmöglichkeit erwiesen. Sie dürfen allerdings nicht feucht oder rissig sein, sonst könnten sie unter Belastung in sich zusammenbrechen. Zwischen Stein und Karosserie muß ein Brett gelegt werden, damit sich die Last gleichmäßig über den ganzen Stein verteilen kann. Der Hohlblockstein selbst muß mit den Öffnungen senkrecht auf ebenem und tragfähigem Grund (Beton oder Asphalt) stehen. Ungeeignet ist weicher Boden oder Rasen. Zwei Hohlblocksteine übereinander sind nicht ratsam. Wenn mehr Höhe gebraucht wird, kann allenfalls eine Lage Back- bzw. Ziegelsteine aufgelegt werden; natürlich wieder mit lastverteilendem Zwischenbrett.
Unterstellböcke stellen eine ideale Ergänzung zum Rangierwagenheber dar. Bei allen anderen Hebern – aber auch bei seitlich angesetztem Rangierheber – besteht allerdings die Gefahr, daß der auf der gegenüberliegenden Seite angesetzte Dreibeinbock einfach zur Seite weggedrückt wird. Am günstigsten steht der Bock, wenn eines seiner Beine nach außen und zwei zur Wagenmitte hin zeigen. Beachten Sie beim Kauf, daß die Böcke keine zu kleine Standfläche haben sollten. Kontrollieren Sie beim Ansetzen eines Unterstellbocks, ob das Blech nirgendwo eingedrückt werden kann. Günstig ist ein zusätzlich eingelegtes Kantholz.
Auffahrrampen sind die schnellste Aufbockmöglichkeit, da kein Wagenheber gebraucht wird. Auch steht der Wagen dann absolut sicher. Wichtig ist, daß die Rampen einerseits eine genügend hohe seitliche Absicherung und nach vorn einen Überfahrschutz haben, andererseits aber auch von einem Fahrzeug mit Frontspoiler befahren werden können. Als zusätzliche Sicherung des Wagens sollte in der Standfläche eine Mulde für die Räder vorhanden sein. Die billigen Ausführungen genügen diesen Anforderungen oft nicht.

Wagenheber

Wagenheber gibt es für jeden Geldbeutel und Einsatzzweck. Hier die verschiedenen Typen:
Bordwagenheber: Sie sollten immer ein kleines Brett unterlegen, damit sich der Wagenheberfuß nicht in den Untergrund drücken kann.
Hydraulischer Stempelwagenheber: Er ist schon preiswert zu haben. Der entscheidende Vorteil ist, daß der Wagen sehr schnell angehoben wird. Vor dem Kauf sollten Sie allerdings die Hubhöhe kontrollieren. Bei einer zu kurzen Ausführung werden die Räder nicht weit genug vom Boden abgehoben. Ein zu hoher Heber läßt sich erst gar nicht am Wagenboden ansetzen.
Rangierwagenheber: Günstig ist ein Heber mit zusätzlichem Fußpedal zum Hochpumpen. Für den Heimwerker gut geeignet ist ein kurzer, kleiner Rangierheber, der sich leicht verstauen läßt. Beachten Sie aber, daß sich ein Heber mit zu kleinen Rädern unter Last nicht mehr bewegen läßt. Auch sollte die Deichsel so befestigt sein, daß sich der angehobene Mazda wirklich rangieren läßt.

Die Mietwerkstatt

Steht Ihnen zu Hause oder im Bekanntenkreis kein geeigneter Platz zum Autobasteln zur Verfügung oder muß im Winter bei Eiseskälte im Freien geschraubt werden? Dann sollten Sie sich in einer Mietwerkstatt einquartieren. Dort gibt es Hebebühnen, Gruben sowie teilweise auch Spezialwerkzeug, und die Arbeitsräume sind winters beheizt. Mit freien Plätzen in der Mietwerkstatt ist unter der Woche eher zu rechnen als am Wochenende, wenn alle Autobastler zum Werkzeug greifen.
Auch in der Mietwerkstatt müssen Sie Ihre Zeit scharf kalkulieren. Nur wenn die Arbeit flott von der Hand geht und evtl. ein Helfer mitarbeitet, lohnt sich die Eigenarbeit. Wenn Sie eine umfangreiche Reparatur erstmals selbst ausführen, kann das Experiment durch die Summe der Stunden teurer werden als Werkstattarbeit.

Ölhaushalt

Die wichtigste Aufgabe des Öls ist es, den Verschleiß der sich bewegenden Teile im Innern des Motors herabzusetzen. Es müssen die Gleitflächen und Lagern geschmiert werden, aber das Schmiermittel dient auch zur Feinabdichtung der Kolbenringe. Weiterhin muß es die beim Motorlauf entstehende Reibungs- und Verbrennungswärme abführen. Nicht zu vergessen, den Abrieb und Schmutz muß das Öl auch noch binden, damit sie sich nicht im Motorinnern ablagern.

Motorölstand prüfen

Ständige Kontrolle

Wenn Sie Ihren Mazda MX-5 erst übernommen haben (neu oder gebraucht), sollten Sie sicherheitshalber bei jedem Tanken zum Ölpeilstab greifen. Wenn Sie erkennen, daß der Motor nur sehr wenig Öl verbraucht, können Sie das Kontrollintervall auf jede zweite bis vierte Tankung verlängern. Der Peilstab sitzt in Fahrtrichtung gesehen hinten links.

- Wagen auf waagrechtem Untergrund abstellen.
- Nach dem Abstellen des vorher warmgefahrenen Motors mindestens fünf Minuten warten, damit alles Öl in die Ölwanne abtropfen kann. Besser ist die Kontrolle vor dem ersten Start bei noch kaltem Motor.
- Vorsicht bei heißgefahrenem Motor, daß Sie sich nirgends die Hand an umliegenden Teilen verbrennen.
- Peilstab ziehen, mit sauberem, fusselfreiem Lappen oder Papiertuch abwischen, bis zum Anschlag wieder hineinschieben, kurz warten und erneut herausziehen.
- An der Peilstabspitze können Sie nun den Ölstand ablesen.
- Die obere Kerbe »F« (= Full) am Peilstab kennzeichnet den Höchststand, die untere Kerbe »L« (= Low) bezeichnet den Mindest-Ölstand.

Fingerzeige: Wenn Sie den Ölverbrauch Ihres MX-5 über längere Zeit ganz genau beobachten wollen, sollten Sie immer an derselben Stelle messen; am besten vor dem ersten Start. Sie brauchen dann nicht einmal den Peilstab abzuwischen, da über Nacht aller Schmiersaft in die Ölwanne zurückgetropft ist. Lassen Sie sich nicht von einem verkaufstüchtigen Tankwart verunsichern: Hochwertiges Motoröl wird schon nach kurzer Laufzeit dunkel. Es hält anfallenden Schmutz und Abrieb in der Schwebe. Das ist jedoch kein Zeichen, daß das Öl gewechselt werden müßte.

Öl nachfüllen

Die Ölmenge zwischen oberer und unterer Peilstabmarke beträgt **0,8 Liter**.

○ **Ölstand an der oberen Markierung:** Ölstand in Ordnung. Keinesfalls Öl nachfüllen! Zuviel Schmiermittel im Motor kann bei hohen Drehzahlen über die Motor-Entlüftung in die Brennräume gelangen. Das ist gefährlich, denn das Öl kann im Katalysator verbrennen und diesen schädigen. Kontrollieren Sie zusätzlich noch folgendes: Riecht das Öl am Peilstab nach Kraftstoff? Dann liegt Ölverdünnung durch Kondensatbildung vor, siehe Abschnitt »Ölverdünnung«.

○ **Ölstand an der unteren Markierung:** 0,5 Liter Öl nachfüllen, das genügt.

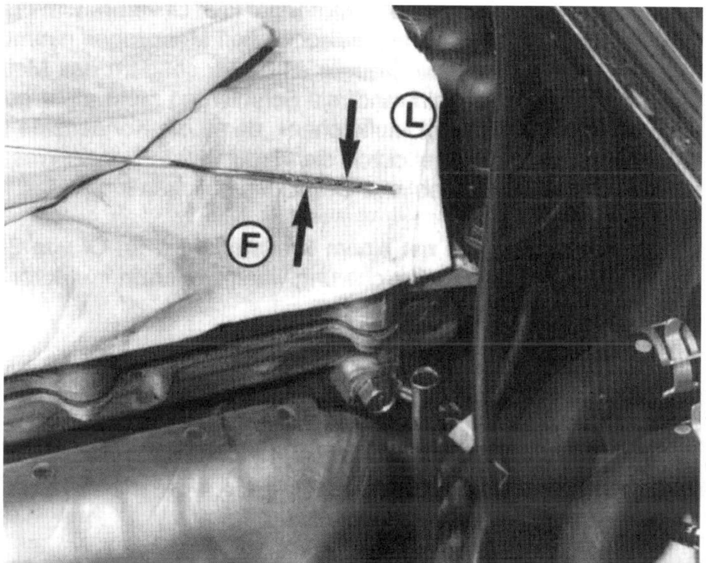

Die Pfeile zeigen auf die obere (F) und untere Markierung (L) des Ölpeilstabs. Innerhalb der Markierungen muß sich der Ölstand abzeichnen. Ist der Ölstand an der unteren Markierung angelangt, genügen 0,5 Liter Nachfüllöl.

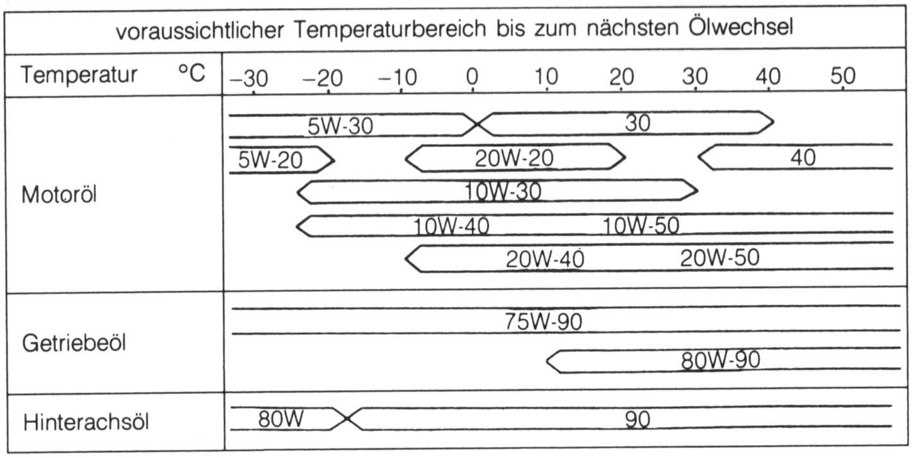

Die Grafik zeigt die Verwendbarkeit der verschiedenen Ölviskositäten in Abhängigkeit von der Außentemperatur und der Ölqualität.

○ **Ölstand zwischen beiden Markierungen:** Bei normaler Alltagsbeanspruchung können Sie mit dem Nachfüllen warten, bis der Pegel die untere Marke erreicht hat. Fall Sie vor einer Langstreckenfahrt sicherheitshalber Öl nachgießen wollen (die etwas größere Ölmenge kann die Kühlungsaufgaben besser erfüllen!), darf die obere Peilstabmarke keinesfalls überschritten werden.

Fingerzeige: Unter die untere Marke sollte der Ölstand nicht fallen. Ein Viertelliter zu wenig ist für den Motor noch nicht gefährlich. Fehlt mehr Öl und wird der Mazda scharf gefahren, kann der Öldruck gefährlich abfallen, was die Öldruckkontrollanzeige in Kurven anzeigt.
Öl in kleinen Mengen ist teurer als im 3-, 4- oder 5-Liter-Kanister. Zum Nachfüllen unterwegs ist ein solches Gebinde aber meist zu unhandlich. Außerdem nimmt es im Kofferraum Platz weg. Günstig ist eine mineralölbeständige 1-Liter-Dose mit Drehverschluß, aus der Sie bei Bedarf fein dosiert nachfüllen können.

Ölverbrauch

Ein Teil des Motoröls verbrennt bei seiner Schmiertätigkeit. Ölverbrauch ist also völlig natürlich. Gut eingefahrene Motoren kommen mit **0,2 Liter Öl auf 1000 km** aus, kritisch wird es, wenn der MX-5 mehr als **1,0 Liter je 1000 km** Schmiermittel konsumiert. Wieviel Öl Ihr Mazda braucht, hängt von folgenden Umständen ab:
○ In der Einlaufzeit braucht der Motor etwas mehr Schmiermittel.
○ Der Ölverbrauch ist (wie auch der Kraftstoffkonsum) von der Fahrweise abhängig: Hohe Drehzahlen kosten Öl und Sprit.
○ Zu hohe Drehzahlen in der Einfahrzeit können dauerhaften Öldurst verursachen.
○ Ölüberfüllung bewirkt höheren Verbrauch, das »Zuviel« gelangt über die Motor-Entlüftung in die Brennräume, wird dort verbrannt und schädigt den Katalysator.
○ Motorundichtigkeiten. Kontrollieren Sie, wie im Motor-Kapitel beschrieben.
○ Dünnflüssiges Öl verbrennt schneller als dickflüssiges. Einbereichsöl wird in heißem Zustand dünn wie Wasser, und entsprechend höher ist der Verbrauch. Mehrbereichsöl bleibt dickflüssiger.
○ Mehrbereichsöl, das zu lange im Motor bleibt, wird etwas dünnflüssiger, die oberste Zähflüssigkeitsklasse »geht verloren«, entsprechend steigt der Nachfüllbedarf.
○ Defekt im Motor; z.B. Ventilschaftabdichtungen defekt, Spiel zwischen Ventilführung und Ventilschaft zu groß, Kolbenringe schadhaft oder bei einer Reparatur falsch eingebaut, beschädigte Zylinderwand durch Kolbenfresser.

Ölverdünnung

Haben Sie den Eindruck, daß Ihr Motor gar kein Öl verbraucht? Das kann z.B. im winterlichen Kurzstreckenbetrieb vorkommen. Der Ölstand zwischen den Messungen nimmt überhaupt nicht ab oder steigt gar an. Dann haben Sie nicht etwa eine Ölquelle entdeckt, sondern das Motoröl ist durch Kraftstoff und Kondenswasser verdünnt. Damit ist die einwandfreie Schmierung nicht mehr gewährleistet. Abhilfe: Durch eine regelmäßige, längere Fahrt das Motoröl »aufkochen«, damit die Kondensate verdunsten. Sofort anschließend den Ölstand kontrollieren, da der Pegel durch die verdunsteten Benzin/Wasser-Anteile erheblich absinkt! Oder (vor allem bei extremem Stadtbetrieb) das Öl vor den üblichen Intervallen wechseln; evtl. schon nach 3000 km oder vier Monaten.
Im Winter rechnet man mit einem Kraftstoffanteil im Öl von 2–3%, wobei die Einspritzmotoren durch die besser dosierte Kaltstartanreicherung weniger Benzin im Motoröl haben als früher die Vergasermotoren.

Die richtige Ölspezifikation

Zur Kennzeichnung der Eigenschaften von Motorölen dienen Spezifikationen, die von verschiedenen Institutionen nach unterschiedlichen, aber letztlich doch ähnlichen Prüfbedingungen erstellt wurden. Mit Erfolg geprüfte Öle dürfen als Qualitätsnachweis die erreichte Spezifikation auf der Verpackung tragen.

Für die Motoren des MX-5 schreibt Mazda Öle vor, die nach den Normen des **A**merikanischen **P**etroleum **I**nstituts gekennzeichnet sein müssen. Freigegeben sind in aufsteigender Qualitätsanforderung »API SE«, »API SF« und »API SG«. Neben dem genannten API führen solche Qualitätsprüfungen z. B. noch die Vereinigung der Automobilhersteller der Europäischen Gemeinschaft (CCMC) und das US-Militär (MIL) durch.
Egal, ob Sie das Motoröl an der Tankstelle oder im Supermarkt kaufen, auf der Verpackung muß die geforderte Ölspezifikation aufgedruckt sein. Den beiden letztgenannten API-Spzifikationen entsprechen Motoröle mit den Bezeichnungen CCMC-G 2 oder CCMC-G 4 bzw. MIL-L-46152 B/C oder MIL-L-46152 D.

Zähflüssigkeit des Öls

Das Fließverhalten des Öls – also die Dick- bzw. Dünnflüssigkeit – muß auf die Verwendung im Fahrzeugmotor abgestimmt sein. Zwei Anforderungen gilt es zu erfüllen:
- Es darf nicht zu dickflüssig sein, denn der Anlasser muß den kalten Motor durchdrehen können, und die Schmierstellen des Motors müssen nach dem Kaltstart sofort versorgt werden.
- Es darf nicht zu dünnflüssig sein, denn bei hohen Temperaturen und Drehzahlen kann sonst der Schmierfilm »abreißen«.

SAE-Klassen

Die amerikanische **S**ociety of **A**utomotive **E**ngineers hat die Öle entsprechend ihrer Zähflüssigkeit in Klassen eingeteilt. Die reichen bei Motorölen vom dünnflüssigen **W**interöl SAE 5 W, 10 W, 15 W über die Zwischenstufe SAE 20 W/20 zu den dickflüssigen Sommerölen SAE 30, 40 und 50.

Einbereichsöl

Das billigste Motoröl war früher Einbereichsöl. Für einwandfreie Motorschmierung muß entsprechend der Jahreszeit dick- oder dünnflüssiges Einbereichsöl im Motor sein. Einbereichsöl ist heute kaum noch an der Tankstelle oder im Supermarkt erhältlich, findet aber in Fuhrparks noch häufig Verwendung. Für die Verwendung im MX-5 ist es von Mazda ausdrücklich immer noch freigegeben. Allerdings ist dann ein Ölwechsel im Halbjahres-Rhythmus fällig auf dünnflüssigeres Winteröl im Herbst und dickflüssigeres Sommeröl im Frühjahr.

Mehrbereichsöl

Aufwendiger in der Herstellung und deshalb auch teurer als Einbereichsöl ist das heute gebräuchliche Mehrbereichsöl. Es besitzt als Viskositätsindex-(VI-)Verbesserer lange Molekülketten, die beim Erhitzen quellen und beim Abkühlen wieder schrumpfen. Das Öl kann sich damit den Temperaturen elastisch anpassen und mehrere Viskositätsklassen überspannen. Ein Öl SAE 15 W-50 entspricht bei einer Temperatur von –15°C der Zähflüssigkeitsklasse 15 W und bei 100°C der Klasse 50.
Problematisch ist bei Mehrbereichsölen auf Mineralölbasis, daß die Molekülketten ihrer Viskositäts-Verbesserer mit der Zeit abgeschert werden können. Dann ist die obere Zähflüssigkeitsklasse nicht mehr voll erhalten, das Öl also nicht mehr so temperaturbeständig.

Hochleistungsöle

- Die in kaltem Zustand sehr dünnflüssigen **Leichtlauf-Schmierstoffe** verringern vor allem in der Warmlaufphase und im Kurzstreckenverkehr die innere Reibung im Motor, setzen ihm also weniger Widerstand entgegen. Man kann realistisch mit einer Benzinverbrauchs-Einsparung von rund 3 % rechnen. Diese Ersparnis macht sich bei einem »ölfressenden« Motor natürlich nicht mehr bezahlt.
- **Teil- und vollsynthetische Öle** zählen zu den teuersten überhaupt. Sie bestehen zum Teil aus künstlichen chemischen Verbindungen von Kohlenstoff, Wasserstoff und Sauerstoff. Dabei wurden nur solche Moleküle ausgewählt, welche die geforderten Schmieraufgaben optimal erfüllen können. In der Praxis bedeutet das, daß diese Öle im Gegensatz zu Mineralölen bedeutend langsamer altern. Sie verdampfen auch weniger schnell und besitzen eine hohe, gleichbleibende Scherstabilität, d. h. sie behalten ihre ursprüngliche oberste Viskositätsklasse auf Dauer bei.

Das richtige Motoröl für den Mazda

Zwei Kriterien entscheiden beim Kauf des richtigen Motoröls. Das Öl muß haben:
- Die richtige **Ölspezifikation**. Etikettenschwindel auf der Packung ist da äußerst selten, denn die Ölfirmen überwachen sich gegenseitig.
- Die richtige **Ölviskosität** (Zähflüssigkeit). Sie hängt von der überwiegenden Außentemperatur ab und kann der Grafik auf der gegenüberliegenden Seite entnommen werden.

Zusätze zum Motoröl

Die Verwendung von Ölzusätzen wird von Mazda nicht gebilligt. Sollte bei Verwendung eines Zusatzmittels ein Motorschaden auftreten, haftet der Fahrzeughersteller nicht. Da es aber ausgesprochen schwer fallen wird, dem Hersteller des Ölzusatzmittels ein Verschulden nachzuweisen, bleiben die entstehenden Kosten am Verwender des Ölzusatzes hängen. Ohnehin bleibt es fraglich, ob die Mehrkosten für Ölzusätze eine entsprechende Lebensverlängerung des Motors bewirken – vor allem bei Verwendung von hochwertigen Ölen.

Alles über den Ölwechsel

Wo Öl wechseln?

○ In den Werkstätten kostet der Ölwechsel nach unseren Erfahrungen das meiste Geld, weil nur sehr teure Ölsorten vorrätig sind. Außerdem ist der Motor oft schon wieder kalt, bis das alte Öl abgelassen wird, so daß nicht aller Schmutz herausgeschwemmt wird. Manche Werkstätten berechnen die Arbeit für den Ölfilterwechsel zusätzlich zum Ölpreis.
○ An Tankstellen kommt der Wagen meist sofort dran. Sie können auch ein billigeres Öl aus dem Tankstellenverkaufsprogramm auswählen, und im Ölpreis ist die Arbeit des Tankwarts inbegriffen.
○ Gegen den SB-Ölwechsel mit Absauggerät an der Tankstelle bestehen keine Bedenken, vorausgesetzt der Ölfilter wird ebenfalls ausgetauscht.
○ Ölwechsel zu Hause lohnt sich nur dann, wenn Sie das Öl preisgünstig einkaufen (Zubehörhandel, Großmarkt, Warenhaus oder Mitnahme-Öl an der Tankstelle).

Wie oft Öl wechseln?

○ Die Wartungsanweisungen fordern **einmal jährlich** einen Ölwechsel, sofern die Jahres-Fahrleistung **unter 10000 km** liegt.
○ Bei **höherer Fahrleistung** gilt das Kilometer-Intervall: Ölwechsel **alle 10000 km** unabhängig vom jeweiligen Inspektionstermin.

Fingerzeig: Läuft der MX-5 ausschließlich im Kurzstreckenbetrieb, empfiehlt sich ein halbjährliches Ölwechsel-Intervall. Termin ist dann Frühjahr und Herbst, denn das winters verstärkt auftretende Kraftstoffkondensat sollte vor der warmen Jahreszeit mit dem Öl abgelassen werden. Ungeachtet dessen sind noch kürzere Intervalle empfehlenswert, wenn der Ölstand winters durch Kraftstoffkondensat steigt.

Was wird gebraucht?

Wenn Sie den Ölwechsel zu Hause durchführen wollen, benötigen Sie folgende »Zutaten«:
○ Motoröl nach den entsprechenden Spezifikationen (preisgünstig im 3-, 4-, oder 5-Liter-Kanister).
○ Einen Ölfilter, als Mazda-Originalteil oder unter diversen Herstellerbezeichnungen im Zubehörhandel.
○ Einen neuen Dichtring für die Ölablaßschraube.
○ Auffanggefäß für das Altöl. Ein alter Ölkanister mit herausgeschnittener Seitenwand oder eine ausgediente Spülschüssel leisten hier gute Dienste.
○ Ein Altölkanister dient zum Wegschaffen des Altöls.
○ Mit einer Ölkanne erleichtert man sich das Einfüllen des frischen Motoröls.
○ Ein Spannbandschlüssel oder ein spezieller Filterschlüssel für den Vielkant-Ansatz am Filterboden ermöglicht das Lösen des Filters.

Wohin mit dem Altöl?

In Zeiten zunehmenden Umweltbewußtseins dürften die Folgen von Altöl im Grundwasser mit der entsprechenden Gefährdung des Trinkwassers mittlerweile jedem bekannt sein.
Die ordnungsgemäße Beseitigung des beim Ölwechsel abgelassenen Altöls ist dank der Abfall-Gesetzgebung ganz einfach: Man kann es kostenlos dort abgeben, wo man Motoröl gekauft hat. Der Handel ist zur Rücknahme verpflichtet, als Kaufbeweis müssen Sie nur die entsprechende Quittung vorlegen.
Noch einfacher haben Sie es, wenn Sie die Ölabsaugstation an der Tankstelle benutzen, dann brauchen Sie mit dem Altöl gar nicht herumzuhantieren, es gelangt sicher in den Altöltank.

Fingerzeig: Das Altöl wird von spezialisierten Firmen bei Tankstellen, Werkstätten usw. eingesammelt und der Wiederverarbeitung zugeführt. Dazu darf das verbrauchte Öl nicht mit anderen Flüssigkeiten vermischt sein. Generell müssen die unterschiedlichen verbrauchten Betriebsflüssigkeiten des Fahrzeugs in getrennten Behältern aufbewahrt und entsorgt werden.

Motoröl und Ölfilter wechseln

Wartung Nr. 6

● Öl nur bei betriebswarmem Motor wechseln! Deshalb den Wagen evtl. warmfahren.
● Den MX-5 möglichst waagrecht aufbocken (abstützen!) oder über eine Rampe fahren.
● Geeignetes Gefäß unter die Ölwanne stellen.
● Ablaßschraube mit Ringschlüssel öffnen; sie sitzt in Fahrtrichtung gesehen rechts hinten. Öl auslaufen lassen – Vorsicht, es ist heiß und kommt im Bogen herausgeflossen!
● Auffanggefäß unter den Ölfilter (Fahrtrichtung rechts) stellen.
● Ölfilter mit dem Bandschlüssel lösen. Bei sehr festsitzendem Filter einen scharfen Schraubendreher durch das Blechgehäuse des Filters treiben (Vorsicht, heißes Öl läuft aus) und Filter mit dem Schraubendreher losdrehen.
● Dichtring am neuen Ölfilter mit etwas Fett einreiben. Kein Öl nehmen, da es bei der Sichtkontrolle

Links: Die Ölablaßschraube (Pfeil) sitzt in Fahrtrichtung rechts seitlich an der Aluminium-Ölwanne. Zum Lösen der Ablaßschraube ist ein Ringschlüssel das am besten geeignete Werkzeug. Mit einem Maul- oder Gabelschlüssel ist die Abrutschgefahr an der Ölablaßschraube größer. Nach mehrmaligen Abgleiten des Werkzeugs ist der Sechskant der Ablaßschraube rund und kaum noch zu lösen. Rechts: Der Ölfilter sitzt in Fahrtrichtung rechts unter dem Ansaugrohr. Zum Lösen eignet sich besonders gut ein Filterschlüssel, der am Vielkant am Filterboden angreift und mit einer Stecknuß in Pfeilrichtung gedreht wird.

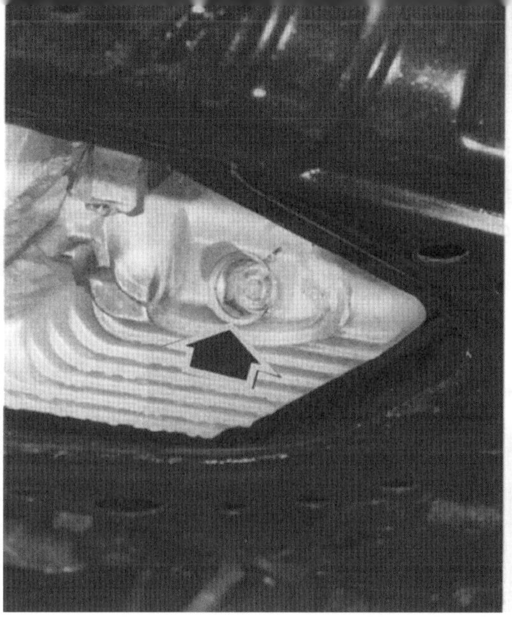

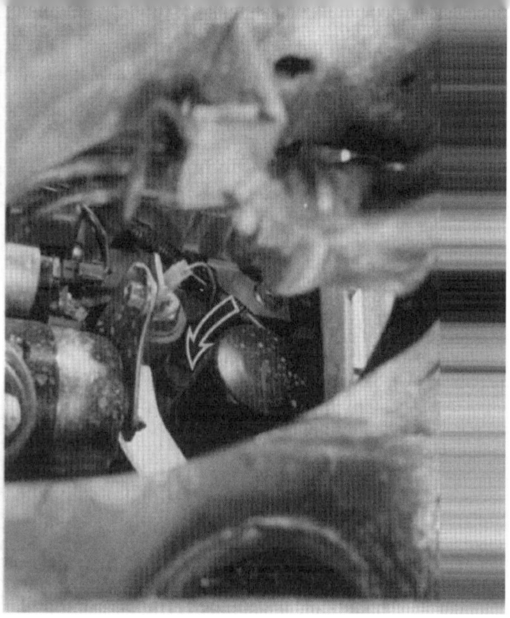

zum Schluß oft fälschlicherweise für austretendes Öl gehalten wird.

- **Filter** ohne irgendwelches Werkzeug **von Hand festdrehen**.
- Ölablaßschraube sauberreiben und mit neuem Dichtring eindrehen (30–40 Nm); nicht anknallen, sonst wird das Führungsgewinde in der Ölwanne beschädigt.
- Öl einfüllen.
- Motor kurz laufen lassen. Bis die Ölpumpe den Filter gefüllt hat, bleibt die Öldruckanzeige auf »0« stehen. Bei einem älteren Motor kann kurzes Lagerklappern hörbar werden.
- Motor abstellen, Öldichtheit kontrollieren.

Fingerzeig: Ein gebrauchter Ölfilter gehört nicht in die Hausmülltonne! Vollständig auslaufen lassen und – wie auch ölgetränkte Lappen – zum Sondermüll geben (Adresse von der Gemeindeverwaltung erfragen).

Die Ölfüllmenge

Mazda nennt in der Betriebsanleitung für den MX-5 mit 1,6-Liter-Triebwerk die Füllmengen für den »trockenen« Motor, beim Ölwechsel verbleibt ein gewisser Altölrest im Motor, deshalb gelten hierbei die nachfolgend genannten Füllmengen:

Motor	mit Filterwechsel	ohne Filterwechsel*
1,6-Liter-Motor	3,37 Liter	3,20 Liter
1,9-Liter-Motor	3,80 Liter	3,60 Liter

* nur bei einem zusätzlichen Ölwechsel zwischen den Intervallen

Flüssigkeitsstand der Servolenkung prüfen

Ständige Kontrolle

Das Hydrauliksystem der Servolenkung ist mit einer synthetischen Flüssigkeit namens **A**utomatic **T**ransmission **F**luid befüllt, die auch in automatischen Getrieben verwendet wird. ATF dient als Schmiermittel und zur Steuerung des hydraulischen Drucks in der Anlage. Nur das Spezialöl mit der Bezeichnung ATF-Dexron® II oder III (mit einer Kontrollzahl) darf verwendet werden.
Der Vorratsbehälter für die Flüssigkeit der Servolenkung sitzt im Motorraum neben dem Luftfilter. Zu Ihrer eigenen Sicherheit sollten Sie regelmäßig bei jeder Kontrolle des Motorölstands auch den Flüssigkeitsstand in diesem Behälter kontrollieren.

- Der Motor muß abgeschaltet und die Vorderräder dürfen nicht eingeschlagen sein.
- Deckel mit Lappen oder Papiertuch abschrauben.
- Meßstab mit sauberem, fusselfreiem Tuch abwischen, Deckel wieder vollständig auf die Einfüllöffnung aufschrauben.
- Deckel nochmals abnehmen und Pegel am Peilstab ablesen. Das Niveau muß zwischen den Markierungen **L**ow (= Minimum) und **H**igh (= Voll) stehen.
- Vorsicht, daß kein Schmutz in den geöffneten Behälter gelangt.
- Fehlt Flüssigkeit, wird bis zur Markierung »H« aufgefüllt.
- Generell deutet Flüssigkeitsverlust auf eine Leckstelle im Hydrauliksystem. Also in diesem Fall nicht einfach ATF nachkippen, sondern erst die Leckstelle ermitteln!

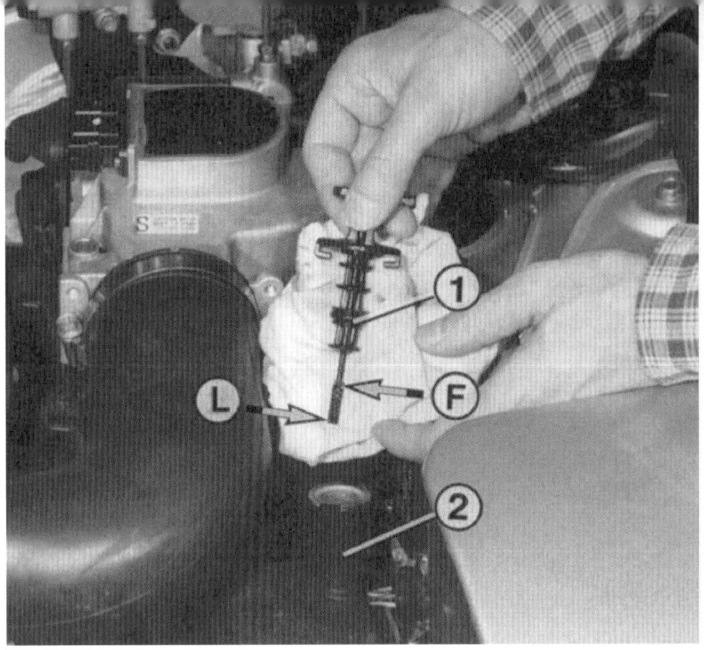

Prüfen des Flüssigkeitsstands der Servolenkung. Am herausgezogenen Peilstab (1) muß sich die Flüssigkeit zwischen den Markierungen »F« und »L« abzeichnen. Position »2« zeigt den Vorratsbehälter.

Ölstand im Schaltgetriebe kontrollieren

Wartung Nr. 26

Im Getriebe wird das Schmiermittel nicht wie im Motor verbraucht, sondern kann allenfalls durch undichte Stellen ins Freie gelangen. Ein Getriebegehäuse, das außen eine öldurchtränkte Schmutzkruste aufweist, macht eine Ölstandskontrolle unumgänglich. Aber zu wenig Schmieröl im Getriebe (vielleicht durch einen nachlässigen Ölwechsel) bleibt dem Betrachter verborgen. Wir raten daher in jedem Fall dazu, den Ölstand zu prüfen. Die Kontroll- und Einfüllschraube sitzt in Fahrtrichtung links in halber Höhe vorne im Getriebegehäuse.

- Fahrzeug waagrecht aufbocken.
- Vierkantschraube herausdrehen.
- Läuft nun bereits etwas Getriebeöl heraus, stimmt der Ölstand.
- Andernfalls Finger in das Schraubengewinde stecken und fühlen, ob die Schmierflüssigkeit bis an die Öffnung heranreicht: Ausreichender Ölstand.
- Bei größerem Ölmangel die vorgeschriebene Getriebeölsorte an der Tankstelle oder in der Werkstatt einfüllen lassen.

Die richtige Getriebeölsorte

Zum Nachfüllen und für den Ölwechsel schreibt Mazda ein Mineralöl der Viskosität **SAE 75 W-90** mit der Spezifikation **API GL4 oder API GL5** vor. Bereitet das Getriebe Schaltschwierigkeiten im kalten Zustand, können Sie auch die Flüssigkeit für Automatikgetriebe **ATF Dexron® II** M2C33F verwenden.

Öl im Schaltgetriebe wechseln

Wartung Nr. 36

Anläßlich der Wartungsarbeiten bei 80000 km ist beim MX-5 ein Wechsel des Getriebeöls im Schaltgetriebe fällig. Für diese Arbeit sind Sie an der Tankstelle oder in der Werkstatt am besten aufgehoben. Dort verfügt man über die nötige Einfüllvorrichtung. Wer dennoch an Selbsthilfe denkt, verfährt so:

- Den MX-5 warmfahren, damit das sehr zähflüssige Getriebeöl einigermaßen zügig ausläuft.
- Fahrzeug waagrecht aufbocken.
- Geeignetes Gefäß unter das Getriebe stellen.
- Ablaßschraube öffnen (unten am Getriebe) und altes Getriebeöl ablaufen lassen.

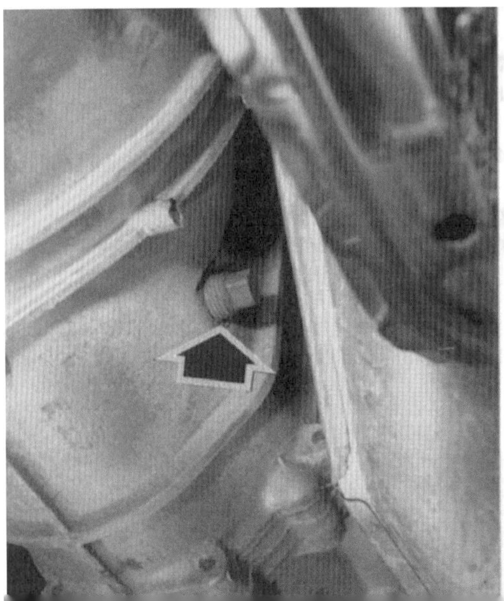

Links: Die vierkantige Kontroll- und Einfüllschraube (Pfeil) für das Getriebeöl sitzt in Fahrtrichtung links.
Rechts: Die Ablaßschraube (Pfeil) für das Getriebeöl befindet sich vor der Triebwerksrahmenbefestigung am Schaltgetriebe.

Am Gehäuse (3) des Hinterachsgetriebes sitzt die Getriebeöl-Kontrollschraube (1) oben und die Ablaßschraube (2) darunter.

- Ablaßschraube mit neuer Dichtungsscheibe wieder eindrehen, aber nicht zu fest anziehen, **40–60 Nm**.
- Über die Einfüll- und Kontrollöffnung **2,0 Liter** frisches Getriebeöl einfüllen.
- Zum leichteren Einfüllen gibt es Getriebeöl-Dosen mit einem kurzen Schlauchstück zu kaufen. Bei herkömmlichen Dosen muß man sich mit einem separaten Schlauch und aufgestecktem Trichter behelfen.
- Das Getriebe ist richtig befüllt, wenn das Getriebeöl bei waagrecht stehendem Wagen **bis zur Unterkante** der Einfüllbohrung reicht bzw. ein wenig aus der Bohrung herausläuft.
- Ölstand nach einer Wartezeit von ca. 10 Minuten nochmals kontrollieren, wobei das zähflüssige Getriebeöl genügend Zeit hat, sich im Getriebe gleichmäßig zu verteilen.
- Einfüllschraube eindrehen und mit **25–40 Nm** anziehen.

Ölstand im Hinterachsgetriebe kontrollieren

Wartung Nr. 27

Sind am Hinterachsgetriebe keine Ölspuren zu sehen, kann man davon ausgehen, daß der Ölstand stimmt. Sicherer ist aber – wie beim Getriebe – die Prüfung:

- Wagen waagrecht aufbocken.
- Öleinfüllschraube (die obere Schraube) des Hinterachsgetriebes herausdrehen.
- Läuft etwas Öl heraus oder reicht der Flüssigkeitsspiegel genau bis zur Unterkante der Kontrollöffnung, ist alles in Ordnung.
- Öleinfüllschraube mit **40–55 Nm** festziehen.
- Fehlt Öl und ist das Gehäuse ölverschmiert, liegt eine Undichtigkeit vor. Hinterachsgetriebe abdichten und Ölstand ergänzen lassen.
- Sind außen keine Ölspuren ersichtlich, aber ist der Ölstand dennoch zu niedrig, wurde das Hinterachsgetriebe wohl nicht ordnungsgemäß befüllt.

Öl für das Hinterachsgetriebe

Mazda hat für das Hinterachsgetriebe Getriebeöl der Viskosität SAE 90 mit der Spezifikation API GL5 freigegeben.

Öl im Hinterachsgetriebe wechseln

Wartung Nr. 37

Wie beim Getriebe ist auch im Hinterachsgetriebe bei 80000 km ein Wechsel des Schmiermittels fällig. Das macht die Werkstatt weit müheloser als der Selbsthelfer. Die Arbeit verläuft so:

- Wagen etwa 15 Minuten fahren, damit das Öl im Hinterachsgetriebe warm wird.
- Einfüll- und Ablaßschraube öffnen und Öl ablassen.
- Beide Schrauben – sie sind magnetisch – von evtl. anhaftenden Metallspänen reinigen.
- Ablaßschraube (die untere Schraube) mit neuem Dichtring eindrehen und mit **40–55 Nm** festziehen.
- Vorgeschriebene Ölsorte einfüllen. Es werden **0,65 Liter** gebraucht.

Schmierstellen versorgen

Wartung Nr. 17

Mazda sieht keine weiteren Schmierarbeiten am MX-5 vor. Aus unserer langjährigen Praxis wissen wir aber, daß eine zusätzliche Schmierration manches auf Dauer leichtgängig hält, was sonst quietscht, klemmt, reißt oder rostet. Dabei gilt folgende Faustregel beim Durchführen dieses Wartungspunktes:

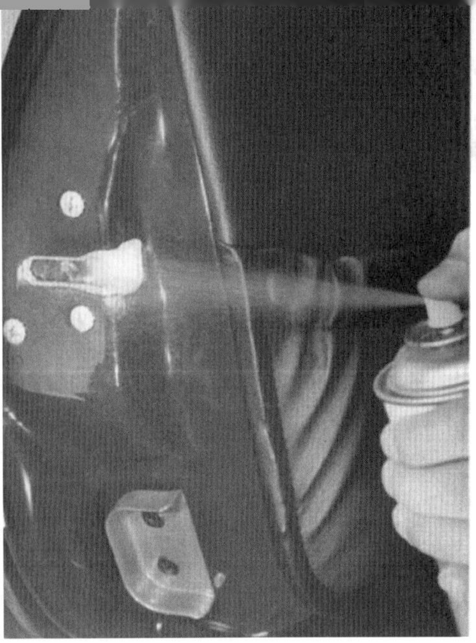

Links: Wenn Sie die Schloßfalle am Türschloß mit einem Schmierspray behandeln, sollten Sie die Türverkleidung vor dem schmierigen Sprühnebel schützen.
Rechts: Hier wird das Motorhaubenschloß mit einem wasserbeständigen Fett eingestrichen.

○ An Scharnieren und Gelenken mit engen Durchgängen, in die kein Fett eindringen kann, ist Öl oder Schmierspray günstiger.
○ Gegeneinander reibende Flächen werden besser gefettet oder mit einer Schmierpaste behandelt, da diese Gleitstoffe besser haften.

Türen und Kofferraumdeckel

● Die Türscharniere sind eigentlich wartungsfrei. Dennoch kann es nicht schaden, hin und wieder etwas Öl anzusprühen. Abtropfendes Schmiermittel abwischen.
● Für die Schloßfalle der Türen und des Kofferraumdeckels verwenden Sie am besten Silikonpaste oder ein Schmierspray.
● Die Türfeststeller oder Türhaltebänder, die zu weites Aufschlagen der Türen verhindern, werden mit etwas Mehrzweckfett oder ebenfalls mit Silikonpaste bestrichen.
● Die Kofferraumklappenscharniere mit den Haltefedern können Sie mit etwas Fett bestreichen.

Schließzylinder

Besonders gefährdet in der Winterzeit ist der Schließzylinder für die Kofferraumklappe. Er kann durch Schmutz und Salzkristalle blockiert werden. Dann muß meist ein neuer Schließzylinder her. Besser ist vorbeugende Pflege.
● Sprühen Sie spätestens zu Beginn der kalten Jahreszeit etwas Rostlöser-Isolierspray in den Schlüsselschlitz. Es schmiert, verdrängt Feuchtigkeit und schützt so auch vor Rost sowie Einfrieren im Winter.
● Im Winter gelegentlich nachsprühen.
● Zur Schmierung der Schließzylinder eignet sich auch Waffenöl. Mit einer alten Injektionsspritze jeweils 0,5 cm^3 einspritzen.

Motorhaube

● Entriegelungszug der Motorhaube von einem Helfer im Wageninnern ziehen lassen. An der Stelle, wo der Seilzug aus der Umhüllung kommt, etwas Fett anstreichen und durch mehrmalige Hebelbewegung in die Zugumhüllung ziehen.
● Das Motorhaubenschloß mit etwas Fett bestreichen oder Schmierspray auftragen.
● Die Achsen der Motorhaubenscharniere erhalten etwas Öl oder Schmierspray.

Schwenkscheinwerfer

Die Scheinwerfer werden mittels Elektromotor und Gestänge ausgefahren. Häufige Motorwäschen können dazu führen, daß auch die Schmierung der Gelenke ausgewaschen wird. Deshalb gelegentlich schmieren:
● Motorhaube öffnen.
● Gelenkpfannen der Betätigungsstange von den Kugelbolzen abdrücken.
● In die Gelenkpfannen etwas Mehrzweckfett einstreichen und Betätigungsstange wieder aufdrücken.

Gasbetätigung

● Von einem Helfer bei ausgeschaltetem Motor das Gaspedal durchtreten lassen.
● An allen sich hierbei bewegenden Stellen die eventuell anhaftende Schmutzkruste abreiben und anschließend etwas Öl ansprühen, während ein Helfer ein paar Mal das Gaspedal bewegt.

Treibende Kraft

Der Motor in unserem Mazda MX-5 ist die treibende Kraft, die wir brauchen, um vorwärts zu kommen. Damit Ihnen der Motor möglichst lange gute Dienste leistet, finden Sie im folgenden Kapitel die Arbeitsweise, die wichtigsten Einzelteile und die Anleitung für erforderliche Wartungsarbeiten und mögliche Reparaturen beschrieben.

Blick unter die Motorhaube

Im MX-5 arbeitet unter der Motorhaube ein Triebwerk, das in einfacherer Form schon im Mazda 323 Dienst tat. Durch die Neukonstruktion des Zylinderkopfes mit vier Ventilen pro Zylinder entstand jedoch ein echter Sportmotor, der auch in den Nachfolge-Generationen des Mazda 323 Verwendung fand. Auf dem Ansaugrohr steht unübersehbar »DOHC 16V«. Das ist die Abkürzung für die englische Bezeichnung »**D**ouble **O**ver **H**ead **C**amshaft **16 V**alves« oder auf Deutsch »zwei obenliegende Nockenwellen und 16 Ventile«.
Zur Kennzeichnung des Motors dienen Buchstaben bzw. Ziffern vor der Seriennummer. Die finden Sie am Triebwerk in Fahrtrichtung hinten rechts (B6) bzw. hinten links (BP) an der Trennstelle zwischen Motorblock und Zylinderkopf.
In der folgenden Tabelle finden Sie die wichtigsten technischen Daten der im Mazda MX-5 eingebauten Motoren.

Motor	Motortyp	Hubraum	Leistung bei Drehzahl	Drehmoment bei Drehzahl	Verdichtung
1,6-Liter	B6 DOHC	1597 cm³	66 kW bei 6000/min	129 Nm bei 4000/min	9,0:1
1,6-Liter	B6 DOHC	1597 cm³	85 kW bei 6500/min	135 Nm bei 5500/min	9,4:1
1,9-Liter	BP DOHC	1840 cm³	96 kW bei 6500/min	152 Nm bei 5000/min	9,0:1

Die Einzelteile

Kolben und Zylinder

Die aus Leichtmetall gegossenen Kolben besitzen eine Stahleinlage, welche die Wärmedehnung verringert. Im oberen Drittel jedes Kolbens sind drei Kolbenringe elastisch in entsprechende Nuten im Kolben eingebettet. Sie drücken federnd gegen die Zylinderwand. Die beiden oberen Kolbenringe verwehren dem Gasgemisch den Weg aus dem Verbrennungsraum nach unten ins Kurbelgehäuse, während der untere Ölabstreifring verhindert, daß allzuviel Schmiersaft vom Kurbelgehäuse in den Brennraum gelangt.
Der Kolbenboden ist flach und besitzt zusätzlich eine sogenannte Tasche, damit die Ventile ausreichend Raum haben.
Die Zylinder, in denen die Kolben auf und ab laufen, sind in das Graugußmaterial des Motorblocks eingearbeitet. Die Zylinderbohrungen sind im sogenannten Kreuzschliff gehont (geschliffen). Die Wandungen dürfen nicht völlig glatt sein, weil sonst das zur Schmierung notwendige Öl nicht daran haften kann. Die Bohrungen der

Längsschnitt durch den 1,6-Liter-Motor:
1 – Einlaß-Nockenwelle;
2 – Einlaßventil;
3 – Stutzen für Kühlmittel-Temperaturgeber;
4 – Kolben;
5 – Pleuel;
6 – Schwungscheibe;
7 – Pleuelfuß;
8 – Kurbelwelle;
9 – Ölsieb;
10 – Schmierbohrung in der Kurbelwelle;
11 – Ölpumpe;
12 – Zylinderkopfdeckel;
13 – Zündkerze;
14 – Thermostat;
15 – Wasserpumpe;
16 – Zahnriemen;
17 – Riemenscheibe.

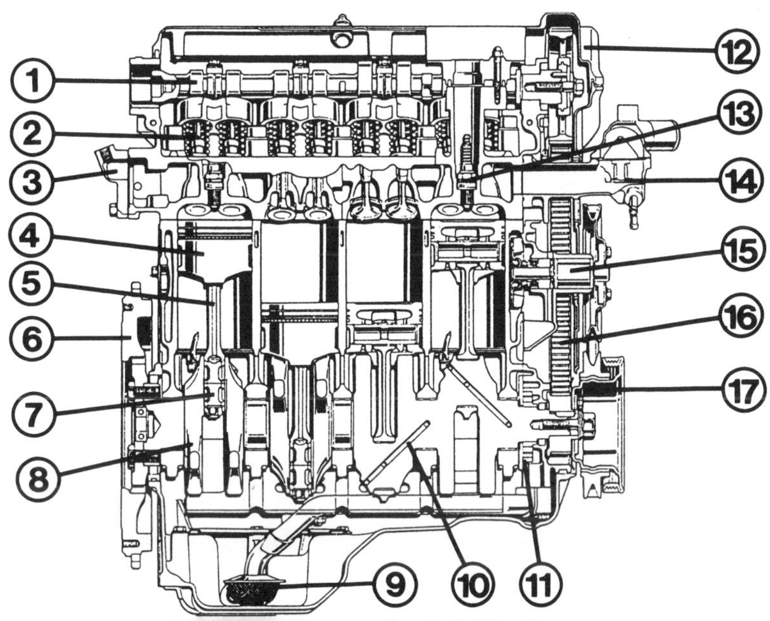

Zylinder sind um 0,03 mm weiter als die zugehörigen Kolben. Bis zu zwei Mal können die Zylinderlaufbahnen bei Motorüberholungen ausgeschliffen werden. Für jedes Schleifmaß gibt es passende Kolben.

Die Kurbelwelle

Aufgabe der Kurbelwelle ist es, die geradlinige Bewegung der in den Zylindern auf und ab laufenden Kolben in eine Drehbewegung umzusetzen. Die zu den Kolben führenden Verbindungsstangen – die Pleuel – wirken deshalb, wie bei einer Andrehkurbel, versetzt zur Mittelachse der Kurbelwelle. Die einzelnen Kurbeln sind um 180° zueinander versetzt, stehen sich also entgegengesetzt gegenüber. Für vibrationsarmen Lauf sitzen an der gegenüberliegenden Seite der Kurbelzapfen acht Gegengewichte.
Um ein Durchbiegen der Kurbelwelle im Betrieb zu vermeiden, ist sie an fünf Stellen im Motorblock gelagert. Jede »Kurbel«, auf der eine Pleuelstange sitzt, ist also rechts und links durch ein Motorlager gestützt.
In Fahrtrichtung hinten sitzt auf der Kurbelwelle eine Scheibe mit dem Zahnkranz für das Ritzel des Anlassers. Das ist die Schwungscheibe, auf welche die Kupplung und damit die Verbindung zum Getriebe montiert wird. Am anderen Ende der Kurbelwelle finden sich der Ölpumpenantrieb, das Antriebsrad für den Zahnriemen und die Riemenscheiben für den Antrieb von Lichtmaschine, Wasserpumpe, Servolenkung und ggf. Klimaanlage.

Die Pleuel

Die vier Pleuel sind mit auswechselbaren Lagerschalen auf den Kurbelwellenzapfen montiert. In ihrem anderen Ende tragen sie Bronzebuchsen für die Kolbenbolzen, die »schwimmend« gelagert sind. Darunter ist zu verstehen, daß sich Kolben und Kolbenbolzen auf dem Pleuel etwas zur Seite bewegen können.

Der Zylinderkopf

Aus Gewichtsgründen und wegen der besseren Wärmeleitfähigkeit ist der Zylinderkopf aus Leichtmetall gegossen. Die Ventilsitze, die aus gehärtetem Stahl gefertigt sind, werden bei erhitztem Zylinderkopf eingesetzt. Dadurch sind sie nach dem Abkühlen fest eingeschrumpft.
Die Ventile selbst gleiten in Messing-Ventilführungen und ragen von beiden Seiten spiegelbildlich um 45° zur Zylinderachse geneigt in die Brennräume. In der Mitte sitzt die Zündkerze. Das ermöglicht nach allen Seiten gleich lange Verbrennungswege. Damit haben wir den Gasdurchsatz nach dem Querstromprinzip. Im Klartext heißt das: Frischgas – also neues Kraftstoff/Luft-Gemisch – tritt an der einen Seite in den Brennraum ein, und das verbrannte Auspuffgas entweicht an der anderen Seite. Geringe Strömungswiderstände beim Gasdurchsatz durch den Motor ermöglichen hohe Motorleistung.

Die Vierventil-Technik

Eines der Grundprobleme des Viertaktmotors ist es, die Zylinder während des Ansaugtakts mit der ausreichenden Menge Kraftstoff/Luft-Gemisch zu füllen. Das Problem vergrößert sich mit steigender Drehzahl, weil ja die Ventil-Öffnungszeiten immer kürzer werden. Der Techniker spricht von Füllungsverlusten.
Dem zu begegnen, wählt man den Ventildurchmesser so groß als möglich, denn nur so kann mehr Gemisch einströmen. Diesem Bestreben setzt jedoch der Brennraumdurchmesser Grenzen. Im kreisrunden Zylinder lassen sich zwei Ventilkreise nicht beliebig vergrößern. Bald stoßen sie aneinander, während rechts und links ungenutzter Raum verbleibt. Vier kleine Kreise (= Ventilöffnungen) kann man in dem großen Zylinderkreis dagegen geradezu optimal unterbringen. Das Ziel des insgesamt größeren Öffnungsquerschnittes für mehr Leistung ist erreicht, der Motor »atmet« kräftiger durch. Das freiere Atmen kommt der Motorleistung und damit auch dem Kraftstoffverbrauch zugute. So hat ein Vierventiler einen ca. 8% geringeren spezifischen Kraftstoffverbrauch im Vergleich zum Zweiventiler. Mit der Vierventil-Technik ergeben sich aber auch noch weitere Vorteile:

- Vierventiler besitzen kleinere Ventile. Durch geringere bewegte Massen ist ein schnelleres Reagieren des Ventiltriebs möglich. Angenehmer Nebeneffekt: Man benötigt weniger straffe Ventilfedern zum Schließen der Ventile.
- Die kleineren Ventile kühlen sich während der Schließzeiten über die Ventilsitze besser ab als große Ventile. Thermische Probleme treten praktisch nicht auf.
- Vierventil-Motoren sind auf Grund der Brennraumverhältnisse unempfindlicher gegenüber klopfender Verbrennung.

Die Nockenwellen

Zum Betätigen der beiden Ventilreihen werden zwei Nockenwellen gebraucht. Sie sind beim 1,6-Liter-Motor massiv, beim 1,9-Liter zwecks Gewichtsersparnis jedoch hohl. Die Wellen rotieren in Gleitlagern – sechs (1,6-Liter) bzw. fünf (1,9-Liter) an der Nockenwelle der Einlaßventile, fünf (1,6-Liter) bzw. sechs (1,9-Liter) an der Auslaß-Nockenwelle. Von der Kurbelwelle werden die Nockenwellen über einen Zahnriemen in Drehung versetzt.
Die Nockenwelle für die Einlaßventile (1,6-Liter) bzw. für die Auslaßventile (1,9-Liter) treibt außerdem den Drehwinkelgeber an, der am Zylinderkopf angeflanscht ist.

Hydraulischer Ventilspielausgleich

Einstellen des Ventilspiels ist bei den MX-5-Motoren nicht notwendig. Der hydraulische Ventilspielausgleich sorgt dafür, daß der Ventiltrieb spielfrei arbeitet, aber die geschlossenen Ventile trotzdem fest auf dem Ventilsitz aufliegen und damit einwandfrei abdichten. Die Hydrostößel sind direkt zwischen die Nocken der

Die Ventilbetätigung im Schnitt zeigt folgendes:
1 – Einlaß-Nockenwelle;
2 – Zündkerzenschacht;
3 – Einlaßventil;
4 – Hydrostößel;
5 – Ventilfedern;
6 – Ventilführung.

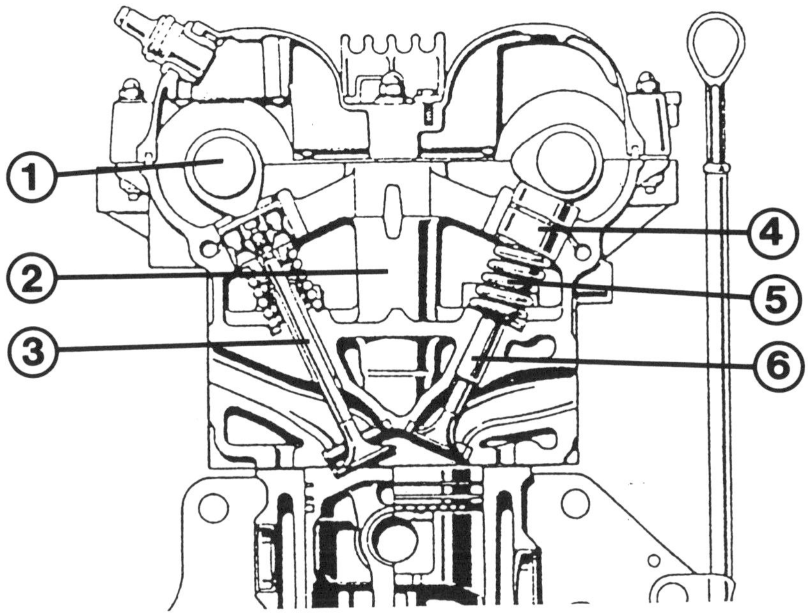

Nockenwelle und das Ventilschaftende eingesetzt. Akustisch wahrnehmbarer Vorzug des hydraulischen Ventilspielausgleichs: Der spielfreie Ventiltrieb arbeitet wesentlich geräuschärmer als der herkömmliche.

Funktion des hydraulischen Ventilspielausgleichs

Der Hydrostößel besteht in der Hauptsache aus zwei beweglichen Teilen – Kolben und Zylinder. Eine Feder drückt beide Teile so weit auseinander, daß zwischen den betreffenden Teilen der Ventilbetätigung kein Spiel mehr herrscht. Bei geschlossenem Ventil gelangt Öl aus dem Schmierkreislauf des Motors über eine Bohrung in das Ölreservoir des Hydrostößels. Nach Passieren des Rückschlagventils im Ventilspielausgleich fließt der Schmierstoff in die momentan noch völlig drucklose Druckkammer und füllt diese ganz aus.
Dreht sich nun die Nockenwelle und drückt der exzentrische Nocken gegen den Kolben des Hydrostößels, so steigt der Druck in der Druckkammer. Das Rückschlagventil verschließt die Zulaufbohrung und sorgt dafür, daß kein Öl mehr entweichen kann. Da sich das Öl nicht komprimieren (in sich zusammendrücken) läßt, ist damit eine starre Verbindung zwischen Nockenwelle und Hydrostößel hergestellt. Das Ventil kann also durch die Kraft des Nockens niedergedrückt werden.
Nach dem Schließen des Ventils entsteht durch Leckölverlust ein geringfügiges Ventilspiel, das aber durch die Expansionsfeder sofort wieder ausgeglichen wird. In das vergrößerte Volumen der Druckkammer strömt nun bei geöffnetem Rückschlagventil wieder Öl nach. Damit ist der Hydrostößel bereit zur nächsten Ventilbetätigung.

Fingerzeig: **Damit beim Anlassen des Motors sofort Öl an den Hydrostößeln zur Verfügung steht, befindet sich im Zylinderkopf eine Ölrücklaufsperre. Damit erreicht man, daß der Ölkanal zu den hydraulischen Stößeln und den Nockenwellenlagern gefüllt bleibt. Dennoch ist es normal, wenn der Ventiltrieb nach dem Anlassen Geräusche entwickelt. Ursache hierfür ist, daß bei stehendem Motor Öl aus dem Stößel herausgedrückt wird. Wenn der Motor läuft, wird der Hochdruckraum wieder mit Öl befüllt, und das Geräusch verschwindet. Nach langen Standzeiten kann es aber so lange dauern, bis der Motor warmgefahren ist.**

Die Steuerzeiten

Bekanntlich haben wir im Mazda MX-5 einen Viertaktmotor, der das Gemisch aus Kraftstoff und Luft **1. ansaugt**, **2. verdichtet**, **3. zündet** und die verbrannten Gase **4.** wieder **ausstößt**. Fürs Ansaugen der Frischgase und das Ausschieben der Altgase bleibt dem ventilgesteuerten Verbrennungsmotor nur wenig Zeit. Weder kann die Nockenwelle die Ventile schlagartig öffnen noch vermögen sie die Ventilfedern derartig schnell zu schließen. Deshalb sind die Nocken so geformt, daß das Einlaßventil bereits gegen Ende des Auslaßtakts öffnet und erst dann schließt, wenn der Kolben nach Beendigung des Ansaughubs wieder verdichtend aufwärtsstrebt. Das Auslaßventil öffnet schon vor Abschluß des Arbeitstakts und schließt erst, wenn der Kolben bereits wieder Frischgas ansaugt. Beide Ventile sind deshalb einen Sekundenbruchteil gleichzeitig geöffnet, wenn der Kolben im Oberen Totpunkt (OT) vom Ausstoßen zum Ansaugen umkehrt. Diese Zeitspanne wird mit Ventilüberschneidung bezeichnet.

Der Zahnriemen

Als geräuscharmes Antriebselement für die obenliegende Nockenwellen dient der von der Kurbelwelle in Bewegung gesetzte Zahnriemen. Der gezähnte Gummiriemen mit Verstärkungseinlage arbeitet verschleißfrei, zumal die Gummimischung des Zahnriemens überdies für eine Trockenschmierung der Riemenscheiben sorgt. Der Zahnriemen wird durch eine federbelastete Spannrolle auf Spannung gehalten.
Da ein gerissener Zahnriemen einen Motor-Totalschaden verursacht, schreibt Mazda aus Sicherheitsgründen nach 100000 km einen Riemenwechsel vor.

Die Zylinderkopfdichtung

Die Dichtung zwischen Motorblock und Zylinderkopf hat einen schweren Stand: Sie hat dafür zu sorgen, daß die Verbrennungsräume und die Kanäle für Kühlmittel und Öl voneinander getrennt bleiben. Dabei muß sie enormen Temperatur- und Druckschwankungen widerstehen.

Das Schmiersystem

Im Motor verlangen eine ganze Reihe von Lagerstellen und Reibpartnern nach Schmierung. Das Motoröl muß von der Ölpumpe unter Druck dorthin gepumpt werden. Sie saugt das Öl durch einen Schnorchel mit Sieb an und drückt es in den Hauptstromfilter. Vom Filter aus gelangt das Öl über Bohrungen im Zylinderblock zu den Schmierstellen der Kurbelwelle, des Zylinderkopfes mit den Nockenwellen und zu den Ölspritzdüsen unterhalb der Kolben, die vom Hauptölkanal gespeist werden. Ab ca. 2 bar Öldruck öffnen die Ventile in den Düsen. Die Ölstrahlen sind auf die hoch belasteten Kolbenböden gerichtet, gleichzeitig wird die Schmierung der Zylinderlaufbahnen noch verbessert. Zurück fließt das Motoröl durch Bohrungen und kann für einen erneuten Durchlauf von der Ölpumpe in der Ölwanne angesaugt werden.

Fingerzeig: Ist das Ölfilterpapier von Schmutz zugesetzt, weil der Filter nicht rechtzeitig gewechselt wurde, tritt ein Sicherheitsventil in Aktion. Es öffnet, und der Filter wird umgangen. Damit ist die Ölversorgung zwar sichergestellt, aber ungefiltertes Motoröl bewirkt höheren Verschleiß an den Lagerstellen.

Die Ölpumpe

Ganz unten in der Ölwanne sitzt wohl das wichtigste Zusatzaggregat des Motors: die Ölpumpe, die direkt von der Kurbelwelle angetrieben wird. Sie sorgt dafür, daß alle schmierbedürftigen Stellen – und das sind nicht wenige – mit dem nötigen Druck die richtige Menge des lebenswichtigen Schmiersaftes erhalten.
Im Mazda MX-5 ist eine sogenannte Trochoidpumpe eingebaut. Hinter diesem Begriff, der sich recht exotisch anhört, verbirgt sich einfache Technik: Ein Außenzahnrad ist in einem innen verzahnten Rad untergebracht (das sind die beiden Rotoren). Durch eine spezielle Formgebung der Zähne und die außermittige Anordnung des Innenrotors wird erreicht, daß sich bei der gemeinsamen Drehung beider Zahnräder immer wieder neue Freiräume bilden. In diesen Freiräumen entsteht ein Unterdruck, der den Schmiersaft ansaugt. Von den sich drehenden Zahnrädern wird er nun zur Ausgangsseite der Pumpe und von dort aus in die Ölkanäle gedrückt. Obwohl das ganze recht spielerisch aussieht, wird da unten in der Ölwanne Schwerstarbeit geleistet: Mehr als 30 Liter liefert so eine Ölpumpe in der Minute bei Vollgas – und das ohne Wartungsanspruch, denn sie schmiert sich selbst.

Öltemperatur

In modernen Motoren geht man davon aus, daß die Öltemperatur stets im zulässigen Bereich bleibt. Zu Vergleichszwecken interessant ist die Motoröltemperatur am Ölfilterflansch oder in der Ölwanne; dort ist der Schmiersaft am kühlsten. Dagegen können an den Kolbenringen Temperaturen bis 300°C auftreten. Falls Sie nachträglich ein Ölthermometer eingebaut haben: 150°C in der Ölwanne gilt als höchstzulässige Temperatur. Voraussetzung ist dabei allerdings ein hochwertiges Motoröl.
Schädlich für den Motor ist auch eine zu niedrige Öltemperatur. Das Öl hat dann seine volle Schmierfähigkeit noch nicht erreicht. Deshalb sollten Sie nach Möglichkeit den Motor nach dem Kaltstart nicht über 3500/min drehen, bis das Öl etwa 60°C erreicht hat. Bis das Motoröl nach dem Kaltstart seine Betriebstemperatur erreicht hat, vergehen etwa 10 Minuten.

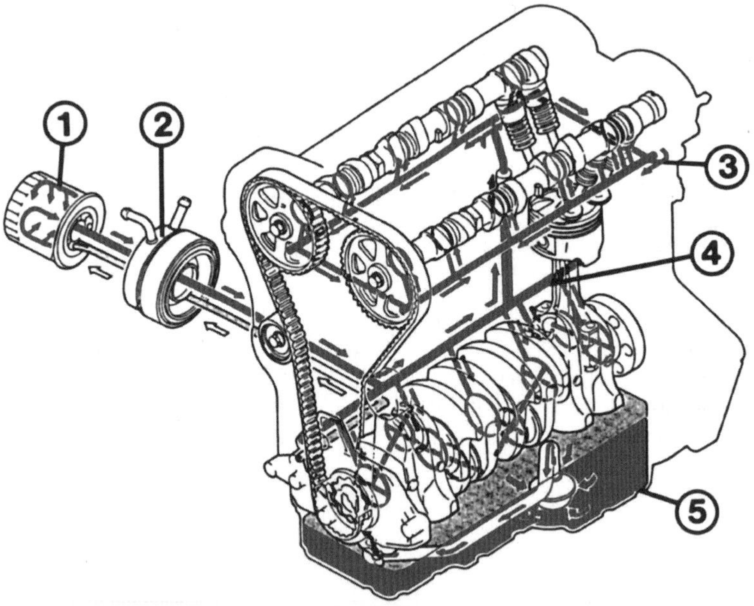

Diese Darstellung verdeutlicht mit den Pfeilen den Ölkreislauf im 1,9-Liter-Motor. Die Zahlen bezeichnen:
1 – Ölfilter;
2 – Ölkühler;
3 – Ölkanal im Zylinderkopf;
4 – Ölkanal zu den Ölspritzdüsen;
5 – Ölwanne.

Nur der 1,9-Liter-Motor besitzt einen Ölkühler (2). Position »1« bezeichnet den Anschlußstutzen für das Kühlmittel. Weiter gezeigt:
3 – Befestigungsmutter am Motor;
4 – Ölfilter.

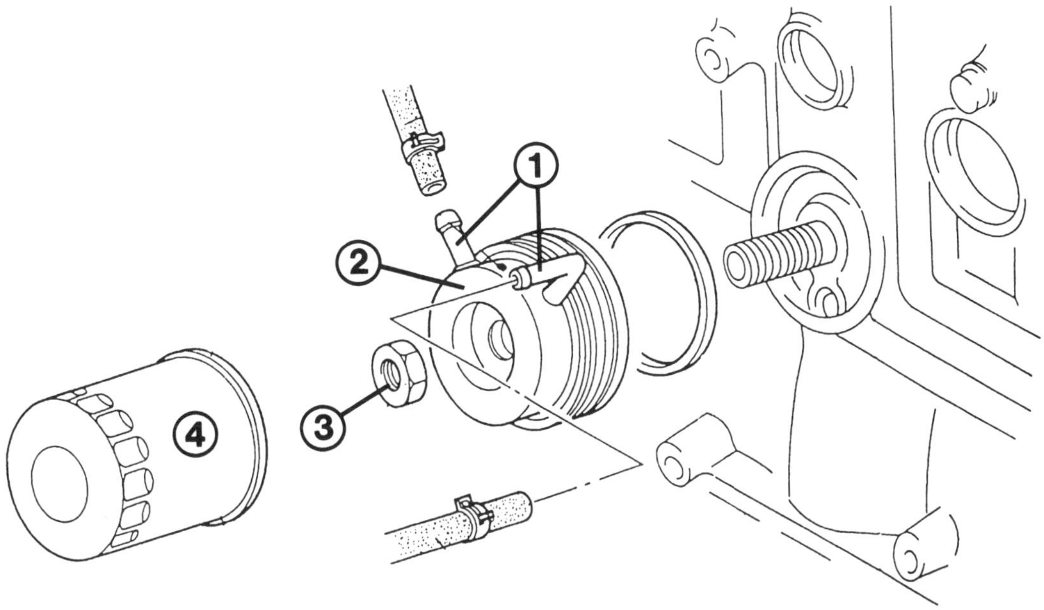

Der Ölkühler
1,9-Liter-Motor

Der 1,9-Liter-Motor besitzt einen »wasserdurchflossenen« Kühler, der ohne thermostatische Regelung auskommt. Der Kühler sitzt zwischen dem Ölfilterhalter und dem Filter. Darin wird das Öl vom ständig durchgepumpten Kühlmittel abgekühlt.

Ölkühler ausbauen

- Auffangwanne unterstellen, Ölfilter herausdrehen.
- Kühlmittel ablassen.
- Kühlmittelleitungen lösen.
- In der Mitte sitzende Mutter lösen und den Kühler aus dem Halteflansch herausziehen.
- Beim Einbau neue Dichtungen verwenden.
- Ölkühler mit **40 Nm** festziehen.
- Kühlmittelschläuche befestigen und Kühlmittel auffüllen (siehe Kapitel »Das Kühlsystem«).

Der Öldruck

Der MX-5 ist mit einem Zeigerinstrument für die Öldruckanzeige ausgestattet. Die Aussage über den Öldruck im Motor stammt vom Öldruckgeber an der in Fahrtrichtung rechten Motorseite über dem Ölfilter. Der Öldruck soll bei einer Öltemperatur von 70°C und bei einer Kühlmitteltemperatur von 80°C folgende Werte erreichen:
○ Im **Leerlauf (1000/min) mindestens 2,0–3,0 bar,**
○ Bei **3000/min** des Motors **mindestens 3,0–4,0 bar.**
Zum Schutz vor zu hohem Öldruck durch kaltes und sehr zähflüssiges Öl öffnet ein Überdruckventil in der Ölpumpe den Weg zur Saugseite hin.
Näheres zur Öldruckanzeige finden Sie im Kapitel »Instrumente und Geräte«.

Fingerzeig: Fällt der Zeiger während der Fahrt in einer Kurve auf »0«, Ölstand kontrollieren und ggf. auffüllen! Sonst riskieren Sie einen Lagerschaden.

Die Motor-Entlüftung

Auch ein gesunder Motor bläst in der Minute 50 bis 70 Liter Verbrennungsgase an den Kolbenringen vorbei ins Kurbelgehäuse. Dieser Druck muß aus dem Motor entweichen können, damit die Dichtungen nicht zu stark beansprucht werden. Das geschieht über die Motor-Entlüftung. Die giftigen Gase aus dem Motorinnern werden ins Ansaugrohr geleitet und zur Verbrennung nochmals vom Motor angesaugt.
Das Regelventil für die Motor-Entlüftung sitzt in Fahrtrichtung rechts hinten auf dem Zylinderkopfdeckel. Gesteuert wird es über den Unterdruck im Ansaugrohr: geringe Öffnung im Leerlauf (hoher Saugrohr-Unterdruck), zunehmende Öffnung mit steigenden Drehzahlen (abfallender Saugrohr-Unterdruck). So wird vermieden, daß zu viel Öl aus der Entlüftung in die Brennräume gesaugt werden kann.

Druckregelventil prüfen

- Warmgefahrenen Motor im Leerlauf drehen lassen.
- Druckregelventil mit seinem Schlauch aus dem Zylinderkopfdeckel herausziehen.

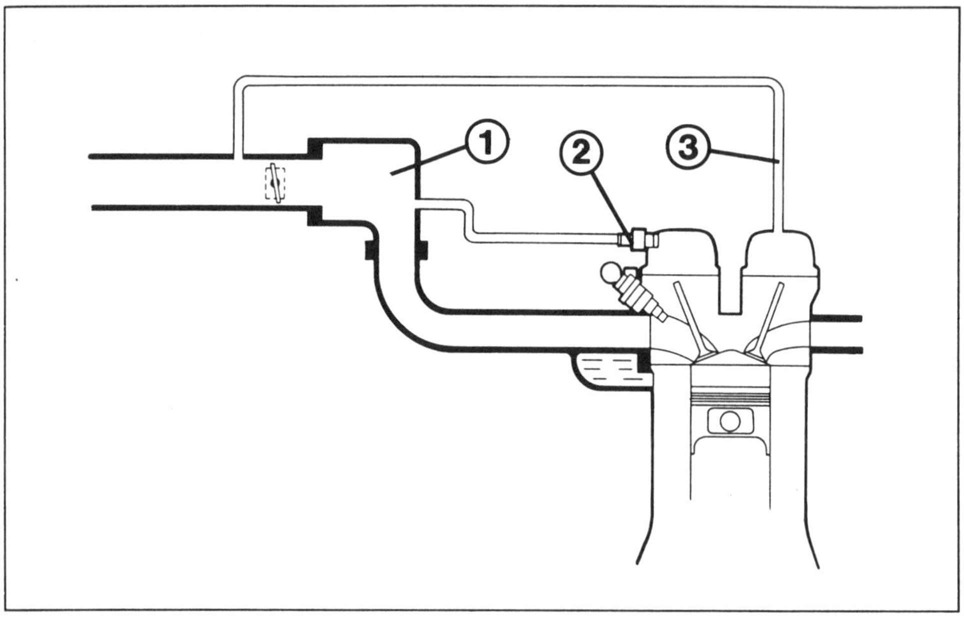

Das Ansaugrohr (1) ist durch zwei Unterdruckleitungen mit dem Zylinderkopfdeckel verbunden. Das Druckregelventil (2) verhindert, daß bei geschlossener Drosselklappe im Schiebebetrieb zu viel Öl in die Brennräume gesaugt werden kann. Die zweite Entlüftungsleitung (3) ist vor der Drosselklappe mit dem Ansaugrohr verbunden.

- Mit der Hand die Öffnung am Regelventil verschließen und prüfen, ob Unterdruck vorhanden ist.
- Ventil ausbauen. Wenn Sie durch die große Öffnung (vom Zylinderkopfdeckel kommend) blasen, darf Luft durchströmen.
- Blasen Sie dagegen an der kleinen Öffnung (vom Ansaugrohr kommend) durch das Ventil, darf es keine Luft durchlassen, andernfalls Ventil ersetzen.

Sichtprüfung des Motors

Wartung Nr. 10

- Betrachten Sie den Motor von oben und unten.
- Geringfügig ölfeuchte Stellen sind nicht bedenklich, alle Motoren »schwitzen« gelegentlich etwas Schmiermittel aus.
- Ölflecken unter dem geparkten Wagen und ölnassen Stellen sollten Sie aber auf den Grund gehen.
- Die Motorwäsche darf nur über einem Ölabscheider stattfinden, wie er bei Selbstbedienungs-Waschparks mit dem dazugehörigen Hochdruckreiniger zu finden ist.
- Triebwerk mit Motorreiniger einsprühen, einwirken lassen und mit dem heißen Wasserstrahl aus dem Hochdruckreiniger säubern.
- Nach einer Probefahrt von wenigen Kilometern wird kontrolliert.

Fingerzeig: Wer seinen Motor im Waschpark mit dem Druckreiniger säubert, sollte unbedingt Arbeitskleidung anziehen!

Mögliche Leckstellen

Auf die nachstehend genannten Stellen am Motor sollten Sie Ihr Augenmerk richten:

- ○ Abdichtung von Kurbelwelle und Nockenwellen (vom Zahnriemenschutz verdeckt)
- ○ Dichtung für Drehwinkelgeber
- ○ Öldruckgeber
- ○ Ölfilterflansch
- ○ Ölwanne
- ○ Zylinderkopfdeckeldichtung
- ○ Zylinderkopfdichtung

Die Motor-Entlüftung ist hier am 1,6-Liter-Motor gezeigt. Oben im Zylinderkopfdeckel ist das Druckregelventil (2) eingesetzt. Der Schlauch »1« stellt die Verbindung zum Ansaugrohr her.

Einfahren eines neuen Motors

Während der ersten **1000 km** sollen die gleitenden Teile des Motors (Kolben und Zylinder; Gleitlager und Wellen) Gelegenheit haben, sich an das jeweilige Gegenstück anzupassen. Das muß bei niedriger Belastung bzw. bei niedrigen Drehzahlen geschehen. Die spätere Motorleistung, der Ölverbrauch und die Lebensdauer hängen davon ab. Deshalb:

○ Während der ersten 1000 km Gaspedal höchstens zu drei Viertel durchtreten.

○ In der Laufzeit von **1000–1500 km** den Motor allmählich bis zur Höchstgeschwindigkeit bzw. zur höchstzulässigen Drehzahl steigern.

Auf Landstraßen fühlt sich der Motor während der Einfahrzeit am wohlsten. Da muß fleißig geschaltet werden, man fährt mit wechselnden Drehzahlen und Geschwindigkeiten und wird selbst bei strikter Beachtung der anfänglichen Höchstgeschwindigkeit nicht zum Verkehrshindernis. Im Lauf der folgenden 500 km können Sie die Drehzahlen langsam steigern. Ab 1500 km darf der Motor ruhig auch einmal hochgedreht werden. Routinierte Einfahrer benutzen dazu vor allem Autobahngefälle: Bergab mit relativ hohen Motordrehzahlen, ohne den Motor gleichzeitig stark zu belasten. Das Triebwerk muß dazu allerdings restlos durchgewärmt sein, also mindestens 25 km Fahrstrecke nach dem Kaltstart hinter sich haben.

Etwa 3000 km muß der Motor schon gelaufen sein, ehe er richtig eingefahren ist. Bei überwiegendem Stadtverkehr dauert es noch viel länger.

Fingerzeig: Was hier für den neuen Motor gesagt wurde, gilt noch mehr für ein überholtes Triebwerk, das erfahrungsgemäß empfindlicher auf falsche Einfahrweise reagiert.

Die Motor-Lebensdauer

Die Angabe von Kilometerleistungen ist schwierig. Wer grundsätzlich gleich nach dem Kaltstart mit hohen Drehzahlen davonbraust, darf sich nicht wundern, wenn der Motor vielleicht schon nach 80000 km das Zeitliche segnet. Dagegen kommen andere Fahrer trotz forscher Fahrweise mit dem ersten Triebwerk auf Kilometerleistungen von über 180000.

Von entscheidender Bedeutung für die Motorlebensdauer ist die Öltemperatur. Während die Kühlmittel-Temperaturanzeige schon relativ früh Betriebstemperatur signalisiert, ist das Motoröl frühestens nach etwa 10 Minuten Fahrt völlig einwandfrei schmierfähig.

Bei wochenlangem Kurzstreckenverkehr bilden sich während der langen Leerlaufminuten in den Brennräumen und an den Ventilen Ablagerungen, die bei voller Betriebstemperatur und zügiger, aber nicht scharfer Fahrt langsam abgebrannt werden sollen. Das entspricht einer Drehzahl von 3500–4500/min.

Nenn- und Höchstdrehzahl

○ Ein Verbrennungsmotor gibt seine höchste Leistung bei einer bestimmten Drehzahl ab – der sogenannten **Nenndrehzahl.** Höher als diese hinauszudrehen bringt keine Mehrleistung. Hohes Ausdrehen kann lediglich kurzzeitig beim Überholen von Vorteil sein.

○ Für eher geruhsames Fahren hält man den Motor möglichst im **Drehzahlbereich des größten Drehmoments.** Dort ist die beste Durchzugskraft vorhanden.

○ Unsere Motoren sind durchaus drehzahlfest. Die Ventile werden über die Hydrostößel direkt von den obenliegenden Nockenwellen betätigt. Dabei werden nur geringe Massen in Bewegung gesetzt, was hohe Drehzahlen ohne Gefahr für den Ventiltrieb gestattet.

Fingerzeig: Wie es sich für einen Sportwagen gehört, besitzt der MX-5 einen Drehzahlmesser. Ein solches Instrument hat allerdings eine gewisse Voreilung – im oberen Skalenbereich bis zu 5%. 5000 Umdrehungen auf dem Tourenzähler sind demzufolge oft lediglich echte 4750/min.

Drehzahl-Begrenzung

Bei zu hohen Drehzahlen geraten die Ventilfedern so stark ins Schwingen, daß ein einwandfreies Öffnen und Schließen der Ventile nicht mehr gewährleistet ist. Die Ventilfedern können brechen, was zur Folge hat, daß das betreffende Ventil auf dem Kolben aufschlägt und gewaltige Zerstörungen anrichtet. Damit es gar nicht so weit kommen kann, besitzt der Motor eine Drehzahlbegrenzung. Dafür ist das Steuergerät der Zünd/Einspritz-Steuerung zuständig. Sobald die Höchstdrehzahl erreicht ist, erhalten die Einspritzventile kein Signal mehr zum Öffnen. Die Abschaltdrehzahl liegt bei maximal **7300/min.**

Kompressionsdruck messen

Die Messung des Kompressionsdrucks in den Motorzylindern gibt Aufschluß darüber, ob Ventile und Kolbenringe gut abdichten. Leistung, Kaltstartverhalten sowie Öl- und Kraftstoffverbrauch hängen davon ab.

● Motor warmfahren. Die Kolbenringe dichten bei warmem Öl besser ab.
● Handbremse anziehen, Schalthebel in Leerlauf drücken.
● Zündung lahmlegen, siehe Kapitel »Die Zündanlage«.
● Alle Zündkerzen herausschrauben.
● Gummikonus des Druckprüfers auf das Kerzenloch des 1. Zylinders (in Fahrtrichtung ganz vorne) pressen oder Anschlußleitung ins Zündkerzengewinde schrauben.
● Von Helfer Gaspedal voll durchtreten lassen. So erhalten die Zylinder ihre größte Füllung.
● Mit dem Anlasser den Motor so lange durchdrehen lassen, bis der Druckwert nicht mehr ansteigt (mindestens 5 Sekunden).
● Meßwert ablesen und notieren. Bei einem Druckschreiber mit Meßkärtchen weiterschalten für den nächsten Zylinder.

Druckwerte

Folgendes sagen die Kompressionsdruckwerte aus (in bar Überdruck):

Motor	Guter Motorzustand	Motor überholungsbedürftig	Maximaler Druckunterschied zwischen den Zylindern
1,6-Liter	13,5	9,5	2,0
1,9-Liter	12,8	9,0	2,0

Störungsbeistand

Zu niedrige Druckwerte

Gleichmäßig niedriger Kompressionsdruck ist nicht unbedingt ein Alarmzeichen; Ursache können Meßtoleranzen zwischen verschiedenen Prüfgeräten sein.
Bedenklich ist es dagegen, wenn zwischen den vier Meßwerten für die Zylinder Unterschiede von mehr als 2 bar bestehen. Das kann bedeuten:
○ Kolben- und Kolbenringverschleiß
○ Festsitzende Kolbenringe durch Rückstandsbildung
○ Unrunde Zylinder als Folgeerscheinung von Kolbenklemmern
○ Ablagerungen an den Ventilschäften oder -sitzen durch Verbrennungs- bzw. Schmierölrückstände oder Ventilsitz defekt
○ Eingeschlagene Ventile

Fehlersuche

Zum Lokalisieren des Fehlers bei zu niedrigem Kompressionsdruck mit einer Spritzkanne etwas zähflüssiges Öl ins Zündkerzenloch träufeln und Kompressionsdruck nochmals messen.
○ Bleiben die Werte weiterhin schlecht, sind die Ventile schuld.
○ Erhalten Sie höhere Druckwerte, liegt es an den Kolbenringen und vielleicht auch an den Zylindern. Ein typisches Zeichen für diesen Fehler ist langsames Ansteigen des Druckwertes beim Durchdrehen des Motors. Das eingefüllte Öl hat kurzfristig zwischen Kolben und Zylinderwänden besser abgedichtet, so daß das komprimierte Gas kaum noch entweichen konnte.
○ Falls der Kompressionsdruck am Nachbarzylinder ebenfalls zu niedrig ist, kann die Zylinderkopfdichtung defekt oder der Zylinderkopf verzogen sein.

Beim Messen des Kompressionsdrucks muß das Prüfgerät absolut dicht mit dem Zündkerzenloch abschließen. Manche Druckprüfer sind zu dick für die schmalen Zündkerzenbohrungen des Mazda-Motors.

Der Druckverlusttest

Die genauere Schadenseingrenzung erfolgt durch den Druckverlusttest in der Werkstatt. Das Testgerät besteht aus zwei Kammern, wobei in einer ein gleichbleibender Druck herrscht. Die zweite Kammer ist über einen Schlauch zur Zündkerzenbohrung mit dem Verbrennungsraum, durch eine Düse mit der ersten Kammer und außerdem mit einer Anzeigeskala verbunden.
Verliert der geprüfte Brennraum Druck, wird dies auf der Skala angezeigt. Eine größere Leckstelle läßt sich durch Abhorchen erkennen.

- ○ Blasgeräusche am Auspuff lassen auf ein undichtes Auslaßventil schließen.
- ○ Strömt Druckluft aus dem Drosselklappenteil, ist ein Einlaßventil defekt.
- ○ Bei einer defekten Zylinderkopfdichtung oder einem Riß im Zylinderkopf gelangt Druckluft durch das benachbarte Zündkerzenloch oder aus dem geöffneten Kühler ins Freie.
- ○ Verschlissene Zylinderwände, Kolbenlaufbahnen oder Kolbenringe lassen Druck ins Kurbelgehäuse strömen und am geöffneten Öleinfüllstutzen oder am Rohr für den Ölpeilstab austreten.

Motor durchdrehen

Zu manchen Arbeiten muß man die Kurbelwelle entweder in eine bestimmte Stellung bringen oder durchdrehen.

- ● Entweder 5. Gang einlegen und den Wagen auf ebener Fläche vor- oder zurückschieben.
- ● Oder einen gekröpften SW-21-Ringschlüssel auf der Zentralmutter der Kurbelwellen-Riemenscheibe ansetzen und den Motor jetzt durchdrehen.
- ● Am leichtesten läßt sich der Motor bei herausgeschraubten Zündkerzen drehen.

Zylinder 1 auf Zünd-OT stellen

Beim Viertaktmotor kommt der Kolben während der vier Arbeitstakte zweimal in den Oberen Totpunkt (OT): Einmal beim Zünden des angesaugten Gemisches und zum zweiten Mal nach dem Ausstoßen der Altgase mit anschließend beginnendem Wiederansaugen von Kraftstoff/Luft-Gemisch. Üblicherweise wird bei verschiedenen Einstellarbeiten der OT von Zylinder 1 (der vordere) während des Zündzeitpunkts gebraucht.

- ● Zylinderkopfdeckel abnehmen und Kurbelwelle so lange durchdrehen, bis die beiden Nocken von Zylinder 4 – das ist der in Fahrtrichtung hintere – auf Überschneidung stehen.
- ● Dann bewegt sich der eine nach unten, während sich der andere gerade nach oben bewegt.
- ● Damit die Sache ganz genau wird, Kurbelwelle ein Stückchen hin- oder herdrehen, bis die Kerbe auf der Kurbelwellen-Riemenscheibe (in Fahrtrichtung vorn) dem »T« auf der Markierung an der unteren Zahnriemen-Abdeckung gegenübersteht.
- ● Die Nockenwellenmarkierung muß mit den Markierungen der Dichtplatte übereinstimmen, siehe Bild Seite 36 unten.

Arbeiten am Zahnriemen

Die Ventilsteuerung erfolgt, wie bereits angesprochen, über einen Zahnriemen. Dieser versetzt die Nockenwellen in die halbe Umdrehungszahl der Kurbelwelle.

Fingerzeig: Ein gerissener Zahnriemen bedeutet bei unserem Motor das »Aus«. Zwischen dem in höchster Stellung stehenden Kolben und den geöffneten Ventilen bleibt kein Raum frei, der hochge-

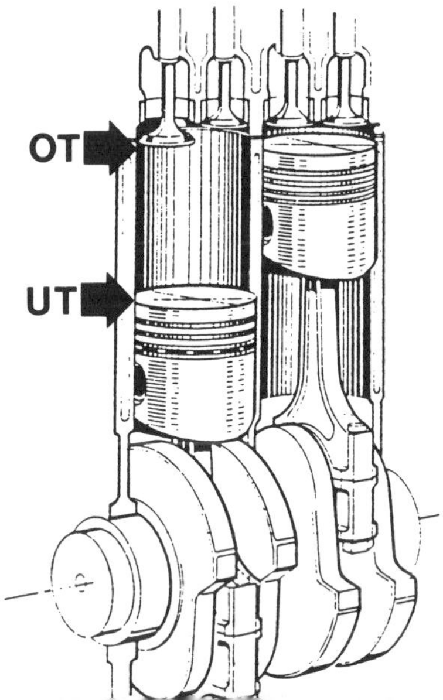

Links: Die Zeichnung verdeutlicht die Begriffe »Oberer Totpunkt« (OT) und »Unterer Totpunkt« (UT). Der Raum dazwischen stellt den »Hubraum« dar.
Rechts: Zum Durchdrehen des Motors haben wir hier an der Sechskant-Halteschraube der Kurbelwellen-Riemenscheibe die Rätsche (3) angesetzt. Die Kurbelwelle ist in dieser Abbildung auf OT-Stellung gebracht. Die Kerbe (2) auf der Kurbelwellen-Riemenscheibe muß dem »T« auf der Markierung (1) gegenüberstehen.

hende Kolben schlägt die Ventile krumm und wird durch den Aufschlag selbst beschädigt. Solcher »Ventil/Kolben-Salat« bewirkt Totalschaden am Motor. Dieser Tatsache sollten Sie sich bei allen Arbeiten am Zahnriemen bewußt sein.

Zahnriemen-Abdeckungen abnehmen

Für die Kontrolle des Zahnriemens genügt es, den Zylinderkopfdeckel und ggf. die obere Zahnriemen-Abdeckung abzunehmen. Zum Ausbau der unteren Abdeckung(en) werden umfangreichere Vorarbeiten nötig.

- Zündspulen losschrauben.
- Zündkerzenstecker abnehmen.
- Die Schrauben am Zylinderkopfdeckel lösen, Deckel abnehmen.
- Am **oberen** Steuergehäusedeckel vier Sechskantschrauben lösen.
- Abdeckung abnehmen.
- Zum Ausbau des **mittleren** und **unteren** Steuergehäusedeckels den Keilrippenriemen der Servolenkung (Kapitel »Radaufhängung und Lenkung«) abnehmen.
- Riemenscheibe der Wasserpumpe losschrauben.
- Antriebsriemen der Lichtmaschine abnehmen, siehe Kapitel »Die Lichtmaschine«.
- Eine Sechskantschraube an der mittleren und drei Sechskantschrauben an der unteren Abdeckung lösen.
- Jeweilige Zahnriemen-Abdeckung abnehmen.
- Beim Einbau der **oberen bis unteren** Zahnriemen-Abdeckungen alle Schrauben mit **8–10 Nm** anziehen.
- Der Zylinderkopfdeckel wird mit **5–10 Nm** festgezogen.

Zahnriemenzustand prüfen

- Zylinderkopfdeckel abnehmen.
- Damit Sie den Riemen auf seiner gesamten Länge begutachten können, den Motor durchdrehen.
- Öl oder Fett auf den Zahnriemen gelangt?
- Risse im Riemen oder Schleifspuren an Zahnriemenrücken bzw. -seiten?
- Flanken der Verzahnung an den Kanten abgenutzt oder teilweise abgerissen?
- Bei Öl- bzw. Fettspuren oder Schäden muß der Zahnriemen unbedingt ersetzt werden. Nicht mit Lösungsmittel säubern!

Zahnriemenspannung kontrollieren

- Zylinderkopfdeckel abnehmen.
- Die Spannung des Riemens wird zwischen den beiden Nockenwellenrädern geprüft.
- Mit kräftigem Daumendruck (100 N) den Durchhang des Riemens ermitteln.
- Er soll sich bei richtiger Riemenspannung **9–11,5 mm** durchdrücken lassen.
- Im Zweifelsfall Messung nach Weiterdrehen der Kurbelwelle wiederholen.
- Riemen ggf. nachspannen.

Zahnriemen ersetzen

Wartung Nr. 41

Damit ein verschlissener Zahnriemen nicht zu einem Motor-Totalschaden führen kann, schreibt Mazda den Zahnriemenwechsel nach 100 000 km Laufleistung vor.

Zahnriemen spannen

- Zündspule und Zylinderkopfdeckel abnehmen.
- Oberen und mittleren Steuergehäusedeckel lösen und abnehmen.
- Zylinder 1 auf Zünd-OT stellen.
- Kurbelwelle im Uhrzeigersinn zwei Umdrehungen durchdrehen (**nicht im Gegenuhrzeigersinn drehen!**). Jetzt müssen die Kerben auf den Nockenwellenrädern wieder den jeweiligen Markierungen an der Dichtplatte am Zylinderkopf gegenüberstehen.
- Kurbelwelle im Uhrzeigersinn knapp zwei Umdrehungen durchdrehen, bis die Keilmarke auf dem Kurbelwellen-Riemenrad der Spannmarkierung im Winkel von 60° vor OT gegenübersteht.
- Klemmschraube der Spannrolle lösen, wodurch die Zugfeder die Spannrolle an den Zahnriemen heranzieht. Der Riemen darf nur durch die Federkraft gespannt werden.
- Klemmschraube mit **40–50 Nm** festziehen.
- Kurbelwelle etwas mehr als zwei Umdrehungen im Uhrzeigersinn durchdrehen, bis die Zünd-OT-Stellung wieder erreicht ist.
- Riemenspannung nochmals kontrollieren.
- Ist die Riemenspannung noch zu locker, muß die Spannfeder ersetzt werden.

Zahnriemen auswechseln

- Zylinderkopfdeckel und Zahnriemen-Abdeckungen ausbauen.
- Kolben im Zylinder 1 auf Zünd-OT stellen.
- Zum Abschrauben der Riemenscheibe von der Kurbelwelle verwendet die Werkstatt den Spezialschlüssel 49B01102 und 49S120710.
- Es geht auch ohne Spezialschlüssel, dazu muß an der Verzahnung der Schwungscheibe mit einem Schraubendreher gegengehalten werden.
- Riemenscheiben für Antriebsriemen der Lichtmaschine/Wasserpumpe und Keilrippenriemen der Servolenkung abnehmen.
- Zentrale Halteschraube der Riemenscheibenaufnahme herausdrehen. Äußere und innere Führungsscheibe entfernen. Beim Zusammenbau nicht verwechseln!
- Kühlmittelschläuche am Thermostatgehäuse abnehmen.

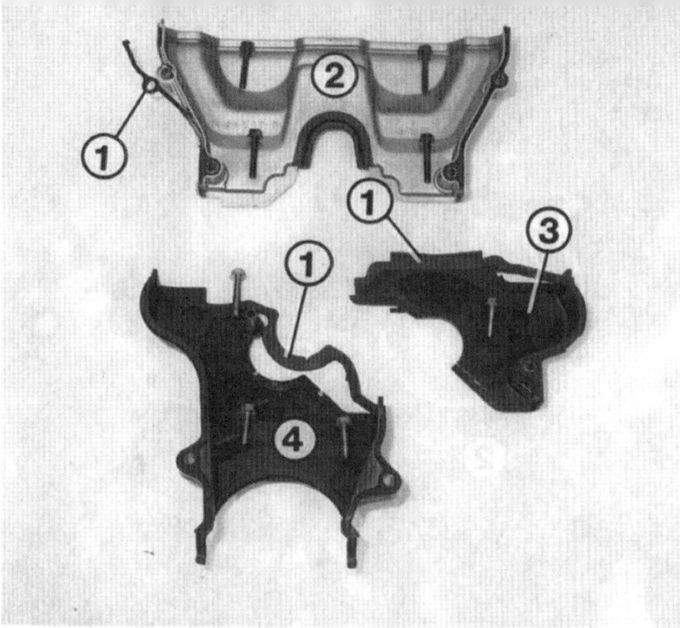

Die Zahnriemenabdeckung besteht aus Oberteil (2), mittlerem Teil (3) und Unterteil (4), das ebenfalls erst nach Ausbau der Wasserpumpen-Riemenscheibe demontiert werden kann. Neben den Abdeckungen sind jeweils die Halteschrauben abgelegt. Mit »1« sind die Dichtungen bezeichnet.

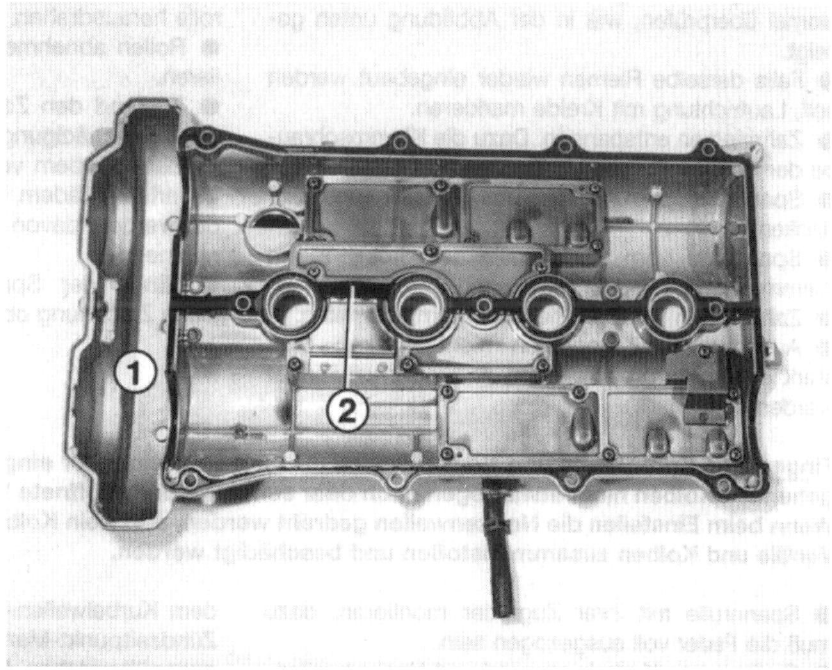

Am ausgebauten Zylinderkopfdeckel (1) sehen Sie die Dichtung (2) mit den runden Dichtflächen an den Zündkerzenschächten.

Links: Zum Ausbau des Zylinderkopfdeckels (2) müssen die Zündspule (1) und die mit Pfeilen bezeichneten Schrauben gelöst werden.
Rechts: Kontrolle der Zahnriemenspannung mittels kräftigen Daumendrucks (100 N). Geprüft wird zwischen den beiden Nokkenwellenrädern (Pfeile). Bei richtiger Spannung soll sich der Zahnriemen 9–11 mm durchdrücken lassen.

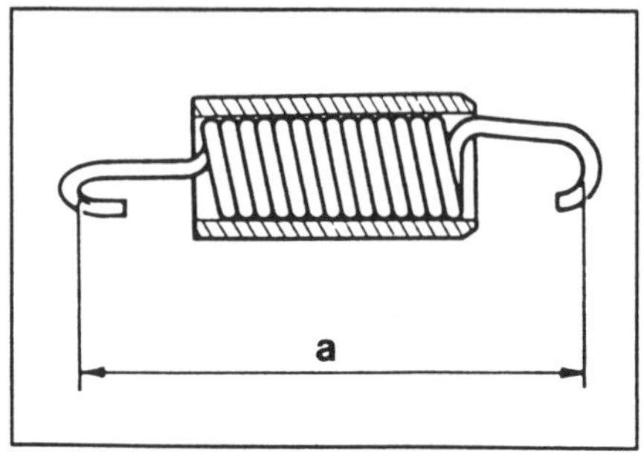

Links: Das Spannen des Zahnriemens ist hier gezeigt. Klemmschraube (2) der Spannrolle (1) lösen. Dadurch zieht die Zugfeder (3; hier mit ihrer Umhüllung »4« gezeigt) die Spannrolle an den Zahnriemen heran. Der Riemen darf nur durch die Federkraft gespannt werden.
Oben: Die korrekte Zahnriemenspannung ist abhängig von der richtigen Länge der Spannfeder. Das Maß »a« muß bei entlasteter Feder 58,8 mm betragen.

- Richtige Stellung der Nockenwellenräder noch einmal überprüfen, wie in der Abbildung unten gezeigt.
- Falls derselbe Riemen wieder eingebaut werden soll, Laufrichtung mit Kreide markieren.
- Zahnriemen entspannen. Dazu die Klemmschraube der Spannrolle losdrehen.
- Spannrolle zum Schutz mit einem Tuch abdecken.
- Spannrolle vom Zahnriemen wegdrücken und Klemmschraube wieder festdrehen.
- Zahnriemen von den Riemenrädern abstreifen.
- Ausgebauten Zahnriemen nicht knicken oder stark in sich verdrehen, wenn er wieder verwendet werden soll.
- Klemmschraube der Spannrolle und der Umlenkrolle herausdrehen.
- Rollen abnehmen und auf leichten Lauf kontrollieren.
- Zustand den Zahnriemenräder kontrollieren, bei einer Beschädigung ggf. ersetzen.
- Zum Säubern von Spann- bzw. Umlenkrolle und Zahnriemenrädern darf kein Lösungsmittel verwendet werden, davon könnte der Zahnriemen Schaden nehmen.
- Länge der Spannrollen-Zugfeder kontrollieren, siehe Zeichnung oben.

Fingerzeig: Kurbelwelle und Nockenwellen müssen so zueinander eingestellt sein, daß die nach oben gehenden Kolben nicht etwa gegen noch oder schon wieder geöffnete Ventile stoßen können. Wichtig: Wenn beim Einstellen die Nockenwellen gedreht werden, darf kein Kolben im OT stehen, sonst können Ventile und Kolben zusammenstoßen und beschädigt werden.

Steuerzeiten einstellen, Zahnriemen auflegen

- Spannrolle mit ihrer Zugfeder montieren, dazu muß die Feder voll ausgezogen sein.
- Stellung von Kurbelwellenrad und Nockenwellenrädern prüfen (siehe Abbildungen): Die Keilmarke auf dem Kurbelwellen-Riemenrad muß der keilförmigen Zündzeitpunkt-Markierung an der Motorstirnseite gegenüberstehen. Die Markierungen »I« bzw. »E« auf den Nockenwellen-Riemenrädern müssen mit den

Zahnriemen auflegen. Die Markierungen »I« (Pfeil) auf dem Auslaß-Nockenwellenrad (3) bzw. »E« (Pfeil) auf dem Einlaß-Nockenwellenrad (1) müssen mit den V-förmigen Einschnitten (4 bzw. 5) in der hinteren Zahnriemen-Abdeckung (2) übereinstimmen.

V-förmigen Einschnitten in der hinteren Zahnriemen-Abdeckung fluchten.
- Zahnriemen auflegen. Er muß auf der Zugseite (gegenüber der Spannrolle) zwischen Nockenwellenrad und Kurbelwellenrad straff gespannt sein. Kurbelwelle dabei nicht verdrehen.
- Kurbelwelle im Uhrzeigersinn zwei Umdrehungen durchdrehen (**nicht im Gegenuhrzeigersinn drehen!**). Markierung des Kurbelwellenrades wieder auf die Zündzeitpunkt-Markierung ausrichten.
- Jetzt müssen die Kerben auf den Nockenwellenrädern wieder den jeweiligen Markierungen am Zylinderkopfdeckel gegenüberstehen. Falls nicht, den Zahnriemen abnehmen und Arbeitsschritte wiederholen.
- Kurbelwelle im Uhrzeigersinn knapp zwei Umdrehungen durchdrehen, bis die Keilmarke auf dem Kurbelwellen-Riemenrad der Spannmarkierung im Winkel von 60° vor OT gegenübersteht.
- Klemmschraube der Spannrolle lösen, wodurch die Zugfeder die Spannrolle an den Zahnriemen heranzieht. Der Riemen darf nur durch die Federkraft gespannt werden.
- Klemmschraube mit **40–50 Nm** festziehen.
- Kurbelwelle etwas mehr als zwei Umdrehungen im Uhrzeigersinn durchdrehen, bis die OT-Stellung wieder erreicht ist. Prüfen, ob die Markierungen richtig zueinander ausgerichtet sind.
- Zahnriemenspannung kontrollieren, wie weiter vorn beschrieben. Falls die Riemenspannung nicht stimmt, Zugfeder nochmals auseinanderziehen und Spannrollen-Klemmschraube provisorisch festdrehen. Entsprechende Arbeitsschritte wiederholen.
- Ggf. Spannfeder ersetzen.
- Kurbelwellen-Riemenscheiben mit **15 Nm** festschrauben.
- Zuletzt Zündzeitpunkt kontrollieren.

Störungsbeistand

Motorgeräusche

Erkennungsmerkmal	Ursache/Besonderheiten
A Starkes Klingeln bei zügigem Beschleunigen	**Zündzeitpunkt zu früh eingestellt oder elektronische Zündzeitpunktverstellung defekt, siehe Kapitel »Die Zündanlage«**
B Leichtes helles Klopfen oder Klickern im Leerlauf	**1 Siehe »Störungsbeistand Hydrostößel«** **2 Das Geräusch tritt regelmäßig am Ende des Kolbenhubes auf. Es ist besonders gut hörbar, wenn leicht Gas gegeben und wieder zurückgenommen wird: Kolbenbolzensitz zu locker. In der Zylinderfolge jeweils einen Zündkerzenstecker bei abgeschaltetem Motor abziehen. Motor starten und kontrollieren, ob das Geräusch verschwunden ist. Ohne den Zünddruck über dem Kolben ist der Kolbenbolzen jetzt entlastet** **3 Das Geräusch tritt unregelmäßig auf: Sogenanntes Kolbenkippen durch Verschleiß oder zu großes Einbauspiel**
C Drehzahlabhängiges stärkeres dunkles Klopfen im Leerlauf und während der Fahrt	**1 Siehe »Störungsbeistand Hydrostößel«** **2 Das Geräusch ist besonders gut hörbar, wenn leicht Gas gegeben und wieder zurückgenommen wird: Pleuellager defekt. In der Zylinderfolge jeweils einen Zündkerzenstecker bei abgeschaltetem Motor abziehen. Motor starten und kontrollieren, ob das Geräusch verschwunden ist. Ohne den Zünddruck über dem Kolben ist das Pleuellager jetzt entlastet**

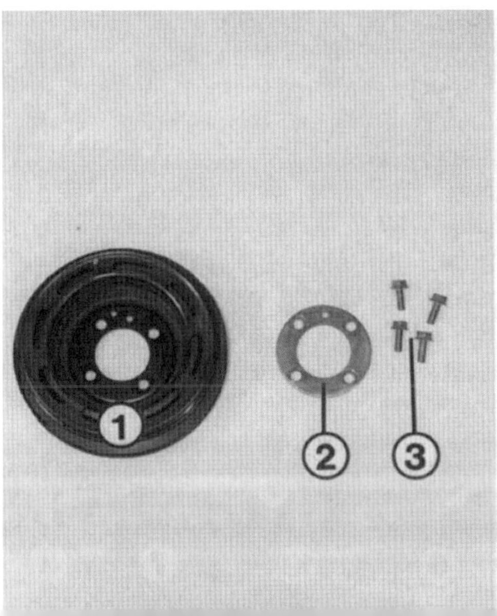

Links: Die ausgebaute Kurbelwellen-Riemenscheibe (1) mit Scheibe (2) und Halteschrauben (3). Rechts: Stellung der Kurbelwelle zum Auflegen des Zahnriemens: Die Keilmarke (Pfeil) auf dem Kurbelwellen-Riemenrad (2) muß der keilförmigen Zündzeitpunkt-Markierung (1) an der Motorstirnseite gegenüberstehen.

Erkennungsmerkmal	Ursache/Besonderheiten
D Drehzahlabhängiges dumpfes Klopfen	1 Das Geräusch tritt besonders deutlich im unteren Geschwindigkeitsbereich beim kräftigen Beschleunigen auf, aber auch im Stand, wenn Gas gegeben und wieder zurückgenommen wird: Hauptlager der Kurbelwelle defekt 2 Das Geräusch tritt unregelmäßig auf, besonders jedoch bei schnellen Drehzahländerungen: Kupplungs-Druckplatte läuft nicht zentrisch, Schwingungsdämpfer der Mitnehmerscheibe defekt oder Schwungscheibe am Kurbelwellenflansch lose
F Motor schlägt zurück	Zündzeitpunkt verstellt, Defekt im Hochspannungsteil der Zündanlage, Steuerzeiten falsch eingestellt, Ventil bleibt hängen oder Ventilsitz verbrannt
G Unregelmäßiges Quietschen oder Kreischen	Das Geräusch tritt besonders stark beim Beschleunigen auf: Loser Keilriemen rutscht durch
H Pfeifen beim Durchtreten der Kupplung	Ausrücklager verschlissen oder nicht geschmiert

Fingerzeig: Folgende Ursachen kommen bei einem Lagerschaden in Betracht: Zu hohe Drehzahlen bei kaltem Motor und daher zähflüssigem Öl; Wasser im Motoröl als Folge einer defekten Zylinderkopfdichtung; mangelnde Schmierung durch zu niedrigen Ölstand; abgerissener Schmierfilm bei hohen Öltemperaturen, evtl. durch falsche Ölviskosität.

Motorschaden

Wenn ein Schaden am Motor auftritt, muß ein Kostenvoranschlag der Werkstatt Klarheit darüber schaffen, ob Reparatur oder Ersatz im Verhältnis zum Zeitwert des Wagens steht. Dann entscheiden Sie, was Sie in Eigenarbeit erledigen können. Wir empfehlen nur Zerleg- und Zusammenbau-Arbeiten. Richtiggehende Instandsetzungen sind Werkstattsache.

○ Eine schadhafte Zylinderkopfdichtung erfordert die Abnahme des Zylinderkopfes. Das ist für den engagierten Heimwerker durchführbar.

○ Defekte am Zylinderkopf, z. B. schadhafte Ventile oder Ventilführungen können in der Mazda-Werkstatt oder bei einem spezialisierten Motor-Instandsetzer repariert werden. Aus- und Einbau ist in Eigenregie möglich. Sie können auch einen gebrauchten oder neuen Zylinderkopf besorgen.

○ Schäden am Motorblock, wie verschlissene Zylinderlaufbahnen, defekte Kolbenringe und schadhafte Pleuel- oder Hauptlager erfordern die Fähigkeiten des erfahrenen Motor-Instandsetzers. Zum Aus- und Einbau benötigen Sie entsprechende Werkzeug- und Arbeitsplatzausrüstung. Evtl. kann auch ein gebrauchter oder neuer Motorblock weiterhelfen.

Fingerzeige: Viele Motor-Instandsetzungsfirmen haben sich zu einer Gütegemeinschaft zusammengeschlossen im Verband der Motor-Instandsetzungsbetriebe e.V., Kölner Straße 89, 50859 Köln. Von dort können Sie ein Verzeichnis der umliegenden Betriebe anfordern.
Bisweilen kann der Einbau von gebrauchten Teilen eine Sparmöglichkeit sein, sofern der Verkäufer die Laufleistung und den einwandfreien Zustand der Bauteile glaubhaft nachweisen kann. Günstig ist es,

Zum Ausbau der beiden Nockenwellen müssen die Schrauben in der Reihenfolge der Ziffern 1–20 gelöst werden.

wenn Sie einen gebrauchten Motor noch im eingebauten Zustand laufen hören können. Seriöse Autoverwerter-Firmen geben eine Umtausch-Garantie oder legen z.B. ein Motor-Kompressionsdiagramm vor.

Arbeiten am Zylinderkopf

Arbeiten am Zylinderkopf – beginnend mit dem Ausbau – setzen bessere Kenntnis der Materie voraus, als dies bei den bisher beschriebenen Reparatur- und Pflegearbeiten nötig war. Außerdem ist ein Drehmomentschlüssel als wichtigstes Werkzeug jetzt unerläßlich.

Zylinderkopfdeckel abnehmen

Der Zylinderkopfdeckel – oft Ventildeckel genannt – wird bei unserem Motor folgendermaßen abgebaut:

● Schlauchklemmen der Motor-Entlüftungsschläuche lösen und Schläuche abziehen.
● Zündkerzenstecker abziehen.
● Zündspulen lösen.
● Zum Abnehmen des Zylinderkopfdeckels müssen 15 Sechskantschrauben gelöst werden.
● Zylinderkopfdeckel vorsichtig vom Nockenwellengehäuse abheben, damit die Dichtung nicht beschädigt wird.
● Eine beschädigte Dichtung ersetzen.
● Beim Einbau soll die obere Dichtfläche des Zylinderkopfes beidseitig der Nockenwellen bei den Zahnriemenrädern und beim Drehwinkelgeber mit Silikondichtmittel bestrichen werden.
● In Fahrtrichtung vorn müssen die beiden kurzen Befestigungsschrauben eingedreht werden.
● Befestigungsschrauben an der Deckelmitte beginnend über Kreuz mit **5–10 Nm** anziehen.

Nockenwellen ausbauen

● Motor auf Zünd-OT Zylinder 1 stellen.
● Zündspule lösen.
● Zylinderkopfdeckel abnehmen.
● Obere, mittlere und untere Zahnriemen-Abdekkung abschrauben.
● Zahnriemen ausbauen, wie beschrieben.
● An der Einlaß-Nockenwelle (1,6-Liter) bzw. Auslaß-Nockenwelle (1,9-Liter) den Drehwinkelgeber abschrauben, siehe Kapitel »Die Zündanlage«.
● Sofern eine der Nockenwellen ersetzt werden soll, Riemenrad abschrauben.
● Hierzu betreffende Nockenwelle mit einem Gabelschlüssel am Sechskant der Welle gegenhalten.
● Lagerdeckel der betreffenden Nockenwelle in der auf der gegenüberliegenden Seite gezeigten Reihenfolge losschrauben. Dabei die Schrauben in drei Stufen eine Umdrehung lösen. Die Nockenwellen müssen sich gleichmäßig aus den Lagersitzen lösen.
● Lagerdeckel auf einem sauberen Tuch ablegen. Sie sind durchnumeriert und nach Einlaß- und Auslaßseite gekennzeichnet: »I« = Einlaß (englisch: inlet) und »E« = Auslaß (englisch: exhaust).
● Nockenwellen herausnehmen und Dichtringe abnehmen.
● Zum Einbau Gleitflächen der Lagerzapfen und der Lagerdeckel mit Motoröl bestreichen.
● Nockenwellen einbauen. Die Einlaß- (1,6-Liter) bzw. die Auslaß-Nockenwelle (1,9-Liter) ist mit einer Nut für den Drehwinkelgeberantrieb versehen.
● Dichtfläche der breiten Lagerdeckel zur Motorstirnseite hin mit Silikondichtmittel bestreichen.
● Lagerdeckel auflegen. Dabei stehen sich jeweils die gleichen Kennzahlen auf Deckel und Lagersitz gegenüber.
● Der Pfeil auf den Lagerdeckeln muß zu den Riemenrädern zeigen.
● Lagerdeckel in zwei bis drei Stufen in der im Bild oben auf der folgenden Seite gezeigten Reihenfolge mit **10–15 Nm** festziehen.
● Nockenwellen-Dichtringe einbauen. Dazu Dichtlippe mit etwas Motoröl bestreichen und von Hand einsetzen.
● Den Dichtring mit einem passenden Metallrohr eintreiben, bis er mit der Außenkante bündig sitzt (Dichtring-Außendurchmesser 48 mm).
● Kurbelwelle so drehen, daß kein Kolben im OT steht.
● Nockenwellen so einsetzen, daß die beiden Fixierstifte an den Stirnseiten der Nockenwellen nach oben zeigen.
● Nockenwellenräder mit nach oben gerichteter Markierung, »I« für die Einlaßseite und »E« für die Auslaßseite, einbauen. Sie müssen mit der jeweiligen Kerbe in der hinteren Zahnriemen-Abdeckung übereinstimmen.
● Neue Sicherungsschrauben einsetzen, mit Gabelschlüssel Nockenwelle gegenhalten und mit **50–60 Nm** festziehen.
● Weitere Arbeitsschritte, wie unter »Steuerzeiten einstellen, Zahnriemen auflegen« beschrieben.
● Drehwinkelgeber einbauen (Kapitel »Die Zündanlage«).

Die Hydrostößel

Ventilgeräusche

Wenn Klappergeräusche aus dem Bereich Zylinderkopf auch bei betriebswarmem Motor nicht verstummen, deutet dies auf einen oder mehrere defekte Hydrostößel hin. Der betreffende Stößel kann nicht repariert werden, sondern wird ausgetauscht.
Unbedenklich sind Ventilgeräusche, wenn sie innerhalb weniger Sekunden, jedoch maximal nach 10 Minuten wieder verschwinden.

Die Lagerdeckel der Nockenwellen werden in zwei bis drei Stufen in der hier gezeigten Reihenfolge festgeschraubt.

Ursachen hierfür können sein:

- ○ Sie starten den Motor unmittelbar nach einem Ölwechsel.
- ○ Der Motor ist länger als einen Tag nicht gestartet worden.
- ○ Sie starten den Motor nach dem Ersetzen von Hydrostößeln.

Trifft keine dieser Möglichkeiten zu, müssen Sie die Ursache anhand des folgenden Störungsbeistands ausfindig machen.

Störungsbeistand

Hydrostößel

Die Störung	– ihre Ursache	– ihre Abhilfe
A Klopfgeräusch im Leerlauf nach schneller Fahrt	1 Ölstand zu niedrig 2 Motoröl durch Alterung zersetzt	Öl nachfüllen Öl und Ölfilter wechseln
B Hartes Klopfgeräusch	Verharzung, Verkohlung, Verklemmung durch Schmutz- oder Metallabriebteile im Öl	Öl und Ölfilter wechseln
C Mäßiges Klopfgeräusch	1 Undichter Sitz des Kugelventils 2 Zylinderkopfdichtung schadhaft, Verbrennungsgase gelangen in den Ölkanal	Hydrostößel ersetzen Dichtung ersetzen
D Zeitweilige Klickgeräusche	Kurzzeitig klemmt kleinstes Schmutzteilchen zwischen Kugel und Kugelsitz, Kugel ist unrund	Bei häufigem Auftreten Hydrostößel ersetzen
E Drehzahl-Leistungsverlust	Zu schneller Ölabfluß im Stößel, Kolben klemmt im Gehäuse, Kugelventil undicht, Verschmutzung	Hydrostößel ersetzen

Zur Kontrolle der Hydrostößel drückt man mit einem Kunststoff- oder Holzkeil (1) auf den entlasteten Hydrostößel (2). Kein Metallwerkzeug nehmen, mit dem die Oberfläche des Hydrostößels zerkratzt werden könnte.

Hydrostößel prüfen

- Zur Prüfung muß der Motor warmgefahren sein. Lassen Sie ihn nun im Stand so lange drehen, bis der Kühlerventilator einmal angelaufen ist.
- Dann den Motor etwa zwei Minuten lang mit etwas erhöhter Drehzahl (2500/min) laufen lassen.
- Bleibt der Ventiltrieb immer noch laut:
- Motor abschalten.
- Zylinderkopfdeckel abnehmen.
- Motor drehen, bis am zu prüfenden Zylinder die Nocken der Nockenwelle nach oben zeigen.
- Mit einem Holz- oder Kunststoffstück (kein Metallwerkzeug nehmen) den Stößel nach unten drücken.
- Spüren Sie hierbei »Luft« bis zum Öffnungspunkt des Ventils, muß der Hydrostößel ersetzt werden.

Hydrostößel ausbauen

- Betreffende Nockenwelle ausbauen.
- Stößel der Reihe nach numerieren, damit sie beim Wiedereinbau wieder an derselben Stelle montiert werden.
- Stößel herausziehen und mit der zur Nockenwelle hin zeigenden »Lauffläche« nach unten auf eine saubere Unterlage stellen.
- Beim Einbau die Laufflächen der Stößel und Nockenwelle leicht einölen.

Zylinderkopfdichtung

Ein Schaden an der Zylinderkopfdichtung tritt meist als Folge von Überhitzung auf.

Erkennungsmerkmal	Ursache/Besonderheiten
A Kühlflüssigkeitsstand nimmt laufend ab	Kühlmittel gelangt in sehr geringer Menge in die Brennräume. Diese Erscheinung kann sich ohne weitere Erkennungsmerkmale über längere Zeit hinziehen
B Beträchtlicher Kühlmittelverlust. Der Wagen zieht bei warmgefahrenem Motor einen weißen Abgasschleier hinter sich her	Kühlmittel dringt in erheblicher Menge in einen Verbrennungsraum, verdampft dort und entweicht als weiße Schwaden zum Auspuff hinaus
C Aus dem geöffneten Kühler steigen Luftblasen auf oder beim Öffnen des Verschlußdeckels sprudelt eine größere Menge Kühlmittel heraus	Verbrennungsgase werden ins Kühlsystem gedrückt. Aus der Öffnung des Kühlers riecht es nach Abgasen
D In Regenbogenfarben schillernde oder schwarze Verfärbung an der Oberfläche des Kühlmittels	Öl aus dem Schmierkreislauf gelangt ins Kühlsystem
E Grau oder braun aussehende Emulsion am herausgezogenen Ölpeilstab oder Öl von Wasserbläschen durchsetzt	Kühlflüssigkeit ist in den Schmierkreislauf geraten. Achtung: Wasser im Motoröl kann einen Lagerschaden verursachen. Zylinderkopfdichtung sofort wechseln (lassen). Motor nicht mehr starten! Wagen zur Reparatur abschleppen
F Schlechte Starteigenschaften, ungleichmäßiger Leerlauf, mangelhafte Leistung	Zylinderkopfdichtung zwischen zwei Brennräumen durchgebrannt

Zylinderkopf ausbauen

Bevor der Zylinderkopf abgenommen wird, muß der Motor abgekühlt sein, denn ein warmer Zylinderkopf kann sich nach dem Abbau verziehen, so daß er anschließend in einer Fachwerkstatt plangeschliffen werden muß.

Die Halteschrauben des Zylinderkopfes werden in der hier gezeigten Ziffernfolge gelöst.

- Minuskabel der Batterie abnehmen, siehe Kapitel »Die Batterie«.
- Kühlflüssigkeit ablassen und auffangen.
- Kühlmittelschläuche am Zylinderkopf lösen.
- Zündkerzenstecker abziehen und Zündspule lösen.
- Gaszug am Drosselklappenstutzen aushängen. Widerlager am Ansaugrohr abschrauben, dann ersparen Sie sich das Einstellen des Gaszugs.
- Sämtliche elektrische Leitungen an Zylinderkopf und Ansaugrohr kennzeichnen und abziehen.
- Einspritzventile mit Kraftstoffverteilerrohr ausbauen, Kraftstoffleitungen hierzu nicht abnehmen.
- Unterdruckschläuche am Drosselklappenstutzen bzw. am Zylinderkopf kennzeichnen und abnehmen.
- Luftschlauch zwischen Drosselklappenstutzen und Luftmengen/-massenmesser abbauen.
- Auspuffrohr vom Auspuffkrümmer trennen.
- Zylinderkopfdeckel abnehmen.
- Zahnriemen-Abdeckungen abnehmen.
- Zahnriemen entspannen und von den Nockenwellenrädern abstreifen.
- Zylinderkopfschrauben lösen. Reihenfolge wie auf der Vorseite gezeigt.
- Zylinderkopf mit Ansaug- und Auspuffkrümmer abheben. Löst er sich nicht gleich, helfen leichte Schläge mit einem Kunststoffhammer.
- Alte Kopfdichtung abnehmen.

Zylinderkopf prüfen

- Die Dichtflächen an Motorblock und Zylinderkopf müssen absolut sauber und frei von Dichtungsresten sein.
- Nicht mit hartem Werkzeug auf der weichen Zylinderkopf-Dichtfläche kratzen. Riefen können den nächsten Kopfdichtungsschaden verursachen.
- Kontrollieren Sie, ob der Zylinderkopf Risse zwischen den Ventilsitzen bzw. zwischen einem Ventilsitzring und dem Zündkerzengewinde aufweist.
- Ohne Einfluß auf die Lebensdauer sind leichte, höchstens 0,5 mm breite Anrisse oder wenn lediglich die ersten Zündkerzengewindegänge gerissen sind.
- Zylinderkopf auf Verzug prüfen, besonders dann, wenn der Kopfdichtungsschaden durch Überhitzung entstanden ist.
- Langes Metall-Lineal oder garantiert geraden Metallwinkel zuerst entlang der gereinigten Zylinderkopf-Dichtfläche und dann diagonal legen.
- Mit einer Fühlerlehre prüfen, ob der Durchhang an irgendeiner Stelle größer als 0,15 mm (1,6-Liter) bzw. 0,10 mm (1,9-Liter) ist. Dann muß der Zylinderkopf vor der Montage plangeschliffen werden. Das darf nur bis zu einem Mindestwert geschehen, sonst ist die Funktion der Hydrostößel nicht mehr gewährleistet.

Zylinderkopf einbauen

Der Wiedereinbau des Zylinderkopfes geht sinngemäß umgekehrt vonstatten wie der Ausbau. Doch auf einige Punkte gilt es besonders zu achten:

- In den Schraubenlöchern im Motorblock darf kein Öl oder Wasser stehen, sonst kann das Gußmaterial im Bereich der Gewindelöcher reißen.
- Die Gewinde an den Zylinderkopfschrauben und in den Schraubenlöchern des Motorblocks müssen sauber und ohne Beschädigung sein, sonst stimmt das Drehmoment beim Anziehen der Schrauben nicht.

Nur wenn die Schrauben in der gezeigten Reihenfolge und in drei Stufen mit dem vorgeschriebenen Drehmoment angezogen werden, ist gesichert, daß der Zylinderkopf richtig sitzt.

- Kurbelwelle so drehen, daß kein Kolben im OT steht, sonst könnte ein geöffnetes Ventil beim Aufsetzen des Zylinderkopfes mit einem Kolben zusammenstoßen.
- Zylinderkopfdichtung seitenrichtig auf den Motorblock auflegen.
- Zylinderkopf aufsetzen.
- Zylinderkopfschrauben leicht einölen, in den Zylinderkopf eindrehen und in der gezeigten Reihenfolge in drei Stufen festziehen:
- I. Stufe: **40 Nm**.
- II. Stufe: **60 Nm**.
- III. Stufe: **80 Nm**.
- Damit sind die Schrauben endgültig festgezogen, sie sollen keinesfalls nochmals nachgezogen werden.
- Zahnriemen auflegen und die Steuerzeiten einstellen.
- Beachten Sie beim Zusammenbau die Einbauhinweise für die Einspritzventile im Einspritzkapitel.
- Zündeinstellung kontrollieren.

Fingerzeig: Wurde der Zylinderkopf wegen eines Dichtungsschadens abgebaut, muß die Kühlflüssigkeit komplett erneuert werden. Gleiches gilt beim Einbau eines neuen Zylinderkopfes.

Motor aus- und einbauen

Der Motor wird mit dem Getriebe nach oben herausgehoben. Dazu brauchen Sie einen Flaschenzug, den Sie in ausreichender Höhe stabil aufhängen können. Günstig ist auch ein »vorbelasteter« Helfer. Schauen Sie sich vor der Arbeit die Motorraumbilder vorn im Buch an, dort sind viele der im nachfolgenden Text beschriebenen Bauteile gezeigt.
Da eine Vielzahl von elektrischen Leitungen und Unterdruckschläuchen eingebaut ist, sollten Sie als erstes alle diese Leitungen so kennzeichnen, daß sie anschließend wieder an der richtigen Stelle angeschlossen werden.

Ausbau

- Minuskabel der Batterie abklemmen.
- Motorhaube abbauen (Kapitel »Die Karosserieteile«).
- Untere Motorraumabdeckung ausbauen (Karosserie-Kapitel).
- Kühlmittel ablassen und auffangen (Kapitel »Das Kühlsystem«).
- Getriebeöl ablassen (Kapitel —Schmieren aller Teile«)).
- Luftfilter mit seinen Ansaugschläuchen ausbauen.
- Gaszug aushängen und so legen, daß er nicht geknickt wird.
- Kühlerschläuche und den Schlauch zum Ausgleichsbehälter lösen.
- Steckverbindung am Kühlerventilator und -thermoschalter abnehmen.
- Kühler komplett mit Lüftermotor ausbauen.
- Servolenkungs- und Lichtmaschinen-Antriebsriemen abnehmen.
- Steckverbindung an der Servolenkungspumpe abziehen.
- Servolenkungspumpe am Motor lösen und vom Motor entfernt mit einem Draht festbinden, so daß die angeschlossenen Schläuche nicht beschädigt werden können.
- Elektrische Kabel abziehen bzw. Steckverbinder trennen bei: Drosselklappenschalter bzw. Drosselklappen-Potentiometer, Leerlauf-Regelventil, Lambdasonde, Zündspule, Drehwinkelgeber, Einspritzventile, Lichtmaschine, Öldruckgeber, Rückfahrlichtschalter/Neutralschalter, Masseanschlüsse sowie die Anschlüsse am Anlasser.
- Unterdruckschlauch für den Bremskraftverstärker abnehmen.
- Kraftstoff-Zu- und Rücklaufschlauch vom Kraftstoffverteilerrohr abziehen. **Vorsicht:** Wenn die Kraftstoffanlage noch unter Druck steht, kann Benzin kräftig herausspritzen. Lappen bereithalten.
- Unterdruckleitung vom Druckregler abziehen.
- Öffnung der Kraftstoff-Zu- und Rücklaufleitung durch Eindrehen passender sauberer Schrauben schmutzsicher verschließen.
- Heizungsschläuche an der Spritzwand lösen.
- Auspuff am Krümmer lösen.
- Die Mutter des Motorlagers lösen.
- Kupplungs-Nehmerzylinder vom Schaltgetriebe abbauen. Die Hydraulikleitung bleibt angeschlossen.
- Elektrische Verbindungen am Getriebe lösen.
- Schalthebel abnehmen (Kapitel »Getriebe und Achsantrieb«).
- Tachometerwelle am Getriebe abschrauben.
- Kardanwelle ausbauen (Getriebe-Kapitel).
- Kabelbaum vom Triebwerksrahmen lösen.
- Getriebe mit einem Wagenheber abstützen, und die Triebwerkshalterung (mit drei Schrauben befestigt) entfernen, siehe Kapitel »Getriebe und Achsantrieb«.
- Die seitlich befestigten Differentialschrauben lösen und die Unterlegscheibe abnehmen.
- Differential-Abstandshalter abnehmen.
- **Vorsicht:** Der in der Zeichnung auf Seite 104 gezeigte Abstandshalter darf nicht vom Triebwerksrahmen entfernt werden. Sonst muß der Triebwerksrahmen ersetzt werden.
- Die seitlichen Getriebeschrauben vorn lösen und den Triebwerksrahmen abnehmen.
- Motor/Getriebeeinheit herausheben. Aufpassen, daß keine Teile im Motorraum und am Motor beschädigt werden.
- Verschraubung zwischen Motor und Getriebe lösen.
- Motor vom Getriebe trennen.

Einbau

- Sinngemäß wird in umgekehrter Reihenfolge des Ausbaus vorgegangen.
- Sämtliche selbstsichernden Muttern ersetzen.
- Ausrücklager auf Verschleiß prüfen; wenn es rauh läuft, ersetzen.
- Ausrücklager und Verzahnung der Antriebswelle mit MoS_2-Fett schmieren.
- Eventuell den Verschleiß der Kupplungs-Mitnehmerscheibe prüfen (Kupplungs-Kapitel). Bei Verschleiß sollte sie gleich ersetzt werden. Dann muß allerdings die Kupplung neu zentriert werden.
- Kontrollieren, ob im Motorblock Paßhülsen eingesteckt sind – sie dienen zum Zentrieren von Motor und Getriebe.
- Motor und Getriebe zusammenschrauben.
- Motor/Getriebe-Einheit ins Fahrzeug absenken.
- Motoraufhängungen auf die Querträger-Schraubenlöcher ausrichten.
- Getriebe mit einem Wagenheber abstützen.
- Die Muttern der Motoraufhängung zwecks spannungsfreiem Einbau noch nicht endgültig festziehen.
- Triebwerksrahmen einbauen.
- Motor erst mit noch losen Schrauben kräftig hin und herrütteln. Erst dann die Schrauben anziehen.
- Kardanwelle, Tachometerwelle, Schalthebel und Schalthebelknopf einbauen.
- Getriebeöl einfüllen (Kapitel »Schmieren aller Teile«).
- Kupplungs-Geberzylinder befestigen.
- Auspuff spannungsfrei einbauen.
- Eingestellt werden müssen: Gaszug und Leerlaufdrehzahl.
- Treten Brummgeräusche auf, muß die Auspuffanlage neu ausgerichtet werden.
- Anzugsdrehmomente der Schrauben beachten.

Anzugs-drehmomente

Bauteile	Nm
Motor an Getriebe	65–90
Anlasser	15–25
Auspuffrohrhalterung an Getriebe	65–90
Gummi/Metall-Lager	55–80
Kupplungs-Nehmerzylinder	20–25
Triebwerksrahmen/Getriebe	105–125
Triebwerksrahmen/Differential	105–125
Kardanwelle	25–30
Abgasrohr vorn an Auspuffkrümmer	30–45

Bitte nach hinten

Unangenehmes muß schnell verschwinden. Doch auf saubere Weise. Und ohne allzuviel Aufhebens zu verursachen. So lautet die Aufgabe der Auspuffanlage. Sie leitet die Abgase nach hinten, reinigt sie mit dem Katalysator und dämpft das Verbrennungsgeräusch.

Die Teile der Auspuffanlage

Die Auspuffanlage besteht von vorn nach hinten gesehen aus folgenden Teilen:
- ○ **Auspuffkrümmer**; er ist aus rostfreiem Stahl gefertigt. Die vier Einzelrohre sind für einen optimalen Abgasfluß etwa gleich lang und werden zu einem gemeinsamen Rohranschluß zusammengeführt.
- ○ **Abgasrohr vorn** mit anschließendem **Katalysator**.
- ○ **Hauptschalldämpfer**; er stellt mit dem zugehörigen Abgasrohr den hinteren Teil der Abgasanlage dar.

Die Auspuff-Lebensdauer

Bei der Verbrennung von Benzin entsteht u. a. Wasser, das die Zerrostung der Auspuffanlage von innen heraus fördert. Die Auspuffkorrosion nimmt mit sinkender Abgastemperatur zu. Langstreckenbetrieb mit voll durchgewärmtem Motor und heißen Abgasen setzt der Auspuffanlage kaum zu. Anders dagegen andauernde Stadtfahrten mit meist unterkühltem Triebwerk. Am geringsten betroffen ist das Auspuffrohr vorn, wo die Verbrennungsgase noch zwischen 800 und 1000°C heiß einströmen. Nach der Reaktion im Katalysator kühlen sie zunehmend ab und sind am Auspuff-Endrohr noch 150–300°C warm. Das bewirkt, daß im letzten Schalldämpfer das meiste Kondenswasser auftritt. Es vermischt sich mit Verbrennungsrückständen zu aggressiven Säuren und läßt das Auspuffblech von innen nach außen durchrosten.
Die vorderen Teile der Auspuffanlage sind bei Langstreckenfahrten durch Temperaturspannungen gefährdet, wenn bei Regen das heiße Blech ständig kalten Duschen ausgesetzt ist. Dann kann das Material reißen oder brechen.
Unabhängig von der Fahrweise fördern Spritz- und Salzwasser den Rostfraß von außen. Steinschlag oder Aufsetzer auf hartem Untergrund wirkt ebenso lebensverkürzend wie Schwingungen durch defekte oder fehlende Aufhängungen bzw. eine schadhafte Motorlagerung.

Aufhängung und Zustand der Auspuffanlage kontrollieren

Wartung Nr. 21

Die Auspuffanlage ist starr mit dem Auspuffkrümmer und zusätzlich noch durch einen Halter mit dem Getriebe verbunden. Am Fahrzeugboden hängt die Anlage frei schwingend in Gummihaltern.
- ● Gummiteile auf Brüchigkeit, Einrisse oder sonstige Schäden überprüfen, ggf. ersetzen.
- ● Verschraubungen am Auspuffkrümmer und an den Gummihaltern auf festen Sitz kontrollieren, aber nicht mit Gewalt »anknallen«.
- ● Mit einem Lappen in der Hand bei laufendem

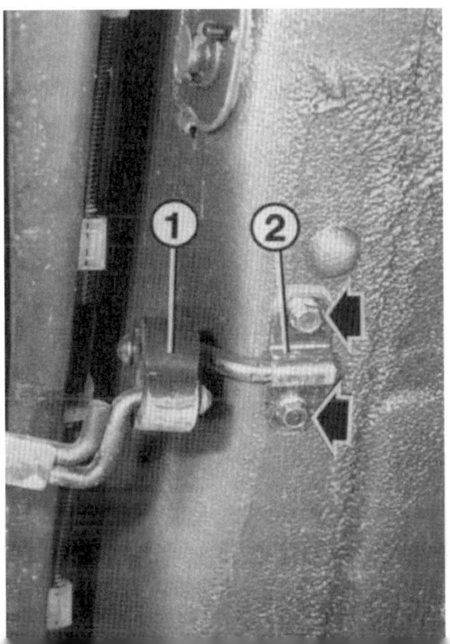

Links: Halteringe stellen die Verbindung zwischen dem Wagenboden und der Auspuffanlage her. Der Haltedorn (2) ist am Wagenboden mit zwei Sechskantschrauben (Pfeile) befestigt und in den Gummihaltering (1) einfach eingeschoben.
Rechts: Hier gezeigt ist die Halterung (2) an der Verbindung Katalysator/Hauptschalldämpfer (1). Die Pfeile deuten auf die Sechskantmuttern.

Motor das Auspuff-Endrohr zuhalten. Der Motor muß nach kurzer Zeit stehenbleiben.
● Hören Sie zischende Geräusche und läuft der Motor ungestört weiter, ist die Anlage an der Geräuschstelle undicht.
● Ein dumpferer Auspuffton als gewöhnlich und Knallen im Schiebebetrieb weist auf einen durchgerosteten Auspuff hin.
● An den Nahtstellen sind die Schalldämpfer zuerst rostgefährdet. Sollen sie noch einige Zeit halten, muß dieser Bereich auch einer Klopfprobe mit dem Schraubendreher standhalten.

Auspuffanlage erneuern

Reparaturen an einer durchgerosteten Auspuffanlage sind heute selten geworden. Verwendung von Edelstahl und verzinktem Blech macht's möglich. Wenn dann trotzdem eines der Teile der Abgasanlage zu Bruch geht, sollte man keine Reparaturversuche machen, sondern an Ersatz denken, denn einer Reparatur ist meist nur kurzer Erfolg beschieden: Auf rostgeschwächtem Blech kann nicht mehr geschweißt werden. Auspuffkitt und Bandagen sind zwar recht dauerhaft, aber das Blech bricht bald neben der Reparaturstelle aus. Das ist also nur ein Behelf für unterwegs.
Ganz selten ist die ganze Auspuffanlage gleichzeitig austauschreif. Hat man z. B. den Schalldämpfer ersetzt, gibt boshafterweise wenige Monate später das Abgasrohr den Geist auf. Werkstätten wechseln die Auspuffanlage gleich komplett aus. Das empfehlen wir nicht so unbesehen.
● Klopfen Sie den ausgebauten, noch intakten Schalldämpfer mit einem Hammer rundum gründlich ab, auch an den Stirnseiten. Dabei nicht zu zaghaft hämmern.
● Klingt es bei jedem Schlag hell, ist das Blech noch gesund.
● Wird das Klopfgeräusch an manchen Stellen dumpfer, ist die Außenhaut bereits geschwächt und wird bald durchbrechen; besonders wenn die salzhaltige kalte Jahreszeit herrscht.
● Für den Ersatzteilkauf gilt, daß Dichtung(en), Schrauben, Muttern und ggf. auch die Halteringe durch neue ersetzt werden müssen.

Auspuffanlage ausbauen

Zu allen Arbeiten muß der MX-5 absolut rüttelsicher aufgebockt sein, daß er nicht kippen kann – auch bei heftigem Drehen oder Zerren an den Rohren.

<u>Fingerzeig:</u> Damit sich die Verschraubungen bei der nächsten Auspuffmontage leichter lösen lassen, sollten Sie die Gewinde mit sogenanntem Kupferfett bestreichen. Auch die Klemmhülsen lassen sich leichter vom Rohr trennen, wenn sie an der Innenseite mit Kupferfett behandelt wurden.

Auspuffkrümmer ausbauen

● Muttern mit Rostlösespray behandeln, wie im nächsten Abschnitt beschrieben.
● Vorderes Abgasrohr vom Krümmer losschrauben.
● Auspuffanlage aus den Halteringen aushängen und absenken.
● Hitzeschutzblech vom Krümmer abschrauben.
● Muttern losdrehen und Krümmer abnehmen.
● Anhaftende Dichtungsreste am Zylinderkopf und Auspuffkrümmer entfernen.
● Beim Einbau muß die Dichtung erneuert werden.

Abgasrohr vorn ausbauen

● Die Stehbolzen, auf denen die Befestigungsmuttern des Abgasrohrs sitzen, brechen leicht ab, wenn eine stark verrostete Mutter gewaltsam losgedreht wird.
● Deshalb: Verschraubung mit Rostlöserspray behandeln (öfters wiederholen):
● Muttern mit scharfem Meißel zerstören. Sie bestehen in der Regel aus sehr weichem Material mit eingelegter Gewindespirale. Das Gewindeteil muß dann noch einzeln vom Gewinde des Stehbolzens »gepopelt« werden.
● Die neuen Muttern im »Auspuff-Befestigungssatz« bestehen ebenfalls aus diesem »weichen« Material. Also keine anderen Muttern aus der heimischen Schraubenkiste verwenden.
● Muttern an der Flanschverbindung zum Katalysator lösen.
● Abgasrohr am Auspuffkrümmer trennen und die Halterung am Getriebe lösen.
● Abgasrohr »ausfädeln«.
● Anzugsdrehmoment: **30–45 Nm**.
● Abgasrohrhalterung seitlich am Getriebe lösen.
● Anzugsdrehmoment: **65–90 Nm**.

Katalysator ausbauen

● Haltemuttern am Verbindungsflansch Abgasrohr/ Kat und Kat/Hauptschalldämpfer lösen.
● Ggf. die Auspuffanlage aus den Halteringen aushängen und absenken.
● Beim Zusammenbau Dichtung ersetzen.
● Anzugsdrehmoment der Muttern: **40–55 Nm**.

Die Teile der Auspuffanlage:
1 – Hitzeschutzblech;
2 – Auspuffkrümmerdichtung;
3 – Auspuffkrümmer;
4 – Dreiloch-Flanschdichtung;
5 – Abgasrohr vorn;
6 – Halter;
7 – Zweiloch-Flanschdichtung;
8 – Katalysator;
9 – Haltering;
10 – Hauptschalldämpfer 1,6-Liter;
11 – Hauptschalldämpfer 1,9-Liter.

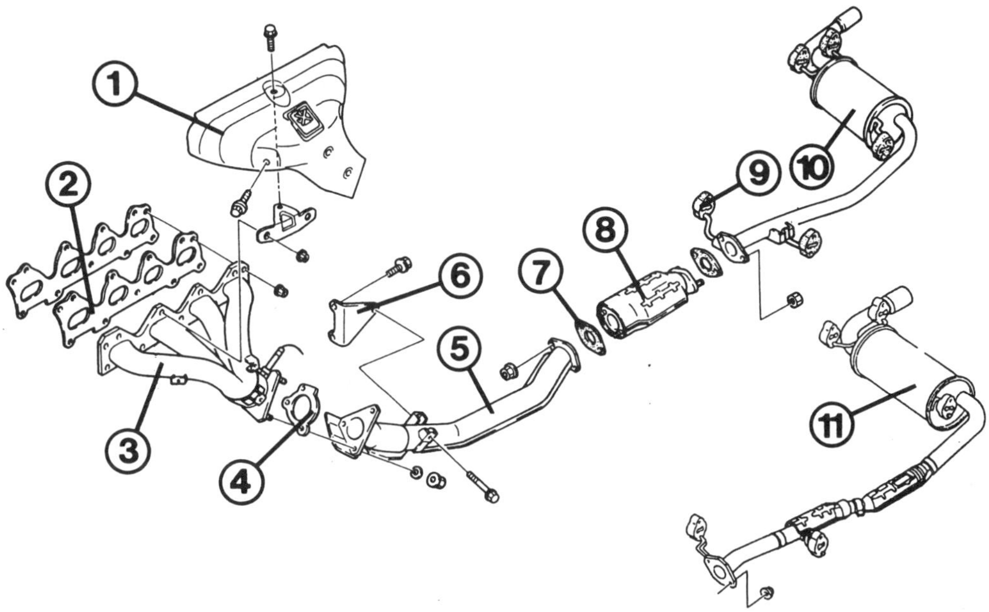

Hauptschalldämpfer ausbauen

● Zwei Verschraubungen am Verbindungsflansch Katalysator/Hauptschalldämpfer lösen.
● Halteringe aushängen und abnehmen.
● Beim Zusammenbau Dichtung ersetzen.
● Anzugsdrehmoment der Muttern: **40–55 Nm**.

Auspuffanlage einbauen

● Die Verschraubungen der Auspuffanlage lassen sich beim nächsten Mal leichter lösen, wenn die Gewinde beim Einbau mit Kupferfett bestrichen wurden. Gleiches gilt für das Gewinde der Lambdasonde.
● Beim Einbau ist auf spannungsfreie Ausrichtung der Anlage zu achten.
● Teile provisorisch festziehen.
● Auspuffanlage mit ihren Haltegummis am Wagenboden aufhängen.
● Die Gummiringe sollen unter gleichmäßigem Zug stehen.
● Die Auspuffanlage muß auch genügend Abstand zur Karosserie haben.
● Verschraubungen festziehen, siehe Tabelle.
● Stellt sich bei einer anschließenden Probefahrt heraus, daß die Auspuffanlage doch irgendwo anschlägt, Verbindung nochmals lösen (Vorsicht an den heißen Rohren!) und Auspuffanlage erneut ausrichten.

Fingerzeige: Eine verspannt eingebaute Auspuffanlage macht sich durch Brumm- oder Dröhngeräusche bemerkbar. Außerdem können die inneren Spannungen Risse verursachen.
Geringe Undichtigkeiten an einer der Schraubverbindungen des neuen Auspuffs können mit Auspuffdichtmasse behoben werden.

Anzugsdrehmomente

Bauteil	Nm
Hitzeschutzblech an Auspuffkrümmer	8–10
Auspuffkrümmer an Motor	40–45
Vorderes Auspuffrohr an Auspuffkrümmer	30–45
Vorderes Auspuffrohr Halter an Getriebe	65–90
Vorderes Auspuffrohr an Katalysator	40–55
Katalysator an Hauptschalldämpfer	40–55

Mit Filter

Die wesentlichen Bestandteile von Benzin sind die Elemente Kohlenstoff und Wasserstoff. Wenn das Benzin im Motor verbrannt wird, verbindet sich der Kohlenstoff mit dem Luftsauerstoff zu **Kohlendioxid** (chemische Kurzformel CO_2), und der Wasserstoff vereinigt sich mit Sauerstoff zu **Wasser** (H_2O). Aus einem Liter Benzin entstehen rund 0,9 Liter Wasser, das Sie aber gewöhnlich nicht sehen, da es durch die Verbrennungswärme unsichtbar-dampfförmig dem Auspuff entweicht. Nur in der kalten Jahreszeit sehen Sie weiße Auspuffwolken von kondensierendem Wasser.
Diese Verbrennungsprodukte bilden sich, wenn Luft und Kraftstoff im optimalen Verhältnis (14,7:1) gemischt sind. Das ist leider fast nie der Fall. Deshalb entstehen auch Schadstoffe.

Was stößt der Motor aus?

○ **Kohlenmonoxid** (CO) ist wohl die bekannteste Verbindung, denn der CO-Gehalt wird bei der Abgas-Untersuchung gemessen. Es entsteht um so mehr, je fetter, also kraftstoffreicher das Benzin/Luft-Gemisch ist. Exakte Steuerung der Einspritzmenge und der dazugehörigen Zündverstellwerte sowie gleichmäßige Gemischverteilung im Verbrennungsraum ermöglichen einen niedrigen CO-Anteil.
○ Unverbrannte **Kohlenwasserstoffe** (HC) entstehen, wenn die von der Zündkerze entzündete Flammenfront an kalten Wandungen und engen Winkeln im Brennraum erlöscht. Zu fettes oder zu mageres Gemisch erhöht den Ausstoß der Kohlenwasserstoffe. Der HC-Anteil ist z. T. bereits durch die Motorkonstruktion bestimmt, er kann später nur gering beeinflußt werden.
○ **Stickoxide** (NO_x) bilden sich vor allem durch den zu über ¾ in der Verbrennungsluft enthaltenen Stickstoff. Ihr Anteil ist besonders hoch bei einer Auslegung des Motors für geringen Kraftstoffverbrauch und geringen CO- sowie HC-Ausstoß: Hohe Verbrennungstemperaturen und mageres Kraftstoff/Luft-Gemisch.
○ **Schwefeldioxid** (SO_2) bildet sich nur bei Dieselmotoren durch die im Dieselkraftstoff enthaltenen Schwefelanteile.

Was ist wie gefährlich?

○ Kohlenmonoxid ist giftig und kann beim Einatmen in geschlossenen Räumen zum Tod führen. In der Luft verbindet sich das Kohlenmonoxid relativ schnell mit Sauerstoff zu Kohlendioxid (CO_2). Es ist zwar ungiftig, aber auch an der Entstehung des »Treibhauseffekts« wesentlich beteiligt, siehe Fingerzeige.
○ Die Kohlenwasserstoff-Verbindungen sind der Übersichtlichkeit wegen zusammengefaßt, wobei die Bandbreite von harmlos bis möglicherweise krebserregend reicht. In der Luft sind die Kohlenwasserstoffe mit den Stickoxiden für Bildung von Smog (schwer auflösbare Abgasnebelwolken) verantwortlich.
○ Stickoxide können bei entsprechender Konzentration zu Reizungen der Atmungsorgane führen. Mit steigenden Temperaturen wird dieser Effekt noch verstärkt.

Fingerzeige: Weltweit sorgen immer mehr Feuerstellen dafür, daß zunehmend Kohlendioxid freigesetzt wird. Der eher abnehmende Baum- und Pflanzenbestand schafft es nicht mehr, alles Kohlendioxid in Sauerstoff umzuwandeln. Der Rest verteilt sich in der Atmosphäre. Er verstärkt dort zusammen mit anderen Stoffen eine für reflektierendes Sonnenlicht undurchlässige Schicht, Fachleute erkennen eine Klimaveränderung (Treibhaus-Effekt).

Die Funktion des Katalysators ist hier schematisch dargestellt. Vom Motor kommen die Schadstoffe NO_x (Stickoxide), CO (Kohlenmonoxid) und HC (Kohlenwasserstoffe). Nach der Reaktion im Katalysator entweichen N_2 (Stickstoff), CO_2 (Kohlendioxid) und H_2O (Wasser).

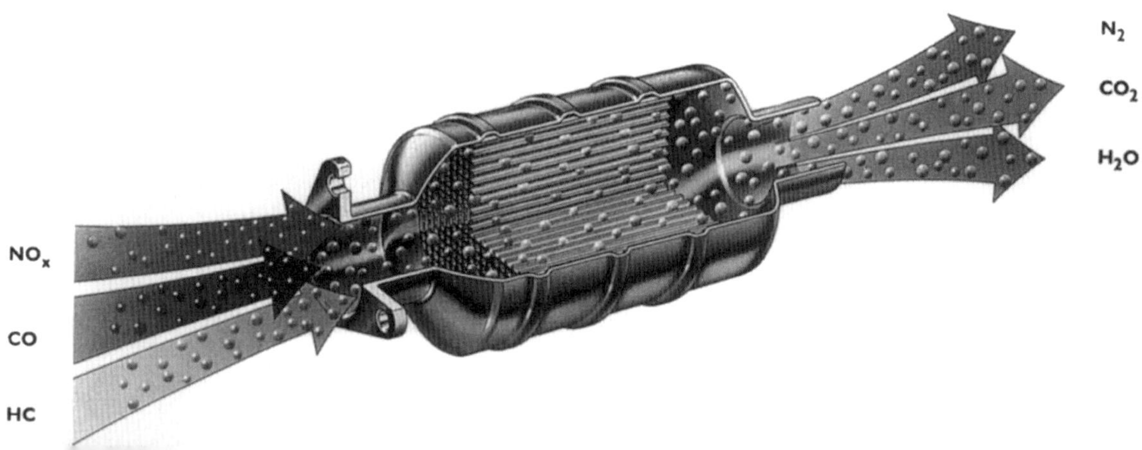

Der Anteil der in der Atmosphäre vorhandenen Schadstoffe, die auch für die Bildung von saurem Niederschlag verantwortlich sind, ist wie folgt (auf ganze Zahlen gerundet): Schwefelverbindungen (SO_2) 35% natürlicher Ursprung, 65% menschliche Aktivität – davon 97% Kraftwerke, Industrie und Heizung, 3% Verkehr (Dieselfahrzeuge); Stickoxide (NO_x) 95% natürlicher Ursprung, 5% menschliche Aktivitäten (knapp die Hälfte Verkehr).

Abgas-Entgiftung

Funktion des Katalysators

Ein Katalysator ist in der Chemie ein Stoff, der eine chemische Reaktion einleitet oder beschleunigt. Dabei bleibt der Katalysator in seiner Zusammensetzung unverändert.
Im Auto verstehen wir unter dem Katalysator ein mit den Edelmetallen Platin und Rhodium beschichtetes Keramik-Bauteil samt der Umhüllung, die einem Auspufftopf ähnelt. Das auf Drahtgeflecht gelagerte Keramik-Bauteil ist von mehreren tausend parallel verlaufenden Kanälen durchzogen. Auf die Wandungen der Kanäle ist eine Zwischenschicht zur Oberflächenvergrößerung (der sogenannte wash-coat) aufgetragen. Er vergrößert die aktive Katalysatorfläche etwa auf die Größe eines Fußballfeldes.
Die katalytisch wirkenden Substanzen sind Platin und Rhodium. Von diesen Edelmetallen enthält der Katalysator 2–3 Gramm, wobei das Platin die Oxidation und das Rhodium die Stickoxid-Reduktion unterstützt.
Mit dem Dreiwege-Katalysator rückt man den Schadstoffen Kohlenmonoxid, Kohlenwasserstoff und den Stickoxiden zu Leibe:

- Es werden **Kohlenmonoxid und Kohlenwasserstoffe** durch Oxidation mit Sauerstoff zu Kohlendioxid (CO_2) und Wasser (H_2O) umgewandelt.
- Zum Abbau der **Stickoxide** wird ein Mittel gebraucht, welches den Sauerstoff entzieht, in unserem Fall ist es der Schadstoff Kohlenmonoxid. Dabei entsteht Stickstoff (N_2) und wieder CO_2.

Das geschieht mit Hilfe der Lambdasonde; sie mißt den Sauerstoffanteil im Abgas. Lambda (λ = griechischer Buchstabe) ist die »Luftzahl« – das Verhältnis der Luftmenge zur Kraftstoffmenge im angesaugten Gemisch. Der Katalysator kann nur dann richtig arbeiten, wenn die Luftzahl λ dem Wert 1 möglichst nahekommt. Der λ-Wert wird anhand des Sauerstoffrestes im Abgasstrom gemessen – eine Vergleichsgröße für die Zusammensetzung des Kraftstoff/Luft-Gemisches. Weicht die Messung vom Idealwert ab, gibt das elektronische Steuergerät der Zünd/Einspritz-Steuerung den Befehl zur unverzüglichen Korrektur: Anreichern bei zu magerem Gemisch; Abmagern des Kraftstoff/Luft-Gemisches, wenn dieses zu fett wird.
Die Regelung arbeitet im Bereich von $\lambda = 0{,}8$ bis $\lambda = 1{,}2$ in rasch wechselnder Folge: Luftüberschuß zur Verbrennung der Kohlenwasserstoffe, Luftmangel zur Verringerung der Stickoxide. Die aus dieser Mischung entstehenden Abgase gelangen in den Katalysator, wo eine nahezu vollständige Umwandlung (im Neuzustand rund 90%) in ungiftige Stoffe, wie Kohlendioxid, Wasserdampf und Stickstoff, erfolgt.
In der Warmlaufphase bleibt die Anlage ungeregelt und richtet sich nach einem vorgegebenen mittleren λ-Wert. Das gleiche gilt, wenn die Vollast-Anreicherung aktiviert ist.

Arbeits-Temperaturen

Ehe der Katalysator arbeiten kann, muß er eine »Anspringtemperatur« von etwa 300°C haben. Das ist nach 25–270 Sekunden der Fall. Etwa gleich lange dauert es, bis die Lambdasonde ihre »Einschalttemperatur« erreicht hat. Beim 1,9-Liter-Motor wird die Sonde für schnelle Einsatzbereitschaft elektrisch beheizt.
Katalysator und Lambdasonde sind allerdings überhitzungsempfindlich. Steigen die Temperaturen im Kataly-

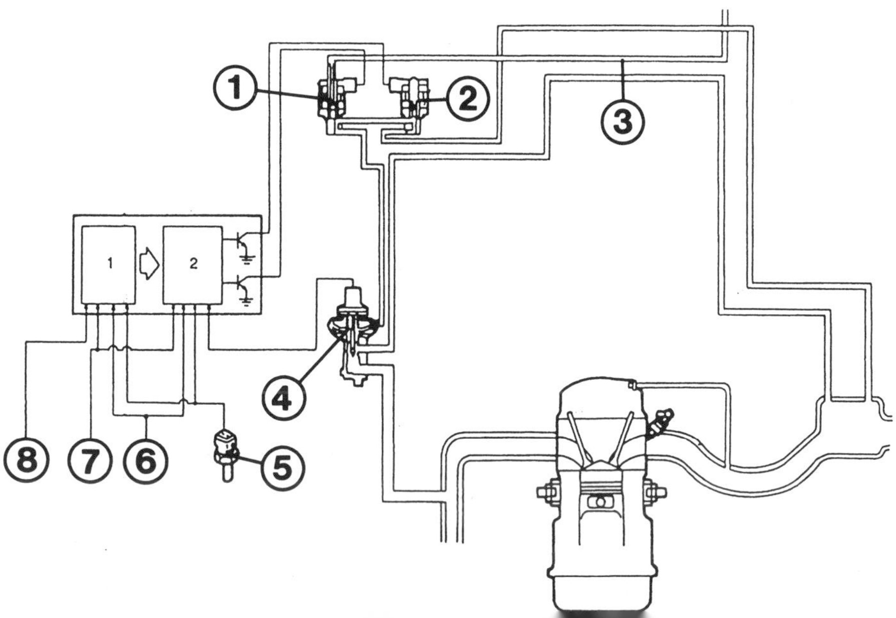

Zur Abgas-Rückführung gehören folgende Teile:
1 – Belüftungs-Magnetventil;
2 – Unterdruck-Magnetventil;
3 – zum Luftfiltergehäuse;
4 – Ventil-Positionsgeber;
5 – Kühlmittel-Temperaturgeber;
6 – Luftmassenmesser;
7 – Drehwinkelgeber;
8 – Drosselklappen-Potentiometer.

Teile der Abgas-Rückführung sind hier am Fahrzeug gezeigt:
1 – Magnetventile;
2 – Ventil-Positionsgeber.

sator über 900°C, setzt eine verstärkte Alterung ein, ab 1200°C wird seine Wirksamkeit auf Dauer zerstört. ähnliches gilt für die Lambdasonde. Temperaturspitzen können z. B. bei Zündaussetzern auftreten. Unverbranntes Gemisch wird dann im Katalysator gezündet, was die Temperaturen in gefährliche Höhen treibt.

Lebensdauer

Der Katalysator kann nur mit bleifreiem Benzin seine Wirkung entfalten. Die Bleianteile im verbleiten Benzin bedecken die Edelmetallschicht und gehen mit ihr chemische Verbindungen ein. Der Katalysator wird »vergiftet« und muß nach mehrmaliger Blei-Benzinbetankung ersetzt werden.
Mit zunehmender Laufleistung verliert der Katalysator etwas an Wirksamkeit. Dennoch hält er unter normalen Betriebsbedingungen so lange wie der Motor. Bei Überhitzung des Katalysators schmilzt der Keramikkörper – er schrumpft, was zur Folge hat, daß er sich lose im Blechmantel bewegt. Das macht sich durch Klappergeräusche im Metallgehäuse bemerkbar. Er muß dann ersetzt werden. Ein funktionsuntüchtiger Kat kann im Rahmen der Abgas-Untersuchung in der Werkstatt ermittelt werden.

Vorsichtsmaßnahmen bei Katalysator-Fahrzeugen

In der Betriebsanleitung sind zahlreiche Hinweise für Katalysator-Fahrzeuge aufgeführt. Besonders gefährlich ist unverbranntes Gemisch, das sich im heißen Katalysator entzündet und so die Temperaturen in kritische Höhen ansteigen läßt. Wir greifen nur die wichtigsten Punkte heraus:

- Das Anrollenlassen, Anschieben oder Anschleppen ist problemlos, wenn der Anlasser wegen einer leeren Batterie den Motor nicht zum Laufen bringt.
- Lassen Zündaussetzer oder Fehlzündungen auf einen Defekt an der Zündanlage schließen, diese sofort überprüfen (lassen).
- Im Hochsommer nach wochenlanger Trockenheit beim Parken den Wagen nicht über trockenem Laub, Heu o. ä. abstellen. Unter besonders ungünstigen Umständen könnte es zu einer Entzündung kommen.
- Kontrollieren Sie gelegentlich bei aufgebocktem Fahrzeug, ob die Hitzeschutzbleche nicht beschädigt sind.

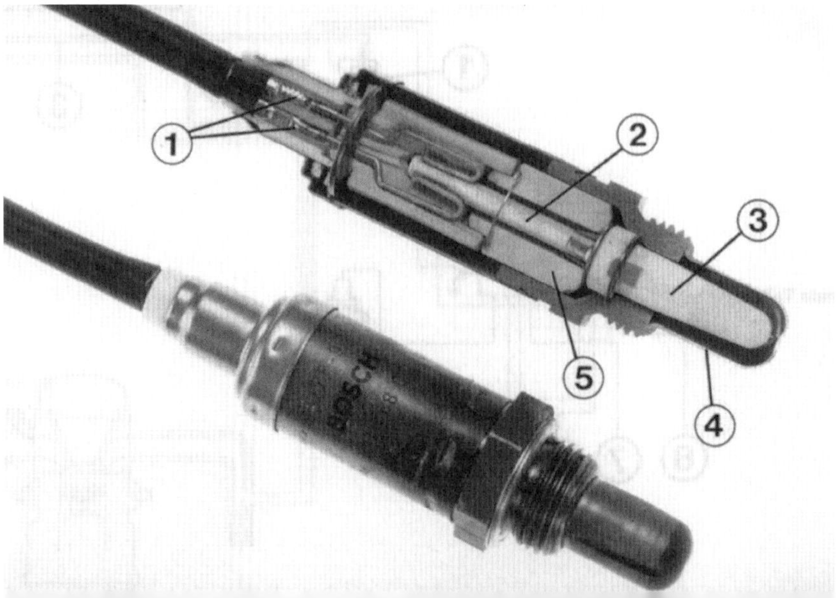

Die Lambda-Sonde komplett und als Schnittmodell. Es bedeuten:
1 – Anschlüsse der Sondenheizung;
2 – Heizstab;
3 – Sondenkeramik;
4 – Schutzrohr;
5 – Stützkeramik.

Zum Prüfen des Ventil-Positionsgebers (2) den Anschlußstecker (1) abziehen.

Fingerzeig: Kat-Fahrzeuge machen gelegentlich durch stechenden Geruch auf sich aufmerksam. Was da übel riecht, sind kleinste Mengen der aus »Stinkbomben« bekannten Schwefelverbindung H_2S (Schwefelwasserstoff), die im Katalysator entstehen kann. In den im Auto auftretenden Konzentrationen ist dieses Gift jedoch völlig unschädlich. Abhilfe: Keine. Versuchsweise an einer anderen Tankstelle tanken, um weniger schwefelhaltigen Kraftstoff zu erwischen.

Abgas-Rückführung (EGR)

1,9-Liter-Motor

Bei hohen Brennraumtemperaturen im Motor steigt unweigerlich der Anteil der Stickoxide im Abgas. Eine Möglichkeit zum Absenken der Temperaturen in den Brennräumen ist die Einleitung von Abgasen. Aus dem Abgasstrom des Motors wird durch ein ventilgeregeltes System ein Teil abgezweigt. Die Menge wird je nach Motorbelastung dosiert und ins Ansaugrohr zurückgeleitet. Da das Abgas kaum noch verbrennungsfähige Anteile enthält, kann es nicht nochmals verbrannt werden. Es verringert aber den Zustrom frischen Kraftstoff/Luft-Gemisches und bewirkt so eine Absenkung der Temperaturen im Verbrennungsraum und damit eine Verringerung des Stickoxidanteils.

Da die Abgas-Rückführung nur bei Teillast erforderlich ist, besitzt das Steuergerät der Zünd-Einspritz-Steuerung ein spezielles Programm für die Abgas-Rückführung. Folgende Bauteile, die z.T. ausführlich im Kapitel »Die Benzin-Einspritzung« beschrieben werden, sind beteiligt:

- ○ Leerlaufschalterkontakt im Drosselklappen-Potentiometer, er stellt sicher, daß im Leerlauf und im Schiebebetrieb kein Abgas rückgeführt wird.
- ○ Geber für Kühlmitteltemperatur: Beim kaltem Motor (unter 55° C des Kühlmittels) ist die Rückführung nicht erforderlich. In der Warmlaufphase zwischen 55 und 60° C wird eine verringerte Abgasmenge rückgeführt.
- ○ Drehwinkelgeber für das Drehzahlsignal zur Abschaltung der Abgas-Rückführung bei Drehzahlen über 3125/min.
- ○ Abgas-Rückführungsventil mit Positionsgeber, es gibt den Weg für das rückgeführte Abgas ins Ansaugrohr frei, wobei die augenblickliche Ventilstellung ans Zünd/Einspritz-Steuergerät gemeldet wird.
- ○ Zünd/Einspritz-Steuergerät, es gibt je nach Bedarf über zwei Magnetventile den Schaltbefehl an das EGR-Ventil (unter Beachtung der genannten Eingangsinformationen).

Fingerzeig: Störungen an der Abgas-Rückführung machen sich kaum durch Motorlaufstörungen bemerkbar. Eine vorbeugende Kontrolle ist nicht vorgesehen. Im Zweifelsfall muß die Mazda-Werkstatt mit ihren Prüfgeräten ran.

Wärmeklau

Bei der Verbrennung des Kraftstoff/Luft-Gemisches wird es dem Motor ausgesprochen warm ums Herz. Denn außer der Kraft für die Fortbewegung gibt er auch Wärme ab, und das nicht zu knapp: ¼ Kraft, ¾ Wärme lautet ungefähr das Verhältnis. Die Wärme muß von der Kühlanlage abgeführt werden.

So wird gekühlt

Die Wasserpumpe befördert bei laufender Maschine ständig Kühlmittel durch die zahlreichen Kühlkanäle des Motors und transportiert so die bei der Verbrennung in den Zylindern entstehende Wärme ab. Dazu beschleunigt sie den Wasserstrom durch ein kleines Schaufelrad an ihrer Rückseite. Den Antrieb der Wasserpumpe besorgt ein Keilriemen bzw. Keilrippenriemen.
Welchen Weg das Kühlmittel nimmt, hängt von seiner momentanen Temperatur ab:
○ Bei noch nicht betriebswarmem Motor fließt das Kühlmittel im »kleinen Kreislauf«, der durch den Motor und durch den Wärmetauscher führt. Dadurch erreicht man eine besonders schnelle Aufheizung des Kühlmittels. An diesen Kühlwasserkreislauf sind noch weitere Bauteile angeschlossen: Leerlauf-Regelventil sowie Zusatz-Luftschieber.
○ Ab etwa 81°C öffnet der Thermostat den »großen Kühlwasserkreis«, der den Kühler mit einbezieht.
○ Trotz der Bezeichnung »Wasserkühlung« dient Luft als kühlendes Element – entweder als Fahrtwind oder unter Zuhilfenahme des Kühlerventilators.

Überdruck-Kühlsystem

Im Kühlsystem herrscht bei Betriebstemperatur ein Überdruck von **0,75–1,05 bar**, was die Siedetemperatur des Kühlmittels deutlich über 100°C erhöht. Somit ist eine gewisse Reserve geschaffen. Der Motor kann also Betriebstemperaturen von über 100°C erreichen, ohne daß »Kochgefahr« im Kühlsystem besteht.
Zuständig für den richtigen Systemdruck ist der Verschlußdeckel des Kühlers, der ein Überdruckventil (0,75–1,05 bar) und ein Unterdruckventil (0,09 bar) enthält. Das Unterdruckventil läßt Luft einströmen, wenn das Kühlmittel kälter wird und damit weniger Raum einnimmt.

Stand der Kühlflüssigkeit prüfen

Ständige Kontrolle

Regelmäßig muß der Flüssigkeitsstand der Kühlanlage überprüft werden. Der Kühlmittel-Ausgleichsbehälter ist beim MX-5 gewissermaßen ein Überlaufgefäß und nicht ins Überdrucksystem integriert.

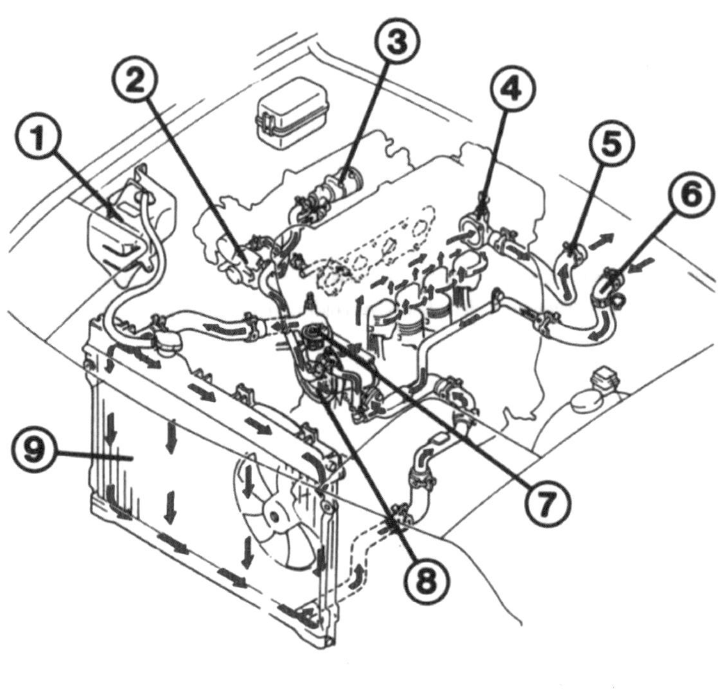

An die Kühlanlage des 1,6-Liter-Motors sind die hier gezeigten Bauteile angeschlossen:
1 – Ausgleichsbehälter;
2 – Leerlauf-Regelventil;
3 – Zusatz-Luftschieber;
4 – Stutzen für Kühlmittel-Temperaturgeber;
5 – Heizungs-Zulauf;
6 – Heizungs-Rücklauf;
7 – Thermostat;
8 – Wasserpumpe;
9 – Kühler.

Der Kühlmittel-Ausgleichsbehälter (1) sitzt in Fahrtrichtung auf der rechten Seite vorn. Der Flüssigkeitsstand ist im durchscheinenden Ausgleichsbehälter auch bei geschlossenem Deckel leicht von außen zu sehen. Position »2« zeigt die obere Füllmarke, »3« die untere Marke.

● Nur bei stehendem Motor läßt sich der Kühlmittelstand exakt kontrollieren.
● Der durchscheinende Behälter sitzt auf der rechten Fahrzeugseite hinter dem Scheinwerfer.
● Der Flüssigkeitsstand ist im durchscheinenden Ausgleichsbehälter auch bei geschlossenem Deckel leicht von außen zu sehen. Er muß bei **kaltem Motor** zwischen den Markierungen **L**ow (= Minimum) und **F**ull (= Maximum) am Behälter stehen.
● Da sich erwärmtes Kühlmittel ausdehnt, darf bei **warmem Motor** die **F**ull-Marke überschritten werden.

Kühlmittel nachfüllen

Merklicher Kühlmittelverlust ist ein Zeichen für eine Störung oder einen Defekt. Die Kühlflüssigkeit wird nicht verbraucht und kann im geschlossenen Kühlsystem auch nicht verdampfen. Lediglich bei Überhitzung des Motors kann etwas Kühlmittel zum Verschlußdeckel herausdrücken. Bei ständigem Kühlmittelverlust muß das Kühlsystem auf Dichtheit geprüft werden, wie weiter hinten im Kapitel beschrieben.
● **Geringe Fehlmenge:** Der Verschlußdeckel auf dem Kühler braucht zum Nachfüllen nicht abgenommen zu werden.
● Sie können bei kaltem wie bei warmgefahrenem Motor ohne Verbrühungsgefahr Kühlmittel einfüllen.
● Wird nur Wasser nachgefüllt, verdünnen Sie den Frostschutz allmählich, daher möglichst gleich etwas Frostschutzmittel mit einfüllen.
● Nicht über die »Full«-Marke nachfüllen.
● **Erhebliche Fehlmenge:** Ist der Ausgleichsbehälter gänzlich leer, muß der Kühlmittelstand auch im Kühler geprüft werden.
● **Vorsicht bei warmgefahrenem Motor!** Das Kühlsystem steht unter Überdruck. Wird der Verschlußdeckel des Kühlers geöffnet, wird dieser Druck schlagartig abgebaut und das Kühlmittel

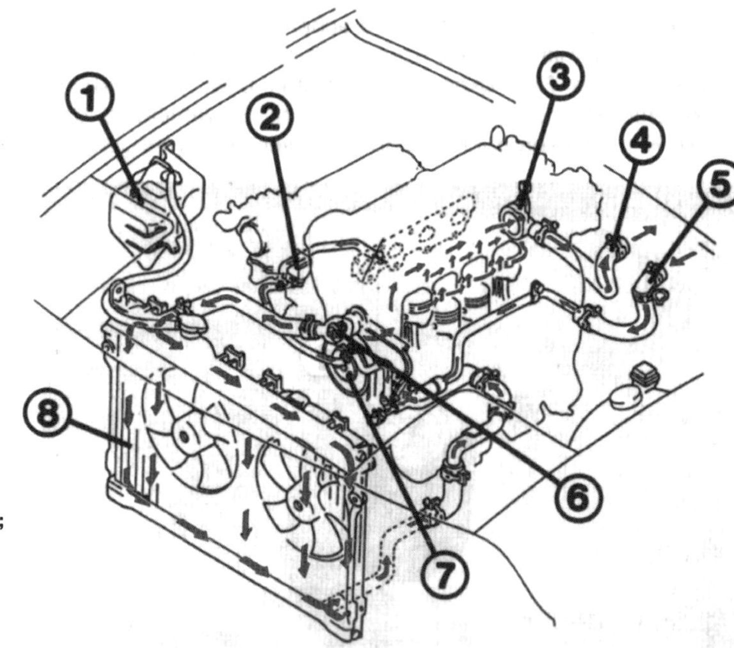

Die Kühlanlage des 1,9-Liter-Motors mit folgenden Bauteilen:
1 – Ausgleichsbehälter;
2 – Leerlauf-Regelventil mit Zusatz-Luftschieber;
3 – Stutzen für Kühlmittel-Temperaturgeber;
4 – Heizungs-Zulauf;
5 – Heizungs-Rücklauf;
6 – Thermostat;
7 – Wasserpumpe;
8 – Kühler.

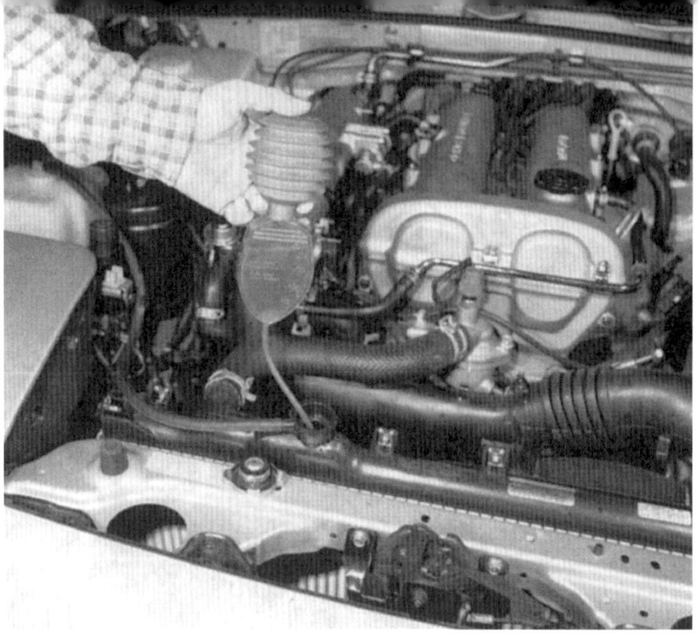

Bei den meisten Frostschutzprüfern taucht eine Spindel in die angesaugte Flüssigkeit und gibt so Auskunft über die Gefrierschutzmittel-Konzentration. Die hier gezeigte Ausführung arbeitet dagegen mit zwei beweglichen Zeigern.

kocht über. Es besteht **Verbrühungsgefahr**. Deshalb:

● Motor möglichst erst ein wenig abkühlen lassen. Dann den Deckel mit einem dicken Lappen langsam zunächst bis zum ersten Anschlag öffnen, um den Überdruck aus dem Kühlsystem entweichen zu lassen.

● Erst dann den Deckel vollends abschrauben.

● Bei erheblichem Wasserverlust und heißer Maschine kein kaltes Wasser in den Kühler nachfüllen. Durch den »Kälteschock« kann sich der Zylinderkopf verziehen oder der Motorblock reißen.

Frostschutzmittel

Wasser geht bei 0°C vom flüssigen in den festen Aggregatzustand über, es gefriert zu Eis. Boshafterweise erhöht sich dabei das Volumen um 9%, wodurch im Kühlkreislauf so hohe Drücke entstehen, daß der Motorblock reißen kann. Deshalb ist dem Kühlsystem zum klaren Wasser noch ein Frost- und Korrosionsschutzmittel zugemischt. Man spricht daher auch besser von Kühlflüssigkeit oder Kühlmittel.

Das Mischungsverhältnis beträgt für europäische Verhältnisse 2:3, in nordischen Ländern 1:1. Der Inhalt des Kühlsystems beträgt **ca. 6,0 Liter**. Daraus ergeben sich folgende Mischmengen:

Frostfestigkeit bis	–16°C	–26°C	–40°C
Frostschutzmittel Wasser	2,10 l 3,90 l	2,70 l 3,30 l	3,30 l 2,70 l

Mehr als 55% Frostschutzmittel darf nicht ins Kühlsystem gefüllt werden. Bei höherer Dosierung verringert sich die Schutzwirkung wieder, und außerdem wird die Kühlwirkung verschlechtert.

Als Frostschutzmittel dienen gewöhnlich giftige Alkohole namens Äthylenglykol, Diäthylenglykol oder Propylenglykol. Diese Flüssigkeiten verdampfen bzw. verdunsten nicht. Ebenso wichtig wie der Schutz vor Eingefrieren ist auch der Korrosionsschutz. Er verhindert, daß sich im Kühlsystem Kesselstein, Rost und andere Korrosionsprodukte bilden. Das werksseitig eingefüllte Kühlmittel mit Korrosionsschutzanteilen soll

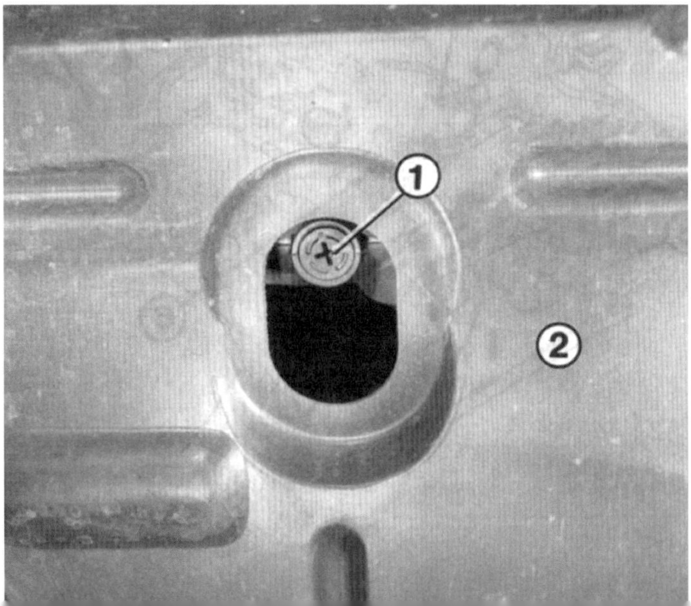

Unten am Kühler sitzt die Wasser-Ablaßschraube (1). Damit man problemlos an sie herankommt, ist in der unteren Motorabdeckung (2) ein entsprechender Ausschnitt vorhanden.

deshalb auch nicht im Frühjahr abgelassen werden, sondern verbleibt ganzjährig in der Kühlanlage. Ungeeignetes Frostschutzmittel kann Leichtmetallteile von Motor und Kühler angreifen.

Frostschutzkonzentration prüfen

Wartung Nr. 11

Zum Nachprüfen der Kühlmittel-Frostfestigkeit brauchen Sie einen Hebe-Messer (Spindel, Aräometer). Damit wird das spezifische Gewicht der Flüssigkeit gemessen. Durch unterschiedliche Zugabe von Korrosionsschutzmitteln sind die spezifischen Gewichte der einzelnen Frostschutzprodukte nicht ganz gleich. Die Meßtoleranz liegt bei 2–3°C.

- Kühlmittel aus dem Kühler ansaugen. Die Spindel muß frei schwimmen können.
- Je nach spezifischem Gewicht der Flüssigkeit taucht die Spindel mehr oder minder tief ein.
- An der Skala ablesen, bis zu welcher Temperatur der Frostschutz reicht.
- Manche Gefrierschutzprüfer haben Zeiger, an denen die Frostfestigkeit abgelesen werden kann.

Frostschutzkonzentration einstellen

Meist stellt sich heraus, daß die Konzentration des Gefrierschutzmittels nicht mehr ausreicht. Dann muß etwas Frostschutz nachgefüllt werden.

- Wanne unter den Wagen stellen.
- Ablaßschraube unten am Kühler öffnen, und einen bis zwei Liter Kühlmittel ablassen.
- Ablaßschraube **sanft** anziehen.
- Entsprechende Menge unverdünnten Frostschutz eingießen und mit der aufgefangenen Kühlflüssigkeit nachfüllen.

Fingerzeige: Angebrochenes Frostschutzmittel altert, wenn es offen herumsteht. Deshalb in ein verschließbares Gefäß umfüllen, dieses beschriften und vor Kinderhänden gesichert aufbewahren.
Das Äthylenglykol im Frostschutzmittel ist enorm kriechfähig. Das kann zur Folge haben, daß nach der Neubefüllung mit Frostschutzmittel undichte Stellen zutage treten, die bislang noch von Kalk- und Korrosionsansatz abgedichtet waren.

Kühlflüssigkeit wechseln

Wartung Nr. 39

Der Wartungsplan sieht alle zwei Jahre den Tausch des Kühlmittels vor. Der Flüssigkeitswechsel wird spätestens aber dann erforderlich, wenn eine der folgenden Reparaturen durchgeführt wird: Bei Motortausch, Zylinderkopfwechsel, Ersatz der Zylinderkopfdichtung, Kühler- oder Wärmetauscherwechsel. Der Grund ist folgender: Der Kühlmittelzusatz bewahrt die Leichtmetallteile vor Korrosion. Die Schutzschicht bildet sich in der Einlaufphase des neuen Motors, wobei ein Teil der Korrosionsschutzanteile verbraucht wird. Kommt nun ein neues, großflächiges Leichtmetallteil in den Kühlkreislauf, reicht die Korrosionsschutzwirkung der bisherigen Flüssigkeit nicht mehr aus. Und im Fall eines Schadens an der Zylinderkopfdichtung kann das Korrosionsschutzmittel durch eingedrungene Verbrennungsgase geschädigt sein. Deshalb sollten Sie nicht an der falschen Stelle sparen – erneuern Sie das Kühlmittel.

Kühlmittel ablassen

- Motor abkühlen lassen, bei heißem Kühlmittel besteht **Verbrühungsgefahr!**
- Verschlußdeckel am Kühler öffnen.
- Breite Wanne zum Auffangen des Kühlmittels unter den Motor stellen.
- Ablaßschraube unten am Kühler öffnen.
- Soll die Kühlflüssigkeit gewechselt werden, empfiehlt es sich, das Kühlsystem einmal mit klarem Wasser durchzuspülen.

Fingerzeig: Kühlerfrostschutzmittel ist giftig, es darf deshalb nicht einfach in die Kanalisation geschüttet werden. Stattdessen in ein gesondertes Gefäß füllen und zum Sondermüll geben (Annahmestelle bei der Gemeindeverwaltung erfragen).

Kühlsystem neu befüllen

Da eine gewisse Restmenge von Kühlflüssigkeit im Motor zurückbleibt, kann möglicherweise nicht die gesamte in der Tabelle am Kapitel-Anfang genannte Flüssigkeitsmenge eingefüllt werden.

- Ablaßschraube unten am Kühler **sanft** anziehen.
- Wasser/Frostschutzmischung am Kühler einfüllen.
- Motor starten und mit geöffnetem Verschlußdeckel im Leerlauf drehen lassen, bis der obere Kühlerschlauch heiß wird (Thermostat hat geöffnet).
- Kühlmittel bei laufendem Motor bis zum Einfüllstutzen nachfüllen.
- Verschlußdeckel am Kühler aufsetzen und schließen.
- Nach einer Probefahrt Motor abstellen und Kühlmittelstand am Ausgleichsbehälter prüfen, wie weiter vorn beschrieben.

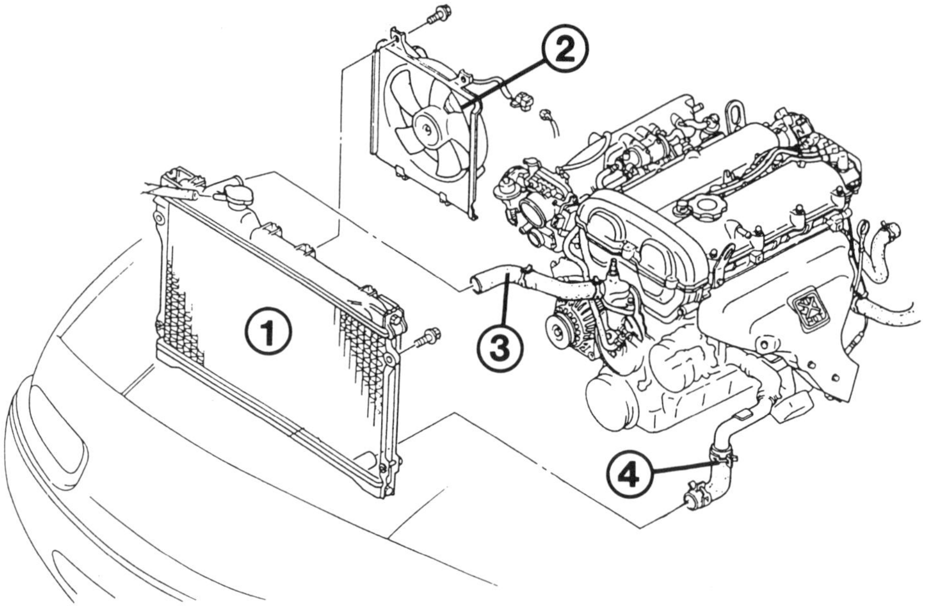

In der Zeichnung ist der Ausbau des Kühlers verdeutlicht. Mit den Zahlen sind bezeichnet:
1 – Kühler;
2 – Kühlerventilator mit Tragrahmen;
3 – oberer Kühlerschlauch;
4 – Kühlerschlauch unten.

Kühlsystem auf Dichtheit prüfen

Undichte Stellen an der Kühlanlage ermittelt man am leichtesten, wenn der Motor heiß ist und demnach Betriebsdruck in der Kühlanlage herrscht. Dann zum Prüfen der Wasserschläuche Arbeitshandschuhe tragen, um Verbrennungen zu vermeiden. Zu allen anderen Kontrollen muß der Motor abgekühlt sein.

● Kontrollieren Sie die Schläuche am Kühler und Motor sowie die zum Heizungs-Wärmetauscher, Leerlauf-Regelventil und Zusatz-Luftschieber.
● Schläuche rissig? Durch Kneten feststellen, ob die Wasserschläuche hart und spröde sind – dann umgehend austauschen.
● Durch Kneten der Schläuche lassen sich auch Undichtigkeiten feststellen, die durch Marderbisse verursacht wurden.
● Sitzen die Schlauchenden nicht zu knapp auf ihren Stutzen?
● Sitzen die Schlauchklemmen richtig?
● Verrostete Schlauchklemmen können unvermutet während der Fahrt und bei vollem Betriebsdruck im Kühlsystem nachgeben. Auswechseln!
● Die Werkstatt kontrolliert die Dichtheit der Kühlanlage mit einer speziellen Handluftpumpe mit Druckmesser.
● Dieses Gerät wird auf den Kühlereinfüllstutzen gesetzt und ein Druck von 1,05 bar aufgepumpt.
● Fällt der Skalenzeiger nicht innerhalb von ein bis zwei Minuten, ist das Kühlsystem dicht.

Der Kühler

Der Kühler besitzt sogenannte Wasserkästen aus Kunststoff. Die sitzen beim MX-5 oben und unten. Von diesen Sammelkästen aus strömt das Kühlmittel durch die Leichtmetallröhren des Kühlers, die zur Vergrößerung ihrer Oberfläche (und damit der Kühlfläche) mit Kühlrippen versehen sind. Über die Kühlrippen kann das Kühlmittel Wärme an die Umgebung abgeben.
Bei Verdacht auf einen undichten Kühler sollten Sie in der Werkstatt die beschriebene Druckprüfung durchführen lassen. Bei einem offenkundigen Defekt können Sie den Kühler auch gleich selbst ausbauen und zur Reparatur bringen. Es gibt spezielle Kühlerwerkstätten (Branchentelefonbuch!), die solche Reparaturen durchführen.

Kühler reinigen

Vor und nach dem Sommerhalbjahr sollten die Kühlerlamellen von den dort festgesetzten Insektenleichen gesäubert werden, sonst wird die Kühlwirkung verschlechtert.

● Von vorn durch den Kühllufteinlaß angetrocknete Insektenreste mit einem eiweißlösenden Mittel einsprühen.
● Nach einer gewissen Einwirkzeit von der Kühlerrückseite her abspülen. Durch die Kühlerlamellen mit nicht zu starkem Strahl spritzen. Hartes Bürsten oder scharfes Werkzeug kann die Kühlerlamellen beschädigen.
● Den Wasserschlauch auch in die Öffnung um den Kühlerventilator halten.

Kühlmittelschläuche ausbauen

Besorgen Sie sich als Ersatz Originalschläuche in der richtigen Bogenform und grundsätzlich neue Schlauchklemmen.

● Kühlmittel ablassen und auffangen.
● Federband-Schlauchschellen an den beiden »Ohren« mit einer Zange bis zum Anschlag zusammendrücken.
● Schläuche abziehen.
● Festsitzende Schlauchenden mit einem Schraubendreher lockern, den man zwischen Schlauch und Stutzen schiebt und dann vorsichtig hebelt.
● Neue Schläuche weit genug auf die Stutzen schieben, damit sie nicht wieder abrutschen können.

● Bei den Schlauchklemmen auf richtigen Sitz achten.
● Falls Sie Schlauchschellen mit Schraubgewinde verwenden, darf die Schraube nicht zu stark festgedreht werden, da sonst das Gewinde überdreht wird und die Haltekraft nicht mehr ausreichen kann.

Fingerzeig: Einen gerissenen oder von Mardern zerbissenen Wasserschlauch kann man selten sofort ersetzen. Denn oft ist gerade der benötigte Wasserschlauch nicht auf Lager. Vorübergehend kann das »Pannenband« von Weyer, Düsseldorf oder Holts »Hoseweld Bandage« helfen. Beide kleben auf gesäuberten und trockenen Gummischläuchen recht gut. Bei einem großen Leck kann es vorteilhaft sein, den Verschlußdeckel des Kühlers eine Umdrehung zu öffnen, damit sich im Kühlsystem kein Druck aufbauen kann, dem die Bandage dann nicht mehr standhält. Jetzt nur noch sehr schonend bis zur Werkstatt weiterfahren. Temperaturanzeige und Kühlmittelstand im Auge behalten!

Kühler ausbauen

● Kühlmittel in ein Auffanggefäß ablassen.
● Dicke Kühlmittelschläuche am Kühler und dünnen Schlauch zum Ausgleichsbehälter abbauen.
● Kabelstecker am Thermoschalter des Kühlerventilators abziehen.
● Stecker vom Kühlerventilator abziehen.
● Halteschrauben der Kühlerhalterung oben rechts und links herausdrehen.
● Kühler mit Kühlerventilator und Tragrahmen nach oben herausheben.
● Obere und untere Halteschrauben am Ventilator-Tragrahmen lösen, Kühlerventilator abnehmen.

Der Kühler-Verschlußdeckel

Im Überdruck-Kreislauf spielt der Kühlsystem-Verschlußdeckel auf dem Kühler eine wichtige Rolle:
○ Die Dichtfläche wird bei aufgeschraubtem Deckel fest auf den Rand der Kühleröffnung gedrückt. Es kann kein Druck entweichen.
○ Wenn bei Erwärmung der Überdruck im Kühlsystem **0,75–1,05 bar** übersteigt, öffnet das Überdruckventil. Jetzt kann zum Druckausgleich etwas Wasserdampf entweichen.
○ Beim Abkühlen zieht sich die Kühlflüssigkeit wieder zusammen, und es entsteht ein Unterdruck in der Kühlanlage. Für diesen Unterdruckausgleich sitzt im Deckel ein zweites Ventil. Es öffnet bei einem Unterdruck von **0,09 bar**, so daß Außenluft einströmen kann.

Verschlußdeckel prüfen

Kontrollieren Sie, ob sich Schmutz oder Kalkrückstände am Verschlußdeckel abgesetzt haben. Weiterhin prüfen Sie, ob die Dichtung Risse oder sonstige Beschädigungen aufweist. Beim geringsten Zweifel an der Funktionstüchtigkeit Deckel ersetzen.
● Ist der Gummidichtring beschädigt?
● Das **Überdruckventil** des Verschlußdeckels wird mit dem bereits beschriebenen Druckprüfgerät und einem Verbindungsstück auf richtige Funktion kontrolliert.
● Druck aufpumpen.

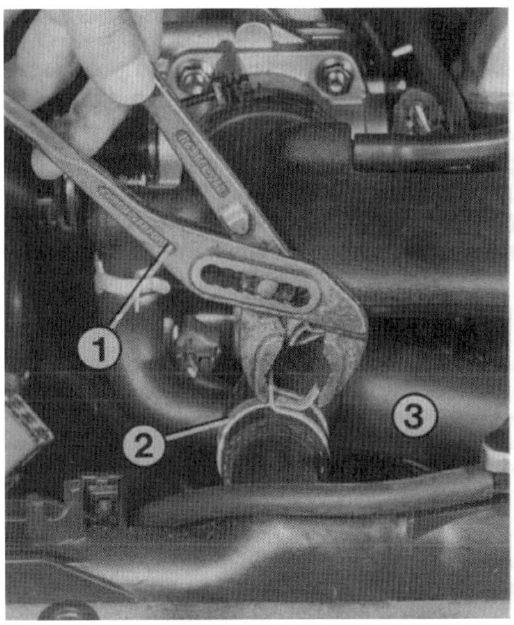

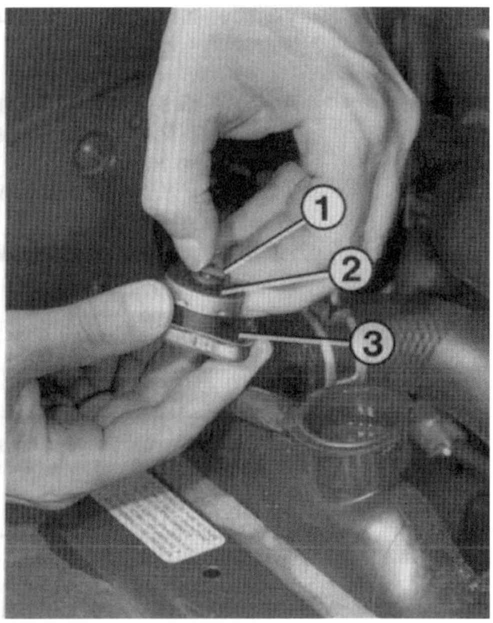

Links: Die Klemmschelle (2) des oberen Kühlerschlauches (3) läßt sich ohne Schwierigkeiten mit einer Zange (1) lösen.
Rechts: Ob das Unterdruckventil (1) im Verschlußdeckel (3) des Kühlsystems funktioniert, läßt sich behelfsmäßig prüfen. Das Ventil muß sich vom Ventilsitz (2) abheben lassen und durch die Federkraft wieder zurückgezogen werden.

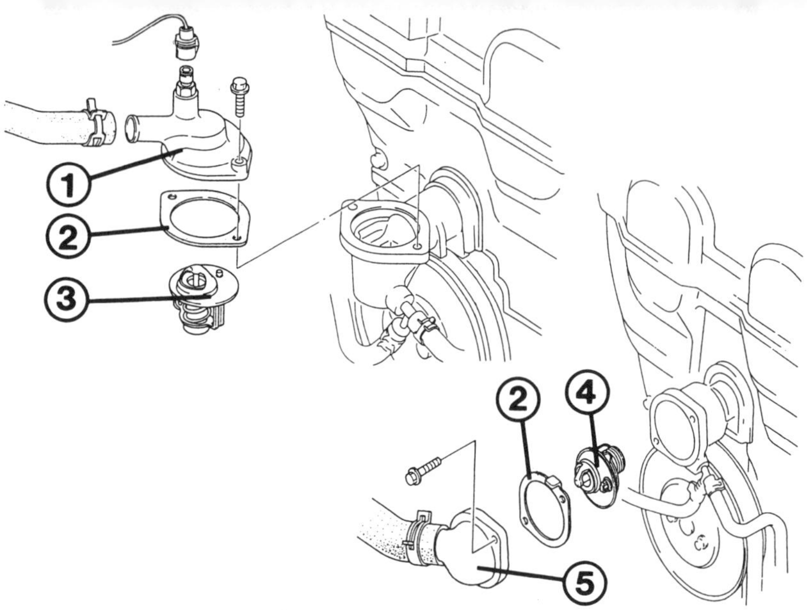

Die beiden Ausführungen des Thermostatgehäuses:
Links: 1,6-Liter-Motor mit Dekkel (1), Dichtung (2) und Einventil-Thermostat (3).
Rechts: 1,9-Liter-Motor mit Dekkel (5), Dichtung (2) und Zweiventil-Thermostat (4).

- Zwischen **0,75** und **1,05 bar** muß das Ventil öffnen.
- **Unterdruckventil:** Bei abgenommenem Verschlußdeckel einen dicken Wasserschlauch fest zusammendrücken.
- Deckel aufsetzen und festdrehen.
- Schlauch loslassen.
- Rundet sich der zusammengepreßte Schlauch wieder, dürfte das Ventil intakt sein.
- Sind die Kühlmittelschläuche morgens vor dem ersten Start plattgedrückt, streikt sicher das Unterdruckventil.
- An der Deckelunterseite das Unterdruckventil herausziehen.
- Schließt es beim Loslassen wieder vollständig?

Der Thermostat

Vereinfacht gesagt bestimmt der Thermostat darüber, ob das Kühlmittel im Kühler abgekühlt werden soll oder nicht. Er hat also das Sagen darüber, ob das Kühlmittel im »kleinen« oder im »großen Kühlmittelkreislauf« zirkulieren soll (siehe auch Kapitel-Anfang).
Natürlich steuert der Thermostat den Kühlmittelfluß in Abhängigkeit der Kühlmitteltemperatur. Das geschieht durch eine mit Spezialwachs gefüllte Büchse und den daran befestigten Ventilteller. Bei Erwärmung des Kühlmittels verflüssigt sich das Wachs, es dehnt sich aus und öffnet durch sein größeres Volumen den Ventilteller. Solange die Kühlmitteltemperatur steigt, wird vom Thermostat der Kaltwasserzufluß aus dem Kühler zunehmend geöffnet. Fällt dagegen die Betriebstemperatur, drückt eine Feder am Thermostat den Ventilteller wieder in Richtung »Zu« und sperrt damit den Kaltwasserzufluß, bis wieder Betriebstemperatur herrscht.

Zwei Bauarten

Anstelle des herkömmlichen Einventil-Thermostats ist beim 1,9-Liter-Motor ein aufwendiger konstruierter Zweiventil-Thermostat eingebaut. Aus seiner Bezeichnung läßt sich schon entnehmen, daß hier zwei Ventile, nämlich ein Haupt- und ein Nebenventil, für einen ausgeglichenen Wärmehaushalt im Kühlsystem sorgen. Mit steigender Kühlmitteltemperatur öffnet zuerst das kleine Nebenventil und läßt eine geringe Menge erhitzte Kühlflüssigkeit durch den Kühler strömen. Steigt die Kühlmitteltemperatur weiter an, öffnet das große Hauptventil, das nun den Wärmehaushalt, wie beim herkömmlichen Thermostat beschrieben, reguliert.

Störungsbeistand

Thermostat

Erkennungsmerkmal	Ursache/Auswirkungen
A Temperaturanzeige steigt langsam, Betriebstemperatur wird später erreicht, Heizwirkung ungenügend	Thermostat-Ventilteller ist in »Offen»-Stellung blockiert (etwa durch Ablagerungen); der Zufluß zum Kühler bleibt ständig offen. Motor bleibt zu lange im Kaltlaufbetrieb. Es kommt jedoch kurzfristig zu keinen Schäden. Trotzdem Thermostat so bald wie möglich wechseln
B Temperaturanzeige steht trotz richtigem Kühlmittelstand ganz rechts. Kühler und unterer Schlauch zum Kühler sind kalt	Thermostat-Ventilteller ist in »Geschlossen«-Stellung blockiert (etwa durch eine defekte oder undichte Thermostatbüchse). Auf keinen Fall weiterfahren, sonst entstehen schwere Hitzeschäden am Motor! Thermostat sofort auswechseln

Zum Lösen des Thermostatdeckels (2) am 1,9-Liter-Motor die Sechskantschraube (3) und die Mutter (4) lösen. Ggf. Kühlmittelschlauch (1) abnehmen.

Fingerzeig: Wenn der Motor unterwegs wegen defektem Thermostat ins Kochen kommt, hilft nur noch Abschleppen oder der komplette Ausbau des Thermostats an Ort und Stelle. Sollten Sie sich für den Ausbau entscheiden, müssen Sie erst abwarten, bis die Kühlmitteltemperatur abgesunken ist. Besorgen Sie sich derweil Gefäße zum Auffangen des Kühlmittels.

Thermostat ausbauen

Der Thermostat sitzt gut zugänglich direkt vor dem Motor. Beim Einbau eines neuen Thermostats soll auch der Dichtring am Thermostatgehäuse erneuert werden. Motor ausreichend abkühlen lassen!

- **1,9-Liter:** Verbindungsschlauch Drosselklappenstutzen/Luftfilter mit Resonanzkammer abnehmen.
- **Alle:** Schlauch am Thermostatgehäuse abnehmen.
- Beim 1,6-Liter-Motor Stecker am Thermoschalter für den Kühlerventilator abziehen.
- Zwei Sechskantschrauben am Thermostatgehäusedeckel losschrauben.
- Gehäusedeckel ggf. mit Thermoschalter abnehmen.
- Thermostat herausnehmen.
- Beim **Einbau** des neuen Thermostats muß eine neue Dichtung verwendet werden.
- Die »grün bedruckte« Seite des Dichtrings muß zum Thermostat hin zeigen.
- Thermostat so einbauen, daß der Entlüftungsstift nach oben zeigt.
- Schrauben am Thermostatgehäuse mit **20–25 Nm** anziehen.

Thermostat prüfen

Mit einem Einmachthermometer können Sie selbst kontrollieren, ob der Thermostat bei der vorgeschriebenen Temperatur öffnet:

Ausführung		Öffnungsbeginn	Öffnungsende	Öffnungshub mind.
Einventil-Thermostat		80,5–83,5°C	95°C	8,5 mm
Zweiventil-Thermostat	Nebenventil	83,5–86,5°C	–	1,5 mm
	Hauptventil	86,5–89,5°C	100°C	8,0 mm

Links: Der ausgebaute Einventil-Thermostat (3) des 1,6-Liter-Motors mit Dichtung (1). Position »2« zeigt das Thermostatgehäuse am Motor.
Rechts: Die Abbildung zeigt die Einbaulage des Thermostats (1) am 1,6-Liter-Motor. Der Entlüftungsstift (2) muß zum Motor hin zeigen. Bei jedem Aus- und Einbau die Dichtung ersetzen.

Zum Abnehmen des Riemenrades (1) an der Wasserpumpe werden die drei Sechskantschrauben (2) mit einem Ringschlüssel gelöst.

- Thermostat ausbauen.
- Thermostat in einen Topf mit Wasser hängen und Wasser erhitzen.
- Kontrollieren, ob der Ventilteller bei der in der Tabelle auf der Vorseite angegebenen Temperatur abhebt.
- Wenn möglich, noch den Öffnungshub messen.

Die Wasserpumpe

Die Kühlflüssigkeit wird von der Wasserpumpe in Umlauf gebracht. Sie sitzt in Fahrtrichtung vorn am Motor und wird – wir sagten es schon – über einen Keilriemen bzw. Keilrippenriemen von der Kurbelwelle angetrieben.
Die Wasserpumpe ist wartungsfrei. Wenn Undichtigkeiten oder mahlende Geräusche auftreten, muß sie ausgetauscht werden – eine Reparatur ist nicht möglich.

Fingerzeig: Bei Undichtigkeit tropft es anfangs nur gelegentlich aus dem Wasserpumpen-Gehäuse, aber innerhalb kürzester Zeit geht das Kühlmittel in erheblichen Mengen verloren. Deshalb sollten Sie sofort nach Erkennen einer undichten Wasserpumpe für den Austausch sorgen.

Wasserpumpe ausbauen

Zum Ausbau der Wasserpumpe muß der Zahnriemen abgenommen werden. Bevor Sie an die Arbeit gehen, sollten Sie die Absätze unter »Arbeiten am Zahnriemen« im Motor-Kapitel nachlesen. Gebraucht werden außer der neuen Wasserpumpe zusätzlich neue Dichtungen.

- Schrauben der Riemenscheibe für die Wasserpumpe lösen.
- Pumpe der Servolenkung ausbauen (Kapitel »Radaufhängung und Lenkung«).
- Keilriemen bzw. Keilrippenriemen abnehmen.
- Zahnriemen-Abdeckungen ausbauen.
- Motor auf Zünd-OT Zylinder 1 stellen.
- Zahnriemen abnehmen (siehe Motor-Kapitel).
- Spannrolle und Führungsrolle des Zahnriemens an der Wasserpumpe abschrauben.
- Kühlmittel ablassen und auffangen.
- Schlauchstutzen abnehmen (in Fahrtrichtung rechts an der Pumpe).
- Halteschrauben der Wasserpumpe lösen und Pumpe vom Motorblock abnehmen.
- Dichtfläche am Motorblock reinigen.
- Vor dem Einbau der Wasserpumpe Dichtfläche am Motorblock und neue Dichtungen mit etwas Silikonfett bestreichen.
- Wasserpumpe mit neuen Dichtungen zum Motorblock und zum Schlauchstutzen einbauen. Anzugsdrehmoment **20–25 Nm**.
- Spannrolle und Führungsrolle einbauen, siehe Motor-Kapitel.
- Steuerzeiten einstellen, Zahnriemen auflegen und spannen.
- Nach dem Einbau Kühlsystem befüllen und entlüften, wie weiter vorn beschrieben.

Fingerzeig: Ohne Wasserpumpenantrieb darf der Motor nicht laufen. Zur Wartung der Kühlanlage gehört daher unbedingt die Kontrolle des Keilriemens bzw. des Keilrippenriemens. Alles Wichtige hierüber finden Sie im Kapitel »Die Lichtmaschine«.

Der Kühlerventilator

Der Mazda MX-5 besitzt einen elektrisch angetriebenen Kühlerventilator, der nur im Bedarfsfall zugeschaltet wird. Dadurch wird Motorleistung und in der Folge Kraftstoff gespart. Das Einschalten geschieht je nach Motor auf etwas unterschiedliche Weise:

○ Beim 1,6-Liter ist der Thermoschalter oben am Thermostatgehäuse eingeschraubt. Wenn er »spürt«, daß die an ihm vorbeirauschende Flüssigkeit noch zu heiß ist, schaltet er den Ventilator ein. Ebenso schaltet er den Elektrolüfter wieder aus, wenn die Temperatur auf einen bestimmten Wert abgesunken ist.

○ Beim 1,9-Liter-Motor wird der Kühlerventilator über das Zünd/Einspritz-Steuergerät aktiviert. Als Informant dient hier der Kühlmittel-Temperaturgeber der Zünd/Einspritz-Steuerung, siehe Kapitel »Die Benzin-Einspritzung«.

Thermoschalter für den Kühlerventilator
1,6-Liter-Motor

Der Kühlerventilator wird über ein zwischengeschaltetes Relais vom Thermoschalter aktiviert. Das funktioniert nur bei eingeschalteter Zündung – der Relaiskontakt schließt nun den sogenannten Arbeisstromkreis. Damit liegt volle Batteriespannung am Ventilatormotor an, und dieser läuft los. Der Thermoschalter des Kühlerventilators **schaltet ein bei 91°C** und **schaltet aus bei 84°C**.

● Zum Prüfen der Einschalttemperatur brauchen Sie ein Einmachthermometer.

● Kühlerverschlußdeckel abnehmen und Motor warmlaufen lassen.

● Am Thermometer ablesen, ob der Kühlerventilator bei der vorgegebenen Temperatur einschaltet.

● Wenn nicht, Widerstandsprüfung am Thermoschalter durchführen.

● Thermoschalter ausbauen, Ohmmeter an seinem Steckkontakt und am Gehäuse direkt anschließen.

● Thermoschalter im Wasserbad erhitzen, Ohmmeter beobachten.

● Unterhalb der Einschaltemperatur Widerstand ∞ Ω (kein Durchgang), oberhalb der Einschalttemperatur Widerstand 0 Ω (Durchgang).

● Beim Einbau des Thermoschalters neuen Dichtring mit etwas Kühlmittel benetzen, damit er beim Einschrauben nicht gequetscht wird.

● Schalter mit **5–10 Nm** festziehen.

Störungen am Kühlerventilator
1,6-Liter-Motor

Ein ausgefallener Kühlerventilator kann zu hohe Kühlmitteltemperatur verursachen, allerdings nur bei längerem Leerlauf, etwa im stockenden Feierabendverkehr oder in einer Autobahnstauung. Ein ausgefallener Ventilator muß aber nicht das Ende der Fahrt bedeuten:

○ Nachdem der Motor einigermaßen abgekühlt ist, kann man mit mittleren Drehzahlen und einigermaßen zügigem Tempo die nächste Werkstatt anlaufen. Dabei die Temperaturanzeige im Auge behalten.

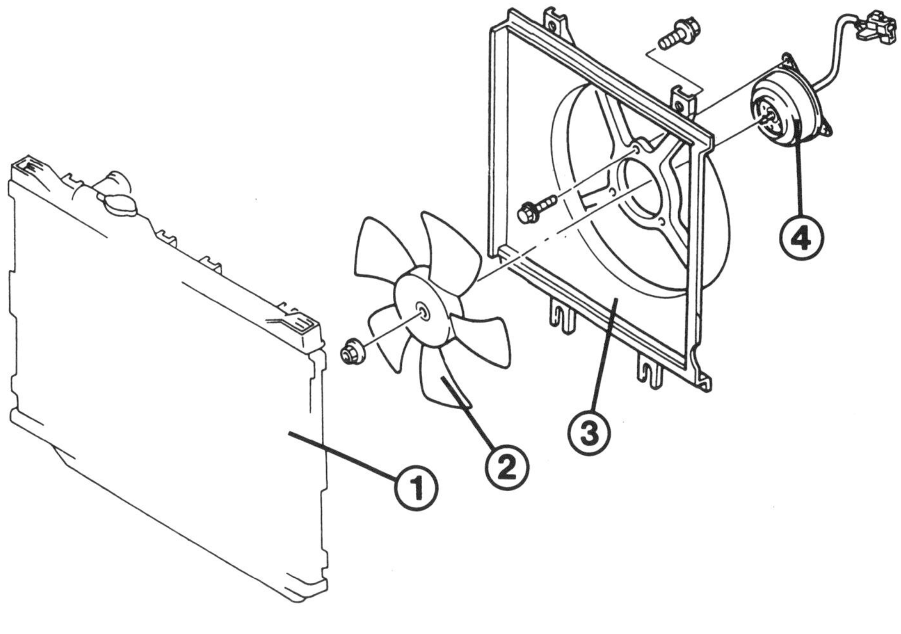

In der Zeichnung sind die Bauteile genannt, die beim Ausbau des Kühlerventilators betroffen sind:
1 – Kühler;
2 – Lüfterrad;
3 – Ventilator-Tragrahmen;
4 – Ventilatormotor.

Falls der Kühlerventilator nicht anläuft, wird beim 1,6-Liter-Motor als erstes der Thermoschalter (2) überprüft. Dazu den Stecker (1) abziehen und bei eingeschalteter Zündung direkt mit Masse verbinden. Falls der Thermoschalter die Fehlerursache war, muß der Elektromotor jetzt anlaufen. Position »3« bezeichnet den Thermostatdeckel.

○ Leerlauf und Schleichfahrt dagegen sind für den Motor gefährlich. Da strömt kaum ein kühlender Lufthauch durch die Kühlerlamellen. Muß verkehrsbedingt mit niedriger Geschwindigkeit weitergefahren werden, sollten Sie sofort nach der Störungsursache forschen und gegebenenfalls den Thermoschalter überbrücken.

Störungssuche
1,6-Liter-Motor

● Kontrollieren Sie zuerst die zuständige **Sicherung**, siehe Kapitel »Die Karosserie-Elektrik«.
● War diese in Ordnung, ziehen Sie den Kabelstecker des **Thermoschalters** ab.
● Verbinden Sie den Kontakt im Stecker mit einem Kabelstück direkt mit »Masse« (z.B. Metall am Motorblock).
● Zündung eingeschalten: Wenn jetzt der Ventilator losbraust, ist der (hier versuchsweise) aus dem Stromkreislauf herausgenommene Thermoschalter defekt.
● Half die Überbrückung des Thermoschalters nicht weiter, kontrollieren Sie das **Relais** des Kühlerventilators.
● Dazu Kabelstecker am Relais abziehen und im Stecker die Kontakte »A« (Anschluß des schwarz/roten Kabels) und »C« (Anschluß des gelben Kabels) mit einem isolierten Kabelstück überbrücken.
● Ein intakter Ventilator muß jetzt loslaufen (auch bei ausgeschalteter Zündung, denn er erhält seinen Arbeitsstrom von Batterie-»+«).
● Rührt er sich immer noch nicht, wird der **Ventilatormotor** selbst geprüft.
● Kabelsteckverbindung zum Lüftermotor trennen.
● Zwischen dem Kontakt des gelben Kabels im Stecker und dem Batterie-Pluspol ein ausreichend langes Kabelstück anschließen.
● Läuft der Ventilator jetzt? Dann ist seine Pluszuleitung unterbrochen.
● Blieb er ruhig, letzter Versuch mit dem Kontakt des schwarzen Kabels, der zusätzlich an »Masse« gelegt wird (Plusverbindung zur Batterie dran lassen).
● Bewegt sich der Ventilator immer noch nicht, dürfte der Elektromotor defekt sein.
● Für den Ventilatormotor gibt es noch eine weitere Prüfmethode mit dem Amperemeter. Dabei wird dessen Stromaufnahme gemessen.
● Batterie-Pluskabel abklemmen.
● Kabelsteckverbindung zum Ventilatormotor trennen.
● Zwischen den Anschluß des gelben Kabels am Ventilator-Kabelstecker und den Batterie-Pluspol einen Amperemeter anschließen.
● Der Ventilatormotor muß jetzt anlaufen, und Sie können den Stromfluß ablesen. Sollwert: 5,3–6,5 A.

Fingerzeig: Im Stadtverkehr oder bei absehbarer Langsamfahrt sollten Sie den Kühlerventilator im Dauerbetrieb laufen lassen. Entweder Steckkontakt des Thermoschalters direkt mit Masse verbinden, Kontakte im Relais überbrücken oder entsprechende Hilfsleitungen direkt an den Kühlerventilator legen. Wenn Sie das Relais überbrückt oder den Kühlerventilator direkt von der Batterie mit Spannung versorgt haben, muß diese Verbindung nach dem Abstellen des Motors wieder getrennt werden, sonst läuft der Kühlerventilator so lange, bis die Batterie leer ist.

Temperatursteuerung für den Kühlerventilator
1,9-Liter-Motor

Der Einschaltbefehl kommt vom Zünd/Einspritz-Steuergerät, wenn der entsprechende Geber der Zünd/Einspritz-Steuerung eine Kühlmittel-Temperatur von 97°C ermittelt hat. Dann wird der Schaltkontaktkreis des zwischengeschalteten Relais mit Masse verbunden, wodurch das Relais seinerseits den Arbeitsstromkreis schließt. Jetzt gelangt Spannung an den Ventilatormotor, und er läuft an.
Ist der MX-5 mit einer Klimaanlage ausgerüstet, läuft der Kühlerventilator grundsätzlich bei eingeschalteter Klimaanlage.

Störungen am Kühlerventilator
1,9-Liter-Motor

○ Falls die Temperaturinformation vom Kühlmittel-Temperaturgeber ausfällt, schaltet das Steuergerät der Zünd/Einspritzsteuerung den Kühlerventilator auf Dauerlauf. Der Fehler bleibt nicht lange unbemerkt, da das Steuergerät die Gemischaufbereitung und Zündverstellung auf Notlauf umschaltet, wodurch das Fahrverhalten zu wünschen übrig läßt.

○ Wenn die Kühlmitteltemperatur unaufhaltsam ansteigt und der Kühlerventilator keine Anstalten zum Losdrehen macht, kontrollieren Sie folgendermaßen:

● Kontakt »TEN« in der Diagnosesteckdose direkt mit Masse verbinden.

● Zündung einschalten und leicht aufs Gaspedal treten (Motor nicht starten).

● Der Kühlerventilator muß jetzt anlaufen.

● Bleibt er ruhig, kontrollieren Sie das Relais und den Ventilator selbst, wie unter »Störungssuche 1,6-Liter-Motor« beschrieben. Als Sollwert für die Stromaufnahme gelten beim 1,9-Liter-Motor maximal 7,7 Ampere.

● War hier auch kein Fehler zu finden, liegt der Fehler in der Ansteuerung des Kühlerventilators.

Kühlerventilator ausbauen

● Massekabel der Batterie abklemmen.

● Kabelsteckverbindung des Ventilators trennen.

● Verbindungsschlauch mit Resonanzkammer des Luftfilters abschrauben.

● Am Ventilator-Tragrahmen oben und unten jeweils zwei Schrauben herausdrehen.

● Tragrahmen mit dem Kühlerventilator herausnehmen.

● Lüfterrad am Ventilatormotor abschrauben.

● Drei Schrauben des Motors am Ventilator-Tragrahmen herausdrehen und Motor abnehmen.

Störungsbeistand

Kühlsystem

Die Störung	– ihre Ursache	– ihre Abhilfe
A Temperatur-Anzeigenadel steht im Bereich »H«	1 Keilriemen bzw. Keilrippenriemen zu schwach gespannt oder gerissen	Riemenspannung kontrollieren oder Riemen ersetzen
	2 Zu wenig Flüssigkeit im Kühlsystem	Auffüllen, notfalls aus der Scheibenwaschanlage
	3 Kabel zur Temperaturanzeige hat Masseschluß	Kabel am Temperaturgeber abziehen, Zeiger muß zurückgehen, sonst Masseschluß; Kabelverlauf kontrollieren
	4 Thermostat öffnet den Kaltwasserzufluß aus dem Kühler nicht (Kühler kalt)	Thermostat ausbauen und ohne ihn weiterfahren oder Wagen abschleppen lassen
	5 Kühlerventilator schaltet nicht ein	Siehe vorangegangene Seiten
	6 Überdruckventil im Verschlußdeckel defekt	Ventil prüfen (lassen), ggf. austauschen
	7 Anzeige-Instrument defekt	Überprüfen, siehe Kapitel »Instrumente und Geräte«
	8 Geber der Temperaturanzeige hat Kurzschluß	Austauschen
	9 Kühler verstopft oder Lamellen zugesetzt	Kühler reinigen
B Temperaturanzeige spricht sehr langsam an, schwache Heizleistung	Thermostat schließt nicht völlig, aufgeheiztes Kühlmittel strömt zu früh durch den Kühler	Thermostat säubern, ggf. ersetzen
C Temperaturanzeige bleibt im unteren Bereich, gute Heizleistung	Geber der Temperaturanzeige defekt	Austauschen

Wegzehrung

Kraftstoff und Verbrauch werden viel diskutiert. Um mitreden zu können, brauchen Sie möglicherweise noch einige Informationen aus diesem Kapitel.

Normal- oder Superbenzin?

Die Bezeichnungen »Normal« und »Super« stimmen eigentlich nicht, denn die Kraftstoffarten sind von durchaus gleicher Qualität. Weder im Reinheitsgrad noch im Verdampfungsverhalten (das für die Entzündbarkeit sehr wichtig ist) noch in der Energieentfaltung (Heizwert bezogen je Kilogramm Kraftstoff) zeigen sich Differenzen. Das wesentliche Unterschiedsmerkmal ist die Klopffestigkeit. Sie wird durch die Oktanzahl gekennzeichnet und liegt bei Super höher als bei Normalbenzin. Superkraftstoff kann höhere Kompressionsdrücke aushalten, ohne sich selbst zu entzünden, was sonst zu Motorklopfen führt. Beim Verdichten erwärmt sich jedes Gas, auch das Kraftstoff/Luft-Gemisch. Sie kennen das vielleicht von der Fahrrad-Luftpumpe beim Aufpumpen eines Reifens. Mit höherem Kompressionsverhältnis kann es also um so leichter zu Selbstentzündungen im Verbrennungsraum kommen, wenn der Kraftstoff nicht klopffest genug ist.

Die Klopffestigkeit

Zur Kennzeichnung der Klopffestigkeit dient die Oktanzahl. Das ist eine Vergleichsgröße, die in einem Prüfmotor mit bestimmten Meßkraftstoffen ermittelt wird. Häufig genannt ist die »Research-Oktanzahl«, kurz ROZ. Seltener findet man dagegen die aussagekräftigere »Motor-Oktanzahl« oder MOZ. Die Mindest-Oktanwerte für bleifreien Kraftstoff wurden früher vom **D**eutschen **I**nstitut für **N**ormung nach DIN 51607 festgelegt. Heute gilt die **E**uro-**N**orm EN 228:

Normal		Euro Super		Super Plus	
ROZ 91	MOZ 82,5	ROZ 95	MOZ 85	ROZ 98	MOZ 88

Hohe Klopffestigkeit erreichte man in früheren Jahren durch die Zumischung des hochgiftigen Blei-Tetraäthyls. Solcher bleihaltiger Kraftstoff darf im serienmäßig mit Katalysator ausgerüsteten Mazda MX-5 nicht verwendet werden, da sonst der Katalysator »vergiftet« wird, siehe Kapitel »Abgas-Entgiftung«. Im bleifreien Kraftstoff werden nur ungefährliche Zusätze verwendet.
Nachdem auch in unseren europäischen Nachbarländern der Anteil an Katalysatorfahrzeugen laufend zunimmt, ist die Versorgung mit bleifreiem Kraftstoff kein Problem mehr.

Welchen Kraftstoff braucht der MX-5?

Für unseren Mazda können folgende Kraftstoffarten verwendet werden:

Motor	Normal ROZ 91	Euro Super ROZ 95	Super Plus ROZ 98
1,6-Liter	+	+[1]	+[2]
1,9-Liter	+	+[1]	+[2]

[1] Bei hohen Außentemperaturen und voller Motorbelastung empfehlenswert
[2] Auf Grund der Motorauslegung nicht erforderlich

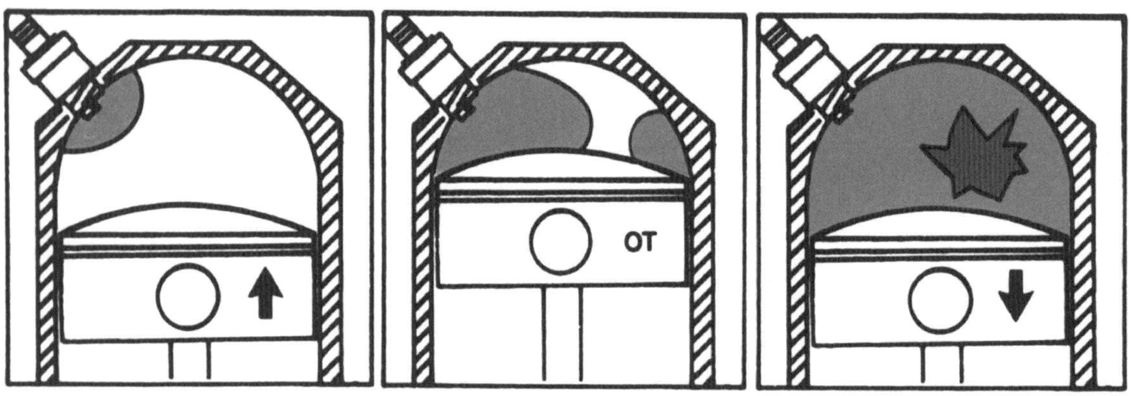

Der Motor klopft: Zusätzlich zu dem von der Zündkerze entflammten Gemisch entzündet sich in einer Ecke ein Gemischrest. Das ergibt eine unkontrollierte Detonation.

Klingeln und Klopfen

Normalerweise entflammt das Kraftstoff/Luft-Gemisch im Zylinder auf »Befehl« des Zündkerzenfunkens wellenförmig – wie wenn man einen Stein in ruhiges Wasser wirft: Die Wellen breiten sich kreisförmig aus. Durch die zunehmende Entzündung des Gemisches dehnen sich die Gase im Zylinder aus. Ist diese Ausdehnung zu stark, kann ein noch unverbrannter Gasrest an die Wand gedrückt werden. Diese Drucksteigerung bewirkt eine Wärmezunahme des Gasrestes, so daß er sich von selbst entzünden kann. Dabei knallt er der von der Zündkerze auf ihn zueilenden Flammenfront entgegen. Das gibt einen gewaltigen Druckanstieg im Zylinder. Der Kolben erhält einen Schlag auf den Boden und leitet ihn über sein Pleuel an die Lager der Kurbelwelle weiter.
Tritt dieser Effekt bei hohen Motordrehzahlen auf, werden die harten Verbrennungsgeräusche von den Fahrgeräuschen übertönt. Das ist für den Motor ausgesprochen gefährlich. Dieses **Hochdrehzahlklopfen** bewirkt eine erhebliche Motorüberhitzung. Bis aber die Kühlmittelanzeige anspricht, ist es meist zu spät, und ein oder mehrere Kolbenböden sind bereits geschmolzen.
Bekannter, weil besser zu hören, ist das **Beschleunigungsklingeln**. Es macht sich bemerkbar, wenn Sie mit nicht genügend klopffestem Kraftstoff aus niedrigen Drehzahlen heraus voll beschleunigen. Diese Klingelerscheinungen schaden dem Motor kaum.

Der Kraftstoffverbrauch

Normverbrauch

Wenn die Rede auf den Kraftstoffverbrauch kommt, fällt vielfach die Bezeichnung »Normverbrauch«. Dieser wird nach den Prüfbedingungen 80/1268/EWG ermittelt:
Die Verbrauchswerte werden unter drei unterschiedlichen Fahrbedingungen gemessen. Im Stadtverkehr ist ein sogenannter Fahrzyklus vorgeschrieben, der aus 25 Einzelvorgängen besteht – u. a. Leerlauf, Beschleunigen, Schalten, Bremsen und verschiedene Geschwindigkeiten von 10, 15, 32, 35 und 50 km/h. Dann kommt noch eine Fahrt mit konstant 90 Stundenkilometer und eine weitere mit 120 km/h.

Verbrauchsmessung mit Fahrtenbuch

Für die laufenden Verbrauchsbeobachtungen eignet sich am besten ein ordentlich geführtes Fahrtenbuch (bei der Tankstelle erhältlich). Die Verbrauchsmessung geht dann so:

- Jeweils getankte Kraftstoffmenge eintragen, alle paar tausend Kilometer zusätzlich nach dem Volltanken den genauen Kilometerstand eintragen.
- Alle Nachfüllmengen zwischen zwei Kilometereintragungen addieren.
- Gesamtverbrauch durch die gefahrenen Kilometer (mindestens 1000 km) teilen und mit 100 multiplizieren – das ergibt den Liter-Verbrauch auf 100 km.

Verbrauch in Theorie und Praxis

Der Normverbrauch für den MX-5 1,6-Liter/85 kW beträgt z. B. 5,8 l/100 km bei 90 km/h, 7,5 l/100 km bei 120 km/h und 9,0 l/100 km im Stadtverkehr. Mit den tatsächlich erzielten Verbrauchswerten müssen diese Angaben jedoch keineswegs übereinstimmen. Während der Normverbrauch lediglich eine Vergleichsgröße darstellt, resultiert der von Ihnen erzielte Verbrauch aus vielen Faktoren. So spielt Ihr persönlicher Fahrstil eine ebenso große Rolle wie die Straßenbeschaffenheit oder der Zustand des Motors.

Wovon hängt der Verbrauch ab?

Bei einem Spaß-Auto wie dem Mazda MX-5 spielt der Kraftstoffverbrauch sicher nicht die entscheidende Rolle. Aber es gibt doch interessante Zusammenhänge, und das Geld liegt gewissermaßen unter der rechten Schuhsohle. Wer wirtschaftlich Auto fahren will, sollte in erster Linie seinen rechten Fuß disziplinieren. Aber es gibt auch »äußere« Einflüsse.

Unbeeinflußbare Bedingungen

○ **Witterung:** Luftfeuchtigkeit und Temperatur beeinflussen die Verbrennung. Deshalb läuft der warmgefahrene Wagen auch an klaren Wintertagen so gut. Die Luft ist bei Kälte und Hochdruckwetterlage besonders dicht. Gegenwind hemmt das Fortkommen; Rückenwind kann dagegen helfen, etwas Kraftstoff zu sparen. Kälte läßt die Schmierstoffe zähflüssiger werden, die dann allen drehenden Teilen einen höheren Widerstand entgegensetzen. Und nicht zuletzt erhöhen Schnee und Matsch auf der Straße den Rollwiderstand, was zusätzlich Kraftstoff kostet.
○ **Fahrbahnart und Straßenzustand:** Die Räder rollen auf glattem Beton oder Asphalt leichter als auf rauhem Fahrbahnbelag, Schotter-, Feld- oder gar Schlammwegen. Außerdem muß man auf schlechten Straßen oft in einem kleineren Gang fahren, was zusätzlich Kraftstoff kostet.
○ **Gebirge:** Nicht nur das Bergauffahren kostet Kraftstoff, in höheren Regionen ist auch der Luftdruck geringer, was der Motor mit schlechterer Leistung quittiert. Bergab kann die Schubabschaltung Benzin sparen.
○ **Stop-und-go-Verkehr:** Ständiges Anfahren und Bremsen sowie lange Leerlaufzeiten steigern den Kraftstoffkonsum.

Fahrzeug-Ursachen

○ **Rollwiderstand:** Hierfür sind die Reifen und Radlager verantwortlich, unter Umständen auch die Bremsen. Der Reifen drückt sich an dem Punkt, an dem er die Fahrbahn berührt etwas platt – das erzeugt Widerstand. Dabei spielt der Reifendruck eine entscheidende Rolle. Ein hart gepumptes Rad läuft leichter, denn höherer Druck verringert die Aufstandsfläche. Dagegen steigern 0,5 bar Luftdruck zu wenig den Verbrauch um 10–15%.
Sommerreifen haben den geringsten Rollwiderstand. Grobstollige Winterreifen rollen schlechter, mit aufgelegten Schneeketten ist der Rollwiderstand am höchsten. Defekte Radlager hemmen die Fortbewegung, ebenso schleifende Bremsen (rollt der Wagen bei leichtem Gefälle von selbst los?). Auch eine grob verstellte Achseinstellung erhöht den Rollwiderstand.
○ **Gewicht:** Der Motor muß beim Beschleunigen und Bergauffahren mehr Kraft aufbringen, um den Wagen vorwärts zu bewegen. 100 kg Zuladung kosten einen knappen ½ Liter mehr Kraftstoff.
○ **Luftwiderstand:** Ein Heck-Gepäckträger mit sperrigem Gepäck verursacht bei zügiger Fahrt Mehrverbrauch. Im Stadtverkehr ist der Einfluß gering. Auch das geöffnete Verdeck erhöht auf Grund der Verwirbelungen den Luftwiderstand. Da man bei geöffnetem Verdeck aber meist langsamer fährt, ist die Verbrauchssteigerung nicht so hoch.

Motor-ursachen

○ **Innere Reibung:** Wurde ein neuer Motor eingebaut, so kann dieser auf den ersten paar tausend Kilometern durstiger sein als später. Das liegt daran, daß die neuen Kolbenlaufbahnen, Lager und Wellen noch nicht eingelaufen sind und deshalb noch höhere Reibungskräfte zu überwinden haben. Zu dickes Motoröl erhöht den Reibungswiderstand im Triebwerk, vor allem in der Warmlaufphase nach dem Kaltstart.
○ **Mechanischer Zustand:** Er spielt eine wesentliche Rolle. Zu geringe Kompression durch verschlissene Zylinderlaufbahnen, schadhafte Ventile oder Kolbenringe kosten Kraftstoff.
○ **Auspuff:** Ein eingedrücktes Auspuffrohr hemmt durch den kleineren Querschnitt den Abgasfluß – die Motorleistung sinkt, und der Verbrauch steigt. Ein durchgerosteter Auspufftopf hat einen geringeren »Staudruck«. Der vermeintlich »sportliche« Klang überdeckt schlechtere Motorleistung und höheren Kraftstoffdurst.
○ **Leerlauf:** Eine zu hohe Drehzahl steigert den Kraftstoffkonsum im Stand. Außerdem ist die Motorbremswirkung im Gefälle geringer.
○ **Verschmutzter Luftfilter:** Der mit der Verbrennungsluft angesaugte Staub lagert sich in den Filterporen ab, die Löcher setzen sich zu und werden weniger luftdurchlässig. Der Motor leidet unter Luftmangel.

Fahrer-ursachen

○ D-Zugfahrt kostet Zuschlag. Die **Fahrgeschwindigkeit** ist der wesentlichste Verbrauchsfaktor. Mit zunehmendem Tempo wächst der Rollwiderstand der Reifen durch vermehrte Walkarbeit. Noch größer ist der Einfluß des Luftwiderstands. Er ist bei 100 km/h nicht etwa doppelt so hoch wie bei Tempo 50, sondern er vervierfacht sich (er nimmt im Quadrat zu).
○ Bleifußfahren kostet unnötig Kraftstoff, denn die Vollanreicherung wirkt hierbei. Außerdem ist die Lambda-Regelung für den Katalysator außer Betrieb. Selbst bei zügiger Autobahnfahrt braucht das Gaspedal nicht voll durchgetreten zu werden. Leichtes Anheben des Gasfußes bewirkt keine oder nur eine geringe Geschwindigkeitsverminderung, aber der Verbrauch sinkt um einiges. Probieren Sie selbst aus, ab welcher Gaspedalstellung das Tempo nachläßt. Auch an Steigungen ist nicht immer Vollgas nötig.
○ **»Sportliches« Fahren:** Anfahren mit viel Gas, Beschleunigen bis in hohe Drehzahlen (Ausdrehen der Gänge) und notgedrungen oft auch hartes Bremsen ist verschwenderisch!
○ **Zwischengas** ist nicht nur überflüssig beim vollsynchronisierten Getriebe, sondern kostet auch unnötig Treibstoff.
○ **Warmlaufenlassen** frißt den Kraftstoff ohne Nutzen. Der unbelastete Motor wird nur sehr langsam warm. Das bedeutet zusätzlichen Verschleiß und unnötige Lärmbelästigung.

Fingerzeige: Wirklich günstig ist der Verbrauch bei niedriger Drehzahl und hoher Motorbelastung. Eine derartige Fahrweise war lange als »Motorquälerei« verpönt. Doch alle namhaften Automobilhersteller vertreten heutzutage die Ansicht, daß ihre Motoren selbst dann noch optimal geschmiert werden, wenn unsinnigerweise aus Leerlaufdrehzahl im höchsten Gang herausbeschleunigt wird. Sie können sich also beruhigt folgende Fahrweise aneignen: Zügig beschleunigen, jedoch möglichst früh in den nächsthöheren Gang schalten. Wenn die gewünschte Geschwindigkeit erreicht ist, wählen Sie den höchstmöglichen Gang und lassen den Wagen mit wenig Gas rollen. Hochdrehen soll der Motor eigentlich nur, wenn es die Verkehrssituation erfordert, also beim Überholen oder beim Einspuren in den fließenden Verkehr.
Bei jedem längeren Halt den Motor abstellen, z.B. vor einer Eisenbahnschranke, Baustellenampel oder im Verkehrsstau. Bereits bei 5–7 Sekunden Wartezeit haben Sie Kraftstoff gespart.

Saft gibt Kraft

Der energiereiche Saft für die Fortbewegung muß in ausreichender Menge an Bord sein. Dazu dient der Tank. Und für den Transport zur Einspritzanlage ist die Kraftstoffpumpe zuständig.

Sicherheitshinweise

○ Bevor Sie irgendwelche Arbeiten an der Kraftstoffanlage in Angriff nehmen, muß unbedingt das Batterie-Massekabel abgenommen werden. Unbeabsichtigte elektrische Verbindungen können zu gefährlicher Funkenbildung führen und Benzindämpfe explodierend entzünden.
○ Wegen der austretenden Benzindämpfe dürfen Arbeiten an der Kraftstoffanlage nur im Freien oder einem gut durchlüfteten Raum durchgeführt werden.
○ Vermeiden Sie jeden Hautkontakt mit Kraftstoff, denn die Benzole sind schädlich.
○ Ausgebaute Teile der Kraftstoffanlage auf einer sauberen Unterlage ablegen, keine fusselnden Lappen o. ä. hierzu verwenden.
○ Offene Kraftstoffleitungen schmutzsicher verschließen, z. B. mit passenden sauberen Gewindeschrauben.

Druck in der Kraftstoffanlage abbauen

Wenn der Motor kurz zuvor noch gelaufen ist, herrscht ein Betriebsdruck von bis zu 6 bar im Kraftstoffsystem. Beim Lösen einer Benzinleitung kann der Kraftstoff kräftig herausspritzen. Mit einem Lappen können Sie das herausspritzende Benzin auffangen, es darf nicht in die Augen gelangen! Mazda empfiehlt, den Kraftstoffdruck auf folgende Weise abzubauen:

- Motor starten und im Leerlauf drehen lassen.
- Abdeckung unterhalb der Lenksäule abschrauben, Kraftstoffpumpenrelais aus dem Mehrfachstekker abziehen (siehe Kapitel »Die Karosserie-Elektrik«).
- Sobald der Motor mangels Kraftstoffversorgung stehenbleibt, Zündung ausschalten.
- Relais der Kraftstoffpumpe wieder aufstecken.
- Überdruck im Tank durch Abschrauben des Tankdeckels abbauen.

Der Tank

Der Benzinspeicher im Auto muß hohen Sicherheitsanforderungen genügen, denn bei einem Unfall darf sein Inhalt nicht davonfließen. Deshalb sitzt er an der sichersten Stelle – über der Hinterachse. Er faßt etwa 45 Liter Kraftstoff.
Weil kontinuierlicher Benzinnachschub auch bei niedrigem Flüssigkeitsspiegel im Tank sichergestellt sein muß, besitzt er tief innen einen sogenannten Staubehälter. Bei Kurvenfahrt fängt sich der Rest-Kraftstoff im Sammelraum. Außerdem ist die elektrische Benzinpumpe im Tank untergebracht.
Da der Kraftstoffbehälter aus Blech gefertigt ist, sollte man bei mehrwöchigen Ruhepausen (z. B. beim »Winterschlaf«) des MX-5 den Tank vollfüllen. Andernfalls kann sich an den Innenwänden Kondenswasser bilden, das zu Rostbildung führt. Gelangt der Rost trotz der dazwischenliegenden Filter in die Einspritzanlage,

Das gesamte Umfeld des Kraftstofftanks ist hier auf einen Blick zu erkennen:
1 – Tankgeber;
2 – Kraftstoffilter;
3 – Kraftstoffdampfventil;
4 – Zweiwege-Rückschlagventil;
5 – Tank;
6 – Schnell-Entlüftung;
7 – Einfüllstutzen.

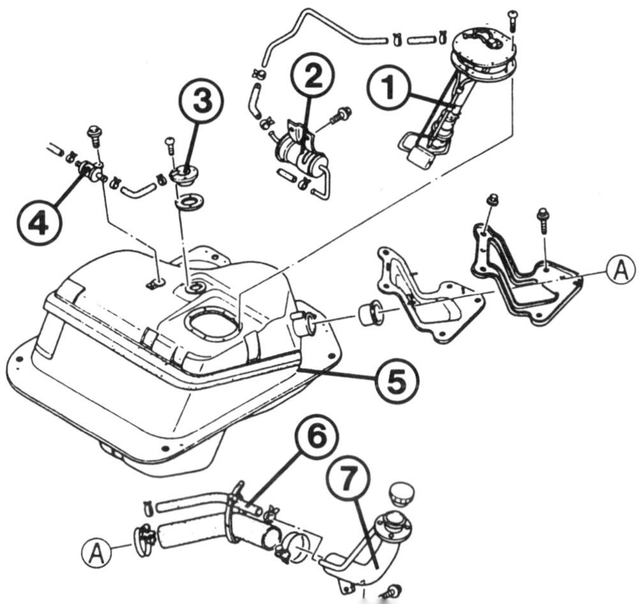

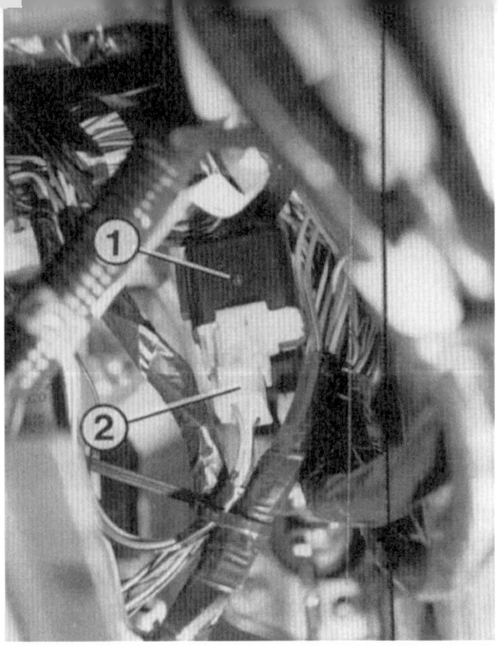

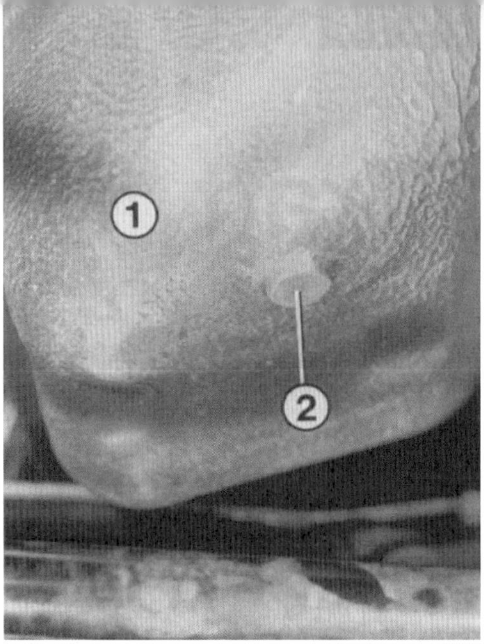

Links: Das Kraftstoffpumpenrelais (1) sitzt links im Fahrerfußraum und ist hier mit seinem Anschlußstecker (2) gezeigt. **Rechts:** Der Tank (1) des MX-5 besitzt eine Ablaßschraube (2).

gibt es ärgerliche Funktionsstörungen. Zwar besitzen heutige Kraftstoffe einen Alkoholzusatz, der Wasser im Benzin »aufsaugt«, aber manchmal reicht das doch nicht völlig.

Kraftstoff ablassen

Zum Ablassen des Kraftstoffes haben Sie zwei Möglichkeiten: An der Unterseite des Tanks die Ablaßschraube herausdrehen oder den Tank von der Kraftstoffpumpe leersaugen lassen.

- **Ablassen:** Wagen hinten aufbocken und das linke Rad abnehmen.
- Ablaßschraube vom Unterbodenschutz befreien und die Unterseite des Tanks säubern.
- Je nach Restinhalt entsprechend großes Auffanggefäß unter den Tank stellen.
- Ablaßschraube herausdrehen und den Kraftstoff ablassen.
- **Leerpumpen:** Kraftstoffdruck abbauen.
- Verdeckablage ausbauen.
- Blechdeckel abschrauben.
- Rücklaufleitung (sitzt zum Rand des Oberteils hin) am Tankgeber abnehmen, nach unten herausführen und in einen genügend großen Behälter halten.
- Am Diagnosestecker (Motorraum links hinter dem Federbeindom) die Kontakte von Klemme »F/P« und Klemme »GND« (bei angeklemmter Batterie) überbrücken.
- Die Pumpe saugt jetzt den Tank leer.

Tank ausbauen

Der Tankausbau ist eine recht komplizierte Arbeit, die eigentlich der Mazda-Werkstatt überlassen bleiben sollte.

- Sicherheitshalber empfiehlt es sich, die Wagenunterseite vorher gründlich sauberzuspritzen, damit bei der Montage kein Schmutz in die Kraftstoffanlage gelangen kann.
- Kraftstoff ablassen.
- Abdeckblech von der Verdeckablage abschrauben.
- Anschlußstecker sowie Kraftstoff-Vor- und Rücklaufleitung vom Tankgeber abziehen. Evtl. auslaufendes Benzin mit Lappen aufsaugen.

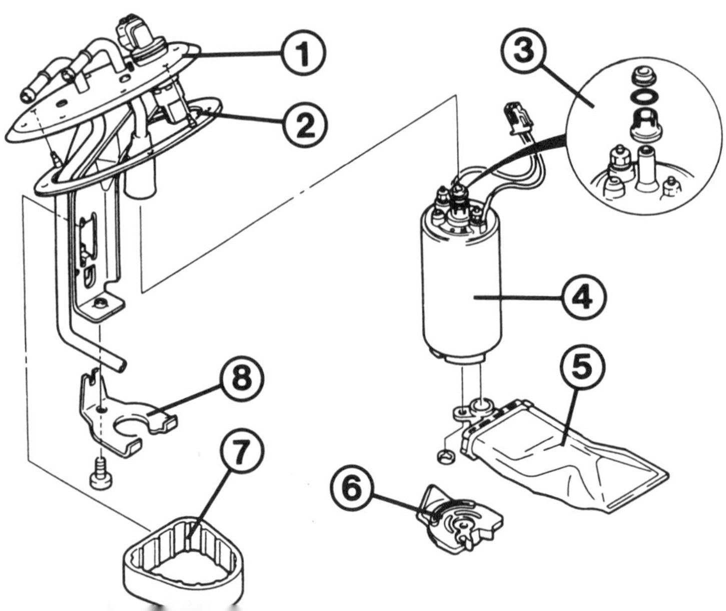

Mit der Zeichnung wird der Ausbau der Kraftstoffpumpe verdeutlicht. Die Zahlen bezeichnen folgende Teile:
1 – Dichtplatte des Tankgebers;
2 – Dichtung;
3 – Dichtungsteile für Kraftstoffpumpe, die ersetzt werden müssen;
4 – Kraftstoffpumpe;
5 – Vorfilter;
6 – Dämpfungsgummi;
7 – Halteband;
8 – Halterung für die Kraftstoffpumpe.

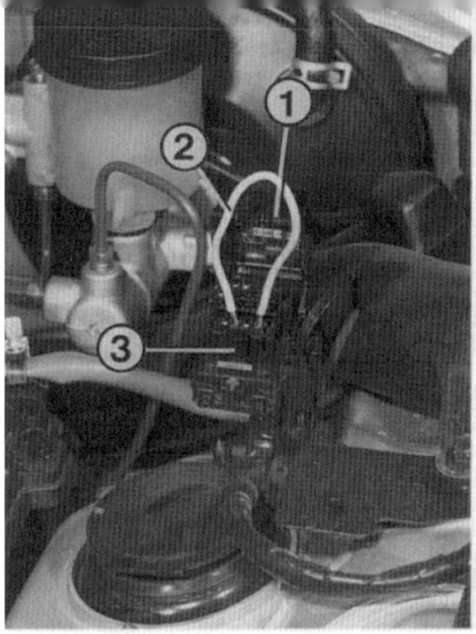

Links: Zum Abbauen des Kraftstoffdrucks den Deckel (1) des Diagnosesteckers (3) öffnen und die Klemmen »GND« und »F/P« durch ein Kabelstück (2) verbinden.
Rechts: Nach Abnahme des Teppichbodens an der Verdeckablage werden die Halteschrauben (Pfeile) der Tankabdeckung (1) sichtbar.

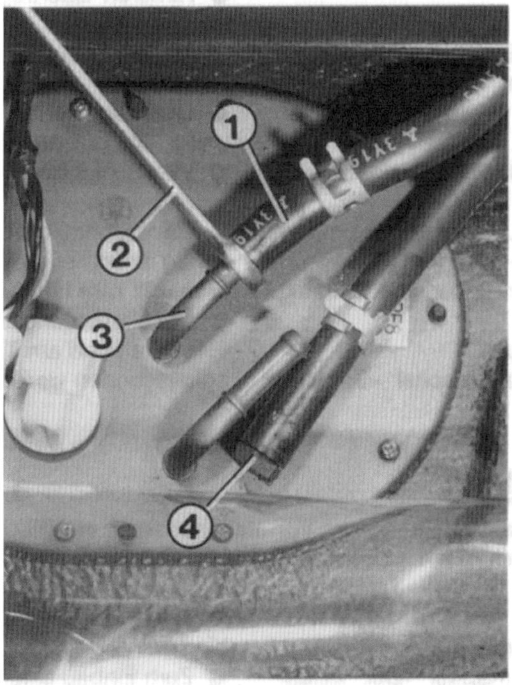

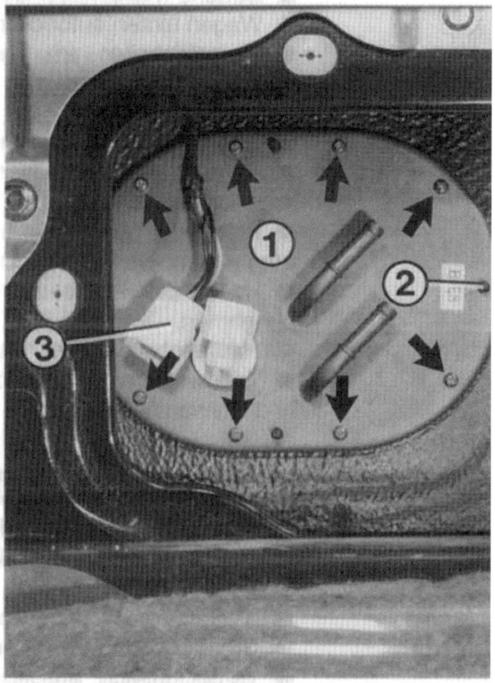

Links: Hier wird mit einem Gabelschlüssel (2) der Kraftstoffschlauch (1) von der Vorlaufleitung (3) abgedrückt. Mit Position »4« ist die Schraube zum Verschließen der Kraftstoffleitung bezeichnet.
Rechts: Vorbereitungen zum Ausbau des Tankgebers (1): Die mit Pfeilen bezeichneten Schrauben lösen, Stecker (3) abziehen. Mit »2« ist eine der Stellen bezeichnet, an der die Dichtung gesichert ist.

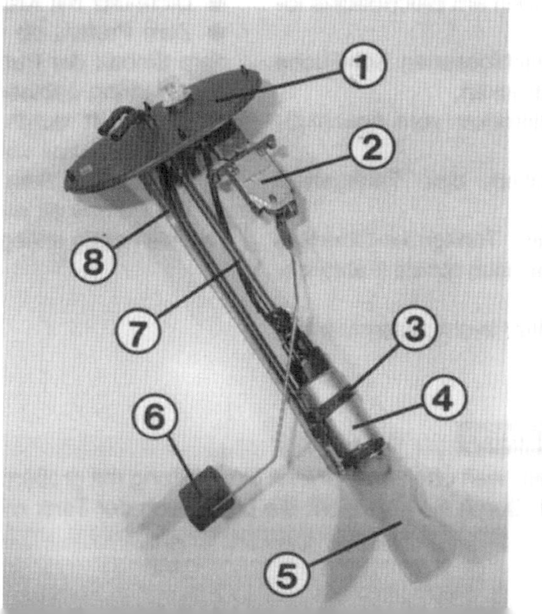

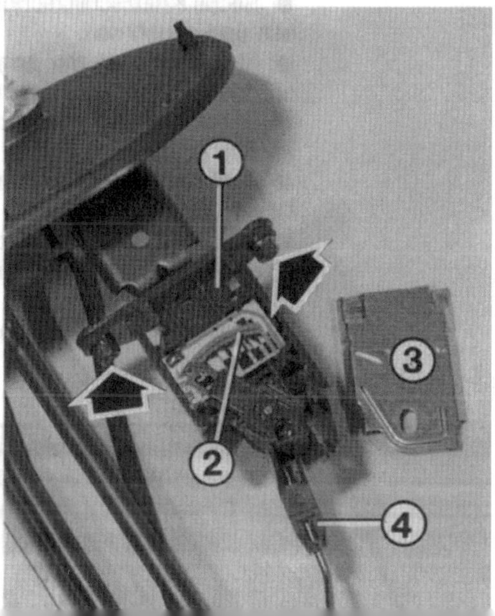

Links: Am ausgebauten Tankgeber (1) sind bezeichnet:
2 – Schleifwiderstand;
3 – Halteband;
4 – Kraftstoffpumpe;
5 – Vorfilter;
6 – Schwimmer;
7 – Vorlauf;
8 – Rücklauf.
Rechts: Zum Lösen des Geberteils (1) werden die Haltemuttern (Pfeile) am Tankgeber-Oberteil gelöst. Weiter zu sehen:
2 – Schleifwiderstand;
3 – Abdeckung;
4 – Schwimmerarm.

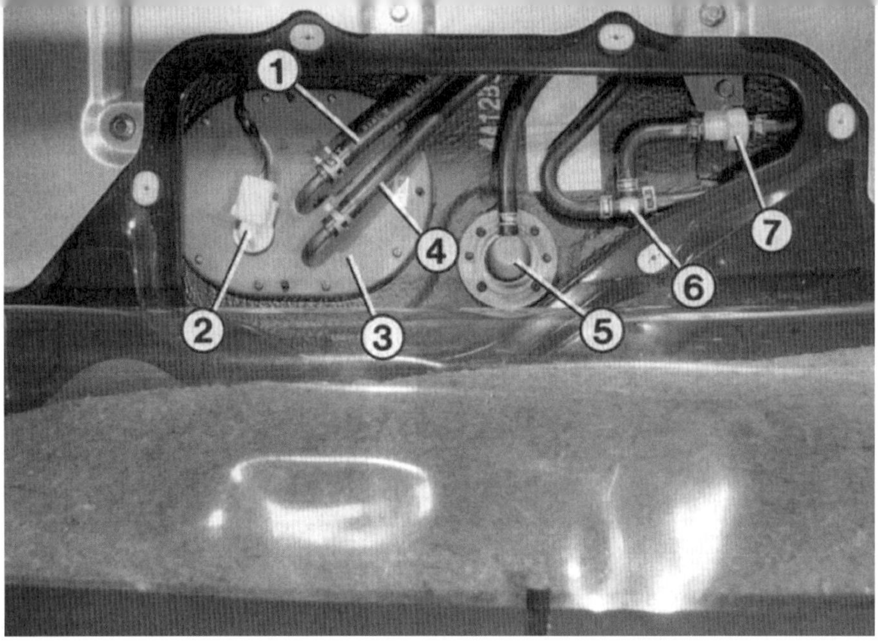

Bei abgenommener Abdeckung an der Verdeckablage sind zu sehen:
1 – Vorlauf;
2 – Steckanschluß;
3 – Tankgeber;
4 – Rücklauf;
5 – Kraftstoffdampfventil;
6 – T-Stück;
7 – Zweiwege-Rückschlagventil.

- Batterie-Massekabel lösen.
- Wagen hinten aufbocken.
- Klemmschellen am Tank-Einfüllstutzen abnehmen. Verbindungsleitung zum Einfüllstutzen abziehen.
- Filterabdeckung abnehmen.
- Halter des Filters lösen. Die Leitungen bleiben angeschlossen.
- Halter der Leitungsverbindung für die Bremsleitung – nicht die Bremsleitung – lösen.
- Halter des Filters und der Leitungsverbindung abnehmen.
- Hauptschalldämpfer ausbauen.
- Triebwerksrahmen ausbauen (Kapitel »Getriebe und Achsantrieb«).
- Hinteren Querträger mit einem Wagenheber abstützen.
- Am hinteren Querträger die Schrauben und Muttern lösen.
- Querträger absenken. Dabei dürfen die Brems- und Kraftstoffleitungen nicht beschädigt werden.
- Vier Schrauben am Tank lösen und diesen nach unten herausnehmen.
- Beim Einbau die Schläuche am Tankgeber wieder richtig anschließen. Die Schläuche müssen **mindestens 25 mm** aufgeschoben sein.
- Der Verbindungsschlauch zum Tank soll am Einfüllstutzen und am Tankstutzen **mindestens 35 mm** aufgeschoben werden.

Geber für die Tankanzeige

Der Tankgeber meldet die Flüssigkeitsmenge im Vorratsbehälter auf elektrischem Weg an das Anzeigeinstrument. Er besteht aus dem Schwimmer mit Schleifkontakt und sitzt kombiniert mit der Kraftstoffpumpe im Tank.

Tankgeber ausbauen

- Kraftstoffdruck abbauen.
- Ggf. Windschott herausnehmen.
- Verdeckablage ausbauen (Kapitel »Der Innenraum«).
- Sechs Kreuzschlitzschrauben am Blechdeckel lösen und abnehmen.
- Klemmschellen der angeschlossenen Schläuche an den »Ohren« zusammendrücken.
- Schläuche und Mehrfachstecker vom Anschlußflansch abziehen.
- Acht Kreuzschlitzschrauben des Tankgeber-Oberteils losdrehen.
- Zum Herausnehmen des Tankgeber-Oberteils aus dem Tank wird der Geber nach rechts (Fahrtrichtung) gedrückt.
- Zusätzlich muß der Feinfilter leicht zusammengedrückt werden.
- Beim Einsetzen den Schwimmerarm nicht verbiegen.
- Zum Einbau einen neuen Dichtsatz (O-Ring, Kappe und Zwischenring) verwenden.
- Dichtsatz mit Kraftstoff benetzen.
- Zum Prüfen, ob die Pumpe dicht ist, wird nach dem Einbau der Pumpe und des Gebers Luft in die Hauptleitung geblasen.
- Falls Luft durch die Pumpe strömt, kann die Rückschlagkugel verklemmt sein.
- Pumpe schütteln und nochmals prüfen.
- Die Pumpe an der Halterung hinunterdrücken, so daß sie richtig anliegt.

Die Tank-Be- und -Entlüftung

○ **Schnell-Entlüftung:** Relativ weit oben am Tank ist eine Leitung mit großem Querschnitt angeschlossen, die zum Tankeinfüllstutzen führt. Durch sie entweicht die Luft, wenn der Tank mit Benzin gefüllt wird.

○ **Fein-Entlüftung:** Sie besteht aus zwei dünneren Leitungen, die ebenfalls vom Tank zum Abscheider am Tankeinfüllstutzen führen. Darin werden die ständig und unvermeidlich sich bildenden Benzindämpfe abgeleitet. Sie gelangen über ein Rückschlag-/Sperrventil und ein Zweiwege-Rückschlagventil in den Aktivkohle-Behälter vorn rechts im Motorraum. Weiter verhindert der Abscheider, daß Kraftstoff – etwa bei Überfüllen des Tanks – in den Aktivkohle-Behälter gelangt.
Das Rückschlag-/Sperrventil gleicht den Unter- und Überdruck im Tank aus. Das ist notwendig, weil z. B. das Zweiwege-Rückschlagventil während der Fahrt im Tank für einen Überdruck sorgt. Den benötigt die Kraftstoffpumpe für volle Saugleistung. Das Zischgeräusch beim Öffnen des Tankverschlusses kommt vom entweichenden Überdruck. Mit einem falschen Tankdeckel oder ohne Deckel bleibt der Motor spätestens bei halbvollem Tank stehen, da dann das Druckgefälle zum Tank nicht mehr ausreicht.

Die Aktivkohlebehälter-Anlage

Zum Schutz der Umwelt mündet die Tank-Entlüftung in einen mit Aktivkohle befüllten Behälter. Diesen Behälter finden Sie am vorderen rechten Radkasten. Bei stehendem oder im Leerlauf drehendem Motor werden die Benzindämpfe im Behälter gespeichert, um dann bei erhöhter Drehzahl während der Fahrt dem warmgefahrenen Motor zur Verbrennung zugeführt zu werden.
Die Beimischung der Kraftstoffdämpfe ins Ansaugrohr regelt das Steuergerät der Zünd/Einspritz-Steuerung über ein Entlüftungs-Magnetventil. Dieses Ventil sitzt auf dem rechten Federbeindom im Motorraum.

Funktionsprüfung

- Warmgefahrenen Motor im Leerlauf drehen lassen.
- Schlauch zwischen Aktivkohlebehälter und Magnetventil am Ventil abziehen.
- Am Ventilanschluß fühlen, ob Unterdruck anliegt.

Magnetventil prüfen

- Schläuche und Kontaktstecker am Ventil abnehmen.
- Magnetventil losschrauben.
- Versuchen Sie, an einem Schlauchanschluß Luft durchzublasen. Das darf nicht möglich sein.
- Elektrische Anschlüsse des Ventils mit Masse und Batterie-+ verbinden.
- Jetzt müssen Sie Luft durchblasen können.
- Ist dies nicht der Fall, Magnetventil ersetzen.

Kraftstoffdampfventil prüfen

- Kraftstoffdampfventil oben am Tank abschrauben und Kraftstoffleitung abziehen.
- Ein passendes Schlauchstück auf den Anschluß des Ventils stecken.
- Kraftstoffdampfventil waagrecht halten.
- Durchblasen muß ohne Widerstand möglich sein.
- Ventil auf den Kopf drehen. Das Ventil muß nun schließen, Durchblasen darf nicht mehr möglich sein.
- Beim Wiedereinbau auf richtigen Sitz der Dichtung am Ventil achten und Schlauch wieder anschließen.

Zweiwege-Rückschlagventil prüfen

Die richtige Funktion des Rückschlag-/Sperrventils läßt sich nur in der Werkstatt mit einem Manometer prüfen, der Druckwerte im Bereich von 0,01–0,85 bar anzeigen kann. Für das Zweiwege-Rückschlagventil wird eine Unterdruckpumpe benötigt.
Behelfsmäßig können Sie bei ausgebautem Ventil zumindest prüfen, ob sich an beiden Schlauchanschlüssen Luft ansaugen läßt. Beim Anschließen der Leitungen auf die Einbaurichtung (Pfeil) achten.

Die Kraftstoffleitungen

Die Schläuche und Leitungen müssen einem Druck von 4,5–6,0 bar widerstehen. Zur Befestigung dienen Klemm-Schlauchschellen.

Kraftstoffleitungen und -schläuche ausbauen

Wenn Sie eine Kraftstoffleitung lösen, dürfen Sie nie vergessen, daß das Kraftstoffsystem auch längere Zeit nach dem Abschalten des Motors noch unter Druck steht. Deshalb grundsätzlich Druck in der Kraftstoffanlage abbauen, wie zu Kapitel-Anfang beschrieben.

- Mit einer Zange die Schlauchklemmen lösen.
- Schlauch unter Drehbewegungen abziehen.
- Ist dies nicht möglich, kleinen Gabelschlüssel am Schlauchende ansetzen und damit abdrücken.

Kraftstoffanlage auf Dichtheit prüfen

Riecht es am Abstellplatz des Wagens nach Benzin, tritt dies irgendwo aus einer Leitung oder an einem Bauteil der Kraftstoffanlage aus. Zur Suche einer Undichtigkeit sollte der Wagen über Nacht an einem trockenen, sauberen Platz gestanden haben.

Zum Ausbau des Tankeinfüllstutzens Bodenbelag (2) im Kofferraum zurückschlagen und die Abdeckung (1) an den mit Pfeilen bezeichneten Stellen lösen.

- Flecken unter den Wagenboden?
- Wenn nicht, Motor starten und einige Minuten laufen lassen.
- Nach dem Abstellen erneut kontrollieren.
- Falls immer noch nichts sichtbar ist, sämtliche Leitungen und Teile der Kraftstoffanlage verfolgen und auf den charakteristischen Benzingeruch achten.

Die Kraftstoffpumpe

Sie sitzt direkt im Tank, von kühlendem Benzin umgeben. So können sich auch bei hohen Betriebstemperaturen keine Dampfblasen bilden, die zu Aussetzern führen.
Die Stromversorgung der Kraftstoffpumpe läuft von der Batterie über das Einspritz-Hauptrelais und das Kraftstoffpumpen-Relais zur Pumpe. Eine Sicherheitsschaltung verhindert, daß die Pumpe bei stehendem Motor, aber eingeschalteter Zündung läuft. Das verhütet Brandgefahr durch auslaufendes Benzin nach einem Unfall. Andererseits wird dafür gesorgt, daß ganz kurz beim Einschalten der Zündung oder mit den ersten Impulsen der Zündspule beim Anlassen Kraftstoff gefördert wird. Dafür ist das Steuergerät der Zünd/Einspritz-Steuerung verantwortlich.

Störungssuche an der elektrischen Kraftstoffpumpe

- Am Diagnosestecker im Motorraum am linken Federbeindom die Kontakte von Klemme »F/P« und Klemme »GND« überbrücken, siehe Abbildung links oben auf Seite 69.
- Falls nichts läuft, Abdeckung unter der Lenksäule abschrauben und Kraftstoffpumpenrelais aus seinem Halter herausziehen.
- Mit einem genügend langen Kabelstück die Kontakte »B« (Zündung ein) und »Fp« (zur Pumpe) verbinden.
- Wenn hierbei die Kraftstoffpumpe anläuft, das Kraftstoffpumpenrelais prüfen.
- Bleibt es ruhig, Relais wieder einstecken und die Spannungsversorgung der Pumpe prüfen. Die Vorarbeiten sind unter »Tankgeber ausbauen« beschrieben.

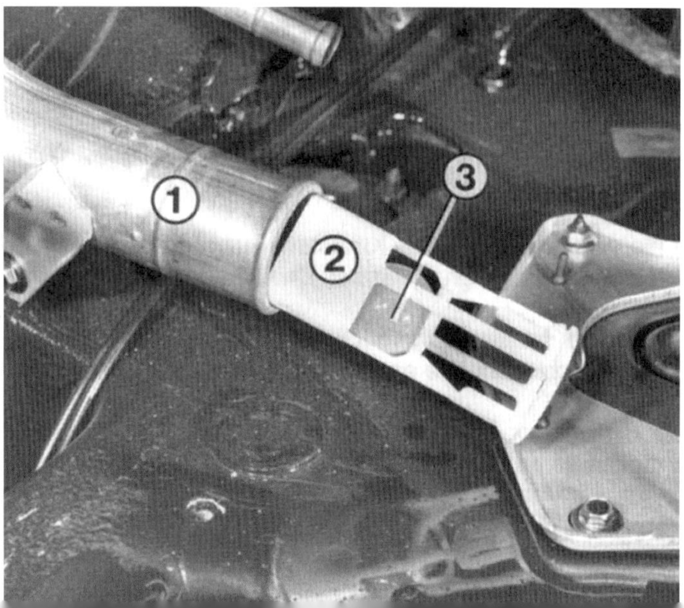

Nach Abnahme des Verbindungsschlauches zum Tank wird diese Auslaufsicherung sichtbar. Sie besteht aus dem Käfig (2) mit Kugel (3) und steckt im Einfüllstutzen (1).

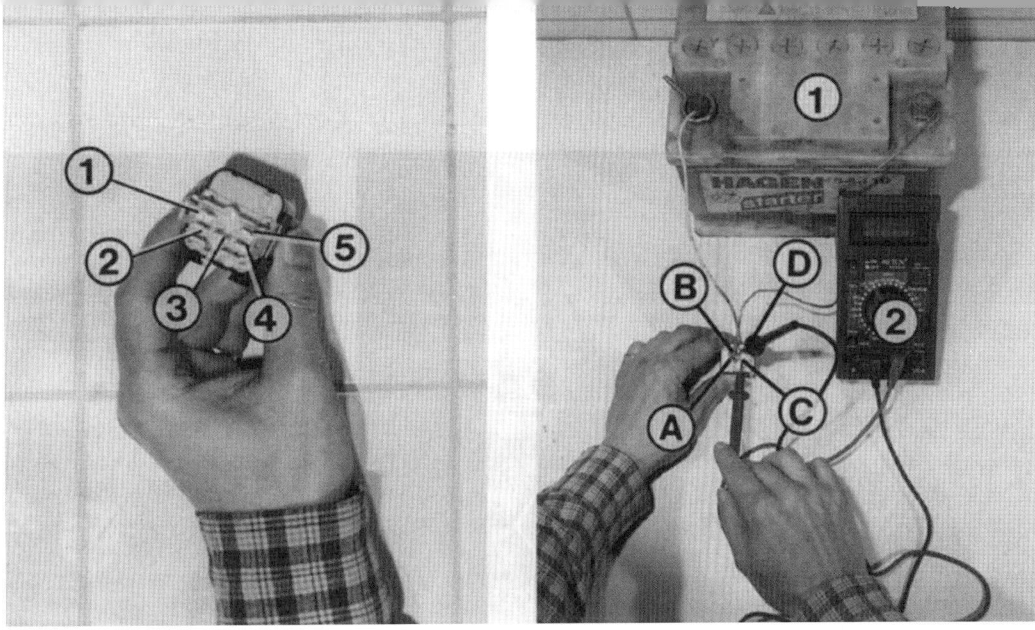

Links: Das Kraftstoffpumpenrelais ist hier abgebildet. Die Kontaktbezeichnungen lauten:
1 – Fc;
2 – Fp;
3 – B;
4 – STA;
5 – E1.
Rechts: Zum Prüfen des Hauptrelais der Einspritzung wird Kontakt »A« an den Pluspol einer Batterie (1) und Kontakt »B« an Minus angeschlossen. Mit einem Ohmmeter (2) wird dann kontrolliert, oben zwischen Kontakt »C« und »D« Stromdurchgang herrscht. Ist trotz anliegender Versorgungsspannung kein Stromdurchgang meßbar, muß das Relais ersetzt werden.

- Mehrfachstecker am Tankgeber abziehen.
- Voltmeter zwischen Kontakt des blau/roten Kabels und Masse anklemmen.
- Beim Einschalten der Zündung müssen 12 Volt angezeigt werden.
- Wenn nicht, Sicherungen, Kraftstoffpumpenrelais und Leitungen prüfen.
- War Spannung vorhanden, mit einem Ohmmeter am Steckkontakt zur Kraftstoffpumpe den Widerstand zwischen dem Kontakt der blau/roten und der schwarzen Leitung prüfen.
- Strebt der Widerstand gegen ∞ Ω, fehlt es an der Masseversorgung.
- Bei einem Widerstand von ca. 1 Ω liegt der Fehler an der Kraftstoffpumpe.

Kraftstoffpumpenrelais prüfen

Hier greifen wir der sinnvollen Reihenfolge wegen auf den elektrischen Teil vor, der eigentlich erst weiter hinten im Buch zur Sprache kommt. Für die nachfolgenden Prüfungen wird ein Voltmeter gebraucht.

- Links neben der Lenksäule die Verkleidung abnehmen.
- **Spannungsmessung:** Mit einem an Masse angeschlossenen Voltmeter werden die Kontakte im Stecker nacheinander geprüft. Dazu Meßspitzen verwenden, der Stecker bleibt aufgesteckt.

Kraftstoffpumpenrelais		Zündschloßstellung		Motor
Klemmenbezeichnung	angeschlossene Kabelfarbe	»Zündung ein«	»Start«	dreht im Leerlauf
Fp	blau/rot	0 V	ca. 12 V	ca. 12 V
Fc	weiß/rot	ca. 12 V	0 V	0 V
B	hellgrün	ca. 12 V	ca. 12 V	ca. 12 V
STA	violett	0 V	ca. 12 V	0 V
E1	schwarz	0 V	0 V	0 V

- **Widerstandsmessung:** Stecker am Relais abziehen.
- Mit einem Ohmmeter die Kontakte am Relais prüfen.

Klemmen	Widerstand	Klemmen	Widerstand	Klemmen	Widerstand
STA–E1	21–43 Ω	B–Fc	109–226 Ω	B–Fp	∞ Ω

Hauptrelais prüfen

Erhält die Einspritzanlage überhaupt keine Spannung, und ist die Sicherung intakt, kann es am Hauptrelais liegen. Hier handelt es sich um ein einfaches Schaltrelais, dessen Prüfung in der Abbildung oben rechts gezeigt ist.

Kraftstoffpumpe prüfen

Wenn mangelhafte Motorleistung bei hohen Drehzahlen oder »Verschlucker« beim Fahren Zweifel an der ausreichenden Kraftstoffversorgung aufkommen lassen, kann der Förderdruck der Kraftstoffpumpe gemessen werden. Dazu besitzt die Mazda-Werkstatt die entsprechenden Druckmeßgeräte.

Kraftstoffpumpe ausbauen

Nach den unter »Tankgeber ausbauen« beschriebenen Vorarbeiten können Sie die Zerlegung des Kraftstoffpumpengehäuses in den genannten Schritten vornehmen.

- Halteband der Pumpe abnehmen.
- Halteschraube der Pumpenbefestigung losdrehen und den Halter mit dem Dämpfungsgummi zur Seite legen.

An den Kraftstoffilter am Wagenboden gelangen Sie, wenn Sie die Kreuzschlitz-Spreizschrauben (Pfeile) der Abdeckung (1) lösen.

Nach Abnahme der Abdeckung sehen Sie: 1 – Halteband; 2 – Kraftstoffilter; 3 – Leitung vom Tank; 4 – Leitung zum Motor.

- Kontaktstecker am Gehäuse abziehen.
- Pumpe mit Vorfilter nach unten vom Gehäuse abnehmen.
- Zum Einbau einen neuen Dichtsatz (O-Ring, Kappe und Zwischenring) verwenden.
- Dichtsatz mit Kraftstoff benetzen.
- Zum Prüfen, ob die Pumpe dicht ist, wird nach dem Einbau der Pumpe und des Gebers Luft in die Hauptleitung geblasen.
- Falls Luft durch die Pumpe strömt, kann die Rückschlagkugel verklemmt sein.
- Pumpe schütteln und nochmals prüfen.
- Die Pumpe nach der Montage an der Halterung hinunterdrücken, so daß sie richtig anliegt.

Kraftstoffilter ersetzen

Wartung Nr. 35

Verunreinigungen stammen meist aus dem Tank einer Zapfstation. Etwa dann, wenn Sie getankt haben, als die Erdtanks eben frisch befüllt wurden. Dadurch können Schmutzpartikel und auch Kondenswasser aufgewirbelt werden und über den Zapfhahn in Ihren Tank gelangen. Deshalb an frisch belieferten Tankstellen möglichst nicht auftanken.

Sicherheitshalber sind im Mazda MX-5 zwei Kraftstoffilter eingebaut – ein sogenannter Niederdruckfilter im Ansaugbereich der Kraftstoffpumpe und ein Hochdruckfilter auf der rechten Fahrzeugseite vor der Hinterachse. Der Niederdruckfilter ist unten an die Kraftstoffpumpe ansgeschraubt, hier ist kein Austausch vorgesehen. Der Hochdruckfilter soll dagegen regelmäßig ausgewechselt werden.

- Zuerst den Arbeitsbereich am Wagenboden säubern.
- Wagen hinten aufbocken und abstützen.
- Druck in der Kraftstoffanlage abbauen.
- Abdeckung des Kraftstoffilters abnehmen, dazu fünf Kreuzschlitz-Spreizschrauben lösen.
- Kraftstoffschläuche am Filter lösen und verschließen, damit kein Kraftstoff ausläuft.
- Verschraubung an der Filterhalterung lösen und Filter herausnehmen.
- Beachten Sie die Einbaulage des Filters: An der Unterseite des Gehäuses mit dem breiteren Bund liegt der Zulaufstutzen vom Tank.
- Achten Sie darauf, daß die Kraftstoffschläuche vollkommen auf die Filterstutzen aufgeschoben sind.

Ausgesiebt

Bevor die Verbrennungsluft in die Zylinder gelangt, muß sie den Luftfilter passieren. In der angesaugten Luft zur Verbrennung in den Zylindern ist Staub enthalten. Er ist zwar feinkörnig, aber auch scharfkantig, was dazu führt, daß die Staubkörner ab einer bestimmten Größe an Zylinderlaufbahnen und Kolbenringen schmirgeln. Der Ansaugvorgang ist zudem mit Geräusch verbunden, was die Umwelt wie die Insassen belästigen würde. Das muß der Filtereinsatz dämpfen, ohne dabei das Durchströmen der Luft zu behindern.

Der Luftfilter

Die angesaugte staubhaltige Luft durchströmt den rechteckig geformten Einsatz mit seinem ziehharmonikaartig gefalteten Filterpapier. Beim Zug der Luft von außen nach innen lagern sich die kleinen Staubpartikel an der Filteroberfläche ab, größere Staubteilchen fallen ab ins Filtergehäuse. Damit keine ungereinigte Luft in die Zylinder gelangen kann, ist der Filtereinsatz rundum mit einer Gummidichtung versehen.
Charakteristisch für den Mazda MX-5 ist der vor dem Motor montierte Resonanzkanal mit -kammer, der – zusätzlich zum Luftfilter – für eine Verringerung der Ansauggeräusche sorgt.

Filtereinsatz ausbauen

- Stecker am Luftmengen-/massenmesser entriegeln und abziehen.
- Schrauben am Luftfilterdeckel lösen, ggf. Leitung des Airbag-Aufprallgebers aus dem Halter ausclipsen.
- Deckel mit Luftmengen-/massenmesser zur Seite legen.
- Filtereinsatz herausnehmen.
- Beim Einsetzen des Papierfilters müssen die Filterlamellen nach unten zeigen.

Filtergehäuse ausbauen

- Luftschlauch zwischen Luftmengen-/massenmesser und Drosselklappe ausbauen.
- Steck- und Schlauchverbindungen am Luftmengen-/massenmesser abziehen.
- Luftfilterdeckel ausbauen.
- Luftmengen-/massenmesser auf sauberen Untergrund ablegen.
- Ansaugschlauch vom Luftfiltergehäuse abnehmen.
- Am Luftfiltergehäuse die Muttern links und rechts lösen und Gehäuse herausnehmen.

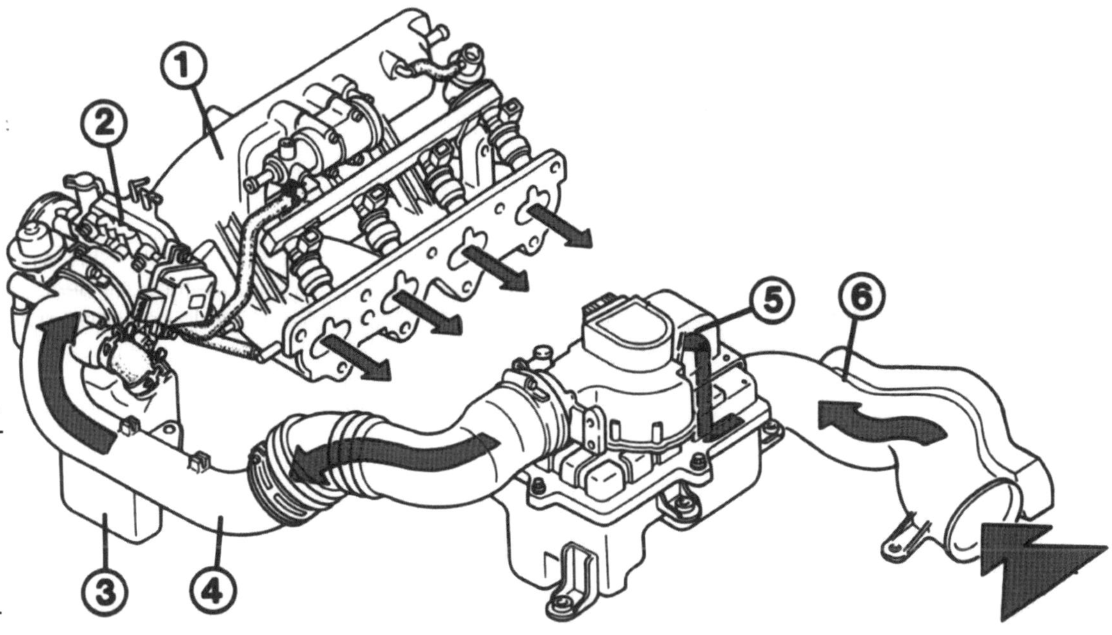

Die durch rote Pfeile dargestellte Verbrennungsluftführung beim 1,6-Liter-Motor. Es bedeuten:
1 – Saugrohr;
2 – Drosselklappe;
3 – Resonanzkammer;
4 – Luftrohr;
5 – Luftmengenmesser;
6 – Luftkanal mit Resonanzkammer.

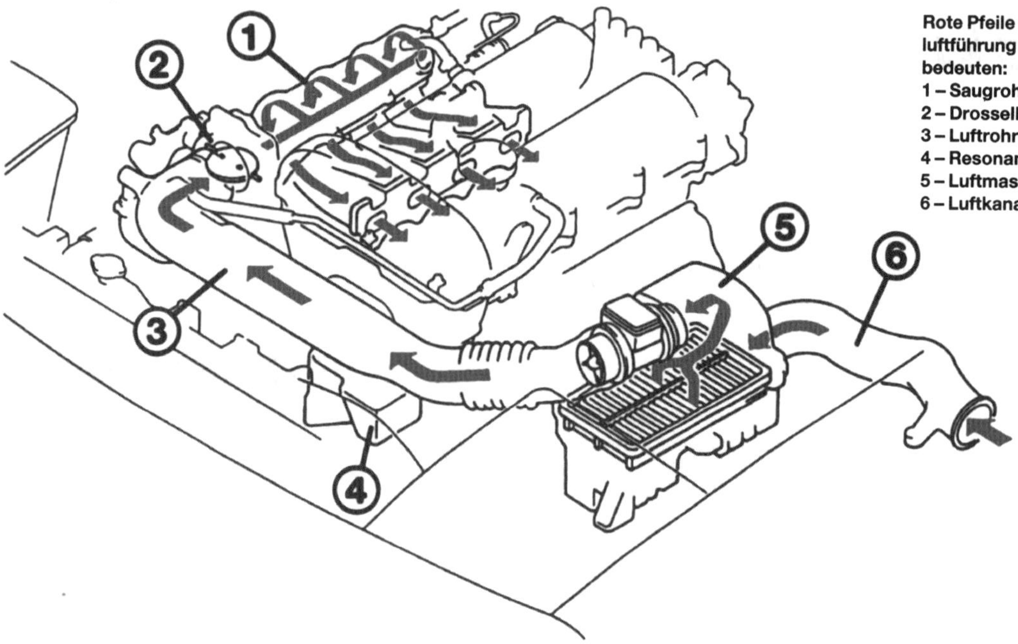

Rote Pfeile zeigen die Verbrennungsluftführung beim 1,9-Liter-Motor. Es bedeuten:
1 – Saugrohr;
2 – Drosselklappe;
3 – Luftrohr;
4 – Resonanzkammer;
5 – Luftmassenmesser;
6 – Luftkanal.

Luftfiltereinsatz säubern

Wartung Nr. 12

Das Filterelement aus Spezialpapier soll mindestens einmal im Jahr einer Reinigungskur unterzogen werden. Falls Sie viel auf unbefestigten Straßen fahren (etwa im Urlaub), empfiehlt es sich, schon nach 5000 km für eine Reinigung des Luftfiltereinsatzes zu sorgen.

- Filtereinsatz ausbauen.
- Die gröberen Staubteilchen entfernt man durch Ausklopfen des Papierfilters auf einer harten Unterlage.
- Mazda rät davon ab, den feinen Staub mit Druckluft auszublasen. Bei falscher Handhabung wird der Staub noch fester in die Filterporen gedrückt.
- Wenn Sie den Luftstrahl seitlich an den Filterlamellen vorbeistreichen lassen (nicht von außen nach innen blasen), gelingt aber die Filterreinigung.
- Niemals den Papierfilter in Flüssigkeiten zu reinigen versuchen. Das verstopft die Filterporen.

Luftfiltereinsatz wechseln

Wartung Nr. 34

Mazda ordnet den Wechsel des Filtereinsatzes alle 40000 km an. Das reicht unter normalen Fahrbedingungen längst aus; zumal der Einsatz zwischendurch gereinigt wird.
Andererseits muß bei Reisen über unbefestigte Straßen trotz häufiger Reinigung des Filters schon wesentlich früher an Ersatz gedacht werden.

Ansaugluftführung

Für gutes Durchzugsvermögen im mittleren Bereich des Drehzahlbandes sind beim 1,6-Liter-Motor zwei sogenannte Resonanzkammern vorhanden: Die erste in der Zuleitung vor dem Luftmengenmesser, die zweite in der Leitung vor dem Drosselklappenstutzen. Der 1,9-Liter-Motor kommt mit einer Resonanzkammer vor dem Drosselklappenstutzen aus.

Die ausgebaute Ansaugluftführung des 1,6-Liter-Motors:
1 – Schlauch zum Leerlauf-Regelventil;
2 – Resonanzkammer;
3 – Luftrohr;
4 – Kurbelgehäuse-Entlüftung;
5 – Schlauchklemme mit Dichtring.

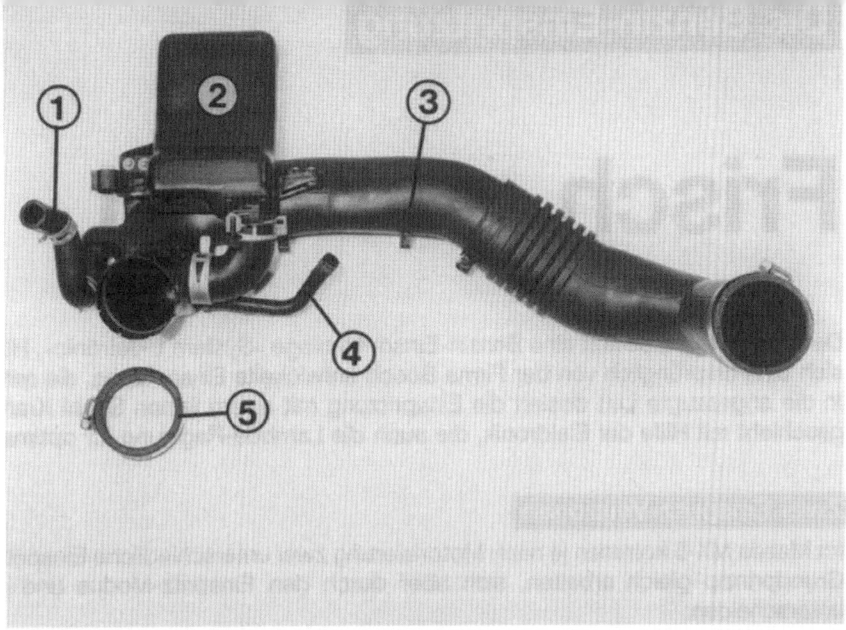

Der Luftfilterwechsel ist hier gezeigt.
Links: Beim 1,6-Liter-Motor Steckverbindung (2) trennen, Schrauben (Pfeile) am Gehäuse-Oberteil (1) lösen und dieses mit dem Luftmengenmesser abheben.
Rechts: Am 1,9-Liter-Motor zum Ausbau des Gehäuse-Oberteils (3) Kabelhalter (1) herausziehen, Kabelführung (2) ausclipsen, Steckverbindung (4) trennen und die mit Pfeilen bezeichneten Schrauben lösen.

Links: Der Deckel (1) des Luftfiltergehäuses wird gemeinsam mit dem Luftmengen/-massenmesser abgenommen. Ins Gehäuse-Unterteil (3) ist der Filtereinsatz (2) eingelegt.
Rechts: Zum Ausbau des Luftfiltergehäuses (1) Steckverbindung (2) am Luftmengen/-massenmesser trennen, Kabelhalter abziehen und die drei mit Pfeilen gekennzeichneten Schrauben lösen.

Frisch gemischt

Der Mazda MX-5 besitzt eine Benzin-Einspritzanlage »System L-Jetronic«. Hinter dieser Bezeichnung verbirgt sich eine ursprünglich von der Firma Bosch entwickelte Einspritzung, die mit Luftmengenmessung arbeitet. In die angesaugte Luft dosiert die Einspritzung mit einem feinen Strahl Kraftstoff für jeden Zylinder zu. Dies geschieht mit Hilfe der Elektronik, die auch die Lambda-Regelung für optimale Abgasreinigung ermöglicht.

Zwei Einspritz-Versionen

Im Mazda MX-5 kommen je nach Motorisierung zwei unterschiedliche Einspritzungen zum Einsatz, die zwar im Grundprinzip gleich arbeiten, sich aber durch den Einspritz-Modus und die Art der Ansaugluftmessung unterscheiden:

○ Im **1,6-Liter-Motor** arbeitet die Anlage **teilsequentiell**: Pro Kurbelwellenumdrehung wird jeweils die Hälfte der benötigten Kraftstoffmenge gleichzeitig für alle Zylinder abgespritzt. So erhält ein Zylinder seine benötigte Einspritzmenge in zwei »Schüben«, wobei die erste Hälfte in die stehende Ansaugluft vor das geschlossene Einlaßventil gespritzt wird. Bei der nächsten Kurbelwellenumdrehung wird bei geöffnetem Einlaßventil die zweite Hälfte in die strömende Ansaugluft gespritzt.

○ Der **1,9-Liter-Motor** verfügt über eine **vollsequentielle Einspritzung**. Jeder Zylinder erhält entsprechend der Zündfolge seine volle Kraftstoffmenge auf einmal in die geöffneten Einlaßventile gespritzt. Vorteil dieser Einspritzung: Gleichförmigere Gemischbildung in allen Zylindern, bessere Abgaswerte und geringerer spezifischer Verbrauch.

Weitere Unterschiede bestehen in der Ansaugluft-Messung durch einen Luftmengenmesser bzw. einen Luftmassenmesser. Die Unterschiede finden Sie ausführlich im Lauf des Kapitels beschrieben.

Die Teile der Einspritzung

Zum besseren Verständnis der Gesamtfunktion unserer Einspritzung ist es wichtig, zunächst die Einzelaufgaben der Bauteile zu kennen.

Steuergerät

Aus den eingehenden Signalen (von den verschiedenen Gebern) erhält das Steuergerät die Information über die gerade herrschenden Last- und Temperaturbedingungen im Motor. Von den im Programmspeicher eingelagerten Daten – den Kennfeldern – greift das Steuergeät diejenigen heraus, die für die aktuelle Temperatur- und Lastsituation sowie unter Berücksichtigung optimaler Abgasreinigung richtig sind. Die dabei errechnete Kraftstoffmenge billigt das Steuergerät dem Motor durch Veränderung der Öffnungsdauer der elektromagnetisch gesteuerten Einspritzventile zu. Da der Druck im Kraftstoffsystem nur geringfügig verändert werden kann, muß die Einspritzmenge über die Einspritzzeit verändert werden.

Als Informanten für das Steuergerät sind verschiedene Geber zuständig, darüber hinaus gelangen auch noch einige Zusatzsignale an diese zentrale Steuereinheit.

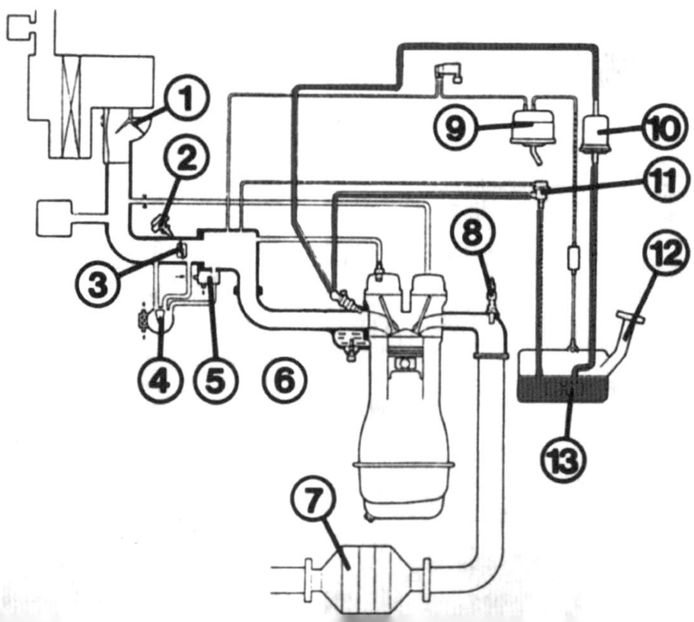

Die Einspritzanlage des 1,6-Liter-Motors im Überblick:
1 – Luftmengenmesser mit Stauklappe;
2 – Drosselklappendämpfer;
3 – Drosselklappenschalter;
4 – Leerlauf-Regelventil;
5 – Zusatz-Luftschieber;
6 – Einspritzventil;
7 – Katalysator;
8 – Lambdasonde;
9 – Aktivkohlebehälter;
10 – Hochdruckfilter;
11 – Kraftstoffdruckregler;
12 – Tank;
13 – Kraftstoffpumpe.

In alphabetischer Reihenfolge sind dies:
○ **Drehwinkelgeber**; von hier kommt die Drehzahl-Information.
○ **Drosselklappenschalter** (1,6-Liter-Motor); er gibt die Information, ob sich die Drosselklappe in Leerlauf- oder Vollgasstellung befindet.
○ **Drosselklappen-Potentiometer** (1,9-Liter-Motor), er kann den Öffnungswinkel der Drosselklappe erkennen. Im Potentiometer integriert ist der Leerlaufkontakt, der die Information gibt, wenn sich die Drosselklappe in Leerlaufstellung befindet.
○ **Druckschalter der Servolenkung**; er teilt mit, wenn die Servolenkung voll eingeschlagen ist.
○ **Drucksensor** im Steuergerät; er liefert die momentanen Luftdruckwerte.
○ **Kupplungsschalter** am Pedalbock; er meldet, wenn das Kupplungspedal gedrückt ist. Auch der Bremslichtschalter wird als Informant herangezogen.
○ **Lambdasonde** im Auspuffkrümmer; sie ermittelt den Restsauerstoffgehalt im Abgas.
○ **Leerlaufschalter** rechts oben am Getriebe vor der Schalthebelbetätigung; er meldet, wenn im Schaltgetriebe kein Gang eingelegt ist.
○ **Luftmassenmesser** (nur 1,9-Liter-Motor); er kann die angesaugte Luftmasse gewissermaßen abwiegen.
○ **Luftmengenmesser** (nur 1,6-Liter-Motor); er gibt Auskunft über die angesaugte Luftmenge.
○ **Temperaturgeber Ansaugluft** im Luftmengen-/massenmesser; er ermittelt die aktuelle Lufttemperatur.
○ **Temperaturgeber Kühlmittel**; er liefert die Werte der Motortemperatur.
○ **Zündschloß**; es meldet das Ein- und Ausschaltsignal des Anlassers.
○ Das Einschalten leistungsstarker elektrischer Verbraucher wird ebenfalls ans Steuergerät gemeldet: Luftgebläse in Geschwindigkeitsstellung 2 oder schneller und Scheinwerfer eingeschaltet.

Drosselklappe

Im Ansaugrohr sitzt in einem Stutzen die Drosselklappe. Sie ist über den Gaszug mit dem Pedal im Innenraum verbunden und dosiert den Ansaugluftstrom in den Motor von Leerlauf bis Vollgas.

Drosselklappen-Potentiometer
1,9-Liter-Motor

Er meldet die Bewegungen der Drosselklappe und deren Stellung dem Steuergerät. So wird z.B. schnelles Öffnen der Drosselklappe als Beschleunigen erkannt. Die Meldung erfolgt auf elektrischem Weg – ein Potentiometer ist nichts anderes als ein veränderbarer Widerstand. Im Drosselklappen-Potentiometer sitzt noch ein Leerlaufkontakt. Gehen Sie mit dem Fuß vom Gaspedal, schließt dieser Kontakt. Anhand von dieser Information wird die Leerlauf-Regelung, Schubabschaltung bzw. Abgas-Rückführung aktiviert.

Drosselklappenschalter
1,6-Liter-Motor

Die beiden Schaltkontakte des Drosselklappenschalters erfassen die Stellung »Leerlauf« (Drosselklappe geschlossen) und »Vollgas (Drosselklappe ganz geöffnet). Anhand von diesen Informationen werden die Leerlauf-Regelung, Schubabschaltung bzw. Vollastanreicherung aktiviert.

Drucksensor

Er sitzt im Steuergerät. Auf einen Kristallchip im Drucksensor wirkt der aktuelle Umgebungs-Luftdruck ein. Je nach Druck verändert sich der Widerstandswert des Kristallchips.

Einspritzventile

Sie spritzen Benzin in den Saugkanal vor das Einlaßventil ihres betreffenden Zylinders – die Dauer wird vom Steuergerät festgelegt. Die Ventile werden mittels Elektromagnet betätigt. Dabei hebt die Düsennadel ungefähr 0,1 mm von ihrem Sitz ab – der Kraftstoff kann durchfließen. Interessant ist die schnelle Reaktionszeit des Ventils: Anzugs- und Abfallzeit liegen im Bereich von 1–1,5 Millisekunden.

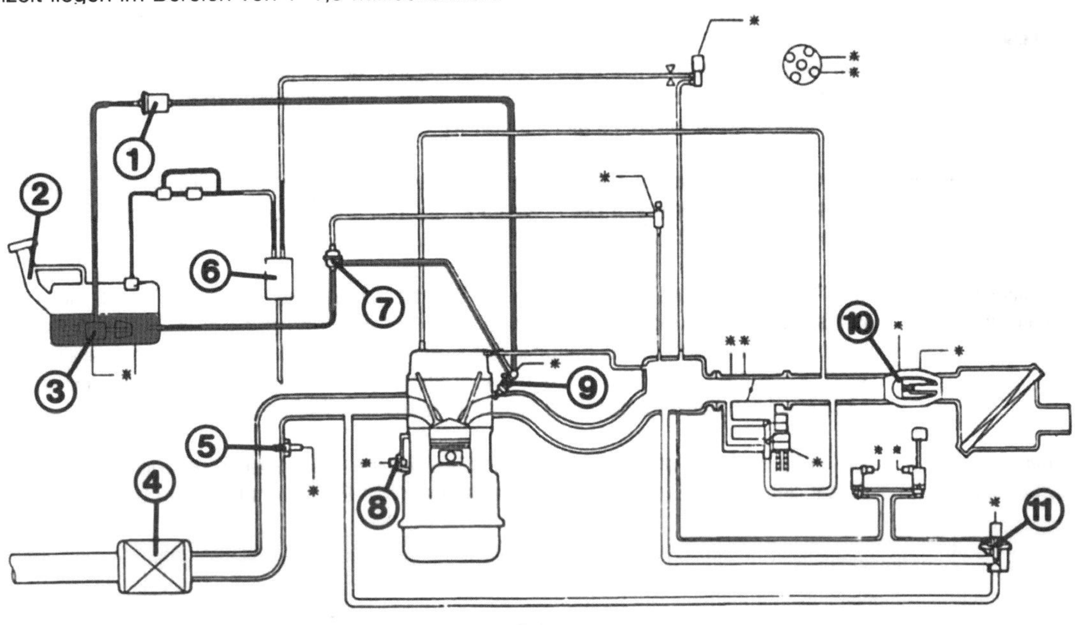

Schema der Einspritzanlage des 1,9-Liter-Motors:
1 – Hochdruckfilter;
2 – Tank;
3 – Kraftstoffpumpe;
4 – Katalysator;
5 – Lambdasonde;
6 – Aktivkohlebehälter;
7 – Kraftstoffdruckregler;
8 – Kühlmittel-Temperaturgeber;
9 – Einspritzventil;
10 – Luftmassenmesser;
11 – Abgas-Rückführungsventil.

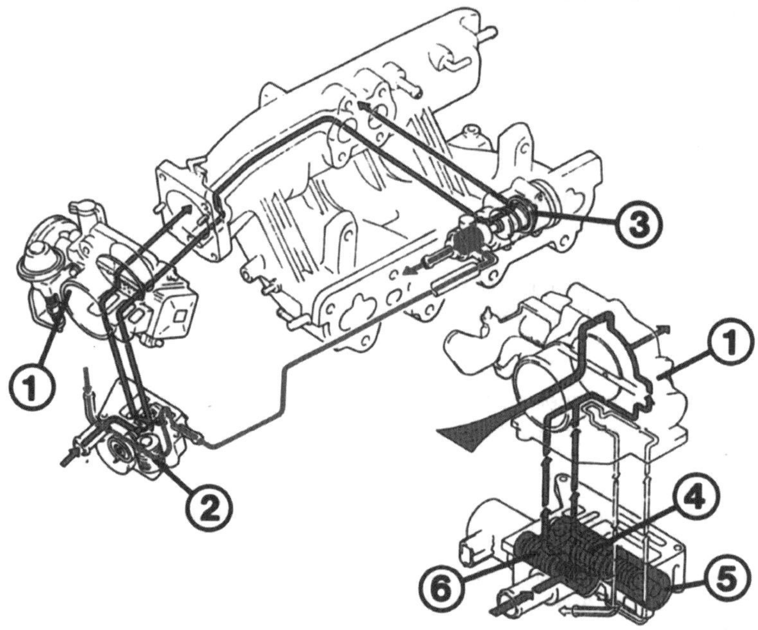

Die Leerlaufregelung – links beim 1,6-Liter-Motor, rechts beim 1,9-Liter. Hellrot dargestellt ist die Luft, rot der Weg des aufgeheizten Kühlmittels. Es bedeuten:
1 – Drosselklappenstutzen;
2 – Leerlauf-Regelventil;
3 – Zusatz-Luftschieber;
4 – Zusatz-Luftschieber;
5 – Dehnstoffelement;
6 – Leerlauf-Regelventil.

Kraftstoff-Verteilerrohr Es dient dazu, alle Einspritzventile gleichmäßig mit Kraftstoff zu versorgen. Außerdem wirkt das Verteilerrohr als Kraftstoffspeicher und verhindert damit Druckschwankungen.

Kraftstoff-Druckregler Er sitzt am Kraftstoffverteiler und reguliert den Kraftstoffdruck zu den Einspritzventilen. Dazu erhält er die Höhe des Unterdrucks im Ansaugrohr übermittelt. Im Leerlauf bei geschlossener Drosselklappe und hohem Unterdruck hält er den Druck geringer. Mit abfallendem Unterdruck bei höherer Motorlast wird der Kraftstoffdruck vom Druckregler erhöht. Die Kraftstoffpumpe schafft einen viel höheren Betriebsdruck, doch durch den Druckregler wird der Benzinrücklauf zum Tank entsprechend vergrößert und ggf. verringert.

Leerlauf-Regelventil Beim Einschalten leistungsstarker Stromverbraucher, bei voll eingeschlagener Servolenkung oder bei laufender Klimaanlage gibt das Ventil einen Luft-Nebenkanal frei, der die Drosselklappe umgeht. Der höhere Luftdurchsatz in Richtung Saugrohr bewirkt gleichzeitig eine vermehrte Kraftstoffzuteilung. So wird die höhere Motorbelastung durch Stromverbraucher, Servopumpe oder Klimakompressor ausgeglichen.
Beim 1,9-Liter-Motor ist das Leerlauf-Regelventil mit dem Zusatzluftschieber (siehe weiter unten) zusammengefaßt.

Luftmassenmesser 1,9-Liter-Motor Nach Passieren des Luftfilters gelangt die vom Motor angesaugte Luft in den Luftmassenmesser. Dieser kann die Ansaugluft gewissermaßen elektronisch »abwiegen«. Dazu ist ein Heizdraht in die Strömung gelegt. Im Leerlauf bei geschlossener Drosselklappe gelangt nur ein geringer Luftstrom am Draht vorbei, das bewirkt nur eine geringe Abkühlung. Mit zunehmendem Tritt aufs Gaspedal und weiterem Öffnungswinkel der Drosselklappe gelangt mehr Luft am Draht vorbei, die Abkühlung ist jetzt immer stärker. Durch die Temperaturabsenkung verändert der Draht den elektrischen Widerstand und damit den Heizstrom. Diese Änderung des Stromes dient dem Steuergerät als Informationssignal über die angesaugte Luftmasse, also das Gewicht der Luft. Auf diese Weise können Luftdruck- und Temperaturänderungen ebenfalls erfaßt werden.

Luftmengenmesser 1,6-Liter-Motor Die im Luftfilter gereinigte Ansaugluft gelangt in den Luftmengenmesser und lenkt dort eine V-förmige Stauklappe aus. Passiert eine größere Luftmenge die Stauklappe, wird die Klappe stärker zur Seite gedrückt. Bei kleinerer Luftmenge bleibt die Bewegung der Klappe geringer. Ein mit der Stauklappe verbundener elektrischer Widerstand (Potentiometer) ändert je nach Klappenstellung seinen Widerstandswert und gibt so dem Steuergerät einen Vergleichswert für die angesaugte Luftmenge.

Temperaturgeber Ansaugluft Er sitzt im Luftmengen/-massenmesser und kann die Temperatur der einströmenden Ansaugluft genau erfassen. Die Temperatur der Ansaugluft gelangt ans Steuergerät in Form eines Spannungswertes. Gebraucht wird er für die optimale Kraftstoffdosierung.

Temperaturgeber Kühlmittel Die Temperatur des Kühlmittels wird für die Steuerung mehrerer Funktionen der Einspritzung gebraucht: Kaltstartanreicherung, Nachstartanreicherung (über den gesamten Temperaturbereich), Beschleunigungsanreicherung und Schubabschaltung. Die Kühlmittel-Temperatur wird dem Steuergerät ebenfalls als Spannungswert übermittelt. Es errechnet nun die richtige Einspritzzeit, die bei betriebswarmem Motor zwischen 2 und 8 Millisekunden liegt. Dieser Wert kann bei extremen Tieftemperaturen noch erheblich verlängert werden.

Zusatz-Luftschieber Bei kaltem Motor ist das Motoröl zähflüssiger als in warmem Zustand. Zum Ausgleich der höheren Reibung öffnet der Zusatz-Luftschieber – wie das Leerlauf-Regelventil – einen Luft-Nebenkanal, der die Drosselklappe

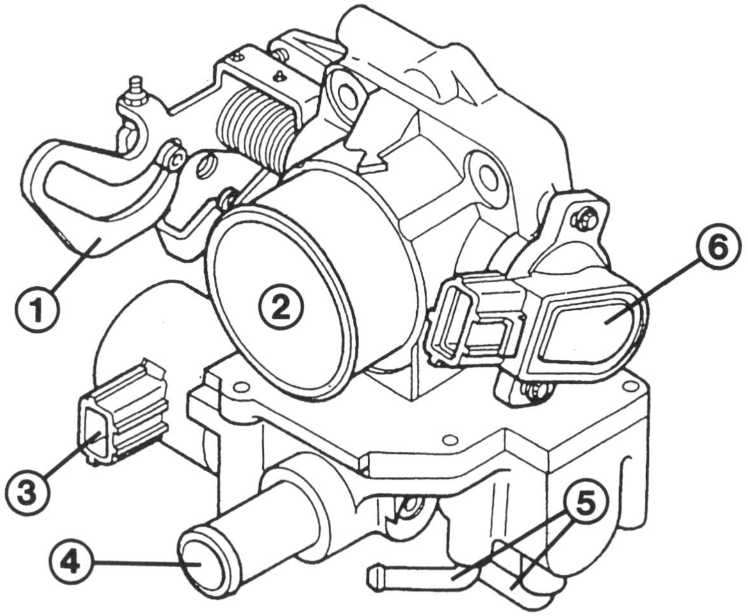

Das Leerlauf-Regelventil ist beim 1,9-Liter-Motor mit dem Zusatz-Luftschieber zusammengefaßt. Es bedeuten:
1 – Drosselklappen-Betätigungshebel;
2 – Drosselklappe;
3 – Steckanschluß;
4 – Luftkanal;
5 – Anschlußstutzen für Kühlmittelschlauch;
6 – Drosselklappen-Potentiometer.

Der Drosselklappenstutzen mit Umgebung.
<u>Links:</u> Beim 1,6-Liter-Motor gezeigt:
1 – Drosselklappendämpfer;
2 – Drosselklappe;
3 – Steckanschluß für Drosselklappenschalter;
4 – Leerlauf-Regelventil;
5 – Luftkanal.
<u>Rechts:</u> Am 1,9-Liter-Motor zu sehen:
1 – Drehfeder auf der Drosselklappenwelle;
2 – Drosselklappe;
3 – Steckanschluß für Drosselklappen-Potentiometer;
4 – Leerlauf-Regelventil.

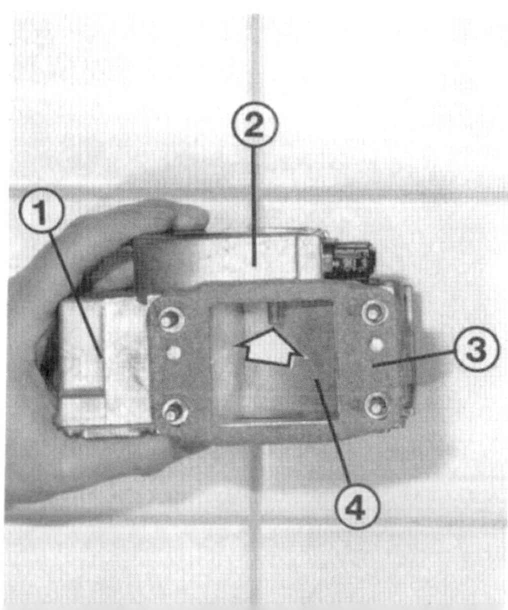

<u>Links:</u> Der Druckregler (2) regelt den Kraftstoffdruck im System durch Veränderung der Rücklaufmenge im Schlauch zum Tank. Weiter gezeigt:
1 – Unterdruckschlauch;
3 – Halteschraube;
4 – Kraftstoff-Verteilerrohr.
<u>Rechts:</u> Ein Blick in den ausgebauten Luftmengenmesser (1). Im Durchlaß sehen Sie den Ansaugluft-Temperaturgeber (Pfeil) und die Stauklappe (4). Die Bewegungen der Stauklappe übermittelt der Potentiometer (2) ans Steuergerät. Mit Position »3« ist die Korkdichtung bezeichnet.

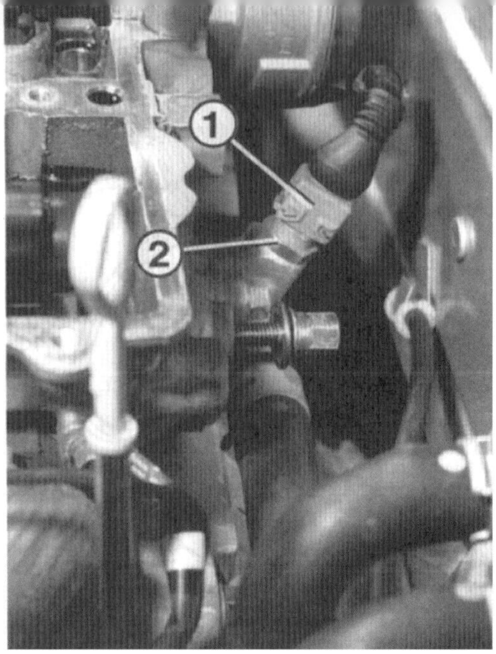

Links: Am ausgebauten Luftmassenmesser (1) sehen Sie den Hitzdraht (Pfeil). Mit »2« ist die Dichtung bezeichnet.
Rechts: Der Kühlmittel-Temperaturgeber (2) ist hier mit seinem Steckanschluß (1) am 1,6-Liter-Motor gezeigt.

umgeht. Es wird mehr Luft angesaugt und somit auch mehr Kraftstoff eingespritzt. Das Öffnen und Schließen des Zusatz-Luftschiebers geschieht abhängig von der Kühlmitteltemperatur. Deshalb ist am Zusatz-Luftschieber nicht nur ein Luft-, sondern auch ein Kühlmittelschlauch angeschlossen.
Beim 1,9-Liter-Motor bildet der Zusatz-Luftschieber mit dem Leerlauf-Regelventil eine Baueinheit.

So funktioniert die Benzin-Einspritzung

Kaltstart: Zum Starten des kalten Motors wird ein fetteres – also kraftstoffreicheres – Gemisch benötigt, da ein Teil der Kraftstofftröpfchen sich gleich an den kalten Zylinderwänden niederschlägt. Zusätzlich zur Ansaugluft läßt der Zusatz-Luftschieber weitere Luft einströmen. Zugleich erhält das Steuergerät die Information »Motor kalt« vom Kühlmittel-Temperaturgeber. Das Steuergerät sorgt mit dem Kaltstartprogramm durch lange Öffnungsdauer der Einspritzventile für ein fetteres Gemisch. Nach einer bestimmten Anzahl Motorumdrehungen wird die Kaltstart-Kraftstoffmenge reduziert.
Warmlauf: Die zunehmende Erwärmung des Kühlmittels meldet der Kühlmittel-Temperaturgeber ans Steuergerät. Dieses veranlaßt, daß die Spritzdauer der Einspritzventile von der »Nachstartanhebung« (für einwandfreien Rundlauf des kalten Motors) zunächst auf die Warmlaufanreicherung und dann auf den Normalwert zurückgeht. Die zunehmende Erwärmung des Dehnelements im Zusatz-Luftschieber durch das aufgeheizte Kühlmittel bewirkt, daß er seinen Luftkanal schließt.
Leerlauf: Aus den Meldungen des Drosselklappenschalters (1,6-Liter) bzw. des Leerlaufkontakts im Drosselklappen-Potentiometer (1,9-Liter) erkennt das Steuergerät, wenn der Motor im Leerlauf dreht. Fällt die Leerlaufdrehzahl ab, verändert das Steuergerät den Zündzeitpunkt; gleichzeitig öffnet das Leerlauf-Regelventil seinen Luftkanal, wodurch die Einspritzmenge etwas erhöht wird.
Normalbetrieb erfordert keinerlei besondere Einrichtungen. Die Stellung von Drosselklappe und Stauklappe im Luftmengenmesser (1,6-Liter-Motor) bzw. die Abkühlung des Hitzdrahts (1,9-Liter) bestimmt die Öffnungsdauer der Einspritzventile.

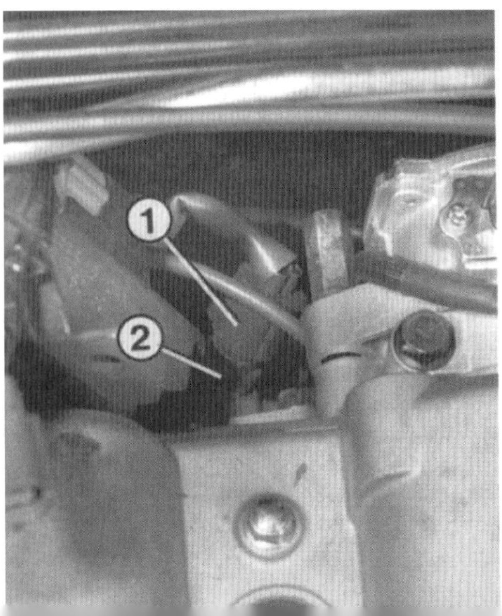

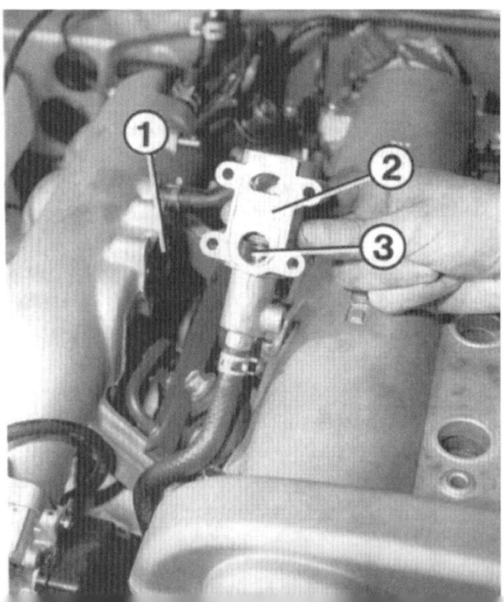

Links: Hier sehen Sie den Kühlmittel-Temperaturgeber (2) mit Steckanschluß (1) am 1,9-Liter-Motor.
Rechts: Der ausgebaute Zusatz-Luftschieber (2) am 1,6-Liter-Motor:
1 – Dichtung;
3 – Achse.

Beschleunigen: Schnelles Öffnen der Drosselklappe erkennt das Steuergerät beim 1,6-Liter-Motor durch die Werte vom Potentiometer im Luftmengenmesser, wenn die Stauklappe weit ausschwingt. Beim 1,9-Liter-Motor dient hierfür die Meldung vom Drosselklappen-Potentiometer und die abrupt stärkere Abkühlung des Hitzdrahts. Dementsprechend wird jetzt die Einspritzzeit kurzzeitig etwas verlängert.
Lambda-Regelung: Wie bereits im Kapitel »Abgas-Entgiftung« beschrieben, braucht der Katalysator für einwandfreies Arbeiten den ständigen Wechsel von leicht angefettetem bzw. abgemagertem Gemisch. Den augenblicklichen Restsauerstoffgehalt übermittelt die Lambdasonde dem Steuergerät, das in Sekundenbruchteilen den Einspritzventilen den Befehl zu kürzerer oder längerer Spritzzeit und damit der zugeteilten Benzinmenge übermittelt.
Schubabschaltung: Wenn der Fuß vom Gaspedal genommen wurde, geht die Drosselklappe nicht abrupt in Leerlaufstellung, sondern wird beim 1,6-Liter-Motor durch einen Schließdämpfer etwas abgebremst. Beim 1,9-Liter-Motor läßt das Leerlauf-Regelventil kurzfristig etwas Luft zuströmen. Dadurch verhindert man einen plötzlichen Schadstoffanstieg. Ist die Drosselklappe in Leerlaufstellung, der Motor betriebswarm und liegt die Motordrehzahl über 1900 Umdrehungen in der Minute, gibt das Steuergerät keinen Öffnungsbefehl an die Einspritzventile. So wird Kraftstoff gespart.
Vollast: Für volle Leistung bei ganz durchgetretenem Gaspedal braucht der Motor mehr Kraftstoff. Anhand der Meldung »Vollgas« erkennt das Steuergerät den Zustand »Vollast« und läßt die Einspritzventile länger abspritzen, wobei das Lambdasonden-Signal ignoriert wird. Die entsprechende Meldung stammt beim 1,6-Liter-Motor vom Drosselklappenschalter und der voll ausgelenkten Stauklappe im Luftmengenmesser. Beim 1,9-Liter liefern der Drosselklappen-Potentiometer und der stark abgekühlte Hitzdraht die Vollast-Information.
Drehzahlbegrenzung: Zum Schutz vor Überdrehen des Motors schaltet das Steuergerät die Einspritzventile ab, wenn die Drehzahl von 7300/min überschritten wird.

Sonderfunktionen

Start bei »abgesoffenem« Motor: Sind die Zündkerzenelektroden beim Anlassen des kalten Motors durch einen Bedienungsfehler naß geworden, kann die Einspritzung unterbrochen werden. Dazu das Gaspedal bis zum Anschlag durchtreten und Motor mit dem Anlasser durchdrehen. Die Einspritzventile bleiben geschlossen, überschüssiger Kraftstoff wird hinausgeblasen, die Kerzen können abtrocknen.
Heißstart: Beim 1,9-Liter-Motor sitzt in der Leitung zum Druckregler noch ein Magnetventil. Es sorgt für besseres Anspringen des heißen Motors, indem es Dampfblasenbildung verhindert. Dazu wird die Unterdruckleitung zum Druckregler unterbrochen, der Druck steigt von normalerweise 2,3 bar auf 2,7–3,2 bar an (auf Leerlaufdrehzahl bezogen).
Klimaanlagen-Abschaltung: Bei eingeschalteter Klimaanlage wird diese direkt nach dem Motorstart abgeschaltet, damit der Motor gleichmäßig im Leerlauf dreht. Auch beim Beschleunigen wird die Klimaanlage abgeschaltet, damit die volle Motorleistung zur Verfügung steht.

Notlauffunktion

Wenn das Signal von einem der Informationsgeber gar keinen oder einen unsinnigen Wert liefert, gerät die Einspritzung noch nicht durcheinander. Das Steuergerät wählt jetzt einen sogenannten Ersatzwert, der bereits fest eingespeichert ist. Dieser Ersatzwert kann natürlich viele Betriebsbedingungen nicht berücksichtigen, aber immerhin bleibt das Fahrzeug fahrbereit. Die Einspritzanlage des 1,9-Liter-Motors schaltet im Notlauf auf teilsequentiellen Betrieb um. Zeichen für den Ausfall eines Gebersignals sind geringere Leistung oder schlechte Starteigenschaften.

Störungen und Eigendiagnose

Das Zünd/Einspritz-Steuergerät kann einen Teil der Fehler, die während des Motorbetriebs auftreten, erkennen und in einem Speicher festhalten. In der Mazda-Werkstatt wird der Fehlerspeicher über den Diagnosestecker mit einem Auslesegerät abgefragt. Eine Möglichkeit für den Heimwerker zur Fehlerspeicher-Abfrage ist nicht vorgesehen. Falls Sie einen Fehler in der Zünd/Einspritz-Steuerung vermuten, läßt sich der Fehlerspeicher nur in der Werkstatt abrufen. Zusätzlich können Sie aber auch unseren »Störungsbeistand« zu Hilfe nehmen, in dem wir eine Vielzahl von möglichen Fehlern über die Eigendiagnose hinaus aufgeführt haben. Nach Beheben des Fehlers muß der Fehlerspeicher gelöscht werden. Das geschieht bei ausgeschalteter Zündung durch Abnahme des Batterie-Massekabels und durch Treten des Bremspedals für mindestens fünf Sekunden.

Selbsthilfe

Viele Prüfungen an der Einspritzung sind dem Selbsthelfer in Ermangelung der nötigen Prüfgeräte leider unmöglich gemacht. Dennoch bleibt ein gewisses Betätigungsfeld.

Fingerzeig: Bei Totalausfall der Einspritzung zuerst die Sicherung im Sicherungskasten und das Einspritz-Hauptrelais prüfen. Über sie läuft die gesamte Stromversorgung der Einspritzung.

Vorgehensweise

Das Steuergerät selbst kann mit Heimwerkermitteln nicht kontrolliert werden. In der Praxis ist hier auch nur sehr selten mit Fehlern zu rechnen. Geber, Schalter und Kabelverbindungen geben ungleich häufiger Anlaß zu Beanstandungen.

Damit bietet sich bei einem Defekt folgende Vorgehensweise an:

○ Sicherstellen, daß die Zündung in Ordnung ist.

○ Kraftstoffversorgung prüfen.

○ Sichtprüfung an den Teilen der Einspritzanlage durchführen (siehe folgenden Abschnitt).

○ Wurde durch genannte Prüfungen kein Fehler gefunden, den »Störungsbeistand« am Ende des Kapitels studieren, mögliche Fehlerquelle ermitteln, verdächtiges Bauteil nach Prüfanleitung (folgende Seiten) kontrollieren.

Sichtprüfung

● Unterdruckschläuche auf Risse und festen Sitz prüfen. Alle am Ansaugrohr angeschlossenen Schläuche müssen geprüft werden (z. B. Bremskraftverstärker, Kraftstoff-Druckregler, Leerlauf-Regelventil, Magnetventil der Aktivkohlebehälter-Anlage).

● Sind an den Kraftstoffleitungen Undichtigkeiten zu erkennen?

● Geschraubte Masseverbindungen am Motor auf festen Sitz kontrollieren.

● Sitzen die Batteriekabel fest auf den Polen?

● Wurden die Kabelstecker mehrfach auseinandergezogen und wieder verbunden? Korrosion oder ungeschicktes Reißen kann mangelnden Kontakt zur Folge haben.

● Sehen Sie sich die Stecker an den einzelnen Bauteilen der Einspritzung genau an. Kontakte nicht nachbiegen, sondern nur mit Kontaktspray behandeln.

»Falschluft«-Prüfung

Schon geringe »Falschluft«-Mengen können die Gemischaufbereitung empfindlich stören, da sie ja von der Stauklappe im Luftmengenmesser bzw. vom Hitzdraht im Luftmassenmesser nicht erfaßt werden kann. Das Gemisch magert ab. War die Sichtprüfung an den Schläuchen und Verbindungen ohne Befund, muß eine »Falschluft«-Prüfung durchgeführt werden.

● Motor warmfahren und anschließend im Leerlauf drehen lassen, Motorhaube öffnen.

● Mit einer Startkraftstoff-Spraydose (z. B. »Startpilot«) Drosselklappenstutzen, die Flanschdichtungen der Ansaugkanäle und Leitungen zu den unterdruckgesteuerten Aggregaten ansprühen. Dazu die Steckverbindung zur Lambdasonde trennen, damit die Lambda-Regelung abgeschaltet ist.

● Verändert sich Motordrehzahl beim Besprühen einer bestimmten Stelle, liegt dort die Undichtigkeit vor.

Prüfen der Bauteile

In den folgenden Abschnitten sind wir nur auf jene Möglichkeiten der Fehlersuche eingegangen, zu denen der Heimwerker keine besonderen Werkzeuge oder Meßgeräte benötigt. Haben Sie nach unserem »Störungsbeistand« ein bestimmtes Bauteil im Verdacht, können Sie hier die Prüfanleitung nachlesen.

Fingerzeig: Die Stecker der Einspritzanlage unterscheiden sich grundsätzlich von den übrigen im Wagen. Zunächst sind sie durch verschiedene Einfärbung kodiert. Man sieht sofort, wo welcher Stecker hingehört. Zum anderen besitzen sie eine Drahtsicherung, die beim Abziehen des Steckers gelöst werden muß. Beim Aufdrücken muß der Sicherungsbügel einrasten.

Drosselklappendämpfer
1,6-Liter-Motor

● **Statische Prüfung:** Stößel des Drosselklappendämpfers mit dem Finger hineindrücken.

● Der Stößel darf sich nur langsam hineinbewegen. Stößel loslassen, jetzt muß er sich schnell hinausbewegen.

● Macht der Stößel eine der Bewegungen nicht, muß er ersetzt werden.

● **Dynamische Prüfung:** Warmen Motor im Leerlauf drehen lassen.

● Drehzahlmesser anschließen.

● Motordrehzahl auf **4000/min** bringen und dann langsam abfallen lassen.

● Drehzahl ablesen, wenn der Drosselklappenhebel die Stößelstange berührt. Das muß bei **2500±150/min** der Fall sein.

● Wenn nicht, Drosselklappendämpfer einstellen.

● Zum **Einstellen** die Sicherungsmutter lösen und den Drosselklappendämpfer verdrehen, bis die Einstellung stimmt. Sicherungsmutter wieder festziehen.

● Prüfung wiederholen.

Links: Das Magnetventil (4) für den Heißstart beim 1,9-Liter-Motor sitzt zwischen Saugrohr und Zylinderkopf. Weiter bedeuten:
1 – Unterdruckleitung zum Kraftstoffdruckregler;
2 – Kontaktstecker;
3 – Unterdruckleitung vom Saugrohr.
Rechts: Die Kontaktbezeichnungen des Drosselklappenschalters lauten:
1 – Kontakt »POW«;
2 – Kontakt »E«;
3 – Kontakt »IDL«.

Links: Hier wird der Drosselklappenschalter (1) geprüft. An den Kontakten »IDL« und »TL« (Pfeil) ist ein Ohmmeter (2) angeschlossen.
Rechts: Einstellen des Drosselklappenschalters. Fühlerlehre (3) zwischen Anschlag (1) und Drosselklappenhebel (2) einschieben.

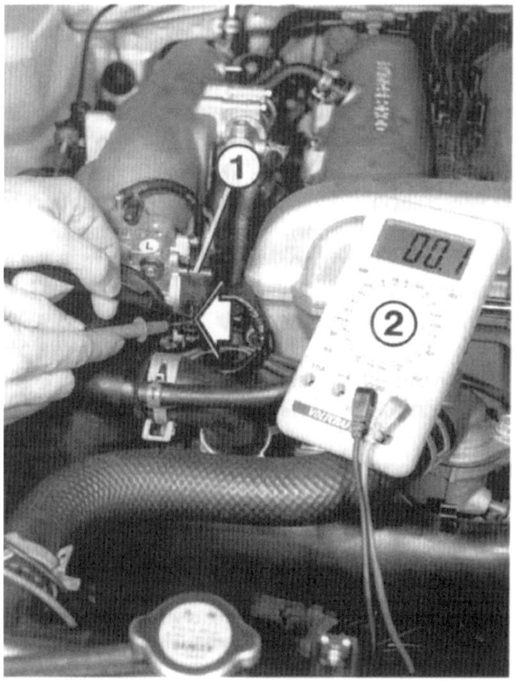

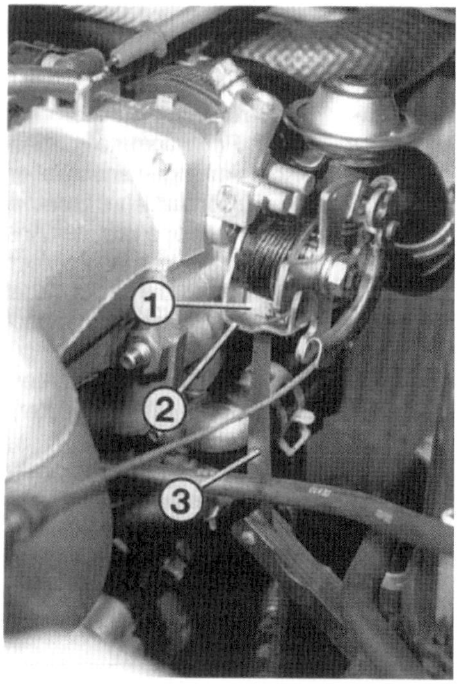

Links: Der Drosselklappenschalter (1) kann nach Lösen der Schrauben (Pfeile) in seiner Stellung verändert werden.
Rechts: Am Drosselklappendämpfer (1) sind hier gezeigt:
2 – Stößel;
3 – Anschlagschraube;
4 – Kontermutter.

Einstellen des Drosselklappen-Potentiometers am 1,9-Liter-Motor. Die Fühlerblattlehre (1) ist zwischen Drosselklappenhebel (2) und Anschlagschraube (3) eingeschoben.

Drosselklappen-Potentiometer
1,9-Liter-Motor

Der Drosselklappen-Potentiometer des 1,9-Liter-Motors kann mit Heimwerkermitteln nicht geprüft werden, wohl aber der Leerlaufkontakt des Drosselklappen-Potentiometers. Die Prüfung ist im folgenden Absatz beschrieben.

Drosselklappen-schalter

● **Prüfung:** Stecker am Drosselklappenschalter bzw. Potentiometer abziehen und Ohmmeter an die Kontaktzungen anschließen, siehe Tabelle.
● Fühlerblattlehre zwischen den Anschlaghebel der Drosselklappe und der Anschlagschraube schieben.
● Stromdurchgang zwischen den Klemmen prüfen.
● Werden die in der Tabelle genannten Werte nicht erreicht, Drosselklappenschalter bzw. Potentiometer einstellen.
● **Einstellen:** Ohmmeter an den Kontaktzungen »IDL« und »TL« (1,6-Liter) bzw. »C« und »D« (1,9-Liter) anschließen.
● Zwischen Anschlaghebel und Anschlagschraube eine Fühlerblattlehre (0,4 mm beim 1,6-Liter, 0,3 mm beim 1,9-Liter) schieben.
● Haltemuttern des Drosselklappenschalters bzw. Potentiometers lösen, Gehäuse um ca. 30° im Uhrzeigersinn drehen und langsam wieder zurückdrehen, bis ein Widerstand von 0 Ω angezeigt wird (Kontakte geschlossen).
● Halteschrauben mit ca. 2 Nm anziehen.
● Zur Kontrolle jetzt eine größere Fühlerblattlehre (0,7 mm beim 1,6-Liter, 0,4 mm beim 1,9-Liter) einschieben.
● Jetzt muß der Widerstand gegen ∞ Ω streben (Schalterkontakte offen). Andernfalls die Einstellung wiederholen.
● Die Drosselklappe mehrmals bewegen und die Einstellung nochmals kontrollieren.

Messung an	Meßbedingungen	Widerstand
Klemme IDL–TL (1,6-Liter) Kabelfarbe rot–schwarz/hellgrün	Fühlerblattlehre 0,4 mm eingesteckt Fühlerblattlehre 0,7 mm eingesteckt Drosselklappe ganz geöffnet	0 Ω ∞ Ω ∞ Ω
Klemme POW–TL (1,6-Liter) Kabelfarbe hellgrün/weiß–schwarz/hellgrün	Fühlerblattlehre 0,4 mm eingesteckt Fühlerblattlehre 0,7 mm eingesteckt Drosselklappe ganz geöffnet	∞ Ω ∞ Ω 0 Ω
Klemme C–D (1,9-Liter) Kabelfarbe rot–schwarz/blau	Fühlerblattlehre 0,3 mm eingesteckt Fühlerblattlehre 0,4 mm eingesteckt Drosselklappe geschlossen	0 Ω 0 Ω ∞ Ω

Druckregler

Druckmessungen erfordern einen entsprechenden Manometer mit dem dazugehörigen Adapter. Die Prüfung des Druckreglers müssen Sie deshalb der Werkstatt überlassen.

Einspritzventile

Besteht der Verdacht, daß eines der Einspritzventile nicht funktioniert, können Sie zunächst versuchen, das brachliegende Ventil durch Fühlen mit der Hand oder mit einem Schraubendreher (am Ventil anlegen und mit dem Ohr an den Schraubendreher) ausfindig zu machen. Das nicht funktionierende Ventil vibriert nicht – im Gegensatz zu den anderen.
Weitergehende Kontrollen erfordern einen Spannungsprüfer mit Leuchtdioden (siehe Kapitel »Die Karosserie-Elektrik«) und einen genauen Ohmmeter.

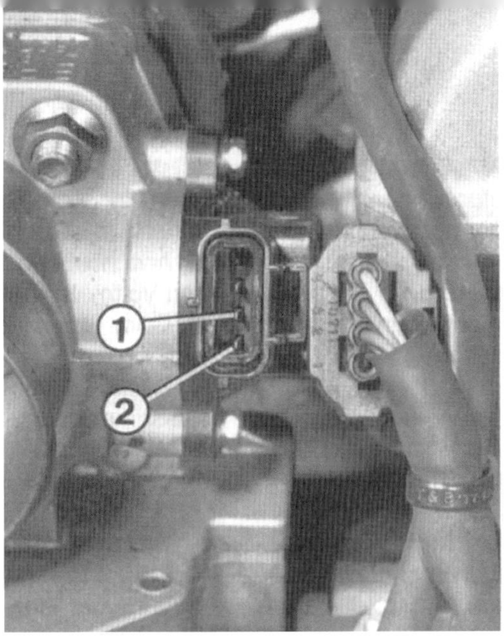

Links: An den Kontakten »C« (1) und »D« (2) wird der Stromdurchgang mit einem Ohmmeter gemessen.
Rechts: Zum Verstellen des Drosselklappen-Potentiometers (1) die beiden Halteschrauben (Pfeile) lösen.

- **Spannungsprüfung:** Stecker eines Einspritzventils abziehen, LED-Spannungsprüfer (keine Prüflampe) am Stecker anschließen. Motor starten: Die Leuchtdioden im Spannungsprüfer müssen flackern, sonst ist keine Versorgungsspannung da, oder das Masse schaltende Steuergerät ist defekt. Mit einem Meßgerät klappt diese Kontrolle nicht.
- **Widerstandsprüfung:** Stecker am Einspritzventil abziehen, Ohmmeter an den beiden Kontakten des Ventils anschließen: Bei kaltem Motor müssen etwa **12–16** Ω abzulesen sein.
- Liegen die Werte außerhalb der Toleranz, Ventil ersetzen.
- **Dichtheit prüfen:** Kraftstoff-Verteilerrohr samt Einspritzventilen ausbauen, die Kraftstoffleitungen bleiben angeschlossen.
- Alle Stecker an den Einspritzventilen abziehen.
- Einspritzventile mit einem Stück Draht am Verteilerrohr festbinden.
- Am Diagnosestecker die Klemmen »F/P« und »GND« mit einem Kabel verbinden, Zündung einschalten.
- Einspritzventile um **ca. 60°** neigen und beobachten: Jedes einzelne darf höchstens einen Kraftstofftropfen innerhalb von einer Minute (1,6-Liter) bzw. innerhalb von zwei Minuten (1,9-Liter) verlieren. Sonst Ventil auswechseln.
- Zündung ausschalten und Kabel abnehmen.
- Unabhängig hiervon können der Spritzstrahl und die Dichtheit des Ventils geprüft werden, falls es Motorlaufstörungen erforderlich machen.
- **Spritzstrahl prüfen:** Kraftstoff-Verteilerrohr mit Einspritzventilen ausbauen, die Kraftstoffleitungen bleiben angeschlossen. Stecker von den Ventilen abziehen, die nicht geprüft werden sollen.
- Einspritzventile mit einem Stück Draht am Verteilerrohr festbinden.
- Unter das zu prüfende Ventil ein Gefäß halten, Motor von Helfer mit dem Anlasser durchdrehen lassen: Am Ventil muß der Kraftstoff kegelförmig abgespritzt werden.
- Prüfung ggf. an den übrigen Ventilen wiederholen.

So wird der Widerstand des Einspritzventils (1) mit einem Ohmmeter (2) geprüft.

Lambdasonde

Für diese Prüfung wird ein CO-Meßgerät gebraucht, ggf. ist also ein Besuch in der Werkstatt erforderlich. Voraussetzung für die Überprüfung ist ein korrekt eingestellter Zündzeitpunkt, Leerlauf und eine dichte Auspuffanlage. Außerdem muß an der Lambdasonde Spannung anliegen.

- Motor warmfahren.
- Motor im Leerlauf drehen lassen.
- Stecker an der Lambdasonde abziehen und einen Voltmeter zwischen die Lambdasonde und Masse anschließen.
- Drehzahl auf **3000/min** anheben, am Voltmeter muß eine Spannung von **ca. 0,55 V** (1,6-Liter) bzw. **weniger als 1,0 V** (1,9-Liter) abzulesen sein.
- Anschließend Motor mehrmals kurz hochdrehen und Voltmeter beobachten.
- Beim Hochdrehen müssen **0,5–1,0 V** angezeigt werden.
- Beim Abfallen der Drehzahl müssen **0–0,4 V** abzulesen sein.
- Werden die Werte nicht erreicht, muß die Lambdasonde ersetzt werden.

Leerlauf-Regelventil

- **1,6-Liter:** Bei betriebswarmem Motor den zweipoligen Stecker am Leerlauf-Regelventil abziehen.
- Das Ventil muß hörbar klicken, gleichzeitig muß sich die Drehzahl auf ca. 1200/min erhöhen.
- Stecker wieder anschließen.
- Klickt es nicht, Motor abstellen.
- **Alle:** Stecker am Leerlauf-Regelventil abziehen und an den Anschlüssen des Ventils einen Ohmmeter anschließen.
- Bei 20°C müssen Sie folgende Widerstandswerte messen können: 1,6-Liter 12 ± 1 Ω, 1,9-Liter 11,5 ± 0,8 Ω.
- Wird der Wert nicht erreicht, muß beim 1,6-Liter das Regelventil bzw. beim 1,9-Liter das mit dem Zusatz-Luftschieber kombinierte Leerlauf-Regelventil ersetzt werden.

Luftmassenmesser
1,9-Liter-Motor

Für den Luftmassenmesser ist keine Prüfmethode vorgesehen, die der Heimwerker durchführen kann, ohne Gefahr zu laufen, daß möglicherweise etwas beschädigt wird. Auch die Mazda-Werkstatt kann lediglich eine Spannungsprüfung vornehmen. Dagegen kann der Ansaugluft-Temperaturgeber (im Luftmassenmesser) problemlos geprüft werden:

- Mehrfachstecker am Luftmassenmesser abziehen.
- An den Anschlüssen »C« und »D« des Luftmassenmessers einen Ohmmeter anschließen.
- Bei einer Umgebungstemperatur von 20°C muß der Widerstand zwischen 2,21 und 2,69 kΩ betragen.

Luftmengenmesser
1,6-Liter-Motor

- Luftmengenmesser ausbauen.
- Mit einem Finger oder Schraubendreher in den Luftdurchlaß des Luftmengenmessers fahren und prüfen, ob sich die Stauklappe leicht bewegen läßt.
- Falls die Klappe klemmt oder der Luftmengenmesser verölt ist, Verschmutzung mit Benzin reinigen.
- Gehäuse des Luftmengenmesser auf Risse überprüfen.
- Kabelstecker am Luftmengenmesser abziehen.
- Die Numerierung der Kontaktzungen sehen Sie auf der gegenüberliegenden Seite.
- Außer dem Potentiometer der Stauklappe wird auch der Ansaugluft-Temperaturgeber geprüft.
- Ohmmeter zwischen den jeweiligen Kontakten anschließen.
- Stauklappe bewegen und dabei den Ohmmeter beobachten.
- Zeigen sich nicht die geforderten Meßwerte, muß der Luftmengenmesser ausgetauscht werden.

Die einströmende Luft drückt im Luftmengenmesser (5) die Stauklappe (4) gegen die Kraft einer Spiralfeder (1) auf. Der Temperaturgeber (3) mißt die Temperatur der Ansaugluft. Ans Steuergerät gelangen nun die Meßwerte als Spannungssignale über den Steckanschluß (2).

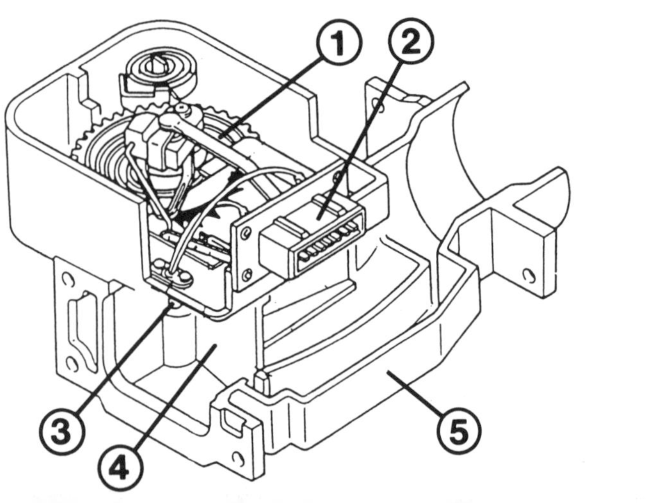

Der Weg der einströmenden Luft durch den Luftmassenmesser (1) ist hier durch Pfeile dargestellt. Die Zahlen bezeichnen: 2 – Ansaugluft-Temperaturgeber; 3 – Steckanschluß; 4 – Hitzdraht.

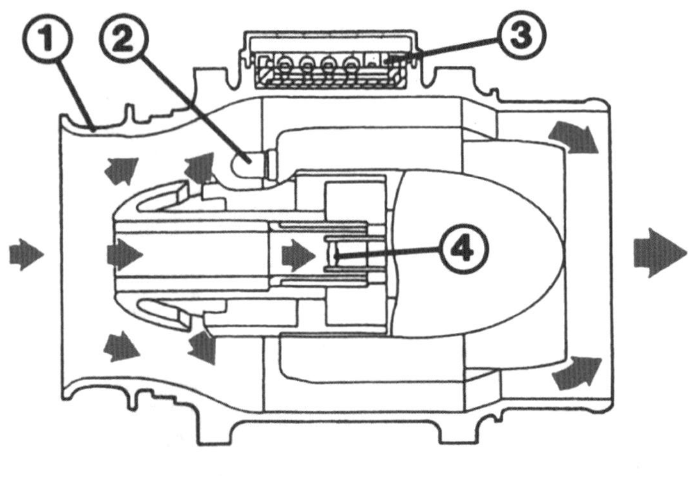

<u>Links:</u> Widerstandsmessung an den Kontakten (Pfeil) des Leerlauf-Regelventils (2) mit einem Ohmmeter (1) beim 1,6-Liter-Motor.
<u>Rechts:</u> Hier ist der Steckanschluß (2) am Leerlauf-Regelventil (1) des 1,9-Liter-Motors zu sehen.

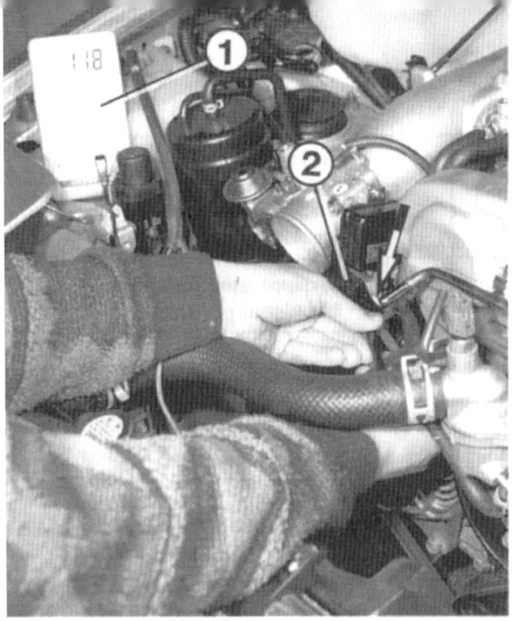

<u>Links:</u> Hier sehen Sie die Kontaktbelegung des Luftmengenmessers. Die Zahlen bedeuten:
1 – Fc;
2 – E1
3 – E2
4 – Vc;
5 – E2;
6 – Vs;
7 – THA_A.
<u>Rechts:</u> Am Luftmengenmesser (1) wird an den Anschlußkontakten (Pfeil) der Ohmmeter (2) entsprechend der Tabelle auf der folgenden Seite angeschlossen.

<u>Links:</u> An den Kontakten »D« (1) und »C« (2) wird der Widerstand des Ansaugluft-Temperaturgebers am Luftmassenmesser des 1,9-Liter-Motors gemessen.
<u>Rechts:</u> Die Anschlußbelegung des Diagnosesteckers (2) ist im Deckel (1) zu sehen.

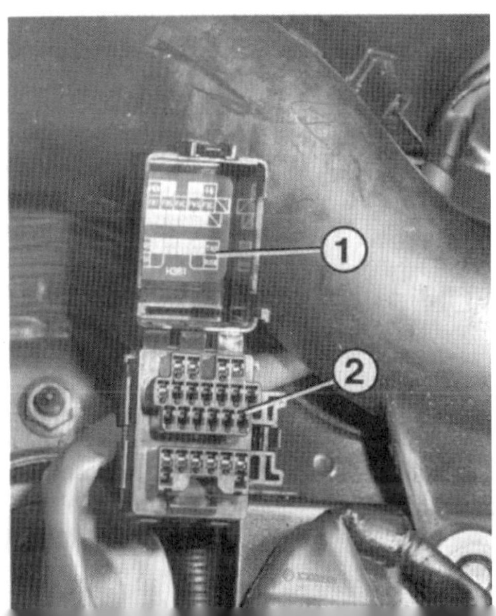

Messung an	Meßbedingungen	Widerstand
Klemme E–Vs	Stauklappe geschlossen Stauklappe geöffnet	200–600 Ω 20–1000 Ω
Klemme E1–Fc	Stauklappe geschlossen Stauklappe geöffnet	∞ Ω 0 Ω
Klemme E–Vc	–	200–400 Ω
Klemme E–THA_A (Ansaugluft-Temperaturgeber)	Lufttemperatur –20° C Lufttemperatur 20° C Lufttemperatur 60° C	13,6–18,4 kΩ 2,21–2,69 kΩ 493–667 Ω

Temperaturgeber Kühlmittel

● Zum Prüfen der Einschalttemperatur brauchen Sie einen Einmachthermometer.
● Zündspulen am Motor losschrauben.
● Stecker am Geber zwischen Zündspulen und Drehwinkelgeber abziehen.
● Geber herausschrauben, Ohmmeter an seinen Steckkontakten anschließen.
● Geber im Wasserbad erhitzen, Ohmmeter beobachten und abgelesene Werte mit der Tabelle vergleichen.
● Werden die Werte nicht erreicht, muß der Geber ersetzt werden.
● Beim Einbau einen neuen Dichtring verwenden und den Geber mit **25–30 Nm** festziehen.
● Motor laufen lassen und auf Undichtigkeiten am Geber achten.

Temperatur	–20° C	20° C	80° C
Widerstand	14,6–17,8 Ω	2,2–2,7 Ω	0,29–0,35 Ω

Steuergerät

Der konstruktive Innenwiderstand der Prüfgeräte und die Umgebungstemperatur beeinflussen die Meßwerte stark. Da können mit Heimwerker-Meßgeräten völlig andere Werte herauskommen als vom Kundendienst vorgegeben. Deshalb sollten Sie die elektrische Prüfung in der Mazda-Werkstatt durchführen lassen.
○ Die Prüfung der **Lambda-Regelung** erfolgt, wie unter »Lambdasonde« beschrieben.
○ Für die **Vollastanreicherung** besteht keine direkte Prüfmöglichkeit. Allenfalls können Sie anhand von unbefriedigenden Fahrleistungen oder schlechter Gasannahme auf einen Mangel schließen.
○ Funktioniert die **Schubabschaltung** nicht, merken Sie das an geringerer Motorbremswirkung bei höheren Drehzahlen und höherem Kraftstoffverbrauch. Hier gibt es auch eine Prüfmethode:
● Motor warmfahren und abstellen.
● Voltmeter mit Hilfskabeln am Kabelstecker eines beliebigen Einspritzventils anschließen. Das Ventil muß weiterhin mit Spannung versorgt werden.
● Motor starten und im Leerlauf drehen lassen. Der abgelesene Wert entspricht der aktuellen Versorgungsspannung (ca. 0,24 V).
● Motor am Drosselklappenhebel auf 4000/min hochdrehen (die Spannung steigt hierbei an).
● Drosselklappenhebel loslassen, Voltmeter beobachten. Der Spannungswert fällt bei intakter Schubabschaltung kurzzeitig auf 0 Volt, im Bereich von 1200–1400/min liegen wieder ca. 0,24 V an.
● Funktioniert das nicht wie beschrieben, liegt der Fehler am Leerlaufkontakt des Drosselklappenschalters bzw. Drosselklappen-Potentiometers, am Kühlmittel-Temperaturgeber, an einer Leitungsunterbrechung, oder das Steuergerät ist schadhaft.

Zusatz-luftschieber

● Im Diagnosestecker die Kontakte »TEN« und »GND« mit einem isolierten Kabelstück überbrücken.
● Kalten Motor im Leerlauf drehen lassen.
● Mit zunehmender Erwärmung des Motors muß die Leerlaufdrehzahl absinken.
● Verändert sich die Drehzahl nicht, muß beim 1,6-Liter der Zusatz-Luftschieber bzw. beim 1,9-Liter das mit dem Zusatz-Luftschieber kombinierte Leerlauf-Regelventil ersetzt werden.
● Beim 1,6-Liter ist noch eine weitere Prüfung möglich. Dazu Zusatz-Luftschieber ausbauen.
● Durch die Luftöffnung des Zusatz-Luftschiebers schauen und die Achse des Kolbens anzeichnen.
● Mit einem Heißluftgebläse den Zusatz-Luftschieber erwärmen und dabei beobachten, ob sich die Achse gegen die Leitungs-Anschlüsse bewegt.
● Wenn keine Veränderung sichtbar ist, Zusatz-Luftschieber ersetzen.

Abgas-Untersuchung (AU)

Wartung Nr. 38

Für Fahrzeuge mit geregeltem Katalysator ist in der Bundesrepublik erstmals drei Jahre nach Erstzulassungsdatum und darauf alle zwei Jahre eine Abgas-Untersuchung vorgeschrieben, bei der auch die Zündeinstellung und die Wirksamkeit von Lambdasonde und Katalysator geprüft wird.

Der Drehzahlmesser (3) ist hier am 1,6-Liter-Motor mit Klemme 1 (1) an Motor-Masse und mit Klemme 15 (2) an Klemme »IG« im Diagnosestecker angeschlossen.

Die Stroboskoplampe (1) wird mit dem Auslösekabel (2) an die Zündleitung des 1. Zylinders angeklemmt. Die Spannung kommt vom blauen einpoligen Stecker (4) am linken Radlauf, Masse (3) vom Motorblock.

Wenn für den MX-5 eine »Fahrzeug-Hauptuntersuchung« beim DEKRA oder TÜV ansteht, muß zuerst die Abgas-Untersuchung erfolgen. Das geht nach unseren Erfahrungen am schnellsten in der Marken-Werkstatt. Zur Zeitersparnis kommt noch hinzu, daß in der Mazda-Werkstatt immer die allerneuesten Einstelldaten vorliegen, die andere Werkstätten bzw. DEKRA oder TÜV erst mit einer gewissen Verzögerung erhalten.
Bei der AU muß die Auspuffanlage intakt sein, und am Ansaugrohr darf keine »Falschluft« eintreten können. Stellen Sie außerdem sicher, daß der Luftfilter sauber ist und der Zündkerzen-Elektrodenabstand stimmt. Vorsichtshalber können Sie auch noch die Zündeinstellung kontrollieren. Nach monatelangem Kurzstreckenbetrieb ist außerdem ein Ölwechsel ratsam. Das ins Motoröl gelangte Kraftstoffkondensat verschlechtert nämlich die Abgaswerte.
Für die Prüfung wird der Wagen an einen aufwendigen Werkstattester angeschlossen, dessen Drucker die erzielten Meßwerte zu einer Prüfbestätigung zusammenfaßt. Werden einzelne Vorgaben nicht erreicht, gibt's auch keine Prüfbestätigung. Bevor Sie bei nicht bestandener Abgas-Untersuchung ein teures Bauteil auswechseln (lassen), sollten Sie die Prüfung bei einer anderen Werkstatt wiederholen. Trotz aufwendiger Meßtechnik kommt es bei den Ergebnissen zu Streuungen. Manchmal genügt auch eine ausgedehnte Probefahrt, wobei Motor, Lambdasonde und Katalysator auf volle Betriebstemperatur kommen.

Fingerzeig: Wenn Sie die Wartung des Mazda immer in der Werkstatt durchführen lassen, gehört die Abgas-Untersuchung grundsätzlich zum Umfang des Service dazu.

Leerlaufkontrolle

○ Für die Kontrolle muß der Motor betriebswarm sein, die Nadel der Kühlmittel-Temperaturanzeige muß sich im normalen Bereich befinden.
○ Elektrische Prüfgeräte anschließen. Das darf bei der elektronisch gesteuerten Zündung **nur bei abgeschaltetem Motor** geschehen.
○ Alle elektrischen Verbraucher müssen abgeschaltet sein. Wenn der Kühlerventilator anläuft, muß der Einstellvorgang unterbrochen werden.
○ Die **Leerlaufdrehzahl** wird beim 1,6-Liter-Motor auf 850 ± 50/min eingestellt, beim 1,9-Liter-Motor nennt Mazda 800–900/min. Die Einstellung erfolgt an der Schraube am Drosselklappenstutzen (in Fahrtrichtung rechts).

Einzelteile ausbauen

Bei vielen Einzelteilen der Einspritzung bedarf es keiner zusätzlichen Ausbaubeschreibung. Die Ausnahmen sind in den folgenden Abschnitten behandelt.

Luftmengen-/massenmesser ausbauen

● Verbindungsschlauch vom Luftmengen-/massenmesser zum Luftfilter abnehmen.
● Kontaktstecker am Luftmengen-/massenmesser abziehen.
● Luftfilterdeckel losschrauben (Kapitel »Luftfilter und Ansaugkanäle«).
● Zum Abnehmen des Luftmengen-/massenmessers fünf Muttern (SW 10) lösen.
● Luftmengen-/massenmesser vom Luftfilterdeckel abnehmen.

Die Einstellschraube für Korrektur der Leerlaufdrehzahl ist im Bild links am 1,6-Liter- und rechts am 1,9-Liter-Motor gezeigt.

Einspritzventile ausbauen

- Druck in der Kraftstoffanlage abbauen, siehe Kapitel »Tank und Kraftstoffpumpe«.
- Zusatz-Luftschieber (nur 1,6-Liter) am Ansaugrohr lösen.
- Kurbelgehäuse-Entlüftungsschlauch abnehmen.
- Unterdruckschlauch des Druckreglers am Saugrohr abnehmen.
- Stecker an den Einspritzventilen abziehen.
- Leitung am Drosselklappen-Potentiometer (1,9-Liter) abziehen und zur Seite legen.
- Unterdruckschlauch der Heißstartunterbrechung (1,9-Liter) am Druckregler und Ansaugrohr abziehen.
- Drei Halteschrauben am Verteilerrohr lösen.
- Verteilerrohr vorsichtig nach oben ziehen, bis die Einspritzventile aus ihrer Führung im Ansaugkrümmer herausgezogen sind.
- Einspritzventil aus dem Kraftstoff-Verteilerrohr ziehen, Dichtungen und Dichtringe abnehmen.
- Beim **Wiedereinbau** neue Dichtungen und Dichtringe verwenden.
- Zum leichteren und beschädigungsfreien Einsetzen der Ventile die Dichtringe mit Vaseline oder Motoröl bestreichen. Nichts anderes verwenden!
- Das Kraftstoff-Verteilerrohr wird mit **20–25 Nm** am Ansaugrohr festgeschraubt.

Leerlauf-Regelventil bzw. Zusatz-Luftschieber ausbauen

- Luftschläuche abnehmen.
- Ggf. Kühlmittelschlauch abnehmen und mit einem Stopfen verschließen oder abklemmen. So geht kein Kühlmittel verloren.
- Schrauben bzw. Muttern lösen und Leerlauf-Regelventil abnehmen.
- Beim **Einbau** eine neue Dichtung verwenden und Verschraubungen mit **4,0 Nm** festziehen.
- Ggf. Kühlmittel auffüllen.

Der Gaszug

Der Verbindungszug zwischen Gaspedal und Drosselklappenstutzen ist knickempfindlich. Wurde er bei Arbeiten im Motorraum gelöst und in einen ungünstigen Winkel gelegt, kann er Schaden genommen haben. Dann müssen Sie bald damit rechnen, daß der Zug reißt. Ein neuer Gaszug sollte beim Einbau vorsichtig behandelt werden.

Gaszug ausbauen

- Gaszug am Drosselklappenhebel aushängen.
- Einstellmutter der Drosselklappe lösen und von der Halterung abnehmen.
- Beide Gaszugführungen an der Spritzwand aushängen.
- Abdeckung links unter dem Armaturenbrett abbauen.
- Haltelaschen am Gaspedal zusammendrücken und aus der Halterung nehmen.
- Haltelaschen des Gaszugs innen an der Spritzwand zusammendrücken und den Gaszug nach draußen drücken und entfernen.

Gaszug einstellen

Grundsätzlich muß der Gaszug spannungsfrei – also mit etwas Spiel – eingebaut sein.

- Das Gaszugspiel muß 1–3 mm betragen.
- Stimmt das Spiel nicht, kann es an der Einstellmutter an der Drosselklappe eingestellt werden.
- Von Helfer das Gaspedal voll durchtreten lassen, und kontrollieren, ob die Drosselklappe sich in Vollgasstellung befindet.
- Ist der Gaspedalweg nicht ausreichend, kann er an der Schraube oberhalb der Führungsachse am Gaspedal eingestellt werden.

Störungsbeistand

Einspritzung

Die Störung	– ihre Ursache	– ihre Abhilfe
A Kalter Motor springt nicht oder schlecht an	1 Sicherung defekt	Auswechseln
	2 Einspritz-Hauptrelais bzw. Kraftstoffpumpenrelais defekt	Überprüfen, ggf. austauschen
	3 Kraftstoffpumpe fördert nicht oder nicht genügend	Benzin im Tank? Pumpe kontrollieren und Fördermenge messen lassen
	4 Druckregler defekt	Druck messen lassen
	5 Kühlmittel-Temperaturgeber defekt	Geber überprüfen
	6 Zusatz-Luftschieber öffnet nicht bzw. Leerlauf-Regelventil defekt	Prüfen
	7 Steuergerät defekt	Prüfen lassen
	8 Kein Drehzahlsignal vom Drehwinkelgeber	Kabelverlauf kontrollieren
	9 Motor erhält »Falschluft«	Sämtliche Schlauchleitungen überprüfen
B Warmer Motor springt nicht oder schlecht an	1 Unterdruckleitung zum Druckregler defekt	Leitung überprüfen
	2 Siehe A 1–9	
	3 Einspritzventile undicht	Ventile überprüfen
C Motor springt an, stirbt aber wieder ab	1 Siehe A 1 und 6	
	2 Siehe B 1	
	3 Luftmengen-/massenmesser oder Zuleitungskabel defekt	Widerstandswerte messen bzw. Kabelverlauf überprüfen
	4 Drosselklappenschalter falsch eingestellt oder defekt	Einstellen bzw. Funktion kontrollieren
D Kalter Motor schüttelt im Leerlauf	Siehe A 5 und 6	

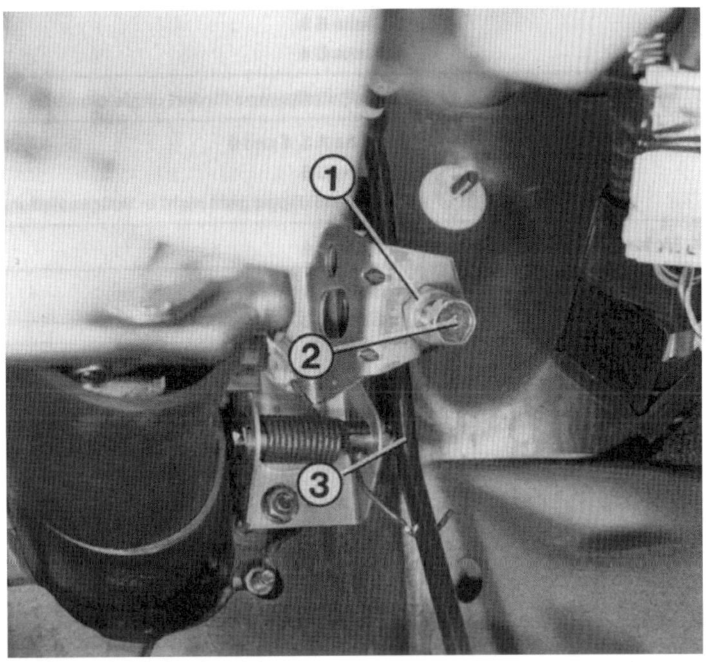

Wenn die Drosselklappe bei voll getretenem Gaspedal (3) nicht vollständig öffnet, kann der Pedalanschlag mit der Einstellschraube (2) nach Lösen der Kontermutter (1) korrigiert werden.

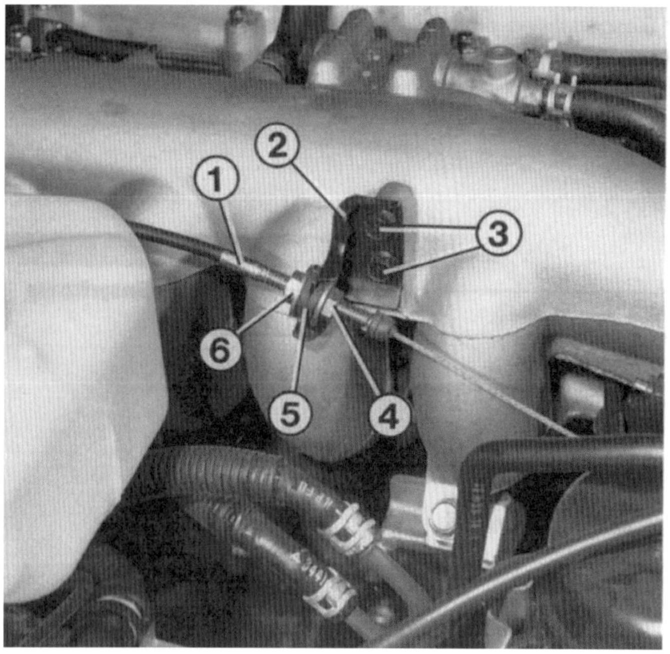

Die Einzelteile des Gaszugs (1): 2 – Widerlager; 3 – Befestigungsschrauben; 4 und 6 – Konter- bzw. Einstellmutter; 5 – Gummilager.

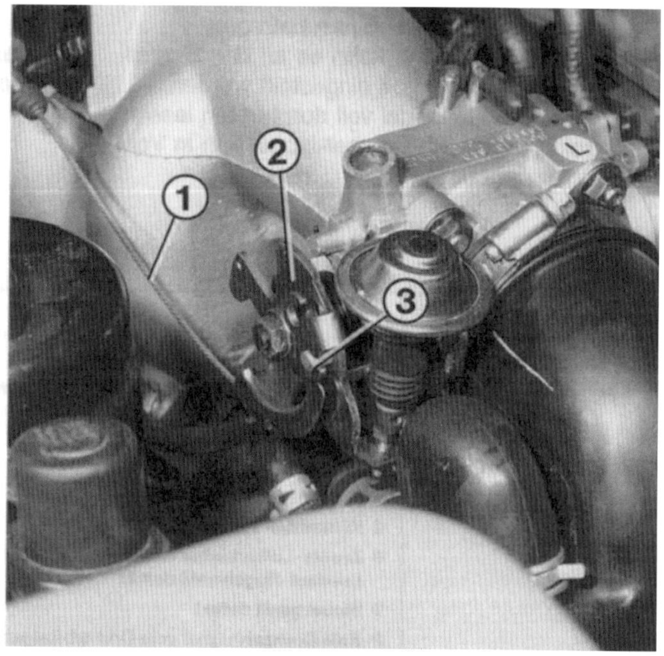

Der Gaszug (1) ist mit seinem Zugende (3) in den Drosselklappenhebel (2) eingehängt.

Die Störung	– ihre Ursache	– ihre Abhilfe
E Warmer Motor schüttelt im Leerlauf	1 Siehe A 4 2 Zusatz-Luftschieber schließt nicht	Prüfen, ggf. ersetzen
F Warmer Motor dreht im Leerlauf zu hoch	Siehe C 3	
G Leerlauf sinkt beim Einschlagen der Lenkung ab	1 Siehe C 1 2 Druckschalter für Servolenkung defekt	Auswechseln
H Motor hat Aussetzer	1 Kraftstoffilter verstopft 2 Siehe A 3 und 6 3 Siehe B 3 4 Siehe C 4	Filter austauschen
I Motor stottert, setzt aus	Kraftstoffpumpe fördert ungleichmäßig	Fördermenge messen lassen
J Motorleistung ungenügend	1 Siehe A 3, 4 und 9 2 Siehe C 5 3 Drosselklappe geht nicht in Vollgasstellung	Gaszug einstellen
K Motor patscht ins Saugrohr	1 Siehe A 4	
L Kraftstoffverbrauch zu hoch	1 Siehe A 5 2 Siehe C 3	

Zeitweise getrennt

Die Kupplung verkuppelt Motor und Getriebe. Doch nicht auf immer und ewig. Denn für den Schaltvorgang brauchen beide wieder etwas Abstand – Trennung auf Zeit. Reibereien entstehen beim Anfahren: Der laufende Motor muß sanft mit den zunächst noch stehenden Teilen des Antriebs Kontakt aufnehmen.

Funktion der Kupplung

Die Kraftübertragung zwischen Motor und Getriebe erfolgt durch die Kupplung. Die arbeitet ausschließlich mit Reibung, und das kann man sich so vorstellen: Zwei Anlageflächen nehmen eine dritte in die Zange und halten sie so stark fest, daß sie sich mit den beiden anderen mitdrehen muß. Trick der Sache ist der, daß diese Verbindung jederzeit gelöst werden kann, denn sonst könnten beide Teile genauso gut miteinander verschraubt werden. Um die Teile beim Namen zu nennen:

- **Schwungscheibe**, sie ist mit dem Motor verbunden als die eine Anlagefläche.
- **Kupplungs-Druckplatte** als die zweite Anlagefläche, die gegen die Schwungscheibe drückt.
- Dazwischen befindet sich als Reibpartner die **Mitnehmerscheibe** auf der Eingangswelle des Getriebes.
- Weiterhin gehört noch das **Ausrücklager** dazu.

Die Kupplungsbetätigung

Die Fußkraft vom Kupplungspedal zum Ausrückmechanismus am Getriebe wird durch die Kupplungshydraulik übertragen – wie bei der Bremse. Wenn Sie das Kupplungspedal niedertreten, verdrängt der Kolben im Geberzylinder (am Kupplungspedal) eine gewisse Flüssigkeitsmenge und drückt sie zum Nehmerzylinder (am Getriebe). Dort tritt der Kolben ein Stück aus dem Zylinder heraus und hebt den Ausrückhebel auf der Ausrückwelle an.

Diese Bewegung drückt das Ausrücklager verstärkt gegen die tortenförmig eingeschnittene Tellerfeder der Druckplatte. Das Ausrücklager übernimmt die Federkraft, die Druckplatte wird entlastet und bei völlig durchgetretenem Pedal zurückgezogen. Jetzt kann die Mitnehmerscheibe im Raum dazwischen frei umlaufen – es ist ausgekuppelt. Beim Einkuppeln drückt die Tellerfeder der Druckplatte die Mitnehmerscheibe wieder gegen die Motor-Schwungscheibe.

Lebensdauer der Kupplung

Es gibt Fahrer, die bereits nach 15000 km eine neue Kupplung brauchen, andere bringen es dagegen auf mehr als 100000 km. Eine hohe Laufzeit erreicht man, wenn der Wagen vorwiegend auf Langstrecken gefahren und die Kupplung vernünftig behandelt wird. Wer mit seinem Wagen hauptsächlich im Stadtverkehr fahren muß – wobei auch die Kupplung viel öfter getreten wird –, kann kaum so lange mit den ersten Kupplungsbelägen auskommen wie ein Langstreckenfahrer.

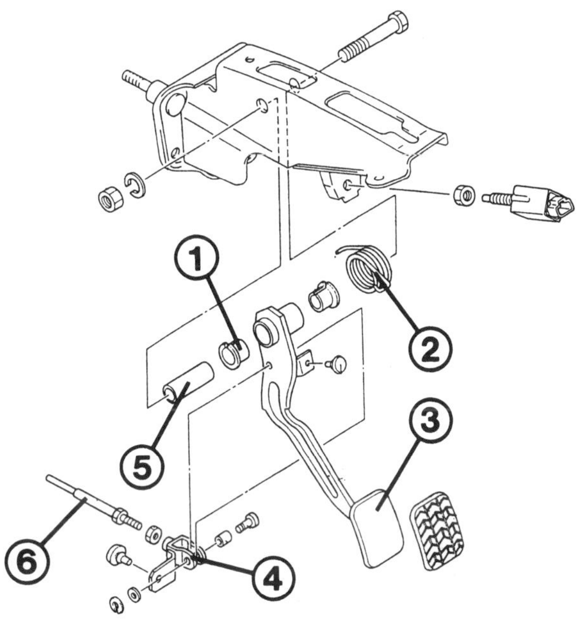

Zur Kupplungsbetätigung gehören die folgenden Teile:
1 – Buchse der Pedalachse;
2 – Rückdrehfeder;
3 – Kupplungspedal;
4 – Gabel;
5 – Führungshülse;
6 – Betätigungsstange für Kupplungs-Geberzylinder.

Kontrolle des Flüssigkeitsstands im Vorratsbehälter (4) der Kupplungshydraulik. Er muß sich zwischen den Pfeilen abzeichnen. Weiter bedeuten:
1 – Deckel;
2 – Dichtung;
3 – Kappe.

Jedes Einkuppeln bewirkt, daß die Beläge der Mitnehmerscheibe an ihren Gegenreibflächen schleifen und dabei heiß werden. Besonders verschleißfördernd ist hierbei das Anfahren mit hoher Motordrehzahl – Kavalierstart genannt –, Anfahren im 2. Gang, »Herummogeln« an Kreuzungen im 2. oder 3. Gang mit teilweise getretenem Kupplungspedal oder das »In-der-Waage-halten« an einer Steigung.
Recht verbreitet ist die Angewohnheit, mit eingelegtem 1. Gang und durchgetretenem Kupplungspedal an der roten Ampel zu warten. Mancher fürchtet, den Gang nicht gleich einlegen zu können, wenn das grüne Licht den Weg freigibt. Wenn auch kein direkter oder sofort meßbarer Schaden entsteht, so beansprucht das Auskuppeln doch das Ausrücklager und bewirkt so wieder Verschleiß. Je öfter und länger das vor den vielen Ampeln geschieht, desto früher ist dieses Lager abgenutzt.

Kupplung prüfen

Der Verschleiß der Mitnehmerscheibe läßt sich im eingebauten Zustand nicht erkennen. Das erste Anzeichen für Verschleiß ist, wenn die Kupplung durchrutscht. Eine schleifende Kupplung bemerken Sie beim Fahren zuerst im höchsten Gang unter Last. Der Motor dreht hoch, ohne daß die Fahrgeschwindigkeit zunimmt.

● **Verschleißprüfung:** Handbremse anziehen, Motor starten.

● 3. Gang einlegen, langsam einkuppeln und Gas geben.

● Bei einwandfreier Handbremse müßte der Motor abgewürgt werden.

● Dreht der Motor durch, wird ein Kupplungstausch fällig.

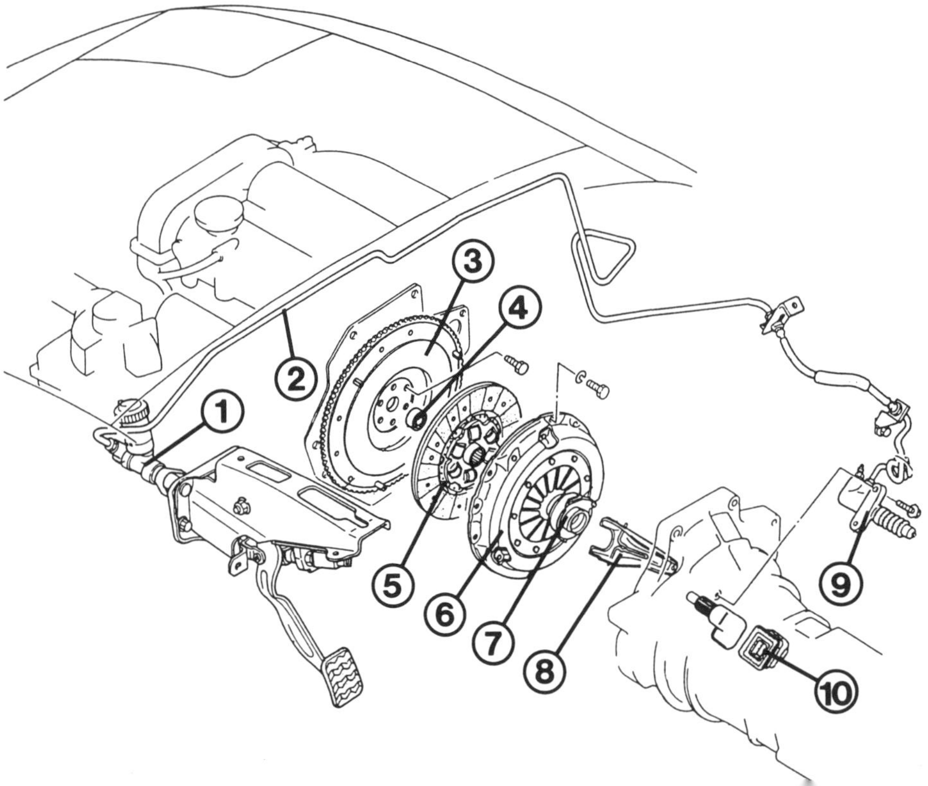

Eine Übersicht der Kupplungsteile wird mit dieser Zeichnung vermittelt:
1 – Kupplungs-Geberzylinder;
2 – Hydraulikleitung;
3 – Schwungscheibe;
4 – Führungslager;
5 – Mitnehmerscheibe;
6 – Kupplungs-Druckplatte;
7 – Ausrücklager;
8 – Ausrückhebel;
9 – Kupplungs-Nehmerzylinder;
10 – Schutzmanschette.

Mit diesen Abbildungen sollen die verschiedenen Begriffe für die Einstellung des Kupplungspedals erklärt werden.
Links: 1 – Betätigungsstange des Kupplungs-Geberzylinders; 2 – Einstellmutter; 3 – Kupplungsschalter; 4 – Einstellmutter; 5 – Pedalhöhe; 6 – Pedalspiel; 7 – Pedalabstand.
Rechts: 1 – Kupplungsschalter; 2, 3 – Einstell-/Kontermutter; 4 – Anschlag.

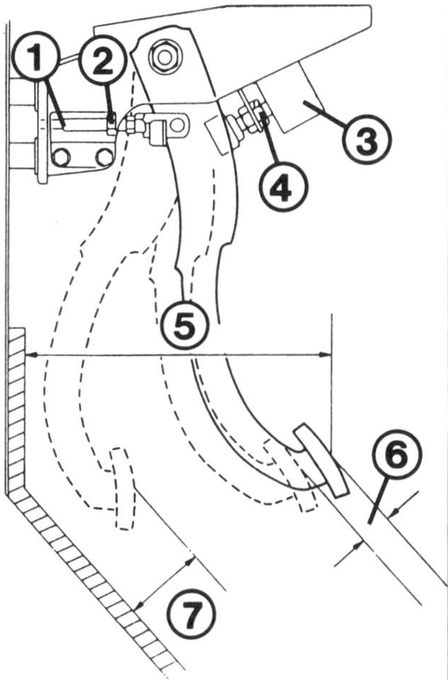

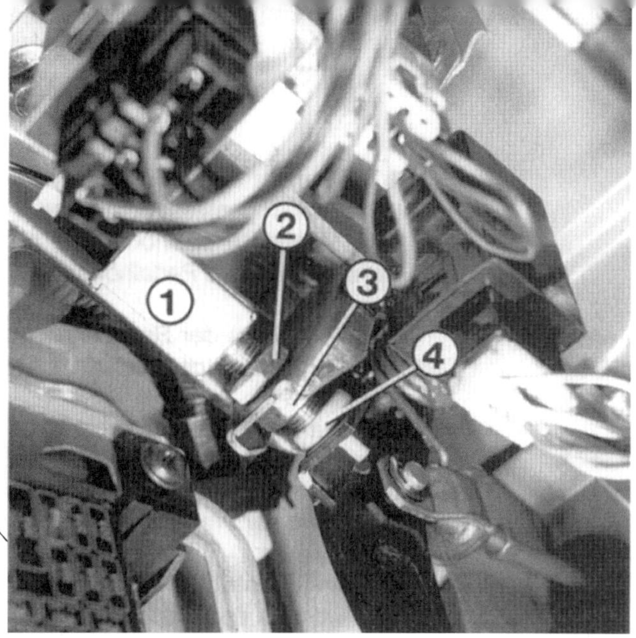

● **Funktionsprüfung:** Läßt sich das Getriebe auch bei warmem Motor nur schwer durchschalten oder wird der Schaltvorgang sogar von kratzenden oder krachenden Geräuschen »untermalt«, trennt wahrscheinlich die Kupplung nicht mehr richtig. Nur selten ist dieser Effekt auf ein schadhaftes Getriebe zurückzuführen. Um sicherzugehen, machen Sie die Probe mit dem 1. oder dem Rückwärtsgang:

● Motor im Leerlauf drehen lassen.

● Kupplungspedal voll durchtreten, etwa drei Sekunden warten, dann versuchen, den 1. oder den Rückwärtsgang einzulegen.

● Läßt sich der Gang nur sehr schwer einlegen oder kratzt das Getriebe hörbar, trennt die Kupplung nicht mehr sauber. Die Mitnehmerscheibe läuft also nicht ganz frei.

● Kupplungshydraulik kontrollieren und entlüften.

● Prüfung nochmals durchführen.

● Andere Ursachen für nicht trennende Kupplung siehe Störungsbeistand am Ende des Kapitels.

Kupplungshydraulik prüfen

Wartung Nr. 20

● Wenn die Kupplung richtig trennt, ist in jedem Fall auch die Kupplungshydraulik in Ordnung.

● Trennt sie dagegen schlecht oder fällt das Pedal ohne Widerstand durch, ist sicher Luft in die hydraulische Anlage geraten. Nur Entlüften hilft da nicht – die Leckstelle muß ausfindig gemacht und repariert werden. Jetzt können Sie entlüften. Andere Ursachen für nicht trennende Kupplung finden Sie im Störungsbeistand am Ende dieses Kapitels.

● Wer eine vorbeugende Untersuchung der Kupplungshydraulik vornehmen will, sucht nach Spuren von Bremsflüssigkeit am Geberzylinder (oben am Kupplungspedal) und am Nehmerzylinder (am Getriebe).

● Ölfeuchte Kupplungszylinder sind undicht und müssen ausgetauscht werden. Am Nehmerzylinder wird sich die Herkunft des Ölschmutzes allerdings ohne gründliche Reinigung dieses Bereiches nur schwer lokalisieren lassen.

Fingerzeige: Die Kupplungshydraulik ist wie die Bremsanlage mit Bremsflüssigkeit befüllt. Die Hinweise zum Umgang mit dieser Flüssigkeit lesen Sie bitte im Kapitel »Die Bremsen« nach.
Die hydraulische Kupplungsbetätigung besitzt einen von der Bremsanlage getrennten Vorratsbehälter.

Arbeiten an der Kupplungshydraulik

Kupplungs-Geberzylinder ausbauen

● Im Vorratsbehälter möglichst viel Flüssigkeit absaugen (evtl. mit einer alten Injektionsspritze vom Hausarzt).

● Lappen unter den Geberzylinder legen.

● Im Motorraum links neben dem Bremskraftverstärker die Druckleitung zum Nehmerzylinder abschrauben.

● Zwei Muttern des Geberzylinders losdrehen.

● Der Zylinder kann jetzt abgenommen werden.

● Beim **Einbau** an der Berührungsfläche Betätigungsstange/Geberzylinder etwas MOS_2-Fett auftragen.

● Kupplungshydraulik entlüften.

● Kupplungspedalhöhe und Pedalspiel einstellen, wie beschrieben.

Kupplungspedalhöhe messen

Unter der Pedalhöhe versteht man den Abstand zwischen Mitte der Trittplatte und dem Teppichbelag auf der vorderen Spritzwand bei nicht getretenem Kupplungspedal (Zeichnung oben links).

● Die Kupplungspedalhöhe muß **175–185 mm** betragen.

● Zum **Einstellen** Kabelstecker des Kupplungsschalters oben am Pedalbock abziehen.

● Kontermutter am Schalter losdrehen.
● Je nach gemessenem Wert Kupplungsschalter herausdrehen (Pedalhöhe wird größer) oder hineindrehen (geringere Pedalhöhe).
● Pedalhöhe messen, ggf. Einstellung korrigieren.
● Kontermutter mit **20 Nm** wieder festziehen.
● Kabelstecker aufstecken.
● Anschließend Kupplungspedalspiel prüfen.

Pedalspiel prüfen

● Zollstock an der Spritzwand abstützen und seitlich ans Kupplungspedal halten, abgelesenes Maß merken.
● Pedal von Hand durchdrücken, bis ein Widerstand spürbar wird. Das muß bei korrekter Einstellung nach **0,6–3,1 mm** der Fall sein.
● Stimmt der Wert nicht, muß das Pedalspiel eingestellt werden.
● Zum **Einstellen** Kontermutter an der Betätigungsstange des Geberzylinders losdrehen.
● Durch Verdrehen der Betätigungsstange nach links oder rechts wird das Spiel eingestellt.
● **Kontrolle:** Kupplungspedal voll durchdrücken und den Pedalabstand zwischen Mitte der Trittplatte und Teppichbelag auf der Spritzwand messen (Zeichnung auf der vorangegangenen Seite).
● Der Abstand darf nicht weniger als **68 mm** betragen.
● Stimmt dieses Maß, Kontermutter an der Betätigungsstange mit **15 Nm** festdrehen.
● Zum Schluß nochmals die Pedalhöhe kontrollieren und ggf. einstellen.

Kupplungs-Nehmerzylinder ausbauen

● Wagen vorn rechts aufbocken und abstützen.
● Hydraulik-Druckleitung am Nehmerzylinder abschrauben – Vorsicht, Bremsflüssigkeit läuft aus. Auffangen.
● Halteschrauben am Zylinder lösen, Nehmerzylinder abnehmen.
● Evtl. mit Rostlöserspray und Gummihammer nachhelfen.
● Neuen Zylinder an den blanken Gehäuseflächen leicht einfetten, Betätigungsstößel mit MoS_2-Paste bestreichen.
● Nehmerzylinder am Getriebegehäuse ansetzen und so weit eindrücken, bis die Befestigungsschraube ins Gewinde am Getriebe mit **20 Nm** eingedreht werden kann.
● Hydraulikanlage entlüften.

Kupplungs-hydraulik entlüften

Wer nicht das in der Werkstatt übliche Entlüftungsgerät zur Verfügung hat, entlüftet die Kupplungshydraulik so wie die Bremsen (Kapitel »Die Bremsen«) oder – fast ohne Kleckerei – nach der folgenden Methode:
● Entlüftungsventil der rechten Vorderradbremse und Ventil des Kupplungs-Nehmerzylinders je ca. 1½ Umdrehungen öffnen.
● Beide Ventile mit einem Schlauch verbinden.
● Bremspedal jetzt mehrmals langsam und behutsam niedertreten, damit Bremsflüssigkeit von der Vorderradbremse durch die Kupplungshydraulik gedrückt wird.
● Nicht mit Gewalt treten, sonst rutscht der Schlauch ab!
● Flüssigkeitsstand im Vorratsbehälter im Auge behalten.
● Wenn keine Luftbläschen aus der Kupplungshydraulik mehr im Flüssigkeitsbehälter auf dem Kupplungs-Geberzylinder aufsteigen, werden beide Entlüftungsventil zugedreht und der Schlauch abgenommen.
● Flüssigkeitsstand im Vorratsbehälter kontrollieren!

Fahren mit defekter Kupplungsbetätigung

Sollte unterwegs die hydraulische Kupplungsbetätigung ausfallen, so muß das noch nicht das Ende der Reise bedeuten. Ein nahes Ziel oder die nächste Werkstatt kann man auch ohne Kupplung erreichen. Man kann sogar Hoch- bzw. Herunterschalten. Voraussetzung ist feinfühliger Umgang mit dem Gaspedal und Schalthebel, besonders beim Herunterschalten.
Gang herausnehmen: Gas wegnehmen und bei langsamer werdender Fahrt oder bei leicht abgebremsten Wagen Schalthebel in Richtung Leerlauf drücken.
Anfahren: Motor ausschalten, 1. Gang einlegen und Anlasser betätigen. Der MX-5 ruckelt los und setzt sich in Bewegung. Den kalten Motor sollten Sie hierzu erst etwas warmlaufen lassen. Wer während der Fahrt nicht schalten will, fährt auf diese Weise in der Ebene im 2. Gang an.
Hochschalten: Im 1. Gang mit dem Anlasser anfahren. 1. Gang nur knapp über Leerlaufdrehzahl hinausdrehen. Gas etwas zurücknehmen, Schalthebel in Leerlaufstellung ziehen. Gaspedal loslassen und den Schalthebel mit leichter Hand in Richtung des 2. Ganges drücken. Bei richtiger Motor- und Getriebedrehzahl rutscht der Gang fast von selbst hinein. Wenn Sie zu lange gewartet haben, müssen Sie ein ganz klein wenig Gas geben, damit sich der Gang ohne Zähneknirschen einlegen läßt. Hat es nicht geklappt, halten Sie noch einmal an und versuchen das Ganze von neuem. In die weiteren Gänge wird auf die gleiche Weise hochgeschaltet. Am leichtesten geht es in sehr niedrigen Geschwindigkeiten: In den 2. Gang bei höchstens 20 km/h, in den 3. bei 25 km/h, in den 4. bei 35 km/h und in den 5. bei 45 km/h.
Herunterschalten: Hierbei muß die Motordrehzahl angehoben werden, damit sich der nächstniedrige Gang

Ein Blick vom rechten Radhaus auf den Kupplungs-Nehmerzylinder am Getriebe. Folgende Teile sind beziffert:
1 – Hydraulikleitung;
2 – Entlüftungsventil;
3 – Nehmerzylinder.
Die Pfeile deuten auf die Halteschrauben.

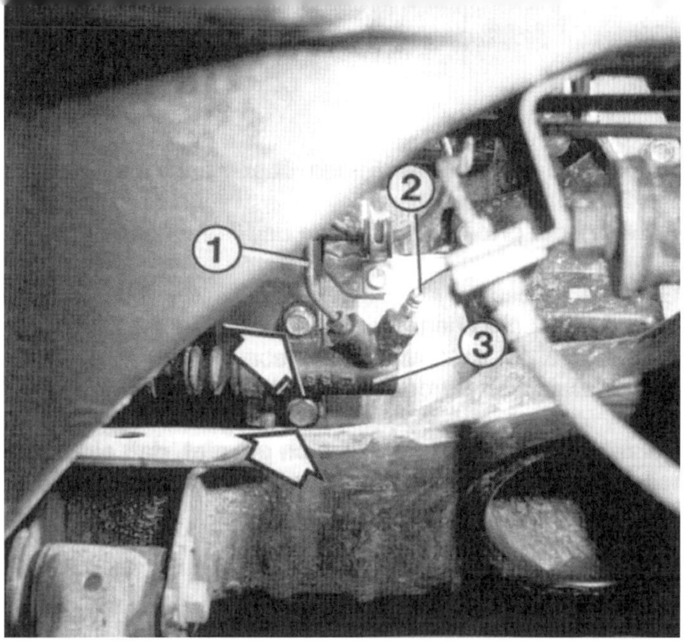

einlegen läßt. Fuß etwas vom Gas, Gang herausnehmen, behutsam Gas zugeben und gleichzeitig den Schalthebel in Richtung des neuen Gangs drücken. Bei richtiger Motordrehzahl rutscht der Gang fast ohne Nachdruck hinein. Auch das Herunterschalten geschieht am besten wieder bei niedrigen Geschwindigkeiten und Drehzahlen.

Kupplung aus- und einbauen

Ausbau

An speziellen Werkzeugen wird für diese Arbeit ein Zentrierdorn für die Mitnehmerscheibe gebraucht. Dieser Dorn ist nichts anderes als das Ende einer Getriebe-Antriebswelle. Zur Not läßt sich die Kupplungsscheibe jedoch auch mit einem anderen passenden Dorn (Stahlstift, runder Holzstab etc.) behelfsmäßig zentrieren.

- Getriebe ausbauen (Kapitel »Getriebe und Achsantrieb«).
- Sechs Halteschrauben der Druckplatte zunächst je eine halbe Umdrehung lösen, damit sich die Druckplatte entspannt.
- Dreht sich die Schwungscheibe mit, muß ein Helfer einen Schraubendreher in die Verzahnung am Außenrand der Schwungscheibe stecken, der sich an einer provisorisch eingedrehten Getriebe-Befestigungsschraube abstützt.
- Schrauben vollends herausdrehen, Druckplatte und Mitnehmerscheibe abnehmen.
- Schwungscheibe mit Druckluft sauberblasen oder mit einem benzingetränkten Lappen abwischen.

Bauteile prüfen

Der Ausbau der Kupplung ist eine aufwendige Arbeit. Jedes der verschleißempfindlichen Teile, wie Mitnehmerscheibe, Druckplatte und Ausrücklager, sollte deshalb schon beim kleinsten Zweifel an seiner Funktionstüchtigkeit ausgetauscht werden. Sonst besteht die Gefahr, daß dieselbe Arbeit bald wieder ins Haus steht.
Auch austretendes Motor- und Getriebeöl kann die neue Kupplung schon bald wieder lahmlegen. Deshalb auf Ölspuren im Kupplungsbereich achten, und die Dichtringe der Kurbelwelle bzw. der Getriebe-Eingangswelle gegebenenfalls gleich ersetzen.

- **Mitnehmerscheibe:** Beläge einseitig abgenutzt oder gerissen?
- Sitzen die Federkäfige und die Belagniete fest?
- Ist die Stärke zwischen dem Belag und den Nieten kleiner als **0,3 mm**, muß die Mitnehmerscheibe ersetzt werden.
- **Druckplatte:** Einlaufspuren an den Spitzen der Tellerfeder tiefer als bis zur halben Materialstärke? Stehen die Tellerfederspitzen alle parallel zur übrigen Druckplatte oder bilden sie an einer Seite ein Tal?
- Sind alle Niete fest?
- Sind die Blattfedern unter dem Anlagering in Ordnung?
- Außerdem darf der Ring zur Mitte hin nicht stärker als 0,3 mm durchgebogen sein (Metall-Lineal auflegen). Sonst Druckplatte auswechseln.
- Kleines **Kupplungs-Führungslager** hinten in der Mitte der Kurbelwelle auf Leichtgängigkeit prüfen.
- **Ausrücklager** abnehmen. Lager an beiden Seiten auseinanderziehen und gleichzeitig drehen.
- Klemmt es hierbei oder ist es schwergängig, Lager ersetzen.
- Das Lager ist gekapselt und darf nicht ausgewaschen werden.

Kupplung einbauen

- An Getriebe-Eingangswelle im Bereich der Verzahnung etwas MoS_2-Fett auftragen.
- An neuer Druckplatte das Korrosionsschutzwachs vollständig entfernen.
- Kupplungsscheibe (Federkäfig zur Druckplatte zeigend) und Druckplatte einsetzen, dabei Kupplungsscheibe mit Dorn zur Schwungscheibe zentrieren (Mittelbohrungen beider Teile müssen fluchten, damit sie beim anschließenden Getriebeeinbau leicht auf die Getriebewelle geschoben werden können).

● Druckplatte in mehreren Stufen über Kreuz mit zuletzt **20–25 Nm** festziehen.
● Ausrücklager prüfen, Lagerungen und Führungen des Ausrücklagers fetten (siehe »Ausrücklager ausbauen«).
● Getriebe einbauen.

Ausrücklager ausbauen

● Getriebe ausbauen.
● Ausrücklager abziehen.
● Wird das alte Lager wieder eingebaut, darf es nicht ausgewaschen werden – lediglich abwischen.
● Die Führungshülse, auf der das Ausrücklager hin und her verschoben wird, mit MoS_2 etwas einfetten.
● Zum Einbau Lager lediglich auf die Führungshülse schieben.

Fingerzeig: In der Praxis hat es sich gezeigt, daß ein Ausrücklager kaum länger hält als die Mitnehmerscheibe. Der gleichzeitige Austausch ist daher durchaus sinnvoll, sonst wird bald die nächste Reparatur an der Kupplung notwendig.

Störungsbeistand

Kupplung

Die Störung	– ihre Ursache	– ihre Abhilfe
A Kupplung rutscht	1 Kupplungsbeläge abgenutzt	Mitnehmerscheibe ersetzen
	2 Anpreßdruck der Kupplung zu gering	Kupplungs-Druckplatte ersetzen
	3 Belag verölt	Mitnehmerscheibe und defekte Getriebe- oder Kurbelwellendichtung ersetzen
	4 Kupplung wurde überhitzt	Defekte Teile ersetzen
B Kupplung trennt nicht	1 Luft in der Kupplungshydraulik	Defektes Teil ersetzen, entlüften
	2 Mitnehmerscheibe hat Schlag	Mitnehmerscheibe richten oder ersetzen
	3 Mitnehmerscheibe verzogen oder Belag gebrochen	Mitnehmerscheibe ersetzen
	4 Mitnehmerscheibe klemmt auf Getriebewelle	Kerbverzahnung mit Drahtbürste gründlich reinigen. Anschließend mit Moly-Paste oder -Spray schmieren
	5 Belag nach sehr langer Standzeit an Schwungscheibe festgerostet	1. Gang einlegen und Anlasser betätigen, damit der Motor anspringt. Kupplungspedal dauernd durchtreten. Gaspedal ruckartig durchtreten und loslassen, um die Kupplung loszubrechen. Andernfalls ausbauen
	6 Tangential-Blattfedern der Druckplatte gebrochen	Druckplatte ersetzen
C Kupplung trennt nicht und rutscht gleichzeitig durch	Kupplungs-Druckplatte defekt	Druckplatte auswechseln
D Kupplung rupft	1 Motor oder Getriebeaufhängung defekt	Motor- oder Getriebelager ersetzen
	2 Unebenheiten auf der Anlagefläche von Schwungscheibe oder Druckplatte	Defektes Teil ersetzen
	3 Falsche Beläge	Mitnehmerscheibe ersetzen
E Kupplungsgeräusche	1 Unwucht der Kupplungs-Druckplatte bzw. Mitnehmerscheibe	Kupplungs-Druckplatte bzw. Mitnehmerscheibe ersetzen
	2 Torsions-Dämpferfeder defekt	Mitnehmerscheibe ersetzen
	3 Ausrücklager defekt	Ausrücklager ersetzen
	4 Nietverbindungen in der Kupplung locker	Kupplungs-Druckplatte ersetzen
	4 Führungslager hinten in der Kurbelwelle defekt	Führungslager ersetzen

Direktübertragung

Das Getriebe überträgt die Kraft des Motors zur Hinterachse. Seine unterschiedlichen Untersetzungsstufen stimmen die Drehzahl von Motor und Antriebsrädern nach Bedarf aufeinander ab. So wird entscheidender Einfluß auf Fahrgeschwindigkeit, Beschleunigungsvermögen und Bergsteigefähigkeit des Wagens genommen. Nicht variabel ist dagegen das Übersetzungsverhältnis des Hinterachsantriebs. Zum Ausgleich der unterschiedlichen Wegstrecken, die bei Kurvenfahrt von den Antriebsrädern zurückgelegt werden, dient das Differential – ebenfalls Teil des Achsantriebs.

Das Schaltgetriebe

Die Motorleistung wird über die Kupplung auf die Eingangswelle des Schaltgetriebes geleitet. Auf dieser Eingangs- oder Antriebswelle sitzen beim 5-Gang-Getriebe sechs Zahnräder (einschließlich Rückwärtsgang), die mit sechs dazu passenden Zahnrädern auf der sogenannten Abtriebswelle ständig im Eingriff stehen. Diese Zahnräder können frei umlaufen, bis eines von ihnen beim Schalten eines bestimmten Gangs mit seinem entsprechenden Gegenrad auf der Antriebswelle gekuppelt wird. Das Verhältnis der Zähnezahlen des jeweiligen Zahnradpaars ergibt die betreffende Übersetzungsstufe.
Die Zahnräder auf der Antriebs- und Abtriebswelle sind auf »Nadeln« (stiftartige Rollen) gelagert. Es besteht also keine starre Verbindung zwischen Wellen und Rädern. Die Zahnräder bleiben, wie schon erwähnt, immer im Eingriff. Beim Gangwechsel wird nicht etwa eine Verbindung zwischen den Zahnrädern, sondern zwischen Zahnrad und Welle hergestellt. Um die Drehzahlen von Welle und Zahnrad einander anzugleichen, läßt man einen Teil der Welle gegen einen Teil der anderen Welle über Reibelemente schleifen. Durch die Reibung wird die schnellere Welle abgebremst, bis bei Gleichlauf eine kraftübertragende Verbindung hergestellt werden kann. Da die Synchronisation für diese Drehzahlanpassung einen Sekundenbruchteil braucht, soll man besonders bei kaltem Motor und noch steifem Getriebeöl den Schalthebel nicht gewaltsam »durchreißen«.

Schaltungs-Probleme

Wenn sich die Gänge nur noch schwer einlegen lassen oder die Schaltung nach längerer Fahrt plötzlich schwergängig ist, kommt als Fehlerursache weit häufiger die Kupplung in Betracht als das Getriebe (siehe »Störungsbeistand« im Kapitel »Die Kupplung«).

Schaltgetriebe ausbauen

Der Wagen muß so aufgebockt werden, daß Sie an der Wagenunterseite bequem arbeiten können.

- Batterie abklemmen.
- **Fahrzeug-Innenraum:** Schalthebelknopf vom Schalthebel lösen.
- Mittelkonsole abschrauben, siehe Kapitel »Der Innenraum«.
- Am Schalthebel drei Schrauben losdrehen.
- **Fahrzeug-Unterseite:** Halteschrauben der unteren Motorabdeckung lösen und Abdeckung abnehmen.
- Auspuffanlage komplett abbauen.
- Getriebeöl in eine saubere Wanne ablassen.
- Vor dem Lösen der Kardanwelle deren Stellung zum Hinterachsgetriebe mit einem Körner oder Farbpunkt markieren.

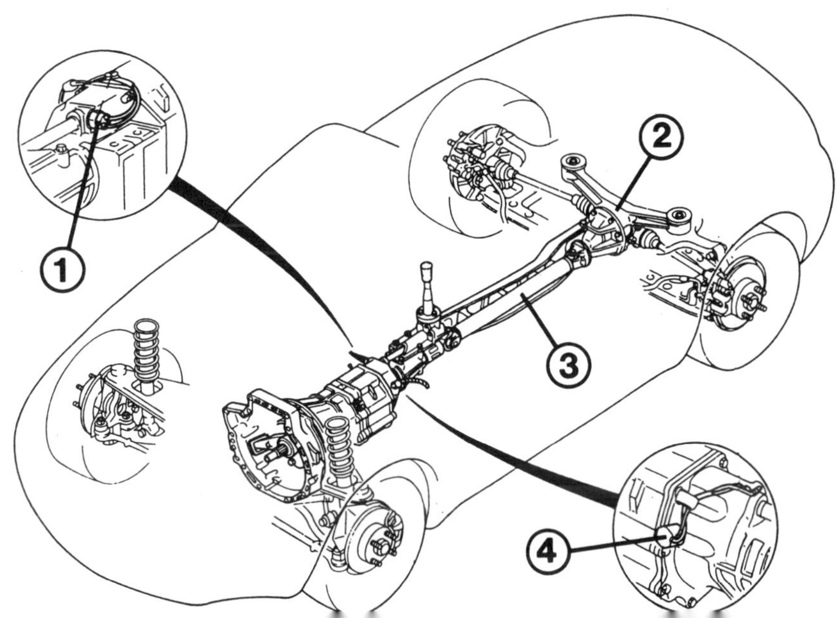

Folgende Bauteile sind in dieser Zeichnung herausgegriffen:
1 – Neutralschalter;
2 – Hinterachsgetriebe;
3 – Kardanwelle;
4 – Rückfahrlichtschalter.

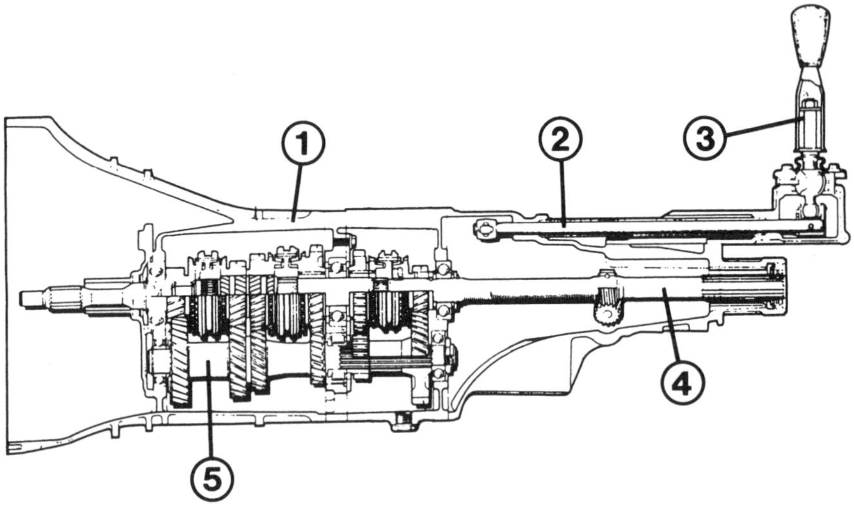

In diesem Getriebeschnitt sind bezeichnet:
1 – Getriebegehäuse;
2 – Schaltwelle;
3 – Schalthebel;
4 – Hauptwelle;
5 – Vorgelegewelle.

● Kardanwelle am Hinterachsantrieb abschrauben, um sie dann aus dem Getriebegehäuse zu ziehen.
● Kupplungs-Nehmerzylinder ausbauen (Kapitel »Die Kupplung«). Die Leitung bleibt angeschlossen.
● Anlasser ausbauen, siehe Kapitel »Der Anlasser«.
● Tachometerwelle und die Kontaktstecker für den Neutralschalter und für die Rückfahrleuchten abnehmen.
● Getriebe von unten abstützen.
● Kabelbaum vom Triebwerksrahmen lösen.
● Triebwerksrahmen ausbauen.
● Motor zusätzlich abstützen.
● Getriebe vom Motor abschrauben. Für die oberen Befestigungsschrauben geeignete Verlängerungen und ein Gelenkstück verwenden.
● Getriebe vom Motor abziehen (siehe Fingerzeig) und auf den Boden absenken.

Fingerzeig: Beim Absenken und Lösen des Getriebes dürfen keine zu großen Hin- und Herbewegungen gemacht werden, sonst wird der Drehwinkelgeber beschädigt und muß ersetzt werden.

Schaltgetriebe einbauen

Beim Wiedereinbau des Getriebes sollten Sie auf folgende Punkte besonders achten:
● Den Motor zum Einbau durch Unterlegen eines Holzkeils an der vorderen Ölwanne neigen und mit dem Wagenheber abstützen. Auch hier gilt der vorangegangene Fingerzeig.
● Zum Einschieben des Getriebes Gang einlegen und am Antriebsflansch hin- und herdrehen, bis die Verzahnung der Eingangswelle in die Verzahnung der Kupplung einrastet.
● Differential-Zwischenstück hinten am Triebwerksrahmen einbauen und mit **50 Nm** festziehen.
● Jetzt das Getriebe mit dem Wagenheber abstützen und ausrichten, so daß es horizontal liegt.
● Triebwerksrahmen montieren und die getriebeseitigen Schrauben handfest anziehen.
● Kontrollieren Sie, ob die Hülse in den Block eingreift (am Differential). Die Schraube muß im (in Fahrtrichtung) vorderen Loch eingesetzt werden, siehe Abbildungen auf diesen Seiten.
● Zwischenring und Sechskantschrauben handfest festziehen.
● Triebwerksrahmen-Halterung montieren und die getriebe- und differentialseitigen Schrauben mit **120 Nm** festziehen.
● Schrauben der Triebwerksrahmen-Halterung festziehen. Am Triebwerksrahmen (eine Schraube) mit **120 Nm** und am Getriebe (zwei Schrauben) mit **50 Nm**.
● Tachometerwelle wieder einschrauben.
● Anlasser einbauen und die Getriebeschrauben mit **80 Nm** festziehen.
● Am Kupplungs-Nehmerzylinder die Betätigungsstange mit etwas MoS_2 einfetten.
● Kardanwelle einbauen.
● Auspuff montieren.
● Getriebeöl einfüllen.

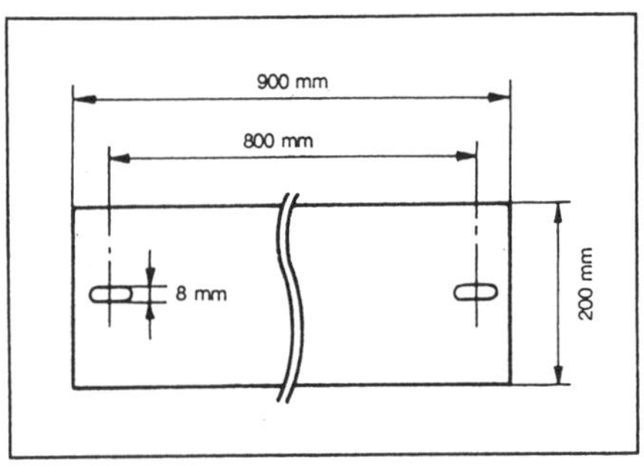

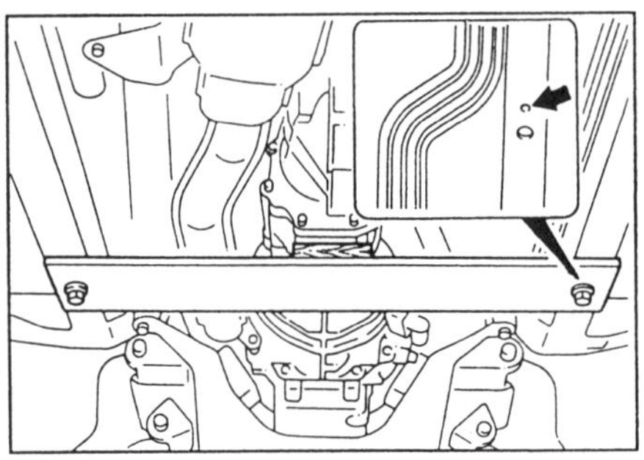

Zur Abstützung des Getriebes bei ausgebautem Hinterachsantrieb muß eine Stahlplatte mit den in der linken Zeichnung angegebenen Maßen angefertigt werden. Rechts ist die montierte Abstützung gezeigt.

Links: An der Verbindung von Triebwerksrahmen (1) und Schaltgetriebe (3) sind beim Getriebeausbau zwei Halteschrauben (2) zu lösen.
Rechts: Zum Ausbau der Halterung (3) des Triebwerksrahmens (2) die Schrauben »1« und »4« herausdrehen.

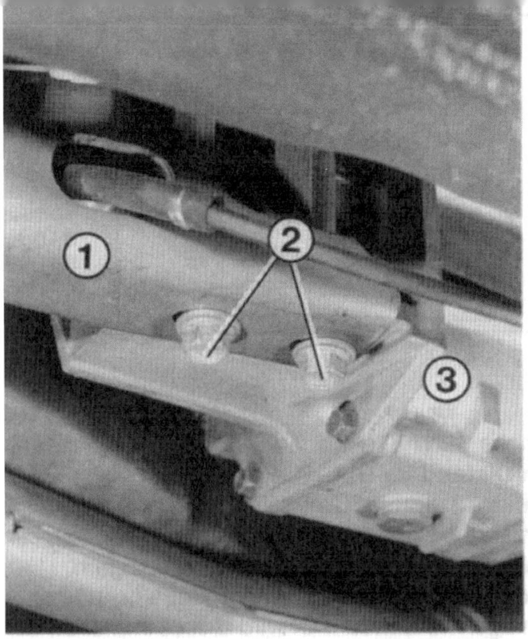

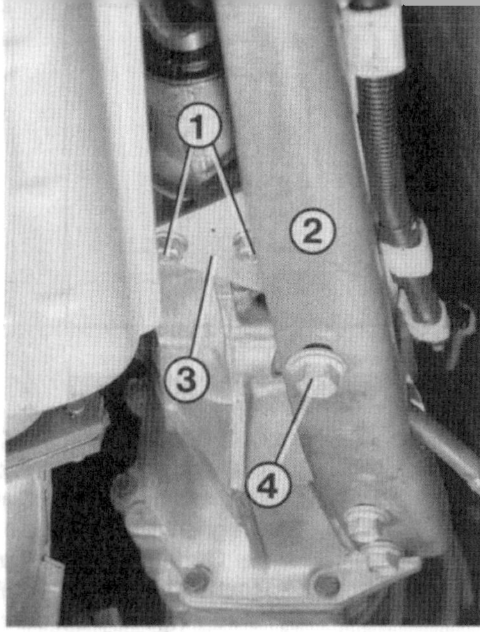

Links: Die Verbindung zwischen Hinterachsantrieb und Triebwerksrahmen (5) ist hier gezeigt:
1 – Halter;
2 – hintere Halteschraube;
3 – vordere Halteschraube;
4 – Unterlegscheibe.
Rechts: Der Halter (3) von der gegenüberliegenden Seite gezeigt:
1 – Abstandshalter (darf nicht gelöst werden);
2 – Triebwerksrahmen.

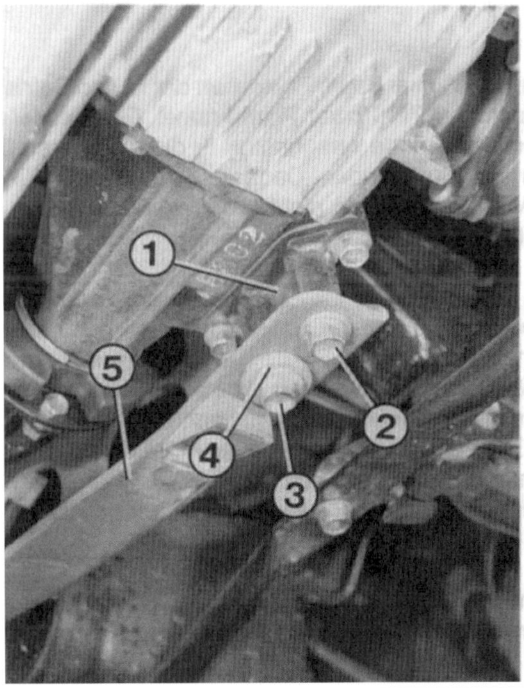

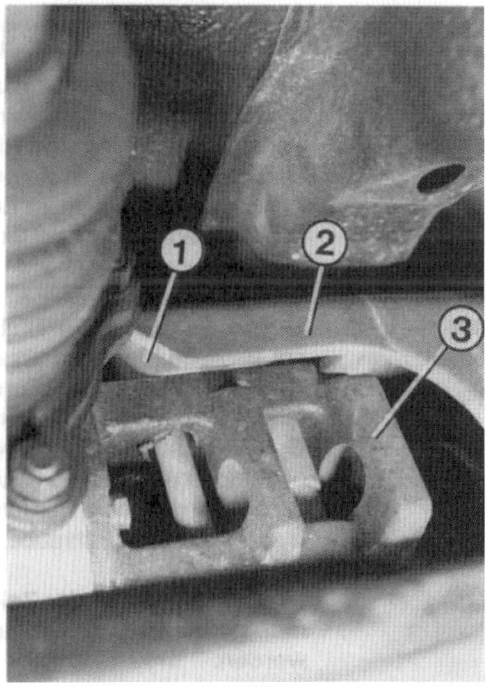

Die Kardanwelle ist je nach Motorversion unterschiedlich lang. Beim 1,6-Liter betragen die Maße:
»D« = 57 mm;
»L_1« = 1049 mm;
»L_2« = 864 mm.
Für den 1,9-Liter gelten die Maße:
»D« = 60,5 mm;
»L_1« = 1001 mm;
»L_2« = 816 mm.

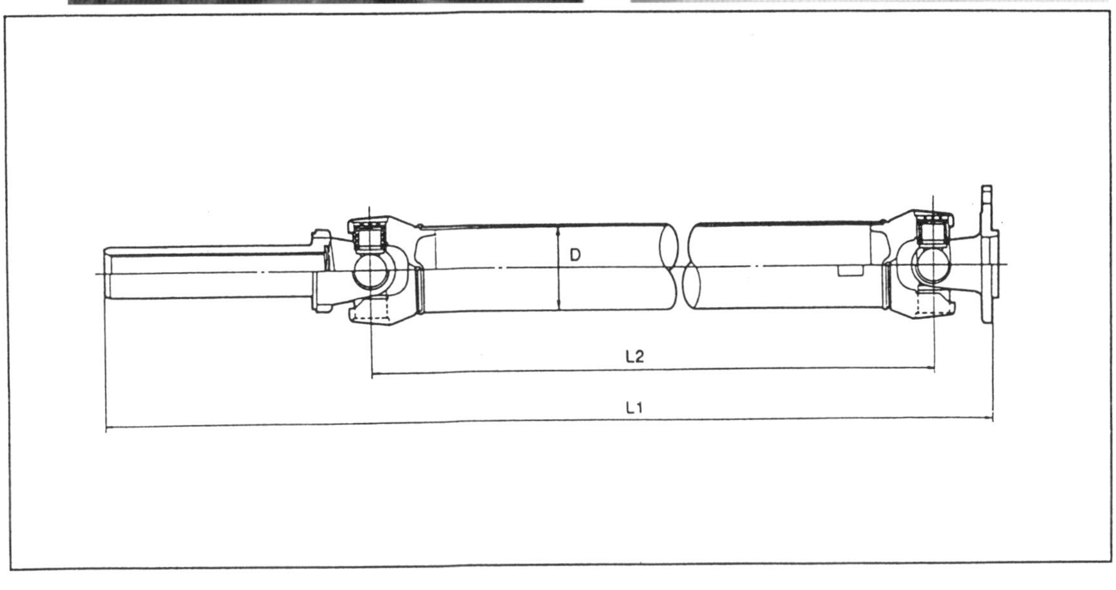

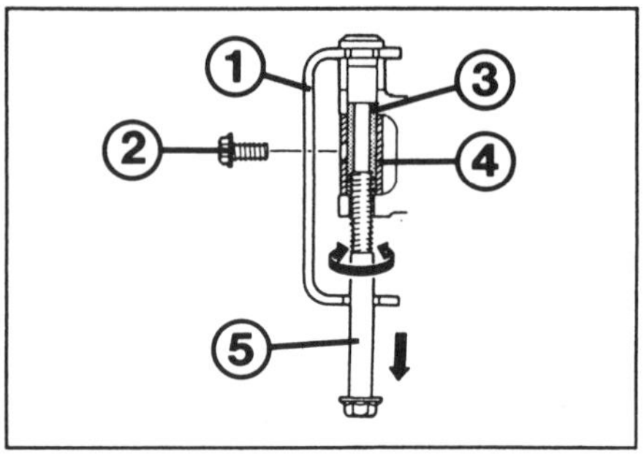

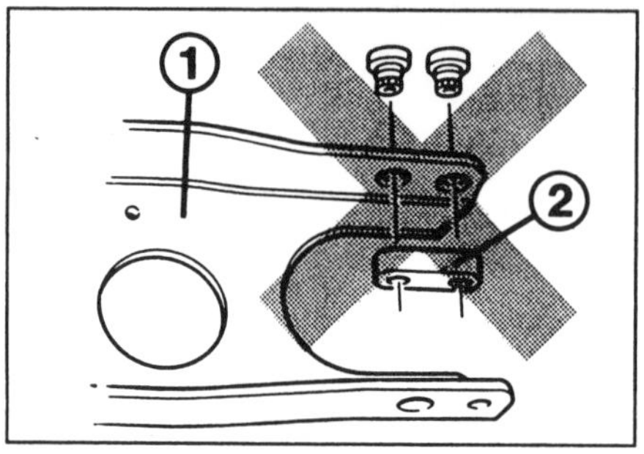

Links: Ausbau der Schraube und Sichern der Hülse sind hier zu sehen: 1 – Triebwerksrahmen; 2 – Schraube M 6 × 1; 3 – Hülse; 4 – Halter; 5 – Schraube M 14 × 1,5. Rechts: Abstandshalter (2) keinesfalls vom Triebwerksrahmen (1) lösen.

Störungsbeistand

Getriebegeräusche

Im Lauf der Zeit kann das Getriebe durch Geräuschentwicklung auf sich aufmerksam machen.

○ Zuerst sollten Sie nach dem **Ölstand im Getriebe** sehen.

○ Tritt ein **heulendes Geräusch in einem Gang** auf und verändert sich der Ton beim Gasgeben und Gaswegnehmen, dürfte die Verzahnung des betreffenden Gangradpaares verschlissen sein.

○ Bei **Geräuschen in allen Gängen** liegt es an Getriebe-Wellenlagern.

○ **Rauhe, mahlende Geräusche**, die erst bei warmem Getriebe hörbar werden, weisen auf schlagende Synchronringe hin. Bei dünnflüssiger werdendem Öl wird dieses immer an derselben Stelle vom Synchronring weggedrückt.

Der Triebwerksrahmen

Der Mazda MX-5 weist ein ungewöhnliches Bauteil zwischen der Motor/Getriebe-Einheit und dem Hinterachsgetriebe auf – den Triebwerksrahmen PPF (**P**ower **P**lant **F**rame). Ein Rahmenträger ist mit dem Gehäuse des Schaltgetriebes und dem Hinterachsgetriebe verschraubt. Er dient als versteifendes Element, um Zittern oder Schütteln der offenen Karosserie zu unterbinden. Dadurch sorgt er auch für ein sehr stabiles Fahrverhalten. Aus Gewichtsgründen ist der Aluminiumrahmen nicht etwa massiv, sondern mit Durchbrüchen versehen. So bringt er lediglich knapp fün Kilogramm auf die Waage.

Triebwerksrahmen ausbauen

● Getriebe abstützen.

● Drei Schrauben der Triebwerksrahmen-Halterung am Getriebe lösen und abnehmen.

● Am Differential zwei Schrauben vom Triebwerksrahmen lösen und die Unterlegscheibe abnehmen.

● Zum Ausbau der vorderen Schraube an der Verbindung Triebwerksrahmen/Hinterachsgetriebe muß die Hülse gesichert werden (siehe Zeichnung oben links), dazu eine Schraube M 14 × 1,5 in die Hülse hinten am Triebwerksrahmen einschrauben. Schraube drehen und nach unten ziehen.

● Seitlich am Triebwerksrahmen eine Schraube M 6 × 1 eindrehen, um die Hülse festzuhalten, danach die M 14-Schraube wieder herausdrehen.

● M 6-Schraube abschrauben.

● Seitlich am Getriebe die Schrauben lösen und Triebwerksrahmen abnehmen.

Fingerzeig: Der in der Zeichnung oben rechts gezeigte Abstandshalter darf nicht vom Triebwerksrahmen gelöst und abgenommen werden. Ansonsten ist der Triebwerksrahmen zerstört und muß ersetzt werden.

Die Kardanwelle

Die Kardan- oder Gelenkwelle überträgt die Motorkraft vom Getriebe zur Hinterachse – genauer gesagt zum Hinterachsgetriebe. Die Welle verläuft in Fahrzeugmitte im sogenannten Kardantunnel. Vorn ist die Welle durch ein sogenanntes Schiebestück mit dem Getriebe verbunden. Zwischen Schiebestück und Kardanwelle und hinten am Flansch zum Hinterachsantrieb sitzen Kreuzgelenke, die einen geringen Beugewinkel der Kardanwelle zulassen.

Störungsbeistand

Kardanwelle

○ **Vibrationen und Brummgeräusche** deuten auf Störungen im Rundlauf der Welle hin: Verschlissene Kreuzgelenke, Kardanwelle verbogen, Keilnuten der Kreuzgelenkgabeln verschlissen, Kardanwellenschlag oder -unwucht. Betreffende Teile ersetzen.

○ **Rassel- und Schabgeräusche** haben meist ihre Ursache in zu großem Spiel am Schiebestück (Verbindung Welle/Getriebe). Getriebeölverlust ist hierbei die Folge!

Kardanwelle ausbauen

Zum Ausbau der Kardanwelle wird ein Spezialwerkzeug benötigt, damit kein Getriebeöl auslaufen kann. Das Spezialwerkzeug kommt in die Bohrung am Getriebe, wo die Kardanwelle ihren Platz hat. Wer sich das Spezialwerkzeug nicht besorgen kann, muß daher das Getriebeöl ablassen.

Hier ist die Verbindung Kardanwelle (1) und Hinterachsgetriebe (5) gezeigt. Weiter bedeuten:
2 – Kreuzgelenk;
3 – Schraubverbindung;
4 – Tilgergewicht.

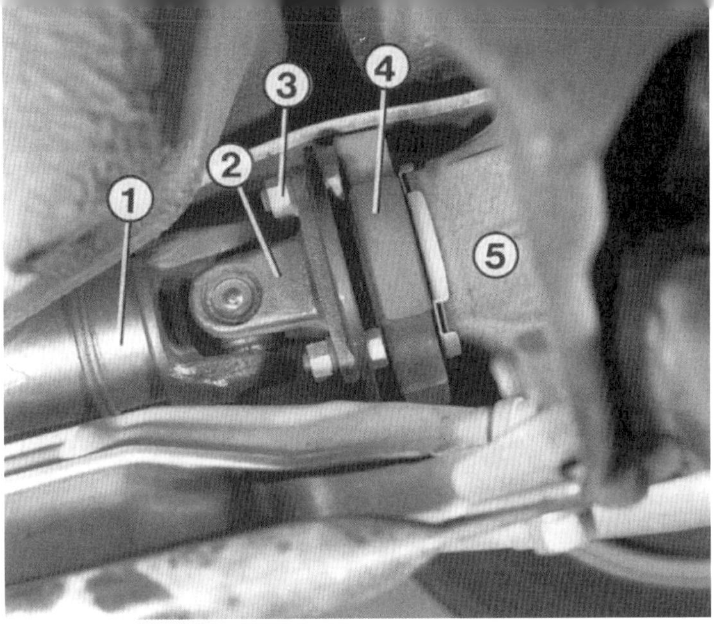

- Wagen stabil aufbocken, damit an der Unterseite gearbeitet werden kann.
- Auspuffanlage ab Katalysator ausbauen.
- Stellung der Kardanwelle zum Hinterachsgetriebe mit einem Körner oder Farbpunkt markieren. Sonst stimmt beim anschließenden Zusammenbau die Wuchtung nicht mehr.
- Kardanwelle jetzt vom Hinterachsgetriebe abschrauben. Handbremse dazu anziehen.
- Kardanwelle lösen, abnehmen und aus dem Getriebe herausziehen.
- Generell neue Schrauben oder Schraubensicherung verwenden.
- Kardanwelle vorne ins Getriebe schieben.
- Kardanwelle am Hinterachsgetriebe zu den Anzeichnungen ausrichten.
- Schrauben mit **30 Nm** festziehen.
- Falls nach dem Einbau der Kardanwelle Vibrationen auftreten, kontrollieren Sie, ob die Markierungen übereinstimmen.
- Auspuff mit neuer Dichtung einbauen.
- Ggf. Getriebeöl einfüllen.

Das Hinterachsgetriebe

Das Hinterachsgetriebe lenkt die Antriebskraft über Kegel- und Tellerrad gewissermaßen rechtwinklig um die Ecke und über zwei Antriebswellen zu den Hinterrädern. Es paßt durch seine Übersetzung die Drehzahl der Kardanwelle der erforderlichen Raddrehzahl an und gleicht bei Kurvenfahrt die unterschiedlichen Radwege des inneren und äußeren Rads durch sein Kegelradgetriebe (Differential) aus. Die von der Kardanwelle eingeleitete Kraft gelangt über ein kleines und ein großes Zahnrad an den Achsantrieb. Am großen Zahnrad ist das Gehäuse des Ausgleichsgetriebes angeschraubt. In diesem Gehäuse sitzen vier ineinandergreifende Kegelräder, von denen zwei mit den Antriebswellen verbunden sind.
Bei Geradeausfahrt rollen beide Hinterräder mit der Drehzahl des großen Achsantriebsrades. Die Kegelräder des ebenfalls im gleichen Tempo drehenden Ausgleichsgetriebe-Gehäuses stehen dagegen still. Beim Durchfahren einer Kurve muß das kurvenäußere Rad einen längeren Weg zurücklegen als das innere. Jetzt treten die Kegelräder in Aktion: Die schnellere Drehung des äußeren Rades und seines Kegelrades wirkt über die beiden Übertragungskegelräder auf jenes Kegelrad auf der Kurveninnenseite ein, das nun entsprechend langsamer dreht. Dieser Ausgleich ist notwendig, sonst würde der Wagen ruckartig mit durchdrehenden Hinterrädern durch die Kurven fahren. Nachteilig wirkt sich das Ausgleichsgetriebe jedoch aus, wenn ein Antriebsrad auf glattem Untergrund durchdreht. Dann wird auf das andere Hinterrad praktisch keine Kraft mehr übertragen, der Wagen rührt sich nicht von der Stelle.

Hinterachsgetriebe ausbauen

Diese Arbeit ist für den Heimwerker nur eingeschränkt durchführbar. Das Schaltgetriebe muß nach Ausbau des Hinterachsgetriebes abgestützt werden, damit der Drehwinkelgeber, die Spritzwand und die Motoraufhängung nicht beschädigt werden. Dazu benötigen Sie eine Stahlplatte mit bestimmten Abmessungen, einen Holzblock zum Unterlegen zwischen Getriebe und Stahlplatte und zwei Schrauben (M 8 × 1,25) mit Unterlegscheiben. Das Ganze wird an den dafür vorgesehenen Bohrungen befestigt (siehe Zeichnungen Seite 102).

- Wagen hinten aufbocken und Räder abnehmen.
- Auspuff ab Katalysator ausbauen.
- Kardanwelle am Hinterachsgetriebe abschrauben.
- Antriebswellen am Hinterachsgetriebe abschrauben.
- Wenn sich die Antriebswelle nicht vom Achswellenstumpf lösen sollte, kann der Achsschenkel am oberen Querlenker dazu gelöst werden. Nach dem Zusammenbau des Achsschenkels an oberen Querlenker muß die Hinterradspur kontrolliert und ggf. eingestellt werden.
- Triebwerksrahmen ausbauen.
- Hinterachsgetriebe mit Wagenheber abstützen.

Bei der Kontrolle der Antriebswellen-Manschette muß auch der feste Sitz der Schlauchbinder kontrolliert werden. Ziehen Sie die Falten (Pfeil) der Manschette auseinander, um wirklich alle Beschädigungen erkennen zu können.

● Befestigungsschraube oben am Gummilager herausdrehen; das Hinterachsgetriebe kann jetzt abgenommen werden.
● **Einbau:** Hinterachsgetriebe vorne absenken.
● Hinterachsgetriebe zuerst mit den oberen Schrauben am Hinterachsträger fixieren.
● Anzugsdrehmomente: Hinterachsgetriebe an Achsträger: **20–25 Nm** (äußere Schrauben); Hinterachsgetriebe an Gummilager **80–100 Nm** (mittlere Schraube). Übrige Anzugsdrehmomente siehe Kardanwelle und Antriebswellen.

Fingerzeig: Häufig wird übersehen, daß auch Getriebe und Hinterachse »eingefahren« werden müssen. Hier wird eine Schonzeit von mindestens 1000 km gefordert. Gerade am empfindlichen Hinterachsgetriebe können sonst Schäden (Fresser) entstehen, die zu Laufgeräuschen, Überhitzung und Ölaustritt führen.

Die Antriebswellen

Zum Hinterachsantrieb gehören die Antriebswellen. Sie übertragen die Antriebskraft auf die Räder. Die Gelenke dieser Welle müssen dazu in der Lage sein, die Kraft bei allen Hinterachs-Federbewegungen gleichmäßig zu übertragen.
Diese Anforderung erfüllen sogenannte homokinetische Gelenke (Gleichlaufgelenke). Ihre Funktion beruht auf sechs Kugeln, die in speziell geschliffenen Laufbahnen beim Knicken des Gelenks hin und her laufen. So wird bei jedem im Fahrzeug möglichen Beugewinkel der Antriebswelle absolut gleichmäßige Kraftübertragung gewährleistet.

Manschetten der Antriebswellen prüfen

Wartung Nr. 25

Die Gelenke der Antriebswellen sind durch Manschetten vor Feuchtigkeit und Schmutz geschützt. An diesen Schutzmanschetten sollten Sie regelmäßig kontrollieren, ob sie nicht durch Risse undicht geworden sind.
● Jeweils ein Hinterrad hochbocken, Wagen absichern.
● Betreffende Achswelle langsam durchdrehen und dabei die Manschette auf spröde Stellen bzw. Löcher untersuchen. Auch Fettspuren können auf ein Loch hindeuten.
● Sitzen die Halteschellen der Manschette fest?
● Fettspuren an der Manschette sind ein Alarmsignal, denn fehlendes Schmiermittel oder eindringender Schmutz bzw. Feuchtigkeit zerstören die Gelenkoberflächen sehr schnell.
● Beschädigte Manschetten sofort ersetzen. Dazu muß die Antriebswelle ausgebaut und zerlegt werden.

Störungsbeistand

Antriebswellen

○ Die Gelenke der Antriebswellen zeigen meist schlagartig Ausfallserscheinungen, die aber zwischendurch wieder völlig verschwinden können. Die »ruhige Phase« kann sich über mehrere Tage und Kilometer erstrecken.
○ Charakteristisch sind rhythmische Schlag- oder Knack-knack-knack-Geräusche beim Gasgeben und im Schiebebetrieb.
Einfachste, aber teuerste Reparaturmöglichkeit ist der Einbau kompletter Antriebswellen (evtl. im Tausch vom Zubehörhandel).

Hier ist die Verschraubung (1) der Antriebswelle (2) mit dem Antriebswellenflansch (3) zu sehen.

Billigere Methode: ein einzelnes Gelenk auswechseln. Schwierig ist allerdings, das defekte Gelenk zu lokalisieren. Am besten erkennen Sie den Übeltäter durch konzentriertes Horchen während der Fahrt.
Bei ausgebauter Welle sind schadhafte Gelenke leichter zu erkennen: Sie lassen sich nur schwer und ruckartig durchdrehen. Nach dem Zerlegen und Auswaschen der Gelenke zeigen sich die Schäden an den Kugel-Laufflächen am Außenring.

Antriebswelle ausbauen

- Handbremse anziehen.
- Sechskantmutter SW 32 in der Radnabe lösen; hierzu muß der Mazda absolut fest auf dem Boden stehen. Mutter herausdrehen.
- Wagen hinten aufbocken und sichern.
- Vor dem Ausbau an der Antriebswelle und am Achswellenflansch Einbaustellung mit Farbpunkt markieren.
- Vier Sechskantmuttern lösen und Antriebswelle vom Achswellenflansch abziehen.
- Am oberen Querlenker Schraubverbindung lösen und Querlenker abziehen.
- Antriebswelle herausnehmen.
- Beim **Einbau** zuerst die Antriebswelle in die Radnabe einsetzen und eine neue Sicherungsmutter verwenden.
- Antriebswelle an das Hinterachsgetriebe ansetzen unter Berücksichtigung der Einbaumarkierung und mit **55–65 Nm** anschrauben.
- Achsschenkel an oberen Querlenker mit **45–65 Nm** anschrauben.
- Wagen ablassen, Räder blockieren. Neue Sicherungsmutter mit **215–290 Nm** festziehen.
- Zum Verstemmen der neuen (!) Mutter mit einem stumpfen Meißel oder Schraubendreher den Bund der Mutter an einer Stelle in der Nut am Achszapfen 4 mm tief einbeulen.

Fingerzeig: Nach dem Einbau der Antriebswelle muß die Hinterradspur kontrolliert und ggf. eingestellt werden.

Antriebswelle zerlegen

Zum Manschetten- oder Gelenkwechsel muß die ausgebaute Antriebswelle zerlegt werden. Das äußere Gelenk darf hierbei nicht von der Welle abgenommen werden. Zum Manschettenwechsel muß daher das innere Gelenk ausgebaut werden.

- Antriebswelle ausbauen.
- Sicherungsklammer der Halteschelle mit einem Schraubendreher anheben und das Ende der Halteschelle zum Entfernen hochstellen.
- Manschette vom inneren Gelenk abziehen.
- Am inneren Gelenk und am inneren Käfig die Einbaustellung markieren.
- Sicherungsring am inneren Gelenk mit zwei schmalen Schraubendrehern und etwas Geduld aus der Nut »popeln« und abnehmen.
- Inneres Gelenk von der Antriebswelle abziehen.
- Einbaustellung am Käfig und an der Antriebswelle markieren.
- Mit einer Sicherungsringzange den Sicherungsring am Innenring abnehmen.
- Käfig (mit Innenring und Kugeln) von der Welle abziehen; notfalls mit kleinem Hammer vorsichtig am Innenring etwas nachhelfen.
- Wellenverzahnung mit Isolierband umwickeln, bevor die Manschette abgezogen wird.
- Manschette von der äußeren Welle abziehen.
- Neue Manschetten auf die Welle schieben.
- Gereinigte Gelenke ebenfalls mit Fett bestreichen.
- Käfig und Welle entsprechend der Markierung zueinander ausrichten und aufeinander schieben. Mit neuem Sicherungsring sichern.
- Äußeres Gelenk und Käfig gemäß der Anzeichnung zueinander ausrichten und aufeinander schieben.
- Mit **neuem** Sicherungsring sichern.
- Beim Aufschieben der Manschette auf die Welle

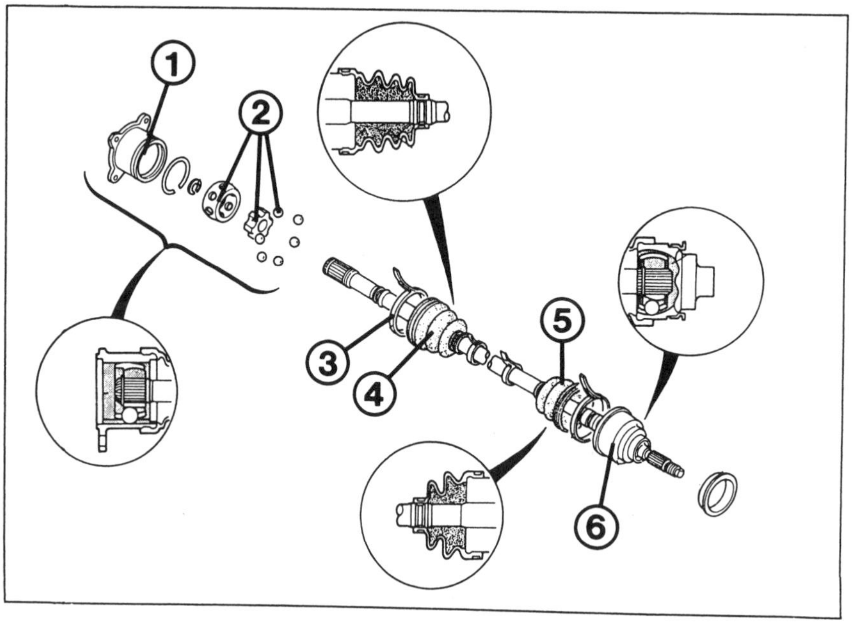

Die Antriebswelle besteht aus folgenden Teilen:
1 – Außenring;
2 – inneres Gelenk;
3 – Schlauchbinder;
4 – innere Manschette;
5 – äußere Manschette;
6 – äußeres Gelenk.

entsteht häufig in der Manschette ein Unterdruck, der während der Fahrt eine Falte nach innen bildet.

● Dem helfen Sie ab, wenn Sie nach Aufschieben der Manschette diese an der Anlage zur Welle so weit anheben, daß Luft einströmen kann.

● Klemmschellen der Manschette fest zusammenpressen.

● Antriebswelle einbauen.

● Die Schellen entgegen der Wellendrehrichtung zurückbiegen.

● Zur Sicherung der Halteschelle die Sicherungsklammer umbiegen.

Fingerzeig: Um am Gelenk/Käfig und Käfig/Welle die Bezugsmarkierungen anzubringen, sollten Sie wegen der Verwechslungsgefahr zwei unterschiedliche Farben nehmen, keinen Körner.

Merkmale der Antriebswellen

○ Die äußeren und inneren Gelenke der Antriebswellen sind unterschiedlich groß. Der Manschetten-Durchmesser zum Gelenk beträgt auf der Differentialseite 87,4 mm, auf der Radseite 90,8 mm.

○ Die Fettfüllung erfolgt am Gelenk auf der Differentialseite mit 75–95 g, auf der Radseite mit 55–75 g.

○ Ist die Antriebswelle auseinandergenommen worden, muß vor dem Wiedereinbau die Gesamtlänge der Welle gemessen werden. Wenn das Maß nicht stimmt, Antriebswelle nochmals auseinander- und neu zusammenbauen. Das Maß beträgt im ausgebauten Zustand 659,7–669,7 mm, im eingebauten Zustand 659,3 mm.

Was für eine Führung!

Damit das Fahren mit dem Mazda MX-5 zum Erlebnis wird, besitzt er an allen vier Rädern eine Stoßdämpfer/Federeinheit. Die drückt bei Unebenheiten das Rad immer mit der erforderlichen Anpreßkraft auf die Fahrbahn, so daß nie der Kontakt zur Straße verloren geht.

Die Vorder- und Hinterradaufhängung

Zur Aufnahme der Vorder- und Hinterradaufhängung dient gewissermaßen als Gerüst jeweils ein kräftiger Querträger, an dem vier gelenkig verbundene dreiecksförmige Achslenker befestigt sind. Links und rechts ist am oberen und unteren Dreieckslenker außen der Achsschenkel über ein je ein Achsgelenk befestigt. Das sogenannte Federbein ist am äußeren Punkt des unteren Dreieckslenkers angeschraubt. Unter dem Begriff Federbein versteht man die Zusammenfassung von Feder und Stoßdämpfer in einer Einheit. Der Dämpfer ist in die Schraubenfeder hineingesteckt. Feder und Dämpfer arbeiten genau in derselben Bewegungsrichtung.
Um die Karosseriebewegungen bei Kurvenfahrt so gering wie möglich zu halten, besitzt der Mazda MX-5 vorn und hinten einen Stabilisator aus Rundstahl, der über eine spezielle Verschraubung an den unteren Dreieckslenkern befestigt ist. Er bewirkt folgendes: Federn beide Räder gleichzeitig ein, macht dieser Stabilisator die Bewegung mit, ohne sich dagegen zu sperren. Beim Durchfahren einer Kurve federt jedoch das kurveninnere Rad aus, und die Feder des kurvenäußeren Rades wird stärker zusammengepreßt. Dadurch wird der Stabilisator in sich verdreht. Er verstärkt so die Federung im kurvenäußeren Rad und bewirkt, daß sich die Karosserie weniger stark zur Kurvenaußenseite neigt. Der Stabilisator vorn weist einen Durchmesser von 19 mm auf, an der Hinterachse ist der Stabilisator 12 mm stark.
Damit sich die erhöhte Leistung in Verbindung mit dem 1,9-Liter-Motor nicht nachteilig auf das Fahrverhalten auswirkt, ist am vorderen Querträger in Fahrtrichtung hinten noch eine Zusatzstrebe angeschraubt. Am hinteren Querträger ist ein Differential-Verstärkungsrohr angebracht.

Die Stoßdämpfer

Die Stöße der Fahrbahn schlucken Reifen und Federn. Die Stoßdämpfer ihrerseits sollen die Schwingungen der Radaufhängungen und der Karosserie unterdrücken bzw. zum Abklingen bringen. Sie sind demzufolge eigentlich »Schwingungsdämpfer«.
Serienmäßig sind sogenannte Zweirohr-Gasdruckstoßdämpfer eingebaut. Sie zeichnen sich vor allem durch

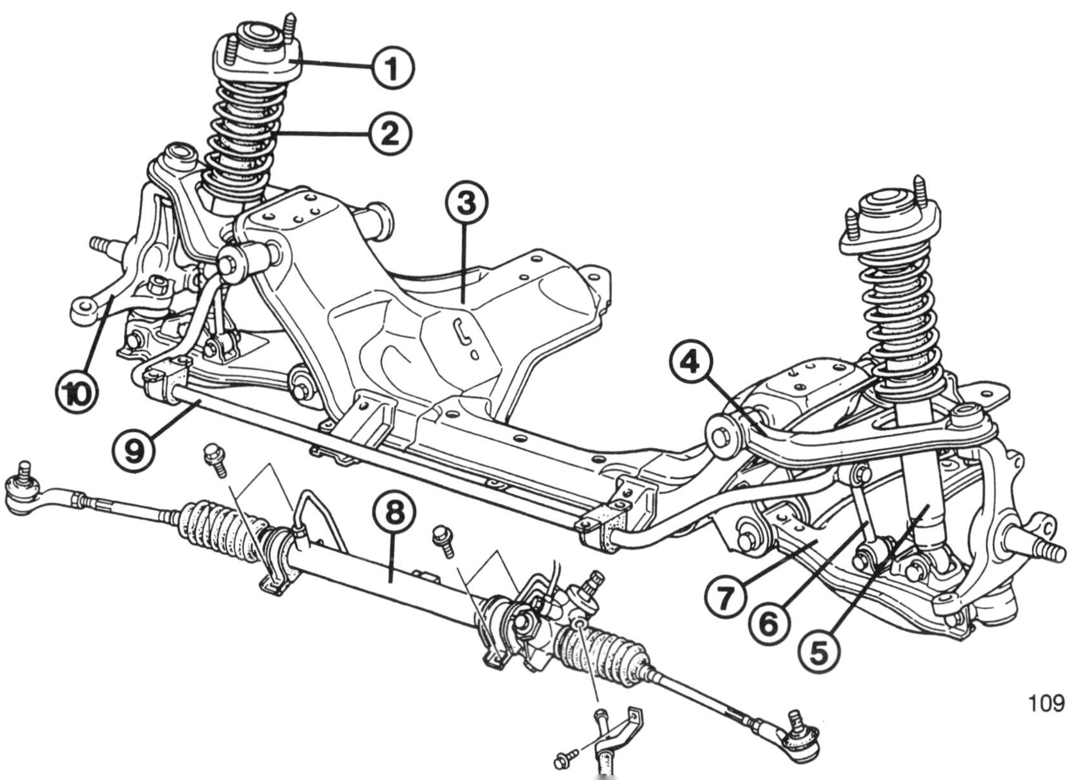

Folgende Teile der Vorderradaufhängung sind hier gezeigt:
1 – Federbeinlager;
2 – Feder;
3 – vorderer Querträger;
4 – oberer Dreieckslenker;
5 – Stoßdämpfer;
6 – Koppelstange;
7 – unterer Dreieckslenker;
8 – Lenkgetriebe;
9 – Stabilisator;
10 – Achsschenkel.

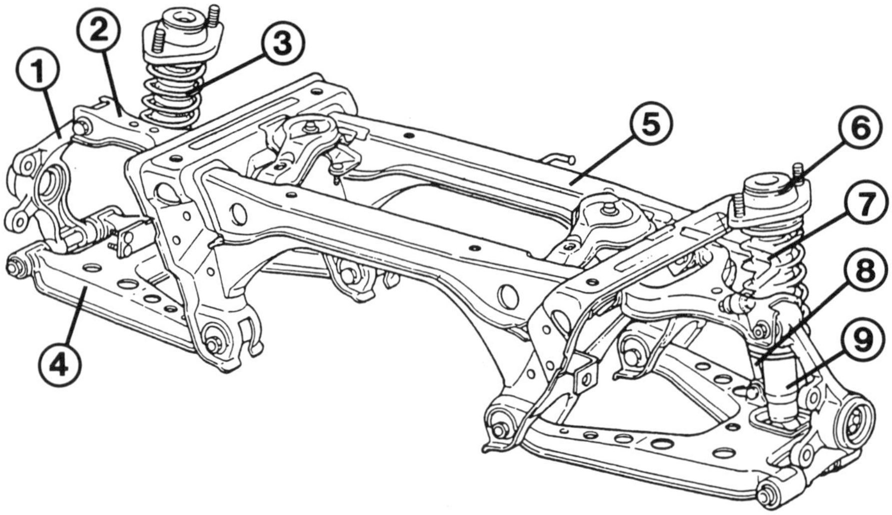

Die Hinterradaufhängung besteht aus:
1 – Achsschenkel;
2 – oberer Dreieckslenker;
3 – Feder;
4 – unterer Dreieckslenker;
5 – hinterer Querträger;
6 – Federbeinlager;
7 – Stabilisator;
8 – Koppelstange;
9 – Stoßdämpfer.

exakte Dämpfung auch bei sehr kleinen und schnellen Achsbewegungen aus, und dies bei insgesamt geringen Dämpfkräften. Die Stoßdämpfer bestehen aus einem Arbeitszylinder, in dem ein mit einer Kolbenstange verbundener Arbeitskolben auf- und abgleiten kann. Der Arbeitszylinder ist von einem zweiten Zylinder umgeben, der als Vorratsbehälter für das Stoßdämpfer-Hydrauliköl dient. Charakteristisch ist der Gasraum im Vorratsbehälter, denn dieses Gaspolster drückt mit 6–8 bar auf das Hydrauliköl. Das Öl im Stoßdämpfer steht also unter einem Vordruck.
Bei Federbewegungen eines Rades verschiebt sich der Kolben im Zylinder. Das in Bewegung versetzte Spezialöl wird durch Ventile hindurchgepreßt, was die Kolbenbewegung verlangsamt und damit die Schwingungen des jeweiligen Rades dämpft.

Die Radeinstellung

Die Vorderräder müssen für ein sicheres Fahrverhalten in Längs- und Seitenrichtung in bestimmten Winkelstellungen stehen. Damit Sie sich unter der Bezeichnung »Lenkgeometrie« etwas vorstellen können, haben wir hier die Begriffe mit einer entsprechenden Erläuterung zusammengestellt:
○ **Vorspur:** Bei Geradeausfahrt stehen die Räder vorn geringfügig enger zusammen als hinten. Sie rollen gewissermaßen aufeinander zu. Das ist die Vorspur. Genau parallelstehende Räder haben nämlich das Bestreben, auseinanderzulaufen. Die Reibung zwischen Rad und Straße möchte das linke Rad nach links weg und das rechte nach rechts drücken. Das führt zum Radieren der Reifen und Räderflattern. Durch die Vorspur laufen die Räder wunschgemäß parallel ohne das Bestreben, seitlich wegzuziehen.
Beim Hineinlenken des Wagens in eine Kurve geht die Vorspur durch die trapezförmige Anordnung des Lenkgestänges in »Nachspur« über. Das kurveninnere Rad schwenkt stärker herum als das kurvenäußere. Dies ist auch notwendig, weil ja in einer Kurve die inneren Räder einen engeren Kreis fahren müssen als die äußeren. Das ergibt automatisch eine Unterstützung der Lenkbewegung und der Lenkkräfte.
Sturz: So nennt man die leichte Auswärtsneigung der Vorderräder. Sie haben im unbelasteten Zustand oben im Radkasten einen größeren Abstand voneinander als unten am Boden. Das heißt in der Fachsprache »positiver« Sturz. Mit stärkerer Einfederung durch höhere Belastung (z. B. Mehrausstattung Klimaanlage) oder durch gesetzte Federn verändert sich der Sturz in Richtung »negativ«.
Spreizung: Sie gehört zum Sturz. Spreizung ist die geringfügige Neigung der Schwenkachse, um die beim Lenken die ganze Geschichte schwenkt. Beide Schwenkachsen haben oben einen größeren Abstand voneinander als unten. Sturz und Spreizung verhindern zusätzlich das Flattern der Räder. Ferner erleichtern sie das Einschlagen der Räder.
Nachlauf: Darunter versteht man die Schrägstellung der Schwenkachse in Fahrzeuglängsrichtung. Das hilft ebenfalls, den Geradeauslauf zu stabilisieren und Flattern der Vorderräder zu verhindern. Außerdem bewirkt er eine Rückstellung der Lenkung nach Kurven.

Die Lenkung

Die Drehungen am Lenkrad wandelt ein Lenkgetriebe – es sitzt in Fahrtrichtung vorn vor dem Querträger – in eine hin- und hergehende Bewegung um, damit die Vorderräder zur Seite schwenken können.
Der MX-5 verfügt über eine Zahnstangenlenkung. Ein Zahnrad (Ritzel) am Ende der Lenksäule greift in eine gezähnte Stange ein und verschiebt diese je nach Drehung am Lenkrad nach rechts oder links. Diese Bewegungen übertragen die beiden an der Zahnstange angeschraubten Spurstangen auf die schwenkbaren Radzapfen (Achsschenkel) und damit auf die Räder.
Die Lenkung im MX-5 arbeitet mit Servounterstützung. Die Zahnstange im Lenkgetriebe dient gleichzeitig als Kolben. Dieser wird vom hineingepumpten Hydrauliköl nach rechts oder links verschoben. In welche Richtung

Ein Servolenkgetriebe als Schnittzeichnung. Zu sehen sind:
1 – Gehäuse;
2 – Hydraulikleitungen;
3 – Gehäuse mit Ventilsteuersystem;
4 – Manschette;
5 – Spurstange;
6 – Haltering für Manschette;
7 – Zahnstange;
8 – Ritzel.

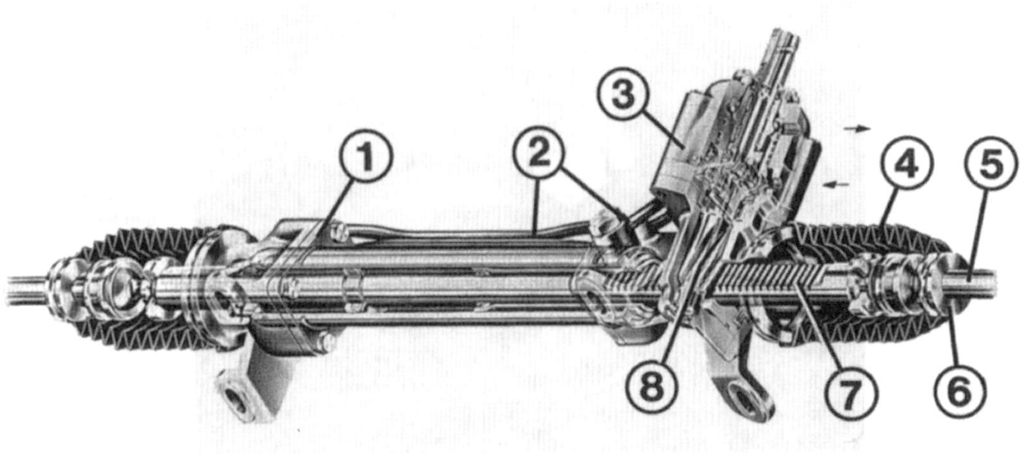

gepumpt wird, bestimmen Sie beim Drehen des Lenkrads. Diese Drehung wird auf ein Ventilsystem übertragen, das Richtung und Menge des Flüssigkeitsstromes regelt. Den Druck im hydraulischen System erzeugt eine Flügelpumpe, die der Motor über einen Keilrippenriemen antreibt.

Fingerzeig: Grau importierte Mazda MX-5 können auch mit einer mechanischen Lenkung ohne Servounterstützung ausgerüstet sein.

Lenkgetriebe-Manschetten kontrollieren

Wartung Nr. 22

Die aus dem Lenkgetriebegehäuse austretende Zahnstange ist rechts und links durch eine Gummimanschette geschützt. Ein schadhafter Faltenbalg läßt Schmutz und Feuchtigkeit ins Lenkgetriebe eindringen, wo er sich mit dem Lenkgetriebefett zu einer Art Schleifpaste vermischt. Dadurch verschleißt die Lenkgetriebeverzahnung. Die Lenkung wird im Mittelbereich (in Geradeausstellung) etwas »teigig«. Dann hilft kein Nachstellen mehr, sonst klemmt sie beim Einschlagen der Räder und geht nach Kurven nicht mehr zurück.

- Nehmen Sie die Vorderräder ab und drehen Sie das Lenkrad ganz nach rechts bzw. links.
- Ziehen Sie den Faltenbalg Stück um Stück auseinander, um Risse in den Gummiwülsten zu erkennen.
- Ist die Manschette verdreht?
- Sitzt die Halteklammer fest auf der Manschette?
- Kontrollieren Sie den festen Sitz des Schlauchbinders an der Manschette.
- Eine defekte Manschette sofort ersetzen, siehe »Spurstange auswechseln«.

Staubkappen und Spiel der Spurstangenköpfe prüfen

Wartung Nr. 23

Rechts und links zwischen Spurstange und Lenkhebel am Achsschenkel sitzt ein Gelenk. Der stählerne Kugelkopf ist von selbstschmierendem Kunststoff umhüllt und durch eine staub- sowie wasserdichte Umhüllung geschützt.

- Kontrollieren Sie die Manschetten der Spurstangengelenke auf Risse.
- Eventuelles Spiel im Gelenk wird bei auf dem Boden stehendem Wagen geprüft. Am besten geht das auf einer Grube.
- Lassen Sie einen Helfer das Lenkrad mehrmals kurz nach links bzw. rechts drehen und fühlen Sie an den Spurstangengelenken, ob sie »Luft« haben.
- Eine defekte Manschette kann die Mazda-Werkstatt einzeln austauschen. Ein Spurstangenkopf mit Spiel muß umgehend ersetzt werden.

Staubkappen und Spiel der Achsgelenke kontrollieren

Wartung Nr. 24

Der Mazda besitzt pro Fahrzeugseite je zwei Achsgelenke an der Vorderachse – je eines pro Querlenker. Von Haus aus sind die »Traggelenke« wartungsfrei. Die stählernen Kugelköpfe der Achsgelenke sitzen in einer Fett-Dauerfüllung und zusätzlich in Kunststoffschalen. Als Schutz vor Nässe und Schmutz dienen Staubkappen aus Gummi. Eindringender Schmutz wirkt wie Schmirgelsand im Gelenk; Feuchtigkeit läßt es mit der Zeit festrosten.

- Lenkung nach einer Seite voll einschlagen.
- Kappen beider Achsgelenke rechts und links auf Beschädigungen kontrollieren.
- Prüfung auf Spiel: Räder in Geradeaus-Stellung bringen.
- Wagen aufbocken, das betreffende Rad muß frei hängen.
- Ein Helfer muß das Rad unten fassen und quer zur Fahrtrichtung daran rütteln, während Sie mit der Hand fühlen, ob eines der Gelenke »Luft« hat.

Den Zustand der Lenkgetriebemanschette prüft man bei abgenommener unterer Motorraumverkleidung. Bei dieser Gelegenheit auch auf den richtigen Sitz der Halteklammer achten. Ziehen Sie die einzelnen Manschettenfalten (Pfeil) auseinander, damit Sie auch kleinste Beschädigungen erkennen.

- Eine beschädigte Staubkappe kann die Mazda-Werkstatt einzeln tauschen.
- Zeigt das **untere Achsgelenk** Spiel, muß es ersetzt werden.
- Hat das **obere Achsgelenk** Spiel, muß der komplette Dreieckslenker ersetzt werden.
- Bei dieser Gelegenheit empfiehlt sich auch die Kontrolle der Gummi/Metall-Lager, mit denen die Querlenker an der Karosserie befestigt sind.
- Die Lagerungen müssen spielfrei sein.
- Ungleichmäßig herausgedrücktes Gummimaterial deutet auf Verschleiß – schlechteres Fahrverhalten.

Lenkungsspiel prüfen

Wartung Nr. 9

- Motor starten und im Leerlauf drehen lassen.
- Linkes Seitenfenster herunterkurbeln/-fahren. Stellen Sie sich neben den Mazda.
- Durchs Fenster greifen und Lenkrad kurz hin und her drehen.
- Bewegt sich das linke Vorderrad aus der Geradeausstellung sofort mit? Achten Sie auf die Felge, denn der elastische Reifen kann einen Teil des Einschlags »schlucken«, ehe er sich bewegt.
- Wagen vorn aufgebocken.
- Das Lenkgetriebe kann nachgestellt werden.

Der Keilrippenriemen

Für den Antrieb der Servolenkung dient ein sogenannter Keilrippenriemen. Der Riemen wird durch Schwenken der Servolenkungspumpe gespannt, wie weiter hinten in diesem Kapitel beschrieben.
Da bei den neueren Motoren auch Lichtmaschine und Wasserpumpe von einem derartigen gerippten Riemen angetrieben werden, haben wir die entsprechenden Wartungsarbeiten im Kapitel »Die Lichtmaschine« zusammengefaßt.

Radlagerspiel prüfen

Wartung Nr. 32

Die Räder laufen vorn und hinten auf zweireihigen Kugellagern. Sie halten, mit Dauerfetten montiert, an der Hinterachse weitaus mehr als 120000 km durch. Die vorderen Radlager können schon früher durch laute Laufgeräusche auf sich aufmerksam machen. Wird das Geräusch z.B. in Rechtskurven lauter, ist das linke Radlager defekt.
Auch Radlagerspiel ist eine Verschleißerscheinung. Das ermittelt die Werkstatt mit einer Meßuhr, wobei das höchstzulässige Spiel bei 0,05 mm liegt. Behelfsmäßig geht die Prüfung so:

- Fassen Sie nacheinander die fest am Boden stehenden Räder oben und versuchen Sie, diese quer zum Wagen zu bewegen.
- Bei einwandfreien Lagern darf praktisch kein »Spiel« vorhanden sein.
- Ist Spiel spürbar, von Helfer kräftig die Fußbremse treten lassen und nochmals am Rad rütteln: Ist kein Spiel mehr vorhanden, lag es nur am Radlager.
- Ist weiterhin Spiel vorhanden, liegt die Ursache an den Achsgelenken.
- Weder die vorderen noch die hinteren Radlager können eingestellt werden. Zeigen sie Spiel, muß man sie ersetzen.
- Bei hochgebocktem Wagen können Sie noch prüfen, ob sich die Räder leicht drehen lassen (keine Schleif- oder Mahlgeräusche?).

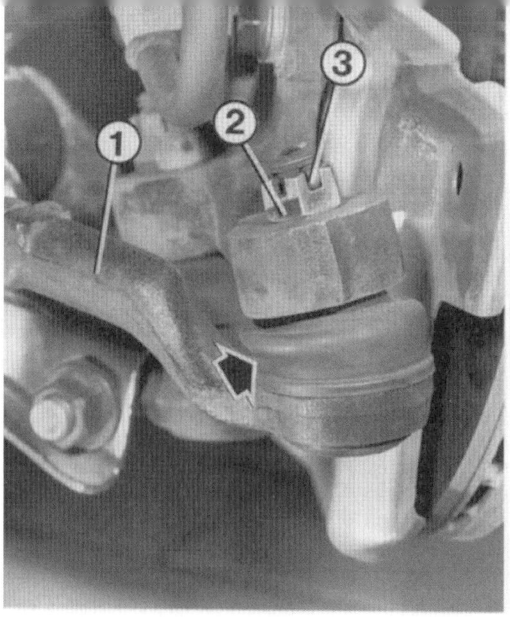

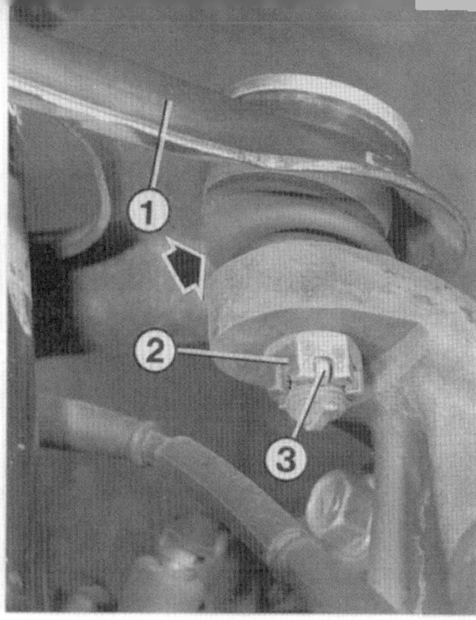

Links: Die Staubkappe (Pfeil) des Spurstangenkopfes (1) muß regelmäßig auf Schäden kontrolliert werden. Weiter sind gezeigt: 2 – Kronenmutter; 3 – Sicherungssplint.
Rechts: Die Staubkappe (Pfeil) am Achsgelenk des Dreieckslenkers oben (1) kann ausgetauscht werden. Außerdem gezeigt: Kronenmutter (2) mit Sicherungssplint (3).

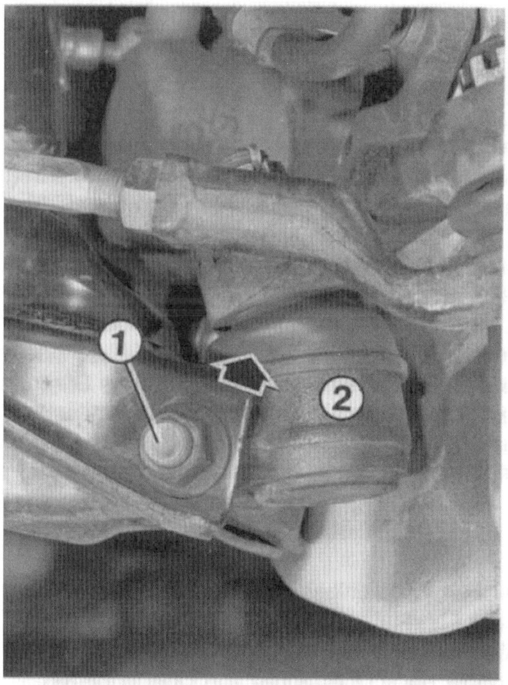

Links: Die Staubkappe (Pfeil) des unteren Achsgelenks (2) kann ebenfalls ersetzt werden. Mit »1« ist eine der Halteschrauben bezeichnet.
Rechts: Der Keilrippenriemen darf sich zwischen den Riemenscheiben von Kurbelwelle und Servopumpe bei kräftigem Fingerdruck (Pfeil) nicht mehr als 9–10 mm durchdrücken lassen.

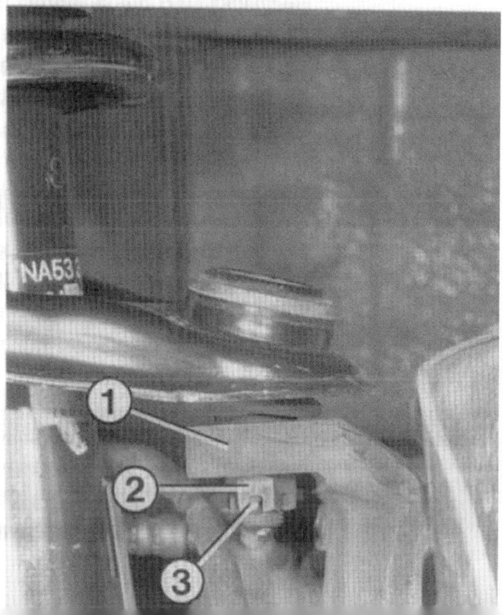

Links: Der Stabilisator (1) ist oben mit einer Schraubverbindung (3) an die Koppelstange (2) und diese unten am Dreieckslenker ebenfalls mit einer Schraubverbindung (4) verbunden.
Rechts: Zum Lösen des Achsschenkels (1) vom oberen Dreieckslenker muß der Sicherungssplint (3) herausgezogen werden. Anschließend wird die Kronenmutter (2) gelöst.

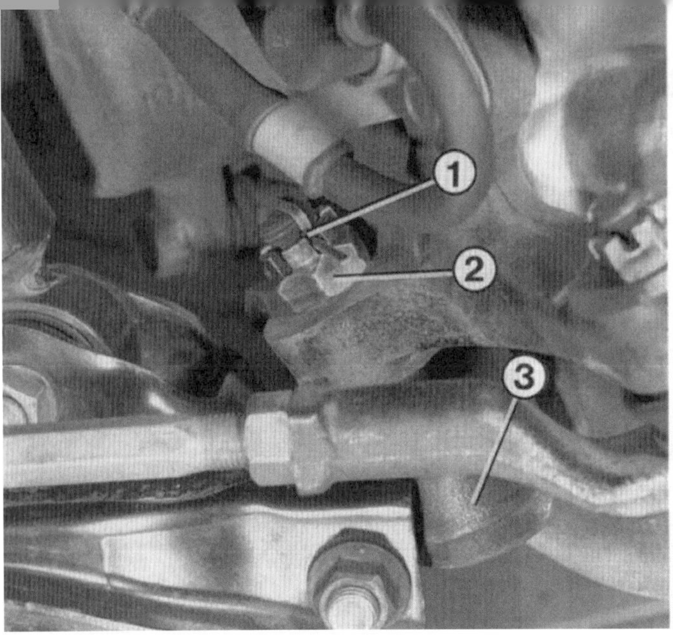

Im Bild gezeigt ist das untere Achsgelenk (3) mit Kronenmutter (2) und Sicherungssplint (1).

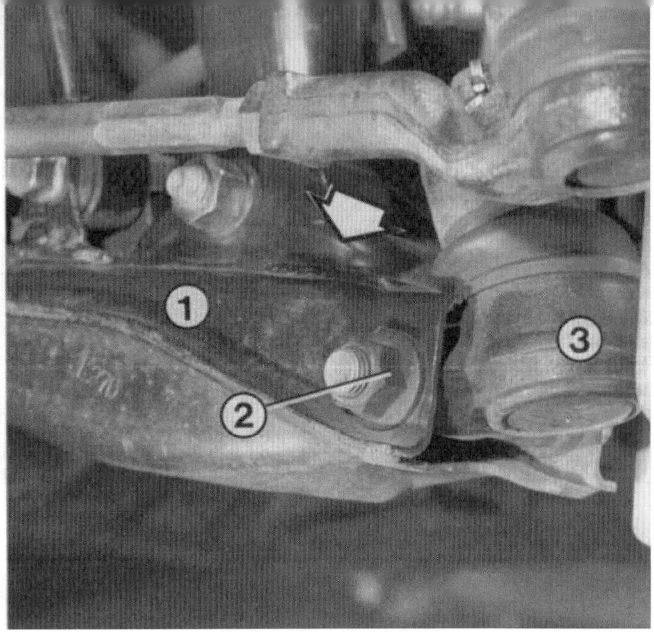

Die Verbindung zwischen unterem Achsgelenk (3) und Dreieckslenker (1) erfolgt in senkrechter Richtung durch die mit Pfeil bezeichnete Schraube und in Längsrichtung durch eine weitere Verschraubung (2).

Stoßdämpfer prüfen

Nachlassende Dämpfwirkung wird oft unbewußt durch verändertes Fahrverhalten ausgeglichen. Als Anhaltspunkt können Sie den Reifenverschleiß heranziehen, der ja auch vom Fahrertemperament abhängt: Nach drei verschlissenen Reifensätzen besitzen die Stoßdämpfer nur noch die Hälfte ihrer ursprünglichen Wirkung; sie sind somit reif zum Austausch.
Ein total ausgefallener Stoßdämpfer läßt sich durch die bekannte »Schaukelmethode« im Stand erkennen. Karosserie am betreffenden Rad aufschaukeln und plötzlich loslassen: Die Federbewegung müßte sofort gedämpft werden. Wenn nicht, ist der Stoßdämpfertausch schon längst überfällig.
Ein genaueres Bild über den Stoßdämpferzustand liefert ein spezieller Prüfstand. Die Ausschwingbewegungen der zuvor in Schwingung versetzten Fahrzeugachse werden auf ein Diagramm aufgezeichnet. Dazu darf das Stoßdämpferöl nicht zu kalt sein, sonst wird das Meßergebnis verfälscht. Anhand des Diagramms hat man einen Anhaltspunkt über die Funktionsfähigkeit der Stoßdämpfer. Solche Prüfstände finden Sie in manchen Werkstätten oder TÜV- bzw. DEKRA-Prüfstellen. Autoclubs haben mobile Prüfstationen im »Wandereinsatz«.

Störungsbeistand

Stoßdämpfer

Es gibt einige untrügliche Anzeichen für nachlassende Stoßdämpferwirkung:
- **Poltergeräusche** während der Fahrt.
- **Flatternde Lenkung**, weil die Räder keinen ständigen Bodenkontakt haben.
- Die **Karosserie schwingt weiter** nach Überfahren von Unebenheiten.
- **»Schwammiges« Verhalten** in Kurven, weil die kurveninneren Räder nicht genügend auf den Boden gedrückt und die äußeren nicht stark genug entlastet werden.
- **Springende Räder**; das muß freilich ein neben- oder hinterherfahrender Begleiter beobachten.
- **Vielfach unterbrochene Bremsspur** bei Vollbremsung durch springende Räder (Fahrzeuge ohne ABS).
- **Ungleichmäßige Abnutzung der Reifen** und erhöhter Reifenverschleiß.
- **Erhebliche Ölspuren** außen am Stoßdämpfer. Geringe Leckverluste sind dagegen normal.

Eigenarbeiten an Lenkung und Fahrwerk

Für die Verkehrssicherheit sind Fahrwerk und Lenkung von entscheidender Bedeutung. Sie sollten daran nur schrauben, wenn Sie sich Ihrer Sache völlig sicher sind. Andernfalls gefährden Sie sich und andere.
Sollten Sie die hier genannten Werkzeuge nicht besitzen oder im Zweifel sein, ob Sie die betreffende Reparatur selbst bewerkstelligen können, gehört die Arbeit in die Werkstatt.

Vorderradaufhängung zerlegen

An den Teilen der vorderen Radaufhängung läßt sich manches selbst aus- und einbauen. Für bestimmte Arbeiten sind allerdings Werkstattgeräte erforderlich. Beschädigte Teile der Radaufhängung dürfen nicht gerichtet oder gar geschweißt, sondern müssen grundsätzlich erneuert werden.

Die Befestigung des unteren Dreieckslenkers (1) am vorderen Querträger mit Gummilager (2), Unterlegscheibe (3) und Sechskantmutter (4).

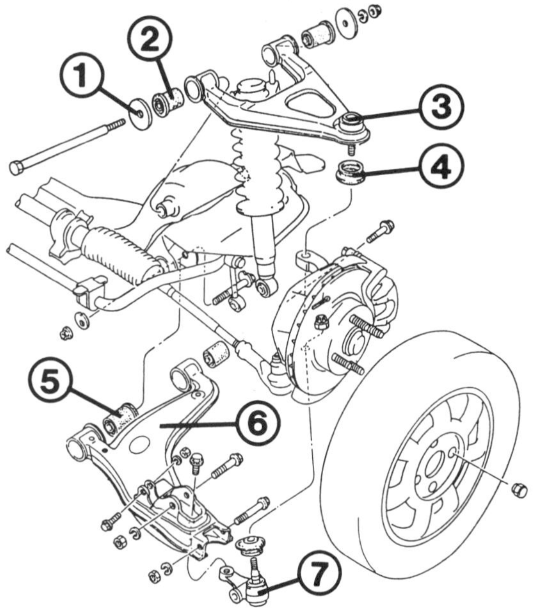

Einzelteile der vorderen Radaufhängung: 1 – Unterlegscheibe; 2 – oberes Gummilager; 3 – oberes Achsgelenk; 4 – Staubkappe; 5 – unteres Gummilager; 6 – unterer Dreieckslenker; 7 – unteres Achsgelenk.

Wichtig: Bei den nachfolgend beschriebenen Arbeiten am aufgebockten Fahrzeug die Verschraubungen jeweils nur lose festziehen. Den MX-5 auf alle vier Räder stellen und erst dann die Schrauben mit den vorgeschriebenen Drehmomenten festziehen. Wenn die Schrauben bei voll ausgefedertem Rad festgezogen werden, können sich Gummilager einseitig vorspannen, was bei vollem Einfedern zu einer Überbelastung (Überdehnen) des Lagers führen würde. Das Gummilager verschleißt schneller.

Stabilisator ausbauen

- Wagen vorn aufbocken. Beide Räder müssen gleichmäßig ausgefedert sein.
- Untere Motorraumabdeckung abschrauben.
- An den oberen Lagerpunkten am Stabilisator beidseitig die Schraubverbindung der Koppelstange losdrehen.
- Koppelstange unten am Dreieckslenker losschrauben und herausnehmen.
- Stabilisatorhalterung links und rechts vom Querträger losschrauben.
- Vor dem Abnehmen der Gummilager deren Einbaulage am Stabilisator anzeichnen.
- Kontrollieren Sie den Zustand sämtlicher Gummiteile, die zur Stabilisatorbefestigung gehören: die Stabi-Lager sowie die Lager der Koppelstangen.
- Zum Einbau neuer Stabilisator-Gummilager diese zum Aufschieben mit Glyzerin oder Schmierseife bestreichen. So lassen sie sich leichter montieren.
- Gummilager entsprechend der Markierung am Stabilisator ausrichten.
- Stabilisator am Querträger mit **20 Nm** befestigen.
- Die Koppelstange erst unten am Querlenker, dann am Stabilisator befestigen und die Schrauben mit **50 Nm** festziehen.

Das vordere Federbein besteht aus folgenden Einzelteilen: 1 – Abdeckung; 2 – Unterlegscheibe; 3 – zentrale Haltemutter; 4 – Federbeinlager; 5 – Anschlagpuffer; 6 – Stoßdämpfer; 7 – Schraubenfeder.

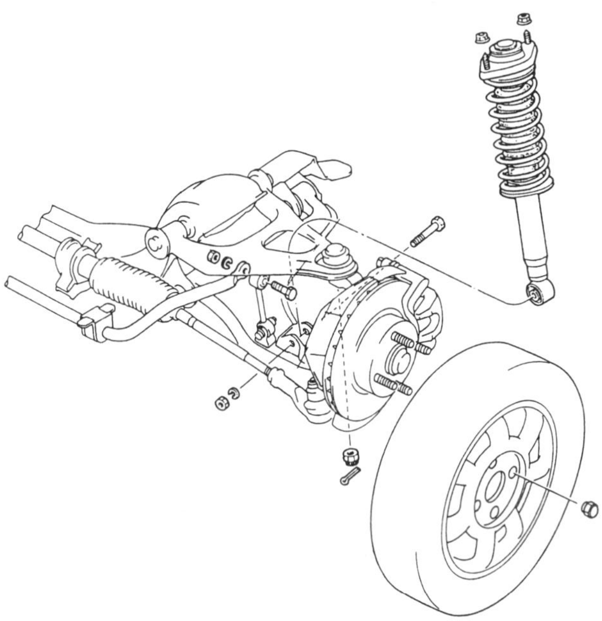

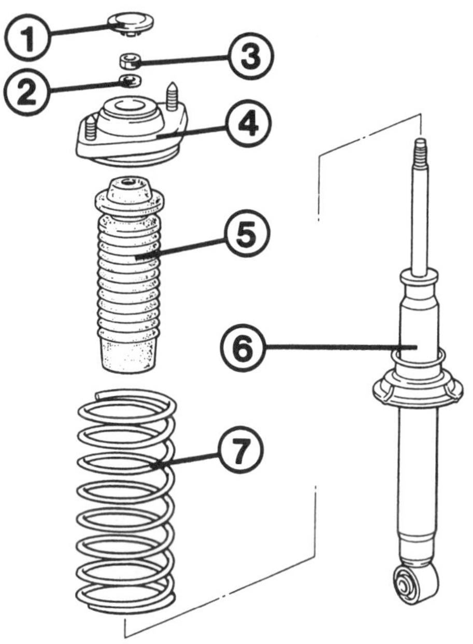

Die Abbildung zeigt den Ausbau des Spurstangenkopfes. Es bedeuten:
1 – Spurstange;
2 – Kontermutter für Spurstangenkopf (3).

Achsgelenk oben ersetzen

Hat das Achsgelenk am oberen Dreieckslenker zu viel Spiel, muß der Lenker mit Achsgelenk ersetzt werden.

- Wagen vorn aufbocken. Betreffendes Rad abnehmen.
- Stoßdämpfer am unteren Dreieckslenker abschrauben.
- Sicherungssplint und Kronenmutter am Achsschenkel lösen.
- Achsgelenk mit einem Abzieher vom Achsschenkel abdrücken.
- Dreieckslenker ausbauen.
- Beim Einbau neue Kronenmutter verwenden und mit **40–60 Nm** festziehen.
- Kronenmutter mit neuem Splint sichern.

Achsgelenk unten ersetzen

Wenn das untere Achsgelenk Spiel zeigt, kann es im Gegensatz zum oberen Gelenk einzeln ersetzt werden.

- Wagen vorn aufbocken, betreffendes Vorderrad abnehmen.
- Untere Motorraumabdeckung abschrauben.
- Koppelstange des Stabilisators unten am Dreieckslenker lösen.
- Stoßdämpfer am unteren Dreieckslenker abschrauben.
- Am Achsschenkel Sicherungssplint abziehen und Kronenmutter lösen.
- Achsgelenk mit einem Abzieher vom Achsschenkel abdrücken.
- Beide Halteschrauben des Achsgelenks am Dreieckslenker abschrauben.
- Achsgelenk herausziehen.
- Neues Achsgelenk in den Dreieckslenker hineinschieben und Schrauben mit **75–90 Nm** festziehen.
- Neue Kronenmutter am Achsgelenk mit **60–80 Nm** anziehen.
- Mit neuem Sicherungssplint die Kronenmutter sichern.

Unteren Dreieckslenker ausbauen

Vor dem Lösen der beiden Einstellschrauben am Dreieckslenker müssen Sie deren Stellung zum Achsträger markieren, damit die Einstellung Sturz/Nachlauf hinterher noch einigermaßen stimmt.

- Wagen vorn aufbocken. Betreffendes Rad abnehmen.
- Untere Motorraumabdeckung abschrauben.
- Koppelstange und Stoßdämpfer am Dreieckslenker abschrauben.
- Achsgelenk am Achsschenkel lösen, siehe vorangegangenen Abschnitt.
- Beide Halteschrauben der Dreieckslenkerlager am Querträger losdrehen, Lenker abnehmen.
- Beim **Einbau** des Dreieckslenkers muß der Schraubenkopf der vorderen Schraube in Fahrtrichtung nach hinten und der Schraubenkopf der hinteren in Fahrtrichtung nach vorne zeigen.
- Die Verschraubung Dreieckslenker/Querträger entsprechend den Markierungen ausrichten und mit **85–105 Nm** festziehen.
- In der Mazda-Werkstatt den Sturz/Nachlauf kontrollieren und ggf. einstellen lassen.

Oberen Dreieckslenker ausbauen

- Wagen vorn aufbocken. Betreffendes Rad abnehmen.
- Achsgelenk am Achsschenkel lösen.
- Halteschrauben Dreieckslenker/Querträger lösen.
- Stoßdämpfer am unteren Dreieckslenker lösen.
- Lenker abnehmen.
- Beim Einschieben der Halteschrauben am Dreieckslenker beachten, daß der vordere Schraubenkopf in Fahrtrichtung nach vorne und der hintere in Fahrtrichtung nach hinten zeigt.
- Neue Federringe und Muttern verwenden.
- Die Mutter wird mit **120–140 Nm** angezogen. Hinweise unter »Vorderradaufhängung zerlegen« beachten.

Fingerzeig: Gummi/Metall-Lager im Dreieckslenker auf Risse oder sonstige Beschädigungen kontrollieren. Die Lager können nur mit Werkstattmitteln ausgetauscht werden.

Federbein ausbauen

- Wagen vorn aufbocken, Rad abschrauben.
- Stabilisator an der Koppelstange losschrauben.
- Oberes Achsgelenk am Achschenkel losschrauben und mit Abzieher abdrücken.
- Im Motorraum die beiden Haltemuttern oben am Federbein abschrauben.
- Halteschraube unten am Federbein lösen.
- Einstellschrauben des unteren Dreieckslenkers lösen (siehe »Unteren Dreieckslenker ausbauen«).
- Unteren Dreieckslenker nach unten absenken, Achsschenkel nach außen schwenken und Federbein herausnehmen.
- **Vorsicht** beim Absenken des unteren Dreieckslenkers. Nicht zu weit absenken, sonst werden die Bremsschläuche beschädigt.

Anzugs-drehmomente

Bauteile	Nm
Federbein an Federbeindom	30
Oberer Dreieckslenker an Achsschenkel	40–60
Federbein an Dreieckslenker	75–95
Koppelstange an Stabilisator	35–55
Unterer Dreieckslenker an Querträger	85–105

Fingerzeig: Sämtliche Schrauben und Muttern erst festziehen, wenn der Mazda wieder auf dem Boden steht, siehe unter »Vorderradaufhängung zerlegen«.

Stoßdämpfer ausbauen

Zu dieser Arbeit, die am ausgebauten Federbein durchgeführt wird, ist eine Federspannvorrichtung dringend erforderlich. Zwei Federspanner werden mindestens gebraucht; besser sind drei. Ohne Verwendung der Federspannvorrichtung darf die Mutter oben an der Stoßdämpfer-Kolbenstange nicht gelöst werden, denn die Feder steht unter hoher Vorspannung. Die Federbeinteile würden explosionsartig auseinanderfliegen – **Unfallgefahr!** Außerdem läßt sich die entspannte Feder anschließend so nicht mehr einbauen. Federspanner führt der Zubehörhandel.

- Federbein ausbauen.
- Federbein ganz unten und auch dort nur sehr vorsichtig und mit Holz-Zwischenlagen in einen Schraubstock einspannen. Keinesfalls am zylindrischen Stück einspannen; das Rohr wird sonst eingedrückt.
- Federspanner an den Federwindungen ansetzen und Feder zusammenspannen. Damit die Federspanner nicht abrutschen, die betreffenden Federwindungen evtl. mit Klebeband umkleben.
- Abdeckung oben im Federbein abnehmen und die selbstsichernde Mutter auf der Stoßdämpfer-Kolbenstange lösen. Kolbenstange gegenhalten.
- Federbeinlagerung, Feder und Anschlag (auf Risse und Beschädigungen prüfen) abnehmen.
- Beim Einbau darauf achten, daß der Anschlag richtig am Stoßdämpfer befestigt ist (siehe Zeichnung Seite 125).
- Federbeinlagerung so in den Federteller einsetzen, daß die Federenden an den dafür vorgesehenen Aussparungen anliegen.
- Selbstsichernde Mutter der Stoßdämpfer-Kolbenstange mit **30–45 Nm** anziehen.
- Federspanner lösen, dabei Feder ausrichten.
- Federbein einbauen.

Arbeiten an der Lenkung

Gebraucht wird ein Spurstangenabzieher bzw. ein kleiner Klauenabzieher (der sich schon beim ersten Einsatz amortisiert). Denn der Spurstangenkopf kann nach Lösen der Schraube nicht einfach aus dem entsprechenden Gegenstück – also dem Lenkhebel – herausgezogen werden. Er ist mit einem sogenannten Haftkegel eingesetzt. Die kegeligen Ausformungen an Spurstangenkopf und Lenkhebel passen dabei »saugend« ineinander und können dann nicht mehr ohne Hilfsmittel getrennt werden. Für die Kronenmutter des Spurstangenkopfes benötigen Sie ferner einen neuen Sicherungssplint.

Spurstangenkopf auswechseln

- Rad abnehmen.
- Sicherungssplint abziehen und Kronenmutter am Spurstangenkopf losdrehen.
- Spurstangenkopf mit dem Abzieher nach unten aus dem Lenkhebel am Achsschenkel herausdrücken.
- Lage der Spurstangenkopf-Verschraubung anzeichnen, dann stimmt die Spur nach dem Zusammenschrauben wieder einigermaßen.
- Kontermutter der Spurstange losdrehen, dabei den Sechskant an der Spurstange gegenhalten.
- Spurstangenkopf abschrauben und neuen bis zur Markierung eindrehen.
- Kugelbolzen des Spurstangenkopfes in den Lenkhebel hineindrücken, ggf. vorsichtig hineinklopfen.
- Kronenmutter am Spurstangenkopf mit **30–40 Nm** anziehen und Sicherungssplint einsetzen, Kontermutter der Spurstange mit **30–40 Nm** festdrehen.
- Spur kontrollieren ggf. einstellen lassen.

In die Pumpe (3) der Servolenkung ist ein Druckschalter (2) eingeschraubt, der dem Steuergerät der Zünd/Einspritz-Steuerung mitteilt, wenn die Lenkung voll eingeschlagen ist (maximale Pumpenbelastung). Position »1« zeigt den Kontaktstecker.

Lenkgetriebe-Manschette ersetzen

- Wagen vorn aufbocken, betreffendes Vorderrad abnehmen.
- Ggf. untere Motorraumabdeckung abschrauben.
- Spurstangenkopf vom Lenkhebel trennen, wie unter »Spurstangenkopf auswechseln« beschrieben.
- Den zum Lenkgetriebe hin sitzenden Drahtring mit einer Zange durchschneiden.
- Halteklammer der Lenkgetriebemanschette abnehmen.
- Manschette über die Spurstange abziehen.
- Am inneren Spurstangengelenk etwas Mehrzweckfett (auf Lithiumbasis) aufstreichen.
- Neue Manschette aufziehen.
- Kontrollieren Sie vor dem Anbringen des neuen Drahtrings am Lenkgetriebe, ob die Manschette nicht in sich verdreht ist.
- Manschetten-Haltedraht zweimal um die Manschette wickeln, in die überstehende Öse einen Schraubendreher stecken und die Öse viermal drehen, um den Draht zu spannen.

Radlager vorn ausbauen

Das Radlager ist in die Radnabe eingepreßt und kann nur gemeinsam mit der Nabe ausgetauscht werden.

- Wagen vorn aufbocken und Rad abnehmen.
- Bremssattel vom Achsschenkel abschrauben und mit Draht im Radhaus aufhängen. Bremsscheibe abnehmen (Kapitel »Die Bremsanlage«).
- Nicht zu scharfen Meißel an den Abdichtwulst der Nabenkappe ansetzen und diese ein wenig nach außen treiben.
- Kräftige Schraubendreherklinge hinter den Nabenwulst klemmen und die Kappe gleichmäßig abhebeln.
- Wurde die Nabenkappe beim Ausbau verformt, dichtet sie beim Wiedereinbau möglicherweise nicht mehr richtig ab. Feuchtigkeit und Schmutz können ins Lager gelangen.
- Ausgebaute Kappe daher prüfen und ggf. erneuern.
- Haltemutter auf dem Achszapfen lösen.
- Radnabe vom Achsschenkelzapfen abziehen.
- **Einbau:** Neue Haltemutter auf dem Achszapfen gut handfest anziehen. Schrauben des Bremssattels mit **50–70 Nm** festziehen.
- Bei auf dem Boden stehendem Fahrzeug Mutter am Achsschenkelzapfen mit **165–215 Nm** anziehen. Zum Verstemmen der Mutter mit einem stumpfen Meißel oder Schraubendreher den Bund der Mutter an einer Stelle in der Nut am Achszapfen 4 mm tief einbeulen.

Lenkgetriebe einstellen

Zeigt das Lenkgetriebe des MX-5 zu viel Spiel oder es ist schwergängig, müssen Sie die Einstellung in einer Mazda-Werkstatt durchführen lassen. Zum Einstellen des Spiels muß das Lenkgetriebe ausgebaut werden. Zusätzlich sind Spezialwerkzeuge erforderlich.

Keilrippenriemen spannen

- Auf die Kurbelwelle eine Stecknuß SW 21 aufstecken. Motor so weit drehen, bis eines der Langlöcher in der Riemenscheibe der Sechskantmutter am Drehpunkt der Pumpe gegenübersteht.
- Sechskantmutter SW 14 eine Umdrehung lösen.
- Schraube am Drehpunkt des Spannbügels eine Umdrehung lösen.
- Klemmutter SW 12 der Spannschraube lösen.
- Spannschraube zum Riemenspannen im Uhrzeigersinn drehen.
- Riemenspannung prüfen. Ein **gebrauchter** Keilrippenriemen soll sich bei kräftigem Daumendruck **9–10 mm** durchdrücken lassen, ein **neuer** lediglich **8–9 mm**.
- Drehmomente: Klemmutter des Spannbügels **20–25 Nm**, Schraube am Drehpunkt des Spannbügels **30–45 Nm**, Mutter hinten am Drehpunkt der Servopumpe **35–55 Nm**.

Fingerzeig: Nach dem Spannen des Keilrippenriemens den Motor kurz laufen lassen und die Spannung kontrollieren, ggf. nochmals spannen.

Keilrippenriemen abnehmen und montieren

Den Keilrippenriemen besorgen Sie am besten in der Mazda-Werkstatt, im Zubehörhandel ist der passende Riemen kaum zu finden. Beachten Sie, daß Fahrzeuge mit Klimaanlage einen längeren Riemen benötigen.

- Luftansaugschlauch mit Resonanzkammer abnehmen, Kapitel »Luftfilter und Ansaugkanäle«.
- Servopumpe am Halter und am Spannbügel lösen.
- Klemmschraube am Spannbügel lösen.
- Spannschraube im Gegenuhrzeigersinn drehen und Servopumpe nach unten drücken.
- Keilrippenriemen aus der Riemenscheibe herausheben.
- Nach dem Einbau eines neuen Riemens Spannung auf **8–9 mm** Eindrücktiefe einstellen.
- Nach etwa 500 km die Spannung nochmals kontrollieren.

Servolenkung auf Dichtheit prüfen

Wurde im Vorratsbehälter ein abgesunkener Flüssigkeitsstand festgestellt, muß umgehend die gesamte Lenkanlage überprüft werden. Sonst könnte während der Fahrt plötzlich die Lenkunterstützung ausfallen. Auf welche Teile Sie Ihr Augenmerk richten müssen, steht im »Störungsbeistand«.

Pumpe der Servolenkung ausbauen

Soll die Servopumpe lediglich wegen Montagearbeiten im Motorraum ausgebaut werden, bleiben ihre Schlauchleitungen angeschlossen, damit kein Schmutz in die Lenkhydraulik gelangt. Falls die Schläuche an der Pumpe abgenommen werden müssen, ist äußerste Sorgfalt erforderlich. Selbst kleinste Schmutzpartikel in der Hydraulikflüssigkeit können Funktionsstörungen verursachen.

- Keilrippenriemen abnehmen.
- Kontaktstecker des Druckschalters abziehen.
- Spannbügel am Halter lösen.
- Am Pumpenhalter die Schraube und Mutter ganz herausdrehen und Pumpe abnehmen.
- Pumpe so ablegen, daß die Leitungen nicht beschädigt werden.
- Falls die Leitungen gelöst wurden, zum Einbau neue Dichtungen verwenden, anschließend kontrollieren, ob die Leitungen dicht sind.

Servolenkung befüllen und entlüften

Befüllt und entlüftet werden muß das Lenksystem, wenn Einzelteile der Hydraulikanlage ausgetauscht wurden und deshalb die Hydraulikflüssigkeit abgelassen werden mußte. Die einmal abgelassene Flüssigkeit darf nicht mehr verwendet werden.

- ATF bei stehendem Motor bis zum Behälterrand einfüllen.
- Das Lenkrad bei abgestelltem Motor mehrmals nach beiden Seiten einschlagen.
- Flüssigkeitsstand kontrollieren ggf. nachfüllen. Das Ganze wird so lange wiederholt, bis sich der Flüssigkeitsstand nicht mehr ändert.
- Nun bei laufendem Motor Lenkrad zwei- bis dreimal langsam um 45° nach beiden Seiten drehen, anschließend zweimal von Anschlag zu Anschlag.
- Flüssigkeitsstand nochmals korrigieren. Richtiger Flüssigkeitsstand siehe Kapitel »Schmieren aller Teile«.

Der Spannbügel der Servopumpe von oben gesehen: 1 – Spannschraube; 2 – Klemmutter des Spannbügels; 3 – Halteschraube am Drehpunkt des Spannbügels; 4 – Haltemutter am Drehpunkt der Servopumpe.

Zum Ausbau des Lenkrades (1) ohne Airbag wird die Lenkradabdeckung (2) abgezogen.

Störungsbeistand

Servolenkung

Die Störung	– ihre Ursache	– ihre Abhilfe
A Flüssigkeitsstand im Behälter zu niedrig	Undichtigkeit an	
	a) Leitungsanschlüssen	Neue Dichtringe montieren und festziehen
	b) Ventilkörper am Lenkgetriebe bzw. Abdichtung der Lenkgetriebe-Zahnstange	Dichtheitsprüfung durchführen lassen, ggf. Lenkgetriebe ersetzen lassen
	c) Pumpe der Servolenkung	Dichtheitsprüfung durchführen lassen, ggf. Pumpe ersetzen
B Schwergängige Lenkung	1 Falsche Lenkgetriebe-Vorspannung	Lenkgetriebe-Vorspannung einstellen lassen
	2 Lockerer oder beschädigter Keilrippenriemen	Einstellen oder ersetzen
	3 Förderdruck der Servopumpe zu gering	Druck messen lassen, ggf. Pumpe ersetzen
	4 Flüssigkeitsstand zu gering oder Lufteinschluß	Entlüften, Flüssigkeit nachfüllen ggf. reparieren lassen
	5 Ventil klemmt im Pumpengehäuse	Pumpe überholen bzw. ersetzen lassen
	6 Steuerschlitze des Ventilkörpers verschmutzt	Lenkgetriebe ersetzen lassen
C Schlechte Lenkradrückstellung	1 Siehe B 1	
	2 Achsgelenke verklemmt oder verrostet	Auswechseln bzw. ersetzen lassen
D Lenkungsgeräusche	1 Flüssigkeitsstand zu niedrig	ATF auffüllen, Undichtigkeit erforschen
	2 Servopumpe locker	Festziehen
	3 Servopumpenhalterung locker	Festziehen
	4 Keilrippenriemen nicht genügend bzw. zu stark gespannt	Riemenspannung kontrollieren
	5 Siehe B 4	
	6 Lenkgetriebe beschädigt	Ersetzen lassen
	7 Servopumpe defekt	Ersetzen lassen
	8 Ölleitungen beschädigt bzw. eingeklemmt	Reparieren oder ersetzen lassen
	9 Verschraubungen der Ölleitungen nicht genügend fest	Festziehen

Lenkrad ausbauen

Fahrzeuge ohne Airbag

Es kann vorkommen, daß das Lenkrad fest auf der Lenksäule sitzt und Sie es nicht abziehen können. Das kommt daher, daß die Lenksäule hinter der Verzahnung für das Lenkrad kegelig zuläuft und die aneinanderliegenden Verzahnungen »zusammenbacken«. Da hilft nur ein Abzieher.

- Flexible Abdeckung in Lenkradmitte von Hand abziehen.
- Falls dies nicht möglich ist, die Abdeckung mit einem schmalen Schraubendreher anheben.
- Hupbetätigung aus dem Lenkrad herausziehen. Nach Abziehen des Kontaktsteckers diesen mit Isolierband abkleben.
- Lenkrad in Sperrstellung einrasten lassen.
- Lenksäulenmutter mit Stecknuß SW 21 lösen.
- Lenkschloß entriegeln und Vorderräder genau geradeaus stellen, so daß die Lenkradspeichen symmetrisch stehen.
- Mutter und Unterlegscheibe abnehmen, Lenkrad mit ruckelnden Bewegungen abziehen.
- Löst sich das Lenkrad nicht, muß es mit dem Abzieher von der Lenksäule abgedrückt werden. **Keinesfalls** mit dem Hammer auf die Lenksäule schlagen, weil sie sonst zusammengeschoben und beschädigt wird.
- Beim Einbau des Lenkrades auf die symmetrische Ausrichtung der Speichen achten.
- Lenkschloß einrasten lassen.
- Lenksäulenmutter mit **40–50 Nm** anziehen.

Lenkrad mit Airbag

Der Ausbau des Lenkrades bei einem Wagen mit Airbag kann nur einem geübten Selbsthelfer empfohlen werden. Wer unsicher ist, sollte die Werkstatt mit dieser Arbeit betrauen. Die **Sicherheitsvorschriften** müssen unbedingt beachtet werden. Der Gasgenerator des Airbags unterliegt den Bestimmungen des Sprengstoffgesetzes. Der Umgang damit ist nur Fachkräften gestattet, denen die umfangreichen Sicherheitsbestimmungen bekannt sind.

Besonders wichtig aus dem Katalog der Vorsichtsmaßnahmen sind die folgenden:

- ○ Zu Arbeiten am Airbag **Batterie-Minuskabel abklemmen**.
- ○ Zusätzlich die **Steckverbindungen** unter der Lenksäulenverkleidung **trennen**.
- ○ Bei Arbeitsunterbrechung **Airbag nie unbeaufsichtigt lassen**.

Links: Mit dem Schraubendreher (1) wird die Hupbetätigung (3) aus dem Lenkrad (2) herausgehebelt.
Rechts: Zum Ausbau eines Lenkrades mit Airbag muß zuerst die blaue (2) und dann die rote Steckverbindung (1) getrennt werden.

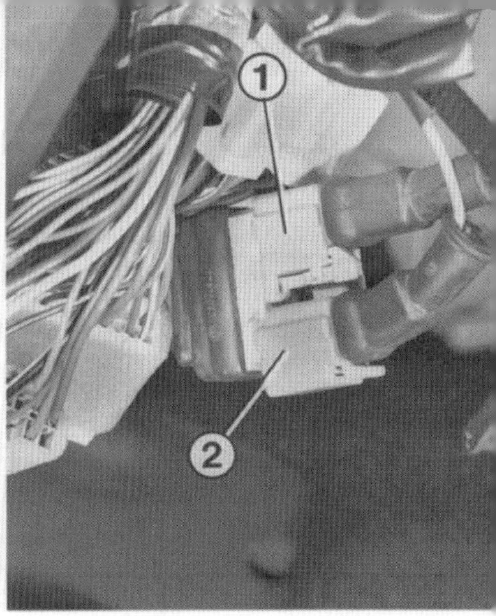

Links: An der Rückseite des Lenkrades werden die Haltemuttern der Airbag-Einheit (1) mit einem Steckschlüssel (2) gelöst.
Rechts: Bei abgenommener Airbag-Einheit (3) kommen die Steckanschlüsse für Hupbetätigung (1) und Airbag-Einheit (2) zum Vorschein.

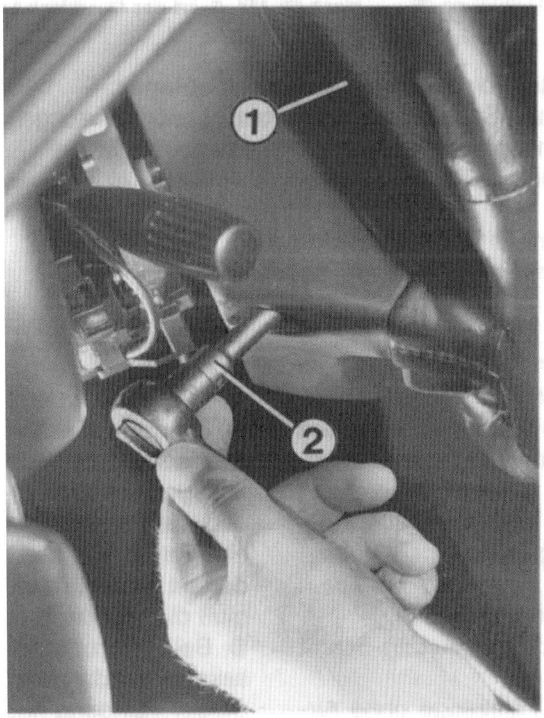

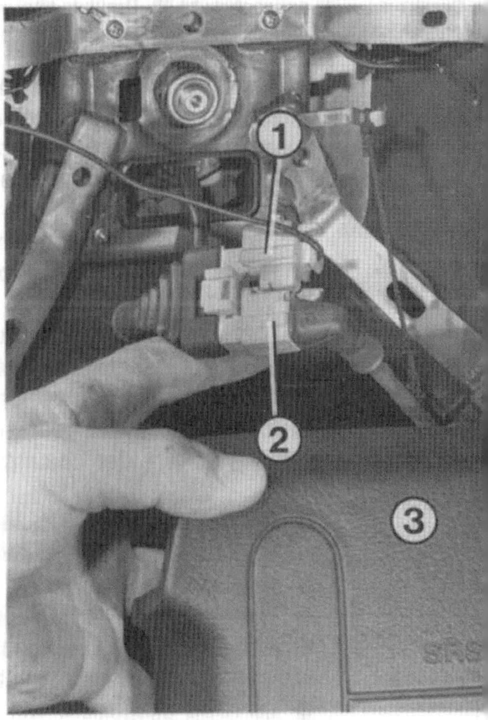

Links: Zum Lösen der Lenkrad-Haltemutter (in Pfeilrichtung) brauchen Sie eine Rätsche mit kurzer Verlängerung und Stecknuß SW 21.
Rechts: Bei abgenommenem Lenkrad sehen Sie bei einem Fahrzeug mit Airbag die Wickelfeder (4), die mit einem Isolierband (3) gegen Verdrehen gesichert ist. Der Pfeil auf der Wickelfeder (2) muß dem Pfeil am Kombischalter (1) gegenüberstehen.

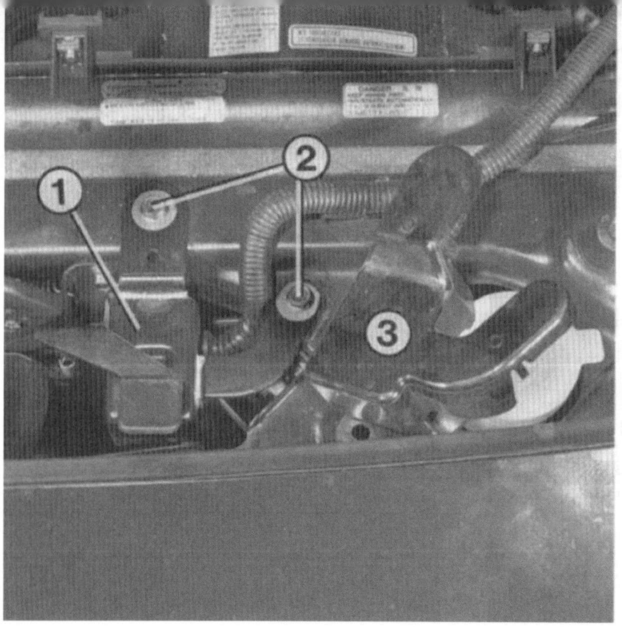

Zwischen Frontmaske und oberem Querträger ist bei Fahrzeugen mit Airbag ein Crashsensor (1) angeschraubt (2). Darüber sitzt eine Abdeckung (3; hier abgenommen).

In Fahrtrichtung rechts findet sich ein weiterer Crashsensor (1) am Stehblech (3). Mit »2« ist das Querblech bezeichnet.

○ Airbag-Einheit mit **Prallplatte** (Polsterplatte) **nach oben ablegen**.
○ Keinen Kabelstrang des Airbag-Systems instand setzen. Durch unsachgemäße Reparatur kann der Airbag ausgelöst werden. Entsprechenden Kabelstrang austauschen.
○ Keine Messungen an der Airbag-Einheit vornehmen. Anschluß eines ungeeigneten Meßinstruments kann den Airbag auslösen.
○ Zu **Schweißarbeiten** am Wagen **Batterie abklemmen**.
○ **Nach Unfall** alle **Komponenten** des Systems **ersetzen**.

Ausbau

● Massekabel an der Batterie abklemmen.
● Lenkrad in Geradeausstellung drehen.
● Untere Lenksäulenverkleidung ausbauen.
● Zuerst Steckverbindung des blauen und dann des roten Steckers der Leitung zur Airbag-Einheit trennen.
● An der Lenkrad-Rückseite links und rechts die Haltemuttern SW 10 der Airbag-Einheit losdrehen.
● Airbag-Einheit abheben.
● Halteband der Airbag-Einheit aushängen.
● Airbag-Einheit so ablegen, daß die Airbag-Schrift auf der Airbag-Einheit sichtbar ist.
● Lenkrad ausbauen, wie für Fahrzeuge ohne Airbag beschrieben.
● Nach Abziehen des Lenkrades muß die Wickelfeder der Markierung gegenüberstehen. Die Wickelfeder darf nicht verdreht werden (ggf. mit Isolierband sichern).
● **Einbau:** War der Kombischalter ausgebaut, muß die Wickelfeder ausgerichtet werden (Voraussetzung: Vorderräder stehen genau in Geradeausstellung).
● Deckel der Wickelfeder im Uhrzeigersinn bis zum Anschlag drehen – nicht mit Gewalt überdrehen.
● Aus dieser Stellung den Deckel 2¾ Umdrehungen zurückdrehen. Die Markierungen oben müssen sich gegenüberstehen.
● Rotes und blaues Kabel der Steckverbindung an der Anschlußleitung einstecken (Airbag noch nicht montiert!).
● Massekabel der Batterie anklemmen.
● Zündung einschalten und Airbag-Kontrolleuchte beobachten. Sie muß in Intervallen aufleuchten. Der richtige Blinkcode ist 32: Sie blinkt zunächst drei Mal und nach zwei Sekunden Pause zwei Mal. Dann folgt eine Pause von fünf Sekunden und die Anzeige wiederholt sich. Wird ein anderer Fehlercode angezeigt, muß die Werkstatt das Airbag-System durchprüfen.
● Bei Blinkcode 32 ist die Anlage in Ordnung. Massekabel wieder abnehmen und die blaue und rote Steckverbindung nochmals trennen.
● Vor Ansetzen der Airbag-Einheit deren Halteschlaufe einhängen und elektrische Leitung in den entsprechenden Halter einclipsen.
● Haltemuttern der Airbag-Einheit mit **4–6 Nm** anziehen.
● Erst roten, dann blauen Stecker anschließen und die Steckverbindung in ihren Halter einsetzen.
● Nach Anklemmen des Batterie-Massekabels Zündung einschalten und Airbag-Kontrolleuchte beobachten. Sie muß nach 4–8 Sekunden verlöschen und darf nicht mehr aufleuchten.
● Lenkrad drehen und Hupkontakt drücken – hupt es? Dann ist alles i. O.

Fingerzeig: Bei getrennten Steckern der Airbag-Einheit nicht die Zündung einschalten. Das wird vom Steuergerät als Fehler gewertet und im Fehlerspeicher festgehalten, der dann von der Mazda-Werkstatt gelöscht werden muß.

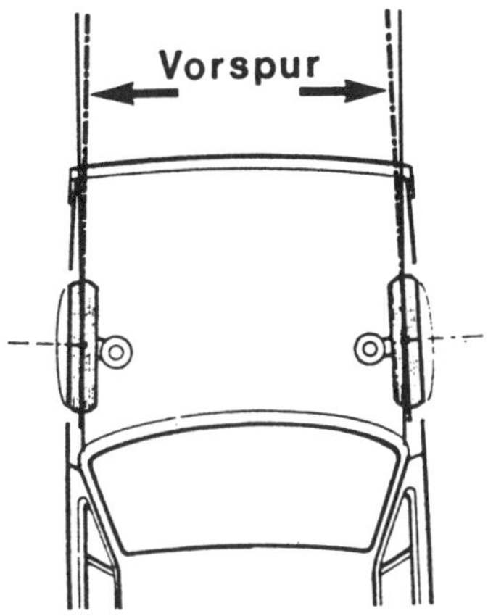

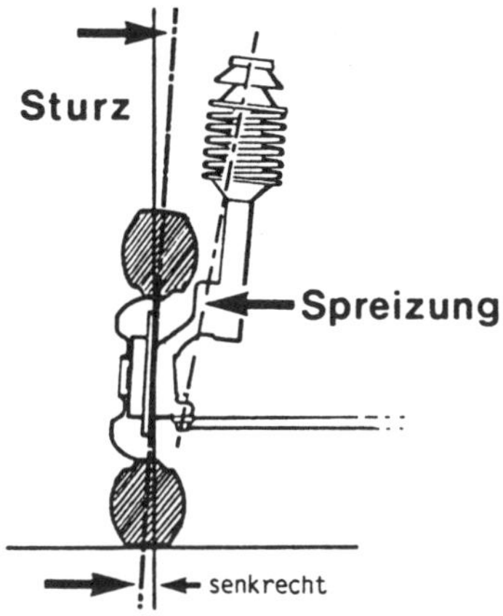

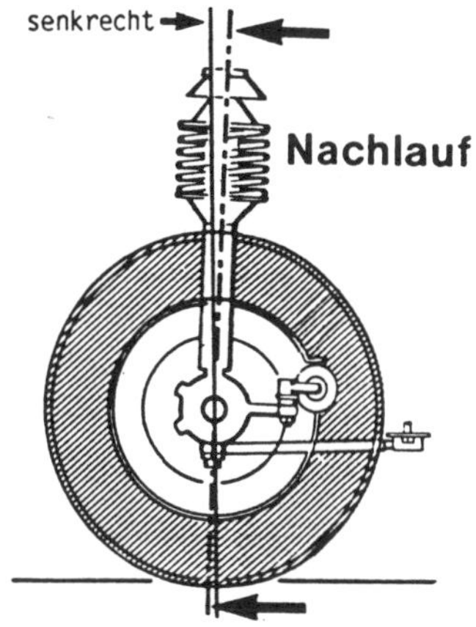

Damit Sie sich die Begriffe der Radeinstellung besser vorstellen können, haben wir sie hier zeichnerisch deutlich gemacht. Links ist die Spur erklärt, in der Mitte der negative Sturz, und ganz rechts finden Sie den Nachlauf dargestellt.

Radeinstellung messen

Nach einer harten Bordsteinberührung, einem Unfall, bestimmten Reparaturarbeiten an der Achsaufhängung oder ganz einfach im Verdachtsfall wird die Radeinstellung vermessen. Das geht jedoch nur auf einem optischen Achsmeßstand. Zur Messung dürfen die Teile der Radaufhängung und Lenkung kein zu großes Spiel aufweisen. Ferner beachten:

- ○ Reifendruck auf die vorgeschriebenen Werte bringen.
- ○ Ungleich abgefahrene Reifen vor der Messung austauschen.
- ○ Der Tank muß gefüllt sein.
- ○ Fahrzeug vor der Messung einige Male kräftig durchfedern.

Sollwerte für Fahrzeugvermessung	Vorderachse	Hinterachse
Radsturz Abweichung vom linken zum rechten Rad	0°24′ ± 45° max. 1°	–0°43′ ± 30′ max. 1°
Nachlauf Abweichung vom linken zum rechten Rad	4°30′ ± 45′ max. 1°30′	– –
Spreizung	11°20′	–
Vorspur	0°18′ ± 18′ = 3 mm ± 3 mm	0°18′ ± 18′ = 3 mm ± 3 mm
Max. Innenrad-Einschlagwinkel	37°23′ ± 2°	–
Max. Außenrad-Einschlagwinkel	32°32′ ± 2°	–

Links: An der Verbindung zwischen unterem Dreieckslenker (1) und vorderem Querträger (2) sitzt eine Einstellschraube (3) mit Gradeinteilung zur Korrektur von Sturz und Nachlauf.
Rechts: Hier ist die Verbindung von hinterem Querträger (1) und unterem Dreieckslenker mit Einstellschraube (3) und Gradscheibe (2) gezeigt. Hiermit werden Spur und Sturz eingestellt.

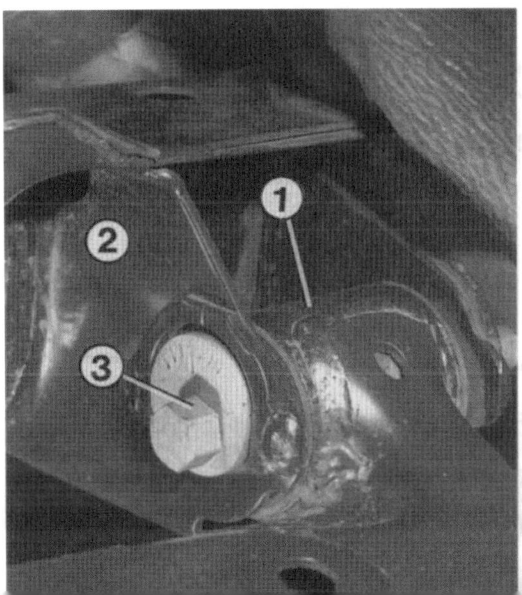

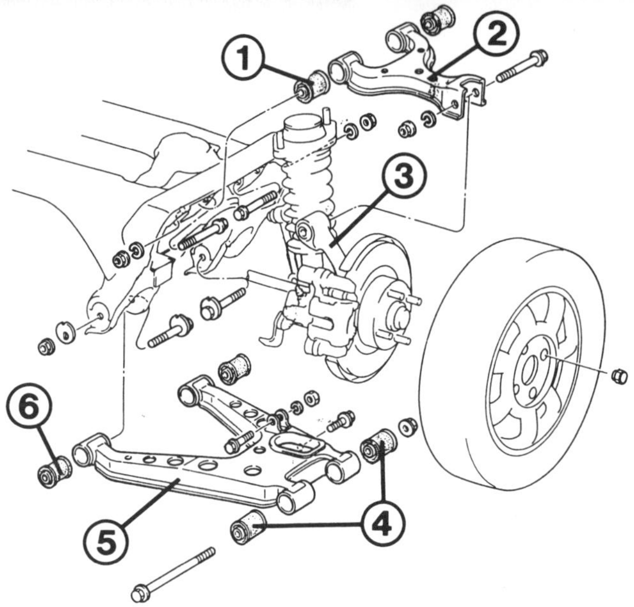

Die hintere Radaufhängung mit ihren Einzelteilen:
1 – oberes Gummilager;
2 – oberer Dreieckslenker;
3 – Achsschenkel;
4 – Gummilager außen;
5 – unterer Dreieckslenker;
6 – Gummilager innen.

Arbeiten an der Hinterachse

Federbein ausbauen

- Wagen hinten aufbocken, Rad abschrauben.
- Koppelstange des Stabilisators unten am Dreieckslenker losschrauben.
- Oben am Dreieckslenker die Schrauben lösen.
- Halteschraube des Federbeins am unteren Dreieckslenker losdrehen.
- Im Kofferraum vier Sechskantschrauben der Verkleidung für den Einfüllstutzen losdrehen, Verkleidung herausnehmen.
- Anschließend die beiden Haltemuttern oben am Federbein abschrauben.
- Beide Dreieckslenker nach unten absenken und Federbein herausnehmen.
- **Vorsicht** beim Absenken der Dreieckslenker. Nicht zu weit absenken, sonst werden die Bremsschläuche beschädigt.
- **Einbau:** Federbein unten an den Dreieckslenker schrauben. Anzugsdrehmoment **70–90 Nm**.
- Koppelstange am Dreieckslenker handfest anschrauben, Mazda ablassen und die Halteschraube mit **35–55 Nm** festziehen.
- Beim Ablassen des Wagens das Federbein durch die Karosserie führen.
- Sechskantmuttern mit **30–35 Nm** festziehen.

Fingerzeig: Das Federbein wird auf die gleiche Weise zerlegt, wie weiter vorn im Kapitel unter »Stoßdämpfer ausbauen« beschrieben.

Stabilisator ausbauen

- Wagen aufbocken. Beide Räder müssen gleichmäßig ausgefedert sein.
- An den oberen Lagerpunkten am Stabilisator beidseitig die Schraubverbindung der Koppelstange losdrehen.
- Koppelstange unten am Dreieckslenker losschrauben und abnehmen.
- Stabilisatorbefestigung an beiden Seiten losschrauben und Stabilisator abnehmen.
- Kontrollieren Sie den Zustand sämtlicher Gummi-

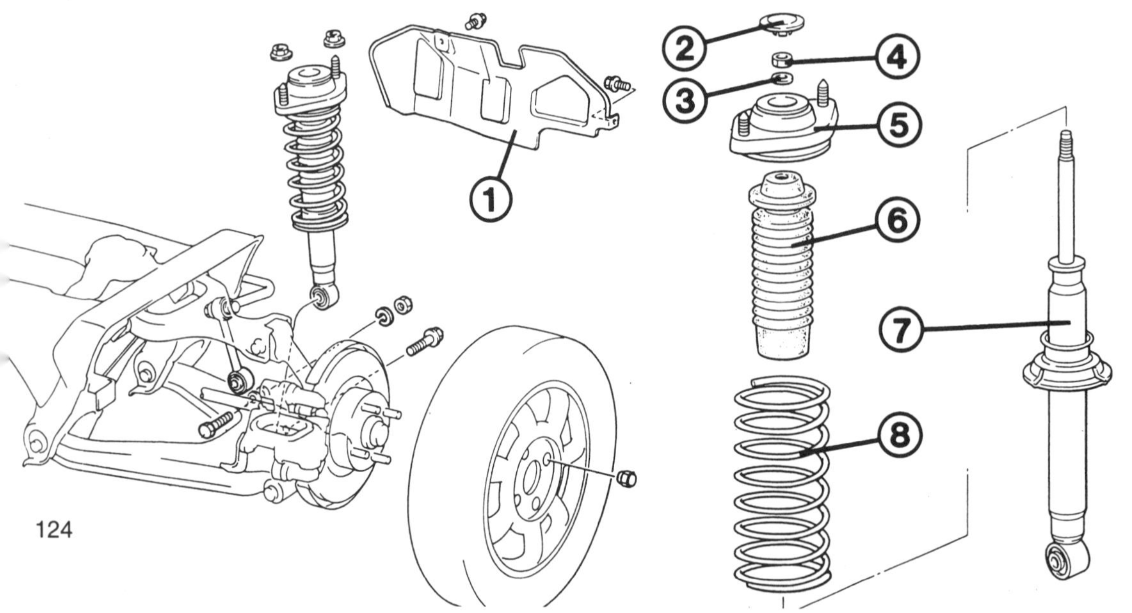

Bevor Sie an das linke hintere Federbein gelangen, müssen Sie die Kofferraumabdeckung (1) ausbauen. Weiter bedeuten:
2 – Abdeckung;
3 – Unterlegscheibe;
4 – zentrale Haltemutter;
5 – Federbeinlager;
6 – Anschlagpuffer;
7 – Stoßdämpfer;
8 – Schraubenfeder.

Links: Beim Zusammenbau eines Federbeins den Anschlagpuffer (1) wie hier gezeigt am Stoßdämpfer (2) montieren.
Rechts: Bei abgenommener Kofferraumverkleidung sehen Sie den oberen Befestigungspunkt des Federbeins:
1 – Haltemutter des Federbeinlagers (2);
3 – zentrale Haltemutter des Stoßdämpfers (darf nur nach Ansetzen von Federspannern gelöst werden).

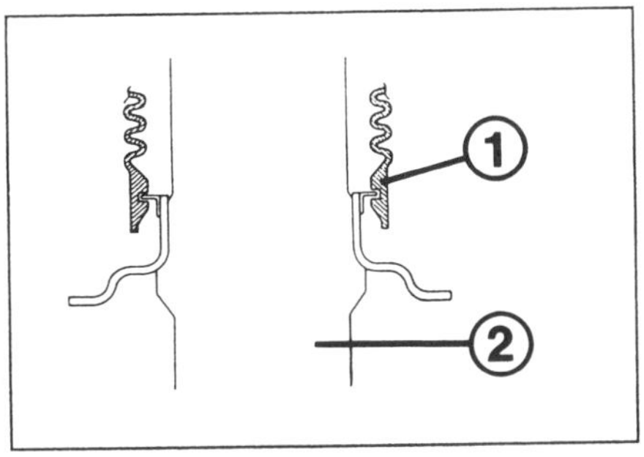

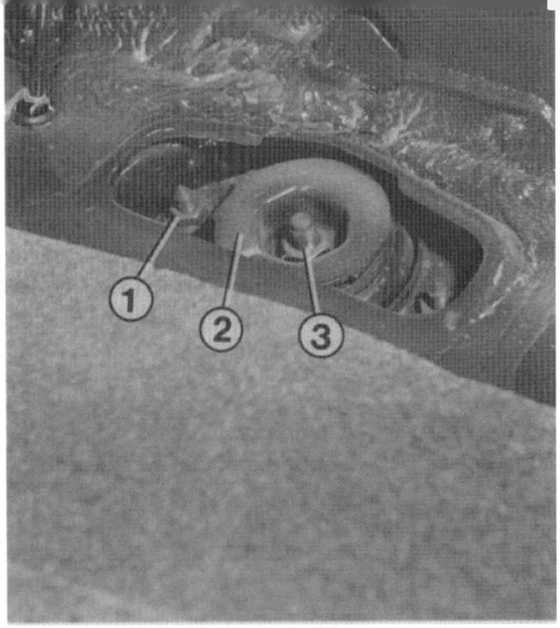

Links: Der hintere Stabilisator (1) ist oben mit einer Schraubverbindung (2) an die Koppelstange (3) und diese unten am Dreieckslenker (5) ebenfalls mit einer Schraubverbindung (4) verbunden.
Rechts: Der Stabilisator hinten (3) ist beidseitig mit Halteschellen in Gummilagern (2) am hinteren Querträger angeschraubt (1).

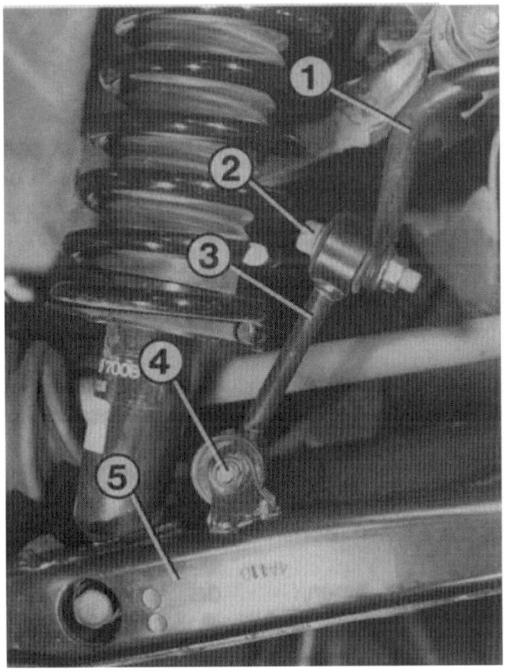

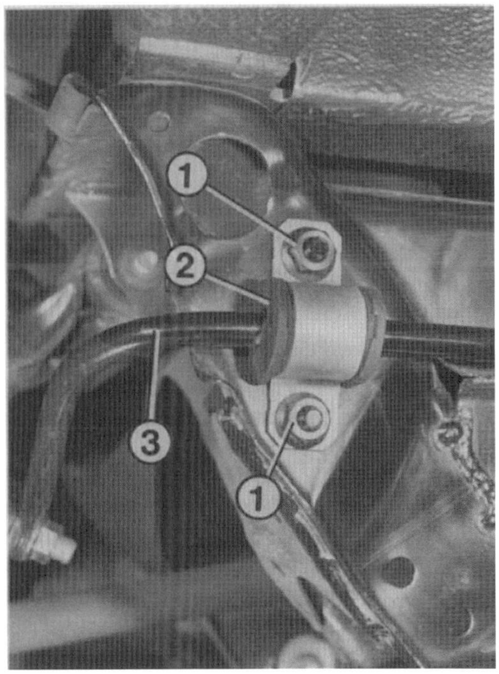

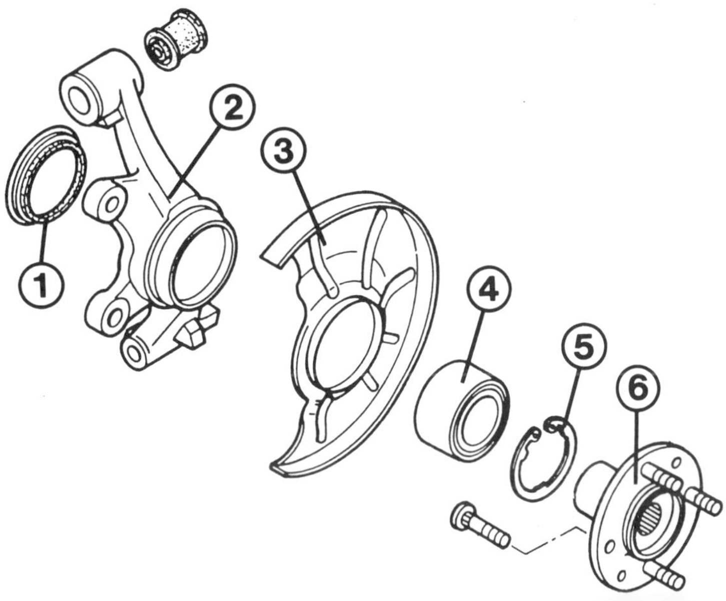

Die Einzelteile von Radnabe und Achsschenkel:
1 – Dichtring;
2 – Achsschenkel;
3 – Schutzblech;
4 – Radlager;
5 – Sicherungsring;
6 – Radnabe.

teile, die zur Stabilisatorbefestigung gehören: die Stabi-Lager sowie die Lager der Koppelstangen.

● Zum Einbau neuer Stabilisator-Gummilager diese zum Aufschieben mit Glyzerin oder Schmierseife bestreichen. So lassen sie sich leichter montieren.

● Das Gummilager auf die Markierung am Stabilisator ausrichten.

● Stabilisator mit seiner Halterung mit **20 Nm** befestigen.

● Die Koppelstange erst unten am Dreieckslenker und dann am Stabilisator mit **40–55 Nm** befestigen. Hinweise unter »Vorderradaufhängung zerlegen« beachten.

Unteren Dreieckslenker ausbauen

Vor dem Lösen der beiden Einstellschrauben am Dreieckslenker mit Farbe eine Markierung Schraube/Achsträger anbringen, damit die Einstellung Sturz/Nachlauf hinterher noch stimmt. Sicherheitshalber bei einer Mazda-Werkstatt Sturz/Nachlauf kontrollieren und ggf. einstellen lassen.

● Wagen hinten aufbocken. Betreffendes Rad abnehmen.

● Koppelstange, Stoßdämpfer und Achsschenkel am Dreieckslenker abschrauben, siehe vorangegangene Abschnitte.

● Beide Halteschrauben der Dreieckslenkerlager am Querträger losdrehen, Lenker abnehmen.

● Beim **Einbau** des Dreieckslenkers muß der Schraubenkopf der vorderen Schraube in Fahrtrichtung nach hinten und der Schraubenkopf der hinteren in Fahrtrichtung nach vorne zeigen.

● Die Verschraubung Dreieckslenker/Querträger entsprechend den Markierungen ausrichten und mit **75–95 Nm** festziehen. Hinweise unter »Vorderradaufhängung zerlegen« beachten.

● Sturz/Nachlauf in der Mazda-Werkstatt kontrollieren und ggf. einstellen lassen.

Oberen Dreieckslenker ausbauen

● Wagen hinten aufbocken. Betreffendes Rad abnehmen.

● Achsschenkel am Dreieckslenker lösen.

● Halteschrauben am Dreieckslenker/Querträger lösen.

● Lenker abnehmen.

● Beim **Einbau** des Dreieckslenkers muß der Schraubenkopf der vorderen Schraube in Fahrtrichtung nach hinten und der Schraubenkopf der hinteren in Fahrtrichtung nach vorne zeigen.

● Neue Federringe und Muttern verwenden.

● Die Mutter wird mit **45–65 Nm** angezogen. Hinweise unter »Vorderradaufhängung zerlegen« beachten.

<u>Fingerzeig:</u> Die Gummi/Metall-Lager im Dreieckslenker auf Risse oder sonstige Beschädigungen kontrollieren. Die Lager können nur mit Werkstattmitteln ausgetauscht werden.

Radlager ausbauen

Das Radlager ist mit der Radnabe in den Achsschenkel eingepreßt. Wenn es ersetzt werden soll, muß die Werkstatt das alte Lager aus- und das neue einpressen.

● Haltemutter der Antriebswelle bei auf dem Boden stehendem Fahrzeug lösen.

● Wagen hinten aufbocken und Rad abnehmen.

● Bremssattel vom Achsschenkel abschrauben und Bremsscheibe abnehmen (Kapitel »Die Bremsanlage«).

● Oberen und unteren Dreieckslenker vom Achsschenkel trennen.

● Radnabe aus dem Achsschenkel auspressen.

● Das Schutzblech der Scheibenbremse bleibt montiert, andernfalls muß ein neues Blech montiert werden.

● Federsicherungsring mit einer Sicherungsringzange aus dem Achsschenkel nehmen.

● Radlager abpressen.

● **Einbau:** Das Radlager wird ohne die Radnabe in den Achsschenkel eingepreßt.

● Sicherungsring in den Achsschenkel einsetzen.

● Radnabe in das Radlager im Achsschenkel einpressen.

● Zusammenbau in umgekehrter Reihenfolge.

● Zum Verstemmen der neuen (!) Mutter der Antriebswelle mit einem stumpfen Meißel oder Schraubendreher den Bund der Mutter an einer Stelle in der Nut am Achszapfen 4 mm tief einbeulen.

Anhaltehilfe

Beim Druck auf das Bremspedal wird die Bewegungsenergie des Autos – einem physikalischen Gesetz gemäß – durch die Reibung an den Bremsscheiben in Wärme umgewandelt. Weil Reibung aber gleichzeitig Verschleiß bedeutet, müssen die Bremsen regelmäßig kontrolliert werden.

Eigenarbeiten an der Bremse

Von der richtigen Funktion der Bremsen im Mazda hängt Ihr Leben ab. Das sollten Sie sich stets vor Augen halten, wenn Sie Reparaturen daran ausführen wollen. Muten Sie sich also nicht zu viel zu. Andererseits ist bei der Bedeutung der Bremsen keine Kontrolle zu viel. Auch wenn Sie regelmäßig die Werkstatt besuchen, sehen gerade in diesem speziellen Fall vier Augen mehr als zwei. Durch gezielte Kontrollen, nicht aber durch unsachgemäße Reparaturen können Sie dazu beitragen, die Verkehrssicherheit Ihres Wagens zu erhalten und so sich selbst zu schützen. Was Sie selbst tun können, ist hier im Buch behandelt. Alle anderen Arbeiten sollten Sie der Werkstatt überlassen.

So funktionieren die Bremsen

○ Etwas Physik-Unterricht gefällig? Das Pascal'sche Gesetz besagt, daß ein Druck, der auf eine eingeschlossene Flüssigkeit ausgeübt wird, sich nach allen Richtungen gleichmäßig fortpflanzt. Genauso geschieht es in der Bremsanlage. Beim Tritt auf das Bremspedal preßt eine mit dem Pedal verbundene Druckstange zwei hintereinanderliegende Kolben in den **Hauptbremszylinder** (im Motorraum).
○ Die Kolben übertragen die Kraft auf die dort eingeschlossene **Bremsflüssigkeit**. Der so entstehende hydraulische Druck in der Bremsflüssigkeit gelangt über Rohr- und Schlauchleitungen zu den **Radzylindern** in den **Bremssätteln**.
○ In diesen drücken Kolben die **Bremsklötze** gegen die **Bremsscheiben**.
○ Der Flüssigkeitsdruck gelangt an die Radbremszylinder in zwei voneinander unabhängigen Leitungssystemen, und zwar getrennt für die Vorderachse und die Hinterachse (Zweikreisbremse). Falls ein Bremskreis ausfallen sollte, bleiben so die Vorderachse bzw. die Hinterachse bremsfähig.

Fingerzeige: Der Ausfall eines Bremskreises verursacht einen tüchtigen Schreck, denn Sie können das Pedal fast bis zum Bodenblech durchtreten, außerdem ist ein wesentlich höherer Pedaldruck nötig. Auch der Anhalteweg wird länger – bei Ausfall des hinteren Bremskreises nur gering, bei ausgefallenen Vorderradbremsen dagegen dramatisch.

Die Bremsflüssigkeit

Die gelbliche Mischung aus Glykol, Polyglykoläther und ein paar weiteren Bestandteilen greift die Metall- und

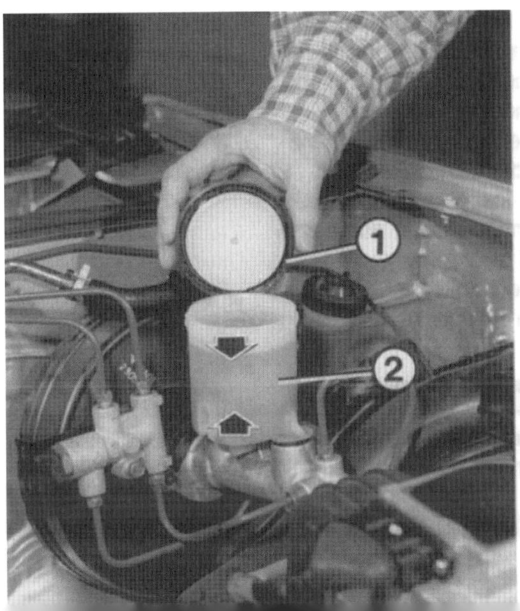

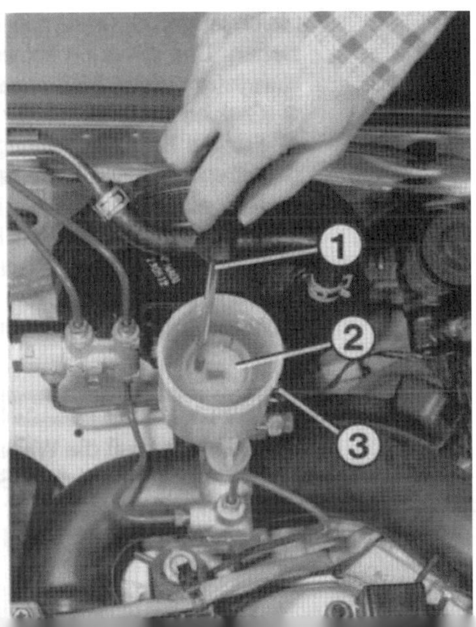

Links: Am Vorratsbehälter (2) für die Bremsflüssigkeit ist hier der Deckel (1) abgenommen. Die Pfeile deuten auf die »MIN«- und »MAX«-Markierungen am Behälter.
Rechts: Zur Kontrolle der Warnleuchte für den Flüssigkeitsstand wird hier der Schwimmer (2) mit einem Schraubendreher (1) heruntergedrückt. Positon »3« zeigt auf den Steckanschluß zur Leuchte.

Gummiteile der Bremsanlage nicht an. Sie bleibt selbst bei −40° C noch ausreichend dünnflüssig, und sie hat trotz ihrer Dünnflüssigkeit den extrem hohen Siedepunkt von ca. 260° C.
Aber die Bremsflüssigkeit hat auch unangenehme Eigenschaften: Sie ist gegen Autolack aggressiv und im übrigen auch noch giftig. Besonders gefährlich ist aber die Tatsache, daß sie gern Wasser aufnimmt, sie ist »hygroskopisch«. Wasser – oder besser Luftfeuchtigkeit – kann tatsächlich in die Bremsflüssigkeit gelangen: Über den Vorratsbehälter sowie durch mikroskopische Undichtigkeiten an den Bremsschläuchen und Gummimanschetten. Solche Wasseraufnahme führt nicht nur zu Korrosion an den Metallteilen der Anlage, sondern bewirkt ein rapides Absinken des Siedepunkts.
Das ist bei starker Beanspruchung der Bremsen (Paßabfahrt, evtl. noch mit Anhänger, häufige Vollbremsungen auf der Autobahn) gefährlich, weil sie sich dann sehr stark aufheizen. In der Nähe der erhitzten Bremsen können sich Dampfblasen in der Hydraulikflüssigkeit bilden. Die lassen sich zusammenpressen – das Bremspedal kann tief durchgetreten werden; manchmal tritt man sogar ins Leere! In diesem Fall kann bisweilen noch schnelles Pumpen mit dem Bremspedal helfen. Besonders gefährlich ist dieser Effekt nach dem Abstellen des Wagens nach starker Bremsbeanspruchung. Mangels Fahrtwind heizt sich die Bremsenumgebung noch stärker auf; die höchste Temperatur herrscht nach etwa 15 Minuten Standzeit. Erst nach etwa einer halben Stunde ist wieder die normale Bremsflüssigkeitstemperatur erreicht.
Vorbeugend schreibt der Wartungsplan daher den Wechsel der Bremsflüssigkeit alle zwei Jahre vor.
Bremsflüssigkeit muß der Spezifikation FMVSS 116 **DOT 3** entsprechen. Alle mit DOT 3 oder DOT 4 gekennzeichneten Bremsflüssigkeiten können gefahrlos gemischt werden.

Bremsflüssigkeitsstand prüfen

Ständige Kontrolle

Bedingt durch die Scheibenbremsen sinkt der Flüssigkeitsstand auch bei völlig intakter Bremsanlage mit zunehmender Kilometerleistung. Denn die im Durchmesser verhältnismäßig großen Kolben der Scheibenbrems-Radzylinder wandern mit den verschleißenden Belägen weiter heraus, und mehr Flüssigkeit fließt nach. Ein gewisses, langsames Absinken der Bremsflüssigkeit muß also nicht unbedingt alarmierend sein.
Wenn Sie wissen, wie hoch die Bremsflüssigkeit bei neuen und abgenutzten Scheibenbremsbelägen steht, läßt sich am Niveau der hydraulischen Flüssigkeit sogar ablesen, wie weit die Beläge abgenutzt sind. Werden neue Scheibenbremsbeläge eingesetzt, müssen die Kolben in den Bremssätteln zurückgedrückt werden, wodurch der Flüssigkeitsstand im Behälter wieder ansteigt. Wurde unnötigerweise bei abgefahrenen Belägen Bremsflüssigkeit aufgefüllt, kann diese beim Zurückdrücken der Kolben durch die Belüftungslöcher im aufgeschraubten Deckel austreten.

- Links hinten im Motorraum, direkt auf dem Hauptbremszylinder, sitzt der Bremsflüssigkeitsbehälter.
- Im weißlich durchscheinenden Behälter soll die Bremsflüssigkeit zwischen den Markierungen »MIN« und »MAX« stehen.
- Ist der Flüssigkeitsstand auffallend gesunken, was auch durch eine Warnleuchte am Armaturenbrett angezeigt wird, muß die Bremsanlage auf undichte Stellen kontrolliert werden.

Bremsen prüfen

Ständige Kontrolle

- Zuerst eine Vollbremsung bei Schrittgeschwindigkeit.
- Am Gummiabrieb auf der Straße sehen Sie bei gleich langen Spuren, daß die Bremsen gleichmäßig ziehen. Das gilt auch für einen Mazda mit Antiblokkiersystem, denn ABS regelt unter ca. 5 km/h nicht.
- Gleiche Prüfung mit der Handbremse.
- Für die Bremsenprüfung bei höheren Geschwindigkeiten brauchen Sie eine ebene Strecke.
- Nun aus etwa 50 km/h bei losgelassenem Lenkrad, aber mit griffbereiten Händen zuerst sanft und dann scharf bis zum Stillstand abbremsen.
- Zieht der Wagen etwa nach links, ist eine der rechten Radbremsen nicht in Ordnung. Das Auto zieht in Richtung des stärker gebremsten Rades.
- Lassen Sie den Mazda ein schwaches Gefälle hinunterrollen, um festzustellen, ob die Räder leichtgängig sind.
- Nach der Probefahrt machen Sie die Handprobe:
- Ist eine Felge auf der einen Wagenseite wärmer als auf der anderen Seite?
- Ursachen für alle Bremsenmängel siehe »Störungsbeistand« am Ende des Kapitels.

Bremsanlage auf Undichtigkeiten und Beschädigungen prüfen

Wartung Nr. 19

Zur Kontrolle muß die Wagenunterseite trocken sein, damit Sie undichte Stellen erkennen können. Bremsflüssigkeit kriecht auch unter Schmutz. Feuchtdunkle Stellen oder schwarzer Schmutz lassen eine Undichtigkeit vermuten.

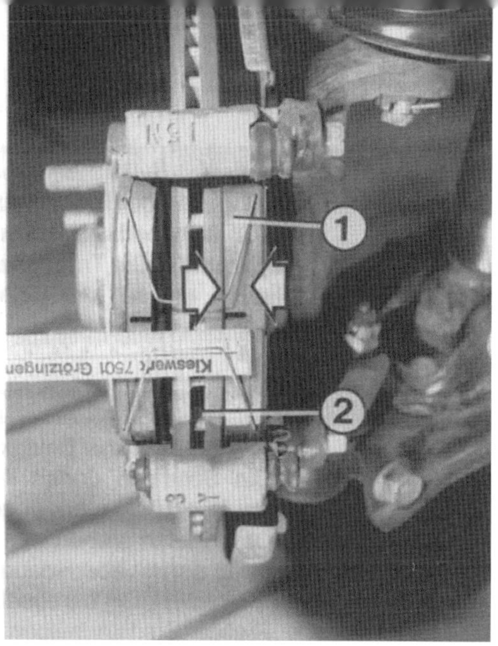

Links: Zum Lösen des Bremssattels (1) wird die untere Halteschraube (2) aus der Bremssattelstütze (3) herausgedreht.
Rechts: Die Rest-Belagstärke (zwischen den Pfeilen) können Sie am genauesten bei abgenommenem Rad erkennen. Legen Sie einen Zollstock an der Bremsscheibe (2) an und messen Sie den Abstand zum Belagträger (1).

- Kontrollieren Sie sämtliche Anschluß- und Verbindungsstellen sowie die Bremssättel.
- Die Bremsschläuche dürfen weder feucht noch aufgequollen oder angescheuert sein. Sonst auswechseln.
- Die Bremsleitungen sind zum Schutz gegen Rost mit einer Schutzschicht überzogen. Wird diese Schicht beschädigt, kann es zu Rostansatz kommen.
- Die Leitungen nie mit Schraubendreher, Schmirgelleinen oder Drahtbürste säubern, sondern Kaltreiniger nehmen.
- Ist die Schutzschicht beschädigt, soll Rostschutzgrundierung dünn aufgestrichen werden.
- Leitungen mit Rostnarben und solche, die plattgedrückt sind, müssen ersetzt werden.
- Sind Schutzkappen auf allen Entlüftungsventilen? Sie sitzen an den Bremssätteln.
- Die Bremsdruckprobe können Sie provisorisch selbst machen: Treten Sie mit voller Kraft aufs Bremspedal.
- Es darf auch nach einigen Minuten der vollen Belastung nicht nachgeben, sonst ist eine der Manschetten im Hauptbremszylinder defekt.
- Durch die undichte Manschette sinkt der Flüssigkeitsstand im Behälter nicht, sondern die unter Druck gesetzte Flüssigkeit mogelt sich an einem Kolben des Hauptbremszylinders vorbei auf die drucklose Seite.
- Gewisse undichte Stellen an den Kolbenmanschetten lassen sich allerdings nur bei einer genauen Druckprüfung in der Werkstatt ermitteln.

Die vorderen Scheibenbremsen

Zusammen mit jedem Vorderrad dreht sich eine Stahlscheibe frei im Luftstrom. Sogenannte Bremssättel umfassen sattelförmig die Scheiben. Beim Tritt auf das Bremspedal drücken Kolben die Bremsbeläge gegen die Scheiben – es wird gebremst.
Durch den Fahrtwind werden die Scheibenbremsen ständig gekühlt. Zusätzlich sind die vorderen Bremsscheiben innenbelüftet: Im Umfang der Bremsscheibe sitzen große Aussparungen, die Luft wegschaufeln und so die Kühlung noch verbessern. Belagabrieb wird gleich weggeblasen, und ohne besondere Mechanik stellen sich die Scheibenbremsen selbst nach.

Faustsattelbremsen

Bei den Scheibenbremsen vorn und auch hinten handelt es sich um sogenannte Faustsattelbremsen. Der Bremssattel sieht wie eine geballte Faust aus. Der Bremskolben im Zylindergehäuse drückt den inneren Belag gegen die Bremsscheibe, wodurch das Zylindergehäuse in seiner Führung herübergezogen und der Bremsklotz auf der anderen Seite ebenfalls gegen die Scheibe gepreßt wird. Es wird also nur ein Bremskolben pro Radbremse benötigt.

Fingerzeige: Bei Regen wird die offen liegende Bremsscheibe kräftig geduscht, weshalb die Bremswirkung einen Sekundenbruchteil verspätet einsetzt. Die Feuchtigkeit zwischen Bremsscheiben und -klötzen muß erst zum Verdampfen gebracht werden.
In streusalzreichen Wintern tritt diese Erscheinung verstärkt auf, unter ungünstigen Umständen spricht die Bremse überhaupt nicht an. Die auf Bremsbelägen und -scheiben sitzende Salzschicht muß beim Bremsen erst abgeschliffen werden. Bei Fahrten in streusalzhaltigem Tauwasser die Bremsen immer wieder mal ein paar Sekunden lang warmbremsen. Regen- oder tauwassernasse Bremsen sollten Sie vor mehrtägigem Abstellen des Wagens »trockenfahren«. Es genügt, die letzten hundert Meter Wegstrecke mit dauernd leicht getretenem Bremspedal zu fahren.

Stärke der Scheibenbremsbeläge vorn messen

Wartung Nr. 29

Die Kontrolle der Bremsbelagstärke ist nur bei abgenommenen Rädern möglich.

● Die **Mindestbelagstärke** beträgt **1 mm ohne Trägerplatte**. Die Trägerplatte selbst – also das Metallstück, auf das der Belag geklebt ist – hat eine Stärke von ca. 5 mm.

● Meterstab am Belag anlegen und messen, wie im Bild auf der Vorseite gezeigt. Bremsbelag auf der Innenseite nicht vergessen.

Zustand der Bremsscheiben kontrollieren

Wartung Nr. 30

Wenn die Räder zur Belagkontrolle abgenommen sind, prüft man auch den Zustand der Bremsscheiben.

● Die Scheiben dürfen keine tiefen Rillen (durch Schmutz oder zu stark abgefahrene Beläge) aufweisen. Die Riefen graben sich in neue Bremsbeläge tief ein, was deren Lebensdauer wesentlich verkürzt und die Bremswirkung herabsetzt.

● Riefige Bremsscheiben können auf einer Drehbank nachgearbeitet werden, wenn sie nicht durch lange Laufzeit auf das zulässige Mindestmaß »abgemagert« sind.

● Neue Bremsscheiben sind an der Vorderachse beim 1,6-Liter 18 mm, beim 1,9-Liter 20 mm und an der Hinterachse bei allen Modellen 9 mm stark.

● Ist das **Mindestmaß** erreicht, müssen die Scheiben paarweise ausgetauscht werden. Die entsprechenden Maße lauten 1,6-Liter vorn 16 mm, 1,9-Liter vorn 18 mm, alle hinten 7 mm.

● Eine bläuliche Verfärbung der Bremsscheibe ist ohne Bedeutung.

Arbeiten an den vorderen Scheibenbremsen

Bremsbeläge erneuern

Grundsätzlich müssen rechts und links beide Beläge ausgetauscht werden. Im Bremsbelagsatz von Mazda sind außer den Belägen neue Belagführungen und Wärmeschutzbleche enthalten.

Weil die Kolben in den Bremssätteln mit zunehmendem Verschleiß der Beläge weiter herauswandern, müssen sie vor dem Einsetzen neuer, dicker Beläge zurückgedrückt werden. Hierbei wird die Bremsflüssigkeit durch die Leitungen in den Vorratsbehälter gepreßt. Haben Sie in der Zwischenzeit unnötigerweise Bremsflüssigkeit nachgefüllt, muß das Zuviel jetzt mit einer sauberen Pipette oder Spritze abgesaugt werden. Andernfalls greift die am Vorratsbehälter austretende Bremsflüssigkeit umliegende lackierte Teile im Motorraum an.

● Wagen vorn aufbocken und sichern.

● Rad abnehmen.

● Lenkung einschlagen, damit die Beläge gut zugänglich sind.

● Untere Sechskantschraube des Bremssattelgehäuses an der Bremssattelstütze herausdrehen.

● Bremssattel nach oben schwenken und in dieser Stellung mit Draht oder einer Schnur am Federbein aufhängen.

● Belaghaltefedern oben und unten aus dem Belagträger herausziehen.

● Beläge rechts und links aus den Führungsschienen nehmen.

● Kolben im Bremssattel mit einer Schraubzwinge zurückdrücken.

● Damit der Kolben nicht verkantet oder beschädigt wird, auf den Anlagering ein kleines Brettchen legen.

● Beim Einbau erst das Wärmeschutzblech auf die Beläge clipsen, neue Belagführungen auf die Sattelstütze legen.

● Der innere Belag besitzt unten eine Haltefeder. Die Beläge erst unten und anschließend oben einsetzen.

● Bremssattel montieren.

● Befestigungsschraube mit **45–55 Nm** anziehen.

● **Achtung!** Nach dem Zusammenbau das **Bremspedal mehrmals treten**, bis die Beläge an den Bremsscheiben anliegen. Sonst ist keine Bremswirkung vorhanden!

Fingerzeig: Mit neuen Bremsbelägen sollten Sie auf den ersten 500 km nur behutsam bremsen, wenn möglich. Gewaltbremsungen gleich zu Anfang führen zu Brandstellen im Belag. Er erreicht nicht die günstigste Bremsverzögerung und verhärtet – »verglast«, wie der Fachmann sagt.

Bremssattel und -kolben gängig machen

Durch Korrosion an den Gleitflächen des Bremssattels kann dieser schwergängig werden. Eine defekte Kolbenmanschette bewirkt, daß der Kolben im Bremssattel durch Schmutz und Korrosion festgeht.

● Bremsbeläge ausbauen.

● Kontrollieren Sie, ob sich die Beläge in ihren Führungen leicht bewegen lassen.

● Andernfalls Führungen blank schleifen oder neue Führungen einsetzen. Dabei Kolbenmanschette nicht beschädigen.

● Zur Kontrolle, ob der Kolben leichtgängig ist, eine Schraubzwinge mit zwischengelegtem Holzstück als Anschlag für den Kolben ansetzen (siehe »Scheibenbremsbeläge erneuern«), damit der Kolben nicht zu weit herausgleiten kann.

● Bremspedal von Helfer vorsichtig treten lassen. Bewegt sich der Kolben?

● Kommt der Kolben nicht heraus, so lange mit dem Bremspedal pumpen, bis sich der Kolben bewegt.

Links: Nach Abnahme des Bremssattels (1) werden die Belaghaltefedern (2) aus dem Belagträger (3) herausgenommen.
Rechts: Zum Zurückdrücken des Bremskolbens in das Bremssattelgehäuse (2) ist eine Schraubzwinge (3) das am besten geeignete Werkzeug. Als Schutz für den Kolben dient hier eine zwischengelegte Metallplatte (1).

Links: Vor dem Einbau der Bremsbeläge müssen die Belagführungen (2) auf die Bremssattelstütze (1) gelegt werden.
Rechts: Bei eingelaufender Bremsscheibe sollten Sie die Innenkante (Pfeil) am neuen Belag mit einer Feile leicht anschrägen. Dann liegen die Beläge gleich voll an der Bremsscheibe an, was die Bremswirkung verbessert.

Links: Am inneren Belag ist hier die untere Haltefeder (2) und das Wärmeschutzblech (1) zu sehen.
Rechts: Zum Ausbau der Bremsscheibe wird die Bremssattelstütze (1) am Achsschenkel losgeschraubt (Pfeile).

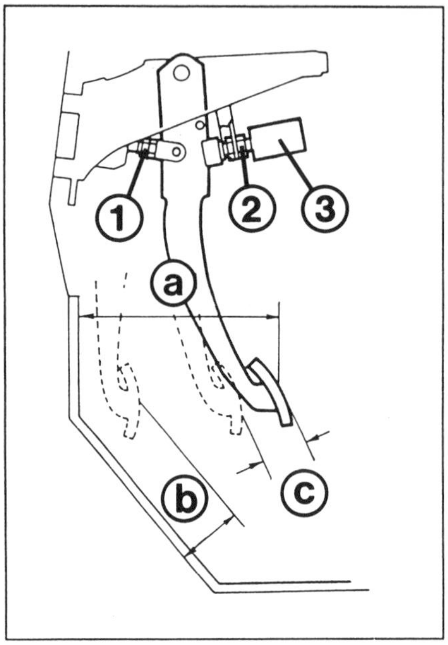

Links: Nach Abbau der Bremssattelstütze kann die Bremsscheibe (1) abgezogen werden. Rechts: In der Zeichnung sehen Sie die verschiedenen Bauteile und Begriffe zum Einstellen des Bremspedals. Es bedeuten:
1 – Bremsdruckstange mit Sicherungsmutter;
2 – Sicherungsmutter;
3 – Bremslichtschalter.
a – Pedalhöhe (Pedalweg) zur Spritzwand;
b – Pedalabstand zum Boden;
c – Pedalspiel.

- Kolben zurückdrücken, wie unter »Scheibenbremsbeläge erneuern« beschrieben.
- Dieses Spiel so lange wiederholen, bis sich der Kolben leichtgängig bewegt.
- Seitenflächen des Kolbens mit Ate-Bremspaste bestreichen.

Bremssattel vorn ausbauen

- Rad abschrauben.
- Bremsbeläge ausbauen.
- Halteschrauben des Bremssattels an der Sattelstütze losdrehen.
- Bremssattel mit angeschraubtem Bremsschlauch so aufhängen, daß der Schlauch nicht unter Spannung steht.
- Oder Bremsschlauch abschrauben.
- Bremspedal niederdrücken und -halten, um Auslaufen von Bremsflüssigkeit zu verhindern.
- Beim Einbau die Schrauben mit **45–55 Nm** festziehen.
- Bremsschlauch ggf. wieder festschrauben und Bremsanlage entlüften.
- Bei nicht abgenommenem Bremsschlauch **Bremspedal** vor den ersten Metern Fahrt **mehrfach durchtreten**, bis sich normales Pedalspiel einstellt.

Bremskolbenmanschette wechseln

Wurde die Bremskolbenmanschette im Bremssattel beschädigt, müssen Sie baldigst für Ersatz sorgen, sonst klemmt bald der Bremskolben aufgrund von Schmutz und Korrosion. Die Manschette gibt's nur zusammen mit dem Bremskolben-Dichtring zu kaufen. Zum Einbau beider Teile muß der Kolben im Bremssattelgehäuse herausgedrückt werden. Aus Sicherheitsgründen sollten Sie diese Arbeit in der Werkstatt durchführen lassen. Eventuell Bremssattel selbst ausbauen und zur Reparatur bringen.

Bremsscheibe vorn ersetzen

Bremsscheiben müssen grundsätzlich beidseitig erneuert werden. Einseitiger Wechsel kann ungleiche Bremswirkung zur Folge haben.

- Bremssattel abschrauben und mit Draht oder Halteschnur an der Karosserie befestigen; die Hydraulikleitung bleibt angeschlossen.
- Zwei Schrauben der Sattelstütze am Achsschenkel herausdrehen.
- Die Bremsscheibe kann nun von Hand von der Radnabe abgezogen werden.
- Ist sie festgerostet, mit kräftigen Hammerschlägen nachhelfen – aber nur, wenn die Scheibe ohnehin gewechselt wird.
- Vor dem **Einbau** der neuen Bremsscheibe die Anlagefläche an der Radnabe säubern.
- Sattelstütze am Achsschenkel mit **50–70 Nm** festziehen.

Bremspedalweg prüfen

Wartung Nr. 3

- Bremspedal mehrmals treten, bis der gesamte Unterdruck des Bremskraftverstärkers abgebaut ist.
- Drücken Sie das Bremspedal von Hand nieder, bis ein Widerstand spürbar wird.
- Der **Leerweg** soll **höchstens 4–7 mm** betragen.
- Längerer Pedalweg kann durch verklemmte Bremsbeläge oder einen festgerosteten Bremssattel verursacht werden – kontrollieren.
- Ist kein Fehler zu erkennen, muß das Pedalspiel (Leerweg) eingestellt werden.

Bremspedalweg einstellen

- Stecker am Bremslichtschalter abziehen.
- Sicherungsmutter am Bremslichtschalter lösen und den Schalter linksdrehen, bis er das Bremspedal nicht mehr berührt.

● Sicherungsmutter an der Bremsdruckstange lösen.
● Durch Verdrehen der Druckstange wird die Pedalhöhe eingestellt. Sie muß – gemessen von der Spritzwand zur Mitte des Pedalgummis **171–181 mm** betragen.
● Sicherungsmutter der Druckstange anschließend wieder festziehen.
● Bremslichtschalter so weit verdrehen, bis er das Bremspedal berührt, danach noch eine ½ Umdrehung weiter und die Sicherungsmutter festziehen.

Pedalspiel einstellen

● Das Bremspedal mehrmals betätigen, bis der ganze Unterdruck des Bremskraftverstärkers abgebaut ist.
● Die Sicherungsmutter der Druckstange lösen, Druckstange so weit verdrehen, bis das Spiel **4–7 mm** beträgt.
● Sicherungsmutter wieder festziehen.

Pedalabstand einstellen

Der Pedalabstand zum Boden wird von der Mitte des Pedalgummis zum Bodenteppich gemessen. Der Abstand muß **95 mm** betragen. Ist der Pedalabstand zu klein, kommen folgende Ursachen in Frage:
○ Luft im Bremssystem – entlüften.
○ Automatische Selbstnachstellung der hinteren Scheibenbremsen funktioniert nicht – prüfen.
○ Bremsbeläge der Scheibenbremsen abgenutzt – erneuern.

Die hinteren Scheibenbremsen

Der MX-5 besitzt auch an der Hinterachse Scheibenbremsen; es handelt sich wie bei den Vorderrädern um Faustsättel. Zusätzlich zur hydraulischen Betätigung durch die Fußbremse kann die hintere Scheibenbremse auch über die Seilzüge der Handbremse bedient werden. Der Bremskolben wird über einen Hebel, in den der Bremszug eingehängt ist, durch eine Druckstange gegen den Belag gepreßt.

Wartung Nr. 29 und 30

Die Kontrolle des Belagverschleißes an den hinteren Scheibenbremsen geschieht auf gleiche Weise wie an den Vorderrädern. Bitte lesen Sie weiter vorn in diesem Kapitel nach. Gleichzeitig soll auch der Zustand der hinteren Bremsscheiben kontrolliert werden, wie beschrieben.

Hintere Scheibenbremsbeläge erneuern

● Hinterrad abschrauben.
● Das kugelförmige Seilzugende am Hebel der Handbremsbetätigung aushängen.
● An der Rückseite des Bremssattelgehäuses die Abdeckschraube losdrehen.
● Darunterliegende 4-mm-Innensechskant-Einstellschraube linksdrehen, damit der Kolben zurückfährt.
● Beim Zurückdrehen des Kolbens darauf achten, daß der Bremsflüssigkeitsbehälter nicht überläuft.
● Untere Halteschraube (SW 10) des Bremssattelgehäuses an der Sattelstütze (**nicht** am Achsschenkel) losdrehen.
● Schraube herausziehen, Bremssattelgehäuse nach oben schwenken und mit Draht oder Schnur im Radhaus befestigen.
● Beläge von den Führungen abnehmen. Dabei aufpassen daß die Spreizfeder oben nicht verloren geht.
● Beläge kennzeichnen, wenn sie wieder verwendet werden sollen, damit sie wieder an derselben Stelle eingebaut werden. Andernfalls könnte die Bremswirkung ungleichmäßig sein.
● Führungsschienen ggf. von Korrosionsansatz säubern, neue Führungen und Beläge einsetzen.
● Schraube des Bremssattel mit neuem Sicherungsring ansetzen und mit **45–60 Nm** anziehen.
● Handbremszug einhängen.
● Nach dem Einbau neuer Beläge muß die Grundeinstellung der Handbremse durchgeführt werden.
● Zuletzt **treten Sie mehrmals kräftig auf das Bremspedal**, damit die Beläge richtig an der Bremsscheibe anliegen.

Grundeinstellung der hinteren Scheibenbremsen

Wenn neue hintere Scheibenbremsbeläge montiert oder die hinteren Bremsscheiben ersetzt wurden, muß eine Grundeinstellung der Scheibenbremsen erfolgen.
● Wagen hinten aufbocken und mit eingelegtem Gang und Unterlegkeil an den Vorderrädern sichern.
● Handbremshebel nicht anziehen.
● Die Innensechskant-Einstellschraube (SW 4) im Uhrzeigersinn drehen, bis die Bremsscheibe sich nicht mehr drehen läßt.
● Einstellschraube ⅓ Umdrehung zurückdrehen.
● Handbremshebel mehrere Male anziehen und wieder lösen.
● Fußbremse mehrmals betätigen und kontrollieren, ob sich die Bremsscheiben ohne starke Schleifgeräusche durchdrehen lassen. Ggf. Einstellung wiederholen.
● Räder montieren und Wagen ablassen.

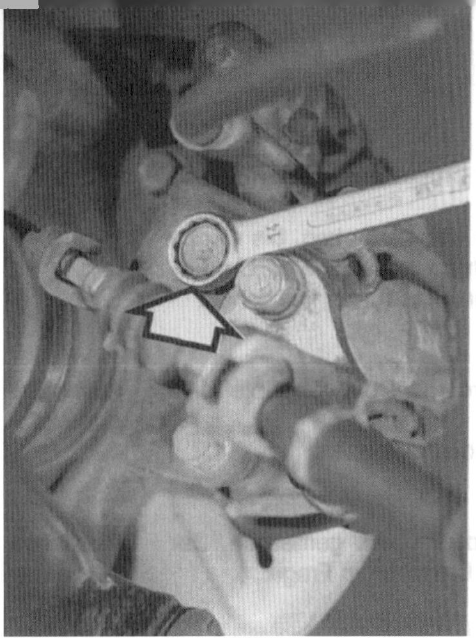

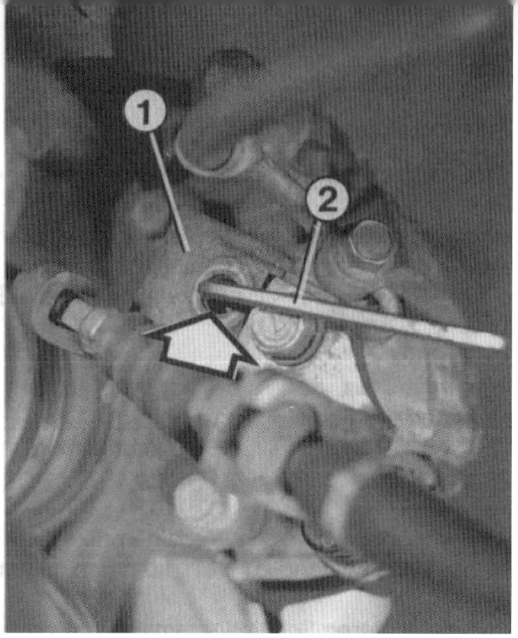

Links: An der hinteren Scheibenbremse ist die Abdeckschraube (Pfeil) gezeigt.
Rechts: Nach Abnahme der Abdeckschraube wurde hier der Innensechskantschlüssel (2) in die Bohrung (Pfeil) des Bremssattelgehäuses (1) gesteckt.

Bremssattelstütze ausbauen

- Bremsbeläge ausbauen.
- Handbremszug am Bremssattelgehäuse aushängen (siehe unter »Handbremszug wechseln«).
- Bremssattel so aufhängen, daß sein Bremsschlauch nicht unter Spannung steht, oder Bremsschlauch abschrauben.
- Bremssattelstütze vom Achsschenkel abschrauben.
- Beim Einbau die Schrauben der Bremssattelstütze mit **45–60 Nm** festziehen.
- Beläge einbauen, Bremsanlage ggf. entlüften und Grundeinstellung der hinteren Scheibenbremsen durchführen.

Bremskolbenmanschette auswechseln

Für das Auswechseln defekter Bremskolbenmanschetten an den hinteren Bremssätteln gilt dasselbe wie für die vorderen Sättel: Da das Bremssattelgehäuse ausgebaut und zerlegt werden muß, sollten Sie diese Arbeit aus Sicherheitsgründen in der Werkstatt durchführen lassen.

Bremsscheibe ausbauen

- Bremssattel lösen und nach oben schwenken.
- Beläge ausbauen.
- Ggf. zwei Kreuzschlitzschrauben lösen.
- Bremsscheibe abziehen.
- Nach dem Einbau Grundeinstellung der hinteren Scheibenbremsen durchführen.

Die Handbremse

Die Übertragung der Bremskraft erfolgt hier auf mechanische Weise. Wenn Sie am Handbremshebel ziehen, werden die beiden am Ausgleichsbügel (eine Art Wippe) eingehängten Bremsseile zu den Hinterrädern gespannt. Durch die Ausgleichswippe wird die Kraft beim Anziehen so gleichmäßig wie möglich an die hinteren Bremsen verteilt. Leichte Schwankungen im Reibwert der beiden Bremsseile gleicht die Wippe dabei aus.

○ Wird die Handbremse gezogen, wirken die Handbremsseile auf die Scheibenbremsen hinten über den Betätigungshebel, die Druckstange und den Nachstellmechanismus.

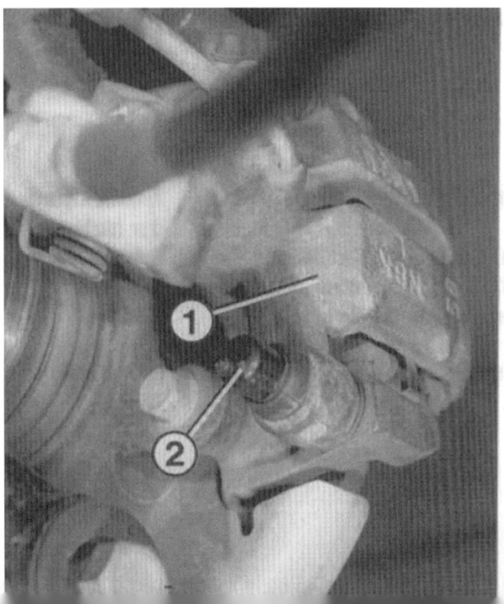

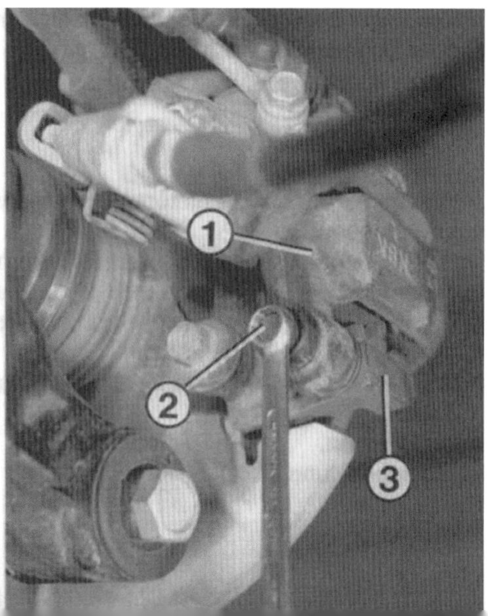

Links: Zum Lösen der unteren Schraube am Bremssattelgehäuse (1) muß die Abdeckkappe (2) abgezogen werden.
Rechts: Der Schraubenschlüssel ist an der unteren Halteschraube (2) des Bremssattelgehäuses (1) angesetzt. Mit Position »3« ist die Bremssattelstütze bezeichnet.

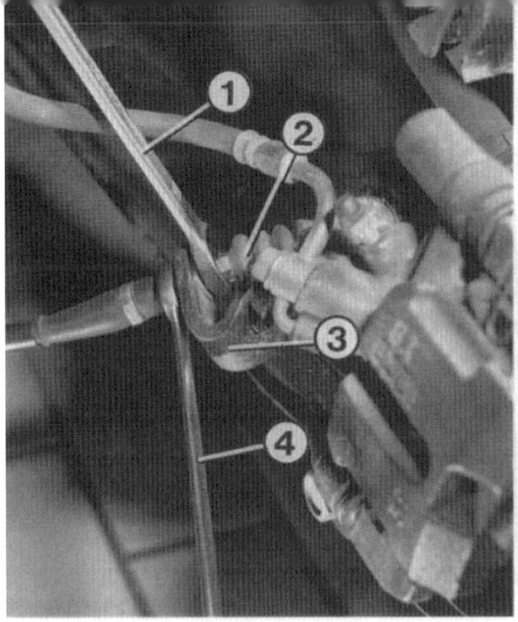

Links: Das Handbremsseil (2) ist mit einem Halter (3) am Bremssattelgehäuse befestigt. Hier ist ein Gabelschlüssel an der Einstell- und Kontermutter (1 und 4) angesetzt.
Rechts: Bei nach oben geschwenktem Bremssattelgehäuse (1) werden folgende Teile sichtbar:
2 – Spreizfeder;
3 – Belagführung;
4 – Beläge.

Links: Einbau der Bremsbeläge am hinteren Bremssattel (1):
2 – Spreizfeder;
3 – Belagführung;
4 – Wärmeschutzblech;
5 – äußerer Bremsbelag.
Rechts: Bei eingelaufender Bremsscheibe sollten Sie die Innenkante (Pfeil) am neuen Belag mit einer Feile leicht anschrägen. Dann liegen die Beläge gleich voll an der Bremsscheibe an, was die Bremswirkung verbessert.

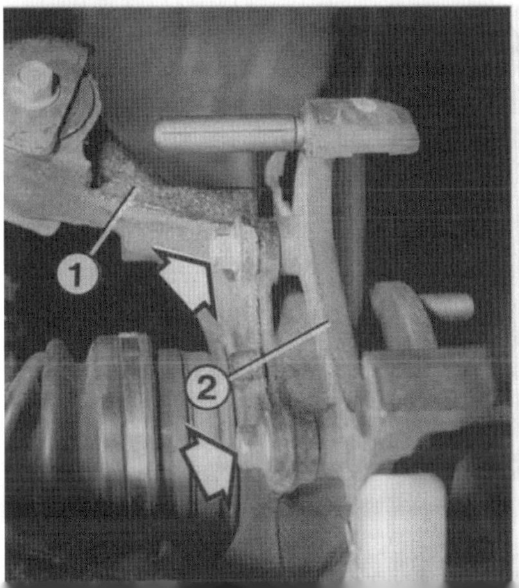

Links: Die Bremssattelstütze (2) ist mit zwei Schrauben (Pfeile) am Achsschenkel (1) angeschraubt.
Rechts: Zum Ausbau der hinteren Bremsscheibe (2) genügt es, den Bremssattel (1) nach oben zu schwenken.

Am Wagenboden sehen Sie hier den vorderen Handbremszug (1) mit dem nicht abnehmbaren Ausgleichsbügel sowie die Rückzugfeder (2), die Schutzhülle (3) und die Halteklammern (4) der hinteren Bremszüge.

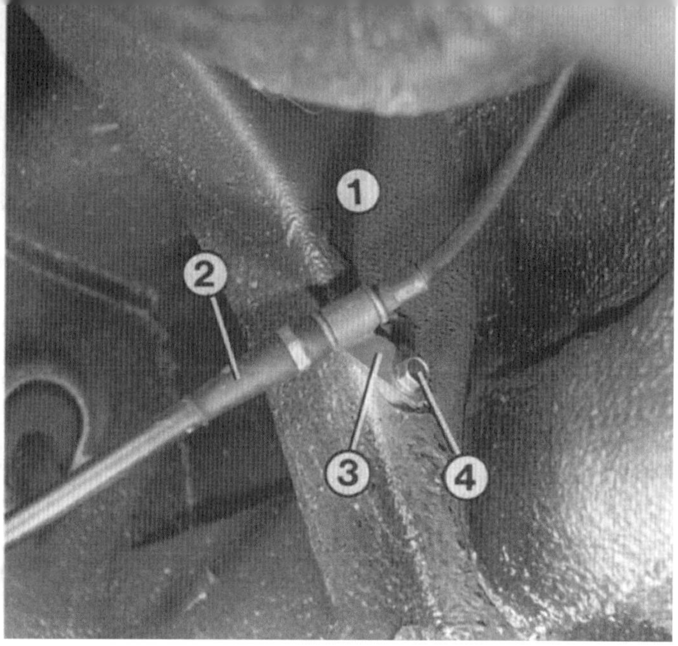

Der Handbremszug (2) ist an der Karosserie (1) mit einem Halter (3) befestigt. Position »4« zeigt die Halteschraube.

Leerweg des Handbremshebels prüfen

Wartung Nr. 4

Wird die Handbremse nahezu bei jedem Parken angezogen, längen sich die Handbremsseile im Laufe der Zeit. Wer andererseits die Handbremse nur selten benutzt, kann eines Tages mit Überraschung erleben, daß sie einseitig zieht – ein häufig auftretender Mangel bei der Hauptuntersuchung. Deshalb schreibt Mazda die Prüfung des Leerwegs für die Handbremse alle 20000 km vor. Sollten Sie aber zwischen den vorgeschriebenen Prüf-Intervallen feststellen, daß die Handbremse eine schlechte Bremswirkung zeigt, können Sie die Handbremse auch selbst nachstellen.

- Die Wirkung der Handbremse soll mit der **fünften Raste** des Hebels beginnen.
- Bei eingerastetem sechstem Zahn sollten die Hinterräder blockiert sein.
- Ist der Hebelweg länger, weist das auf gedehnte Handbremsseile hin.

Vorderen Handbremszug wechseln

- Wagen hinten aufbocken, Handbremse lösen.
- Einstellmutter am Handbremshebel losdrehen.
- Abdeckung des Handbremshebels losschrauben und abnehmen.
- Drei Halteschrauben des Handbremshebels losdrehen und Zug aushängen.
- Unter dem Wagen an der Wippe die Sicherungsklammern der Züge zu den Bremsscheiben ausclipsen und abnehmen.
- Zugfeder an der Wippe aushängen.
- Befestigung des Zuges am Mitteltunnel abschrauben und Zug herausnehmen.

So wird die Handbremse eingestellt: Handbremshebel in die 5. Raste ziehen und einen Gabelschlüssel an der Einstellmutter (1) ansetzen. Mit »2« ist die Arretierfeder bezeichnet.

Bremskraftverteilerventil (4) und Bremsdruckregelventil für die hintere Bremsleitung (1) sind kombiniert. Leitung »2« führt zu den vorderen Bremsen. 3 – Vorratsbehälter für Bremsflüssigkeit.

● Halteschrauben des Handbremshebels mit **25 Nm** festziehen.

● Nach dem Zusammenbau muß der Leerweg des Handbremshebels neu eingestellt werden.

● Wagen hinten aufbocken, Handbremse lösen.
● Einstellmutter am Handbremshebel losdrehen.
● An der Wippe die Sicherungsklammern der Züge ausclipsen und abnehmen.
● Zughalteöse an der Karosserie abschrauben.

Hintere Handbremszüge wechseln

● Handbremszug am Bremssattel aushängen und Zug abnehmen.
● Nach dem Zusammenbau muß der Leerweg des Handbremshebels neu eingestellt werden.

Handbremse einstellen

Diese Arbeit wird bei der im Rahmen der Wartungsarbeiten alle 20000 km oder nach dem Auswechseln des Handbremsseils ausgeführt.
● Wagen hinten so aufbocken, daß beide Hinterräder frei hängen.
● Bremspedal mehrmals kräftig treten.
● Verlängerung der Mittelkonsole ausbauen (Innenraum-Kapitel).
● Handbremshebel in die **fünfte Raste** ziehen.
● Rechts neben dem Handbremshebelgriff die Einstellmutter verdrehen, bis sich die Hinterräder nur noch schwer von Hand durchdrehen lassen.
● Handbremse lösen und prüfen, ob sich beide Räder ohne Widerstand durchdrehen lassen.
● Die Einstellmutter wird durch eine Klammer gesichert.
● Kontrollieren Sie, ob die Handbremswarnleuchte aufleuchtet, wenn der Handbremshebel eine Raste gezogen wird.

Der Bremskraftverstärker

Scheibenbremsen kommen mangels selbstverstärkender Wirkung nicht ohne Bremskraftverstärker aus, der die Pedalkraft um mehr als 60% verstärkt.
Diese Hilfseinrichtung – auch Bremsservo genannt – sitzt links im Motorraum hinter dem Hauptbremszylinder. Das Bremspedal wirkt jedoch weiterhin direkt auf die Bremskolben im Hauptbremszylinder, so daß man auch bei ausgefallenem Hilfsgerät noch bremsen kann. Der notwendige Pedaldruck muß dann allerdings mehr als verdoppelt werden!
Zur Bremskraftverstärkung wird der Unterdruck im Ansaugrohr herangezogen. Beim Bremsen verschiebt der Druckunterschied zwischen dem äußeren Luftdruck und dem Unterdruck im Ansaugrohr eine große elastische Membrane im Bremskraftverstärker, wodurch verstärkter Druck auf die Kolben im Hauptbremszylinder ausgeübt wird.

Fingerzeig: Wenn der Motor nicht läuft, kann auch der Bremsservo keine Hilfskraft liefern. Das müssen Sie berücksichtigen, wenn Ihr Wagen z.B. abgeschleppt wird.

Bremskraftverstärker prüfen

Wartung Nr. 8

● Bei abgestelltem Motor das Bremspedal zehn Mal durchtreten und in seiner tiefsten Stellung halten.
● Motor starten. Bei einwandfrei funktionierendem Verstärker muß das Pedal noch ein Stück nachgeben (Verstärkung wird wirksam).
● Senkt sich das Pedal nicht, kommen in Betracht:

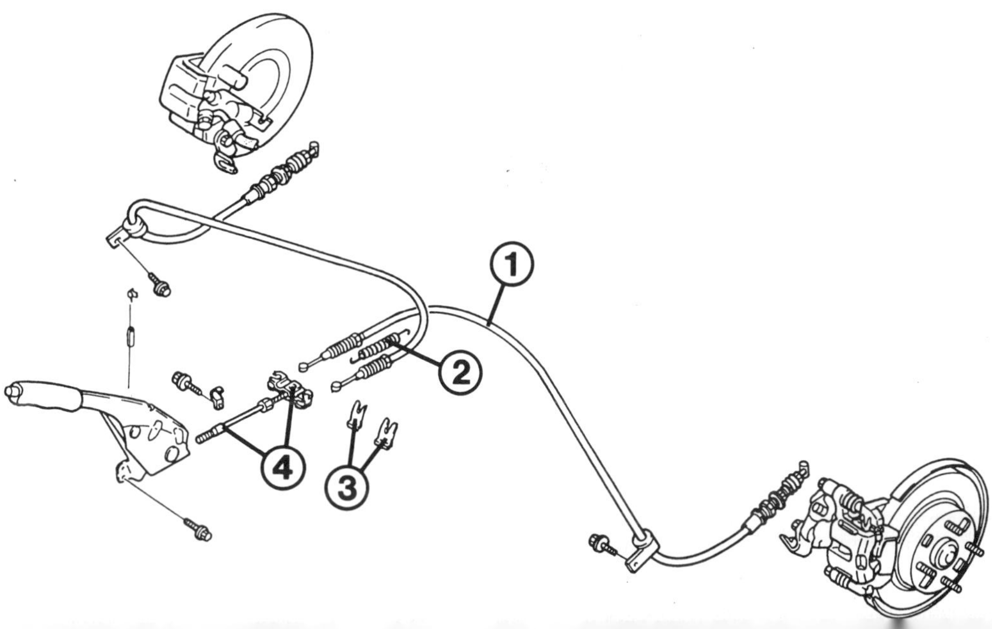

Zur Handbremsbetätigung gehören die hier gezeigten Teile:
1 – hinterer Bremszug zum linken Rad;
2 – Rückzugfeder;
3 – Halteklammer;
4 – vorderer Bremszug mit Ausgleichsbügel.

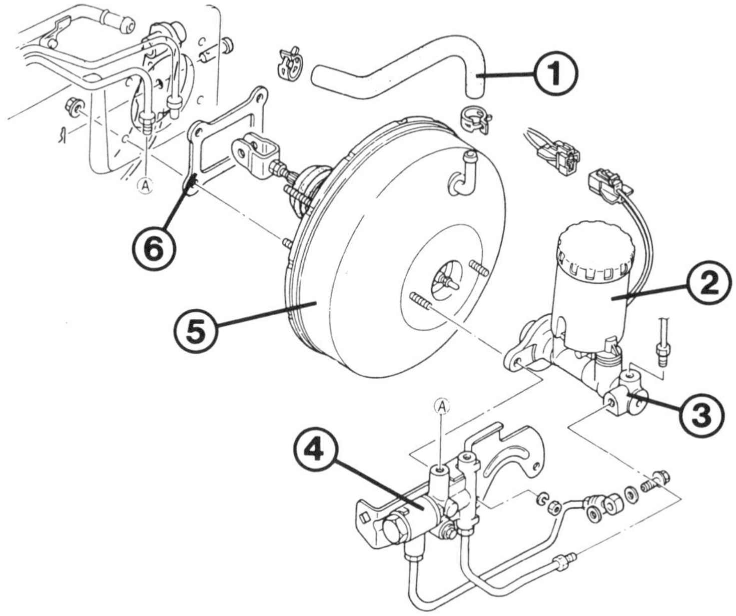

Der Bremskraftverstärker (5) ist hier mit folgenden Teilen abgebildet:
1 – Unterdruckschlauch mit Rückschlagventil;
2 – Vorratsbehälter für Bremsflüssigkeit;
3 – Hauptbremszylinder;
4 – Bremskraftverteilerventil mit Bremsdruckregelventil;
6 – Dichtung.

Undichtigkeit am Unterdruckschlauch vom Ansaugkrümmer zum Bremskraftverstärker, Defekt am Rückschlagventil im Unterdruckschlauch, am Gummiring zwischen Hauptbremszylinder und Bremskraftverstärker oder an der Membrane des Bremskraftverstärkers.

- Zur Kontrolle des Rückschlagventils den Unterdruckschlauch am Bremsservo abnehmen.
- Durchblasen muß, Ansaugen darf nicht möglich sein.
- Das Rückschlagventil gibt es nur mit dem zugehörigen Unterdruckschlauch.
- Der Pfeil am Schlauch muß in Richtung Ansaugkrümmer zeigen.
- Zum Austausch des Gummirings zwischen Hauptbremszylinder und Bremskraftverstärker muß der Hauptbremszylinder demontiert werden (Werkstattarbeit).
- Ein defekter Bremskraftverstärker kann in der Mazda-Werkstatt repariert werden.

Das Bremsdruckregelventil

Zu viel Bremsdruck an den Hinterrädern läßt diese vorzeitig blockieren, wobei sich das Auto querstellt. Das verhindert beim MX-5 ein Bremsdruckregelventil. Es ist mit dem Bremskraftverteilerventil kombiniert und sitzt rechts neben dem Hauptbremszylinder. Die Regelung der Bremskraft erfolgt druckabhängig. Der Bremsdruck kann nur bis zu einem fest eingestellten Wert an die hinteren Radbremsen gelangen. Zum Prüfen des Bremsdruckregelventils wird ein Druckprüfgerät gebraucht – eine Arbeit für die Mazda-Werkstatt.

Arbeiten an der Bremshydraulik

Arbeitstips
Fahrzeuge
ohne ABS

Bei allen nachfolgend beschriebenen Arbeiten kommen Sie mit Bremsflüssigkeit in Kontakt. Deshalb ein paar Sicherheitshinweise:

- Bremsflüssigkeit ist giftig, deshalb nicht mit dem Mund oder offenen Wunden in Berührung bringen.
- Die Bremsflüssigkeit greift den Lack an. Deshalb keine bremsflüssigkeitsgetränkten Lappen oder -ver-

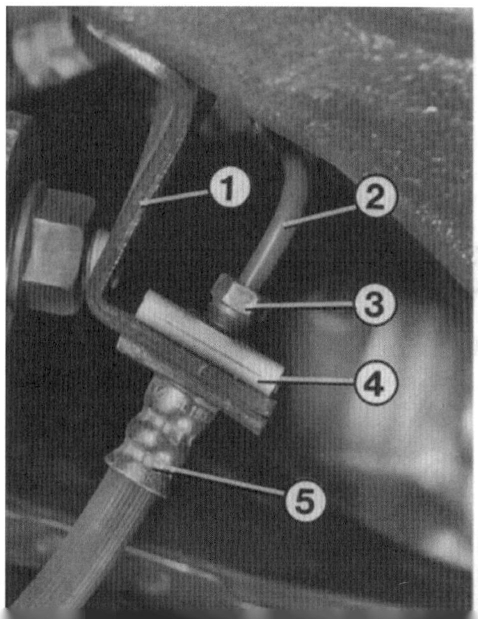

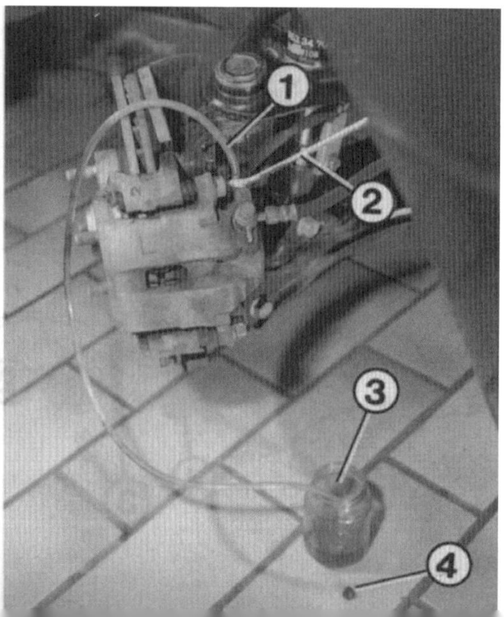

An der Verbindung von Bremsschlauch (5) und Bremsleitung (2) sitzt ein sogenannter Schlauchhalter (1) mit Halteklammer (4). Position »3« zeigt die Bremsleitungsverschraubung.
Rechts: Zum Entlüften der Bremsanlage die Staubkappe (4) abnehmen und einen durchsichtigen Schlauch (1) auf das Entlüfterventil mit angesetztem Ringschlüssel (2) stecken. Das andere Ende muß in ein mit Bremsflüssigkeit gefülltes Gefäß (3) reichen. Erst jetzt das Ventil öffnen.

Eine Übersicht der Bremsleitungsverlegung im Mazda MX-5. Beziffert sind:
1 – Leitung vorn rechts;
2 – Leitung hinten rechts;
3 – Leitung hinten links;
4 – Bremskraftverstärker;
5 – Leitung vorn links.

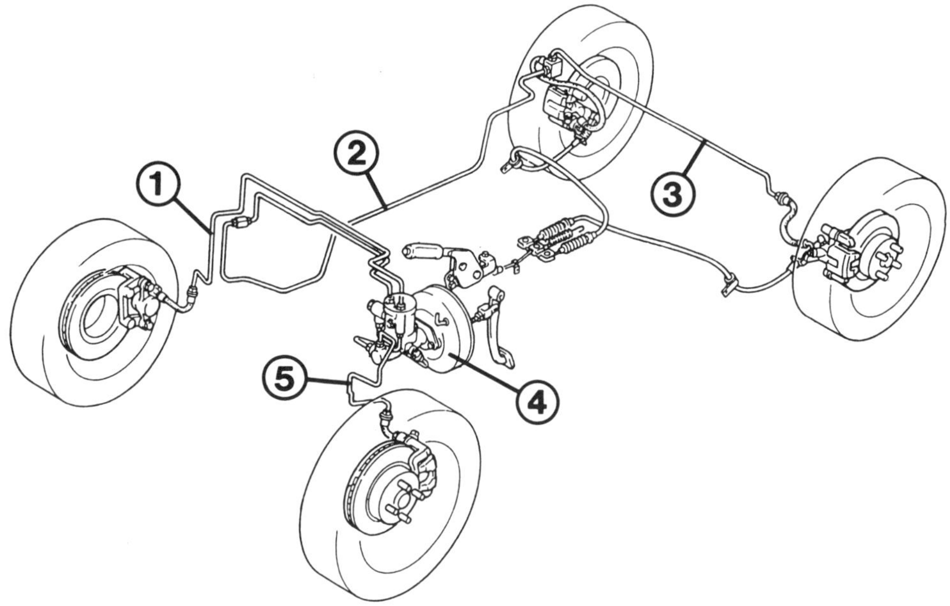

schmierten Werkzeuge auf die Lackierung legen. Auch im Motorraum nach der Montage die Spuren von Bremsflüssigkeit abwaschen; aber erst, wenn sämtliche Anschlüsse fest angeschraubt sind.

○ Beim Lösen eines Bremsschlauches oder einer Bremsleitung läuft der Vorratsbehälter allmählich leer. Das läßt sich verhindern: Vor dem Öffnen der Verschraubung eine Entlüftungsschraube im betreffenden Bremskreis lösen. Entlüftungsschlauch aufstecken und in ein Gefäß halten. Nun das Bremspedal voll durchtreten und mit einer passenden Holzlatte o. ä. in dieser Stellung halten. Damit sind die Zulaufbohrungen im Hauptbremszylinder verschlossen, es kann keine Bremsflüssigkeit mehr auslaufen.

○ Zum Lösen und Anziehen der Bremsleitungen sollten Sie sich einen passenden Bremsleitungsschlüssel besorgen. Er sieht aus wie ein aufgesägter Ringschlüssel.

○ Nach allen Arbeiten an der Bremshydraulik muß die Bremsanlage entlüftet werden. Oft genügt es, nur den Bremskreis zu entlüften, an dem gearbeitet wurde.

○ Ist der MX-5 mit Antiblockiersystem ausgestattet, muß die Werkstatt die Bremsanlage entlüften. Bei unsachgemäßem Entlüften kann die ABS-Pumpe trockenlaufen und zerstört werden.

Bremsleitung ausbauen

● Überwurfmutter der Bremsleitung losdrehen. Hierzu Gegenverschraubung festhalten – z. B. an einem Bremsschlauch.

● Ist die Mutter auf der Leitung angerostet, wodurch sich diese mitdreht, muß die Leitung in jedem Fall erneuert werden. Die dünnwandigen Rohre knikken schnell ab.

● Zum Lösen der Leitungsanschlüsse kann folgender Trick weiterhelfen, wenn das betreffende Leitungsstück ohnehin ausgewechselt werden soll:

● Bremsleitung nahe der Verschraubung absägen, Überwurfmutter mit einer Sechskantnuß losdrehen.

● Muß eine neue Leitung noch etwas zurechtgebogen werden, darf dies nur in einem großen Radius geschehen. Andernfalls knickt das dünne Rohr ab.

● Innenseite des Bogens beim Biegen mit dem Daumen unterstützen. So können Sie sich langsam dem Radius entlangarbeiten.

● Evtl. vorhandene Schutzschläuche der Leitungen nicht vergessen.

● Bremsleitungen in ihren Abstandshaltern verlegen.

● Bremsanlage entlüften.

Bremsschlauch ausbauen

● Zuerst die Überwurfmutter der betreffenden Bremsleitung losdrehen. Dabei darauf achten, daß sich die Leitung nicht verdreht.

● Der Bremsschlauch ist mit seinem Sechskant am Blechhalter der Karosserie gegen Verdrehen gesichert.

● Federklammer am Bremsschlauch abziehen und Schlauch aus dem Blechhalter abnehmen.

● Beim Zusammenbau darf die Federklammer nicht vergessen werden.

● Beim Einbau den Schlauch immer zuerst am Blechhalter mit seinem Sechskant einstecken und mit der Federklammer gegen Herausfallen sichern.

● Kontrollieren, ob der Bremsschlauch nicht in sich verdreht ist. Zur Kontrolle dient der Farbstreifen oder Gummianguß entlang des Schlauches.

● Dann die Verschraubung der Bremsleitung mit einem Drehmoment von **15–20 Nm** anziehen.

● Bremssystem entlüften.

● Sofort nach der Reparatur kontrollieren, ob der Schlauch bei Federbewegungen irgendwo scheuern kann.

● Diese Kontrolle nach einer längeren Fahrstrecke wiederholen.

Hauptbremszylinder ausbauen

Der Ausbau des Hauptbremszylinders ist Sache der Mazda-Werkstatt. Beim Einbau muß der Abstand zwischen Druckstange des Bremskraftverstärkers und Hauptbremszylinder auf 0,1–0,3 mm mit Unterdruckpumpe und Spezialwerkzeug eingestellt werden. Gleiches gilt für den Ausbau des Bremskraftverstärkers.

Bremsanlage entlüften
ohne ABS

Nach allen Reparaturen an der Bremshydraulik muß entlüftet werden. Die Werkstatt benutzt hierzu ein Entlüftungsgerät, es geht aber genauso gut nach der althergebrachten Methode.

- Arbeitsreihenfolge: hinten rechts; hinten links; vorn rechts; vorn links.
- Bremsflüssigkeits-Vorratsbehälter mit frischer Bremsflüssigkeit befüllen und auch während des Entlüftens immer dafür sorgen, daß er rechtzeitig vor Absinken des Spiegels mit frischer Flüssigkeit nachgefüllt wird. Sonst wird wieder Luft angesaugt.
- Staubkappe vom Entlüftungsventil nehmen und das Entlüftungsventil (SW 7) um ½ bis 1½ Umdrehungen öffnen.
- Durchsichtigen Schlauch (wie von der Scheibenwaschanlage) über das saubergeriebene Ventil schieben und das freie Schlauchende in ein teilweise mit Bremsflüssigkeit gefülltes Gefäß stecken.
- Von Helfer das Bremspedal so lange langsam niedertreten und wieder zurückkommen lassen, bis im Schlauch keine Luftbläschen mehr sichtbar sind. (Bei stark entleerter Hydraulik zwei Entlüftungsdurchgänge am Wagen machen.) So wird Bremsflüssigkeit – und natürlich auch Luft – durch das Entlüftungsventil gepumpt.
- Kommen keine Luftbläschen mehr, muß der Helfer das Bremspedal in der tiefsten Stellung halten, während Sie das Entlüftungsventil schließen. Mit Gefühl anziehen, sonst reißt das Ventil ab!
- Auf die gleiche Weise werden die übrigen Radbremsen entlüften.

Bremsflüssigkeit wechseln

Wartung Nr. 40

Der Bremsflüssigkeitswechsel ist nicht nur wegen der erwähnten Gefahr von Dampfblasenbildung bei hoher Bremsenbelastung erforderlich. Das von der Bremsflüssigkeit aufgenommene Wasser verursacht im Lauf der Zeit auch Korrosion in den Bremszylindern und -leitungen. Außerdem soll Abrieb der Bremsmanschetten herausgespült werden.

Beim Flüssigkeitswechsel geht man wie beim Entlüften vor. Gebraucht werden 2 Liter frische Bremsflüssigkeit.

- Bremsflüssigkeit aus dem Vorratsbehälter mit einer sauberen Injektionsspritze absaugen.
- Frische Bremsflüssigkeit einfüllen bzw. regelmäßig nachgießen.
- An jedem Entlüfterventil sollen 500 cm^3 Bremsflüssigkeit durchgepumpt werden. Durch diese relativ hohe Menge ist gewährleistet, daß sich neue Bremsflüssigkeit nicht mit der alten vermischt hat, sondern das Bremssystem durchweg mit unverbrauchter Flüssigkeit befüllt ist.

Fingerzeig: Gebrauchte Bremsflüssigkeit muß korrekt entsorgt werden. In ein separates, entsprechend beschriftetes Gefäß gefüllt gibt man sie zur Sondermüll-Beseitigung.

Störungsbeistand

Bremsen

Die Störung	– ihre Ursache	– ihre Abhilfe
A Bremsen ziehen einseitig	1 Reifendruck ungleichmäßig	Korrigieren bei kalten Reifen
	2 Reifenprofil ungleich abgefahren	Reifen so untereinander auswechseln, daß auf jede Achse gleichmäßig abgenutzte Reifen kommen
	3 Falsche Einstellung von Sturz/Nachlauf	Einstellen lassen
	4 Beläge verschmutzt, verschmiert oder abgenutzt	Erneuern
	5 Bremsflächen der Scheiben stark verschmutzt, verrostet oder zu stark abgenutzt	Scheiben abschleifen lassen. Ggf. austauschen
	6 Belagführung an der Bremssattelstütze verschmutzt oder verrostet	Blank schleifen
	7 Festsitzender Kolben im Bremssattel	Gängig machen oder Bremssattel überholen lassen
	8 Bremsschläuche gequollen	Austauschen
	9 Bremsdruckregelventil defekt	Druckprüfung in der Werkstatt
B Bremse quietscht	1 Falsche Beläge	Original-Beläge einbauen
	2 Beläge verschlissen oder verhärtet (»verglast«)	Erneuern
	3 Siehe A 4–7	
	4 Neue Bremsbeläge liegen nicht plan an	Außenkanten der Beläge mit einer Feile brechen

Die Störung	– ihre Ursache	– ihre Abhilfe
C Bremse rubbelt, Bremspedal pulsiert	1 Bremsscheiben verschlissen, beschädigt oder Belagreste angeklebt. Seitenschlag der Bremsscheibe oder Radnabe zu groß	Scheiben abschleifen oder austauschen. Ggf. Radnaben und evtl. Radlager ersetzen
	2 Siehe A 4	
D Hinterräder blockieren	1 Siehe A 9	
	2 Beläge gerissen oder an der Oberfläche beschädigt	Erneuern
	3 Schwache Vorderradbremswirkung, siehe A 4–6	
E Bremse wird heiß, löst sich nicht	1 Hydrauliksystem unter Vordruck. Alle Räder schwergängig:	Prüfung: Wagen aufbocken, Räder durchdrehen
	a) Kein Spiel zwischen Bremspedal (Druckstange) und Hauptbremszylinderkolben	Einstellen
	b) Bremskraftverstärker defekt	Überholen bzw. ersetzen lassen
	c) Hauptbremszylinder defekt	Ersetzen lassen
	2 Ein Bremskreis unter Vordruck. Beide Vorderräder bzw. Hinterräder schwergängig:	
	Ausgleichsbohrung im Hauptbremszylinder verstopft	Säubern lassen
	3 Bremsmechanik klemmt. Ein oder zwei Räder einer Achse schwergängig:	
	a) Siehe A 4–8	
	b) Handbremse löst nicht	Handbremseinstellung kontrollieren bzw. Grundeinstellung der hinteren Scheibenbremsen durchführen
	4 Gummiteile gequollen durch Verwendung falscher Bremsflüssigkeit	Bremsflüssigkeit wechseln und schadhafte Teile erneuern
F Pedalweg zu groß	1 Siehe A 5	
G Pedalweg zu groß, Pedal läßt sich weich und federnd durchtreten	1 Luft im Bremssystem, evtl. Flüssigkeit im Vorratsbehälter zu tief abgesunken. Ursachen:	
	a) Leck im Bremssystem	Kontrollieren, schadhafte Teile erneuern
	b) Manschette im Hauptbremszylinder undicht	Hauptbremszylinder austauschen
	2 Überhitzte Bremsflüssigkeit, Dampfblasenbildung durch zu hohen Wassergehalt der Bremsflüssigkeit	Bremsflüssigkeit wechseln
	3 Siehe A 6	
H Schlechte Bremswirkung bei hohem Pedaldruck	1 Pedalweg normal:	
	a) Beläge verölt, verbrannt oder verhärtet	Erneuern
	b) Siehe A 4 und 8	
	2 Pedalweg kurz: Bremskraftverstärker arbeitet nicht	Siehe unter »Bremskraftverstärker prüfen«
	3 Pedalweg lang:	
	a) Siehe A 6	
	b) Ein Bremskreis ausgefallen durch Undichtigkeit oder Beschädigung	Kontrollieren, schadhafte Teile auswechseln

Rutschhemmend

Bei einer Vollbremsung mit blockierten Vorderrädern rutscht das Fahrzeug geradeaus. Zu lenken wäre es nur, wenn der Fahrer in dieser Paniksituation in der Lage wäre, das Bremspedal kurz loszulassen, um ein eventuelles Hindernis zu umfahren. Von einem weniger routinierten Fahrzeuglenker ist eine solche Reaktion jedoch kaum zu erwarten. Hier liegt der Hauptvorteil des Antiblockiersystems: Es sorgt immer für eine optimale »Stotterbremsung« und erhält so die Lenkfähigkeit. Eine reine Blockierbremsung ist nicht mehr möglich – die Räder drehen sich immer noch etwas, damit sie das Fahrzeug in der Spur halten können.

ABS kann nicht alles!

ABS kann keine Bremswunder vollbringen, wie häufig angenommen wird. Es verkürzt nicht unbedingt den Bremsweg, sondern soll vor allem die Lenkfähigkeit auch bei einer Vollbremsung erhalten.
Verfallen Sie nicht dem Irrglauben, die höheren Sicherheitsreserven des Antiblockiersystems dürften durch erhöhte Risikobereitschaft ausgeglichen werden! Wer zu dicht auf dem Vordermann »klebt«, knallt ihm trotz ABS ins Heck. Auf Glatteis kann ABS keinen Sand streuen; wenn die physikalischen Grenzen erreicht sind, fliegt der MX-5 von der Fahrbahn. Gleiches gilt für die Fliehkraft in Kurven: Wenn die Seitenführungskräfte der Reifen überschritten sind, geht es trotz ABS »in die Botanik«. Üben Sie deshalb den Umgang mit der »Stotterbremse«:

○ Bei Vollbremsung voll aufs Bremspedal treten. Nur so kommen alle Räder in den Regelbereich, und es wird kein wertvoller Bremsweg verschenkt. Das Dosieren der Bremskraft übernimmt das ABS für Sie.

○ Beim Herumlenken um ein Hindernis bedarf es eines weit größeren Lenkeinschlags als normal. Üben Sie deshalb auf einem abgelegenen Parkplatz Vollbremsungen unter Lenkeinschlag.

○ Wundern Sie sich nicht über das pulsierende Bremspedal. Wenn das ABS regelt, sind diese Pedalschwingungen normal.

○ In Extremfällen werden Sie auch bei ABS das Bremspedal loslassen müssen, um heikle Situationen in der Kurve noch zu retten. Wenn z. B. die Seitenführungskräfte der Reifen zu gering geworden sind, um den Wagen in der Spur zu halten. Auch auf frisch gefallenem Schnee können die Vorderräder trotz ABS blockieren.

Funktion der Einzelteile

Die Hydraulikeinheit

Sie hat ihren Platz rechts vorn im Motorraum: Die Einheit ist zwischen den Bremsleitungen vom Hauptbremszylinder und den Bremsleitungen zu den Radbremsen eingebaut. Die Antiblockierregelung für die Vorderräder erfolgt unabhängig voneinander. Die Hinterräder werden gemeinsam geregelt, wobei dasjenige Rad die Regelung bestimmt, welches zuerst zum Blockieren neigt. Entsprechend den Befehlen vom elektronischen Steuergerät wird der Druck zu den Bremskreisen entweder konstant gehalten, verringert oder wieder aufgebaut. Höher als der Druck, den Sie über das Bremspedal erzeugen, kann der Druck aber nicht werden. Für die Druckregelung sind drei schnell schaltende Magnetventile zuständig.

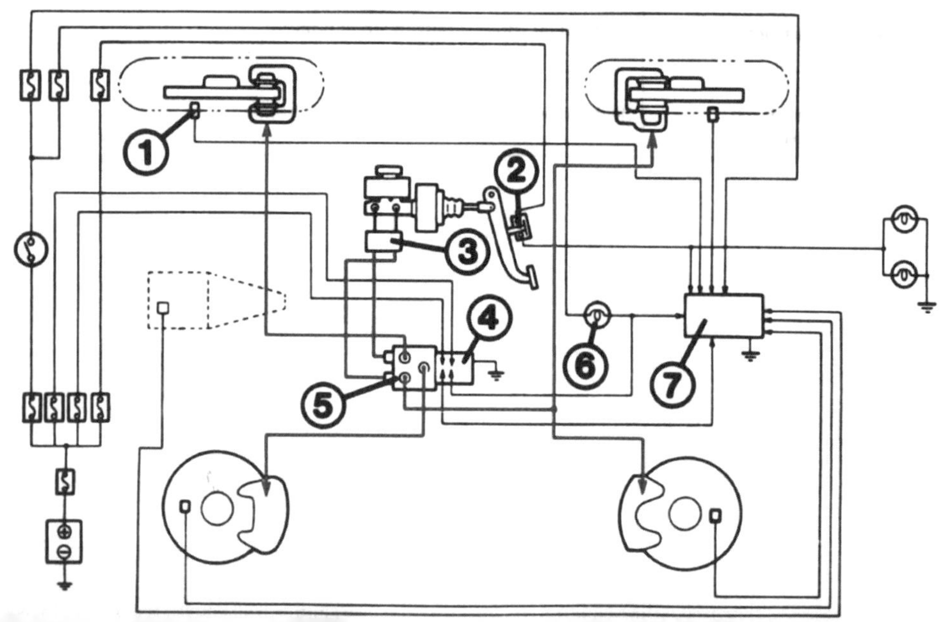

In der Schema-Zeichnung des Antiblokkiersystem ist der Hydraulikdruck rot dargestellt. Die Zahlen bedeuten:
1 – Drehzahlgeber vorn rechts;
2 – Bremslichtschalter;
3 – Bremskraftverteilerventil;
4 – Pumpenmotor;
5 – Hydraulikaggregat;
6 – Kontrolleuchte für ABS im Kombi-Instrument;
7 – Steuergerät ABS.

Am Vorderrad ist der Drehzahlgeber (3) mit einer Halteschraube (4) direkt am Achsschenkel befestigt. Weiter zu sehen der Kontaktstecker (1) und der Rotor (2).

Sind die Magnetventile stromlos, wird der Druck erhöht. Fließt der Maximalstrom, erfolgt eine Druckreduzierung, und bei mittlerer Stromstärke wird der Druck gehalten. Besonders interessant ist die Druckabbauphase: Weil man die Bremsflüssigkeit, welche vom Hauptbremszylinder hergedrückt wird, zum Druckabbau nicht einfach irgendwohin entweichen lassen kann (das Bremspedal würde sich als Folge ganz durchtreten lassen), pumpt man die Bremsflüssigkeit mit einer kräftigen Rückförderpumpe zum Hauptbremszylinder zurück. Sie merken dies am Bremspedal, das leicht zu pulsieren beginnt, wenn die Rückförderpumpe läuft, das ABS also in Aktion tritt. Bei genauem Hinhören vernehmen Sie auch die Pumpgeräusche. Durch spezielle Dämpfer in der Hydraulikeinheit wird das Geräusch etwas unterdrückt.
Neben der Hydraulikeinheit finden Sie unter einer Abdeckung noch zwei Relais. Das größere schaltet den Strom zur Rückförderpumpe; über das kleinere Relais werden die Magnetventile angesteuert.

Die Drehzahlgeber

Jedes Rad besitzt einen eigenen Drehzahlgeber. Dieser erfaßt die Drehzahlen des jeweiligen Rades und leitet die Information zum Steuergerät weiter, das jetzt seinerseits die Hydraulikeinheit ansteuert.
Die Drehzahlgeber selbst bestehen aus einem Magnetkern und einer Spule und sind in geringem Abstand zu einer Zahnscheibe – dem Rotor – montiert. Der Rotor – sein Name sagt es schon – dreht sich mit dem Rad und läßt damit die zahnförmigen Erhebungen an seinem Umfang je nach Geschwindigkeit schneller oder langsamer am Geber vorbeilaufen. Jeder Zahn, der unter dem Geber vorbeiwandert, induziert im Geber einen kurzen Spannungsanstieg. Auf diese Weise wird im Geber eine Wechselspannung erzeugt, die entsprechend der Raddrehzahl ihre Frequenz ändert. Das so entstandene Signal wird vom Steuergerät als Drehzahlinformation verarbeitet. Die Rotoren sitzen vorn auf der Radnabe und hinten auf dem äußeren Antriebswellengelenk.

Das elektronische Steuergerät

Das Steuergerät sitzt vorne rechts unter einer Abdeckung und verarbeitet die Informationen von den Drehzahlgebern. Gleichzeitig steuert es die Hydraulikeinheit so an, daß die Räder nicht blockieren. Neben der komplizierten Signalaufarbeitung und dem nachfolgenden Logikteil enthält das Steuergerät noch eine Sicherheitsschaltung. Damit kann sich das Gerät selbst überprüfen, Fehler außerhalb erkennen und die Betriebs-

Links: An der Innenseite der hinteren Scheibenbremse sitzt der Rotor (1) auf der Antriebswelle. Außerdem gezeigt:
2 – Drehzahlgeber;
3 – Anschlußstecker;
4 – Halter.
Rechts: An der Innenseite der hinteren Scheibenbremse sind zu sehen:
1 – Anschlußstecker des Drehzahlgebers;
2 – Halteschrauben des Halters (3);
4 – Halteschraube des Drehzahlgebers.

In Fahrtrichtung hinten rechts im Motorraum sitzt die Hydraulikeinheit (3) des ABS. Bei abgenommener Abdeckung am Relaiskasten (4) zu sehen:
1 – Relais für Magnetventile;
2 – Relais für Rückförderpumpe.

spannung überwachen. Werden Fehler festgestellt, schaltet sich das ABS aus, die Kontrollampe im Kombi-Instrument leuchtet auf.

Fehlerspeicher

○ Das Steuergerät besitzt einen Fehlerspeicher, der bis zu 32 verschiedene aktuelle oder bereits zurückliegende Fehler festhalten kann. Selbst bei abgeklemmter Batterie bleiben die Fehlermeldungen gespeichert. Zum Löschen besitzt die Mazda-Werkstatt ein Selbstdiagnose-Prüfgerät.
○ Verlöscht die ABS-Kontrolleuchte nach Einschalten der Zündung und der anschließenden Eigendiagnose des Steuergeräts nicht, muß die Werkstatt den Fehlerspeicher abfragen.
○ Bei Montagearbeiten am Wagen nie die Zündung einschalten, solange eine Steckverbindung des ABS getrennt ist. Das Steuergerät wertet dies als Fehler und schaltet das ABS ab.

Störungen am ABS-System

Die ABS-Kontrolleuchte im Kombi-Instrument leuchtet mit dem Einschalten der Zündung auf. Sie muß verlöschen, wenn der Motor läuft oder spätestens, wenn schneller als 6 km/h gefahren wird. Leuchtet die Kontrolle ständig, ist das ABS nicht betriebsbereit. Dann muß der Fehlerspeicher in der Mazda-Werkstatt abgefragt werden. Als Laie können Sie allenfalls die Steckverbindungen zum Steuergerät, zu den Drehzahlgebern oder zur Hydraulikeinheit kontrollieren.
Nachfolgend noch einige Hinweise zu unseren bisherigen Erfahrungen mit ABS-Störungen. Die Kontrolleuchte kann unter folgenden Umständen aufleuchten:
○ Die Handbremse ist beim Fahren auf Schnee oder Eis angezogen oder eine Bremse ist schwergängig.
○ Auf Schnee oder Eis wurde mehrmals abrupt beschleunigt oder gebremst (erhebliche Drehzahlunterschiede für mehr als 20 Sekunden).
○ Verschiedene Raddrehzahlen an Vorder- und Hinterachse durch Reifenkombinationen mit unterschiedlichem Abrollumfang oder mit ungleicher Griffigkeit.
○ Bei aufgebocktem Wagen und eingeschalteter Zündung wurde ein Rad länger als 20 Sekunden von Hand oder mit dem Motor in Drehung versetzt.
○ Bordspannung ist unter ca. 10 Volt gefallen.
○ Alle hier aufgeführten Störungsmeldungen werden nicht im Fehlerspeicher abgelegt, sondern beim Ausschalten der Zündung gelöscht.

Fingerzeige: Arbeitet das ABS, spürt man dies am pulsierenden Bremspedal. Pulsiert es schon bei leichtem Abbremsen bei guten Straßenverhältnissen (ABS-Kontrolleuchte brennt nicht), deutet dies auf einen Fehler hin.
Auch wenn die ABS-Kontrolle ständig leuchtet, das ABS also wegen eines Defekts abgeschaltet ist, kann der Wagen ohne Einschränkungen gefahren werden. Die Bremse funktioniert dann eben wie bei einem Wagen ohne ABS.

Radiergummis

Vier Gebilde aus Gummi, Stahldraht und Gewebe stellen die Verbindung zwischen unserem Mazda MX-5 und der Straße her.

Die zugelassenen Reifengrößen für Ihr Fahrzeug sind in den Kfz-Papieren vermerkt. Andere als die dort aufgeführten dürfen nur dann montiert werden, wenn sie von einem Sachverständigen begutachtet und anschließend in die Fahrzeugpapiere eingetragen wurden. Folgende Reifengrößen gibt es beim MX-5 in Serienausstattung:

Motor	Reifengröße	Felge	Einpreßtiefe	Bemerkung
1,6-Liter/66 kW oder	185/60 R 14 82 T 175/65 R 14 82 Q/T M+S	5½ J × 14 5½ J × 14	45 mm 45 mm	Alu- bzw. Stahlfelge Stahlfelge
1,6-Liter/85 kW oder	185/60 R 14 82 H 175/65 R 14 82 Q/S/T M+S	5½ J × 14 5½ J × 14	45 mm 45 mm	Alufelge Stahlfelge
1,9-Liter/96 kW oder	185/60 R 14 82 H 175/65 R 14 82 Q/S/T M+S	6 J × 14 5½ J × 14	45 mm 45 mm	Alufelge Stahlfelge

Die Reifenbezeichnungen

Nach international gültigen Vereinbarungen wird die Reifengröße in Millimeter angegeben. Die Bezeichnungen 175/65 R 14 82 Q oder 185/60 R 14 82 H besagen folgendes:
175, 185: Reifenbreite in unbelastetem Zustand in mm
/60, /65: Das Verhältnis von Reifenhöhe zu Reifenbreite beträgt 60 bzw. 65:100
R: Kennzeichnung der Bauart als **R**adial- oder Gürtelreifen
14: Innendurchmesser des Reifens in Zoll (″)
Q: Zulässige Höchstgeschwindigkeit bis 160 km/h – Geschwindigkeitsklasse für herkömmliche M+S-Reifen
S: Höchstgeschwindigkeit bis 180 km/h – bei Sommerprofilen nicht mehr gebräuchlich, nur M+S-Reifen
T: Bis 190 km/h – u.a. auch Hochgeschwindigkeits-M+S-Reifen
H: Bis 210 km/h
V: Bis 240 km/h

Was die verschiedenen Bezeichnungen auf der Reifenflanke bedeuten, finden Sie in dieser Zeichnung komplett zusammengestellt.

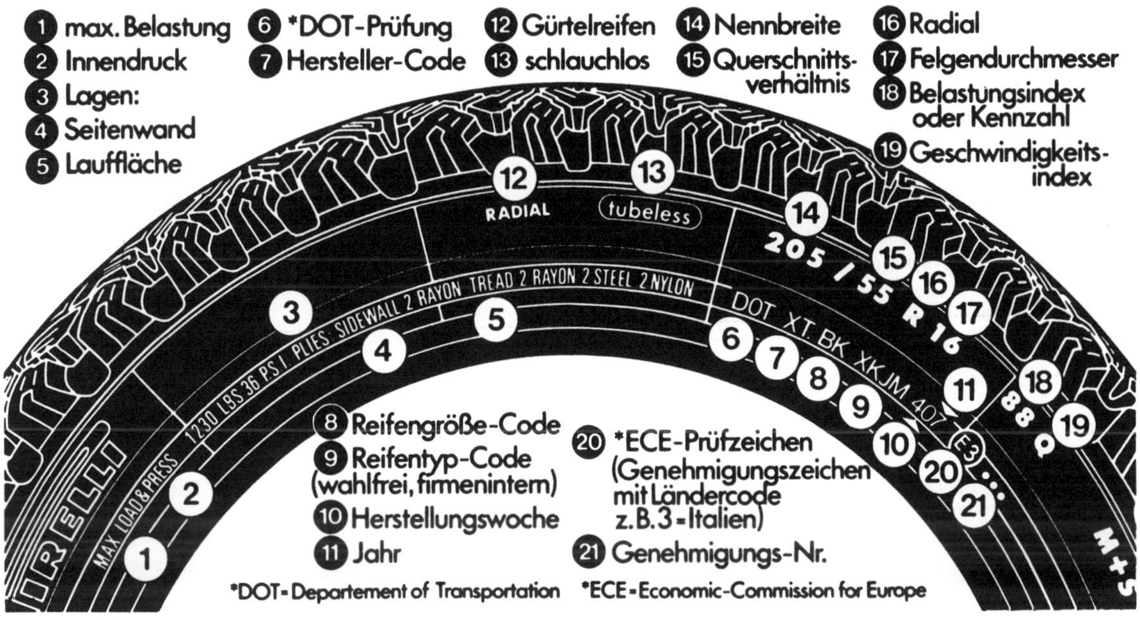

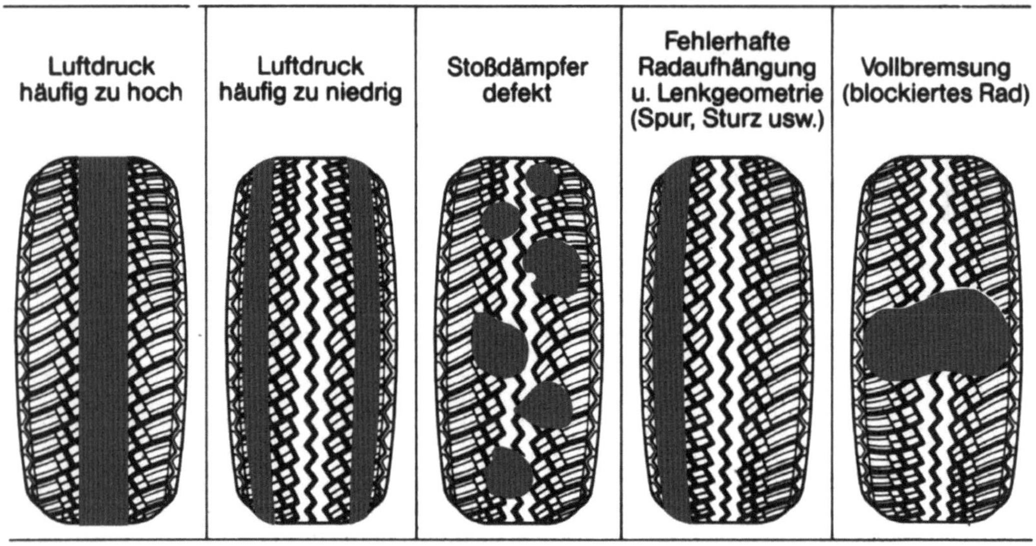

Die Art des Reifenverschleißes läßt Rückschlüsse auf dessen Ursachen zu. Die Zeichnung zeigt einige Beispiele.

Die Felgen

Am Mazda MX-5 können Felgen mit folgender Bezeichnung montiert sein: 5½ J × 14 H2 ET 45 oder 6 J × 14 H2 ET 45. Diese Zahlen und Buchstaben bedeuten:
5½, 6: Felgenmaulweite in Zoll, an der Felgenhornbasis quer zur Laufrichtung des Rades gemessen
J: Kennzeichnung der Felgenhorn-Höhe
×: Zeichen für Tiefbettfelge
14: Felgendurchmesser in Zoll, von Wulst zu Wulst gemessen
H2: Zeichen für Doppelhump-Felge. Zwei höckerartige Erhebungen innen im Felgenbett verhindern, daß die Reifenwülste bei seitlicher Beanspruchung (scharfe Kurvenfahrt mit niedrigem Luftdruck) vom Felgenhorn abgleiten können
ET 45: Einpreßtiefe 45 mm. Damit bezeichnet man den Abstand zwischen der Felgenmitte und der Anlagefläche der Felge an die Radnabe.
Diese Norm-Bezeichnungen geben nur die Hauptabmessungen der Felgen an, nicht aber die fahrzeugspezifischen Daten, wie Anzahl der Radbefestigungslöcher oder Lochkreisdurchmesser. Beim MX-5 kommen Felgen mit vier Radbefestigungslöchern und einem Lochkreisdurchmesser von 100 mm zum Einsatz.

Felgen für die Winterbereifung

Wenn der MX-5 ganzjährig eingesetzt wird und Winterreifen gekauft werden, sollte dies in Verbindung mit den passenden Stahlfelgen geschehen. Das ist zwar im ersten Moment teurer, erspart aber andererseits das regelmäßige Ummontieren und Auswuchten.

Felgenpflege

Leichtmetallfelgen erfordern besondere Pflege, wenn sie ihr glänzendes Aussehen behalten sollen. Der unvermeidliche Bremsbelagabrieb führt zu Korrosion, wenn die Felgen nicht gründlich gereinigt werden. In der Waschanlage bleibt zu viel Schmutz zwischen den Felgenspeichen zurück, deshalb ist Handarbeit angesagt: Ein nicht zu harter Schwamm, ein Lappen oder eine ausgediente Zahnbürste getränkt mit Kaltreiniger oder alkoholfreier Seifenlauge schafft die besten Ergebnisse, ohne den Felgen-Decklack anzugreifen. Eine anschließende Behandlung mit Hartwachs oder Lack-Politur erleichtert die nächste Reinigung.
Schädlich für die Leichtmetallfelgen sind Hochdruckreiniger und Dampfstrahler, weil durch hohe Temperatur bzw. hohen Wasserdruck der Decklack abplatzen kann. Felgenreiniger sind häufig zu scharf und greifen die Felgenoberfläche an. Scheuerpulver oder Stahlwolle hinterlassen Kratzer, in denen sich Schmutz und Belagabrieb um so stärker festsetzen.

Radmuttern und Felgen – eine Einheit

Radmuttern und Felgen stellen eine Konstruktionseinheit dar und dürfen deshalb nicht getrennt werden. Der Kegelsitz an den Befestigungslöchern der Felgen ist genau auf den Kegel der Radmuttern abgestimmt. Andere Kegelformen können den sicheren Sitz der Mutter und damit die Befestigung des Rades nicht garantieren. Anderes gilt bei Zubehörfelgen. Hier müssen möglicherweise die Radmuttern des jeweiligen Felgenherstellers verwendet werden!

Anbau von Sonderrädern

Sonderräder heißen solche Felgen, die in Form oder Material nicht der serienmäßigen Ausstattung entsprechen. Da es wegen nachträglich montierten Rädern und Reifen immer wieder Schwierigkeiten bei Polizeikontrollen oder der Hauptuntersuchung bei DEKRA oder TÜV gibt, hier einige Punkte, die Sie beachten müssen.
○ Keine Probleme gibt es, wenn Felgen- und Reifengröße mit den Angaben in den Fahrzeugpapieren übereinstimmen und die Felgen Original-Mazda-Teile sind.
○ Wenn eine Rad-ABE vorliegt und Felgen- sowie Reifengröße mit den Angaben in den Kfz-Papieren übereinstimmen, genügt eine Änderung der Fahrzeugpapiere durch die Zulassungsstelle.

○ Ein Gutachten nach § 19 (2) StVZO beim TÜV bzw. DEKRA (Teilgutachten) und die Berichtigung der Kfz-Papiere ist notwendig, wenn Felgen- und Reifengröße nicht mit den Angaben in den Papieren übereinstimmen und/oder für die Felgen lediglich ein TÜV-Bericht vorliegt.
○ Beim Kauf neuer Sonderfelgen muß eine Rad-ABE oder ein TÜV-Bericht beigefügt sein.
○ Vor dem Kauf gebrauchter, nicht originaler Felgen ohne entsprechende Papiere sollten Sie anhand der genauen Hersteller- und Typenbezeichnung sowie des Herstellungsdatums (es ist in der Felge eingeschlagen oder eingegossen) aus dem Räderkatalog des TÜV heraussuchen lassen, ob hierfür eine Rad-ABE oder ein TÜV-Bericht vorliegt.

Fingerzeig: Räder ohne ABE oder TÜV-Bericht dürfen in der Bundesrepublik nicht montiert werden, da sonst kein Versicherungsschutz für das Fahrzeug besteht.

Reifendruck prüfen

Ständige Kontrolle

Fahren mit zu wenig Luftdruck bewirkt, daß der Reifen vermehrt durchgewalkt (verformt) und dabei zu heiß wird. Das kann zu einem Totalausfall führen, wenn sich die äußere Gummierung vom Gewebe ablöst. Unter die vorgeschriebenen Werte sollte der Reifendruck keinesfalls absinken. Für den MX-5 gilt:
○ **Vorder- und Hinterräder 1,8 bar**
○ **Reserve-Notrad 4,2 bar**
○ In Verbindung mit **M+S-Reifen** kann der Reifendruck um **0,2 bar erhöht** werden.

Luftdruck bei kalten Reifen messen

Bereits wenige Kilometer zügiger Fahrt lassen den Reifendruck um 0,2–0,4 bar ansteigen. Diese Druckerhöhung durch Erwärmung ist bei den Luftdruckempfehlungen bereits berücksichtigt worden und darf deshalb nicht abgelassen werden. Am günstigsten ist ein eigener Luftdruckprüfer, womit der Reifendruck vor Antritt der Fahrt bei kalten Reifen gemessen werden kann.

Reifenzustand kontrollieren

Wartung Nr. 18

Die Kontrolle geht am besten bei aufgebocktem Wagen, etwa beim Ölwechsel an der Tankstelle.
● Drehen Sie jedes Rad einmal komplett durch.
● Fremdkörper, wie kleine Steinchen, bohren Sie mit einem schmalen Schraubendreher aus den Profillamellen, ohne den Reifen dabei zu beschädigen.
● Das Reifenprofil muß laut Gesetzesvorschrift über die gesamte Profilbreite noch **mindestens 1,6 mm** tief sein.
● Zur Verschleißkontrolle dienen in regelmäßigen Abständen quer zur Lauffläche verlaufende Erhebungen in den Profilrillen. Sie sind an der Reifenflanke durch die Buchstaben »TWI« (**T**read **W**ear **I**ndicator = Profilabnutzungsanzeiger) gekennzeichnet.
● Wenn diese Erhebungen mit den Profilrippen in gleicher Höhe stehen, ist ein Reifentausch zwingend fällig. Schon bei 3 mm Restprofiltiefe wird das Fahrverhalten auf nasser Fahrbahn problematisch, speziell mit breiten Reifen.
● Aus der Art der Profilabnutzung können Sie einiges herauslesen, wie im folgenden Abschnitt beschrieben.

Korrekter Reifendruck: Die richtige Kontur für vollen Kontakt zwischen Lauffläche und Fahrbahn gewährleistet gutes Fahrverhalten und eine lange Lebensdauer des Reifens.

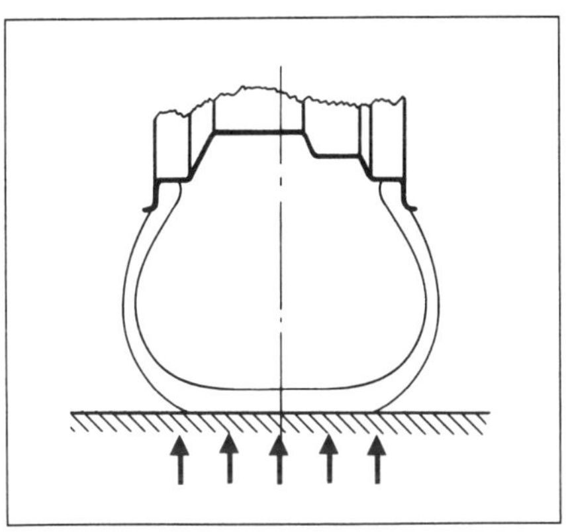

Zu hoher Luftdruck verursacht hartes Abrollen des Reifens und macht ihn anfälliger für Durchschlag und andere Verletzungen. Der hohe Bodendruck in der Laufflächenmitte führt zu verstärktem Verschleiß in diesem Bereich.

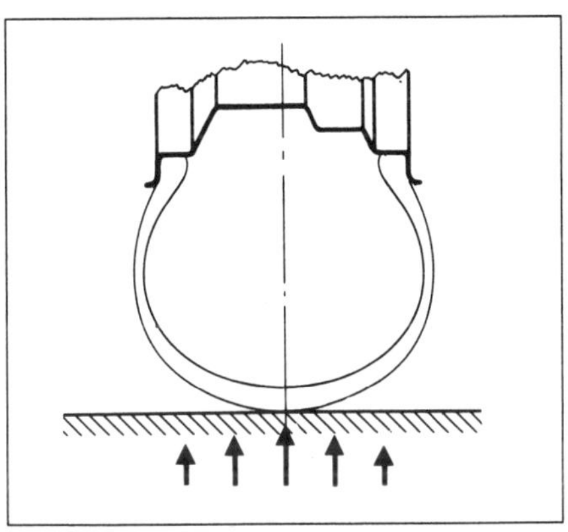

Zu geringer Reifendruck bewirkt eine starke Durchbiegung des Reifens (Walken). Der Rollwiderstand steigt erheblich an, der Reifen wird überhitzt und zeigt besonders starken Verschleiß im Schulterbereich.

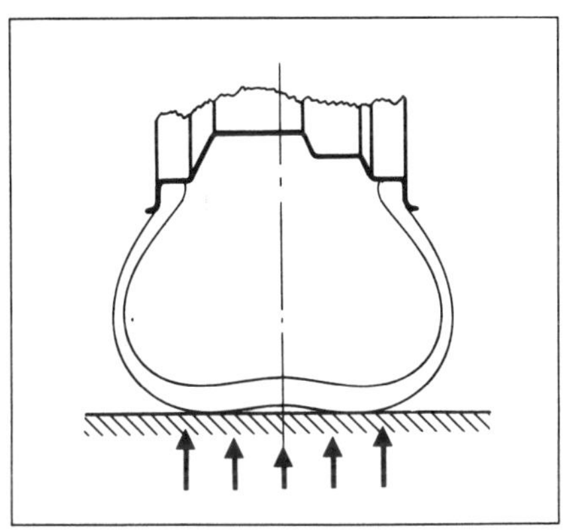

Störungsbeistand

Reifenlaufbild

○ **An der Außenseite abgefahrene Vorderreifen** deuten auf sehr flotte Fahrweise in Kurven hin. Entweder die Reifen auf der Felge drehen lassen oder die vorderen regelmäßig gegen die Hinterräder austauschen.
○ **Einseitig abgefahrenes Profil** kann auch auf falsche Radeinstellung hinweisen; vor allem dann, wenn lediglich ein Reifen schräg abgelaufen ist.
○ **Starke Abnutzung in der Profilmitte** entsteht, wenn häufig mit hoher Geschwindigkeit gefahren wird, wobei sich die Lauffläche durch die Fliehkraft ausbaucht. Der Effekt tritt besonders deutlich an den Hinterrädern auf. Es kann auch der Hinweis auf wesentlich zu hohen Luftdruck sein.
○ Sind **beide Außenschultern** eines Reifens **stärker abgefahren als die Profilmitte**, wurde lange Zeit mit zu niedrigem Luftdruck gefahren.
○ **Gleichmäßige Auswaschungen** im Profil deuten auf einen defekten Stoßdämpfer.
○ Tritt die **ungleiche Abnutzung nur an bestimmten Stellen** auf, ist das Rad unwuchtig, oder der Reifen-Unterbau ist beschädigt.
○ Eine **einzelne Stelle im Profil mit starker Abnutzung** stammt von einer Bremsung mit blockiertem Rad – eine sogenannte Bremsplatte (bei einem Fahrzeug ohne ABS).

Der Radwechsel

Unterwegs ist der Radwechsel nicht ganz problemlos. Die Radmuttern können festgerostet sein oder sie wurden beim letzten Radwechsel in der Werkstatt mit einem Schlagschrauber »angeknallt« (statt mit den vorgeschriebenen 90–120 Nm festgezogen). Dann hilft das Bordwerkzeug nicht mehr weiter, sondern nur ein kräftiger Radmutternschlüssel oder ein Radkreuz mit aufgestecktem Rohrstück zur Verlängerung der Hebelkraft.

- Handbremse anziehen, 1. Gang oder Rückwärtsgang einlegen.
- Unterwegs Warnblinkanlage einschalten und Warndreieck aufstellen.
- Räder der anderen Wagenseite gegen Wegrollen sichern, z. B. mit Steinen oder Holzstücken.
- An der Leichtmetallfelge die mittlere Abdeckung mit einem Schraubendreher abdrücken.
- So vorhanden, Radmutternschloß mit Schlüssel öffnen.
- Radmuttern jeweils knapp eine Umdrehung lokkern.
- Bordwagenheber schräg nach außen stehend an der gekennzeichneten Stelle der Karosserie-Unterkante ansetzen (siehe Bild im Kapitel »Der sichere Arbeitsplatz«). Der Wagenheber muß dabei in den senkrechten Steg der Karosserie eingreifen.
- Bei weichem Untergrund Brettchen unterlegen.
- Wagen hochkurbeln.
- Radmuttern vollends herausdrehen.
- Rad abnehmen, Notrad aufstecken.
- Muttern über Kreuz gleichmäßig anziehen. Dabei das Rad hin- und herdrehen, damit es sich einwandfrei auf der Radnabe zentriert.
- Wagen ablassen, Muttern mit **90–120 Nm** anziehen.
- Mittenabdeckung montieren.
- Bei Verwendung des Notrads muß die Fahrweise angepaßt werden.
- Festen Sitz der Radmuttern nach kurzer Fahrtstrecke prüfen.

<u>Fingerzeige:</u> Soll ein intaktes, am Wagen gewuchtetes Rad – etwa zu Kontrollen an der Bremse – abgenommen werden, muß zuvor die Stellung Radnabe/Rad angezeichnet werden. Sonst stimmt hinterher die Wuchtung nicht mehr.
Wegen der unterschiedlichen Materialien kann es zwischen Leichtmetallfelgen und Radnaben zu sogenannter Kontaktkorrosion kommen. Tritt Korrosion an dieser Stelle auf, kann die Felge fast unlösbar an der Radnabe festbacken. Um das zu vermeiden, sollte die Radmittenzentrierung dünn eingefettet werden.

Reifen-Reparatur

Die Instandsetzung eines Stahlgürtelreifens ist problematisch. Hat man den Defekt erst nach geraumer Zeit festgestellt, kann der Reifenunterbau durch länger anhaltendes Fahren mit zu geringem Luftdruck inneren Schaden gelitten haben. Ist Feuchtigkeit durch das Einstichloch eingedrungen, kann Rost den stabilisierenden Stahlgürtel zersetzen. Gefährlich ist, daß man die Schädigung von außen nicht erkennen kann. Wird der reparierte Pneu stark beansprucht (hohes Tempo, volle Zuladung), kann er schlagartig aufgeben. Das Einlegen eines Schlauches ist nur ein wenig tauglicher Notbehelf, denn überstehende Stahldrähte an der Schadensstelle können den Schlauch zerscheuern.
Falls Sie einen Stahlgürtelreifen reparieren lassen, muß dies ein Reifendienst durchführen. Im Zweifelsfall lieber einen neuen Reifen kaufen.

Wenn Sie das Notrad (1) bei einer Reifenpanne benützen müssen, sollte es beim MX-5 nur für kurze Strecken auf der Hinterachse montiert werden. Wenn mehr als 50 km zurückgelegt werden müssen, intaktes Vorderrad hinten montieren und vorn das Notrad anschrauben. Zusätzlich müssen die Hinweise (2) auf der Felge beachtet werden.

Das Notrad

Spätestens bei einer Reifenpanne werden Sie im Kofferraum eine Überraschung erleben: Statt eines herkömmlichen Rades erwartet Sie ein schmalbrüstiges Notrad auf einer speziellen Felge. Die Größe lautet T 115/70 D 14 auf Felge 14 × 4 T ET 45.

Solange keine Reifenpanne auftritt, kann man das Notrad verschmerzen. Aber wenn es doch einmal gebraucht wird, gibt es manche Probleme:

○ Das Notrad ist **nur für kurzzeitigen Einsatz geeignet**. Das kann sich am Wochenende auf einer Urlaubsfahrt übel auswirken, wenn Sie noch einige hundert Kilometer vor sich haben und keinen Ersatzreifen kaufen können.

○ Mit dem Notrad darf **nicht schneller als 80 km/h** gefahren werden. Durch seinen kleineren Abrollumfang macht es mehr Umdrehungen als das herkömmliche Rad auf der anderen Seite. An der Hinterachse muß das Differential den Drehzahlunterschied ausgleichen, wodurch die Öltemperatur entsprechend steigt. An der Hinterachse sollten Sie keine längere Strecke mit dem Notrad zurücklegen. Besser einen zusätzlichen Radwechsel in Kauf nehmen und ein intaktes Vorderrad hinten montieren.

○ Die Seitenführungs- und Bremseigenschaften des schmalen Reifens sind naturgemäß nur bescheiden, vor allem bei Regen oder gar im Schnee.

○ Der Reifendruck (**4,2 bar!**) muß umgehend nach dem Radwechsel kontrolliert werden, denn mit zu wenig Luft im »Kinderwagenrad« wird das Fahrverhalten kriminell.

○ Durch den kleineren Raddurchmesser ist auch die Bodenfreiheit geringer; denken Sie beim Überfahren von Unebenheiten daran.

Festen Sitz der Radmuttern kontrollieren

Wartung Nr. 31

● Nach einigen Kilometern Fahrtstrecke soll nach jeder Radmontage kontrolliert werden, ob die Radmuttern richtig angezogen sind.

● Als Anzugsdrehmoment sind **90–120 Nm** vorgeschrieben. Keinesfalls mit einem zusätzlich verlängerten Radschlüssel die Muttern »anknallen«. Das Drehmoment gilt für ein intaktes Gewinde.

● Zu starkes oder ungleichmäßiges Festschrauben kann dazu führen, daß sich die Bremsscheiben verziehen. Das ergibt ungleichmäßige Bremswirkung, Bremsenschütteln und punkt- oder flächenförmigen Reifenverschleiß.

Rad-Unwuchten

Unwuchtige Räder spürt man durch Vibrationen im Lenkrad oder Schütteln im Vorderwagen. Beides tritt bei bestimmten Geschwindigkeiten besonders stark auf. Die Ursache liegt an ungleichmäßiger Gewichtsverteilung am Rad.

○ **Statische Unwucht** zeigt sich bereits, wenn man das Rad am hochgebockten Wagen sich frei auspendeln läßt: Der Schwerpunkt wird sich ganz von selbst nach unten begeben. Ein Rad, das nur eine statische Unwucht hat, hüpft beim Fahren.

○ Eine **dynamische Unwucht** kommt erst beim Rotieren des Rades zur Wirkung. Das ist der Fall, wenn die übergewichtige Stelle nicht in der Mittelebene des Rades sitzt, sondern etwas nach außen bzw. innen. Das Rad hüpft dann nicht nur, sondern es taumelt auch.

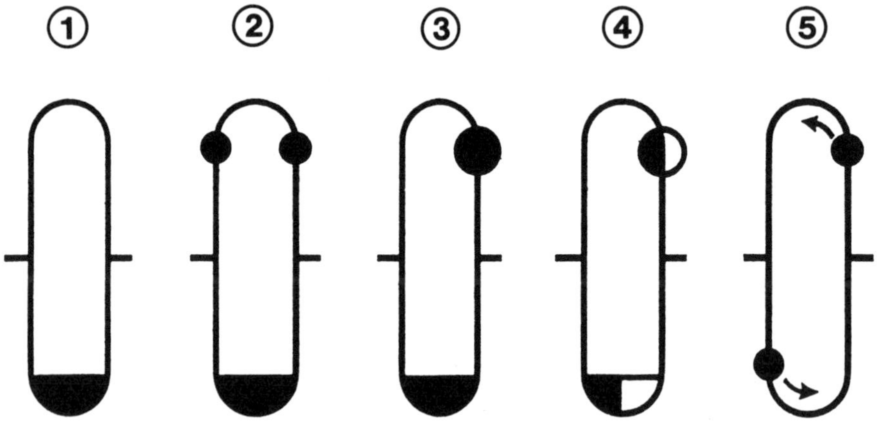

Die statische und dynamische Unwucht in verschiedenen Situationen:
1 – eine rein statische Unwucht;
2 – die statische Unwucht ist ausgeglichen, wenn auf beiden Seiten der Felge je 100 g angebracht sind;
3 – nur auf einer Felgenseite ist ein 200 g-Gewicht angebracht, das ergibt eine dynamische Unwucht;
4 – die Unwucht ist zwar ausgeglichen, aber über Kreuz herrscht kein Gleichgewicht – das Rad taumelt;
5 – während der Radrehung zieht die dynamische Unwucht immer nach der Mittellinie und bringt dadurch das Rad zum Taumeln.

Räder auswuchten

Die Räder müssen statisch und dynamisch ausgewuchtet werden. Dazu gibt es zwei Methoden:
○ Das Rad wird am Wagen ab- und an einer Auswuchtmaschine angeschraubt. Dort läuft es zur Probe, Unwuchten werden dabei angezeigt und können durch Anbringen von Bleigewichten ausgeglichen werden.
○ Zum Ausschalten letzter Unwuchten ist Feinwuchten erforderlich. Dabei werden auch Unwuchten von Radnabe und Bremsscheibe ausgeglichen. Die am Wagen anmontierten Räder werden durch einen Elektromotor mit Reibrad in die notwendige schnelle Drehung versetzt und die Restunwucht angezeigt. Das gleicht man wieder durch Bleigewichte aus.

Fingerzeige: Beim Auftreten von Reifenunwuchten sollten Sie zuallererst die Felgen reinigen, besonders an der Innenseite. Vielleicht ist damit die Ursache für die Unwucht schon gefunden.
Feinwuchten ist nur an den Vorderrädern des Mazda anzuraten. Dort sind auch kleine Unwuchten am Lenkrad zu spüren.
An den Hinterrädern ist das Auswuchten am Fahrzeug eher gefährlich. Das Ausgleichsgetriebe wird durch die einseitige Beschleunigung mit dem Elektromotor möglicherweise beschädigt. Wenn am Fahrzeug ausgewuchtet werden muß, hebt man den Wagen hinten an und läßt den Motor die Hinterräder im fünften Gang auf etwa 90 km/h beschleunigen.

Neue Reifen kaufen

Wer neue Sommerreifen kaufen muß, hat beim Mazda keine Qual der Wahl bezüglich der Reifengröße, denn es gibt nur eine einzige. Lediglich in der Geschwindigkeitsklasse gibt es Unterschiede: Für das 66-kW-Modell genügt die Kategorie »T«, während die stärkeren Versionen mit »H«-Reifen ausgerüstet werden müssen. Alles, was über die Serien-Reifengröße hinausgeht, erfordert eine Begutachtung und Änderung der Fahrzeugpapiere.

Fingerzeig: Bei der Montage neuer schlauchloser Reifen sollen auch neue Ventile verwendet werden. Das verhindert Luftverlust, denn die Ventile altern im Lauf der Zeit, und der Gummi wird rissig. Doch auch die bei Verwendung luftdichter Leichtmetallfelgen eingesetzten Metall-Schraubventile sollten ersetzt werden, weil die Gummidichtung am Ventilfuß altert.

Winterbereifung

Wenn der MX-5 ganzjährig im Einsatz ist, läßt er sich ohne Winterreifen kaum durch Matsch und Schnee bewegen. Relativ hohe Motorleistung und Antrieb der verhältnismäßig gering belasteten Hinterachse sorgen für nicht allzu gute Wintereigenschaften. Die Anschaffung von Winterreifen läßt sich je nach Einsatzgebiet nicht immer umgehen.
○ Gleichgültig, welche Reifen Sie fahren, bedenken Sie immer: Bei Temperaturen um den Gefrierpunkt bildet sich auf Glatteis beim Darüberrollen ein Wasserfilm, der die Haftfähigkeit auch der besten Winterreifen gefährlich herabsetzt.
○ Bei den M+S-Reifen, die lediglich 160 km/h schnell gefahren werden dürfen, muß irgendwo am Armaturenbrett einen Hinweis angebracht werden, der an die zulässige Höchstgeschwindigkeit von 160 km/h erinnert (gibt's beim Reifenhändler oder in der Werkstatt).

Fingerzeig: Ein M+S-Reifen mit weniger als 4 mm Profiltiefe taugt nichts mehr im Winter. Wenn etwa im Gebirge Winterreifen vorgeschrieben sind, werden M+S-Reifen nur dann als solche anerkannt, wenn ihr Profil noch mindestens 4 mm tief ist.

Gespensterarbeit

Im Kraftfahrzeug sind wir auf die Elektrik angewiesen, sonst läuft der Mazda nicht. Wir müssen uns daher näher damit befassen, zumal Störungen im elektrischen Bereich nicht eben selten sind. Nach der Lektüre der folgenden Kapitel sind Sie zwar noch kein Elektrik-Profi, aber mit den wichtigsten Grundbegriffen und einfachen Meßvorgängen vertraut.

So einfach ist Elektrik

Elektrizität kann man leider nicht sehen; das erschwert für manchen das Verständnis. Wir wollen es Ihnen anhand eines Beispiels leichter machen. Die Vorgänge um den elektrischen Strom lassen sich am einfachsten mit einer Wasserleitung erklären. Durch eine solche strömt unter einem bestimmten Druck eine gewisse Menge Wasser.

○ Man kann den Wasserdruck vergleichen mit der **Spannung**, gemessen in Volt (Abkürzung: V).

○ Die in einer bestimmten Zeit durchfließende Wassermenge entspricht dem **Strom**, der in Ampere (kurz: A) gemessen wird.

○ Multipliziert man Spannung und Strom miteinander, so erhält man die elektrische **Leistung** mit der Maßeinheit Watt (abgekürzt: W).

○ Einen anderen Wert erhalten wir, wenn wir die Spannung durch den Strom dividieren, nämlich den **Widerstand**, der in Ohm (Zeichen: Ω) gemessen wird. Wir können ihn uns als Absperrhahn in der Wasserleitung vorstellen. Bei geöffnetem Wasserhahn ist der Widerstand gleich 0, das Wasser fließt ungehindert. Wird der Hahn zugedreht, erhöht sich der Widerstand bis schließlich zum Wert unendlich (∞), wobei der Strom versiegt.

Jeder Stromverbraucher stellt einen Widerstand dar, der für seine einwandfreie Funktion mit genügend Strom beliefert werden muß. Deshalb braucht eine kleine Kontrollampe lediglich ein dünnes Kabel, der leistungsstarke Anlasser dagegen eine besonders dicke Leitung.

Elektrische Messungen

Beim Prüfen und Reparieren der Fahrzeugelektrik und -elektronik gibt es verschiedene elektrische Größen zu messen. Was im Einzelfall zu tun ist, beschreiben die verschiedenen Kapitel hier im Buch.

Damit der Meßwert richtig abgelesen werden kann, bedarf es zunächst eines genauen Meßgeräts. Wie man das Meßgerät richtig anschließt und was bei den einzelnen Messungen zu beachten ist, finden Sie in den folgenden Abschnitten erklärt.

Spannung messen

Prüflampe: Praktisch ist eine Prüflampe mit Nadelkontakt, mit deren Nadel einfach die Isolierung des zu prüfenden Kabels durchstochen werden kann. Die Klemme am Kabel der Lampe wird irgendwo an blankem Fahrzeugmetall, der sogenannten Masse, angeclipst.

Die Lampe gibt in erster Linie Auskunft darüber, ob überhaupt Spannung anliegt. An ihrer Helligkeit kann man in etwa die Höhe der Spannung abschätzen.

Diodenprüfer: An elektronischen Bauteilen darf mit einer herkömmlichen Prüflampe nicht gemessen werden.

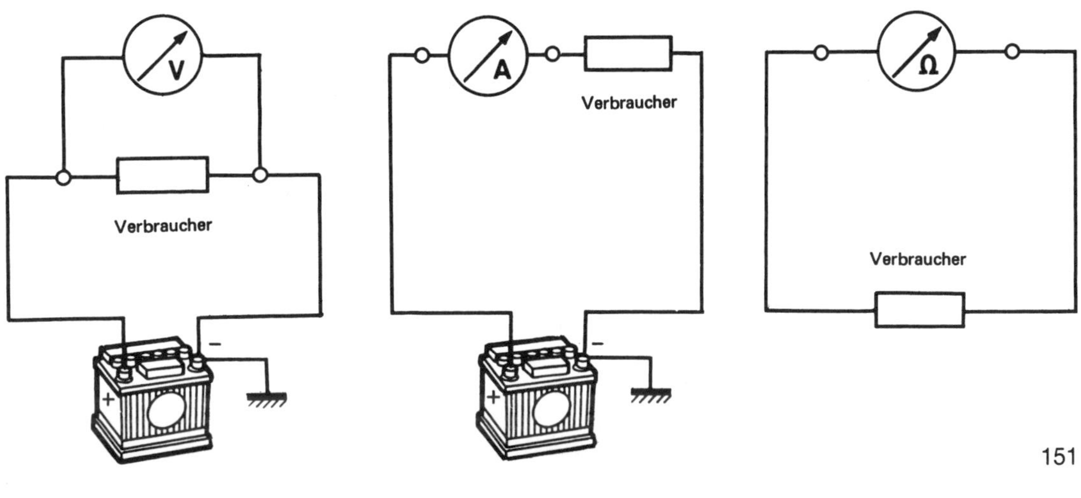

Die Zeichnungen zeigen, wie das betreffende Meßgerät für die elektrischen Größen Spannung (links), Strom (mitte) und Widerstand (rechts) angeschlossen wird. Der Kreis mit Zeiger stellt das jeweilige Meßgerät dar.

Sie nimmt zu viel Leistung auf und kann so Bauteile der Elektronik beschädigen. Wer in diesem Bereich Messungen vornehmen will, sollte sich einen Spannungsprüfer mit Leuchtdioden anschaffen.

Voltmeter: Exakter ist die Spannungsmessung mit dem Volt-Meßbereich eines Zeiger- oder Digitalmeßgeräts. Durch den sehr geringen Stromverbrauch des Instruments droht auch Elektronikteilen keine Gefahr.

○ Zum Messen der Batteriespannung (als Beispiel) wird das mit »–« gekennzeichnete Meßkabel an den Minuspol der Batterie angeschlossen. Das »+«-Kabel kommt an den Pluspol.

○ Zeigt das Instrument beispielsweise nur 10,4 Volt an, hat eine der Batteriezellen Kurzschluß. Interessant kann es auch sein, die Batteriespannung zu messen, während der Anlasser betätigt wird. Sind dann nur noch 6 Volt abzulesen, steht es mit der Batterie sicher nicht zum besten.

○ Messen einer Spannung »gegen Masse«: »+«-Kabel des Meßgeräts an einer Klemme anschließen, an der Spannung anliegt, »–«-Kabel an ein blankes Teil der Karosserie oder des Motors anklemmen. Beide sind durch dicke Kabel mit dem Minuspol der Batterie verbunden, wodurch eine exakte Messung möglich ist.

○ Häufig wird die Spannung zwischen zwei bestimmten Kontakten (etwa an einem Steuergerät) gemessen. Wie das Meßgerät anzuschließen ist und welche Spannung anliegen soll, ist in einem solchen Fall Bestandteil der Prüfvorschriften.

○ Mit dem Volt-Meßbereich kann auch geprüft werden, ob ein Massekabel in Ordnung ist: »+«-Kabel des Meßgeräts am Pluspol der Batterie anschließen, »–«-Kabel des Geräts am Ende des Massekabels anklemmen. Ist die Masseversorgung intakt, muß volle Batteriespannung angezeigt werden.

Strom messen

Ob Strom zu einem Verbraucher hin fließt, wird mit dem Amperemeter bzw. dem entsprechenden Meßbereich des Vielfachinstruments gemessen.

○ Dazu muß der Stromkreis aufgetrennt und das Meßgerät zwischen die jetzt freien Pole zwischengeschaltet werden.

○ In der Praxis sieht das so aus: Einen Steckkontakt in der Leitung zu einem Verbraucher abziehen und Meßgerät zwischen Stecker und Kontaktzunge zwischenschalten.

○ Strom wird beispielsweise gemessen, wenn der Verdacht besteht, daß ein heimlicher Stromverbraucher irgendwo im Bordnetz sitzt, der über Nacht die Batterie leersaugt. Um diese Leckstelle festzustellen, nehmen Sie das Batterie-Massekabel ab und klemmen zwischen Batteriepol und -kabel den Amperemeter. Zeigt das Instrument Stromfluß an, wird der Stromkreis ermittelt: Eine Sicherung nach der anderen herausnehmen und statt deren den Amperemeter an den Kontaktzungen im Sicherungskasten anklemmen. So können Sie erkennen, in welchem Stromkreis Verluste entstehen. Anhand der Sicherungstabelle im folgenden Kapitel vergleichen Sie dann, welche Verbraucher in diesen Stromkreis eingeschaltet sind und kontrollieren diese der Reihe nach durch.

○ **Niemals** versuchen, auf diese Weise den Stromverbrauch des Anlassers zu ermitteln! Der Strom ist viel zu hoch für unser kleines Meßgerät.

Widerstand messen

Die exakte Widerstandsmessung an einem Bauteil hat nur dann einen Sinn, wenn man ein genau anzeigendes Gerät besitzt. Sonst bleiben letztlich Zweifel an der Messung.

○ Mit dem Widerstandsmeßbereich läßt sich beispielsweise erkennen, welchen Innenwiderstand ein bestimmtes Bauteil hat. Die Angaben finden Sie – wo nötig – hier im Buch.

○ Die Kabel des Meßgeräts (Polung ist dabei gleichgültig) werden dazu an zwei Anschlüssen des Bauteils

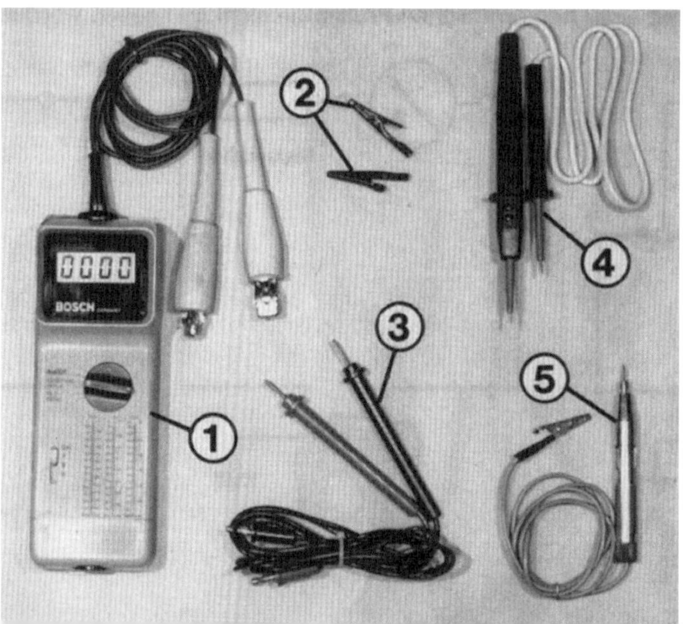

Meßgeräte für Fahrzeug- und Motorelektrik:
1 – Präzisions-Motortester mit Digitalanzeige;
2 – Krokodilklemmen;
3 – Meßspitzen;
4 – Leuchtdioden-Spannungsprüfer (auch für Elektronik-Bauteile geeignet);
5 – herkömmlicher Spannungsprüfer mit Glühlampe (nicht für elektronische Bauteile geeignet).

○ Oder es wird der Widerstand »gegen Masse« gemessen: Ein Kabel am Bauteil, das zweite an Motorblock oder Karosserie anklemmen.
○ Ferner läßt sich mit dem Widerstands-Meßbereich des Meßinstruments prüfen, ob eine Leitung oder ein Schalter »Durchgang« hat (der Meßwert ist dann 0 Ω) oder ob der Stromweg irgendwo unterbrochen ist (dann strebt der Meßwert gegen unendlich = ∞ Ω).

Grundbegriffe der Elektronik

Schon dem Wort nach basiert die Elektronik auf den Elektronen – jenen extrem kleinen Bausteinen, aus denen das ohnehin schon kleine Atom zum Teil besteht. Die Elektronen sorgen in allen **elektrisch leitenden Werkstoffen** (kurz: **Leiter**) dafür, daß Strom überhaupt fließen kann. Die Elektronen wandern dabei im Leiter von Atom zu Atom.
Nichtleitende Werkstoffe besitzen ebenfalls Elektronen, doch sind diese sehr stark an den Atomkern gebunden. Sie können also nicht weiterwandern, und somit fließt auch kein Strom.
Die dritte Werkstoffgruppe stellen die sogenannten **Halbleiter** dar. Das sind Kristalle (meist Germanium oder Silizium), die so nachbehandelt wurden, daß in ihrem Atomaufbau Elektronen fehlen oder überschüssige Elektronen vorhanden sind. Dadurch ergibt sich der durchaus erwünschte Effekt, daß durch die Kristallplättchen nur unter bestimmten Bedingungen Strom fließen kann. Werden diese Bedingungen nicht erfüllt, baut sich eine Sperrschicht auf, und der Stromfluß wird gehemmt.
Halbleiterbauelemente findet man nicht nur einzeln in der Fahrzeugelektrik verwendet, sondern meist in größerer Stückzahl zu kompletten Schaltungen zusammengefaßt, wie zum Beispiel im Steuergerät der Zünd/Einspritz-Steuerung.

Halbleiter

Transistor: Er läßt nur dann Strom durchfließen, wenn an seinem dritten Anschluß eine Spannung anliegt. Ist diese Spannung hoch, fließt viel Strom durch; bei geringer Spannung entsprechend weniger. Vergleichbar ist das mit einem Wasserhahn. Je weiter das Ventil aufgedreht wird, desto mehr Wasser fließt durch.
Diode: Sie ist nur in einer Richtung für den elektrischen Strom leitend. Kommt der Strom aus der Gegenrichtung, sperrt sie den Durchgang. Das ist wie beim Reifenventil: Luft kann durchgepumpt werden, aber sie kommt nicht mehr heraus.
Leuchtdiode: Der Halbleiterkristall sendet Licht aus, sobald Spannung anliegt. Im Grund genommen ist das wie bei einer Glühlampe, aber es gibt keinen Glühfaden, der allmählich verbrennen kann.

Weitere Bauelemente

In nahezu allen elektronischen Schaltungen kommen Bauteile vor, die nicht zur Sparte der Halbleiter gehören, ohne die aber die Elektronik nicht denkbar wäre. Häufigste Vertreter sind:
Widerstand: Seine Aufgabe ist es, den Stromfluß zu hemmen, wie bereits beschrieben.
Kondensator: Er wirkt wie eine kleine Batterie und kann elektrische Energie für eine gewisse Zeit speichern. Er wird zur Glättung von Spannungsschwankungen und zum Dämpfen von Spannungsspitzen verwendet. Wenn eine Zeitverzögerung in einer Schaltung erwünscht ist (z. B. im Blinkrelais), wird ein Kondensator mit einem Widerstand zu einem »Zeitglied« zusammengeschaltet.

Elektronische Schaltungen

Integrierte Schaltkreise (IC): Eine Vielzahl von elektronischen Bauteilen ist im kleinen Gehäuse eines IC untergebracht. Die meist schwarzen »Käfer« mit 14 und mehr Anschlußfüßen gibt es mit allen erdenklichen Funktionen.
Mikroprozessoren: Sie spielen eine wachsende Rolle in der Technik. Es sind weiterentwickelte ICs, aber wesentlich »intelligenter«. Je nach Art des elektrischen Eingangssignals können sie vorher programmierte Schaltungsvorgänge auslösen.

Vorsichtsmaßnahmen im Umgang mit elektronischen Bauteilen

Hohe Spannungen und hohe Temperaturen sind für die Bauteile der Elektronik gefährlich. Damit Sie nicht versehentlich ein (teures) Schalt- oder Steuergerät durch Unachtsamkeit zerstören, sollten Sie die nachfolgenden Punkte beachten:
○ Vor Abziehen eines Steckers im Bereich der Fahrzeugelektronik immer die Zündung ausschalten. Noch besser ist das Abklemmen der Batterie. Denn beim Trennen eines Steckkontakts können Spannungsspitzen entstehen, die nahegelegenen empfindlichen Elektronikgeräten nicht gut bekommen.
○ Falls am Mazda elektrisch geschweißt wird, muß zum einen die Batterie abgeklemmt und zum anderen an sämtlichen elektronischen Steuergeräten die jeweilige Steckverbindung abgezogen werden.
○ Kommt der Wagen nach einer Blechreparatur in die Lackier-Trockenkammer, so darf die Temperatur dort kurzzeitig 95° C betragen. Über eine längere Zeitdauer (maximal zwei Stunden) sollen 85° C nicht überschritten werden. Der Motor darf erst dann gestartet werden, wenn der Wagen auf normale Temperaturen abgekühlt ist.

Lange Leitung?

Nur keine Angst vor der Vielzahl an Leitungen, Steckern und Sicherungen im Mazda MX-5! Unter Zuhilfenahme der Sicherungstabellen und der verschiedenen Schaltpläne in diesem und folgenden Kapitel werden Sie sich bald zurechtfinden.
Bekanntlich kann der Strom nur in einem geschlossenen Kreislauf fließen. Wenn Sie zu Hause den Lichtschalter einschalten, leuchtet das Licht auf. Genauso ist es im Auto, nur daß hier der von Batterie oder Lichtmaschine kommende Strom über den jeweiligen Stromverbraucher zurück zur Batterie oder Lichtmaschine fließt.

Minus an Masse

Die Stromzuführung zum Verbraucher erfolgt im Auto durch ein Kabel, das sich auf mehr oder weniger komplizierte Art immer zur Batterie zurückverfolgen läßt, wie das auch das Kapitel »Die Schaltpläne« zeigt. Die Rückleitung besorgen die elektrisch leitenden Metallteile von Karosserie oder Motor. Auf diese Weise wird eine Menge teures Kupferkabel gespart. In manchen Fällen ist jedoch trotzdem ein kurzes Stück Kabel für die Rückleitung unumgänglich – nämlich dann, wenn der Stromverbraucher nicht direkt auf Metall sitzt.
Auch der Minuspol der Batterie ist natürlich mit der Karosserie – der »Masse«, wie der Autoelektriker sagt – verbunden. Da das bei allen anderen elektrischen Einrichtungen im Wagen genauso ist, lautet der Merksatz »**M**inus an **M**asse«.

Orientierungshilfen in der Autoelektrik

Das bunte Kabelgewirr im Mazda ist zunächst verwirrend. Waren Sie es von früheren Fahrzeugen gewohnt, sich an den deutschen Normklemmen-Bezeichnungen zu orientieren, so müssen Sie umdenken.
○ Den **Kabelfarben** kommt beim Mazda MX-5 eine wegweisende Bedeutung zu. Zusätzlich ist an der betreffenden Leitung vermerkt, welchem Kabelbaum sie zugeordnet ist.
○ Für den Mazda gibt es **Prinzipschaltpläne**, die stets nur eine bestimmte Baugruppe behandeln (z. B. den Kühlerventilator). Diese Schaltpläne finden Sie im Kapitel »Die Schaltpläne«.
○ Die Bauteile sind in allen Plänen durch leicht verständliche **Symbole** dargestellt, an denen in gewissem Umfang schon die Funktion interpretiert werden kann. Zudem steht bei jedem Schaltsymbol die entsprechende **Benennung**.
○ Die Kabelstecker werden unterschieden in solche für den speziellen Stromkreis (z. B. B1–02 am Hauptrelais der Benzin-Einspritzung) und solche, die für mehrere Stromkreis zuständig sind (z. B. X–05 am Zündschloß).

Die Leitungen

Der Querschnitt eines Kabels wird je nach Stromanspruch des betreffenden Verbrauchers gewählt: Ein Kontrollämpchen kommt mit 0,5 mm² Kabelstärke aus, der Anlasser braucht dagegen eine starke Stromleitung. Ein zu dünnes Kabel heizt sich auf, und die Spannung fällt ab. Dann kommen statt der erwünschten 12 Volt z. B. an den Scheinwerfern vielleicht nur 10 oder 9,5 Volt an – das Licht wird trübe. In den Mazda-Schaltplänen ist der Kabelquerschnitt nicht angegeben.

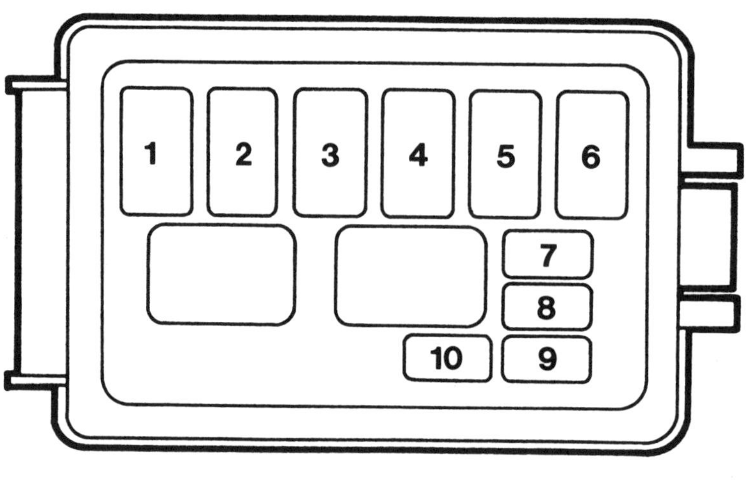

Die Zahlen geben die Numerierung der Sicherungen im Hauptsicherungskasten im Motorraum an.

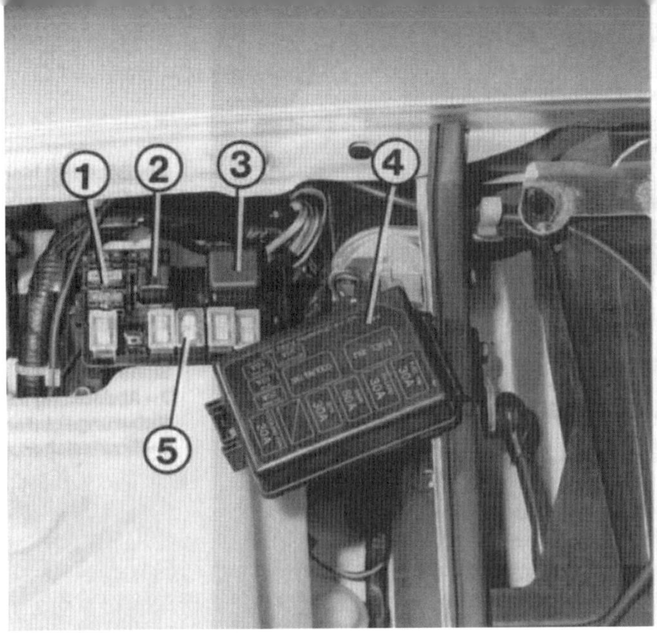

Blick auf den Hauptsicherungskasten im Motorraum beim 1,6-Liter: 1 – Stromkreis-Sicherungen; 2 – Relais für Kühlerventilator; 3 – Hauptrelais für Benzin-Einspritzung; 4 – Abdeckung; 5 – 80-A-Hauptsicherung.

Der Hauptsicherungskasten im Motorraum rechts beim 1,9-Liter: 1 – Abdeckung; 2 – Relais für Kühlerventilator; 3 – Stromkreis-Sicherungen; 4 – Hauptrelais für Benzin-Einspritzung; 5 – 80-A-Hauptsicherung.

Kabelsteckverbindungen

Früher waren lose Kabelsteckverbindungen eine häufige Pannenursache. Dem hat Mazda im wahrsten Sinne des Wortes einen Riegel vorgeschoben: Alle Steckverbindungen sind zusätzlich mechanisch gesichert. Hier die am häufigsten vorkommenden Steckersicherungen:

- Drahtbügel am Stecker, der zum Abziehen des Steckers niedergedrückt werden muß.
- Seitliche Sicherungsrasten, die zum Abziehen niedergedrückt werden müssen.
- Beispielsweise am Kombi-Instrument sitzen Mehrfachstecker, die mit Sicherungsnasen gesichert sind.

Einbauorte und Teile der Karosserie-Elektrik

Für die Fehlersuche ist es wichtig zu wissen, wo welche Bauteile sitzen, und was es mit ihnen auf sich hat. Die folgenden Abschnitte sagen es Ihnen.
Kernstück der Karosserie-Elektrik ist der Hauptsicherungkasten im Motorraum rechts hinten. Von dort aus werden die Stromkreise weiter unterteilt. Im Innenraum links oberhalb der Fußstütze sitzt der Einzelsicherungskasten, und hinten rechts im Kofferraum findet sich ein weiterer Einzelsicherungskasten.
Doch diese Einbauorte reichen nicht für alle elektrischen Bauteile. Deshalb ist z.B. am linken Stehblech im Motorraum – ganz hinten – eine Relaisleiste untergebracht, die zahlreiche Bauteile beherbergen kann. Wo weitere Relais sitzen, finden Sie unter »Relais-Einbauorte« am Ende des Kapitels.

Die Sicherungen

Wenn an einen vorhandenen Stromkreis zusätzliche Verbraucher angeschlossen werden oder durch einen Defekt ein Kurzschluß entsteht (der nichts anderes ist als ein abnorm ansteigender Stromdurchfluß), würde der Stromkreis überlastet. Die Leitung würde warm oder zu glühen beginnen, ebenso die Wicklungen der Lichtmaschine, die Batterieflüssigkeit könnte ins Sieden geraten – wären da nicht die elektrischen Sicherungen

Die Numerierung der Einzelsicherungen entspricht den Angaben in unserer Tabelle für die Einzelsicherungen im Fahrerfußraum.

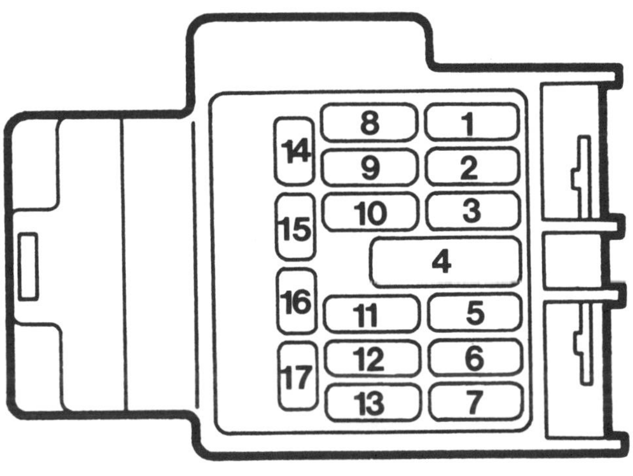

Der Blick fällt hier auf den Einzelsicherungskasten (5) im Innenraum. Bezeichnet sind: 1 – Überlastungsschutz; 2 – Klammer zum Herausziehen der Sicherungen; 3 – Abdeckung für Sicherungskasten; 4 – Ersatzsicherung.

zwischengeschaltet. Die sind sehr kurz angebunden: Wenn der Strom ein gewisses, zuträgliches Maß übersteigt, unterbrechen sie ihn einfach.
Damit der Mazda bei einem Defekt nicht gleich völlig ohne Strom dasteht, sind die Sicherungen auf verschiedene Stromkreise verteilt. Allerdings sind die Schaltungen zwischen Anlasser, Batterie und Lichtmaschine nicht von Sicherungen überwacht. Bei einer Störung dieser Teile nützt der Blick in die Sicherungskästen also nichts. Dagegen haben alle übrigen elektrischen Aggregate eine eigene Absicherung.
Im Mazda MX-5 werden funktionssichere Flachstecksicherungen verwendet. In ein eingefärbtes Kunststoffteil sind zwei Flachstecker eingebettet, die durch den Schmelzfaden verbunden sind. Mit diesen Sicherungen gibt es keine Korrosionsprobleme.

Die Hauptsicherung

Fast alle Stromkreise sind zunächst durch die Hauptsicherung abgesichert. Durch diese Hauptsicherung wird die Gefahr von Kabelbränden durch ständig stromführende Kabel ausgeschlossen. Nach der 80-Ampere-Hauptsicherung gelangt der Strom über die untergeordneten Hauptsicherungen zu den Einzelsicherungen im Fahrzeug.

Störungssuche bei einem Sicherungsdefekt

● Bei einer Störung an der Fahrzeugelektrik zuerst **Zündung und alle Stromverbraucher abschalten**.
● Überprüfen Sie dann die betreffende **Einzelsicherung** im Sicherungskasten im Fahrerfußraum.
● War dort kein Fehler zu finden, wird als nächstes die **übergeordnete Hauptsicherung** kontrolliert.
● Als letzte Möglichkeit – bei totalem Stromausfall – kommt die **80-A-Hauptsicherung** als Fehlerursache in Betracht.
● **Generell:** Brennt eine neue Sicherung sofort wieder durch, klären, ob eine zu schwache Sicherung eingesetzt wurde (siehe Sicherungstabellen).
● War das nicht der Fall, anhand der Sicherungstabellen die angeschlossenen Verbraucher ermitteln und einzeln prüfen. Dabei hilft auch der zuständige Schaltplan (folgendes Kapitel).
● Im Zweifelsfall alle Verbraucher abklemmen und nacheinander wieder anschließen. Derjenige Verbraucher, bei dem die Sicherung durchbrennt, war defekt.

Hauptsicherung auswechseln

Die Hauptsicherungen im Sicherungskasten im Motorraum sind völlig anders gebaut als die weit verbreiteten Flachsteck-Einzelsicherungen. Bei einem Defekt unterwegs kann daher nur eine Mazda-Werkstatt weiterhelfen.
● Deckel des Hauptsicherungskastens hinten rechts im Motorraum entriegeln und hochklappen.
● Sicherungsgehäuse oben fassen und abziehen. **Nicht** mit einem Schraubendreher o. ä. am Gehäuse hebeln, das könnte einen Kurzschluß auslösen.
● **80-A-Hauptsicherung:** Batterie-Massekabel abklemmen.
● Beide Haltemuttern des Hauptsicherungskastens losdrehen.
● Sicherungskasten anheben.
● Unten an der 80-A-Hauptsicherung beidseitig die Schrauben der Kabelösen herausdrehen.
● Neue Sicherung einsetzen.

Überlastungsschutz

Für das Luftgebläse ist anstelle einer herkömmlichen Sicherung eine sogenannte Überlastungsschutz-Sicherung eingebaut. Die funktioniert wie ein Sicherungsautomat zu Hause: Im Falle eines Defekts nach Auschalten des Verbauchers Sicherungsknopf wieder eindrücken. Falls die Sicherung beim nächsten Einschalten des Verbrauchers wieder anspricht, müssen Verbaucher und Leitungen überprüft werden.

Sicherungskasten ersetzen

Hat sich bei der Störungssuche herausgestellt, daß Kabelzuleitungen, die zuständige Sicherung bzw. das betreffende Relais keinen Schaden aufweisen, kann es am Sicherungskasten liegen. Typische Fehler sind Wackelkontakte oder temperaturabhängige Ausfallerscheinungen. Der Ausbau der Sicherungskästen geht folgendermaßen:

- Massekabel der Batterie abklemmen.
- Deckel abnehmen.
- Am **Hauptsicherungskasten im Motorraum** zwei Muttern losschrauben, Sicherungskasten abheben.
- Der **Einzelsicherungskasten im Fahrerfußraum** ist mit zwei Kreuzschlitzschrauben befestigt. Die Schrauben losdrehen und Kasten abheben.
- **Beide:** Stecker Stück um Stück vom alten auf den neuen Sicherungskasten umstecken.
- Relais und Sicherungen ebenfalls umstecken.
- Sicherungskasten einsetzen.

Sicherungstabelle Hauptsicherungskasten im Motorraum

Nr.	angeschlossene Verbraucher	Farbe	Bezeichnung	Ampere
1	Warnblinkanlage	rosa	Hazard	30
2	Zünd/Einspritz-Steuerung	Fuel Inj	rosa	30
3	Hauptsicherung	Main	schwarz	80
4	Siehe unter Einzelsicherung »11« und »14«	BTN	rosa	30
5	Antiblockiersystem	ABS	gelb	60
6	Elektrischer Kühlerventilator	Cooling Fan	rosa	30
7	Zusatz-Kühlerventilator bei Klimaanlage oder ABS-Magnetventile	Ad Fan ABS Valve	gelb rosa	20 30
8	Bremsleuchten	Stop	rot	10
9	Zünd/Einspritz-Steuerung	St Sign	rot	10
10	Scheinwerfer-Schwenkmotoren	Retractor	grün	30

Sicherungstabelle Einzelsicherungskasten im Fahrerfußraum

Nr.	angeschlossene Verbraucher	Farbe	Bezeichnung	Ampere
1	Elektrischer Kühlerventilator	blau	Engine	15
2	Instrumente, Richtungsblinker, Rückfahrleuchten	rot	Meter	10
3	Scheinwerfer-Waschanlage	gelb	Head Cleaner	20
4	Luftgebläse	–*	Heater	30
5	Nebelschlußleuchte	rot	R. Fog	20
6	Elektrische Fensterheber	grün	Power Wind	10
7	Scheibenwischer und -wascherpumpe	gelb	Wiper	10
8	nicht belegt	–	–	–
9	Standlicht links und rechts, Schlußlicht links	rot	Tail LH	10
10	Schlußlicht rechts, Kennzeichenleuchten	rot	Tail RH	10
11	Hupe	rot	Horn	10
12	Abblendlicht links	gelb	Main LH	20
13	Abblendlicht rechts	gelb	Main RH	20
14	Innenleuchten	rot	Room	10
15	Anzünder, elektrische Spiegel	blau	Cigar	15
16	Fernlicht links	rot	Dim LH	10
17	Fernlicht rechts	rot	Dim RH	10

* Sicherungsautomat

Fingerzeig: Fahrzeuge der ersten Bauserie können eine andere Sicherungsbelegung aufweisen.

Relais und Steuergeräte

Zur Bordelektrik gehören einige Relais und Steuergeräte, die an verschiedenen Stellen im Mazda eingebaut sind, siehe Tabelle »Relais-Einbauorte«.

○ Ein einfaches **Schaltrelais** wird für leistungsstarke Stromverbraucher verwendet. Leitet man den Strom auf langen Kabelwegen über den dazugehörigen Schalter, gibt es Spannungsverlust. Außerdem werden die Schalterkontakte durch den hohen Stromfluß stark beansprucht. Bei einer Relaisschaltung benutzt man den

Im Fahrerfußraum oberhalb des Einzelsicherungskasten sind folgende Relais untergebracht:
1 – Blinkrelais;
2 – Hupenrelais;
3 – Kraftstoffpumpenrelais.

Schalter nur für den geringen Schaltstrom, womit nicht der Verbraucher direkt, sondern dessen Relais eingeschaltet wird.

○ Bestimmte Relais können **zusätzliche Funktionen** auslösen. So schaltet das Blinkrelais die Blinkimpulse; das Relais der Wisch/Wasch-Intervallschaltung steuert den Intervallbetrieb und den Trockenlauf der Scheibenwischer nach dem Scheibenwaschen.

○ **Steuergeräte** besitzen mehr oder minder umfangreiche elektronische Schaltungen für bestimmte Funktionen. Bisweilen ist auch noch ein Relais eingebaut. Als Beispiel sei hier das Steuergerät der Zünd/Einspritz-Steuerung genannt.

Die Schaltrelais

Relais-Funktion

○ Beim Einschalten des betreffenden Verbrauchers wird im Schaltrelais durch den ankommenden »Schaltstrom« der Schaltstromkreis geschlossen.

○ Dadurch zieht eine Magnetspule einen kräftigen Kontakt gegen Federdruck an und schließt so den Stromkreis für den »Arbeitsstrom«.

Neben dem Ausgleichsbehälter der Kupplungshydraulik ist unter der Abdeckung (2) eine Relaishalteleiste (1) mit Sechskantschrauben (Pfeile) am Stehblech befestigt.

An der Relaishalteleiste (2) beim 1,9-Liter sind folgende Relais beziffert: 1 – Hupenrelais; 3 – Relais der Schwenkscheinwerfer.

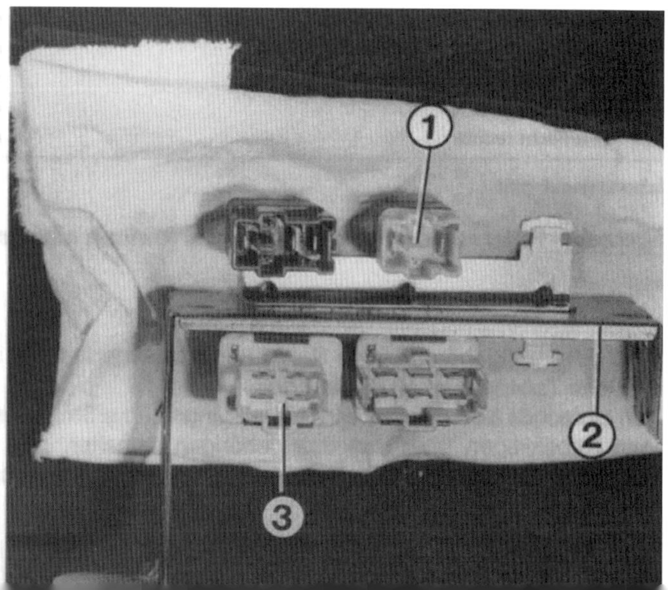

○ Der Arbeitsstrom wird zur Vermeidung von Spannungsabfall auf kurzem Weg direkt an den Batterie-Plusanschluß des Relais herangeführt und von dort – bei geschlossenen Schalterkontakten – über den Relais-Ausgangskontakt an den Stromverbraucher weitergeleitet.

● Der Eingangskontakt für den Arbeitsstrom muß immer Spannung führen. Zur Kontrolle Relais ein Stück herausziehen und mit Prüflampennadel Klemme antippen.

Relais-Störungssuche

● Relais abziehen, Klemmen für den Schaltstrom mit Batterie-Plus bzw. Masse verbinden. Die Magnetspule muß den Relaiskontakt deutlich hörbar anziehen, sonst ist das Relais defekt.

Behelf bei defektem Schaltrelais

● Relais aus dem Steckfeld abziehen.
● Arbeitsstromklemmen im Relaissteckfeld mit einer Büroklammer oder einem kurzen Drahtstück überbrücken.
● So erhält der betreffende Verbraucher Dauerstrom.

● Zum Abschalten die Kurzschlußbrücke abziehen, da der betreffende Schalter in diesem Fall ja überbrückt ist.

Relais-Einbauorte

An insgesamt fünf verschiedenen Stellen sind im Mazda MX-5 die Relais und Steuergeräte eingebaut: Im Fahrerfußraum, im Motorraum am Sicherungskasten, an der ABS-Hydraulikpumpe, am linken Stehblech neben dem Vorratsbehälter der Kupplungshydraulik und im Kofferraum neben der Batterie.

Einbauort	Bezeichnung des Relais/Steuergerätes
Im Fahrerfußraum oberhalb des Einzelsicherungskastens	Blinkrelais Hupenrelais (1,6-Liter) Kraftstoffpumpenrelais
Im Beifahrerfußraum	Zünd/Einspritz-Steuergerät ABS-Steuergerät
Im Motorraum am linken Stehblech	Relais für Schwenkscheinwerfer Hupenrelais (1,9-Liter) Relais für Scheinwerfer-Waschanlage
Im Hauptsicherungskasten im Motorraum	Hauptrelais für Kraftstoff-Einspritzung Relais für Kühlerventilator
An der Hydraulikpumpe des ABS	Relais für Magnetventile Relais für Rückförderpumpe
Im Kofferraum neben der Batterie	Relais für elektrische Antenne

Kupferleitungen

Die Schaltpläne auf den folgenden Seiten zeigen die einzelnen Stromkreise der elektrischen Anlage. Bei der Darstellung wurde darauf geachtet, daß der funktionelle Zusammenhang gut zu erfassen ist. Die Verlegung der Kabelbäume im Mazda MX-5 können Sie den Zeichnungen auf diesen Seiten entnehmen.

Aufbau der Schaltpläne

Darstellung

In den Einzelschaltplänen ist die Stromversorgung jeweils oben dargestellt, unten finden Sie die Masseanschlüsse. Sie sind zusätzlich durch ein Fahrzeugsymbol mit dem Buchstaben »G« (englisch »ground«) gekennzeichnet. Grundsätzlich erfolgt die Darstellung bei ausgeschalteter Zündung. Auch sämtliche übrige Schalter sind in Ruhestellung gezeigt.
Über den Leitungsquerschnitt finden Sie in den Schaltplänen keine Angaben. Im Falle einer Leitungsreparatur muß diese »vor Ort« ausgemessen werden.
Zahlen in Kreisen mit Pfeil nennen die Weiterführung in einem anderen Schaltplan. Da wir nur eine Auswahl der gültigen Schaltpläne abbilden konnten, lassen sich die in den Schaltplänen angegebenen Querverweise nicht immer nachvollziehen.
Die Kreise mit Zahlen in der Masseleiste beziehen sich auf eine von uns nicht übernommene Massepunkt-Tabelle.

Verzeichnis der Kabelfarben

Da die Fehlersuche im Mazda ausschließlich anhand der Kabelfarben erfolgen kann, hier eine Aufstellung der verwendeten Kabelfarben. Bei zweifarbigen Leitungen ist zuerst die Kabelgrundfarbe und hinter dem Schrägstrich die Farbe des Zusatzstreifens angegeben.

Abkürzung	Farbe	Abkürzung	Farbe	Abkürzung	Farbe
B	schwarz	LB	hellblau	SB	himmelblau
BR	braun	LG	hellgrün	T	hellbraun
DG	dunkelgrün	N	beige	V	violett
DL	dunkelblau	O	orange	W	weiß
G	grün	P	rosa	Y	gelb
GY	grau	PU	purpur		
L	blau	R	rot		

Verzeichnis der Kabelbäume

Abkürzung	Kabelbaum für	Abkürzung	Kabelbaum für	Abkürzung	Kabelbaum für
AC	Klimaanlage	E	Motor	INJ	Zünd/Einspritz-Steuerung
DR1	Tür links	F	Fahrzeug vorn	R	Fahrzeug hinten
DR2	Tür rechts	I	Instrumente	R2	Fahrzeug hinten (mitte) ab MJ 94

Kabelbäume bis Modelljahr 93

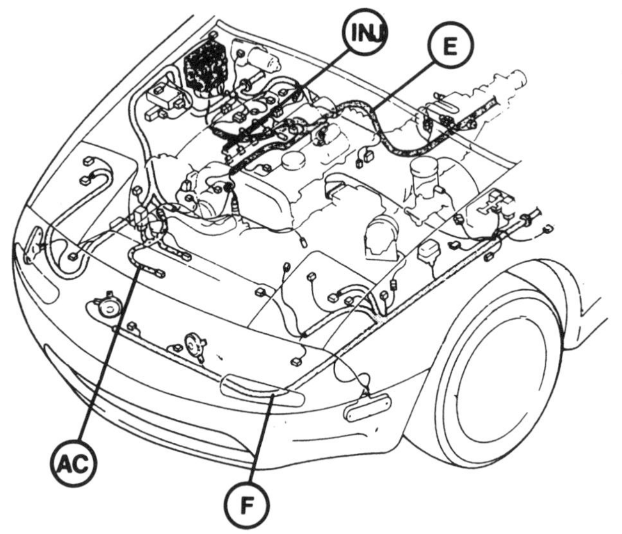

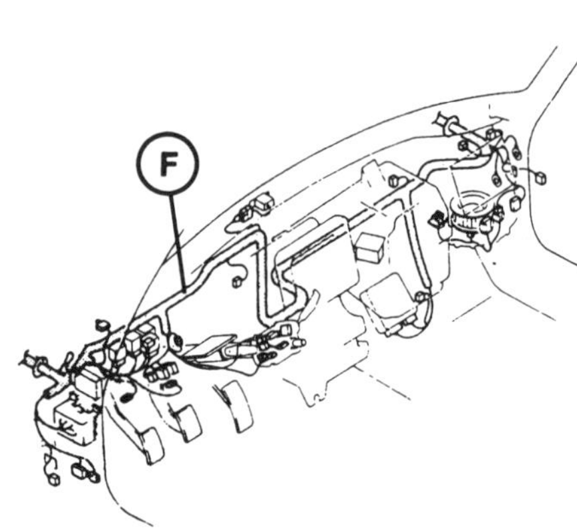

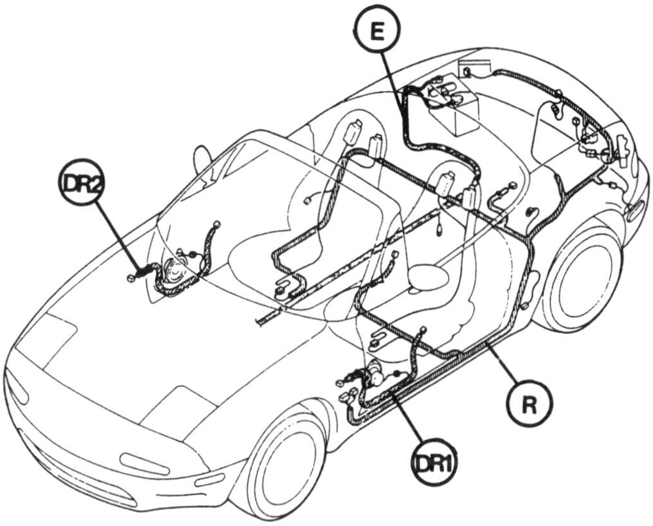

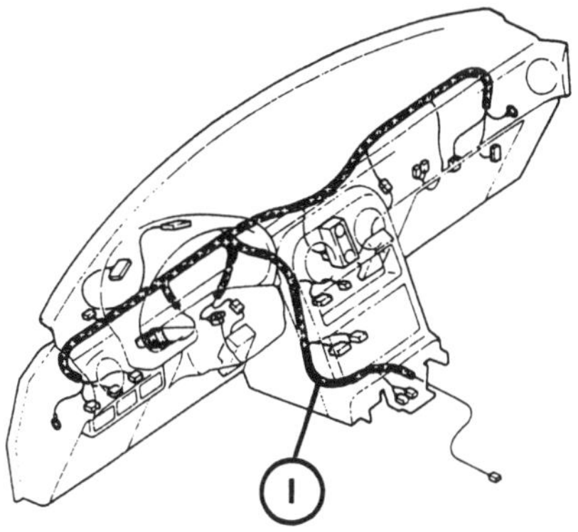

Kabelbäume ab Modelljahr 94

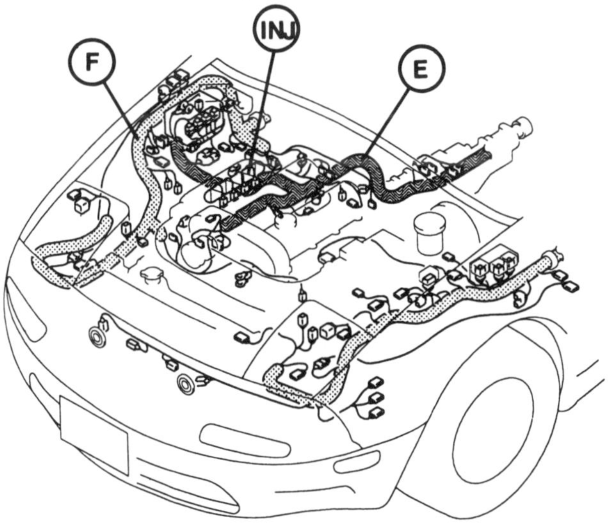

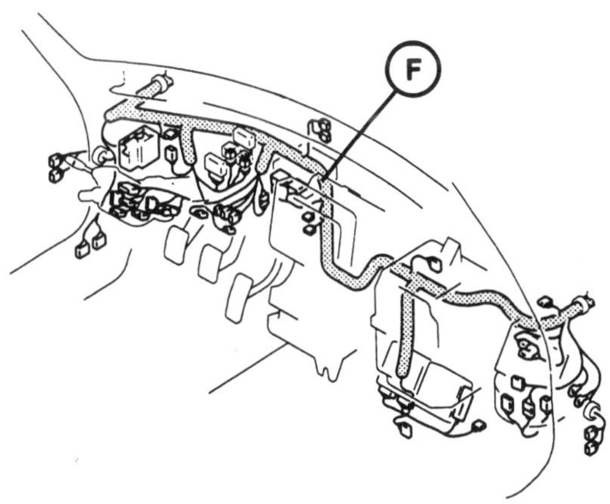

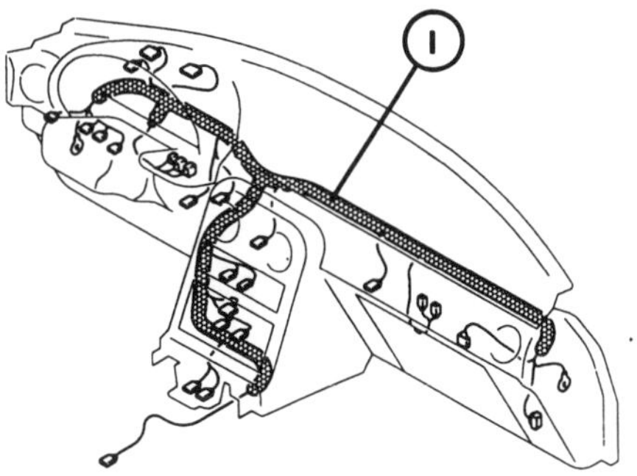

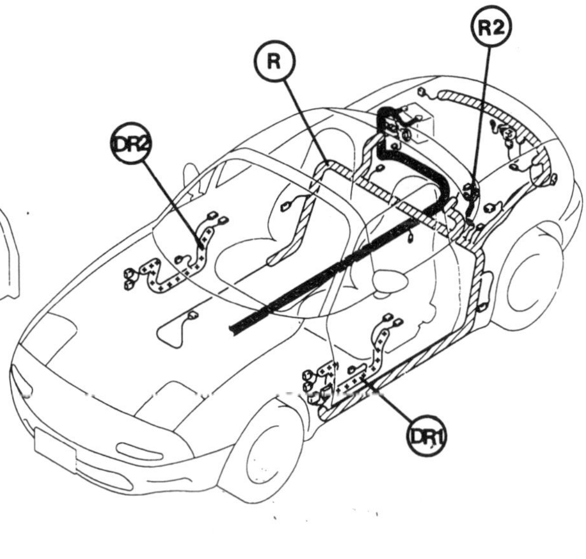

Anlasser und Lichtmaschine

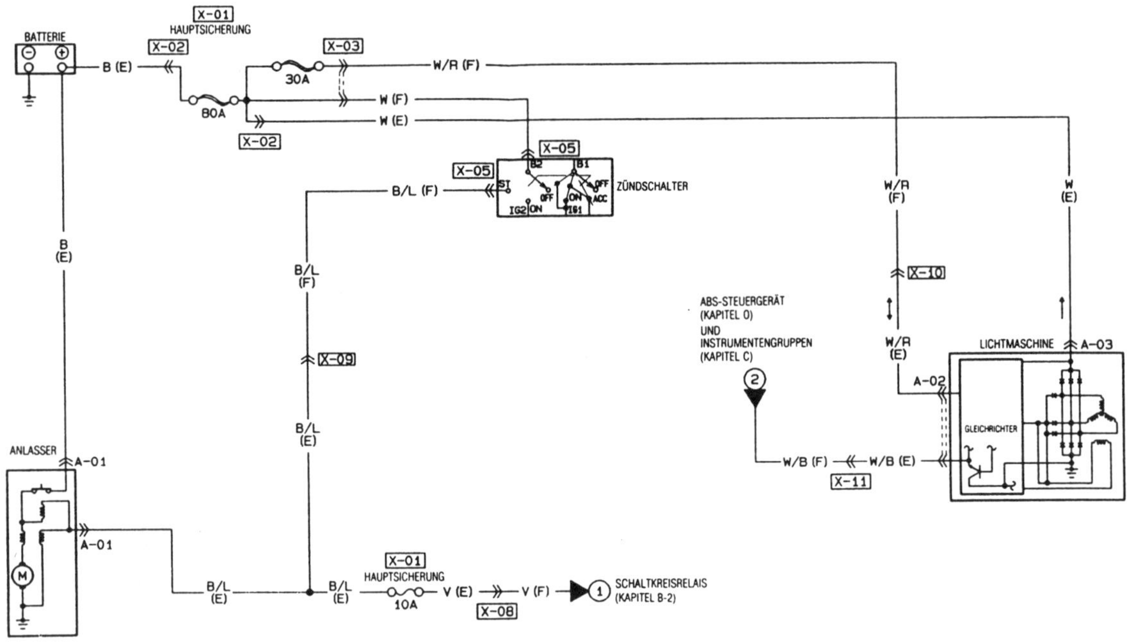

Zünd/Einspritz-Steuerung 1,6-Liter Teil I

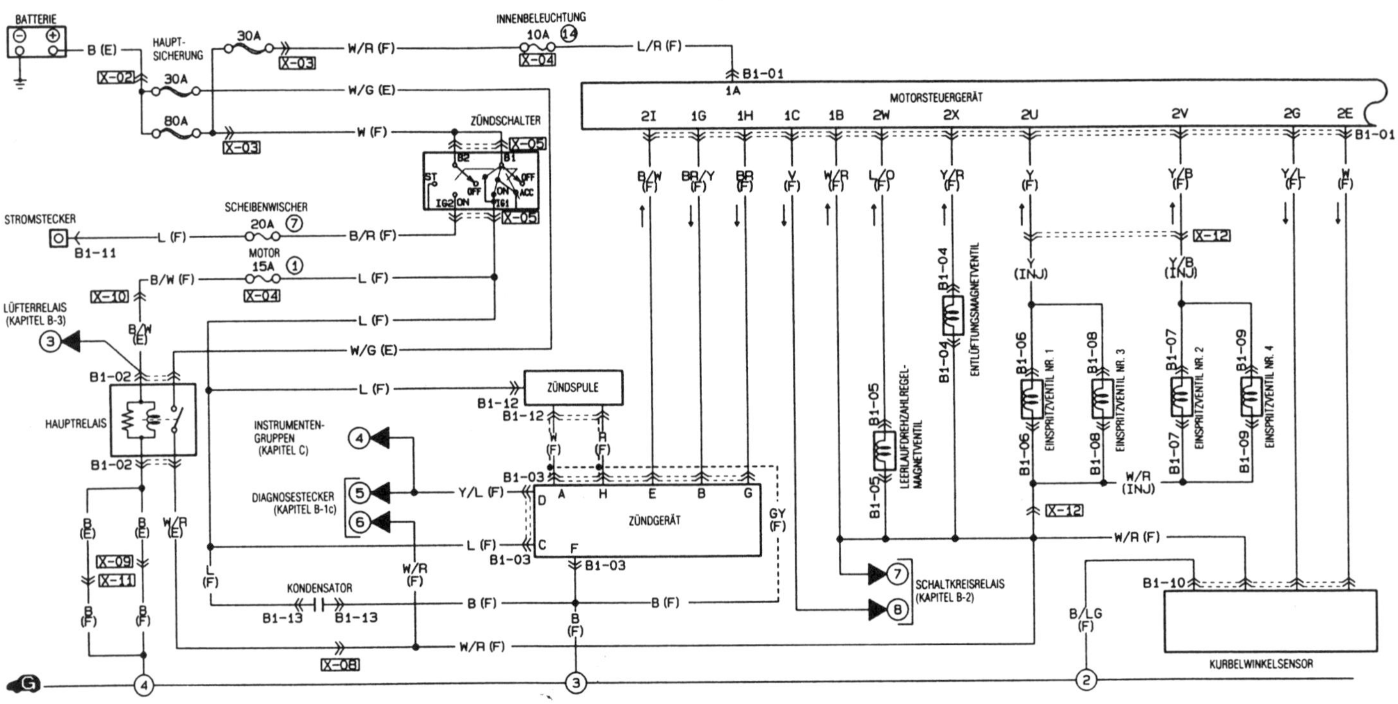

Zünd/Einspritz-Steuerung 1,6-Liter Teil II

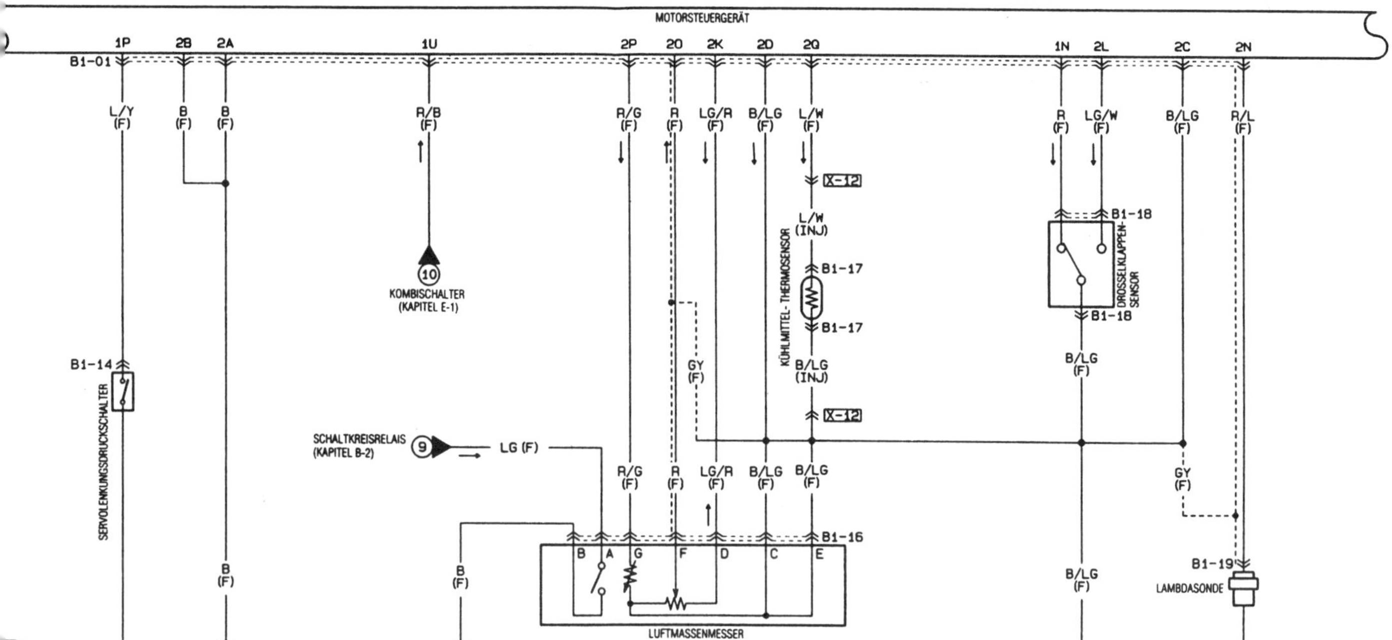

Zünd/Einspritz-Steuerung 1,6-Liter Teil III

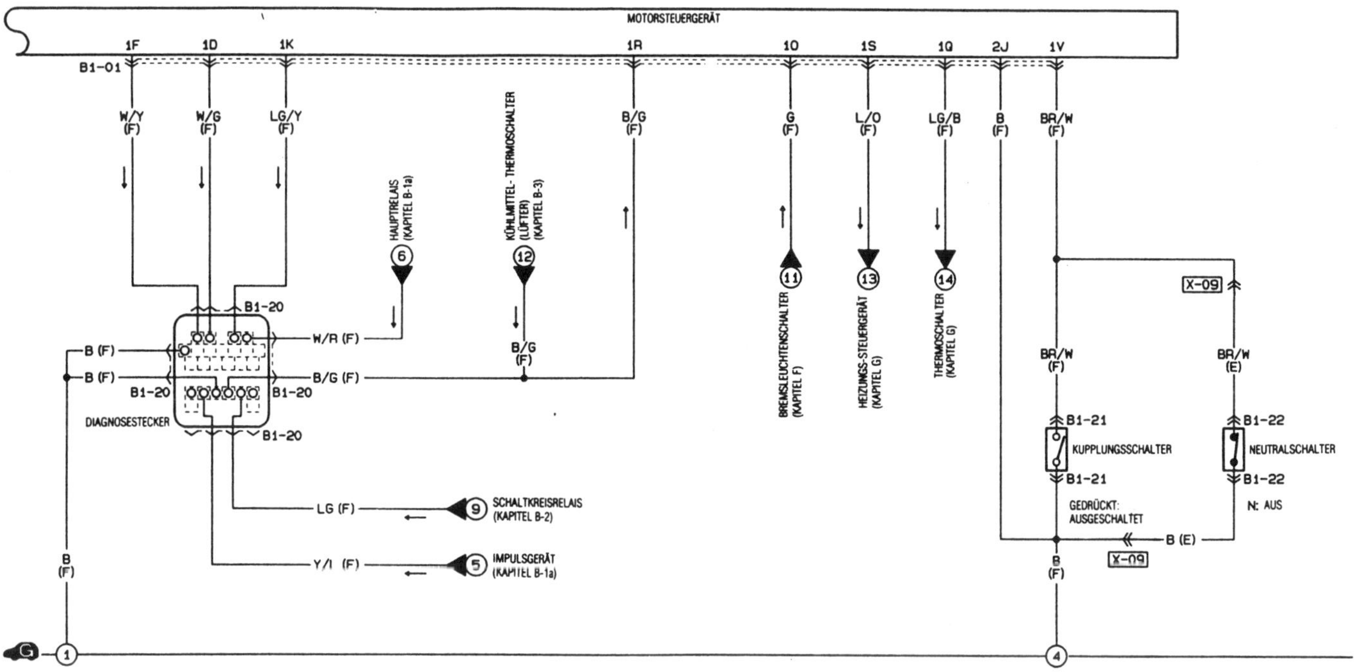

Kühlerventilator 1,6-Liter

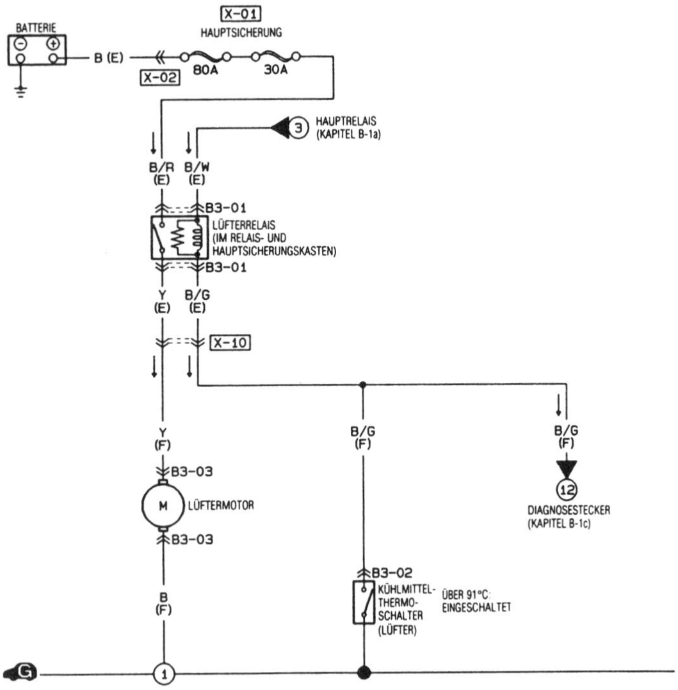

Kraftstoffversorgung 1,6-Liter

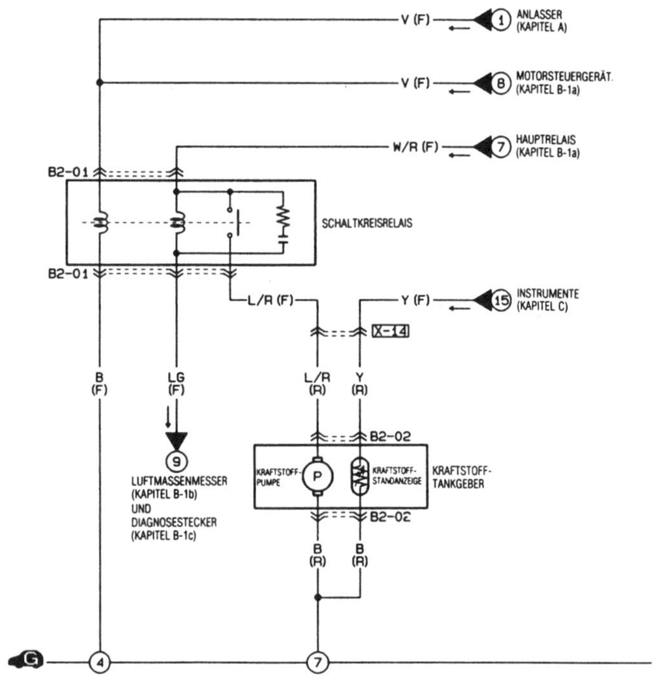

Zünd/Einspritz-Steuerung 1,9-Liter Teil I

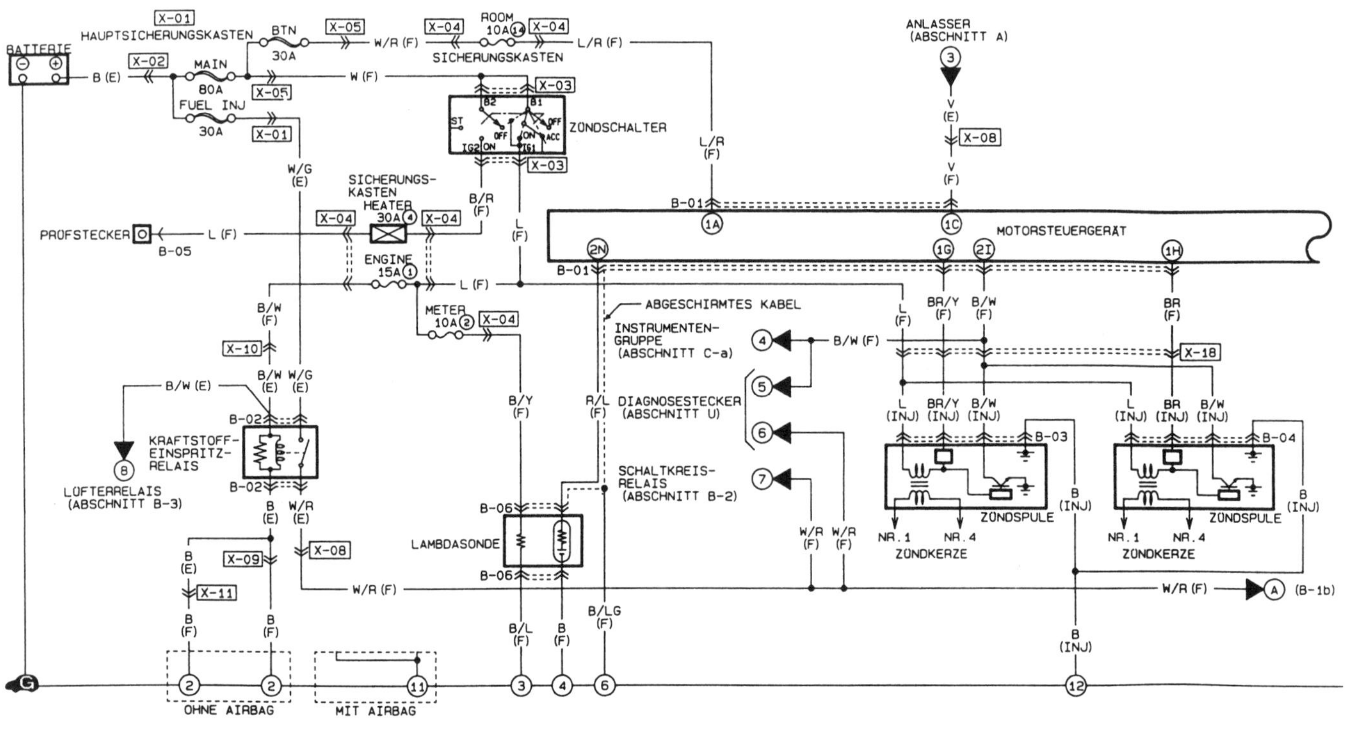

Zünd/Einspritz-Steuerung 1,9-Liter Teil II

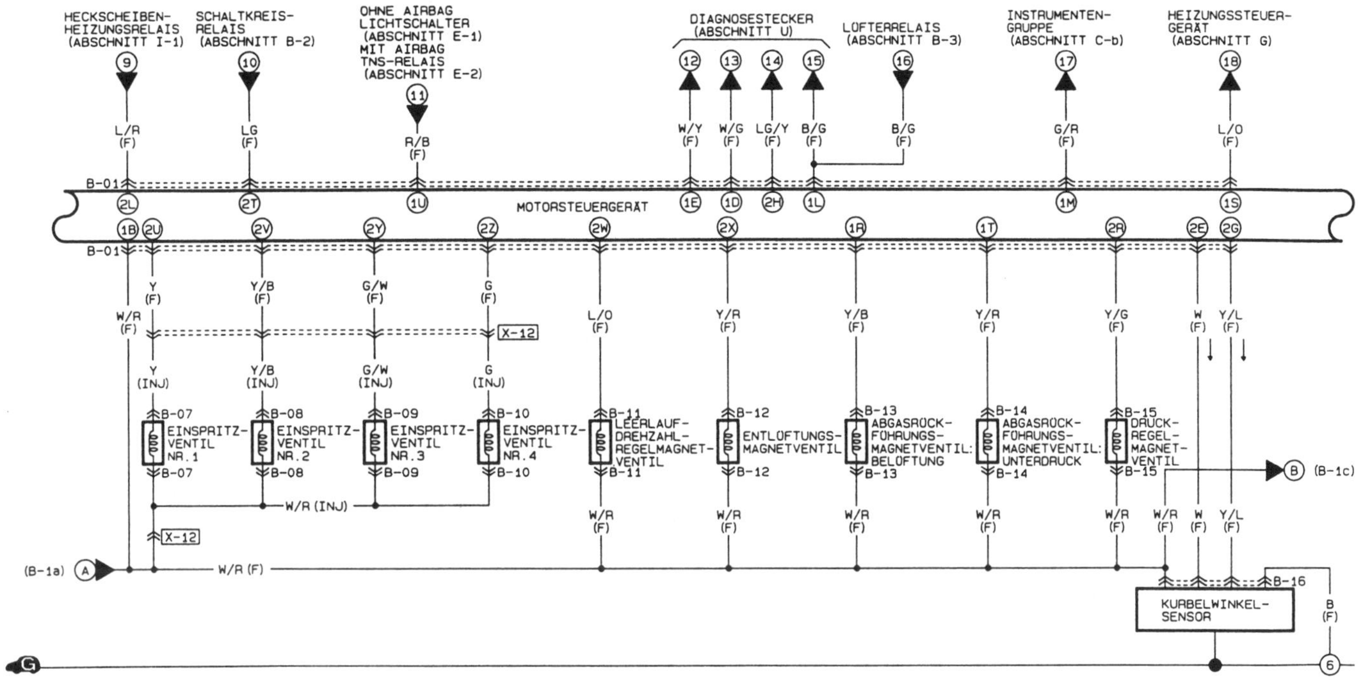

Zünd/Einspritz-Steuerung 1,9-Liter Teil III

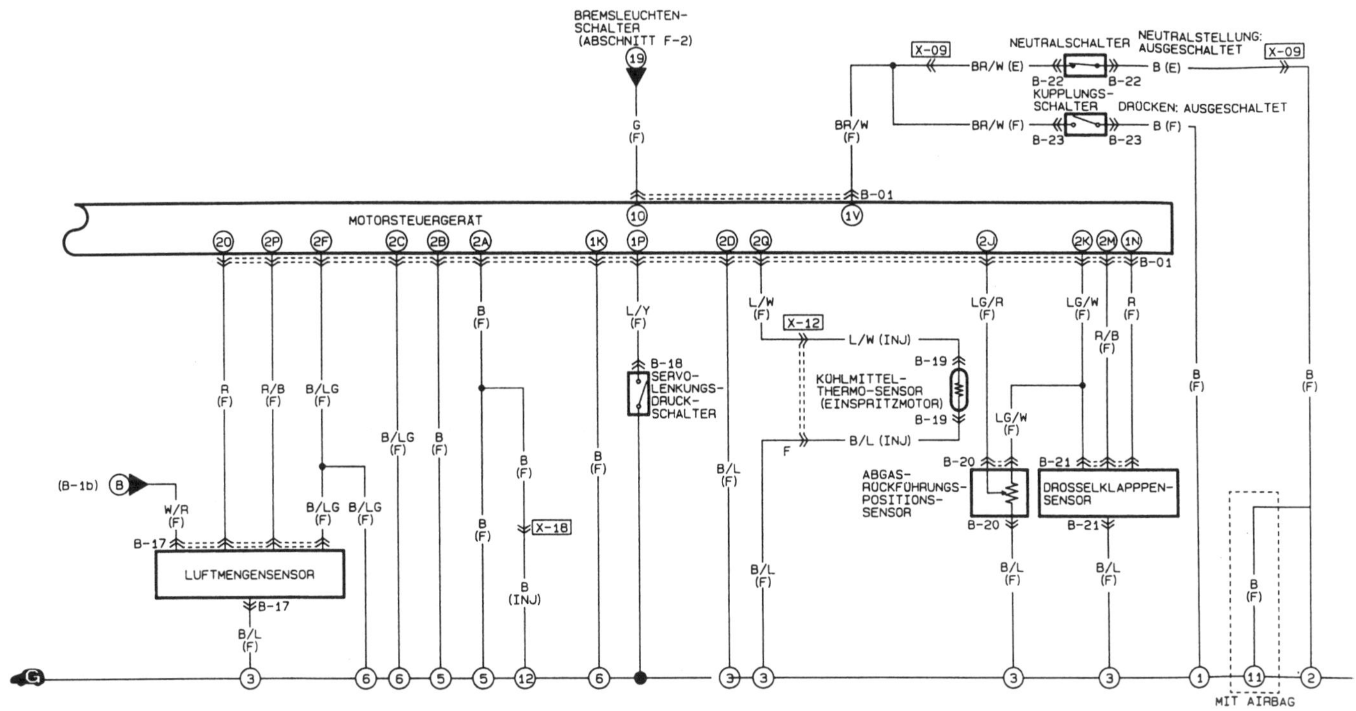

Kühlerventilator 1,9-Liter

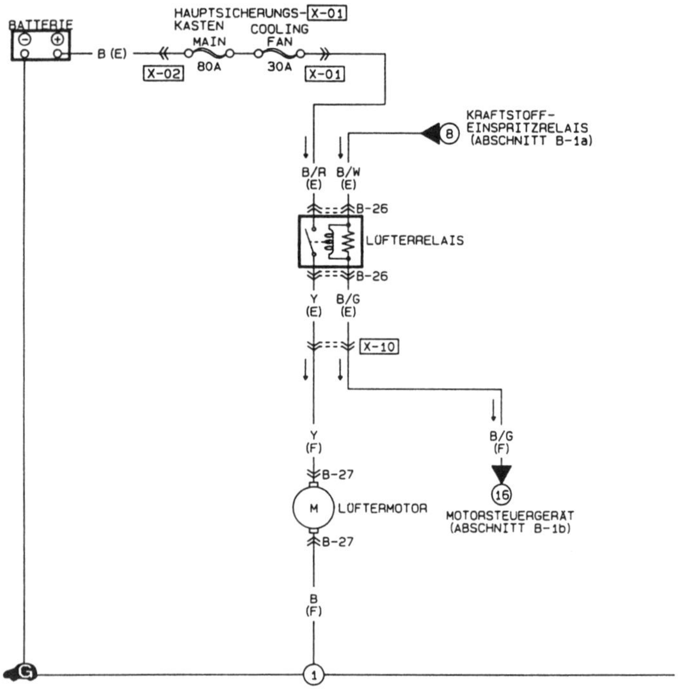

Kraftstoffversorgung 1,9-Liter

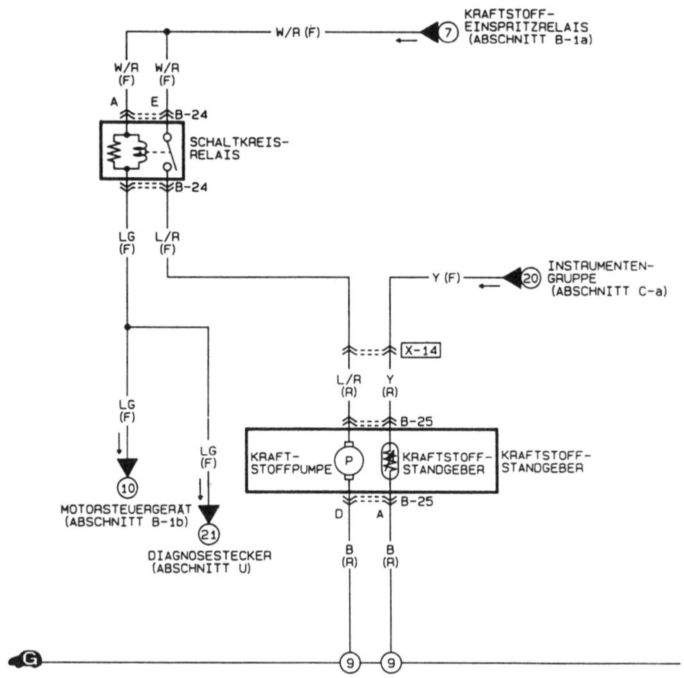

Stand-, Schluß- und Kennzeichenleuchten, Leuchtweitenregulierung

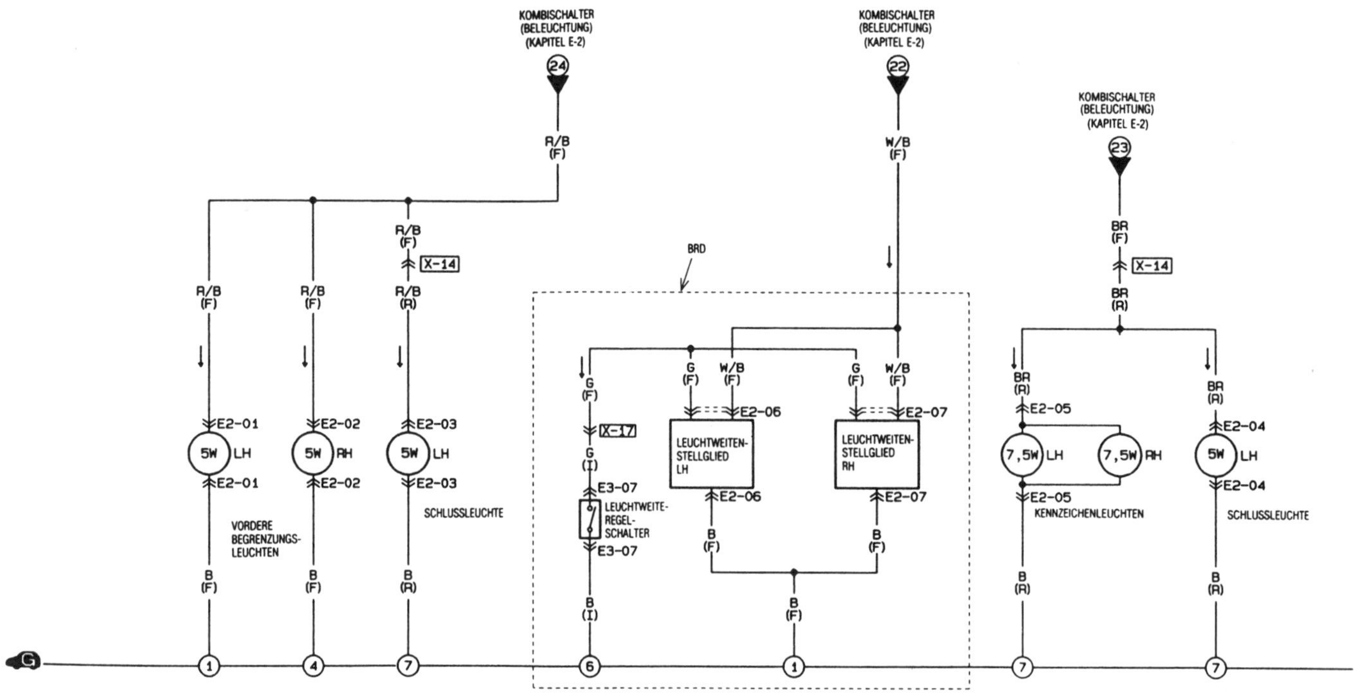

Hauptscheinwerfer, Nebelschlußleuchte, Scheinwerfer-Waschanlage

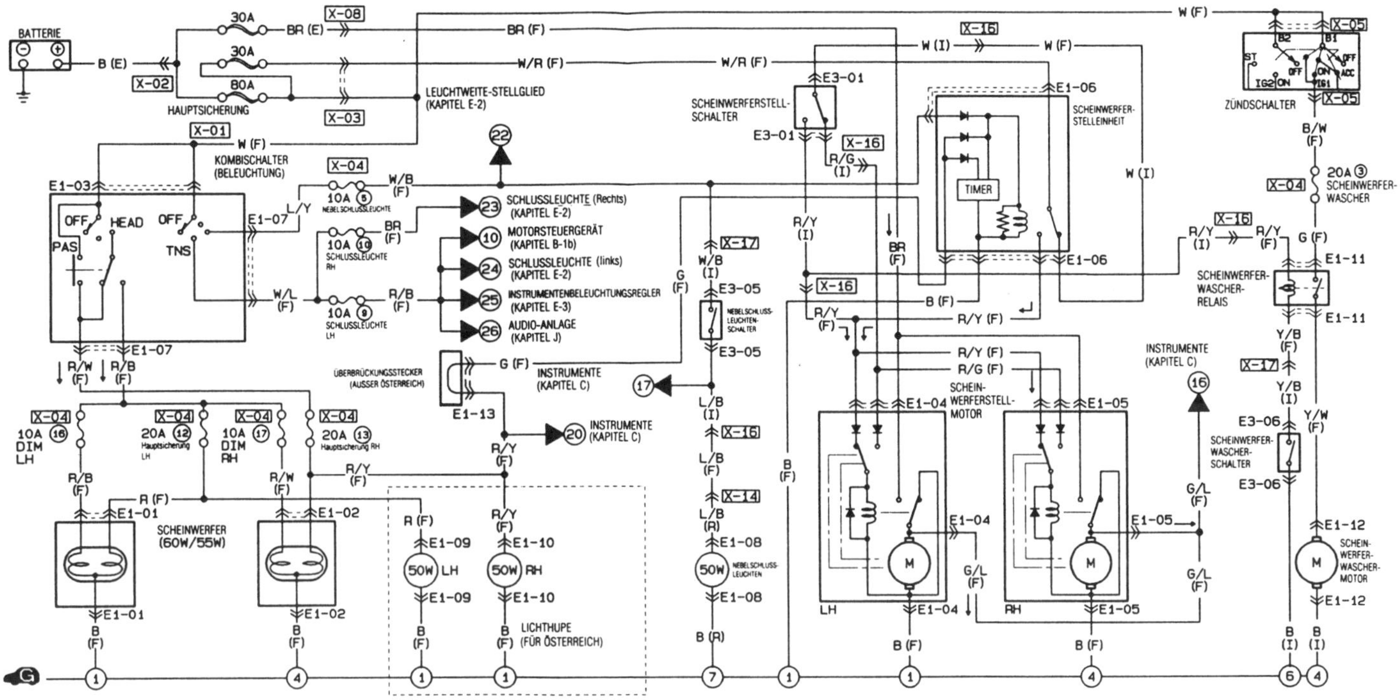

Blinkanlage, Brems- und Rückfahrleuchten, Hupe

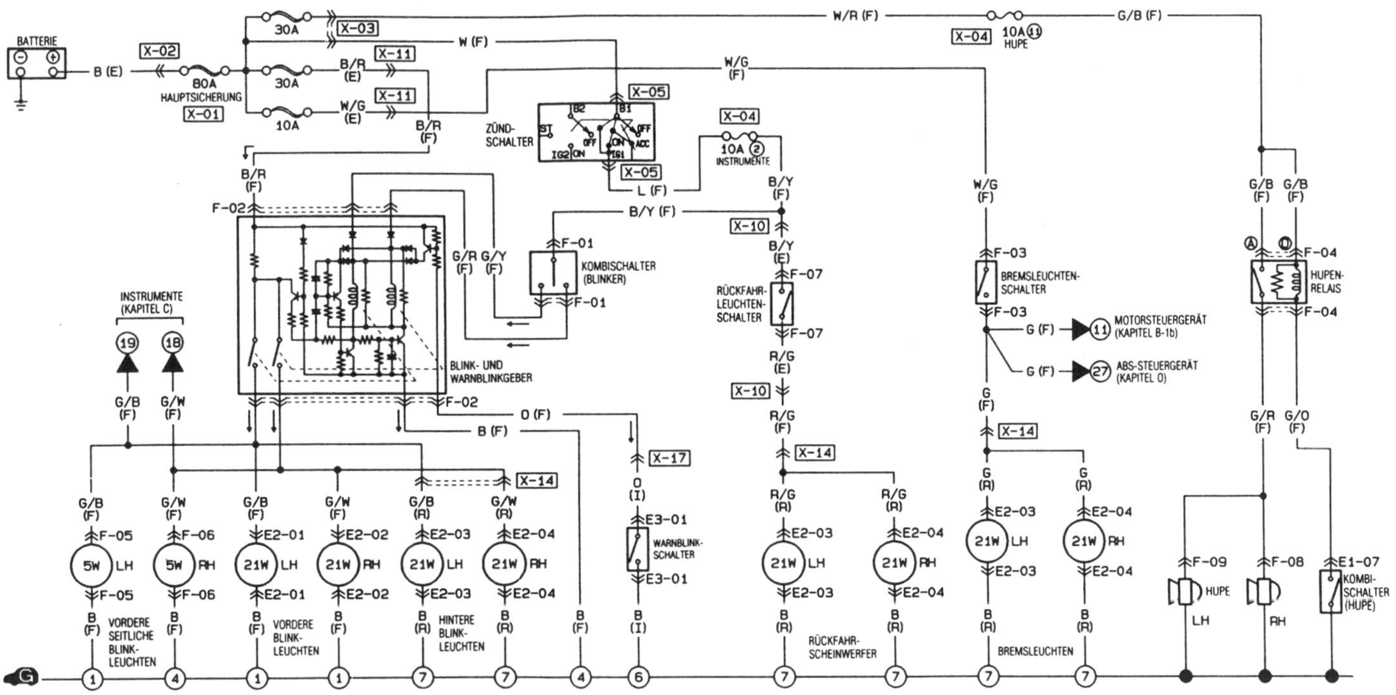

Kombi-Instrument

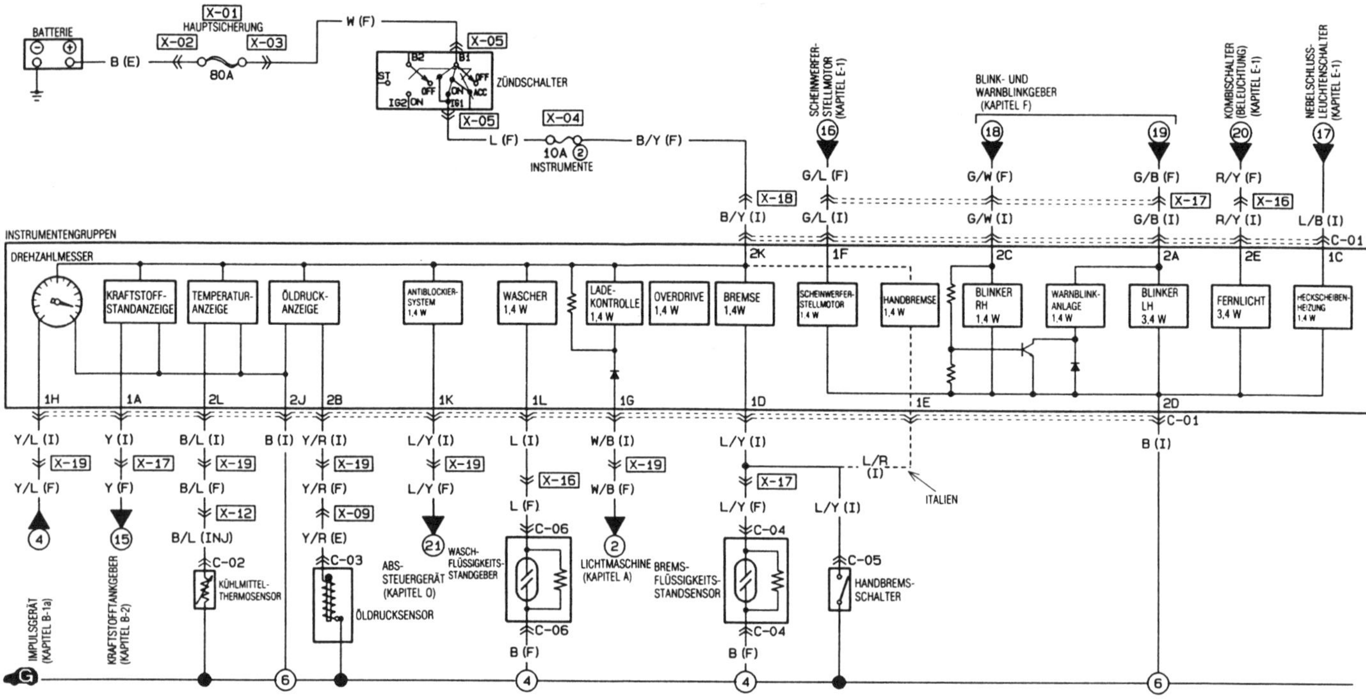

Luftgebläse

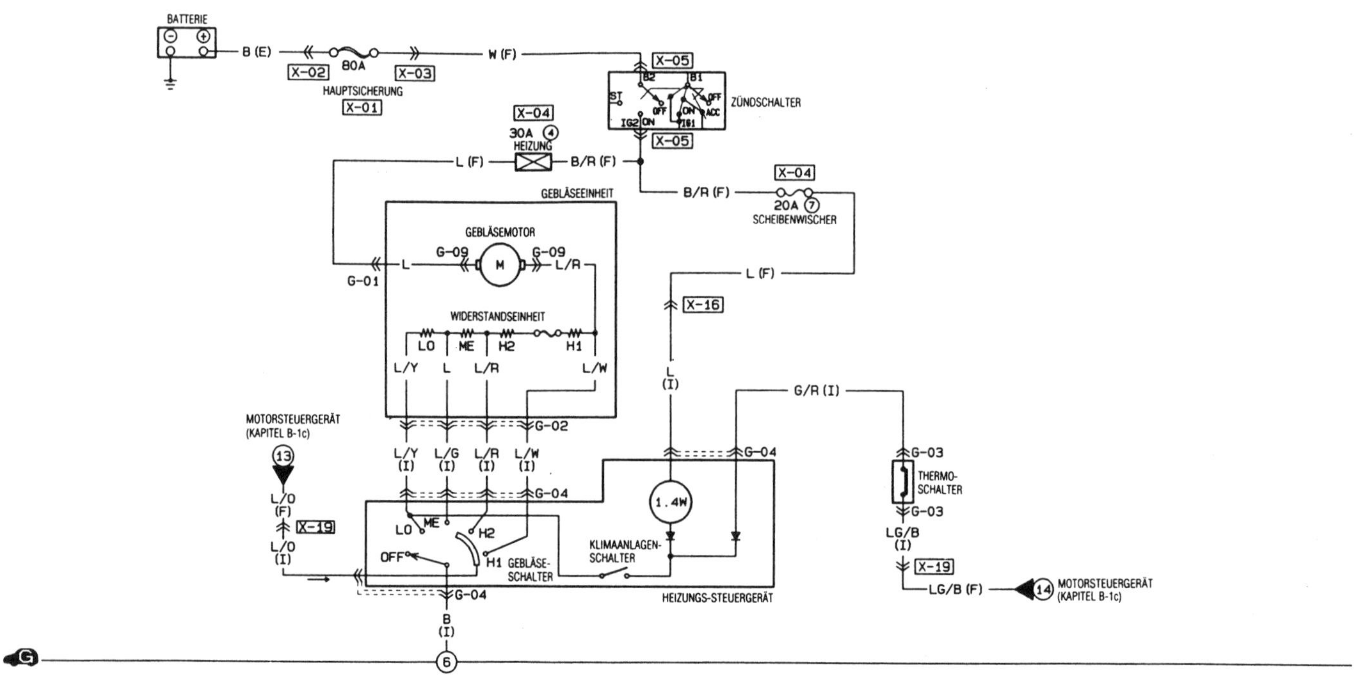

Beleuchtung Kombi-Instrument und Schalter

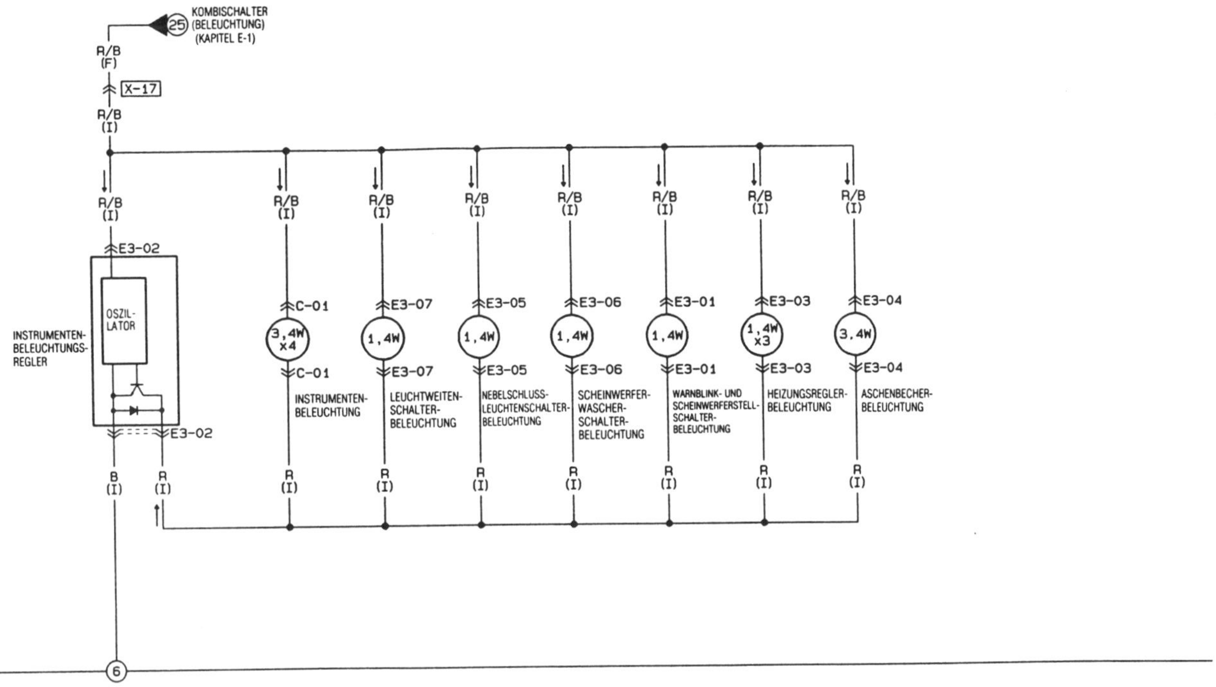

Scheibenwischer und -wascher

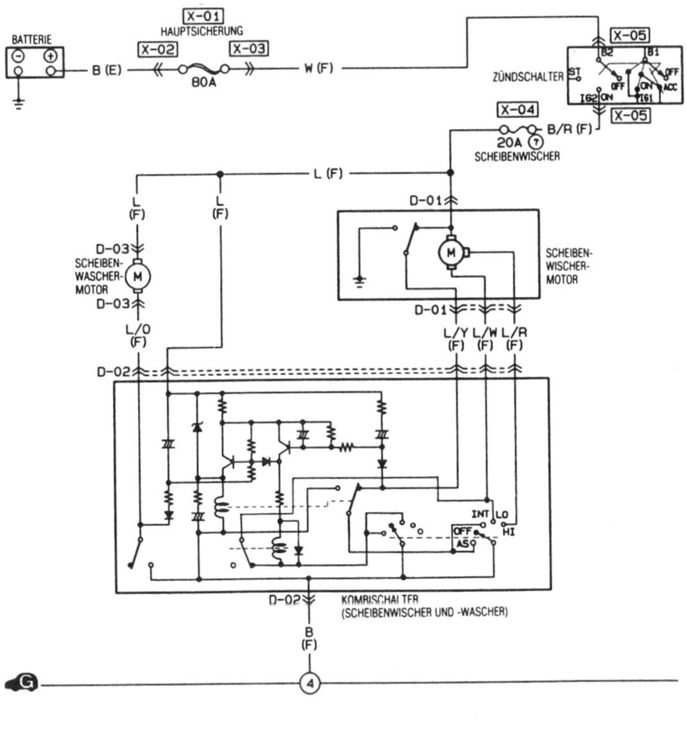

Innenleuchten, Anzünder

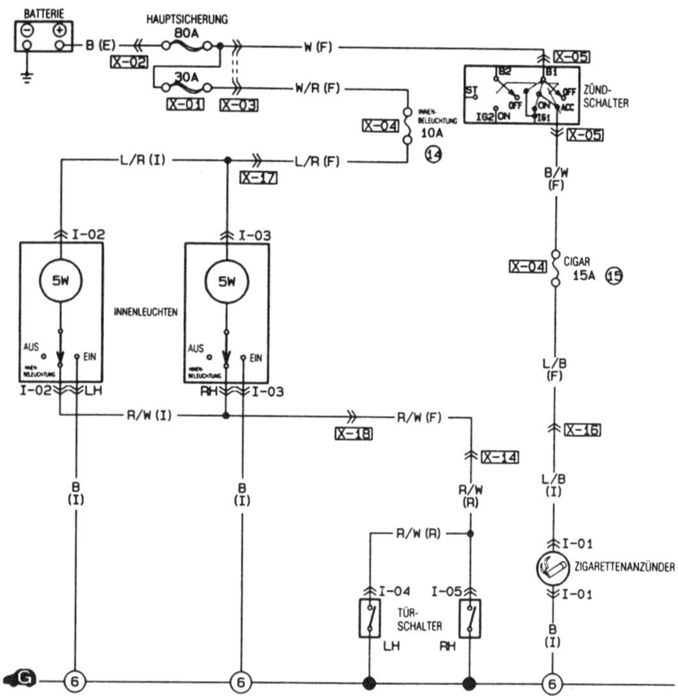

Elektrische Fensterheber

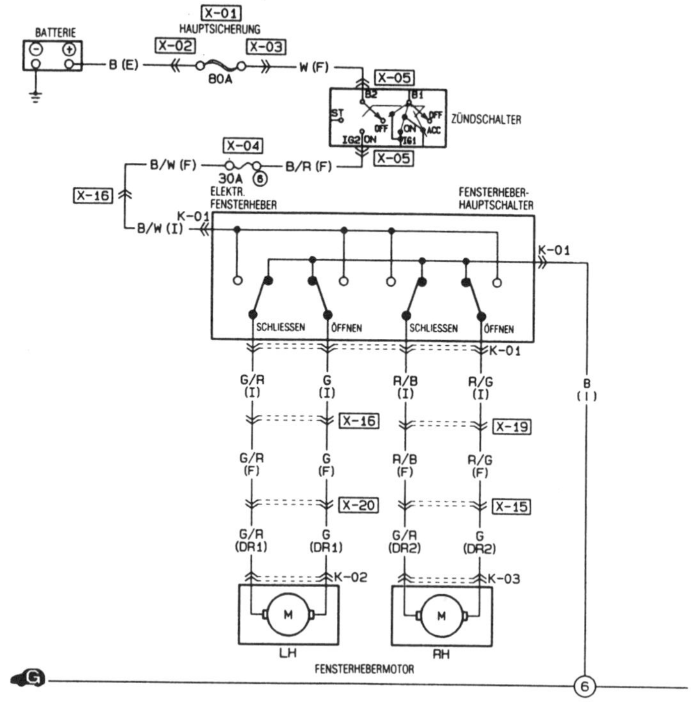

Radio

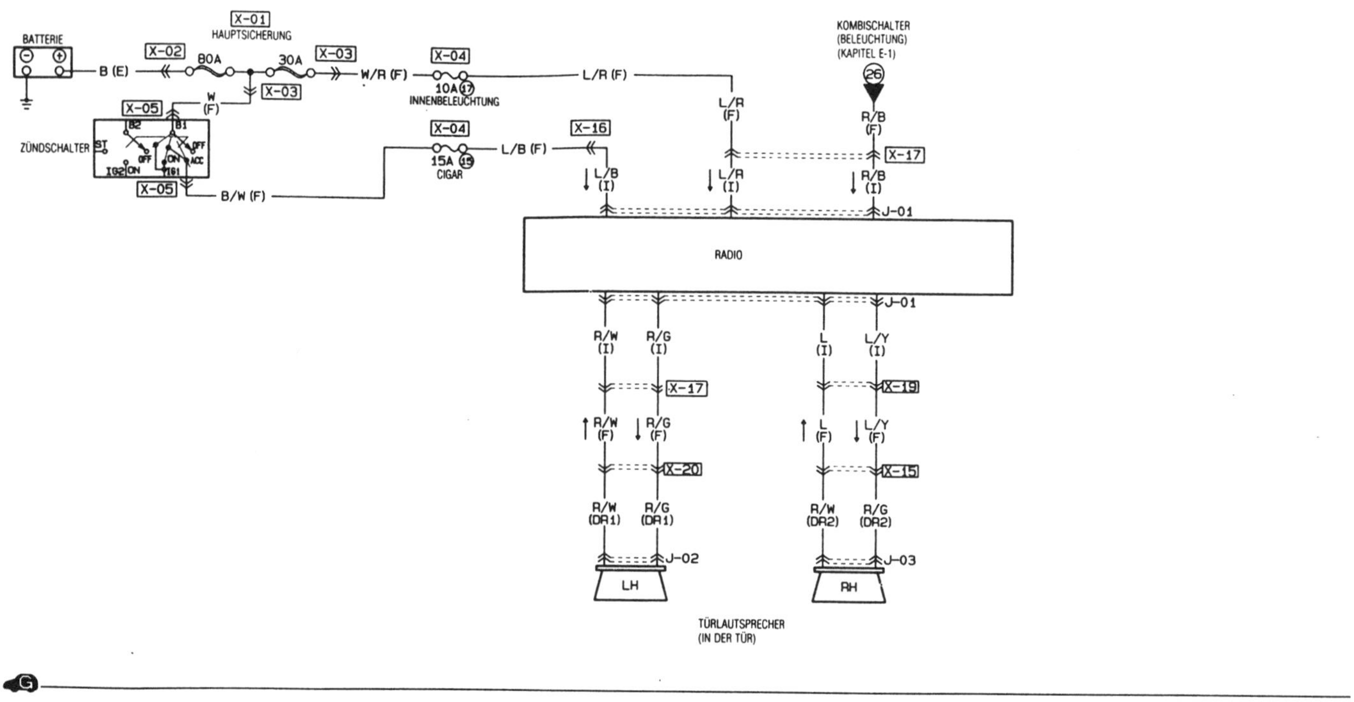

Elektrische Spiegel

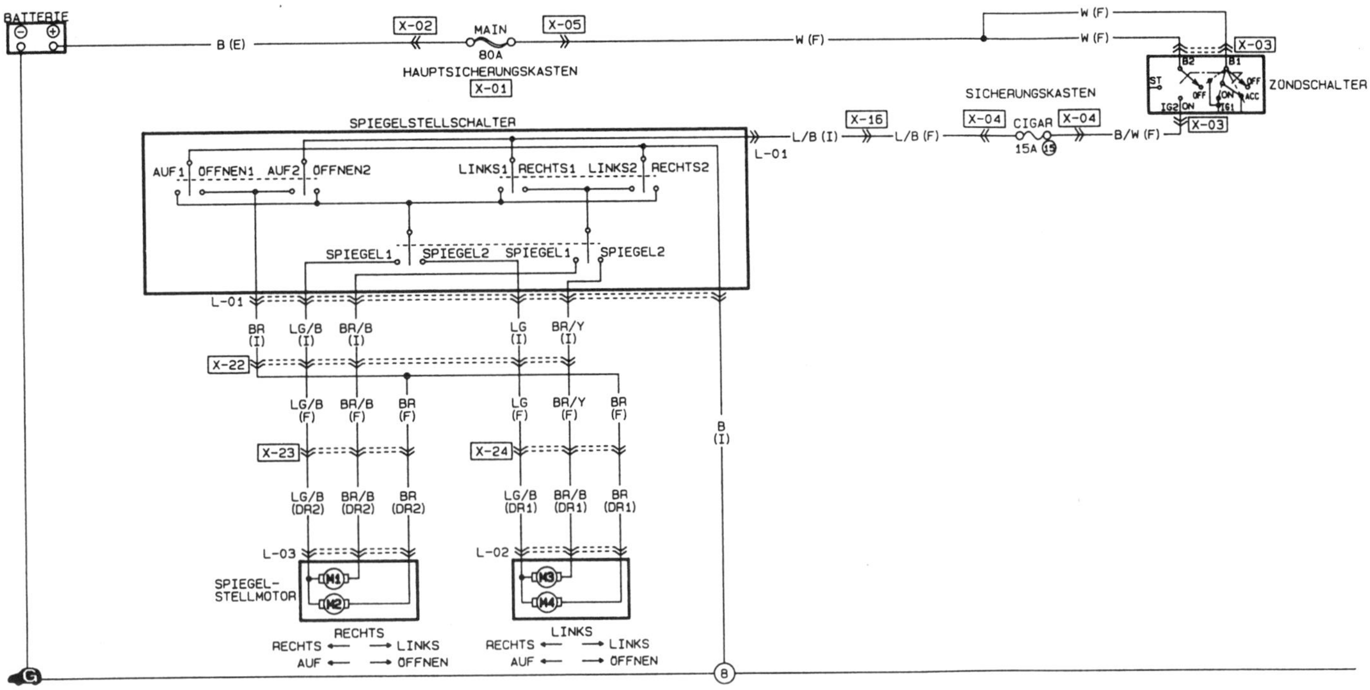

Elektrische Antenne

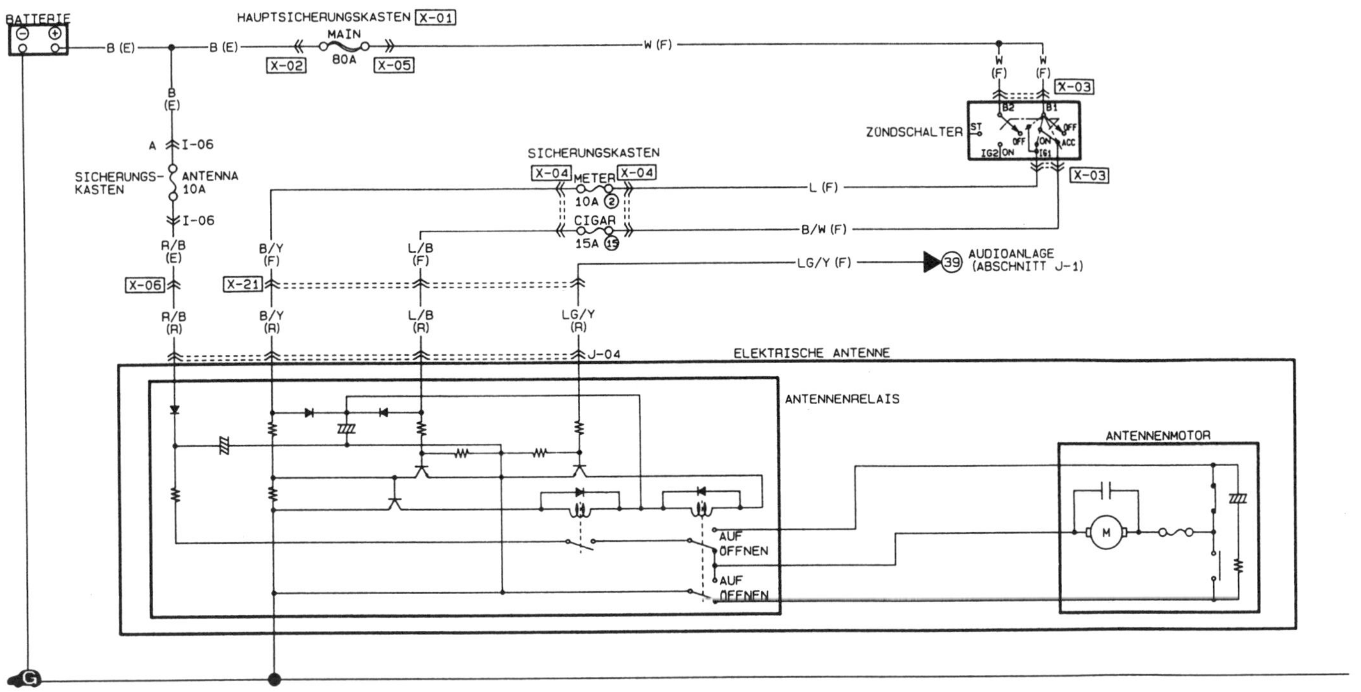

Energievorrat

Die Funktion der Autobatterie läßt sich ganz einfach beschreiben: Beim Entladen – Einschalten eines Stromverbrauchers – wird aus chemischer Energie elektrische Energie gewonnen. Beim Laden (durch die Lichtmaschine) kehrt sich dieser Vorgang um; elektrische Energie wird in chemische Energie umgesetzt.

So funktioniert die Batterie

Eine Bleiplatte als Elektrode, die mit verdünnter Schwefelsäure (dem Elektrolyt) in Verbindung kommt, gibt unter dem Einfluß des Lösungsdrucks positive Ionen, also elektrisch geladene Teilchen an den Elektrolyt ab. Dadurch wird zwischen der Bleiplatte und dem Elektrolyten eine elektrische Spannung aufgebaut.
In der Praxis verläßt man sich jedoch nicht auf diesen freiwilligen Übertritt geladener Teilchen, sondern zwingt der Batterie eine Ladespannung auf. Das hat den Effekt, daß sich das Bleisulfat der Platten einer entladenen Batterie an der positiven Elektrode in Bleidioxid und an der negativen Elektrode in Bleischwamm umwandelt. Gleichzeitig wird im Elektrolyten wieder Schwefelsäure gebildet. Als äußeres Zeichen für den fast abgeschlossenen Ladevorgang steigen Gasbläschen auf.
Beim Entladen dreht sich der Vorgang um. Das Bleidioxid der positiven Platte und der Bleischwamm der negativen werden wieder zu Bleisulfat, wobei sich die Schwefelsäure verbraucht und Wasser gebildet wird. Mit der Entladung sinkt deshalb die Säuredichte ab.

Batterie-Daten

Beim Mazda MX-5 sitzt die Batterie hinten im Kofferraum rechts hinter dem Radkasten unter einer Abdeckung. Sie trägt die Bezeichnung 12 V/**32** Ah bzw. 12 V/**36** Ah oder den europäischen Typ-Kurzschlüssel 5**36**46. Die Batterie ist natürlich auf 12 V Spannung ausgelegt. Mit der Zahl »32« bzw. »36« ist die Stromstärke in ihrer »zeitlich lieferbaren Menge« vermerkt – »Ah« steht für Amperestunden. Das ist die Nenn-Batteriekapazität, die nach Normbedingungen gemessen wird. In Wirklichkeit rechnet man allerdings nur mit ⅔ der angegebenen Kapazität; bei einer älteren Batterie lediglich mit der Hälfte.

Wie lange reichen die Reserven?

Wie lange ein Stromverbraucher mit dem Stromvorrat aus der Batterie funktionieren kann, errechnen wir anhand der Formel **Betriebszeit = Batteriekapazität x Bordnetzspannung geteilt durch Leistung des Verbrauchers**. In der Praxis sollten Sie aber nie mit der vollen Batteriekapazität, sondern nur mit ½ bis ⅔ der Nennkapazität rechnen. So brennt das Standlicht rund neun Stunden lang, und die Warnblinkanlage kann ca. drei Stunden lang blinken.
Die größten Anforderungen an die Batterie stellt der Anlasser. Daher auch der Name »Starterbatterie«. Durch Reibungsverluste frißt der Anlasser im Augenblick des Einschaltens über 3000 Watt. Zum Durchdrehen des warmen Motors braucht er nur ⅕ dieser Leistung. Andererseits wird der Strombedarf des Anlassers höher, wenn die Temperaturen sinken und die Schmierstoffe dadurch zäher sind.

Temperatureinfluß auf die Batterie

Die Batterie hat die Eigenart, um so unwilliger auf Kälte zu reagieren, je weniger Strom sie gespeichert hat. Ein völlig leerer Akku ist so empfindlich, daß er bei Frost einfrieren und platzen kann. Randvoll geladen verträgt die Batterie die Kälte jedoch verhältnismäßig gut. Vor der kalten Jahreszeit empfiehlt sich bei einem älteren Akku die Kontrolle des Ladezustands.

Batteriesäurestand kontrollieren

Wartung Nr. 15

Die Batterieflüssigkeit besteht aus Schwefelsäure, die mit destilliertem Wasser verdünnt ist. Ein Teil dieses Wassers kann verdunsten oder wird beim Ladevorgang in Wasserstoff und Sauerstoff zersetzt. Bei herkömmlichen Autobatterien muß der Flüssigkeitsstand regelmäßig ergänzt werden. Im Mazda MX-5 ist eine weitgehend wartungsfreie Batterie eingebaut. Unter normalen Bedingungen kommt sie ihr gesamtes Leben ohne Nachfüllen von destilliertem Wasser aus. Dennoch sollte nach dem Flüssigkeitsstand gesehen werden. Erhöhten Wasserverlust verursachen höhere Umgebungstemperaturen, längere Aufenthalte in heißen Regionen (Urlaub), ein defekter Lichtmaschinen-Spannungsregler, Selbstentladung bei langen Standzeiten des Fahrzeugs oder Tiefentladung, etwa durch eingeschaltetes Abblendlicht über Nacht.

Die Batterie-Abdeckung (1) ist am Halter mit einer Sechskantmutter (2) und am Heckblech mit einer weiteren Sechskantmutter (3) befestigt. Zum Abnehmen müssen zusätzlich die Druckknöpfe (Pfeile) am Teppichboden gelöst werden.

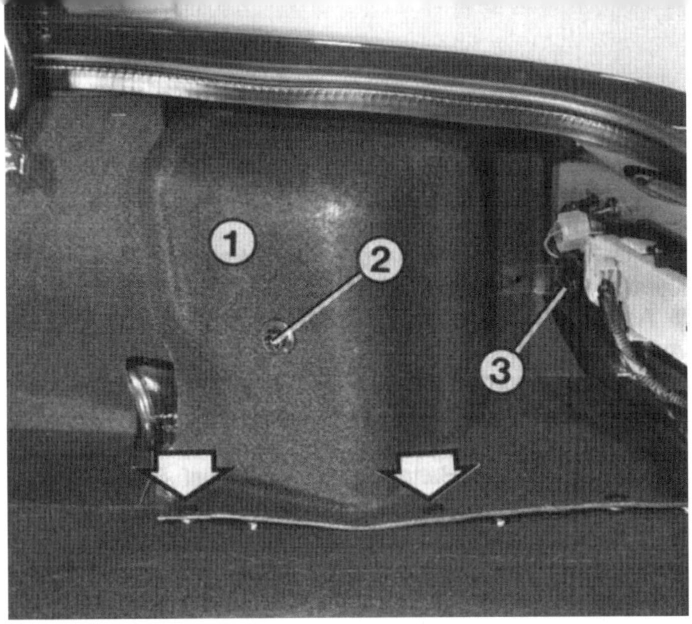

● Die Batterieflüssigkeit muß bis zur unteren der beiden Markierungen am Gehäuse reichen, zumindest aber die Plattenoberkanten gut bedecken.
● Bei abgesunkenem Flüssigkeitspegel Verschlußstopfen herausdrehen.
● Bei einer geladenen Batterie bis zur oberen Markierung bzw. bis 15 mm über die Plattenoberkanten destilliertes Wasser auffüllen.
● Es darf nur entsalztes (ionengetauschtes) Wasser eingefüllt werden, landläufig destilliertes Wasser genannt. Leitungswasser, Regenwasser und auch abgekochtes Wasser enthält leitfähige Salze und andere Stoffe, die der Batterie schaden.
● In eine stark entladene Batterie nur so viel Wasser einfüllen, daß die Platten oben bedeckt sind. Beim Wiederaufladen steigt der Flüssigkeitsstand nämlich erheblich.
● Erst nach dem Laden destilliertes Wasser bis zur oberen Marke nachfüllen.
● Die Wassermenge aus der Einfüllflasche muß gut dosierbar sein, sonst wird der Akku überfüllt.
● Eine überfüllte Batterie »kocht über«, die Säure tritt an den Verschlußstopfen aus und verursacht Korrosion und Säurekristalle an Batterieoberfläche und -standplatz.

Batterie ausbauen

Um die Batterie im Kofferraum besser ausbauen zu können, sollten Sie das Reserve-Notrad herausnehmen.
● Kofferraumklappe öffnen.
● Auf der rechten Fahrzeugseite zwei Sechskantmuttern an der Abdeckung der Batterie lösen.
● Abdeckung am Kofferraumboden abclipsen und abnehmen.
● Grundsätzlich muß an der Batterie zuerst das Minuskabel abgenommen werden, damit beim weiteren Hantieren kein Kurzschluß auftreten kann.
● Vorsicht, wenn ein Radio mit Anti-Diebstahl-Codierung eingebaut ist. Vergewissern Sie sich, daß der Anti-Diebstahl-Code vorliegt, damit Sie das Radio nach dem Einbau wieder aktivieren können.

Bei abgenommener Batterie-Abdeckung sind zu sehen:
1 – Abdeckung für Pluspol (2);
3 – Entlüftungsleitung mit Anschluß ins Freie;
4 – Halter;
5 – Minuspol;
6 – Haltebügel;
7 – Spannmutter;
8 – Spannstift.
Mit dem Pfeil ist eine der Befestigungsschrauben des Halters bezeichnet.

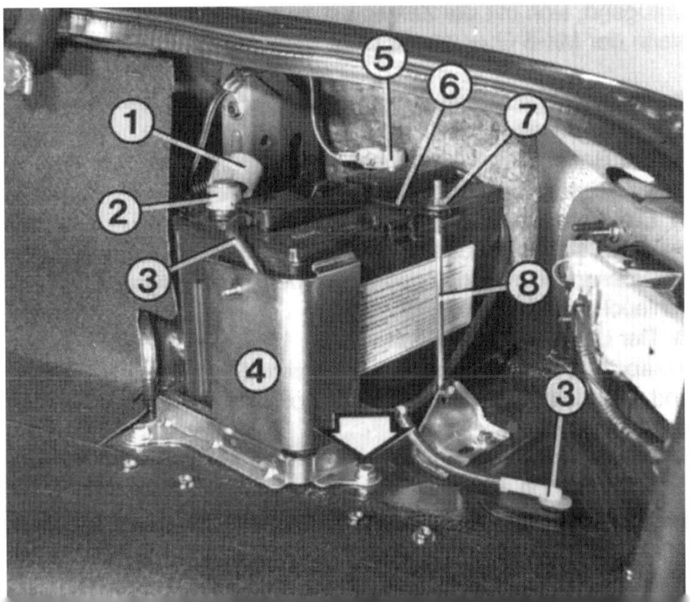

● Die Zündung und ein Radio mit Anti-Diebstahl-Code müssen ausgeschaltet sein, wenn die Batterie abgeklemmt wird.
● Mutter an der Klemme des Minuskabels lösen, Klemme vom Batteriepol abheben.
● Abdeckung abheben, Pluskabel-Klemme lösen und abnehmen.
● Am Kofferraumboden zwei Sechskantschrauben des Kantenschutzes der Batterie losdrehen.
● Muttern des Batteriehaltebügels losdrehen, Spannbügel an der Halteleiste am Batteriefuß aushängen.
● Entlüftungsschlauch oben an der Batterie abziehen.
● Batteriehaltebügel abnehmen.
● Batterie herausheben.
● Beim Einbau zuerst das Pluskabel anschließen, dann die Minusklemme.
● Ein Vertauschen der Kabelklemmen ist nur mit Gewalt möglich, denn der Plus-Polkopf ist dicker als der Minus-Polkopf.
● Entlüftungsschlauch oben an der Batterie wieder aufstecken.
● Bei einem Radio mit Sicherheitscode die Code-Nummer wieder eingeben.

Fremdbatterie einbauen

Wird eine andere Batterie als die Original-Mazda-Batterie eingebaut, müssen folgende Zusatzteile beim Mazda-Händler besorgt werden.
○ Batterieschale, Batteriehalter und Halteschraube.
Das ist als Satz unter der Teile-Nr. NAY1 56 020 A zu bekommen.

Kontaktpflege an der Batterie

● Oxidkristalle an den Batterieklemmen mit warmem Sodawasser abwaschen oder mit »Neutralon« von Varta behandeln.
● An den Stopfen kontrollieren, ob ihre Entlüftungsbohrungen frei sind, sonst säubern.
● Batteriepolköpfe und Kabelklemmen mit Säureschutzfett (Bosch »Ft 40 v 1«) einstreichen.
● Kein Fett erhalten die Seiten der Polköpfe und die Innenseiten der Klemmen, sonst kann es Kontaktschwierigkeiten geben.

Ladezustand der Batterie prüfen

Erscheint der Akku trotz richtigem Säurestand kraftlos, muß der Ladezustand kontrolliert werden. Auskunft darüber gibt das spezifische Gewicht der Batteriesäure. Sie brauchen für die Kontrolle einen speziellen Hebe-Säuremesser (Aräometer), den Sie sich bei der Tankstelle ausleihen können.
● Möglichst Batterie ausbauen.
● Batterie-Verschlußstopfen herausdrehen.
● So viel Batteriesäure ansaugen, daß die Meßspindel frei schwimmt.
● Säuregewicht ablesen. Es bedeuten: 1,28 kg/l = Batterie voll geladen; 1,20 kg/l = halb geladen; 1,12 kg/l = entladen.

Fingerzeig: Bei gleichmäßig niedriger Säuredichte kann Nachladen der Batterie genügen. Ist eine einzelne Zelle entladen, ist die Batterie vermutlich defekt – in einer Autoelektrik-Werkstatt kontrollieren lassen.

Batterie laden

Auch wenn die Batterie nichts zu leisten hat, will sie gelegentlich geladen werden. Sie hat nämlich die Untugend, sich mit der Zeit selbst zu entladen. Deshalb die Batterie mindestens einmal im Monat nachladen, wenn der MX-5 über Winter nicht gefahren wird.

Ladegerät anschließen

● Pluskabel an Batterie-Pluspol, Minuskabel an Minuspol anklemmen.
● Die Batteriekabel brauchen bei einem Heimwerker-Ladegerät nicht abgenommen zu werden.
● Die Batteriestopfen können eingeschraubt bleiben. Das sich beim Laden bildende Gas kann durch die Bohrungen in den Stopfen und den Entlüftungsschlauch entweichen.
● Der Ladestrom soll anfangs etwa 10% der Batteriekapazität betragen (also. 3,2 A beim 32-Ah-Akku) und sich während der Ladung automatisch verringern.
● Die Batterie ist voll geladen, wenn ihre Säuredichte innerhalb von zwei Stunden nicht mehr ansteigt.
● Beim Batterieladen wird das destillierte Wasser teilweise zersetzt. Es bilden sich Gasblasen aus Wasserstoff und Sauerstoff – das hochexplosive Knallgas.
● Wenn mit hohem Strom geladen wird, für gute Durchlüftung des Raumes sorgen.
● Beim Laden der Batterie in deren Nähe nicht rauchen und kein offenes Feuer verwenden.
● Auch Funken beim Ab- oder Anklemmen des Laders bzw. der Batteriekabel können das Knallgas entzünden.

Schnelladung der Batterie

Wer es eilig hat, kann den Akku bei einer Tankstelle oder Werkstatt schnelladen lassen. Nach einer Stunde ist die Batterie wieder voll. Beachten Sie:

○ Ein älterer Akku kann durch den hohen Stromfluß bei der Schnelladung inneren Kurzschluß erleiden. Dann muß eine neue Batterie her, die ohnehin bald fällig geworden wäre.

○ Beide Batteriekabel müssen abgenommen werden. Durch den hohen Ladestrom können die empfindlichen elektronischen Bauteile im Auto Schaden nehmen.

○ Da der Akku bei der Schnelladung erheblich »gast«, sollen die Batterie-Verschlußstopfen abgenommen werden. Durch die aufsteigenden und zerplatzenden Gasblasen sprüht ein feiner Säurenebel aus der Batterie, der sich rundum niederschlägt. Dieser Nebel greift Textilmaterial und Blech im Kofferraum an. Aus diesem Grund die Batterie grundsätzlich ausbauen, wenn sie schnellgeladen werden soll.

○ Bei Schnelladung erwärmt sich die Batterie erheblich, deshalb die Batterie in ein Wasserbad stellen.

Start mit leerer Batterie

Bei Fahrzeugen mit Katalysator wird oft vor dem Anrollenlassen, Anschieben oder Anschleppen gewarnt. Falls der Motor lediglich wegen einer leeren Batterie nicht anspringt, ist das aber ungefährlich. Anders bei einem Defekt an der Zündanlage: Da können unverbrannte Gemischanteile nachgezündet werden und die Temperatur im Katalysator auf gefährliche Höhen treiben (siehe Kapitel »Die Abgas-Entgiftung«).

Starthilfekabel

● Hilfsfahrzeug so dicht an den Mazda heranfahren lassen, daß die Batterien beider Wagen durch die Starthilfekabel miteinander verbunden werden können.

● Kontrollieren Sie, ob in Ihrem stromlosen Fahrzeug sämtliche Stromverbraucher abgeschaltet sind.

● Ein Kabel an beide Batterie-Pluspole anklemmen.

● Anderes Starthilfekabel zuerst am Minuspol der geladenen Fremdbatterie und dann im Kofferraum des stromlosen MX-5 an blanker Masse (Halteleiste am Batteriefuß) anschließen.

● Motor des Hilfswagens mit erhöhter Drehzahl laufen lassen, damit die Lichtmaschine kräftig Spannung liefert.

● Falls der Motor nicht gleich anspringt, zwischendurch eine Abkühlungspause für den Anlasser einlegen. Hilfsmotor weiterlaufen lassen, wodurch die leere Batterie bereits etwas nachgeladen wird.

● Beim Abklemmen der Starthilfekabel zuerst die Klemme vom Minuspol der geladenen Fremdbatterie abnehmen.

Wagen anschieben

Mit zwei Helfern läßt sich der Mazda bei gutem Motorzustand anschieben:

● Zündung einschalten.

● 1. Gang einlegen. In höheren Gängen wird die Lichtmaschine für kräftige Stromlieferung zu langsam durchgedreht.

● Kupplung durchtreten, Wagen anschieben lassen, bis er in Schwung ist.

● Kupplung schnell kommen lassen. Der Motor wird abrupt durchgedreht und müßte anspringen.

● Sofort Kupplung treten und Gas geben.

Wagen anschleppen

Suchen Sie sich zum Anschleppen einen schlepperfahrenen Helfer aus, damit nicht durch Ungeschick größerer Schaden entsteht. Und denken Sie daran: Bei stehendem Motor arbeiten der Bremskraftverstärker und die Servolenkung nicht!

● Zündung einschalten, 2. Gang einlegen und Kupplung treten.

● Der Zugwagen muß langsam anfahren.

● Bei etwa 15 km/h die Kupplung langsam kommen lassen, dabei die rechte Hand an den Handbremshebel legen.

● Ist der Motor angesprungen, Kupplung treten und Gas geben.

● Handbremse sanft ziehen, damit Sie dem Vordermann nicht ins Heck rollen.

● Schleppfahrer Hupsignal geben.

● Gang herausnehmen, Kupplung loslassen.

● Mit der Handbremse zusammen mit dem Schleppwagen abbremsen.

Versorgungswerk

Die Batterie kann nicht ein ununterbrochen Strom für die ganzen Stromverbraucher liefern. Bei laufendem Motor kommt ein kleines Versorgungswerk namens Drehstrom-Generator zum Einsatz. Dieser erzeugt Strom für die zahlreichen Verbraucher und lädt außerdem die Batterie wieder auf, so daß sie den nächsten Motorstart bewältigen kann.

Der Drehstrom-Generator

Die Drehstrom-Lichtmaschine wird vom Motor je nach Baujahr über einen Keilriemen oder einen Keilrippenriemen in Schwung versetzt. Die Lichtmaschine liefert 14 Volt Ladespannung im 12-V-Bordnetz, denn nur durch diesen kleinen Spannungsunterschied kann Strom zur Batterie fließen, damit diese aufgeladen wird. Je nach Motor ist eine Lichtmaschine mit 60 oder 65 Ampere Leistung eingebaut. Bei einer maximalen Spannung von 14 Volt sind das 840 oder 910 Watt. Zwei Drittel dieser Leistung werden bereits bei etwas erhöhter Leerlaufdrehzahl erzeugt.
Der Generator liefert Wechselstrom. Da die Batterie mit Gleichstrom geladen werden will, besorgen Halbleiter-Dioden die notwendige Gleichrichtung des Wechselstromes.

Fingerzeige: Bei laufendem Motor darf kein Kabel zwischen Akku und Lichtmaschine gelöst bzw. wieder angeschlossen werden. Dadurch kann die Spannung schlagartig ansteigen (Spannungsspitze) und eine Diode »verheizt« werden.
Ohne richtig angeschlossene und intakte Batterie darf die Drehstrom-Lichtmaschine nicht laufen. Der Akku dient als Spannungsbegrenzer – gewissermaßen als Puffer gegen Überspannungen.
Sämtliche Kabelanschlüsse im Verbund Lichtmaschine–Batterie–Masse müssen ganz fest sitzen. Schon ein Wackelkontakt kann zu Spannungsspitzen führen.
Beim Schnelladen der Batterie und beim elektrischen Schweißen an der Karosserie müssen beide Kabel vom Akku abgenommen werden.

Die Ladekontrolle

○ Die Kontrolleuchte im Kombi-Instrument hat zwei Plus-Anschlüsse: Zum einen von der Ausgangsklemme des Generators (weiß/schwarzes Kabel) und zum anderen vom gemeinsamen Plusanschluß der Instrumente hinten am Kombi-Instrument vom Zündschloß kommend.
○ Mit Einschalten der Zündung führt der vom Zündschloß kommende Anschluß Spannung. Die Lichtmaschine steht aber noch, so daß der spannungslose Lichtmaschinen-Kontakt als »Minus« wirkt. Die Kontroll-

In der Zeichnung sind die Einzelteile der Lichtmaschine sichtbar. Es bedeuten: 1 – Klauenpolläufer; 2 – Bürstenhalter; 3 – Ständerwicklung; 4 – Spannungsregler.

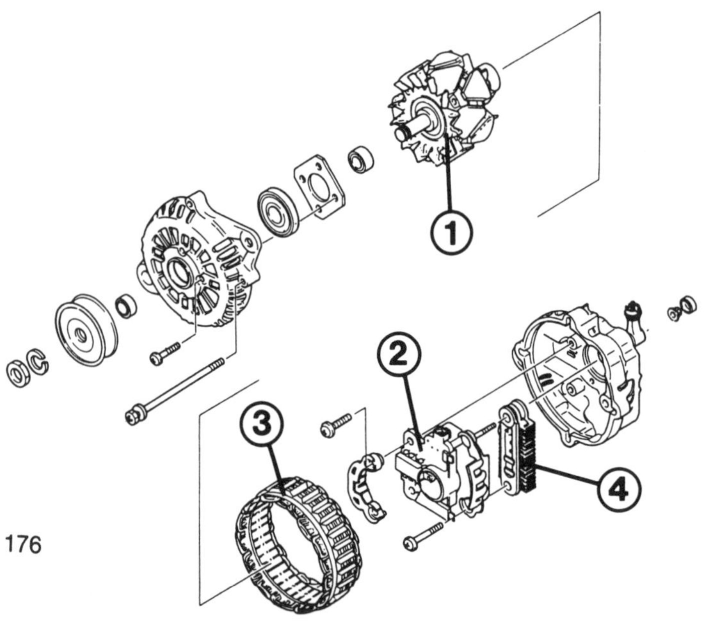

Zum Abnehmen der Ladeleitung am Generator die Sicherungskappe (2) abhebeln, darunterliegende Mutter (1) lösen. Ohne aufgesteckten Mehrfachstecker (3) darf der Motor nicht gestartet werden.

lampe leuchtet auf, denn zwischen dem von der Batterie versorgten Bordnetz und dem noch stehenden Generator herrscht eine Spannungsdifferenz.

○ Wird der Motor gestartet und hat die Lichtmaschine ihre Ladedrehzahl erreicht, verbindet der Spannungsregler den Stromerzeuger mit der Bordelektrik. Nun kommt Plusstrom vom Zündschloß und zusätzlich von der Ladeleitung der Lichtmaschine. Damit besteht keine Spannungsdifferenz mehr, die Ladekontrolle verlöscht.

○ Beim Einschalten der Zündung muß die brennende Ladekontrolle die Drehstrom-Lichtmaschine »vorerregen«. Nur so kann diese schon aus niedrigen Drehzahlen heraus Strom liefern. Allerdings ist die Vorerregung ausschließlich beim ersten Anlaufen des Generators erforderlich.

Fingerzeig: Bisweilen bleibt die Ladekontrolle brennen, wenn Sie den Motor ohne Gas starten und er in niedriger Leerlaufdrehzahl läuft. Dann ist die Vorerregung des Drehstrom-Generators zu schwach, er liefert noch keinen Strom. Sobald Sie auf das Gaspedal tippen, verlöscht das rote Licht – alles ist wieder in Ordnung. Diese Erscheinung ist normal und deutet keinen Schaden an.

Der Spannungsregler

Je schneller die Lichtmaschine dreht, um so höher steigt die Spannung und damit auch der gelieferte Strom – wie beim Fahrraddynamo. Ein derartiges Auf und Ab ertragen die Stromverbraucher im Auto nicht. Deshalb begrenzt ein im Generator sitzender elektronischer Regler die Spannung und verhindert ein Überladen der Batterie.

Über die Schleifkohlen der Drehstrom-Lichtmaschine fließt nur ein geringer Strom, außerdem laufen die Kohlen auf glatten Schleifringen. Das bewirkt nur geringen Verschleiß, sie halten mindestens 80000 km.

Spannungsregler prüfen

- Voraussetzung für diese Prüfung ist ein korrekt gespannter Keil- bzw. Keilrippenriemen.
- Voltmeter zwischen Klemme »B« (weiß/rotes Kabel) der Ladeleitung der Lichtmaschine und Masse anklemmen.
- Motor im Leerlauf drehen lassen.
- Sie müssen **14,1–14,7 V** messen.
- Messen Sie eine höhere Ladespannung, ist der Regler defekt und muß ausgetauscht werden.
- Zu niedrige Spannung kann evtl. an abgenutzten Schleifkohlen liegen.
- Ist das nicht der Fall, gilt die Lichtmaschine als defekt, siehe folgenden Abschnitt.

Lichtmaschine defekt?

Ergab die Ladespannungsmessung, daß die Lichtmaschine nicht lädt, kann man natürlich den Wagen gleich in die Werkstatt bringen. Billiger wird's, wenn man die Lichtmaschine ausbaut und sie zum Überholen in die Autoelektrik-Werkstatt gibt (vorher Termin vereinbaren). Oft liegt der Fehler nur an abgenutzten Schleifkohlen, und die Rechnung fällt niedriger aus. Die Kohlen selbst auszuwechseln, ist bei den neueren Lichtmaschinen-Generationen kaum mehr in Eigenregie möglich bzw. die Schleifkohlen stehen teilweise auch nicht mehr als einzelnes Ersatzteil zur Verfügung.

Riemenantrieb der Lichtmaschine

○ Für den Antrieb der Lichtmaschine und der Wasserpumpe dient bei Fahrzeugen bis Modelljahr 93 grundsätzlich ein **Keilriemen**. Das ist ein V-förmiger Gummiriemen mit Gewebeeinlage und verstärkten

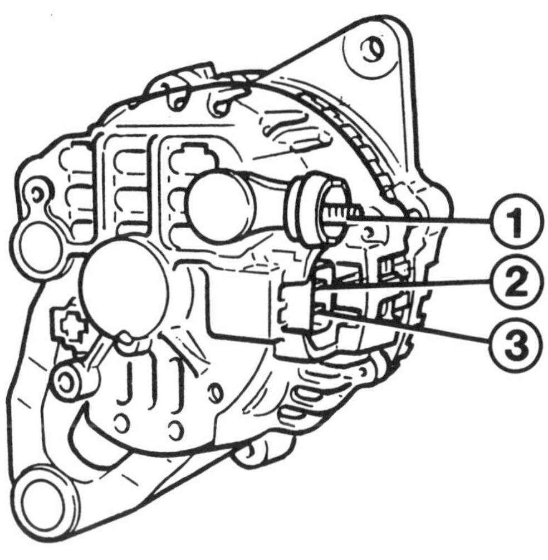

Die Anschlüsse der Lichtmaschine bedeuten:
1 – Ladestrom;
2 – zur Ladekontrolle;
3 – vom Zündschloß.

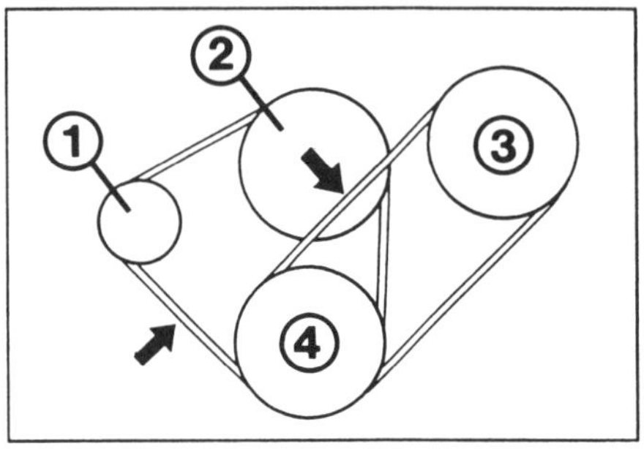

Links: Zum Spannen der Lichtmaschine (3) muß die Klemmmschraube (1) der Spannschraube (2) gelöst werden.
Oben: Die Zeichnung macht durch die Pfeile deutlich, an welcher Stelle die Spannung des Keilriemens gemessen werden soll. Die Zahlen bedeuten:
1 – Lichtmaschine;
2 – Riemenscheibe der Wasserpumpe;
3 – Riemenscheibe der Servopumpe;
4 – Riemenscheibe der Kurbelwelle.

Flanken. Allerdings beweist die Pannenstatistik der Automobilclubs, daß Keilriemen immer noch die Ursache für viele Ausfälle sind.

○ Bei neueren Fahrzeugen hat deswegen ein sogenannter **Keilrippenriemen** eingesetzt, wie er zuvor schon für die Pumpe der Servolenkung und ggf. den Kompressor der Klimaanlage verwendet wurde. Dieser flache Riemen ist an der Laufseite zu den Riemenscheiben hin durch mehrere Rippen verstärkt. Er läuft auf Antriebsrädern, die mit einem dazu passenden Profil versehen sind. Der Keilrippenriemen wird auf gleiche Weise gespannt wie der Keilriemen.

Vorsicht bei Riemendefekt!

Die Wasserpumpe des Kühlsystems wird zusammen mit der Lichtmaschine vom Keilriemen bzw. von einem der Keilrippenriemen angetrieben. **Bei einem Riemendefekt dürfen Sie nicht weiterfahren, wenn der Wasserpumpenantrieb betroffen ist!** Der entsprechende Riemen muß sofort ersetzt oder der Mazda abgeschleppt werden.

Keilriemen prüfen

Wartung Nr. 13

● **Zustand:** Zur Kontrolle des Riemens den Motor einige Male durchdrehen, damit Sie wirklich alle Flächen des Keilriemens sehen.

● Jeweils freilaufende Riemenseite von Hand um 90° drehen und sorgfältig betrachten. Sehen Sie einen der folgend beschriebenen Schäden, Keilriemen sofort ersetzen.

● **Risse** an der Unterseite oder an den keilförmig zulaufenden Flanken? Das sind Anzeichen normaler Alterung.

● **Glänzende** (glasige) **Oberfläche** der **Riemenflanken**? Ein Zeichen für zu schwache Spannung, der Keilriemen rutscht unter Belastung durch.

● **Riemenflanken ausgefranst**? Die Flanken sind abgenutzt.

● **Spannung:** Gemessen wird von der Motor-Unterseite her mit kräftigem Fingerdruck (ca. 100 N). Meßstelle: In der Mitte zwischen Kurbelwellen-Keilriemenscheibe und Lichtmaschine.

● Bei richtiger Spannung soll sich ein **gelaufener** Keilriemen **9–10 mm** eindrücken lassen, ein **neuer 8–9 mm**.

● Auch bei richtig gespanntem Riemen sollten Sie prüfen, ob die Spannschraube der Lichtmaschine und die Schraube am Schwenkbolzen gut angezogen sind.

Keilrippenriemen prüfen

Wartung Nr. 14

● Luftansaugschlauch zwischen Drosselklappe und Luftfilter zur Kontrolle des Riemens ausbauen.

● **Zustand:** Verdrehen Sie den Riemen an der längsten freilaufenden Stelle zwischen Kurbelwelle und Servopumpe bzw. Lichtmaschine, daß Sie auch die gerippte Seite sehen können.

● Kontrollieren Sie den Riemen auf folgende Schäden: starke Abnutzung, ausgefranste Flanken, Ölspuren, Bruchstellen quer zum Rippenprofil, glänzende Oberfläche.

● **Spannung:** Keilrippenriemen zwischen den Riemenscheiben Kurbelwelle/Servopumpe bzw. Kurbelwelle/Lichtmaschine mit kräftigem Fingerdruck durchdrücken.

● Der Riemen darf nicht mehr als **9–10 mm** nachgeben.

● Ggf. nachspannen, wie weiter hinten im Kapitel beschrieben.

In der Vorderansicht sieht man nur die Spannschraube (2) der Lichtmaschine (3) und den oberen Lichtmaschinenhalter (1).

Riemen spannen

- Luftansaugschlauch zwischen Drosselklappe und Luftfilter ausbauen.
- Schraubverbindung SW 14 am Drehpunkt der Lichtmaschine eine Umdrehung lösen.
- Die Klemmutter SW 12 der Spannschraube lösen.
- Spannschraube zum Riemenspannen rechtsdrehen.
- Riemendurchhang von **9–10 mm** beim gebrauchten Riemen prüfen. Beim neuen Riemen muß der Durchhang 8–9 mm betragen.
- **Drehmomente:** Klemmutter der Spannschraube **20–25 Nm**, Sechskantschraube am Drehpunkt der Lichtmaschine **40–50 Nm**.

Fingerzeig: Nach dem Spannen des Keil- bzw. Keilrippenriemens den Motor kurz laufen lassen und die Spannung kontrollieren, ggf. nochmals spannen.

Keil- bzw. Keilrippenriemen abnehmen und montieren

- Luftansaugschlauch abnehmen.
- Keilrippenriemen der Servolenkung und/oder Klimaanlage abnehmen (Kapitel »Radaufhängung und Lenkung«).
- Lichtmaschine lösen, siehe vorangegangenen Abschnitt.
- Generator zum Motor hin schwenken.
- Riemen zuerst aus der Lichtmaschinen- und dann aus der Kurbelwellen-Riemenscheibe herausheben.
- Die richtige Keilriemengröße für den Mazda MX-5 lautet **13 × 900**.
- Nach dem Einbau eines neuen Riemens Spannung auf **8–9 mm Eindrücktiefe** einstellen.

An der unteren Seite der Lichtmaschine (1) muß die Halteschraube (2) gelöst werden.

Generator ausbauen

● Luftansaugschlauch abnehmen.
● Minuskabel der Batterie abnehmen.
● Lichtmaschine entspannen und Keil- bzw. Keilrippenriemen abnehmen.
● Abdeckkappe des Pluskabels wegklappen.
● Pluskabel an der Lichtmaschine abschrauben und Kontaktstecker abziehen.
● Schraubverbindung (SW 14) am Schwenkpunkt der Lichtmaschine lösen.
● Halteschraube der Lichtmaschine am Spannbügel herausdrehen.
● Generator nach oben herausnehmen.

Störungsbeistand

Batterie und Lichtmaschine

Die Störung	– ihre Ursache	– ihre Abhilfe
A Rote Ladekontrolle brennt nicht beim Einschalten der Zündung	1 Batterie leer	Mit Starthilfekabeln starten oder Wagen anschleppen
	2 Batteriekabel gebrochen, Kabelklemmen lose oder oxidiert	Batteriekabel und -klemmen kontrollieren
	3 Kontrollampe defekt	Ersetzen
	4 Kabelweg zwischen Zündschloß, Kontrollampe und Lichtmaschine unterbrochen	Stromweg mit Prüflampe kontrollieren
	5 Massekabel zwischen Lichtmaschine und Motorblock gebrochen	Kabel kontrollieren
	6 Schleifkohlen abgenutzt	Schleifkohlen bzw. Regler ersetzen
	7 Spannungsregler defekt	Regler austauschen
	8 Lichtmaschine schadhaft	Lichtmaschine instand setzen lassen
	9 Nach zu heftiger Motorwäsche hat eingedrungene Feuchtigkeit einen isolierenden Schmierfilm zwischen den Schleifringen und Kohlen gebildet	Lichtmaschine mit Druckluft ausblasen oder Schleifringe und Kohlen sauberreiben
B Ladekontrolle brennt oder glimmt bei laufendem Motor	1 Mangelnder Kontakt an Kabelanschlüssen oder unterbrochene Kabel	Kabelanschlüsse und Kabel prüfen
	2 Siehe A 6–8	
C Batterieoberfläche feucht	1 Batterie überfüllt	Zuviel eingefülltes destilliertes Wasser durch Überladen herausgasen. Keine Säure absaugen
	2 Batterieverschlüsse oder Entlüftungsschlauch verstopft	Säubern
	3 Siehe A 7	
D Batterie gast stark	Siehe A 7	

Fahren mit defekter Lichtmaschine

Wenn die Lichtmaschine oder ihr Regler streikt, ist die Weiterfahrt noch nicht gefährdet, denn die Batterie kann hilfreich einspringen.
Bei Tag reicht der Batteriestrom noch eine ganze Weile, obwohl die Zündanlage zum Aufbau eines brauchbaren Zündfunkens eine Mindestspannung benötigt. Von der Batterie zehren weiterhin das Steuergerät der Zünd/Einspritz-Steuerung und die elektrische Benzinpumpe. Zudem ist der Akku oft nur zu ⅔ geladen. Je nach Batteriekapazität reicht es aber zu mindestens fünf Stunden Fahrt. Im Winter kommt erschwerend hinzu, daß die Batterie durch die Kälte eine geringere Ladekapazität hat. Außerdem brauchen Sie das Licht schon wesentlich früher. Stromsparen heißt also die Devise:
○ Die Fahrt nicht unnötig unterbrechen. Der Anlasser benötigt besonders viel Strom. Wenn möglich, den Wagen anrollen lassen.
○ Luftgebläse und ggf. heizbare Heckscheibe des Hardtops sollten Sie nicht einschalten.
○ Mit dem Scheibenwischer möglichst sparsam umgehen.
○ Nachts ohne Fernlicht fahren.
○ Kontaktstecker und Ladeleitung an der Lichtmaschine abnehmen und isolieren, damit sich die Batterie nicht über den defekten Generator oder Spannungsregler in kürzester Zeit entladen kann.

Start-Helfer

Um den Motor zu starten, besaß man am Anfang des Jahrhunderts eine Kurbel, und im Schweiße seines Angesichts startete man den Motor. Damit uns dies heute erspart bleibt, gibt es ein Bauteil mit zungenbrechender Bezeichnung, das dafür sorgt, daß der Motor zum Laufen kommt: der »Schub-Schraubtrieb-Starter«.

So funktioniert der Anlasser

Beim Zündschlüsseldreh in Stellung »Start« gelangt vom Kabel am Zündschloß (zunächst schwarz/blau, dann schwarz/rot) Spannung an den oben auf dem Anlasser sitzenden Magnetschalter.

○ Dadurch schiebt ein Einrückhebel das Zahnritzel des Anlassers auf einem Steilgewinde der Ankerwelle in den Zahnkranz der Motor-Schwungscheibe.

○ Beim Eingreifen des Ritzels schaltet der Magnetschalter den vollen Batteriestrom ein, so daß der Anlasser den Motor erst nach dem Einspuren des Ritzels kräftig durchdreht.

○ Ist der Motor angesprungen, wird das Ritzel mit dem Loslassen des Zündschlüssels aus der Schwungscheibe wieder ausgespurt.

Anlasser ausbauen

● Massekabel an der Batterie abklemmen.
● Kabel am Magnetschalter lösen bzw. abziehen.
● Sechskantschrauben an der Anlasser-Halterung und am Motorblock lösen.
● Ggf. die Anlasser-Halterung am Anlasser abnehmen.
● Fahrzeug vorn anheben und abstützen, rechtes Vorderrad abnehmen.
● Untere Motorraumabdeckung lösen und abnehmen.
● Oben am Anlasser sind zwei Sechskantschrauben am Getriebe zu lösen und seitlich eine Sechskantschraube.
● Sitzt der Anlasser fest im Getriebe, durch leichte Hin- und Herbewegungen herausziehen.
● Die Halteschrauben Anlasser/Getriebe werden mit einem Drehmoment von **40–50 Nm** festgedreht.
● Die Schraubverbindung Halterung/Anlasser wird mit **15–20 Nm** und Halterung/Motor mit **40–50 Nm** festgezogen.
● Der weitere Einbau erfolgt in umgekehrter Reihenfolge.

Magnetschalter ausbauen

● Anlasser demontieren.
● Kabel zwischen Magnetschalter und Anlasser lösen.
● Zwei Kreuzschlitzschrauben am Halteflansch des Magnetschalters lösen.
● Magnetschalter ein Stück zurückziehen und aus dem Einrückhebel des Anlassers aushängen.

Anlasser-Schleifkohlen ersetzen

● Anlasser ausbauen.
● An der geschlossenen Seite des Anlassers zwei Schlitzschrauben an dem kleinen Lagerdeckel herausdrehen, Deckel abnehmen.
● Sicherungsscheibe und Einstellscheiben vom darunter liegenden Wellenstumpf abnehmen.
● Beide Schlitzschrauben (oder Muttern mit Stehbolzen) am Kollektorlager herausdrehen und Lager abnehmen.
● Länge der Schleifkohlen an der Halteplatte messen – neu : 17 mm, Mindestlänge: 11,5 mm.
● Zum Auswechseln der Schleifkohlen die Kohle-

Hier ist das Schaltschema des Anlassers zu sehen. Die Zahlen bedeuten:
1 – Einrückspule;
2 – Haltespule;
3 – Einrückhebel;
4 – Ritzel;
5 – Feldspule;
6 – Anker;
7 – Kohlebürsten;
8 – Batterie;
9 – Zünd/Anlaß-Schalter.

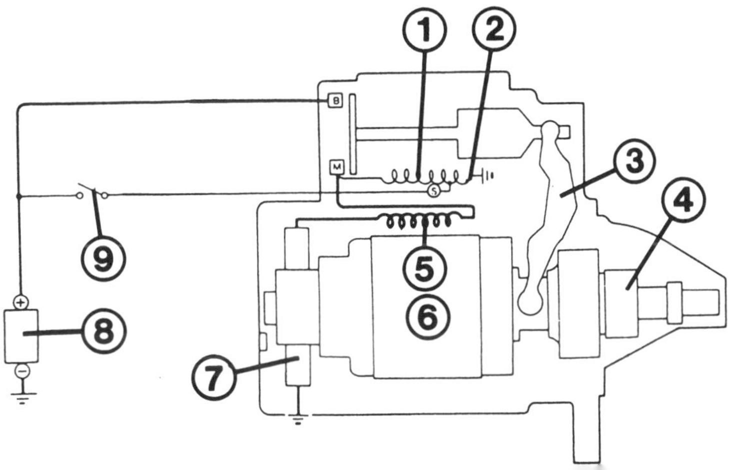

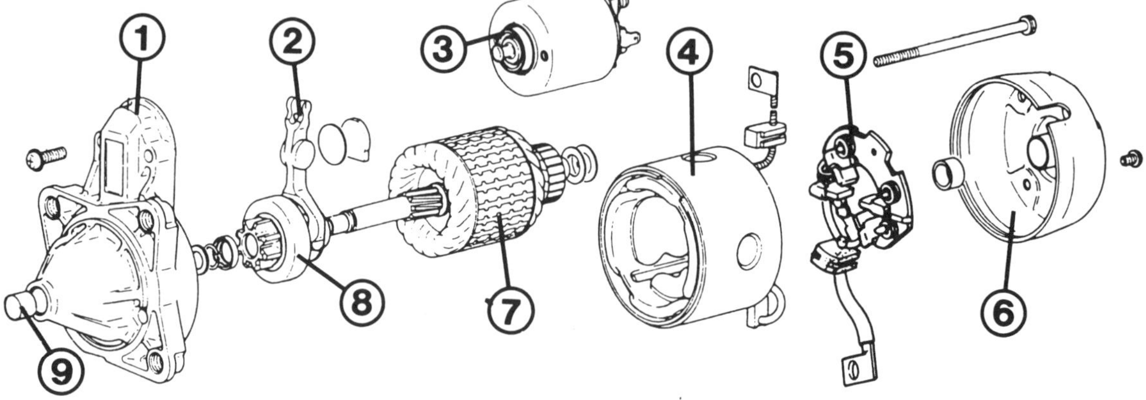

Die Zeichnung vermittelt eine Übersicht der Bauteile des Anlassers: 1 – vorderes Lagerschild; 2 – Einrückhebel; 3 – Magnetschalter; 4 – Feldspule; 5 – Bürstenhalteplatte; 6 – hinterer Deckel; 7 – Anker; 8 – Ritzel; 9 – Lager.

bürsten-Halteplatte am Anschlußkabel auslöten und neue Platte einlöten.

- Anlasser wieder zusammenbauen, dabei Kollektorlager, Halteschraüben und Lagerdeckel mit Dichtungsmittel abdichten.

Störungsbeistand

Anlasser

Nicht immer wird Ihnen unser Störungsbeistand so weit helfen, daß der Anlasser den Motor zum Laufen bringt. Aber Sie können den Mazda immer noch anschieben oder anschleppen lassen, wie im Kapitel »Die Batterie« beschrieben.

Die Störung	– ihre Ursache	– ihre Abhilfe
A Beim Drehen des Zündschlüssels in Startstellung dreht der Anlasser zu langsam oder gar nicht	1 Kontrollampen brennen schwach oder verlöschen	
	a) Batterie entladen	Mit Starthilfekabeln starten
	b) Kabelanschlüsse lose oder oxidiert	Kabelanschlüsse kontrollieren
	c) Anlasser hat Masseschluß	Anlasser überholen lassen
	2 Kontrollampen brennen hell, Klicken aus Richtung Anlasser	Kurz auf den Magnetschalter klopfen. Dreht der Anlasser weiterhin nicht:
	a) Kohlebürsten bzw. deren Anschlüsse im Anlasser gelöst	Kohlebürsten überprüfen
	b) Kontakte im Magnetschalter verschmort	Magnetschalter ersetzen
	c) Anlasserwicklung schadhaft	Anlasser überholen lassen
	3 Kontrollampen brennen hell, keinerlei Geräusche	
	a) Magnetschalter hängt, da verklebt oder zu heiß	Von Helfer Zündschlüssel in Startstellung drehen lassen und mit Schraubenschlüssel o. ä. auf den Magnetschalter klopfen
	b) Flachstecker des Kabel (schwarz/blau) am Magnetschalter lose	Steckanschluß überprüfen
	c) Leitung (schwarz/blau) vom Zündschloß zum Magnetschalter unterbrochen	Leitung mit Prüflampe kontrollieren
B Anlasser läuft, ohne den Motor durchzudrehen	1 Einrückvorrichtung klemmt	Anlasser überholen lassen
	2 Verzahnung des Ritzels oder der Motorschwungscheibe beschädigt	Wagen bei eingelegtem Gang ein Stück vorschieben. Erneut starten. Beschädigte Teile ersetzen lassen
C Magnetschalter schaltet in schneller Folge ein und aus, Anlasser läuft nicht an	Batterie stark entladen, beim Einschalten des Magnetschalters fällt die Spannung ab, und er schaltet wieder ab	Batterie laden
D Anlasser läuft weiter, obwohl Zündschlüssel losgelassen wurde	1 Magnetschalter hängt und schaltet nicht ab	Zündung sofort abschalten, notfalls Batterie abklemmen. Magnetschalter ersetzen
	2 Zünd-/Anlaßschalter defekt	Zünd-/Anlaßschalter ersetzen
E Ritzel spurt nach Anspringen des Motors nicht aus	1 Rückstellfeder des Einrückhebels lahm oder gebrochen	Zündung sofort abschalten. Reparieren lassen
	2 Verzahnung des Ritzels bzw. der Motorschwungscheibe verschmutzt oder beschädigt	Reinigen bzw. schadhafte Teile ersetzen lassen

Brandstifter

Wenn das von den Kolben angesaugte Kraftstoff/Luft-Gemisch für die gewünschte Kraftentfaltung entzündet werden soll, braucht es einen kräftigen elektrischen Funken im Brennraum. Der muß im richtigen Moment sowie unter allen Betriebsbedingungen an der Zündkerze überspringen.

Was die Zündung leistet

Die Zündanlage sorgt durch gezielt abgefeuerte Zündfunken für den richtigen Verbrennungsablauf im Motor. Und das geht Knall auf Fall, denn bei gemütlichen 3000 Motorumdrehungen fordert jeder Motorzylinder 25 Funken pro Sekunde – macht beim Vierzylindermotor 100 in der Sekunde. Und jeder dieser Funken muß kräftig sein und zum richtigen Zeitpunkt überspringen.

Damit an der Zündkerze im Verbrennungsraum überhaupt ein Funke überspringen kann, muß zwischen den Zündkerzenelektroden eine Spannung von 20000–35000 Volt vorhanden sein. Die Batterie liefert aber nur eine Spannung von 12 Volt. Die Batteriespannung muß also erheblich hochtransformiert werden. Ferner geht es beim Funkenüberschlag nicht um Zehntel- oder Hundertstel-, sondern um Tausendstelsekunden. Nur ein Minimales zu spät oder zu früh, und die Zündung und damit die Leistung des Motors ist mangelhaft.

Wann wird gezündet?

Oberer Totpunkt

Der Funke muß im richtigen Augenblick überspringen. Am wirkungsvollsten ist die Verbrennung, wenn das Kraftstoff/Luft-Gemisch in dem Moment entzündet wird, da dieses auf engstem Raum zusammengepreßt ist. Diese höchste Verdichtung herrscht beim Viertaktmotor in jenem Augenblick, in dem der Kolben bei Beendigung des Kompressionshubs (2. Takt) von der Aufwärtsbewegung in die Abwärtsbewegung des (3.) Arbeitstakts übergehen will.

Bevor sich die Bewegungsrichtung des Kolbens umkehrt, steht er einen winzigen Sekundenbruchteil lang im höchsten Punkt in seiner Bewegungsbahn still. Diesen Punkt nennt man den **O**beren **T**otpunkt (OT).

Frühzündung

Idealer Zündzeitpunkt ist der Moment, in dem der Kolben gerade seine Abwärtsbewegung beginnt. Die Verdichtung ist am höchsten, und der Kolben kann mit Kraft und Schwung zum Motorblock hinuntergedrückt werden. Trotzdem wäre es falsch, den Zündzeitpunkt genau auf OT zu legen. Denn das Kraftstoff/Luft-Gemisch braucht eine gewisse Zeit (rund $1/3000$ s), bis es sich entzündet hat und den vollen Verbrennungsdruck entwickelt. Also wird der Zündzeitpunkt vorverlegt – »Frühzündung« genannt. Der Startschuß für den Funken erfolgt deshalb noch während der Aufwärtsbewegung des Kolbens, der Verbrennungsdruck setzt jedoch erst knapp nach dem OT ein.

Mit steigender Motordrehzahl muß der Zündfunke immer früher überspringen, denn das Kraftstoff/Luft-Gemisch braucht ja immer die gleiche Zeit zur Entzündung. Nur so erfolgt die Verbrennung wieder genau zur richtigen Zeit, nämlich dann, wenn der Kolben gerade wieder beginnt abwärts zu laufen. Das Verbrennen des

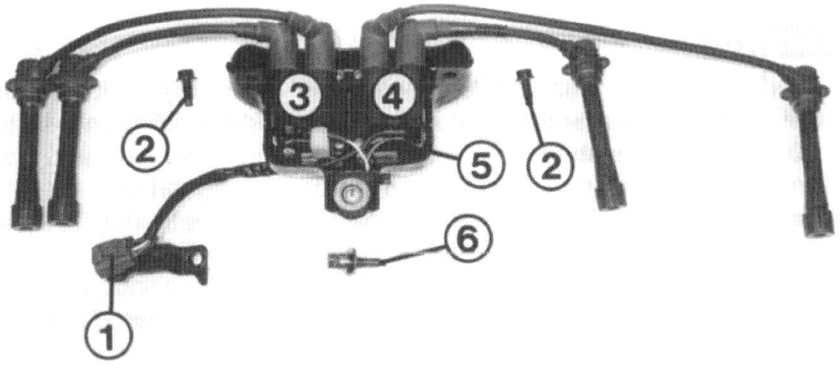

Die ausgebaute Zündanlage des 1,6-Liter-Motors. Es bedeuten:
1 – Kontaktstecker zum Schaltgerät;
2 – Halteschrauben am Zylinderkopfdeckel;
3 – Zündspule für den 2. und 3. Zylinder;
4 – Zündspule für den 1. und 4. Zylinder;
5 – Zündspulenhalter;
6 – Halteschraube an der hinteren Stirnseite des Zylinderkopfes.

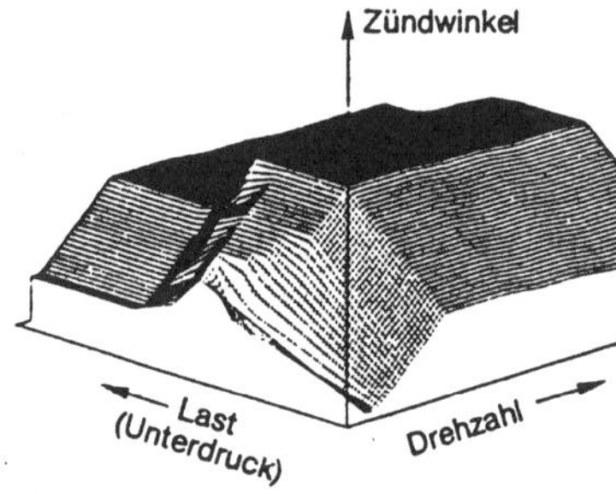

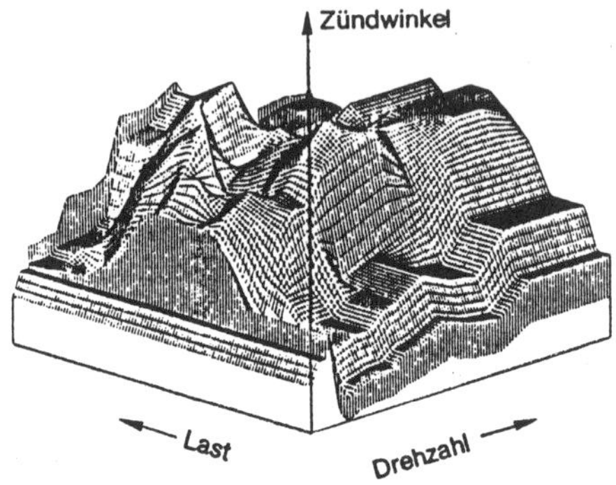

In der linken Zeichnung ist das Zündkennfeld eines Zündverteilers mit Unterdruckverstellung dargestellt. Rechts erkennen Sie, daß das Kennfeld bei der Vollelektronischen Zündverstellung wesentlich stärker und feiner ausgeformt ist.

Kraftstoff/Luft-Gemisches hängt aber auch von dessen Zusammensetzung ab. Bei nur gering durchgetretenem Gaspedal (bei »Teillast«) ist das Gemisch in den Brennräumen weniger zündfähig; es verbrennt daher langsamer. Auch hier muß früher gezündet werden.

Zündverstellung in Richtung »Spät«

Andere Situationen erfordern es, den Zündzeitpunkt in Richtung »Spät« zu verschieben. Die Zündung erfolgt dann erst, wenn der Kolben den OT längst passiert hat. Es wird also fast in den Auspufftakt hinein gezündet, was die Abgaszusammensetzung verbessert, die Motorleistung aber verschlechtert. Demzufolge ist Spätzündung richtig, wenn der Motor ohne Last im Schiebebetrieb (z. B. bergab ohne Gas) läuft.

Das Zündsystem

Die Zündung ist beim Mazda MX-5 Bestandteil eines kompletten Motor-Managements. Darunter versteht man die Zusammenfassung von Zünd- und Einspritz-Steuerung. Das hat den Vorzug, daß die Reaktionen beider Bereiche optimal aufeinander abgestimmt werden können. Außerdem können dieselben Geber für Gemischbildung und Zündverstellung (wie schon angesprochen) herangezogen werden.

○ Bei allen Motorisierungen handelt es sich um eine **verteilerlose Zündung** (ruhende Zündverteilung). Jeder Zylinder besitzt im Prinzip eine für ihn zuständige Zündspule, die nur dann einen Funken erzeugt, wenn ihn der jeweilige Zylinder benötigt. Technisch bedingt erhält jedoch jeder Zylinder bei jeder Motorumdrehung noch einen weiteren (unnützen, aber unschädlichen) Funken in den Auspufftakt.

○ »Kopf« der Anlage ist das Steuergerät der Zünd/Einspritzanlage, das die Zündspulen direkt ansteuert. Doch ist zwischen Steuergerät und Zündspule ein Schaltgerät »zwischengeschaltet«, um die hohen Ströme vom Steuergerät fernzuhalten.

○ Die Zündverstellung erfolgt bei allen diesen Zündanlagen auf rein elektronischem Weg.

So entsteht der Zündfunke

○ Das Grundprinzip der Zündung besteht darin, daß zunächst der Batteriestrom durch die Primärwicklung der Zündspule fließt. Diese Wicklung besteht aus wenigen Windungen eines dicken Drahtes. Unter der Wirkung des Stroms baut sich um den Eisenkern in der Zündspule ein kräftiges Magnetfeld auf – unsere Zündenergie.

○ Nähert sich der Kolben in seinem Zylinder dem Punkt, da die angesaugte und verdichtete Ladung gezündet werden soll (dem Zündzeitpunkt), wird der Strom zur Zündspule unterbrochen.

○ Mit dem Ausschalten des Stromes bricht das Magnetfeld in der Zündspule zusammen. Dabei passiert folgendes: In der Sekundärwicklung aus sehr vielen Windungen eines dünnen Drahtes entsteht ein Hochspannungs-Stromstoß von einigen zigtausend Volt.

○ Diese Zündspannung wird direkt derjenigen Zündkerze zugeleitet, die in der Zündfolge des Motors gerade an der Reihe ist. Das Gemisch wird entzündet, der Motor dreht weiter. Der Stromkreis wird wieder geschlossen, und das Spiel läuft von neuem ab.

Das Steuergerät

○ Beim Zündsystem des Mazda MX-5 bedarf es keiner zusätzlichen Einrichtung zur Verstellung des Zündzeitpunkts. Dem Steuergerät stehen alle möglichen Motordaten und -kennwerte zur Verfügung. Drehwinkelgeber, Kühlmittel-Temperaturgeber, Drosselklappen-Potentiometer etc. machen's möglich.

○ Aus allen Daten und Informationen errechnet das Steuergerät den für den jeweiligen Belastungszustand richtigen Zündzeitpunkt. Zeichnet man den Zündwinkel (Zündzeitpunkt) über dem Lastzustand des Motors und der Motordrehzahl auf, erhält man ein sogenanntes Zündkennfeld.

○ Korrekturprogramme stehen zur Verfügung für Motorstart, Kaltlauf, Schubbetrieb etc.

○ Das Steuergerät genehmigt der jeweiligen Zündspule immer gerade so viel Strom, wie diese im Moment benötigt. Im Extremfall (Zündung eingeschaltet, Motor steht) kann es also bei dieser Zündung auch nach längerer Zeit nicht zu einer Schädigung der Zündspulen kommen.

○ Natürlich findet ein Datenaustausch mit der Einspritzung statt. Auch deshalb, weil die Geber am Motor doppelt genutzt werden.

○ Zuletzt ist noch ein Fehlerspeicher eingebaut, der, wie im Kapitel über die Benzin-Einspritzung beschrieben, ausgelesen werden kann.

Zündspulen der verteilerlosen Zündung

Bisweilen werden diese Zündspulen **Doppelfunken-Zündspulen** genannt, und das aus folgendem Grund: Bei jedem Zündimpuls vom Steuergerät liefert die Zündspule zwei Zündfunken. Der eine Funke geht als Zündfunke an den im Arbeitstakt befindlichen Zylinder, der andere geht als funktionsloser »Stützfunke« in den Auspufftakt des um 360° versetzten Zylinders. Dort nützt er nichts, schadet aber auch nichts. Nach einer weiteren Kurbelwellenumdrehung zünden die Kerzen wieder, aber diesmal mit vertauschten Rollen. Wo vorher der Stützfunke war, ist jetzt der Zündfunke.

Zur Technik: Die Doppelfunken-Zündspule besteht aus zwei Einzelspulen, von denen jede für zwei Zylinder zuständig ist. Dabei liegt keiner der Zündspulen-Ausgänge auf »Masse« wie sonst üblich. Die Masse-Verbindung holt sich die Spule über den Stützfunken.

Dem Nachteil des funktionslosen Funkens (geringer Energieverlust) stehen zahlreiche Vorteile gegenüber:

○ Einsparung des aufwendigen mechanischen Zündverteilers.

○ Dadurch Entfall der Störungsmöglichkeiten im Verteiler (Schwitzwasser, Kontaktkorrosion, Kriechströme, Spannungsüberschläge).

○ Geringere Störungen im Autoradio (kein Verteilerfunke).

Das Schaltgerät

Dieses Bauteil verlagert gewissermaßen die Leistungs-Endstufe aus dem Steuergerät heraus. In der Endstufe sitzt ein leistungsfähiger Transistor, und der schaltet den Strom zu den Zündspulen ein und aus. So können die hohen Ströme die empfindliche Elektronik des Steuergeräts nicht stören. Das Schaltgerät sitzt beim 1,6-Liter-Motor rechts im Motorraum vor dem Hauptsicherungskasten. Beim 1,9-Liter-Triebwerk ist in jeder Doppelzündspule ein Schaltgerät integriert.

Der Drehwinkelgeber

Um den Strom rechtzeitig an- und auszuschalten, wird ein Geber benötigt, der den Schaltbefehl in Abhängigkeit von der Kolbenstellung gibt. Nur so kann die Zündung genau im richtigen Augenblick erfolgen. Diese Aufgabe übernimmt der Drehwinkelgeber. Er sitzt beim 1,6-Liter-Motor an der Rückseite der Einlaß-Nockenwelle, beim 1,9-Liter-Triebwerk dagegen hinten an der Auslaß-Nockenwelle. Es handelt sich um einen Doppelgeber, denn er erfaßt nicht nur die OT-Stellung von Zylinder 1 (das sogenannte G-Signal = zwei Impulse pro Umdrehung), sondern auch den Kurbelwinkel in 180°-Intervallen (Ne-Signal = vier Impulse je Umdrehung). Hierbei erzeugt der Geber jeweils ein 5-Volt-Spannungssignal, das – umgeformt und verstärkt vom Schaltgerät – zum Auslösen der Zündimpulse verwendet werden kann.

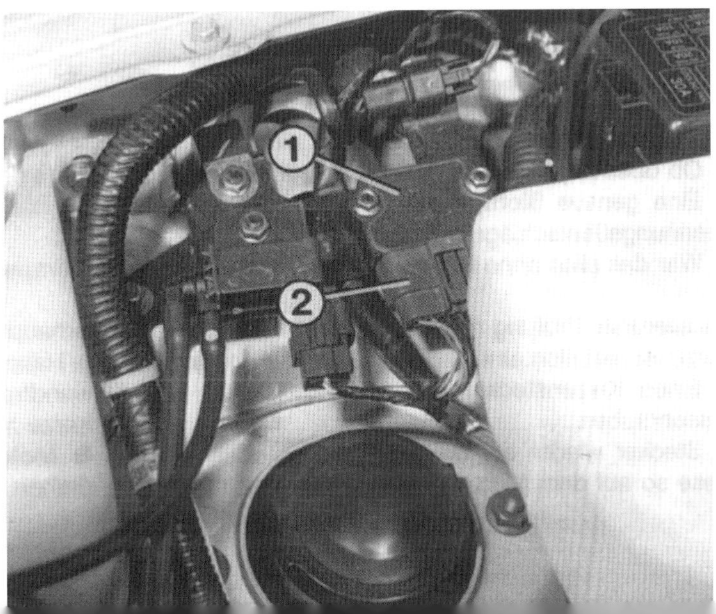

Das Schaltgerät (1) des 1,6-Liter-Motors sitzt neben dem rechten Federbeindom. Mit »2« ist der Kontaktstecker bezeichnet.

Die Ziffern im Stecker des Drehwinkelgebers beim 1,9-Liter bezeichnen folgende Anschlüsse: 1 – Masse; 2 – Ne-Signal; 3 – zum Luftmassenmesser; 4 – G-Signal.

Am abgezogenen Zündspulenstecker (Pfeil) des 1,6-Liter-Motors wird bei eingeschalteter Zündung die Spannung gegen Masse gemessen. Mit »1« ist der Steckkontakt zur Zündspule bezeichnet.

Vorsicht beim Umgang mit der elektronischen Zündung!

Bei Arbeiten im Motorraum des Mazda müssen Sie Vorsicht walten lassen, denn die elektronische Zündanlage arbeitet mit **hohen Spannungen**: Schon in den dünnen Steuerleitungen der Zündanlage können Spannungen bis zu 100 Volt mit hoher Stromstärke auftreten, ganz zu schweigen von der Zündspannung, die mit über 30000 Volt gefährlich hoch ist. Das Berühren blanker Kontakte bei eingeschalteter Zündung kann unter ungünstigen Umständen für Herzkranke und vor allem für Träger eines Herzschrittmachers sehr gefährlich werden.

○ Deshalb sämtliche elektrischen Leitungen – auch Anschlüsse von Prüfgeräten – nur bei **ausgeschalteter Zündung** berühren oder ab- bzw. anklemmen.

○ Soll der Motor vom Anlasser lediglich durchgedreht werden ohne anzuspringen, muß die Zündung lahmgelegt werden.

○ Zur Motorwäsche muß die Zündung ausgeschaltet sein.

○ Zur Starthilfe bei leerer Batterie mit einem Schnellader darf dieser höchstens eine Minute lang angeschlossen sein und die Spannung nicht mehr als 16,5 V betragen.

○ Am Anschluß des blauen Kabels an der Zündspule keinen Entstörkondensator anschließen.

○ Ebenso darf der Anschluß des blauen Kabels – etwa beim nachträglichen Einbau einer Alarmanlage – nicht mit stromführenden Leitungen oder Massekabeln verbunden werden.

○ In jeder Zündleitung muß der Entstörwiderstand mindestens 16 kΩ pro Meter betragen.

○ Zum elektrischen Schweißen am Fahrzeug müssen die Kabel an der Batterie abgeklemmt werden.

Zündung lahmlegen

Ist ein Zündkabel oder gar das Hauptzündkabel abgezogen, darf der Motor keinesfalls mit dem Anlasser durchgedreht werden. Denn so kann die Zündenergie nicht abgeleitet werden, und Schaltgerät bzw. Steuergerät sowie die Zündspulen können Schaden nehmen. Deshalb bei **ausgeschalteter Zündung** am Drehwinkelgeber den Stecker abziehen.

Störungssuche an der Zündung

Wer einem Fehler in der Zündung auf die Spur kommen will, muß ganz systematisch vorgehen.

○ Ob überhaupt ein Zündfunke erzeugt wird, klärt man mit einer einfachen **Zündspannungs-Prüfung**.

○ Eine genaue **Sichtprüfung** der Zündanlage deckt die häufigsten Fehlerursachen auf (Kabel, Stecker, Spannungsüberschläge).

○ War das alles ohne Erfolg, muß die Werkstatt den **Fehlerspeicher abfragen**.

Ist Zündspannung vorhanden?

Die allererste Prüfung muß klären, ob die Zündanlage überhaupt Zündfunken zustandebringt. Voraussetzung hierzu ist natürlich eine geladene Batterie und eine intakte Hauptsicherung.

● Einen Kerzenstecker abziehen, Zündkerze herausschrauben.

● Stecker wieder auf die Zündkerze stecken und diese so auf dem Motorblock ablegen, daß sie einwandfreien Massekontakt hat. Ggf. Gewindeteil der Kerze mit Starthilfekabel mit dem Motor verbinden.

● Motor von einem Helfer mit dem Anlasser durchdrehen lassen.

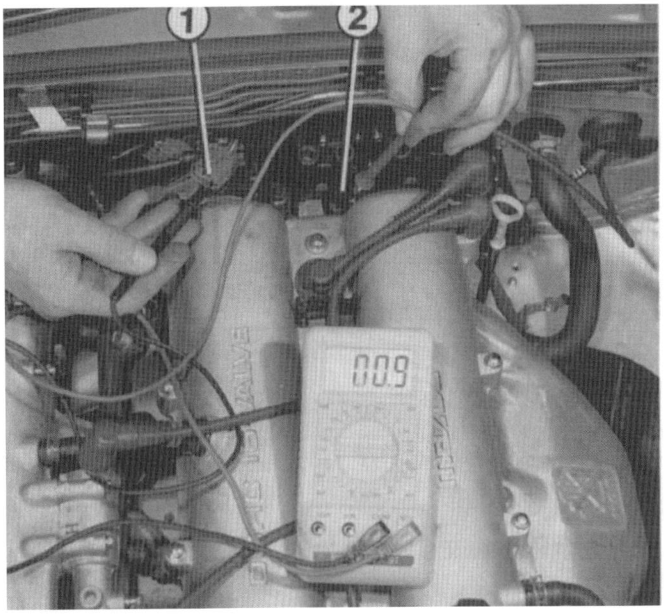

Zur Prüfung der Zündspulen-Primärwicklung am 1,6-Liter-Motor wird am Steckkontakt (1) und am 2. Zylinder (2) der Widerstand gemessen.

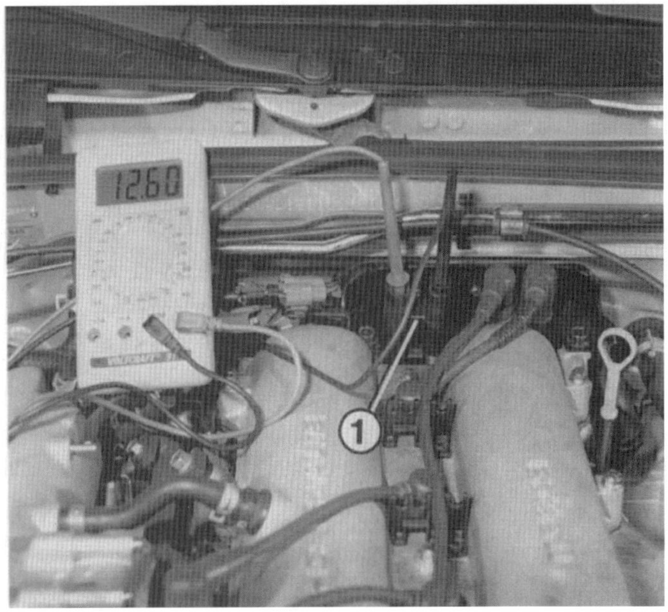

Zur Prüfung der Zündspulen-Sekundärwicklung wird der Widerstand zwischen den Zündkabelanschlüssen von Zylinder 3 und 2 (1) sowie Zylinder 1 und 4 gemessen.

● Springen kräftige Funken an der Kerzenelektrode über, ist Zündstrom vorhanden.
● Funkt nichts, versuchen Sie es mit der Kerze eines anderen Zylinders.
● Springen weiterhin keine Funken über, muß die Zündanlage komplett geprüft werden.

Sichtprüfung der Zündanlage

○ Sitzen alle Kabelanschlüsse und Steckkontakte an Zündspule, Zünd/Einspritzungs-Steuergerät und Schaltgerät fest?
○ Ist in den Mehrfachsteckern am Steuergerät eventuell ein einzelner Steckkontakt zurückgerutscht?
○ Ist an der Zündspule Vergußmasse herausgedrückt worden? Dann ist sie wahrscheinlich defekt.
○ Zeigen sich am Zündspulengehäuse Risse oder Brandspuren von überschlagenden Funken?
○ Kontrollieren Sie zusätzlich die Zündkabel auf festen Sitz und Schäden an der Isolation. Die modernen Zündanlagen sind durch ihre hohen Zündspannungen empfindlicher gegen Funkenüberschläge und Kriechströme.
○ Sind sämtliche Teile der Zündanlage sauber und trocken? Feuchter Schmutz begünstigt Spannungsüberschläge.

Fingerzeig: Beachten Sie bei den folgenden Messungen, daß Meß- und Prüfgeräte (siehe Kapitel »Elektrik und Elekronik«) nur bei ausgeschalteter Zündung an- und abgeklemmt werden dürfen.

Spannungsversorgung der Zündspule in Ordnung?

Neben einem Totalausfall der Zündspule durch fehlende Spannung kann auch zu geringe Versorgungsspannung erhebliche Störungen bewirken. Deshalb einen Voltmeter verwenden. Die Batterie muß natürlich gut geladen sein.
● Stecker zur Zündspule trennen.
● Meßgerät am abgezogenen Stecker zwischen dem Kontakt des blauen Kabels und Masse anschließen.
● Zündung einschalten.
● Ca. 12 Volt müssen dort abzulesen sein.
● Messen Sie weniger als 10 V oder gar keine Spannung, liegt der Fehler im Kabelweg zum Zündschloß.

Fehlerquellen

○ Hauptsicherung defekt (Kapitel »Die Karosserie-Elektrik«).
○ Zündschloß defekt (Kapitel »Instrumente und Geräte«).
○ Unterbrechung in der Zuleitung Zündschloß und Zündspule. Kabelverlauf und Stecker anhand der Schaltpläne hier im Buch kontrollieren.

Zündspule defekt?

● Die **Sichtprüfung** an der Zündspule wurde bereits durchgeführt. Spule mit herausgedrücktem Verschlußstopfen ersetzen.
● Zur **Widerstandsprüfung** den Kontaktstecker an der Zündspule bei ausgeschalteter Zündung abziehen.
● Ggf. zur Prüfung die Zündspule ausbauen.
● Die Primärwicklung wird zwischen dem Zündspulenstecker am Kontakt des weißen bzw. braun/gelben Kabels und Masse gemessen.
● Sollwert 0,78–0,94 Ω.
● Zum Messen der Sekundärwicklung der Spule Zündkabel zu Zylinder 1 und 4 bzw. 2 und 3 abziehen.

Der Widerstand der Gehäuseisolierung wird am Anschlußstecker (Pfeil) zwischen den Kontakten »1« und »2« bzw. »2« und »3« der Zündspule gemessen. Der Sollwert muß mehr als 10 MΩ betragen.

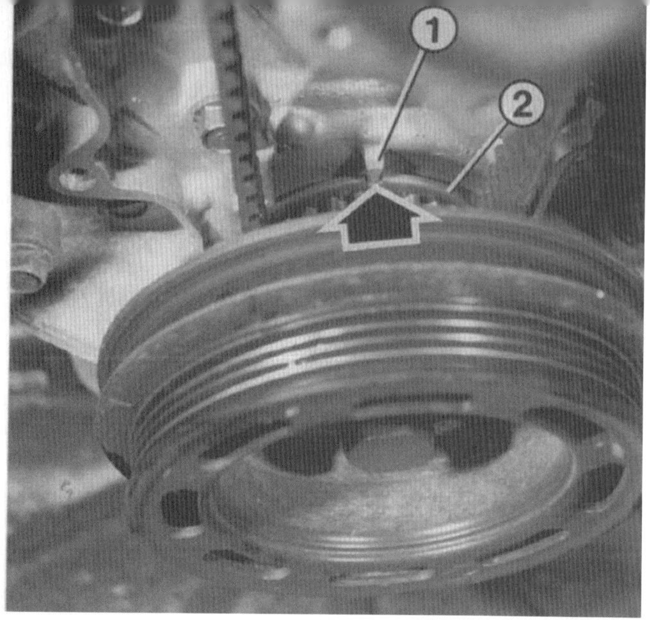

Zum Ausbau des Drehwinkelgebers muß die Markierung (Pfeil) am Kurbelwellenflansch (2) der Nase (1) gegenüberstehen.

- Gemessen wird zwischen den beiden Ausgangsklemmen der Zündkabel.
- Sollwert für Zündspule ohne Zündschaltgerät 11,2–15,2 kΩ, für Zündspule mit integriertem Schaltgerät 8,7–12,9 kΩ.
- Mit diesen Messungen läßt sich ein Kurzschluß zwischen den Wicklungen nicht erkennen. Fällt also der Verdacht trotz guter Meßergebnisse auf die Zündspule, sollten Sie die ausgebaute Spule bei einer Autoelektrik-Werkstatt durchprüfen lassen.
- Beim Ersatz auf die richtige Ausführung der Zündspule ohne bzw. mit integriertem Schaltgerät achten!

Drehwinkelgeber ausbauen

Ob der Drehwinkelgeber die richtigen Signale erzeugt, kann nur die Werkstatt prüfen. Wir beschreiben hier lediglich den Ausbau des Gebers.

- Zylinder 1 auf Zündzeitpunkt stellen (Kapitel »Der Motor und sein Innenleben«).
- Zündspule ausbauen.
- Stecker am Drehwinkelgeber trennen.
- Zwei Halteschrauben am Drehwinkelgeber losdrehen, Drehwinkelgeber herausziehen. Aufpassen, daß er nicht an der Spritzwand anschlägt.
- Beim Einbau Gummidichtring ersetzen.
- Gummidichtring und Aufnahme-Nocke mit etwas Fett einstreichen.
- Einbaustellung beachten: Zylinder 1 muß auf OT stehen.
- Der Drehwinkelgeber läßt sich nur in einer Stellung einsetzen.
- Zündung einstellen.

Zum Ausbau der Zündspule werden die Sechskantschrauben (Pfeile) oben am Zylinderkopfdeckel gelöst. Mit der Position »1« ist eine der Kreuzschlitzschrauben zur Befestigung der Zündspule an den Halter bezeichnet.

Hier sehen Sie bei ausgebauter Doppel-Zündspule die Halteschraube (1), die unten an der Zündspule in den Zylinderkopf eingedreht ist.

In dieser Abbildung ist die Reihenfolge zum Aufstecken der Zündkabel an der Doppel-Zündspule des 1,6-Liter-Motors gezeigt.

Beim 1,9-Liter-Motor ist die Zündfolge gleich wie beim 1,6-Liter. Aber durch die andere Einbaulage der Doppel-Zündspule werden die Zündkabel in der hier gezeigten Reihenfolge aufgesteckt.

Die Zündkabel

Die Verbindungskabel zu den Zündkerzen bereiten normalerweise keine Probleme. Der Widerstand pro Meter Zündkabel darf maximal 16 kΩ betragen.

Zündkabel prüfen

- Kontrollieren Sie, ob die Kabel fest in die Buchsen der Zündspulen eingesteckt sind. Sie können sich durch Erwärmung der eingeschlossenen Luft etwas herausheben und so Motorstottern verursachen.
- Die Kabelklemmen dürfen nicht oxidiert sein, und sie müssen guten Kontakt zu den Kerzensteckern haben.
- Wenn der Zündfunke schon vor der Zündkerze zur Masse überspringt, hören Sie das an Knack- oder Knattergeräuschen im Motorraum.
- Nachts sehen Sie die Funken deutlich springen. Ursache kann eine Streusalzschicht auf den Kabeln sein, oder ein Kabel ist irgendwo durchgescheuert.
- Zündkabel mit Scheuer- oder Schmorstellen sollten Sie umgehend ersetzen.

Die Zündfolge

Für ausgewogenen Motorlauf läßt man die Zylinder nicht etwa in der Folge 1–2–3–4 zünden, sondern gewissermaßen durcheinander. Entsprechend der Zündfolge **1–3–4–2** sind die Zündkabel (Zylinderzugehörigkeit steht auf den Zündkabeln) in den Zündspulen eingesteckt. Wenn die gelbe Markierung auf der Kurbelwellen-Riemenscheibe der Markierung »T« am Motor gegenübersteht, steht Zylinder 1 (der in Fahrtrichtung ganz vorn stehende) auf Zündzeitpunkt. Das ist ein Anhaltspunkt beim Aufstecken der Zündkabel.

Zündkerzen kontrollieren

Wartung Nr. 16

Der Wartungsplan sieht alle 20000 km die Kontrolle der Zündkerzen vor. Das erscheint uns ein realistisches Intervall zu sein. Da bei Fahrzeugen mit Katalysator besonders darauf geachtet werden muß, daß die Zündanlage intakt ist, sollten die Zündkerzen schon beim geringsten Zweifel an ihrer Funktionstüchtigkeit ersetzt werden. Es lohnt sich daher, auch zwischendurch einmal die ausgebauten Kerzen kritisch zu beäugen. Lesen Sie im übernächsten Abschnitt, was das »Kerzengesicht« aussagt.

Zündkerzen ausbauen

Aufgrund der beengten Raumverhältnisse können die Zündkerzen bei unseren Sechzehnventil-Motoren nur mit einem ganz schlanken Schlüssel herausgedreht werden.

- Zündkerzenstecker fassen und von den Stiften der Kerzen ziehen. Nicht an den Zündkabeln zerren.
- Zündkerzen mit dem Kerzenschlüssel herausdrehen (SW 16).
- Kerzen in der Reihenfolge der Zylinder ablegen.
- Sitzen die Kerzen sehr fest, keine Gewalt anwenden, sonst kann das Kerzengewinde im Leichtmetall-Zylinderkopf ausreißen.
- Motor heißfahren und jetzt die Kerzen herausdrehen. Vorsicht, daß Sie sich die Hände nirgends verbrennen.
- Beim Einbau keine kalten Kerzen in den warmen Zylinderkopf fest eindrehen, sie sitzen später wie eingenietet fest.
- Zündkerzen sollen mit **15–25 Nm** festgezogen werden.

● Wenn kein Drehmomentschlüssel zur Hand ist: Kerze eindrehen, bis der Dichtring anliegt – sie läßt sich dann von Hand oder mit dem Kerzenschlüssel ohne Kraftanstrengung nicht mehr weiterdrehen.
● Eine neue Kerze jetzt mit dem Kerzenschlüssel eine knappe Viertelumdrehung (= 90°) weiter anziehen, das genügt.
● Eine gebrauchte Kerze, deren Dichtring bereits plattgedrückt ist, darf nur im Winkel von etwa 15° angedreht werden.

Zündkerzen prüfen

Die Zündkerzen sind gewissermaßen Augenzeugen der Verbrennung im Motor. Das Aussehen der Kerzenspitze (das »Kerzengesicht«) läßt erkennen, ob der Motor optimal arbeitet. Vorher sollte der Mazda auf der Landstraße oder Autobahn gründlich warmgefahren worden sein. Die Kontrolle nach Kurzstreckenverkehr kann zu Fehlschlüssen führen.
Sehen Sie sich die Isolatorspitze mit der Mittelelektrode und die Seitenelektrode an:

○ **Isolatorspitze hellgrau bis bräunlich gefärbt:** Gute Einstellung der Einspritzanlage, der Motor läuft wirtschaftlich.

○ **Starke Ablagerungen:** Ursache können Zusätze im Motoröl oder Kraftstoff sein oder erhöhter Ölverbrauch. Evtl. Öl- bzw. Kraftstoffmarke wechseln.

○ **Schwarze rußartige Ablagerungen:** Zündkerze erreicht durch häufigen Kurzstreckenverkehr ihre Selbstreinigungs-Temperatur nicht, falscher Wärmewert, CO-Gehalt zu hoch.

○ **Isolatorspitze weißlich gefärbt:** Zündzeitpunkt zu stark in Richtung »früh« eingestellt, Zündzeitpunktverstellung funktioniert nicht, CO-Gehalt zu niedrig.

○ **Schmelzerscheinungen an Mittel- und Seitenelektrode:** Glühzündungen durch Ablagerungen im Verbrennungsraum, überhitzte Ventile, falschen Zündzeitpunkt, defekte Zündzeitpunktverstellung oder Hitzestau durch mangelhafte Kühlung.

○ **Bruch der Isolatorspitze**, im Anfangsstadium als Haarrisse erkennbar: Klopfende Verbrennung durch minderwertigen Kraftstoff, falsche Zündeinstellung, schadhafte Zündzeitpunktverstellung, ungenügende Motorkühlung oder Gemischabmagerung durch »Falschluft«.

○ **Gelblich glänzende Schicht auf der Isolatorspitze:** Benzin- oder Motorölzusätze haben Ablagerungen gebildet, die sich bei abrupter voller Belastung des Motors verflüssigt haben und elektrisch leitfähig wurden – als Folge Zündaussetzer. Nach wochenlangem Kurzstreckenbetrieb sollten Sie den Motor nicht sofort voll belasten.

○ **Ölschicht über Elektroden und Innenraum der Kerze:** Kolbenringe, Ventilführungen oder Ventilschaftabdichtungen schadhaft.

○ Zeigt das Zündkerzengesicht **keine Besonderheiten**, aber leidet der Motor unter Startunwilligkeit oder Ruckeln, kann es dennoch an den Kerzen liegen. Unsichtbare Risse im Keramikisolator können beim Kaltstart durch kondensierenden Kraftstoff gefüllt werden, wodurch der Zündfunke abgeleitet wird. Auch unter Druck können Zündkerzen versagen, obwohl der Funke bei ausgebauter Kerze überspringt.

Der Elektrodenabstand

Das Kraftstoff/Luft-Gemisch bzw. das verbrannte Altgas wirkt korrosiv auf die metallischen Zündkerzenelektroden. Und die hohe Spannung beim Funkenüberschlag sprengt kleine Metallpartikel ab, wodurch der Funkenspalt mit zunehmender Laufzeit der Zündkerzen vergrößert wird.
Als Zündkerzen-Elektrodenabstand sind beim Mazda MX-5 **1,0–1,1 mm** vorgeschrieben. Bei zu großem Abstand wird eine höhere Zündspannung benötigt, und es kann zu Zündaussetzern kommen. Evtl. springt der Motor überhaupt nicht an. Deshalb die Stirnelektrode rechtzeitig nachbiegen.

Das Bordwerkzeug des MX-5 enthält einen Schlüssel (1) zum Herausdrehen der Zündkerzen. Zum Drehen des Schlüssels wird ein kleiner Hebel (2) durch die Bohrung geschoben.

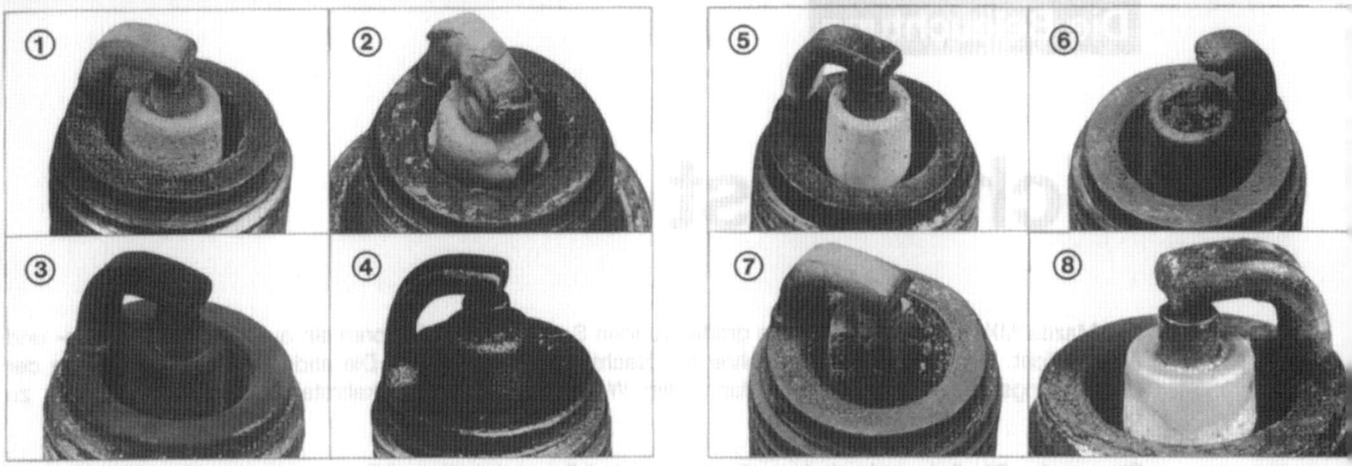

Acht Beispiele für das Aussehen von Zündkerzen: 1 – normal: Hellgraue bis bräunliche Verfärbung, geringer Elektrodenabbrand. 2 – übermäßige Ablagerungen: Zusätze im Öl oder Kraftstoff können Rückstände bilden, die sich im Innern der Zündkerze ablagern und Glühzündungen verursachen. 3 – verrußt: Weiche, rußartige Ablagerungen können Kriechströme und Zündaussetzer verursachen. 4 – verölt: Der gesamte Innenraum der Kerze und die Elektroden sind von einem schwärzlichen Ölfilm überzogen, was Zündaussetzer oder Kurzschluß der Kerze zur Folge haben kann. 5 – überhitzt: Die Isololatorspitze ist weißlich gefärbt. 6 – starke Überhitzung: Schmelzerscheinungen an Mittel- und Seitenelektrode. 7 – Isolatorspitze gebrochen. 8 – Glasurbildung: Gelblich glänzende Schicht auf der Isolatorspitze durch verflüssigte Benzin- und Ölzusätze.

Neue Zündkerzen kaufen

Wärmewert: Zündkerzen müssen auf die im Motor auftretenden Brennraum-Temperaturen abgestimmt sein. Eine Kennzahl besagt, wieviel Hitze die Zündkerze ertragen, d. h. ableiten kann, ohne selbst zu heiß zu werden. Leitet die Kerze zu viel Wärme ab, erreicht sie ihre Selbstreinigungs-Temperatur nicht, und die Zündkerzenelektroden setzen Ruß an. **Merke:** Je niedriger die Kennzahl, desto höher ist die Wärmeableitfähigkeit.
Elektroden: Beim Mazda MX-5 werden Zündkerzen mit einer einzelnen Stirnelektrode verwendet.
Einschraubgewinde: Es muß bei den Zündkerzen für den Mazda 19 mm lang sein; der Gewindedurchmesser beträgt 14 mm.
Schlüsselweite: Der Sechskant zum Ansetzen des Zündkerzenschlüssels ist 16 mm breit.
Dichtsitz: Die Kerzen besitzen einen flachen Dichtsitz mit unverlierbarem Dichtring, also keinen zusätzlichen Dichtring einlegen.

Zündkerzen-Empfehlungen

Die in der Tabelle genannten NGK- und Nippon-Denso-Zündkerzen entsprechen den Empfehlungen des Mazda-Kundendienstes. Zusätzlich haben wir noch die von Bosch ermittelten Alternativ-Zündkerzen aufgeführt. Wie Sie festellen werden, gibt Mazda für denselben Motor bis zu drei verschiedene Wärmewerte frei. So können Sie nach Kontrolle des Zündkerzen-»Gesichts« ggf. auf einen anderen Wärmewert umstellen, der Ihren Einsatzbedingungen besser entspricht.

Motor	NGK			Nippon Denso			Bosch	
		oder	oder		oder	oder		oder
1,6-Liter	BKR 5E 11	BKR 6E 11	BKR 7E 11	K 16 PR-U 11	K 20 PR-U 11	K 22 PR-U 11	FR 7 DCX	FR 7 DPX
1,9-Liter	BKR 5E 11	BKR 6E 11	–	K 16 PR-U 11	K 20 PR-U 11	–	FR 7 DCX	FR 7 DPX

Zündzeitpunkt prüfen

Die Werkstatt kontrolliert die Zündeinstellung im Rahmen der Abgas-Untersuchung. Der Zündzeitpunkt kann sich bei der elektronischen Zündanlage allenfalls nach Aus- und Einbau des Drehwinkelgebers verstellen.

- Beachten Sie die Vorsichtsmaßnahmen bei Arbeiten an der elektronischen Zündung.
- Motor warmfahren und abschalten.
- Drehzahlmesser anschließen: Klemme »15« mit Klemme »IG« im Diagnosestecker und Klemme »1« des Drehzahlmessers mit Masse verbinden.
- Stroboskoplampe anschließen und ihr Auslösekabel in das Zündkabel des 1. Zylinders (der in Fahrtrichtung vorn stehende) schalten.
- Motor starten, im Leerlauf drehen lassen.
- Leerlaufdrehzahl ggf. nachregulieren.
- Stroboskoplampe auf die **Kerbe an der Riemenscheibe** halten.
- Bei jedem Aufblitzen der Stroboskoplampe muß die Kerbe der entsprechenden **Gradmarkierung** am **Motor** gegenüberstehen. Ggf. die Gradmarkierung mit Farbe kennzeichnen.
- **Sollwert: 10 ± 1° vor OT.**
- Stimmt die Einstellung nicht, zwei Halteschrauben am Drehwinkelgeber zum Zylinderkopf lockern.
- Drehwinkelgeber ein kleines Stück nach rechts oder links um seine eigene Achse verdrehen, bis die Kerbe der Riemenscheibe mit der entsprechenden Markierung am Motor fluchtet.
- Verändert sich die Motordrehzahl während des Einstellens, muß nachreguliert werden.
- Zum Schluß Schrauben festziehen und Zündzeitpunkt nochmals prüfen.

Lichterfest

Der Mazda MX-5 besitzt durch seine großen runden Scheinwerferreflektoren ein ausgezeichnetes Fern- und Abblendlicht. Ein Vorzug, den der Fahrer bei Nacht zu schätzen weiß. Die andere Sicherheitsaufgabe der Beleuchtungseinrichtungen besteht darin, den Wagen für andere Verkehrsteilnehmer gut erkennbar zu machen.

Fingerzeig: Die Schwenkscheinwerfer können bei Feuchtigkeit und Temperaturen unter dem Gefrierpunkt einfrieren. Wenn die Scheinwerfer beim Einschalten der Beleuchtung nicht aus ihrer Ruhestellung ausfahren, Licht abschalten. Andernfalls werden die Schwenkmotoren überlastet oder die Sicherung brennt durch. Wer keine Garage besitzt, sollte vorbeugend über Nacht die Scheinwerfer mit dem Schwenkschalter zwischen den mittleren Lüftungsdüsen in Offen-Stellung fahren. Damit ist sichergestellt, daß bei der nächsten Fahrt die Scheinwerfer benutzt werden können.

Beleuchtung kontrollieren

Ständige Kontrolle

- Zündung einschalten und an sämtlichen Beleuchtungseinrichtungen Funktion kontrollieren:
- Standlicht, Abblendlicht und Fernlicht.
- Blinker vorn rechts und links, Warnblinker sowie seitliche Blinkleuchten.
- Rücklichter und Kennzeichenleuchten sowie Nebelschlußleuchte.
- Blinker hinten rechts und links, Warnblinker, Rückfahrleuchten.
- Zur Kontrolle der Bremsleuchten von einem Helfer das Bremspedal treten lassen.

Fingerzeig: Aufmerksame Fahrer kontrollieren die Beleuchtungsanlage praktisch bei jeder Nachtfahrt. Eine ausgefallene Scheinwerfer-Glühlampe bemerkt man am schmalen »Lichtfinger« vor dem Wagen. In einer Kolonne reflektiert der Stoßfänger oder die Lackierung des Vorderwagens oft das Licht der Scheinwerfer und vorderen Blinker. Vor einer hellen Wand können Sie ebenfalls im Sitzen prüfen, ob jeweils zwei Lichtpunkte zu sehen sind und ob es beim Blinken orangefarben leuchtet. Zur Kontrolle der hinteren Leuchten eignet sich wieder am besten eine helle Wand.

Ersatzlampen für unterwegs

Ein kleiner Vorrat der wichtigsten Ersatzlampen gibt Ihnen unterwegs die Möglichkeit, einen Lampendefekt sofort »ambulant« zu behandeln. Sie benötigen:

Zum Lampentausch am Scheinwerfer Kreuzschlitzschrauben (Pfeile) der oberen Abdeckung (1) lösen. Wenn die Schrauben nicht zugänglich sind, die mit »2« bezeichneten Schrauben lösen und die Verkleidung (3) abnehmen.

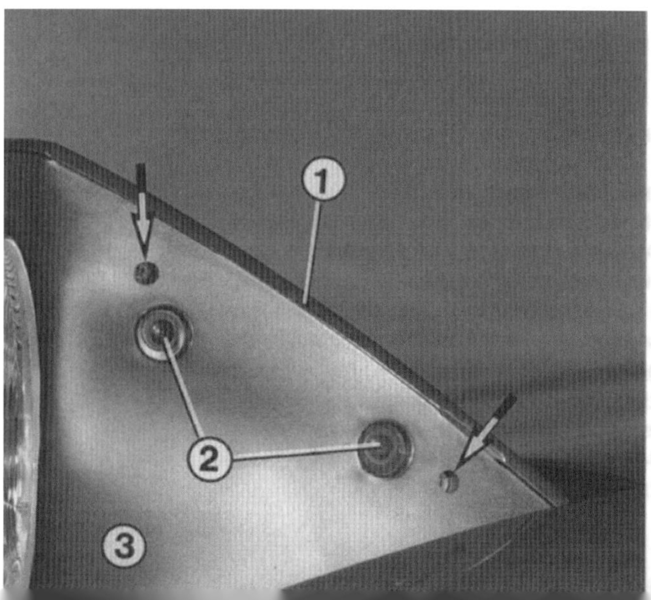

Am ausgebauten Scheinwerfer (3) sind gezeigt: 1 – Kontaktstecker; 2 – Gummi-Abdeckkappe.

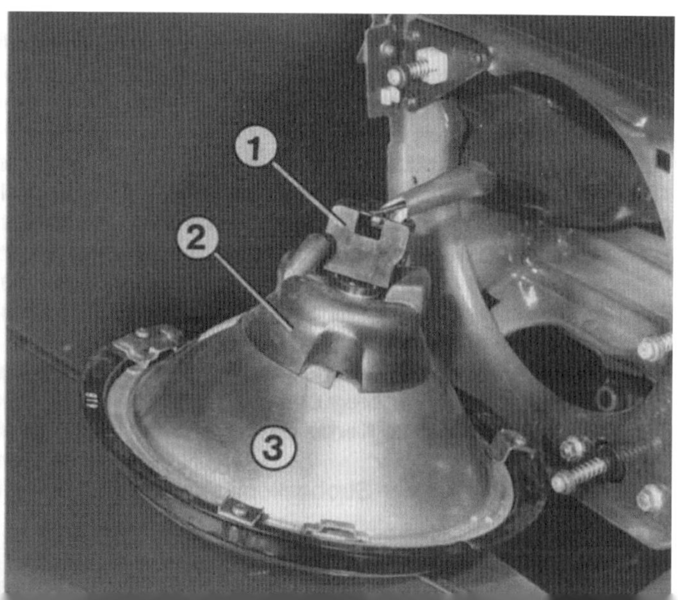

○ Halogen-Zweifadenlampe H 4, 60/55 Watt, ECE H 4 für Hauptscheinwerfer
○ Kugellampe, 21 Watt, Sockel BA 15 s, ECE P 21 W für Blinker vorn und hinten, Rückfahrleuchten, Nebelschlußleuchte
○ Zweifaden-Kugellampe, 21/5 Watt, Sockel BAY 15 d, ECE P 21/5 W für Brems- und Schlußlicht
○ Glassockellampe, 5 Watt, Sockel W 2,1×9,5 d, ECE W 5 W für Standlicht, Seitenblinker, Seitenmarkierungsleuchten
○ Kugellampe 5 Watt, Sockel BA 15 s, ECE R 5 W für Kennzeichenleuchten

Hauptscheinwerferlampen auswechseln

○ Die Glühlampen werden bei aufgeklappten Scheinwerfern (**Sicherheits-Vorschriften beachten!**) ausgebaut.
○ Nach dem Auswechseln einer Scheinwerfer-Glühlampe sollte die Einstellung des betreffenden Scheinwerfers kontrolliert werden.
○ Prüfen Sie vor dem Auswechseln einer Lampe, ob der Lichtschalter ausgeschaltet ist.
○ Die Glaskolben der Glühlampen nicht mit der bloßen Hand berühren, sondern nur mit einem sauberen Lappen oder Papiertaschentuch anfassen. Handschweiß brennt sich auf den Glaskolben ein und trübt die Leuchtwirkung.

● Scheinwerfer-Schwenkschalter zwischen den mittleren Lüftungsdüsen (unter dem Warnblinkschalter) betätigen, um die Scheinwerfer auszufahren (**Sicherheitsvorschriften beachten**).
● Rechts und links des Scheinwerfers je zwei Kreuzschlitzschrauben lösen.
● Falls diese Schrauben nicht zugänglich sind, Scheinwerferverkleidung abschrauben.
● Obere Scheinwerferabdeckung abnehmen.
● Dreifach-Kabelstecker an der Scheinwerferrückseite mit hebelnden Bewegungen abziehen.
● Elastische Abdeckkappe abziehen.
● Federklemme der Glühlampe zum Reflektor hin drücken und aus ihren Haltern ausrasten.
● Scheinwerferlampe herausziehen.
● Die neue Glühlampe muß so eingesetzt werden, daß ihre drei Stecker-Kontaktzungen ein nach unten offenes »U« bilden.
● Beim Aufsetzen der Gummi-Abdeckkappe darauf achten, daß die Bezeichnung »TOP« oben ist.
● Nach dem Zusammenbau Sicherung der Schwenkscheinwerfer wieder einsetzen.

Standlichtlampe

● Am Blinker/Standlicht-Gehäuse zwei Kreuzschlitzschrauben lösen.
● Gehäuse herausziehen und abnehmen.
● Die Standlicht-Lampenfassung befindet sich außen.
● Standlicht-Lampenfassung ein wenig nach links drehen und herausziehen.
● Glassockellampe aus ihrer Fassung herausziehen.
● Achten Sie beim Einbau der Standlicht-Lampenfassung darauf, daß ihre beiden Haltenasen beim Rechtsdrehen in das Blinker/Standlicht-Gehäuse richtig einrasten.

Am ausgebauten Scheinwerfer (1) sind gezeigt: 2 – Kontaktstecker; 3 – Gummi-Abdeckkappe; 4 – Glühlampe; 5 – Federklemme.

Zum Wechsel der Standlichtlampe oder der Blinkerlampe müssen die Kreuzschlitzschrauben (Pfeile) gelöst werden. Das Gehäuse (2) kann jetzt aus der Frontmaske (1) herausgezogen werden.

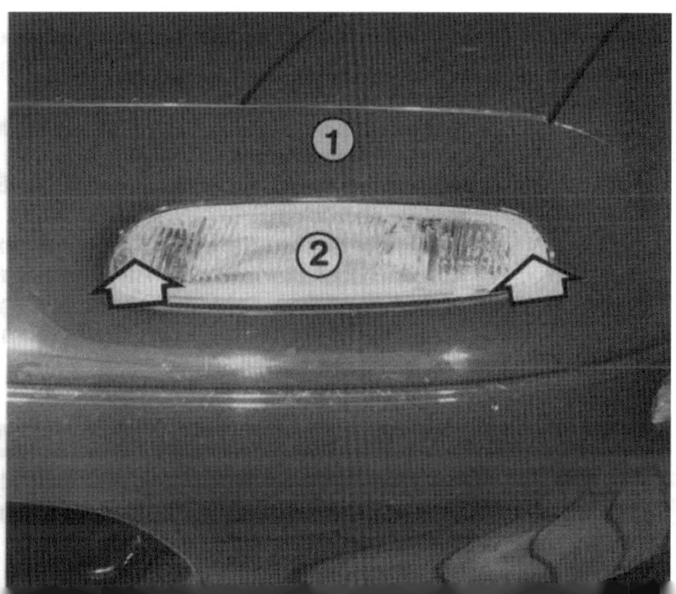

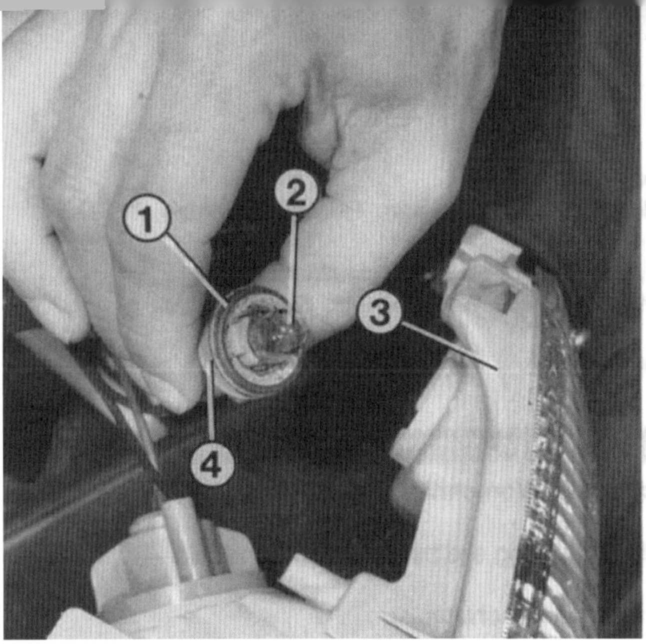

Am Blinker/Standlicht-Gehäuse (3) ist hier der Wechsel der Standlicht-Glassockellampe (2) gezeigt. Weiterhin sind abgebildet: 1 – Dichtring; 4 – Fassung.

Zum Wechsel des Scheinwerfers (1) wird dieser leicht nach innen gedrückt und in Pfeilrichtung verdreht.

Sicherheitsvorschriften für Schwenkscheinwerfer

Bei Arbeiten an den Schwenkscheinwerfern muß deren Stromversorgung unterbrochen werden, damit die Scheinwerfer nicht durch Fehlbetätigung Verletzungen bewirken.

○ Mit dem Scheinwerferschwenkschalter die Scheinwerfer ausfahren.

○ Im Hauptsicherungskasten (im Motorraum) die **Sicherung** mit der Bezeichnung **»Retractor«** herausziehen. Damit ist die Stromversorgung der Schwenkmotoren unterbrochen.

Scheinwerfer ausbauen

Ist ein Scheinwerferglas beschädigt oder der Reflektor matt, muß der komplette Scheinwerfer ausgetauscht werden. Er ist nicht zerlegbar.

- Scheinwerfer in Stellung »Offen« schwenken, **Vorsichtsmaßnahmen beachten**.
- Links und rechts des Scheinwerfers zwei Kreuzschlitzschrauben lösen und Scheinwerfer-Abdekkung abnehmen.
- Scheinwerfer leicht hineindrücken, linksdrehen und herausnehmen.
- Dreifach-Kabelstecker an der Rückseite abziehen.
- Scheinwerfer abnehmen.

Stellmotor der Leuchtweitenregulierung ausbauen

- Scheinwerfer in Stellung »Offen« schwenken, dabei **Sicherheitsvorschriften beachten**.
- Abdeckung um den Scheinwerfer lösen und abnehmen.
- Scheinwerfer durch Hineindrücken und Linksdrehen aus seiner Halterung herausnehmen.
- An der Seite des Scheinwerfergehäuses den Kontaktstecker trennen.
- Zwei Haltemuttern (SW 8) des Motors am Tragrahmen lösen.
- Motor nach innen schieben und aus dem Scheinwerfergehäuse herausnehmen.

Scheinwerfer-Schwenkmotor ausbauen

Der Schwenkmotor wird bei geschlossenem Scheinwerfer ausgebaut, ansonsten klappt der Scheinwerfer nach Lösen des Betätigunghebels (zum Schwenken des Scheinwerfers) in die Stellung »Geschlossen«, und Sie können sich verletzen.

- Motorhaube öffnen und Mehrfachstecker am Schwenkmotor abziehen.
- Betätigungshebel am Kurbelhebel des Schwenkmotors abdrücken.
- Auf der rechten Seite die Schlauchleitung Kühler/Ausgleichsbehälter aus dem Halter aushängen.
- Auf der linken Fahrzeugseite am Ausgleichsbehälter der Servolenkung zwei Sechskantschrauben SW 10 herausdrehen.
- Behälter zur Seite legen, so daß er nicht auslaufen kann. **Schläuche nicht lösen**.
- Drei Sechskantschrauben (SW 10) am Schwenkmotor herausdrehen.
- Schwenkmotor aus seiner Halterung vorsichtig herausnehmen.
- Beim Einbau darauf achten, daß die Kurbelhebel-Oberkante mit dem Zentrierstift auf gleicher Höhe steht.

Scheinwerfer-Einstellung kontrollieren

Wartung Nr. 5

Wenn eine Scheinwerfer-Glühlampe oder der komplette Scheinwerfer ausgewechselt wurde, muß die Einstellung des Scheinwerferstrahls kontrolliert werden.

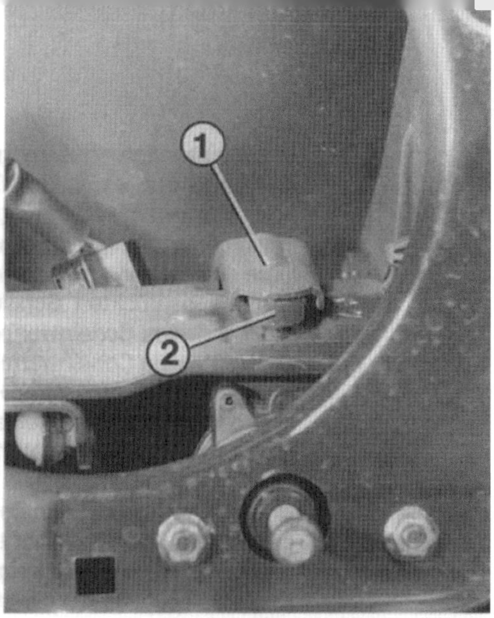

Links: Hier sehen Sie die aufgesteckte Scheinwerferabdekkung (2) auf dem Scheinwerferhalterahmen (3). Zum Lösen müssen die Kreuzschlitzschrauben (1) auf beiden Seiten gelöst werden.
Rechts: Der Scheinwerferanschlag (2) begrenzt den Öffnungsweg des Scheinwerferhalterahmens (1).

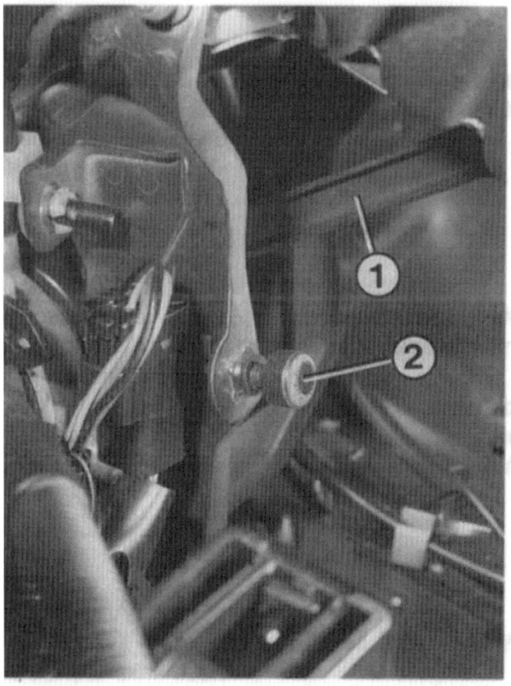

Links: An der Rückseite des Scheinwerferhalterahmens ist ebenfalls ein einstellbarer Anschlag (2) zur Schließbewegungs-Begrenzung angebracht. Mit »1« ist das Gestänge der Öffnungs-/Schließbewegung beziffert.
Rechts: Zum Ausbau des Stellmotors der Leuchtweitenregulierung (1) werden die beiden Halteschrauben (Pfeile) gelöst und der Kontaktstecker (2) getrennt.

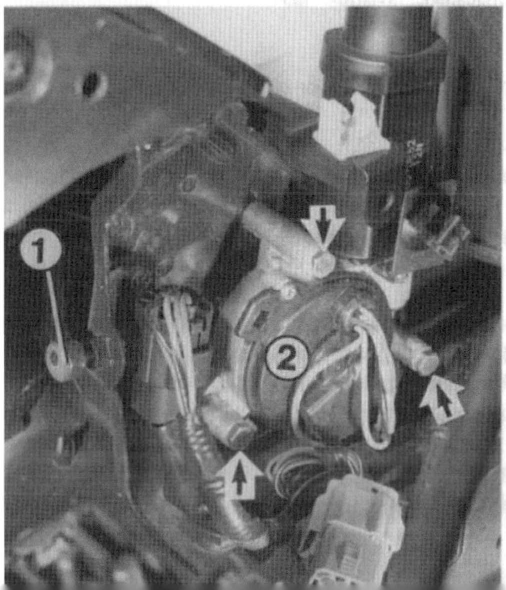

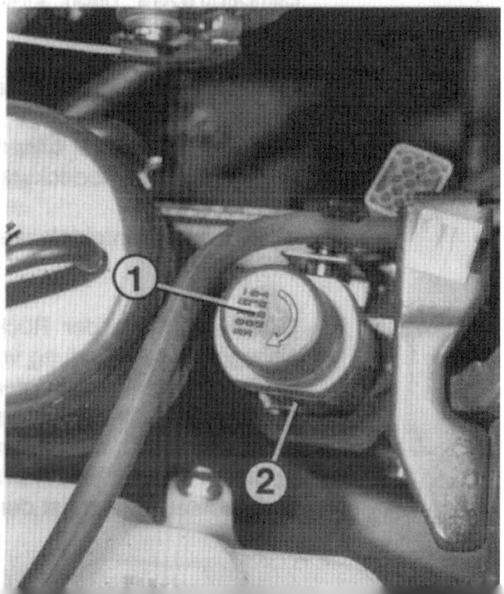

Links: Hier sind die Halteschrauben (Pfeile) des Scheinwerfer-Schwenkmotors (2) zu sehen. Mit »1« ist ein Begrenzungs-Anschlag bezeichnet.
Rechts: Auf dem Scheinwerfer-Schwenkmotor (2) sitzt der Schalter (1) für die Notbetätigung. Bewegt sich der Scheinwerfer trotz intakter »Retractor«-Sicherung nicht, muß vor dem Betätigen des Schalters die Sicherung auf jeden Fall herausgezogen werden, damit der Schwenkmotor garantiert keine Spannung geliefert bekommt.

● Leuchtweitenregulierung auf »0« stellen.
● Wurde nur einer der Scheinwerfer beschädigt oder ausgewechselt, genügt es fürs erste, wenn Sie in einigem Abstand vor eine helle Wand fahren, das Licht einschalten und dann die Höhe des Lichtstrahls am neu bestückten Scheinwerfer dem Strahl des unveränderten Scheinwerfers angleichen.
● Wurden die Scheinwerfer gerade mit einem Werkstattgerät neu eingestellt, können Sie die Höhe der Lichtpunkte beispielsweise an der Garagenwand markieren. Wichtig ist natürlich auch der **Abstand**, in dem der Mazda zur Wand steht. Also anzeichnen. Mit Hilfe dieser Markierung kann dann, wann immer nötig, die Scheinwerfereinstellung am Mazda MX-5 in Eigenregie kontrolliert werden.
● Die genaueste Methode, die Scheinwerfer einzustellen, ist nach wie vor die Justierung mit einem Einstellgerät, wie es Tankstellen, Bosch-Dienste und Werkstätten besitzen.
● Die Einstellung des **Fernlichts** stimmt automatisch, wenn das Abblendlicht richtig eingestellt ist.

Wo sitzen die Einstellschrauben?

● Die Scheinwerfer-Einstellschrauben sind bei aufgeklappten Scheinwerfern erreichbar (siehe auch unter »Hauptscheinwerferlampen auswechseln«).
● Zum Drehen der Einstellschrauben muß ein Schraubendreher verwendet werden.
● Beim Justieren des Scheinwerferstrahls wird zuerst die Höheneinstellung korrigiert. Erst dann erfolgt die Seiteneinstellung.

Blinkleuchten vorn

Lampenwechsel

● Beide Kreuzschlitzschrauben am Blinker/Standlicht-Gehäuse losdrehen, Gehäuse nach vorn herausziehen.
● Die innere Lampenfassung ein wenig nach links drehen und herausziehen.
● Glühlampe in die Fassung drücken, nach links drehen und herausziehen.
● Beim Einbau der Lampenfassung darauf achten, daß ihre beiden Haltenasen beim Rechtsdrehen in das Blinker/Standlicht-Gehäuse richtig einrasten.
● Zum Auswechseln des Gehäuses Kabel-Steckverbindungen trennen bzw. Lampenfassungen etwas verdrehen und abnehmen.

Seitenblinker

● Mit einem lappenumwickelten Schraubendreher in Fahrtrichtung hinten das Blinkergehäuse aus dem Ausschnitt heraushebeln.
● Gehäuse nach hinten schieben und aus dem Kotflügel-Ausschnitt herausnehmen.
● Lampenfassung leicht nach links verdrehen und abziehen.
● 5-Watt-Glassockellampe herausziehen.
● Beim Einbau des Blinkergehäuses wird es zuerst vorn eingehängt und nach vorn (Fahrtrichtung) geschoben.
● Das Gehäuse hinten sanft in den Ausschnitt drükken, damit die Spreizklammer nicht abbricht.

Heckleuchten

Lampenwechsel

● Kofferraumdeckel öffnen.
● Äußere Lampenfassung (Blinker) leicht linksdrehen und abziehen.
● Obere und untere Kunststoff-Halteklammer des Lampenträgers nach innen drücken, Träger abnehmen.
● Das Auswechseln aller Glühlampen geschieht gleich – Lampe ein wenig in ihre Fassung drücken, nach links drehen und herausziehen.

Ausbau

Das Heckleuchtenglas bildet mit den Reflektoren eine Einheit, es muß also das Leuchtengehäuse komplett ersetzt werden.
● Kofferraumdeckel öffnen.
● Ggf. Batterie-Abdeckung abnehmen (Kapitel »Die Batterie«).
● Zentralen Kontaktstecker der Heckleuchte ausrasten.
● Kabelhalter an den Gewindebolzen abziehen.
● Vier Haltemuttern (SW 10) losdrehen, Lampengehäuse nach außen abnehmen.

Rückfahrlichtschalter

Das Aufleuchten der Rückfahrleuchten veranlaßt der Schalter rechts im Getriebegehäuse, wenn er bei eingeschalteter Zündung von der entsprechenden Schaltstange berührt wird.
● Bleibt es bei eingelegtem Rückwärtsgang hinten dunkel, kontrollieren Sie die zuständige Sicherung.
● Ist sie intakt, Stecker am Rückfahrlichtschalter abziehen und mit einem Drahtstück überbrücken.
● Leuchtet es jetzt, ist der Schalter defekt.
● Bleibt es jedoch dunkel im weißen Feld der Rückfahrleuchten, ist die Leitung nach hinten unterbrochen (intakte Glühlampen vorausgesetzt).
● **Ausbau:** Wagen vorn hochbocken und gegen Wegrollen sichern.

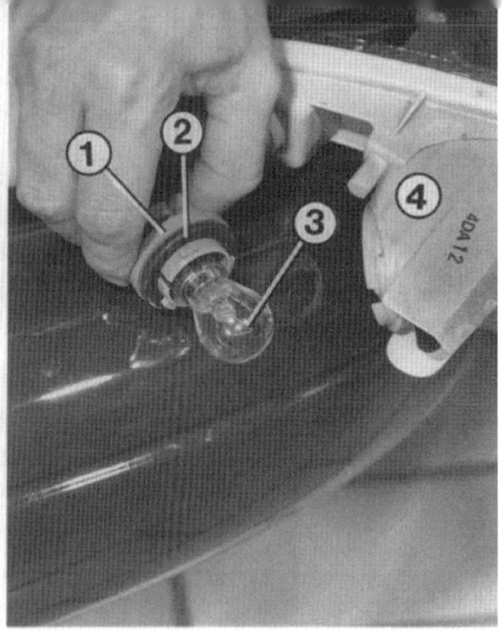

Links: Am Schwenkscheinwerfer (1) sind die Einstellschrauben für Höhe (H) und Seitenrichtung (S) bezeichnet. Die Schraube »2« dient zur Grundeinstellung und darf nicht verdreht werden.
Rechts: Am Blinker/Standlicht-Gehäuse (4) sehen Sie den Wechsel der Kugellampe (3) für den Blinker. Weiter gezeigt:
1 – Fassung;
2 – Dichtring.

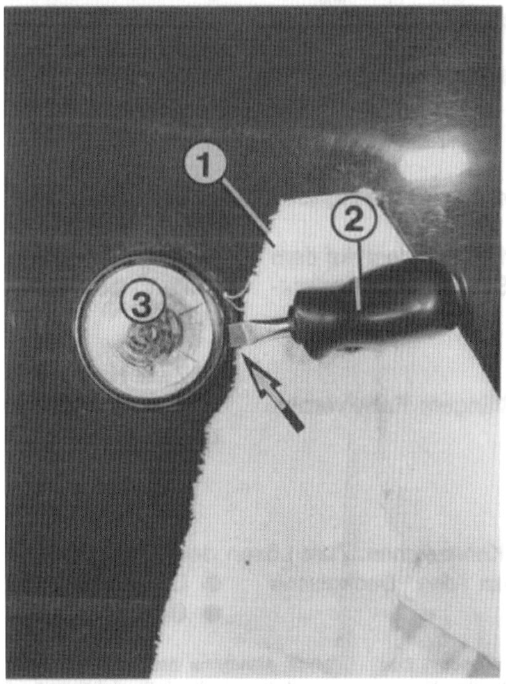

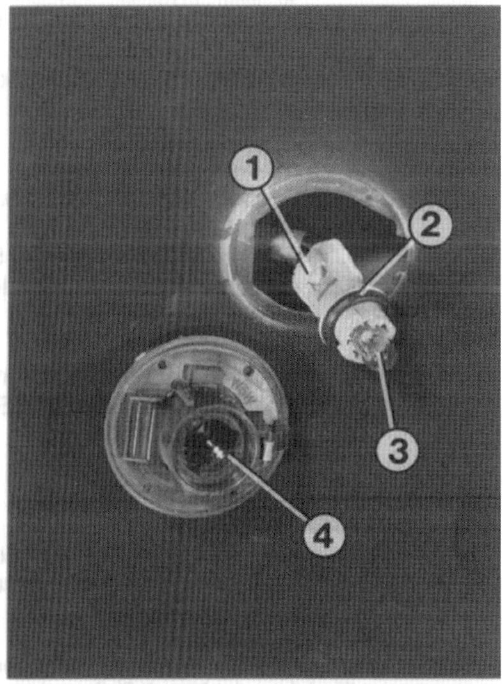

Links: Der Seitenblinker (3) wird mit einem flachen Schraubendreher (2) aus dem Kotflügel herausgdrückt (Pfeil). Ein Lappen (1) schützt hierbei die Lackierung.
Rechts: Die seitliche Blinkleuchte (4) ist hier aus dem Kotflügelausschnitt abgenommen, um Lampenfassung (1), Dichtring (2) und Glassockellampe (3) sichtbar zu machen.

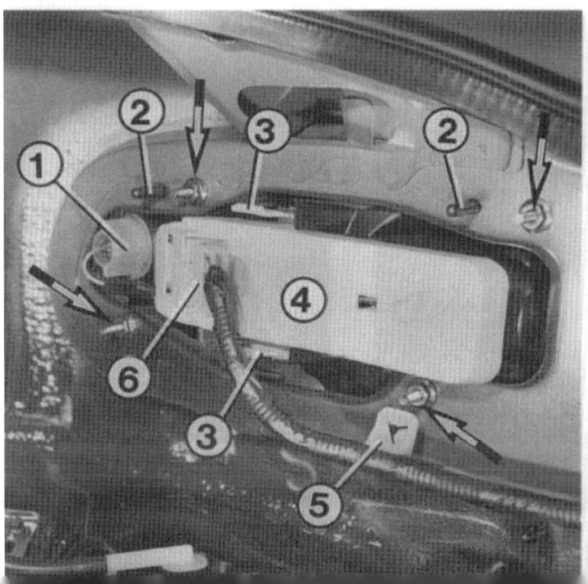

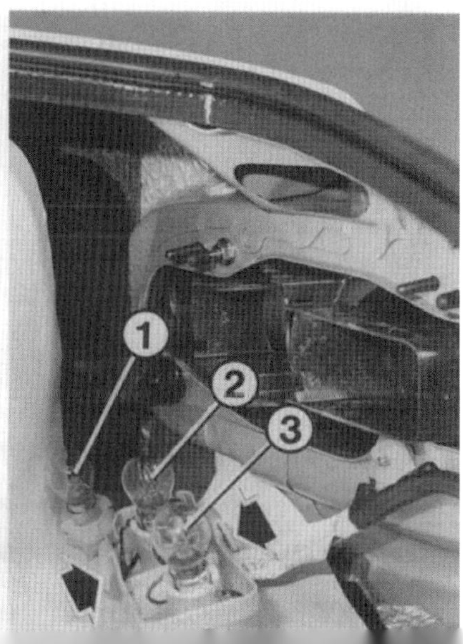

An der Heckleuchte sind gezeigt:
1 – Blinkerfassung;
2 – Führungsstifte;
3 – Halteklammern des Lampenträgers (4);
5 – Kabelhalter;
6 – Zentralstecker.
Die Pfeile zeigen die Haltemuttern des Lampengehäuses.
Rechts: Am ausgebauten Lampenträger sind folgende Glühlampen gezeigt:
1 – Blinker;
2 – Brems-/Schlußlicht;
3 – Rückfahrleuchte.
Die Pfeile bezeichnen die Halteklammern.

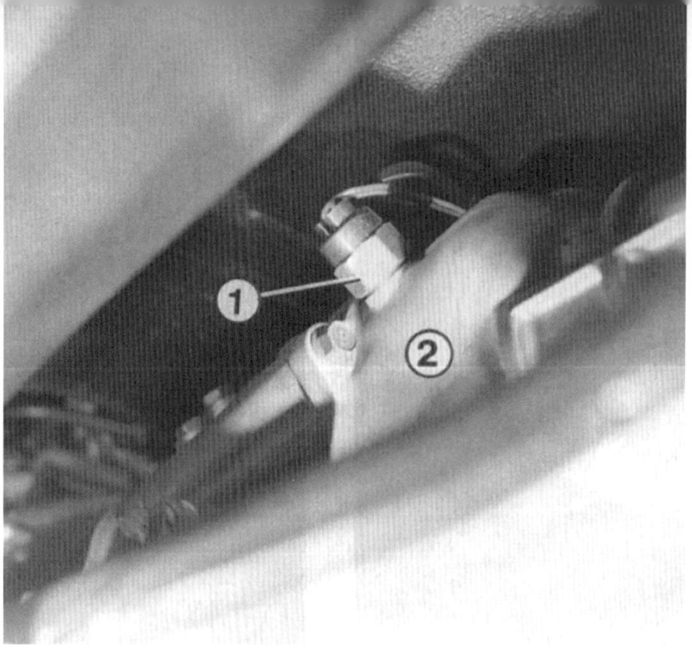

Der Rückfahrlichtschalter (1) ist an der linken Seite des Getriebes (2) eingeschraubt.

● Zum Wechsel des Schalters ein Auffanggefäß unterstellen, falls etwas Getriebeöl herauslaufen sollte.
● Halten Sie den neuen Schalter bereit.
● Sicherheitshalber nach dem Einbau den Getriebeölstand kontrollieren, wie im Kapitel »Schmieren aller Teile« beschrieben.

Nebelschlußleuchte

Lampenwechsel

● Zwei Kreuzschlitzschrauben des Abdeckglases lösen.
● Abdeckglas abnehmen. Sitzt es sehr fest auf dem Gehäuse, mit einem schmalen Schraubendreher vorsichtig abhebeln.
● Lampe ein wenig in ihre Fassung drücken, nach links drehen und herausziehen.
● Beim Anschrauben des Abdeckglases darauf achten, daß die Dichtung richtig in ihrer Führung sitzt.

Ausbau

● Wagen hinten aufbocken.
● An der Rückseite des Stoßfängers Kabelverbindung trennen.
● Zwei Haltemuttern SW 10 lösen.
● Nebelschlußleuchte aus dem Stoßfänger herausziehen und abnehmen.

Kennzeichenleuchte

Die Leuchten sitzen über dem Kennzeichen. Zum Lösen der Schrauben muß man sich etwas bücken.
● Beide Kreuzschlitzschrauben des Deckglases herausdrehen.
● Deckglas und Schrauben abnehmen.
● Glassockellampe aus der Fassung herausziehen.

Die Nebelschlußleuchte ist unten am hinteren Stoßfänger (1) montiert. Das rote Lampenglas (2) wird von den hier mit Pfeilen gekennzeichneten Kreuzschlitzschrauben gehalten.

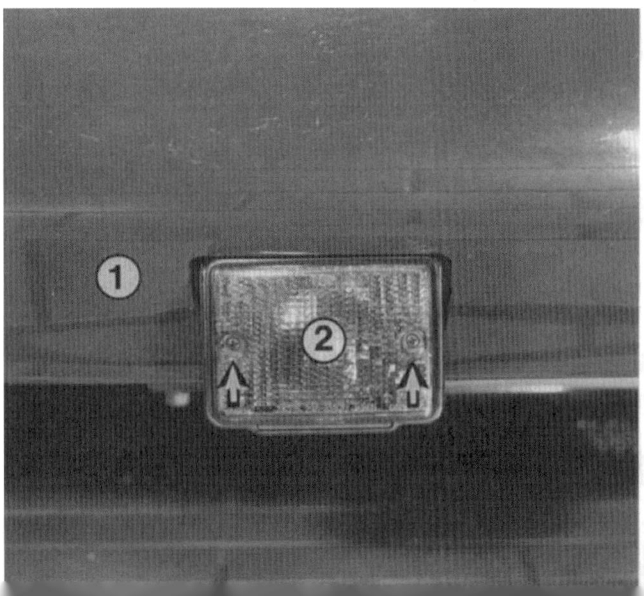

Nach Abnahme des roten Lampenglases (4) der Nebelschlußleuchte werden folgende Bauteile sichtbar: 1 – Reflektor; 2 – Kugellampe; 3 – Dichtung.

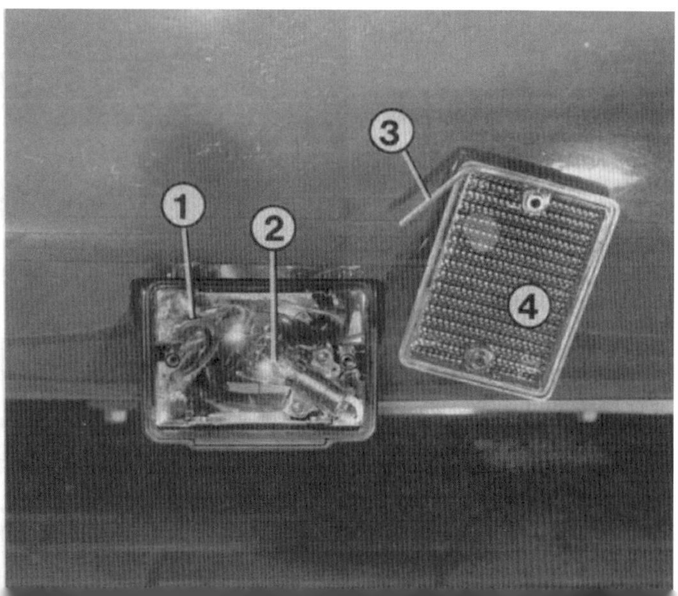

Die Kennzeichenleuchte sitzt hinter der Heckblende (1). Zwei Kreuzschlitzschrauben (Pfeile) halten das Abdeckglas (2).

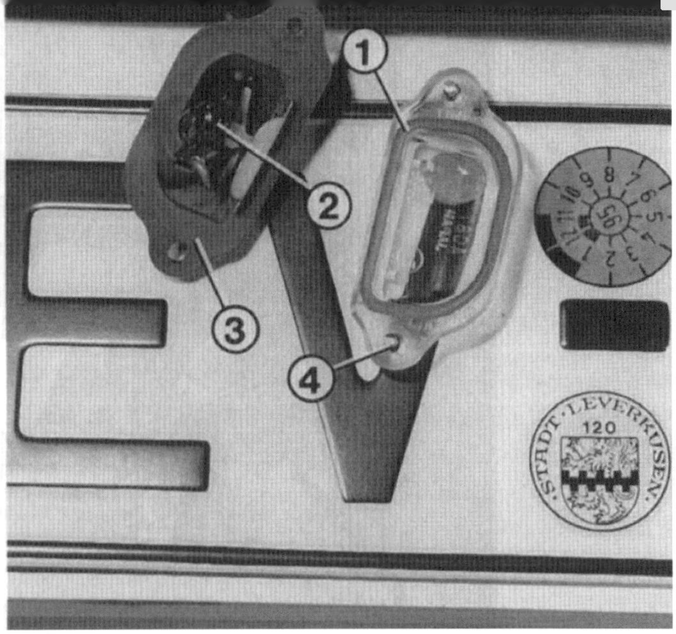

Die ausgebaute Kennzeichenleuchte ist hier mit ihren Einzelteilen zu sehen: 1 – Dichtung für Abdeckglas (4); 2 – Glassockellampe; 3 – Lampengehäuse.

● Beim Einbau darauf achten, daß die Dichtung richtig im Deckglas sitzt.
● Beachten Sie, daß die Leuchtfläche des Deckglases in Richtung Kennzeichen zeigt.
● Schrauben nicht zu kräftig anziehen, sonst bricht der Kunststoff.

Sonstige Leuchten

Die aus den USA grau importierten MX-5 sind mit Seitenmarkierungsleuchten und einer dritten Bremsleuchte ausgerüstet. Die hierzulande nur als Rückstrahler fungierenden Seitenmarkierungsleuchten können in Ausnahmefällen mit Glühlampen bestückt sein.
● **Seitenmarkierungsleuchten:** Zwei Kreuzschlitzschrauben herausdrehen.
● Lampenglas abnehmen, ggf. vorsichtig mit einem schmalen Schraubendreher hebeln.
● 5-Watt-Glassockellampe aus ihrer Fassung ziehen und ersetzen.
● **Zusatz-Bremsleuchte:** Kofferraumdeckel öffnen.
● Fassung am Bremsleuchtengehäuse linksdrehen und abnehmen.
● Kugellampe nach Viertelumdrehung herausnehmen und ersetzen.

Leuchten im Innenraum

Innenleuchten

Die betreffende Soffittenlampe (10 Watt, 41 mm lang) muß bei geöffneten Türen und entsprechender Schalterstellung brennen. Sie erhält dauernd Strom von ihrer zuständigen Sicherung.
● Massekabel der Batterie abklemmen oder Sicherung der Innenleuchte herausnehmen, sonst Kurzschlußgefahr.
● Mit einem breitflächigen Schraubendreher Lampengehäuse links und rechts der Mittelkonsole aus der Verkleidung heraushebeln.
● Soffittenlampe aus ihren Haltezungen aushängen.
● Beim Einbau darauf achten, daß das Gehäuse richtig in der Verkleidung einrastet.

Türkontaktschalter der Innenleuchten

Die Innenleuchte wird bei entsprechender Schalterstellung durch die in die Türpfosten eingeschraubten Türkontaktschalter ein- und ausgeschaltet. Sie stellen die Masseverbindung zu der ständig unter Strom stehenden Innenleuchte her und schließen damit den Stromkreis – die Lampe kann brennen. Bleibt die Innenleuchte in der entsprechenden Schalterstellung bei einer geöffneten Tür dunkel, gerät der betreffende Türkontaktschalter in Verdacht. Folgende Störungen am Schalter können sich ergeben:
○ Der Druckstift des Schalters klemmt in der Führung oder ist verbogen. Schalter ersetzen.
○ Der Kabelstecker ist am Schalter gar nicht aufgesteckt. Abfallen können die Stecker nicht.
○ Die Kontaktfläche des Schalters ist zur Halteschraube hin oder am Steckeranschluß oxidiert. Oxidschicht mit scharfkantigem Schraubendreher wegkratzen oder mit Schleifpapier blankschleifen.

Türkontaktschalter ausbauen

● Der Türkontaktschalter ist nur mit einer Kreuzschlitzschraube an den Türausschnitt angeschraubt.
● Zum Ausbau Schraube herausdrehen und Schalter herausziehen.

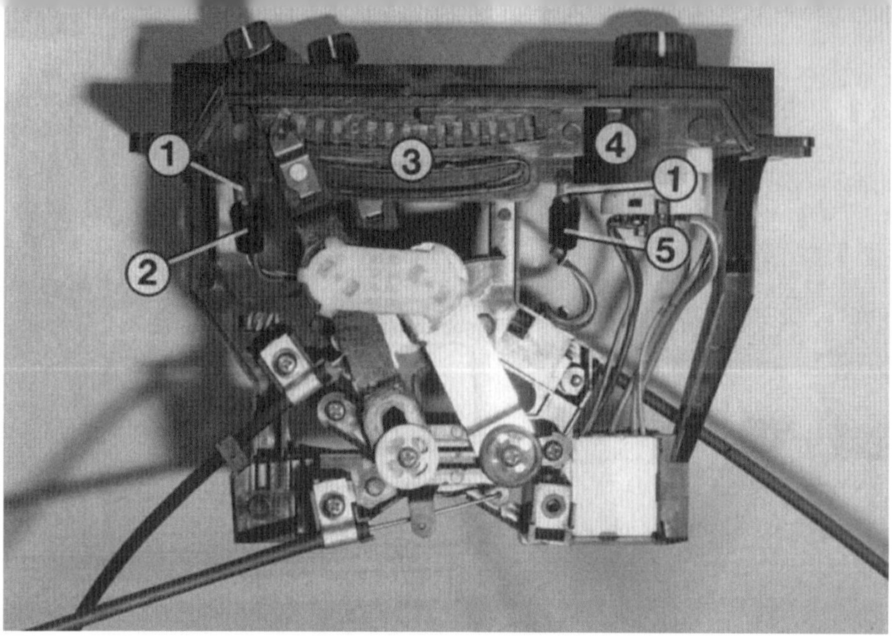

An der ausgebauten Heizbetätigung sind gezeigt:
1 – Glassockellampe;
2, 5 – Lampenfassung;
3 – Führung der Schieberegler;
4 – Schalter für Luftgebläse.

● Achten Sie darauf, daß das angeschlossene Kabel nicht in den Türpfosten hineinfällt.
● Ist das Kabel im Türpfosten verschwunden, nehmen Sie im Fußraum seitlich den Teppich ab, um das Kabel zu »angeln«.

Instrumenten-Beleuchtung

An dieser Stelle ist lediglich die Beleuchtung der Anzeigeinstrumente behandelt. Die ebenfalls im Kombi-Instrument sitzenden Kontrolleuchten finden Sie im Kapitel »Instrumente und Geräte« beschrieben.
● Lenkrad abschrauben (Kapitel »Radaufhängung und Lenkung«).
● Kombi-Instrument komplett ausbauen.
● Im Gehäuse des Kombi-Instruments sitzen schwarze Lampenfassungen, die für die Instrumentenbeleuchtung zuständig sind.
● Fassung nach Linksdreh abnehmen.
● Glassockellampe aus der Fassung herausziehen und wechseln.
● Fassung mit Lampe wieder ins Instrumentengehäuse einsetzen und bis zum Anschlag rechtsdrehen.

Beleuchtung im Warnblink- und Scheinwerfer-Schwenk-schalter

● Radio ausbauen.
● Mittelkonsole ausbauen (Kapitel »Der Innenraum«).
● Heizhebelblende ausbauen (im Kapitel »Heizung und Lüftung« beschrieben).
● Kontaktstecker an der Schaltereinheit abziehen.
● An der Rückseite der Mittelkonsole die Schaltereinheit mit zwei Kreuzschlitzschrauben lösen.
● Auf der linken Seite der Schaltereinheit ist für jeden Schalter eine Glassockellampe vorhanden.
● Betreffende Glassockelampe mit einem schmalen Schraubendreher durch Linksdreh herausnehmen.
● Die Glassockellampe kann nur mit ihrer Fassung ersetzt werden.

Heizhebel-beleuchtung

Die Beleuchtung für die Symbole der Heizung und Lüftung sitzt in der Heizhebelblende neben dem Gebläseschalter beim Schieberegler. Wenn die Symbole bei eingeschaltetem Stand- und Hauptlicht dunkel bleiben:
● Radio ausbauen.
● Mittelkonsole ausbauen (Kapitel »Der Innenraum«).
● Heizhebelblende ausbauen (im Kapitel »Heizung und Lüftung« beschrieben).
● Fassung nach Linksdreh aus der Heizhebelblende herausnehmen.
● Glassockellampe (1,2 Watt) aus ihrer Halterung ziehen und ersetzen.

Ascher-beleuchtung

● Mittelkonsole ausbauen, siehe Innenraum-Kapitel.
● Kontaktstecker der Fensterheber und der Beleuchtung trennen.
● Eine Kreuzschlitzschraube am Lampengehäuse lösen.
● Fassung nach Viertelumdrehung herausziehen.
● Glassockellampe aus der Fassung herausziehen.

Beleuchtungen in den Schaltern

Alle Schalter besitzen beleuchtete Symbole, doch die Lämpchen der Symbolbeleuchtung lassen sich nicht auswechseln. Im Defektfall muß also der dunkle Schalter akzeptiert werden – oder man tauscht ihn aus (siehe dazu Kapitel »Instrumente und Geräte«).

Links: Die Innenleuchte (2) wird mit einem Schraubendreher (Pfeil) aus der Armaturenbrett-Verkleidung (1) herausgehebelt.
Rechts: An der ausgebauten Innenleuchte (2) ist die Soffittenlampe (1) zu sehen.

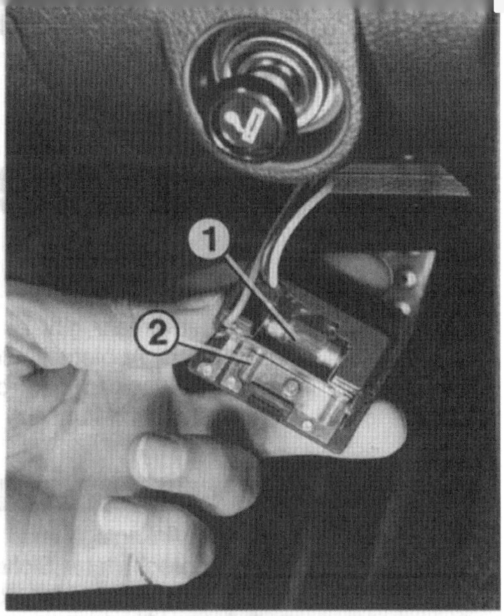

Links: Der Türkontaktschalter (2) wird von einer Kreuzschlitzschraube (4) im Blech gehalten. Weiter bedeuten:
1 – Kontaktstecker;
3 – Dichtung.
Rechts: Der kombinierte Schalter (2) für Warnblinker und Schwenkscheinwerfer ist hier ausgebaut. Die Glassockellampe mit Fassung ist bei »1« im eingebauten Zustand, bei »3« hingegen ausgebaut gezeigt.

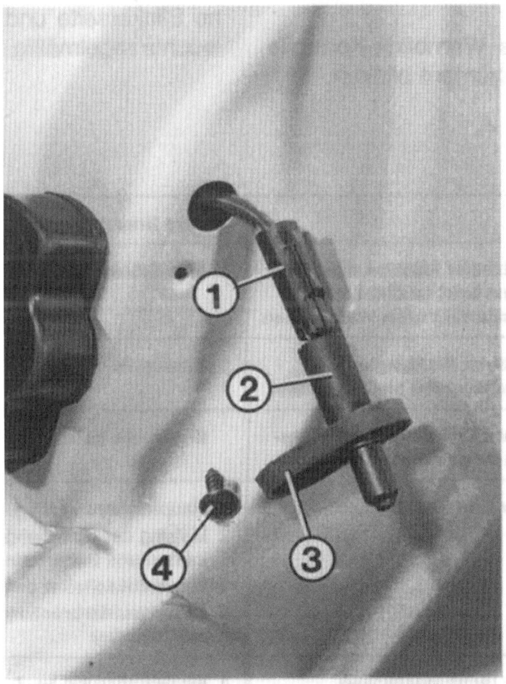

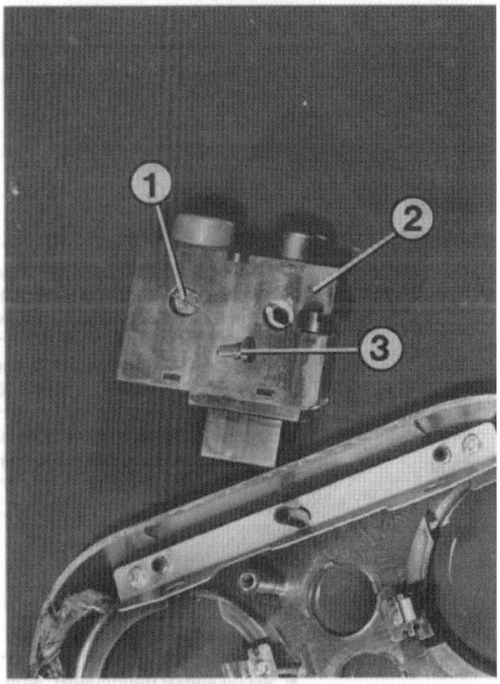

Links: In der Aufnahme (1) der Mittelkonsole ist die Fassung (3) mit der Glassockellampe (2) für die Ascherbeleuchtung eingesteckt.
Rechts: Am ausgebauten Kombi-Instrument zu sehen:
1 – Glassockellampe;
2 – Fassung;
3 – Leiterfolie.

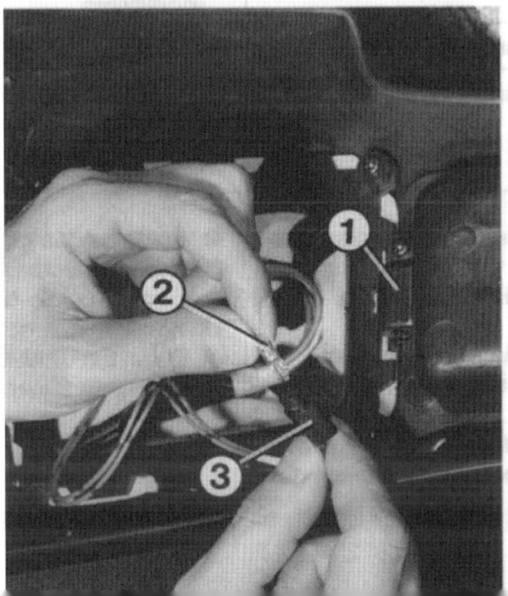

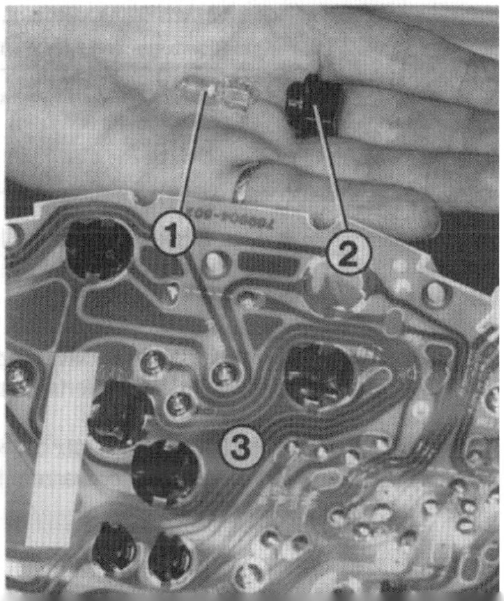

Aufmerksam machen

Im Straßenverkehr gibt es glücklicherweise schon seit langem eine allgemein verständliche Sprache: Die Absicht zum Abbiegen oder Spurwechseln drücken die Blinker aus. Wenn abgebremst oder angehalten werden soll, zeigen dies rote Lichter an. Und will der Fahrer jemanden warnen, ertönt das Horn, oder die Lichthupe flammt kurz auf.

Blink- und Warnblinkanlage prüfen

Ständige Kontrolle

Die Warnblinkanlage muß ständig funktionieren, deshalb wird ihr Schalter direkt von Batterie-Plus (mit zwischengeschalteter Sicherung) versorgt. Die Spannung für die Richtungsblinker kommt dagegen nur bei eingeschalteter Zündung ebenfalls über eine Sicherung (siehe Kapitel »Die Karosserie-Elektrik«).

- Drücken Sie bei ausgeschalteter Zündung auf den roten Druckschalter (zwischen den mittleren Lüftungsdüsen).
- Alle Blinkerlampen und die Warnblink-Kontrolle im Schalter bzw. im Kombi-Instrument blinken.
- Warnblinker ausschalten, Zündung einschalten.
- Bei gedrücktem linkem Hebelschalter müssen eine Blinkerseite und die betreffende grüne Kontrollleuchte regelmäßig aufleuchten.

Störungsbeistand

Blink- und Warnblinkanlage

Die Störung	– ihre Ursache
A Grüne Kontrollampe für Richtungsblinker leuchtet ein- oder zweimal kurz auf und verlöscht dann bzw. leuchtet in schnellem Rhythmus, normaler Blinkertakt beim Warnblinken	Eine Glühlampe defekt oder ohne Kontakt
B Blinkleuchten am Wagen brennen beim Richtungs- und Warnblinken dauernd, grüne Kontrolleuchten bleiben dunkel	Blinkrelais defekt
C Grüne Kontrolleuchten brennen beim Richtungs- und Warnblinken dauernd, Blinkleuchten am Wagen bleiben dunkel	Blinkrelais defekt
D Richtungsblinken funktioniert, aber kein Warnblinken	1 Hauptsicherung Nr. 1 defekt 2 Leitung der Spannungsversorgung zwischen Sicherungskasten und Blinkrelais unterbrochen 3 Warnblinkschalter defekt 4 Leitungsunterbrechung zwischen Blinkrelais und Warnblinkschalter
E Warnblinken funktioniert, aber kein Richtungsblinken	1 Einzelsicherung Nr. 2 defekt 2 Leitung zwischen Sicherungskasten und Hebelschalter unterbrochen
F Kein Richtungs- und kein Warnblinken	Siehe B
G Störungen im Blinker-Rhythmus, Blinker spricht ohne Schalterbetätigung an	1 Überspringende Zündfunken durch schadhafte Kabel oder Stecker 2 Spannungsimpulse durch stromführende Leitungen in der Nähe des Blinkrelais

Behelf bei defektem Blinkrelais

- Das Blinkrelais sitzt im Innenraum links oberhalb der Pedale.
- Abdeckung unterhalb der Lenksäule abschrauben.
- Blinkrelais aus dem Steckplatz herausziehen.
- Zwei kurze isolierte Drahtstücke als Kabelbrükken verwenden.
- Im Relaissteckplatz die Kontakte des grün/gelben und des grün/schwarzen Kabels überbrücken (für linke Blinkerseite).
- Kontakte des grün/schwarzen und des grün/weißen Kabels überbrücken (für rechte Blinkerseite).
- Beim Drücken des Hebelschalters leuchtet jetzt eine Blinkerseite dauernd.
- Durch Ein- und Ausschalten mit dem Hebel erhalten Sie einen Blinker-Rhythmus.

Links: Bei defektem Blinkrelais sind folgende Anschlußkontakte von Bedeutung:
1 – grün/weiß (rechts);
2 – grün/schwarz (rechts);
3 – grün/gelb (links);
4 – grün/schwarz (links).
Rechts: Hier ist der Bremslichtschalter (2) zu sehen. Weiter bedeuten:
1 – Kontaktstecker;
3 – Halter;
4, 5 – Konter-/Einstellmutter;
6 – Bremspedal.

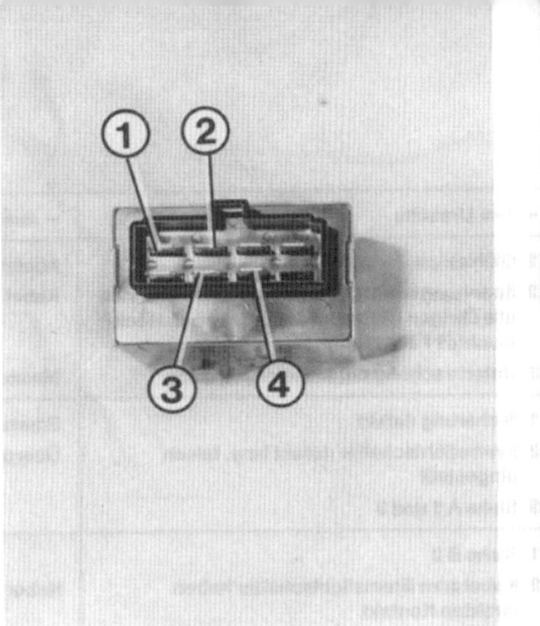

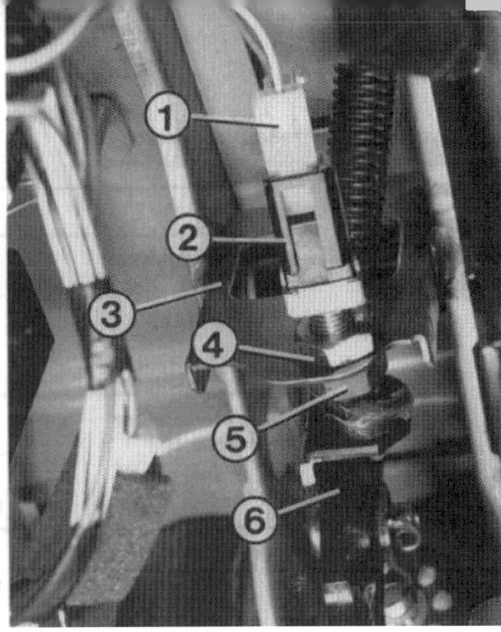

Bremsleuchten prüfen

Ständige Kontrolle

● Bei rückwärts vor einer hellen Wand stehendem Mazda müssen Sie zwei rote Lichtreflexionen sehen, wenn Sie auf das Bremspdal treten. Am besten im Dunkeln kontrollieren.

● Oder in einer Kolonne im Rückspiegel prüfen, ob sich in den Scheinwerfer-Reflektoren oder in der Lackierung des Hintermannes beide Bremslichter spiegeln.

Der Bremslichtschalter

Oben im Fahrerfußraum sitzt ein mechanischer Schalter am Pedalbock. Beim Tritt auf das Bremspedal wandert ein Druckstift aus dem Schalter heraus. Dadurch werden die Schalterkontakte geschlossen, die Bremsleuchten brennen.

Bremslichtschalter überprüfen

● Kabelstecker abziehen.
● Kabelanschlüsse im Stecker mit Büroklammer oder Drahtstück überbrücken.
● Brennen jetzt die zuvor funktionslosen Bremslichter, ist der Bremslichtschalter defekt.

Bremslichtschalter austauschen

Der Bremslichtschalter besitzt ein Mutter auf der Schalterseite zum Einstellen des Schalters. Die zweite Mutter dient zur Sicherung gegen Verdrehen.
● Kabelstecker abziehen.
● Sicherungsmutter lösen und Bremslichtschalter aus der Pedalkonsole herausnehmen.
● Neuen Schalter so weit eindrehen, bis er das Bremspedal berührt.
● Danach noch eine halbe Umdrehung weiterdrehen und die Sicherungsmutter festziehen.
● Funktion überprüfen.

Nach Abnahme der Abdeckung (hier am MX-5 mit 1,9-Liter-Motor gezeigt) kommen die Signalhörner zum Vorschein. Es bedeuten: 1 – Halter; 2 – Leitung; 3 – Federblech; 4 – Hupe.

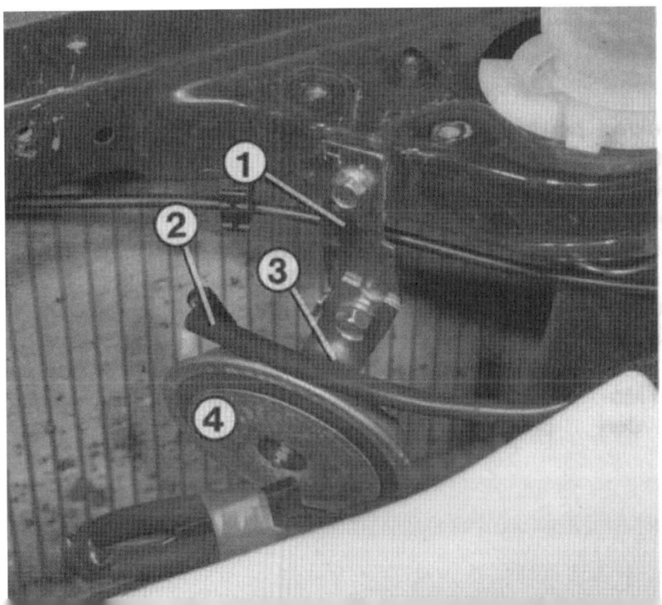

An der Rückseite der Hupe (3) ist die Einstellschraube (2) und das angeschraubte Federblech (1) zu sehen.

Störungsbeistand

Bremsleuchten

Die Störung	– ihre Ursache	– ihre Abhilfe
A Eine Bremsleuchte brennt nicht	**1 Glühlampe durchgebrannt**	**Austauschen**
	2 Spannungszuleitung unterbrochen. Brennen alle übrigen Glühlampen in derselben Heckleuchte? Falls nicht:	**Kabel kontrollieren**
	3 Unterbrechung der Masseverbindung	**Masseanschluß überprüfen**
B Beide Bremslichter brennen nicht	**1 Sicherung defekt**	**Ersetzen**
	2 Bremslichtschalter defekt bzw. falsch eingestellt	**Überprüfen, ggf. einstellen bzw. ersetzen**
	3 Siehe A 1 und 3	
C Bremslicht brennt dauernd	**1 Siehe B 2**	
	2 Kabel zum Bremslichtschalter haben direkten Kontakt	**Kabel kontrollieren**

Hupen prüfen

Wartung Nr. 2

Am Hupenrelais liegt ständig Strom von Batterie-Plus an. Deshalb müssen die Hupen auch bei ausgeschalteter Zündung beim Druck auf den Hupenkontakt ertönen. Durch die Relais-Schaltung wird sichergestellt, daß die Hupkontakte nicht überbeansprucht werden und die Hupen die volle Lautstärke abgeben.
Bei einem vermuteten Defekt an einer der Hupen gibt es folgende Prüfmöglichkeit:

- Kabelstecker an einer Hupe abziehen und Hupe betätigen.
- So finden Sie heraus, welche der Hupen einen Defekt hat.
- Hupe ausbauen.
- An jedem Steckanschluß ein Kabelstück aufstekken und mit dem Plus- bzw. Minuspol der Batterie verbinden.
- Bleibt es weiterhin ruhig, ist die Hupe defekt.
- Eine krächzende oder völlig stumme Hupe läßt sich bisweilen durch Drehen der Einstellschraube an der Hupenrückseite wieder stimmen oder zu neuem Leben erwecken.
- Schraube unter der evtl. vorhandenen Vergußmasse freilegen.
- Nach dem Einstellen die Schraube mit Karosseriedichtmasse oder Silikonkautschuk wieder feuchtigkeitssicher verschließen.

Störungsbeistand

Hupen

Die Störung	– ihre Ursache	– ihre Abhilfe
Hupen tönen nicht	**1 Sicherung defekt**	**Ersetzen**
	2 Relais defekt	**Prüfen, ggf. austauschen**
	3 Stromzuleitung zu den Hupen bzw. zu einer Hupe unterbrochen (grün/rotes Kabel)	**Kabelverlauf kontrollieren, Steckkontakte an den Hupen blank kratzen**
	4 Hupe(n) defekt	**Prüfen, ggf. austauschen**
	5 Leitung zwischen Hupenkontakt und Hupenrelais unterbrochen	**Kabelverlauf kontrollieren**

Die Lichthupe

Wenn Sie den linken Hebelschalter zum Lenkrad hin ziehen leuchten die Fernlicht-Glühfäden und die Fernlichtkontrolle immer auf, gleichzeitig schwenken die Scheinwerfer nach oben.
Falls die Lichthupe nicht funktioniert, obwohl die Scheinwerfer bei eingeschalteter Beleuchtung brennen bzw. die Scheinwerfer gar nicht nach oben schwenken:

- Mit Prüflampe kontrollieren, ob das weiße Kabel am Kombihebel unter Spannung steht.
- Falls ja, dürfte der Lichthupenkontakt im Kombischalter defekt sein. Schalterausbau siehe Kapitel »Instrumente und Geräte«.
- Funktioniert der Stellmotor nicht, Stecker am Motor abziehen, Scheinwerfer einschalten und den Schalter der Schwenkscheinwerfer betätigen.
- Mit Prüflampe kontrollieren, ob das rot/gelbe Kabel unter Spannung steht.
- Steht das rot/gelbe Kabel unter Spannung, wird als nächster Schritt die Spannung zwischen dem schwarzen Kabel und Masse gemessen. Ist keine Spannung vorhanden, wird der Schwenkmotor geprüft.

Unsichtbare Helfer

Kontrollinstrumente und -leuchten prüfen

Im Mazda MX-5 tummelt sich ein Zwergenstaat voller diensteifriger Geister: Anzeige-Instrumente mit Kontrollleuchten informieren über Fahrzeug- und Motorzustände. Scheibenwischer und ggf. die heizbare Heckscheibe im Hardtop sorgen für gute Sicht. Hier finden Sie Näheres darüber.

Wartung Nr. 1

Setzen Sie sich hinter das Lenkrad und kontrollieren Sie folgende Instrumente und Leuchten:

- Die Tankanzeige zeigt auch ohne eingeschaltete Zündung den momentanen Tankinhalt an.
- Während des Schwenkvorgangs der Scheinwerfer (Betätigung über den Schalter oder das Einschalten der Beleuchtung) leuchtet unten im Drehzahlmesser die Kontrolleuchte auf.
- Zündung einschalten. Es müssen aufleuchten: Ladekontrolle und bei angezogener Handbremse die Handbrems-Kontrolleuchte.
- Bei entsprechender Ausstattung leuchten weiterhin die Kontrolleuchten für Scheibenwaschwasserstand, ABS und Airbag.
- Bei laufendem Motor bzw. nach der Selbstprüfung der Steuergeräte von ABS und Airbag verlöschen die Kontrollampen wieder.
- Linken Hebelschalter betätigen – leuchten die grünen Blinkerkontrollen bzw. die blaue Fernlichtkontrolle?
- Brennen bei gedrücktem Schalter die Kontrollleuchten für Warnblinker, heizbare Heckscheibe und Nebelschlußleuchte (nur bei eingeschaltetem Abblendlicht).
- Zum Prüfen der Warnleuchte für die Bremsflüssigkeitsstand-Warnanzeige muß ein Helfer den Schalterkontakt am Deckel des Bremsflüssigkeitsbehälters niederdrücken.
- Motor starten – arbeitet der Drehzahlmesser und die Öldruckanzeige?
- Bei einer Probefahrt überprüfen Sie die Funktion von Tachometer und Kühlmittel-Temperaturanzeige.

Arbeiten am Kombi-Instrument

Kombi-Instrument ausbauen

- Hebelschalter ausbauen, wie weiter hinten in diesem Kapitel beschrieben.
- Links und rechts neben der Lenksäule eine Kreuzschlitzschraube lösen.
- Kombi-Instrumentenverkleidung oben am Armaturenbrett kräftig in Richtung Innenraum ziehen.
- Am Kombi-Instrument vier Kreuzschlitzschrauben lösen.
- Kombi-Instrument nach vorne ziehen, hinter das Kombi-Instrument fassen und die Tachowelle durch Lösen der Verriegelung aushängen.
- Anschlußstecker abziehen und Kombi abnehmen.

Kontrolleuchten wechseln

- Kombi-Instrument ausbauen.
- Die entsprechende Lampenfassung an der Rückseite des Kombi-Instruments eine Viertelumdrehung nach links drehen und herausnehmen.
- Betreffende Glassockellampe (1,4 oder 3,4 Watt) aus der Fassung ziehen und wechseln.

Zum Ausbau der Kombi-Instruments werden die Kreuzschlitzschrauben (untere Pfeile) an der Verkleidung (1) gelöst. Anschließend an der Stirnseite die Verkleidung herausziehen (oberer Pfeil).

Hier sehen Sie die Kreuzschlitzschrauben (Pfeile) am Kombi-Instrument (1), die zum Ausbau gelöst werden müssen.

Tachometer

Kombi-Instrument zerlegen

- Kombi-Instrument ausbauen.
- Rücksteller des Tageskilometerzählers abziehen.
- Instrumentenblende oben und unten aus den Haltenasen ausrasten und Blende abnehmen.
- Das jeweilige Anzeigeinstrument ist an der Rückseite mit Kreuzschlitzschrauben befestigt.
- Schrauben lösen, Anzeigeinstrument herausnehmen.
- Die Leiterfolie kann nach Abnahme sämtlicher Lampenfassungen und Lösen der Kreuzschlitzschrauben aus ihren Haltern ausgerastet werden.

Dieser Geschwindigkeitsmesser zeigt das Fahrtempo gewissermaßen auf elektrischem Weg an, nämlich durch Erzeugung von Wirbelströmen, die eine Aluminiumtrommel rund um die Zeigerachse gegen den Widerstand einer Spiralfeder verdrehen. Der Tachometer kann aber nicht die genaue Entfernung oder Geschwindigkeit messen, sondern er »zählt« die Umdrehungen des Tachowellenantriebs im Getriebegehäuse und setzt sie in Kilometerangaben um. Nach wieviel Tachowellenumdrehungen ein Kilometer auf der Straße zurückgelegt wurde, hängt von der Reifengröße und der Achsübersetzung ab.

Störungen am Tachometer

○ Eine zitternde Tachonadel weist gewöhnlich darauf hin, daß die Tachowelle einen Knick hat und bald brechen wird.

○ Bei einem Fahrzeug mit hoher Laufleistung kann auch der Tachoantrieb im Getriebe verschlissen sein.

Tachowelle ausbauen

- Kombi-Instrumentenverkleidung abnehmen.
- Zum Ausrasten der Tachowelle ggf. das Kombi-Instrument ausbauen.
- Rechts hinten am Getriebe die Haltemutter der Tachowelle losdrehen.
- Welle aus ihrem Halter am Getriebe abnehmen und aus der Trennwand herausziehen.
- Beim Einbau die Tachowelle nicht stark biegen oder gar knicken, sonst ist sie bald wieder defekt.
- Gummikappe wieder feuchtigkeitssicher eindrükken, ggf. etwas Silikonfett verwenden.

Drehzahlmesser

Wie oft die Kurbelwelle im Motor in der Minute rotiert, zeigt der Drehzahlmesser an. Er erhält von der Zündspule die Zündimpulse übermittelt. Diese werden von der Elektronik im Instrument umgesetzt und veranlassen den entsprechenden Zeigerausschlag auf der Instrumentenskala.
Bei Störungen gilt es, die entsprechenden Leitungen zu überprüfen. Auch in der Leiterfolie des Kombi-Instruments kann ein Fehler stecken. Der Drehzahlmesser läßt sich mit Eigenmitteln nicht reparieren.

Öldruckanzeige

Bei eingeschalteter Zündung liegt an der Öldruckanzeige Spannung an. Die Verbindung zur Masse stellt der Öldruckgeber her, der nichts anders ist als ein veränderlicher Widerstand, auf den der Öldruck des Motors einwirkt. Solange kein Öldruck aufgebaut wird, ist sein Widerstand hoch, an die Anzeige gelangt keine Spannung – der Zeiger steht auf »0«. Mit den ersten Motorumdrehungen und steigendem Öldruck im Motor verringert der Öldruckgeber seinen Widerstand, und der Zeiger zeigt den aktuellen Öldruck an.

An der Rückseite des Kombi-Instruments (4) sehen Sie folgendes:
1, 2 – Kontaktstecker-Aufnahme;
3 – Leiterfolie.
Mit den Pfeilen ist die Aufnahme der Instrumentenblende bezeichnet.

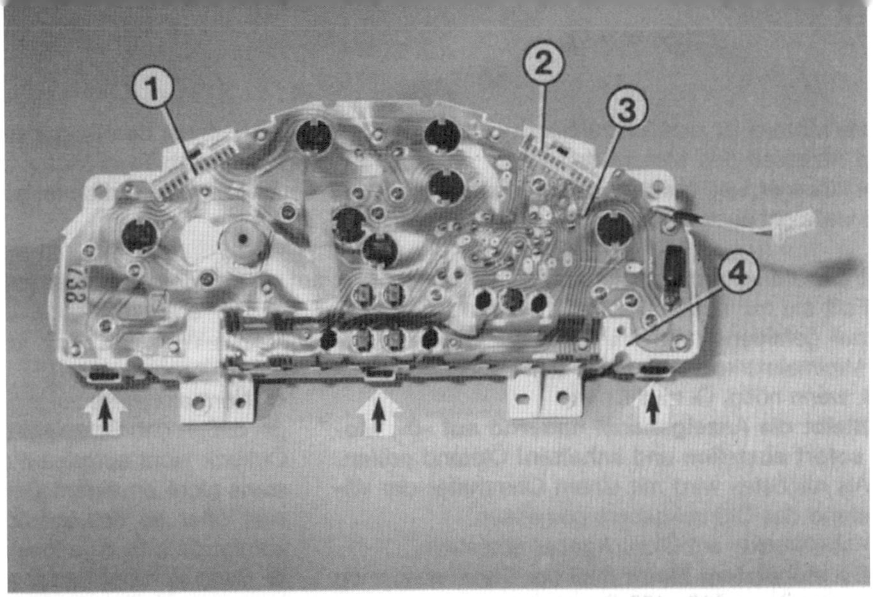

Hier sehen Sie die Kreuzschlitzschrauben an der Rückseite des Kombi-Instruments für folgende Instrumente:
1 – Temperaturanzeige;
2 – Öldruckanzeige;
3 – Tankanzeige.

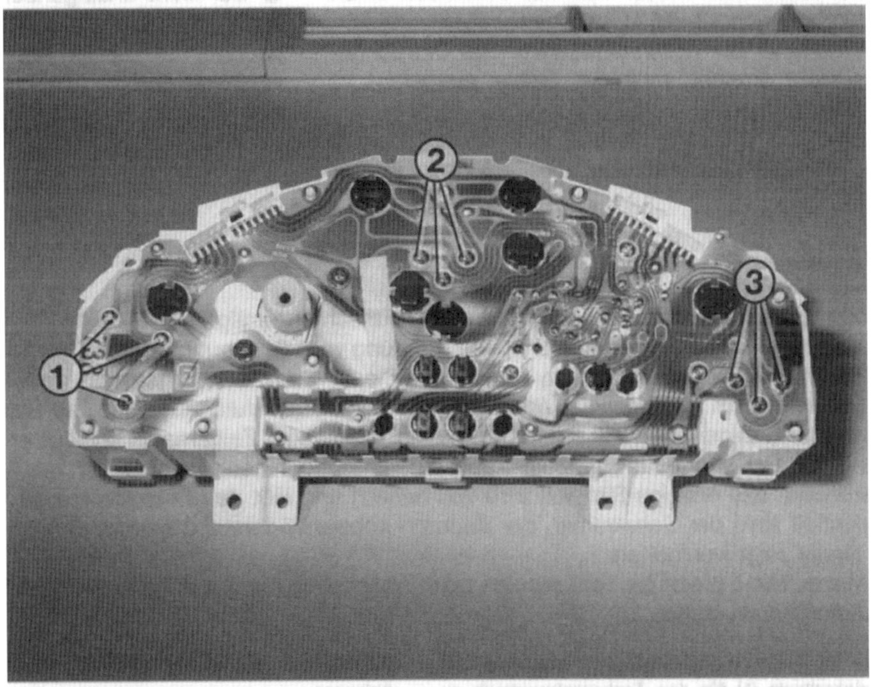

Am Kombi-Instrument sind die Öldruckanzeige (2) und die Temperaturanzeige (3) gelöst und abgenommen. Die Ziffern »1« und »4« bezeichnen die Kreuzschlitzschrauben.

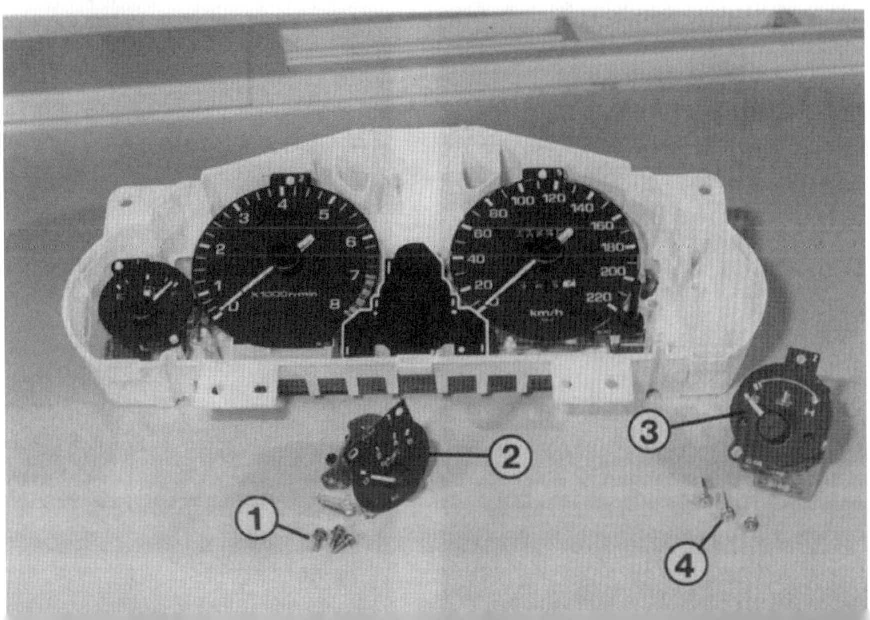

Kaltes Motoröl ist ziemlich zähflüssig. Das ergibt hohen Öldruck, der den Zeiger schon beim oder gleich nach dem Anlassen des Motors den Druck anzeigen läßt. Im heißgefahrenen Motor im Hochsommer ist das Öl dünnflüssiger, und bei dem entsprechend niedrigeren Druck kann die Öldruckanzeige etwas später anzeigen, und vielleicht auch nur 3 bar.

Störungssuche

Fällt die Öldruckanzeige plötzlich während der Fahrt auf »0«, ist das grundsätzlich ein Alarmzeichen.

- Fällt sie nur kurz bei scharfem Bremsen oder in schnell gefahrenen Kurven, dürfte der Ölstand unter die Minimalmarke abgesunken sein – Ölstand prüfen und, wenn nötig, Öl nachfüllen.
- **Bleibt die Anzeigenadel dauernd auf »0«, Motor sofort abstellen und anhalten!** Ölstand prüfen.
- Als nächstes wird mit einem Ohmmeter der Widerstand des Öldruckgebers gemessen.
- Kabelstecker am Öldruckgeber abziehen.
- Bei **stehendem Motor** muß der Ohmmeter einen Widerstand von **110–130** Ω anzeigen.
- Bei **laufendem Motor** muß der Ohmmeter einen Widerstand von **13–55** Ω anzeigen.
- Wird einer der Widerstandswerte des Öldruckgebers nicht erreicht, muß der Geber ausgetauscht werden.
- Sind die Widerstandswerte in Ordnung, kommt das Anzeigeinstrument oder die Leiterfolie in Betracht.
- Die entsprechende Überprüfung kann nur die Mazda-Werkstatt mit einem speziellen Prüfgerät durchführen.
- Normalerweise zeigt der Abfall der Öldruckanzeige, daß in den Schmierstellen des Motors der nötige Öldruck nicht aufgebaut wird. Das liegt jedoch meistens nicht an einem Defekt der Ölpumpe, sondern weit öfter an schlagartigem Ölverlust. In Betracht kommt da z. B. eine lose Ölablaßschraube.
- Stellt sich der Fehler als gefährlich für den Motor heraus, muß der Mazda abgeschleppt werden.
- Bei nicht anzeigender Öldruckkontrolle ist nicht selten ein defekter Öldruckgeber schuld. Verläßlich nachgeprüft werden kann das aber nur durch Auswechseln des Gebers, oder durch eine Druckprüfung des Motors.

Tankanzeige

Der Benzinstand wird im Kombi-Instrument elektrisch angezeigt. Die Tankuhr ist im Prinzip nichts anderes als ein Voltmeter, an dem bei eingeschalteter Zündung volle Spannung anliegt. Den Stromkreis zur Masse schließt ein veränderlicher Widerstand im Tankgeber. Dieser Geber im Kraftstofftank besteht aus einem Schwimmer und eben diesem elektrischen Widerstand. Je nach Stromdurchfluß wird das Bimetall im Anzeigeinstrument mehr oder weniger stark beheizt, und die daran befestigte Zeigernadel schlägt entsprechend aus.
Steht der Schwimmer bei vollem Tank in seiner höchsten Stellung, ist der Widerstand am Tankgeber überbrückt, das Anzeige-Bimetall wird voll beheizt und läßt den Zeiger voll ausschlagen. Mit abnehmendem Tankinhalt sinkt der Schwimmer, der dadurch höhere Widerstand hemmt den Stromdurchfluß zum Bimetall, die Nadel zeigt weniger an.
Im Mazda MX-5 bleibt die Tankanzeige beim Abschalten der Zündung in der Stellung des zuletzt angezeigten Kraftstoffstands stehen.

Hier ist die Überwurfmutter (3) der Tachowelle gezeigt. Weiter ist die Halteschraube (2) des Antriebsritzels (1) für den Tachometerantrieb zu sehen.

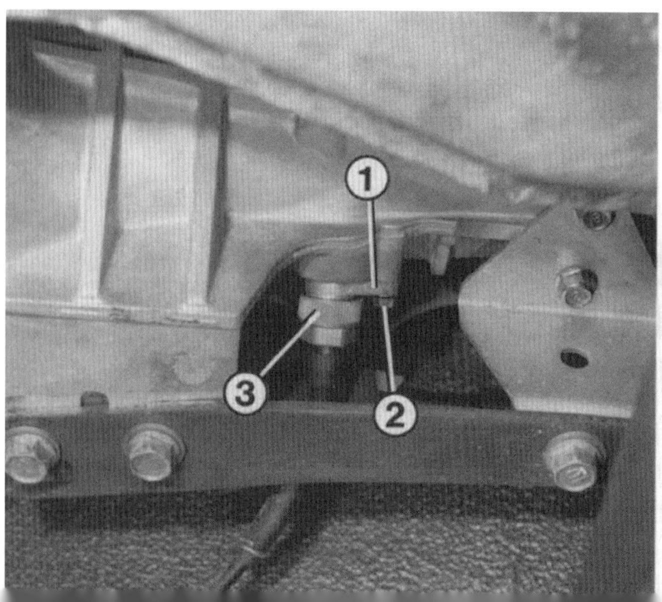

Der Öldruckgeber (2) mit seinem Kontaktstecker (1) sitzt direkt hinter dem Anlasser.

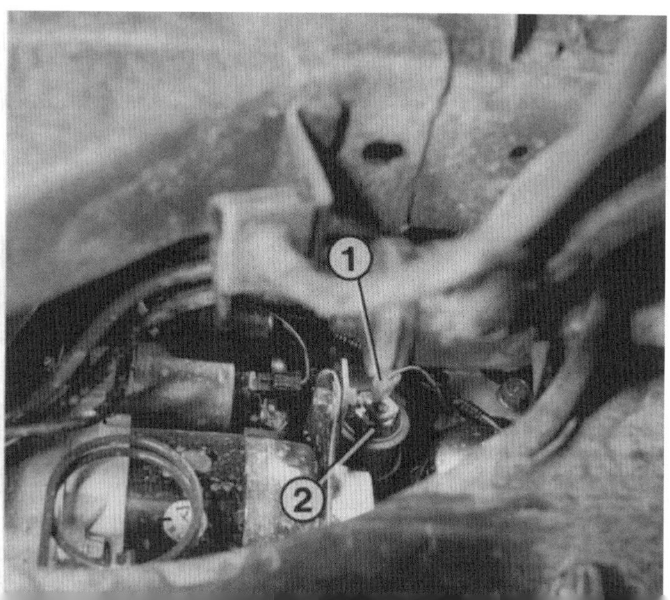

Störungssuche

● Als erstes die Instrumenten-Sicherung Nr. 2 im Einzelsicherungskasten kontrollieren.
● Regt sich die Anzeigenadel trotz intakter Sicherung nicht, Tankgeber freilegen, Kabelstecker abziehen.
● Am abgezogenen Stecker den Anschluß des gelben Kabels mit Masse verbinden (Drahtstück, Büroklammer).
● Zündung kurz einschalten: Schlägt der Zeiger der Tankuhr auf »Voll« aus, sind Kabel und Instrument in Ordnung. Also ist der Tankgeber die Fehlerursache.
● Der Tankgeber kann nicht repariert werden. Ist er defekt, ausbauen und austauschen, wie im Kapitel »Tank und Kraftstoffpumpe« beschrieben.

Temperaturanzeige

Die Anzeige für die Kühlmitteltemperatur funktioniert ähnlich wie die Tankanzeige. Plusstrom erhält das Instrument bei eingeschalteter Zündung, die Masseverbindung stellt der Temperaturgeber am Motor (Abbildung unten) her. Dieser Geber ist ein veränderlicher Widerstand. Mit zunehmender Erwärmung des Kühlmittels gibt er den Stromdurchfluß weiter frei, so daß das Instrument volle Spannung erhält und die Nadel weiter ausschlägt.

Störungssuche

● Instrumenten-Sicherung Nr. 2 im Einzelsicherungskasten kontrollieren.
● Kabelsteckverbindung zum Geber trennen und mit Hilfe eines Kabelstücks oder einer Büroklammer mit Masse verbinden.
● Zündung kurz einschalten.
● Wandert die vorher regungslose Anzeigenadel nun ins rote Feld, ist der Temperaturgeber defekt.
● In diesem Fall den Geber auswechseln.
● Rührt sich nichts im Anzeigeinstrument, ist die Zuleitung oder das Instrument selbst defekt.

ABS-Kontrollleuchte

Bei Fahrzeugen mit Antiblockiersystem (ABS) brennt diese Kontrolleuchte zur Funktionskontrolle beim Einschalten der Zündung und während des Selbst-Checks des ABS. Nach dem Starten des Motors muß die orangefarbene Leuchte verlöschen.
Brennt die Kontrolle während der Fahrt, liegt ein Defekt im Antiblockiersystem vor. In die Werkstatt fahren und kontrollieren lassen.

Airbag-Kontrollleuchte

Bei Ausstattung mit Airbag brennt die Leuchte zur Funktionskontrolle beim Einschalten der Zündung und während des Steuergeräte-Selbstchecks für ca. 6 Sekunden. Blinkt oder leuchtet die Kontrolle während der Fahrt auf, liegt ein Defekt im Airbag-System vor. Dann in der Mazda-Werkstatt den Fehlerspeicher auslesen lassen.

Der Geber für die Kühlmittel-Temperaturanzeige (2) sitzt beim 1,6-Liter-Motor unterhalb der Zündspule. Mit »1« ist der Kontaktstecker bezeichnet.

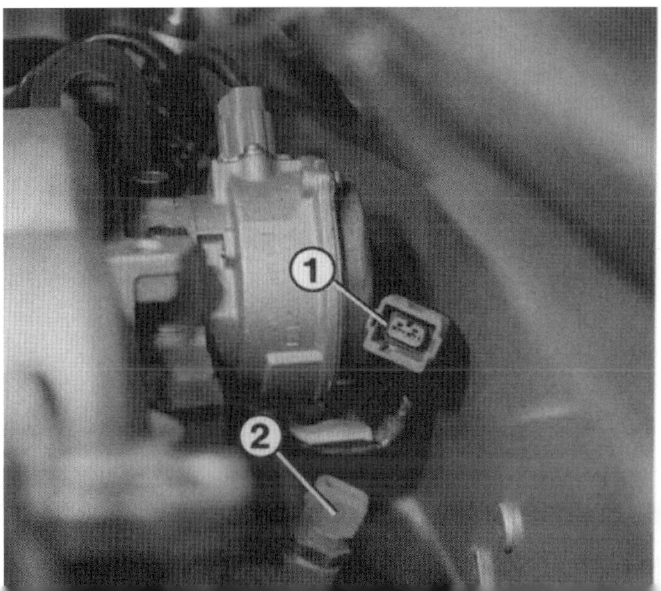

Der Geber (1) für die Kühlmittel-Temperaturanzeige sitzt am 1,9-Liter in Fahrtrichtung links neben dem Auspuffkrümmer (3). Mit »2« ist der Kontaktstecker bezeichnet.

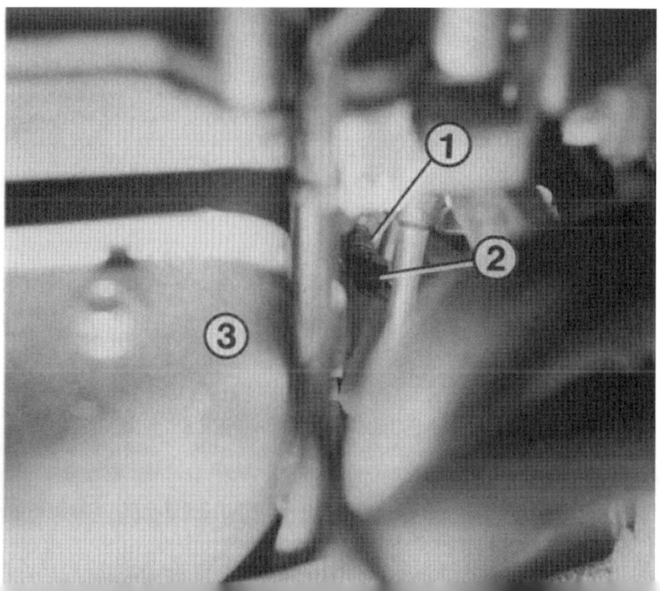

Blinkerkontrolleuchten

Die beiden Blinkerkontrolleuchten sind jeweils in den Stromkreis der linken und rechten Fahrzeugseite angeschlossen und erhalten vom Blinkrelais die Blinkimpulse. Auf der anderen Seite sind sie über den Mehrfachstecker mit Masse verbunden. Sobald Sie eine Richtungsblinkerseite einschalten, erhalten die entsprechenden Leuchten am Wagen sowie die betreffende Blinkerkontrolle Spannung und leuchten rhythmisch auf.

Bremskontrolle

Diese Kontrolleuchte warnt vor angezogener Handbremse. Dazu sitzt am Handbremshebel ein Kontaktschalter, der bei angezogener Handbremse die Kontrolleuchte einschaltet. Zusätzlich wird abgesunkener Flüssigkeitsstand angezeigt: Im Vorratsbehälter für die Bremsflüssigkeit sitzt der Schwimmer mit dem Kontaktschalter, der bei abgesunkenem Niveau im Behälter den Stromkreis zur Warnleuchte schließt.

Störungen an der Bremskontrolle

- Verlöscht die Kontrolle nicht, überprüfen Sie als erstes den Flüssigkeitsstand im Behälter, siehe Kapitel »Die Bremsen«.
- Dann kontrollieren Sie, ob bei gelöstem Handbremshebel der Stift im Kontaktschalter unter Druck steht.
- Steht der Schalter nicht mehr unter Druck, dessen Halteschraube lösen und Schalter neu ausrichten.
- War kein Fehler zu entdecken, muß der Kabelverlauf zur Kontrolleuchte überprüft werden.
- Wenn die Warnleuchte überhaupt nicht brennt, kann es an folgenden Fehlern liegen: Kontaktschalter klemmt, Leitungsunterbrechung, Glühlampe oder Leiterfolie defekt.

Fernlichtkontrolle

Nur bei eingeschaltetem Fernlicht oder beim Lichthupen erhält die Fernlichtkontrolle Spannung. Ob die Lichtfäden in den Scheinwerfern tatsächlich brennen, kann sie aber nicht anzeigen.

Ladekontrolle

Bei laufendem Motor darf die Ladekontrolle weder schwach noch hell leuchten. Bleibt sie beim Einschalten der Zündung dunkel, ist das ebenfalls ein Fehler. Näheres zur Störungssuche im Kapitel »Die Lichtmaschine«.

Nebelschlußleuchtenkontrolle

Diese Kontrolleuchte bezieht ihren Strom über den Schalter und die zuständige Sicherung. Sie kann – wie auch die Fernlichtkontrolle – nur anzeigen, ob die Nebelschlußleuchte eingeschaltet ist. Über die Funktion der Glühlampe sagt sie nichts aus, wohl aber über die Sicherung.

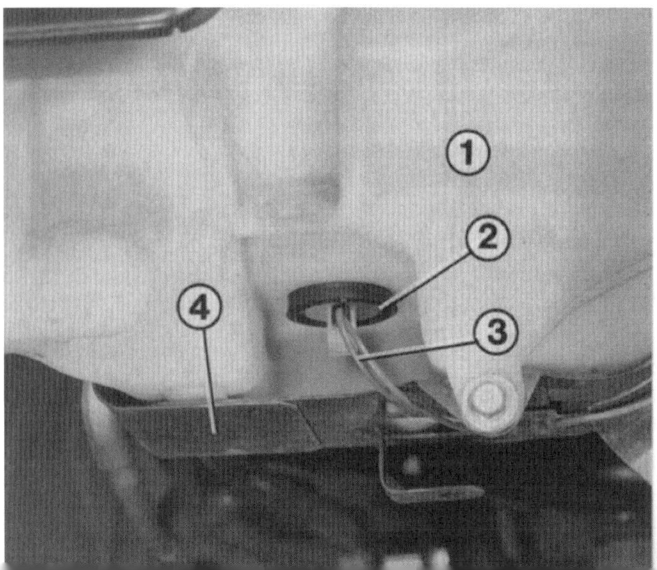

Hier sehen Sie bei ausgebauter Frontmaske den Scheibenwaschwasser-Behälter (1) am 1,9-Liter. Weiter bedeuten: 2 – Kontaktschalter der Warnleuchte; 3 – Kontaktstecker; 4 – Halter des Behälters.

Die Abbildung zeigt die Spannschraube (2) der Hebelschalter (1), die zum Abnehmen gelöst werden muß.

Hier ist die Rückseite des Hebelschalters zu sehen. Die Rastnase (1) muß zum Abziehen des Hebelschalters nach oben gezogen werden. Weiter bedeuten: 2 – Lenksäule; 3 – Kontaktstecker des Hebelschalters.

Warnblink-Kontrolleuchte

Diese Kontrolleuchte im Schalter leuchtet bei eingeschalteter Warnblinkanlage im Gleichtakt mit den Blinkleuchten auf. Spannung kommt vom Blinkrelais.

Zusatz-Warnleuchten

Scheibenwaschwasser-Warnleuchte

Mit dieser Anzeige soll verhindert werden, daß Sie bei Schmuddelwetter ohne den nötigen Waschwasservorrat unterwegs sind. Ein Kontaktschalter im Scheibenwasch-Wasserbehälter schaltet ein, wenn die Flüssigkeit unter ein bestimmtes Niveau fällt.

Lichtwarnsummer

Der Lichtwarnsummer tritt immer dann in Aktion, wenn zwar die Zündung, aber nicht die Beleuchtung abgeschaltet wurde. Dann ertönt beim Öffnen einer Tür ein Summton, den das Steuergerät unten an der A-Säule (hinter der Verkleidung) erzeugt.

Hebelschalter

Obschon sie zu den meistgebrauchten Schaltern im Mazda gehören, hat man mit den Hebelschaltern kaum Probleme. Beide Kombischalter sind zu einer Schaltereinheit zusammengebaut.
Zur Störungssuche an den Hebelschaltern genügt es, die obere und untere Lenksäulenverkleidung abzubauen.

Hebelschalter ausbauen

- Lenkrad ausbauen (Kapitel »Radaufhängung und Lenkung«). **Bei Airbag Sicherheitshinweise beachten.**
- An der Lenksäulenverkleidung vier Kreuzschlitzschrauben und in der Mitte eine Schraube lösen.
- Am Zündschloß den Klemmring abziehen.
- Obere und untere Lenksäulenverkleidung abnehmen.
- Schalter-Rückstellung von der Lenksäule abziehen (Schalter-Rückstellung, Feder und Federteller).
- Hebelschalter an der Lenksäule lösen.
- Hinter den Hebelschaltern oben den Zapfen der Schalterfixierung hochziehen.
- Hebelschalter von der Lenksäule ziehen.
- Kontaktstecker entriegeln und abziehen.

Sonstige Schalter

Bei eingeschalteter Beleuchtung sind die Symbole in den Kippschaltern bzw. Drucktastenschaltern mit Ausnahme der Leuchtweitenregulierung, der elektrischen Spiegelverstellung und des Reglers für die Instrumentenbeleuchtung schwach erleuchtet.
Der Schalter für die Nebelschlußleuchte besitzt keine eigene Kontrollampe, sondern schaltet im Kombi-Instrument ein entsprechendes Leuchtfeld ein, das anzeigt, wenn dieser Stromverbraucher eingeschaltet ist.

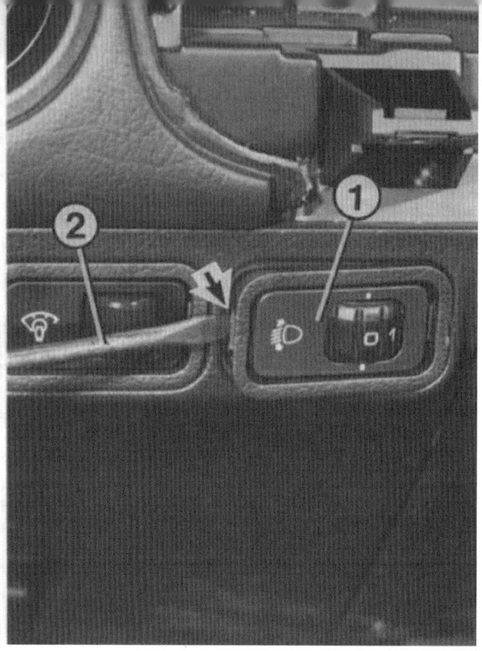

Links: Bei elektrischer Spiegelverstellung den Schalter (1) mit einem Schraubendreher (Pfeil) in der Mittelkonsole abhebeln.
Rechts: Zum Ausbau der Drehschalter (1) wird der Schalter aus der Armaturenbrett-Verkleidung mit einem Schraubendreher (2) herausgehebelt (Pfeil).

Kippschalter ausbauen

- Mit einem schmalen Schraubendreher den Schalter der elektrischen Spiegelverstellung unten leicht heraushebeln.
- Schalter jetzt auf der gegenüberliegenden Seite herausziehen.
- Kippschalter und Drehregler mit einem schmalen Schraubendreher heraushebeln.
- Beim Herausziehen des Schalters bzw. der Drehregler kann es vorkommen, daß sich der hinten aufgesteckte Mehrfachstecker im Armaturenbrett verhakt. Deshalb gefühlvoll ziehen und nicht reißen.
- Am herausgezogenen Schalter bzw. Drehregler den Stecker vom Schalter trennen.

Drucktasten-schalter ausbauen

- Abdeckung der Heizungs-/Lüftungsbetätigung (Kapitel »Heizung und Lüftung«) abnehmen.
- Kontaktstecker am Kombi-Schalter abziehen.
- Auf der Rückseite der Schalter Kreuzschlitzschrauben lösen und Schalter aus der Verkleidung abnehmen.

Warnblink-schalter ausbauen

- Abdeckung der Heizungs-/Lüftungsbetätigung (Kapitel »Heizung und Lüftung«) abnehmen.
- Kontaktstecker am Kombi-Schalter abziehen.
- Auf der Rückseite der Schalter Kreuzschlitzschrauben lösen und Schalter aus der Verkleidung abnehmen.
- Der Warnblinkschalter kann nur als ein Bauteil mit dem Schwenkmotor-Schalter der Scheinwerfer ersetzt werden.

Zünd/Anlaß-Schalter

Dieses landläufig als Zündschloß bezeichnete Teil dient nicht nur dazu, dem Besitzer des Zündschlüssels den Motorstart zu ermöglichen, sondern sperrt nach Abziehen des Zündschlüssels und nach einer kurzen Lenkraddrehung auch die Lenkung. Demgemäß nennt man es auch Lenk/Zündschloß.
Während das Schloßteil nur in seltenen Fällen seinen Geist aufgibt, kann der in einem Kunststoffteil

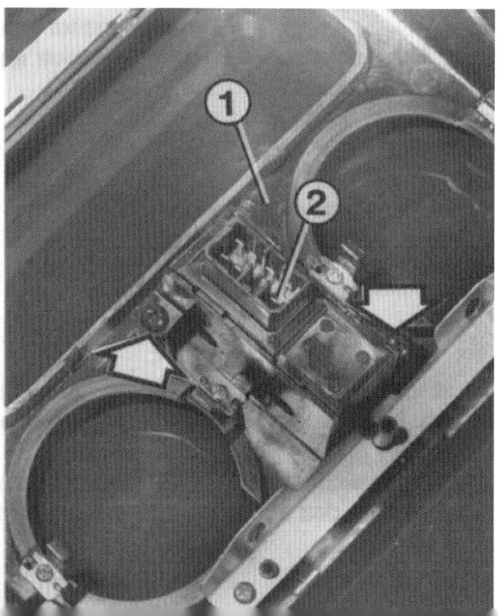

Links: Die Schalter der elektrischen Fensterheber (1) ist mit Kreuzschlitzschrauben (Pfeile) in der hinteren Mittelkonsole festgeschraubt. Mit »2« ist die Leitung bezeichnet.
Rechts: Den kombinierten Schalter (2) für Warnblinker und Schwenkscheinwerfer halten die Kreuzschlitzschrauben (Pfeile) in der Blende (1).

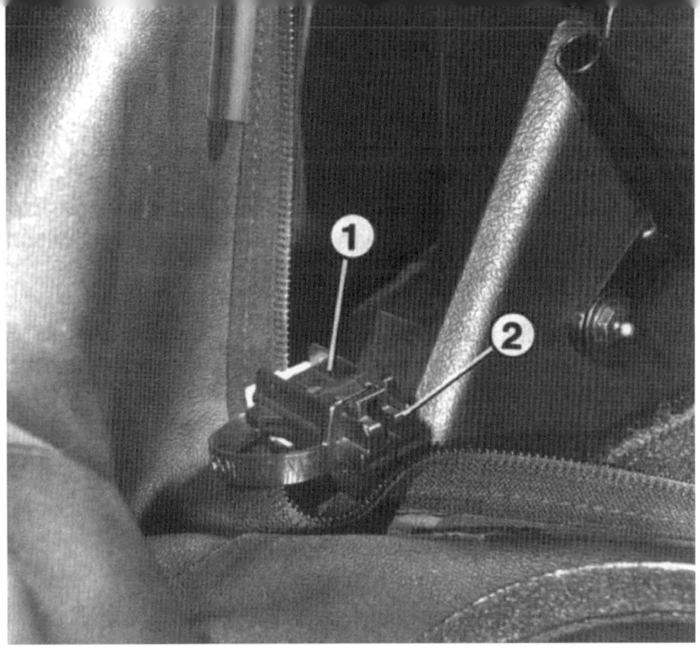

Hier sehen Sie den Kontaktstecker (1) zum Anschluß der heizbaren Heckscheibe für das Hardtop. Zum Schutz vor Verschmutzung ist ein Verschlußdeckel (2) aufgesteckt.

eingegossenene Schaltkontaktsatz (also der eigentliche Schalter) des Zündschlosses eher die Ursache für eine Störung sein. Ob er defekt ist, können Sie nach Abschrauben der unteren Lenksäulenverkleidung prüfen. Das Schaltteil unten am Schloß kann die Ursache von Störungen sein, wenn die Kontakte bei einem älteren Fahrzeug abgenutzt sind.
Das Schloßteil des Zündschlosses auszubauen ist Werkstattarbeit.

Fahren mit defektem Zünd/Anlaß-Schalter

Sind die Kontakte im Zünd/Anlaß-Schalter so abgenutzt, daß sich beim Zündschlüsseldreh nichts mehr regt, können Sie dennoch den Motor starten. Voraussetzung ist, daß an den beiden dicken weißen Kabeln des Zündschloß-Sechsfachsteckers Spannung anliegt.

- Lenksäulenverkleidung unten abschrauben, Sechsfachstecker abziehen.
- Mit einem isolierten Kabelstück die Steckbuchsen des dicken blauen Kabels im Sechsfachstecker mit einer der Buchsen der weißen Kabel verbinden. Damit ist die Zündung eingeschaltet; die Ladekontrolle brennt.
- Mazda anschieben lassen.
- Oder mit einem mindestens 4 mm² starken, isolierten Kabelstück eine Kurzschlußbrücke zwischen dem zweiten weißen Kabel im Sechsfachstecker und dem schwarz/blauen Kabel der Klemme »ST« im Stecker herstellen. Damit wird der Anlasser gestartet.
- Sobald der Motor angesprungen ist, diese Kabelbrücke wieder wegziehen.
- Der Mehrfachstecker bleibt abgezogen. Damit während der Fahrt kein Kurzschluß entstehen kann, muß er isoliert werden.
- Zum Abstellen des Motors die Verbindung zwischen dem blauen und weißen Kabel abziehen.

Schalterprüfung

- Mit einer Prüflampe mit Nadelkontakt können Sie die Kabelisolierung durchstechen und feststellen, welche Kabel Spannung führen.
- Suchen Sie den für Ihren Mazda passenden Schaltplan im Kapitel »Die Schaltpläne« heraus.
- Zuerst wird geprüft, ob der Schalter überhaupt Spannung geliefert bekommt; hierzu muß vielfach die Zündung oder die Beleuchtung eingeschaltet werden.
- Dann wird kontrolliert, ob der Schalter in entsprechender Stellung die Spannung weiterleitet. Am Beispiel Zünd/Anlaß-Schalter sieht das folgendermaßen aus:
- An den beiden weißen Kabeln des Sechsfachsteckers muß ständig Batteriestrom anliegen.
- Das schwarz/weiße Kabel der Klemme »ACC« steht bereits in der ersten Schlüsselraste unter Strom.
- Das schwarz/rote Kabel der Klemme »IG2« erhält Spannung in Stellung »Zündung ein«.
- Das blaue Kabel der Klemme »IG1« steht in Stellung »Zündung ein« und »Start« unter Spannung.
- Die schwarz/blaue Leitung von Klemme »ST« für den Startbefehl an den Anlasser steht nur in Stellung »Anlassen« unter Spannung.
- Entsprechend werden anhand des Schaltplans auch andere Schalter geprüft.

Anzünder

Der elektrische Anzünder erhält Dauerstrom über die zuständige Sicherung. Falls der Anzünder trotz intakter Sicherung nicht funktioniert, ist der Heizwendeleinsatz locker oder durchgebrannt.

Heizbare Heckscheibe

nur Hardtop

Wer den MX-5 in der kalten Jahreszeit mit der »festen Mütze« einsetzt, wird diese Einrichtung sehr schätzen. Das Feld mit den aufgedampften Leiterbahnen muß bei beschlagener oder vereister Scheibe über die gesamte Fläche freie Sicht schaffen.

Störungssuche

- Zuständige Sicherung kontrollieren.
- Festen Sitz der Kabelstecker an der heizbaren Heckscheibe und am Verbindungsstecker auf der linken Seite kontrollieren.
- Schalter ausbauen und prüfen.
- Funktion des Heizscheibenrelais prüfen.
- War bisher kein Fehler zu finden, Leitungsverlauf kontrollieren, auch die Masseverbindung.
- Sind Heizfäden beschädigt und dadurch unterbrochen, hilft Leitsilberlack. Dieser (z. B. von Doduco) ist im Autozubehörhandel erhältlich.

Scheibenwischer und -wascher prüfen

Ständige Kontrolle

Ein Mangel an der Scheibenwischanlage wird zwangsläufig beim ersten Regenguß auffallen. Fehlendes Spritzwasser der Scheibenwaschanlage kann schon früher offenkundig werden.

- Zündung einschalten.
- Laufen die Scheibenwischer in beiden Geschwindigkeiten und gehen sie beim Ausschalten in die Parkstellung zurück?
- Funktioniert die Wisch-Intervallschaltung und die Wisch/Wasch-Automatik?
- Spritzt Wasser aus den Wascherdüsen?

Scheibenwischerarm ausbauen

- Abdeckkappe vom Wischerarm abhebeln bzw. mit flachem Schraubendreher abdrücken.
- Haltemutter lösen und abnehmen.
- Wischerarm von der Welle abziehen bzw. Wischerarm durch Hin- und Herbewegen von der Verzahnung der Wischerwelle »losruckeln«.
- Beim Einbau Wischerarm so montieren, daß die Enden der Wischer-Gummilippe in Ruhelage **25 ± 2 mm** von der Zierleiste enfernt sind.

Wischerblatt abnehmen

- Wischerarm abklappen.
- Arretierungsfeder des Wischerblatts zusammendrücken, bis ihre Kerbe aus der Öffnung des Wischerarms austritt.
- Scheibenwischerblatt nach unten drücken und aus dem Arm herausschwenken.
- Beim Einsetzen des Wischerblatts darauf achten, daß die Kerbe in der Arretierungsfeder der Aussparung im Wischerarm gegenübersteht und dort einrasten kann.

Scheibenwischergummi wechseln

- Wischerblatt abnehmen.
- Die Wischerlippe besitzt an einer Seite Aussparungen zum Einhängen der Wischerblatt-Halteklammern.
- Die entsprechenden Erhebungen im Gummi mit dem Fingernagel oder einem kleinen Schraubendreher zurückdrücken, damit die Halteklammern ausgerastet werden können.
- Wischergummi mit den seitlichen Metallstreifen herausziehen.
- Neuen Wischergummi in die unteren Halteklammern des Wischerblatts einhängen.
- Metallstreifen rechts und links einschieben und die Haltenasen der Streifen in die Aussparungen im Gummi einsetzen. Darauf achten, daß die Krümmung nach unten (zur Scheibe hin) zeigt.
- Gummierhebungen zum Einrasten der Halteklammern wieder zurückdrücken.

Störungsbeistand

Scheibenwischerblätter

Die Störung	– ihre Ursache	– ihre Abhilfe
A Wasser und Schmutz werden gleichmäßig über das Wischfeld verteilt	1 Scheibe durch Lackpflegemittel, ölartige Rückstände oder Insektenleichen verschmutzt	Auf die gesäuberte Scheibe »Sidol« Messingputzmittel auftragen. Nach dem Antrocknen mit einem weichen, sauberen Tuch abwischen
	2 Wischergummi verschlissen	Austauschen
	3 Wischerarm am Anlenkpunkt des Wischerblattes nicht parallel zur Windschutzscheibe	Wischerarmende nachbiegen

Zum Ausbau des Wischerarms (1) muß zuerst die Abdeckung (3) an der Achse abgehebelt werden. Dann können Sie die darunterliegende Mutter (2) lösen.

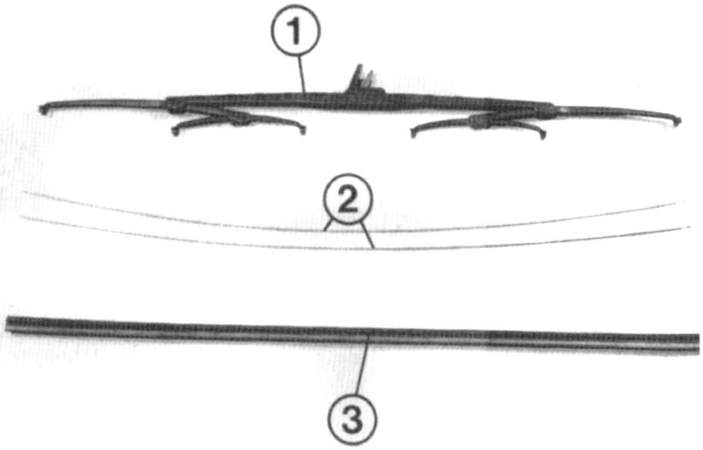

Am zerlegten Wischerblatt haben wir hier die folgenden Teile beziffert: 1 – Metallgestänge; 2 – Metallstreifen; 3 – Wischergummi.

Die Störung	– ihre Ursache	– ihre Abhilfe
B Im Wischfeld bleiben feine Wasserstreifen stehen	**Siehe A 2**	
C Im Wischfeld bleiben feine Wassertropfen zurück	**Neigungswinkel des Wischergummis zu flach**	**Wischergummi austauschen**
D Im Wischfeld bleibt ein breiter Wasserfilm zurück	**Ungleichmäßige Druckverteilung durch verbogene oder defekte Anpreßfeder im Wischerblatt**	**Wischerblatt austauschen**
E Im Wischfeld bleiben einige Wasserfelder zurück	**1 Anpreßdruck des Wischerarms zu gering**	**Anpreßdruck überprüfen, Gelenk und Feder leicht einölen, ggf. Wischerarm ersetzen**
	2 Scheibenwischerantrieb verschlissen	**Kontrollieren, defekte Teile ersetzen**
	3 Wischerarm lose auf seiner Achse	**Festschrauben**
	4 Wischerarm verbogen	**Nachbiegen**
	5 Wischerblatt verbogen	**Austauschen**
F Im Wischfeld bleiben oben am Rand Wasserfelder zurück	**1 Siehe E 1**	
	2 Siehe D	
G Wischerblatt rattert	**Zu viel Spiel in der Verbindung von Wischerarm und Wischerblatt bzw. dem Kunststoff-Verbindungsteil**	**Wischerblatt, -arm oder Verbindungsteil austauschen**

Der Scheibenwischermotor

Der Motor des Scheibenwischers wird mit Spannung versorgt, sobald die Zündung eingeschaltet ist. Die Kabelklemmen am Scheibenwischermotor haben folgende Bedeutung:

○ Die Kabelfarbe blau/weiß (Kontakt »L« im Wischerschalter) liefert Spannung für die erste Wischergeschwindigkeit.

○ Die blaue Leitung liefert Plusstrom für die Wischer-Endabstellung.

○ Die Kabelfarbe blau/rot (Kontakt »H« im Wischerschalter) führt die Spannung für die zweite Wischergeschwindigkeit.

○ Durch eine entsprechend gesteuerte Spannungszufuhr in der blau/gelben Leitung wird der Wischermotor beim Zurücklaufen nach dem Abschalten abgebremst, damit die Wischer nicht über ihre Parkstellung hinauslaufen.

Wischer-Rückstellung

Wenn sich die Scheibenwischer beim Abschalten mit dem Wischerschalter nicht in Parkstellung befinden, erhält ihr Motor über einen Schleifkontakt über die blaue Leitung so lange Spannung, bis die Wischer in Ruhestellung gelaufen sind.
Bei eingeschalteter Zündung dürfen die Wischerblätter nicht außerhalb ihrer Parkstellung blockiert sein – etwa

Zum Ausbau des Wischermotors (1) den Kontaktstecker (3) abziehen und die Halteschrauben (2 und 4) lösen.

durch Schnee oder weil sie angefroren sind. Die blau/gelbe Leitung liefert dann nämlich ununterbrochen Spannung. Da der Wischermotor durch die festhängenden Wischerblätter aber nicht drehen kann, brennt er nach einer gewissen Zeit durch. In einem solchen Fall die Wischerblätter abheben, damit sie in ihre Endstellung laufen können.

Rückstellung prüfen

- Mit Prüflampe kontrollieren: Am Motor zwischen dem Anschluß der blauen Leitung und Masse muß die Lampe dauernd brennen.
- Zwischen dem Anschluß der blau/gelben Leitung und Masse muß die Lampe kurz vor Erreichen der Parkstellung verlöschen.
- Bei der Gegenprüfung zwischen dem Anschluß der blau/gelben Leitung und Batterie-Plus muß die Lampe kurz vor Erreichen der Parkstellung aufleuchten. Wenn nicht, Motor austauschen.

Wischermotor ausbauen

- Motorhaube öffnen.
- Ggf. am Hauptsicherungskasten zwei Haltemuttern lösen und Sicherungskasten zur Seite legen.
- Die Antriebsstange vom Kurbelhebel abdrücken.
- Mehrfachstecker am Wischermotor (rechte Fahrzeugseite) abziehen.
- Drei Sechskantschrauben (SW 10) am Motor lösen.
- Im Wasserfangkasten die vierte Halteschraube lösen.
- Wischermotor leicht nach vorn ziehen und abnehmen.
- Einen neuen Wischermotor vor dem Einbau am Mehrfachstecker anschließen und mehrere Minuten lang laufen lassen. Beim Abschalten bleibt er in der Wischerparkstellung stehen.
- Kurbelhebel aufsetzen, so daß in Fahrtrichtung gesehen die Kurbel-Oberkante mit der Gewindebohrung links fluchten muß.
- Gelenke beim Einbau mit MoS_2-Fett schmieren.
- Beim Anschrauben des Wischermotors an die Stirnseite des Waserfangkastens das Massekabel nicht vergessen.

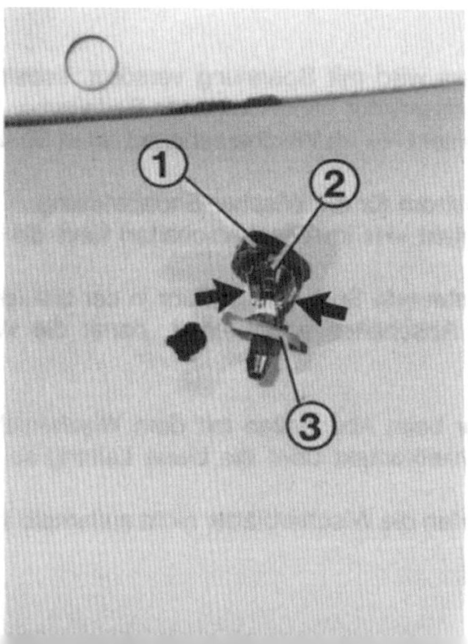

Links: An der Rückseite sitzt im Wasserfangkasten eine zusätzliche Halteschraube (3). Das Wischergestänge (1) ist auf dem Kurbelhel (2) aufgedrückt.
Rechts: Die Waschordüse (1) wird von zwei Klemmen (Pfeile) in der Motorhaube gehalten. Mit »3« ist die untergelegte Dichtung bezeichnet, mit »2« die Aufnahme für den Wasserschlauch.

Scheibenwischer

Die Störung	– ihre Ursache	– ihre Abhilfe
A Scheibenwischer laufen nicht	1 Einzelsicherung defekt	Austauschen
	2 Wischerantriebskurbel lose	Festschrauben
	3 Schwarz/rotes Stromzufuhrkabel vom Einzelsicherungskasten zum Wischerschalter unterbrochen	Leitung überprüfen
	4 Masseleitung zum Wischermotor unterbrochen	Leitung überprüfen
	5 Wischermotor durchgebrannt	Austauschen
B Scheibenwischer laufen nicht in Stufe I	1 Klemme »L« am Wischermotor (Anschluß des blau/weißen Kabels) defekt	Motor austauschen
	2 Kontakte im Wischerschalter unterbrochen	Schalter austauschen
C Scheibenwischer laufen nicht in Stufe II	1 Blau/rote Leitung von Wischerschalter-Klemme »H« zum Motor unterbrochen	Leitung überprüfen
	2 Siehe B 2	Schalter austauschen
	3 Klemme »H« am Wischermotor (Anschluß des blau/roten Kabels) defekt	Motor austauschen
D Scheibenwischer laufen nur in Stufe II	Blau/weißes Kabel vom Wischerschalter zum Motor unterbrochen	Leitung überprüfen
E Keine Wischerrückstellung	1 Blau/gelbes Kabel zwischen Wischerschalter und Motor unterbrochen	Leitung kontrollieren
	2 Wischermotor defekt	Motor austauschen
F Scheibenwischer laufen nicht im Intervallbetrieb	1 Wischerschalter defekt	Austauschen
	2 Unterbrechung im Wischerschalter	Schalter austauschen
G Intervallbetrieb läßt sich nicht ausschalten	1 Siehe E 1	
	2 Siehe F 1	
H Scheibenwischer wischen nach Wascherbetätigung nicht trocken	1 Kontakt im Schalter unterbrochen	Austauschen
	2 Siehe F 1	
I Scheibenwischer bleiben nach dem Abschalten nicht oder nur kurz in Parkstellung stehen	Mangelhafter Kontakt am Schleifkontakt im Wischermotor	Motorabdeckung abschrauben, Kontakte blankschleifen. Ggf. Motor austauschen

Scheibenwaschwasser auffüllen

Ständige Kontrolle

Abgasrückstände, Öldunst und Silikon aus Lackpflegemitteln setzen sich hartnäckig aufs Glas. In der warmen Jahreszeit empfiehlt sich ein Reinigungszusatz zum Waschwasser; im Winter Gefrierschutz und Reinigungsmittel.

- Erst Zusatzmittel und anschließend Wasser einfüllen, damit sich die Flüssigkeiten im Wascherbehälter gut vermischen.
- Bei tiefem Frost können die Scheibenwascherdüsen dennoch einfrieren.
- Zur Vorbeugung empfiehlt sich eine höhere Frostschutzkonzentration. Das Beimischen von Brennspiritus kann in Verbindung mit Frostschutzmittel zu Flockenbildung und damit Verstopfungen in den Düsen führen.

Wascherdüse ausbauen

Verstopfungen einer Wascherdüse lassen sich manchmal trotz Durchbohren mit einem dünnen Draht nicht mehr beseitigen. Dann muß eine neue her. Als Vorbeugung vor Verstopfungen empfiehlt sich der Einbau eines handelsüblichen Benzinfilters in die Waschwasserleitung.

- Motorhaube öffnen.
- Schlauch von der Wascherdüse abziehen.
- Unten an der Düse die beiden Halteklemmen zusammendrücken.
- Düse aus der Motorhaube herausziehen.

Wascherdüsen einstellen

- Dünne Nadel in die Spritzdüse stecken und die kugelförmige Düse entsprechend in der Richtung drehen.
- Wie der Spritzstrahl der Wascherdüsen eingestellt werden soll, haben wir auf der folgenden Seite dargestellt.

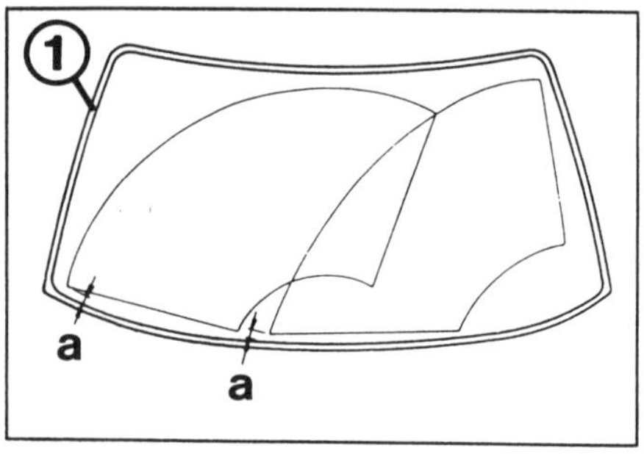

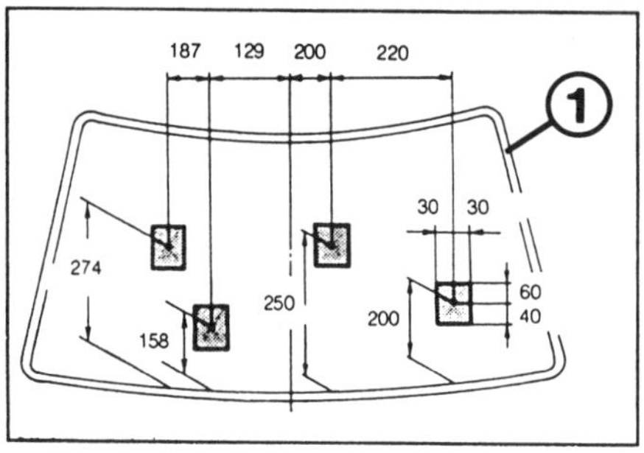

Links: Einstellung der Scheibenwischer. Mit »1« ist die Zierleiste der Scheibe bezeichnet, das Maß »a« soll 25 ± 2 mm betragen.
Rechts: Die Zahlen in dieser Zeichnung geben in Millimeter an, wie die Scheibenwascherdüsen auf die Windschutzscheibe ausgerichtet werden soll. Mit »1« ist die Zierleiste der Windschutzscheibe beziffert.

Störungsbeistand

Scheibenwaschanlage

Die Störung	– ihre Ursache	– ihre Abhilfe
A Wasser spritzt nicht beim Druck auf den Wascherkontakt	1 Waschwasserbehälter leer	Auffüllen
	2 Spritzdüsen verstopft	Schlauch abziehen. Mit Druckluft durchblasen oder dünnem Draht durchstoßen. Evtl. Schlauch ebenfalls durchblasen
	3 Im Winter: Waschwasser eingefroren	Höhere Frostschutzkonzentration verwenden
	4 Wascherpumpe defekt	Stromversorgung bei eingeschalteter Zündung und betätigtem Schalter kontrollieren, ggf. austauschen
B Einseitiger Spritzstrahl	Siehe A 2 und 3	
C Spritzstrahl zu hoch oder zu tief	Spritzdüse falsch eingestellt	Spritzdüse einstellen

Elektrische Spiegel-Verstellung

Wenn sich mehrere Fahrer ein Auto teilen, lernt man diese Ausstattung zu schätzen, besonders auf der rechten Seite. Ausbau und Wechsel des Spiegelglases finden Sie im Karosserie-Kapitel beschrieben.

Störungssuche

- Falls sich nichts regt, kontrollieren Sie die Einzelsicherung Nr. 15.
- Bei den folgenden Prüfungen muß die Zündung eingeschaltet sein.
- Betätigung der Spiegelverstellung ausrasten.
- Schalter anhand des Schaltplans überprüfen.
- Ist der Schalter in Ordnung, prüfen Sie den Elektromotor der Spiegelverstellung.
- Regt sich der Spiegel jetzt?
- Wenn ja, ist die Kabelführung vom Schalter zum Spiegelmotor unterbrochen.
- Falls nicht, dürfte der Elektromotor defekt sein. Den gibt es leider nicht einzeln zu kaufen, sondern nur mit dem kompletten Spiegelgehäuse.
- Man kann das Spiegelglas aber immer noch durch Drücken von Hand verstellen.

Die elektrischen Fensterheber

Die elektrischen Fensterheber funktionieren nur bei eingeschalteter Zündung. Wie die Elektromotoren der Fensterheber ausgebaut werden, finden Sie im Kapitel »Die Karosserieteile« beschrieben. Eine Reparatur des Elektromotors ist nicht vorgesehen.

Störungen

Zur Störungssuche nehmen Sie den betreffenden Schaltplan im Kapitel »Die Schaltpläne« zur Hilfe.

- Wenn sich keine Fensterscheibe mehr rührt, Sicherung Nr. 6 im Einzelsicherungskasten überprüfen.
- Bewegt sich nur die Fahrerscheibe nicht, Schaltereinheit ausbauen und den Anschluß des rot/schwarzen bzw. grün/roten Kabels mit Masse verbinden.
- War hier kein Fehler zu entdecken, muß der Kabelverlauf anhand des Schaltplans überprüft werden.
- Arbeitet nur ein Fensterheber nicht, bauen Sie den betreffenden Schalter aus und überprüfen ihn.
- Ist der Schalter in Ordnung, betreffende Türverkleidung abnehmen.
- Kabelstecker am Fensterhebermotor abziehen und mit Prüflampe kontrollieren, ob beim Betätigen des Fensterhebers auch Spannung anliegt bzw. die Masseleitung in Ordnung ist.
- War bis jetzt kein Fehler zu erkennen, ist der Fensterhebermotor defekt.
- Schlechter Lauf einer Scheibe dürfte an falscher Einstellung der Fensterführung liegen.

Behelf unterwegs

Mit streikendem Fensterheber brauchen Sie trotzdem nicht mit offenem Fenster durch Wind und Wetter zu fahren.

● Ist der Schalter defekt, überbrücken Sie am abgezogenen Mehrfachstecker mit einem isolierten Kabelstück am linken Schalter die Kabelfarben schwarz/weiß mit grün/rot und am rechten Schalter schwarz/weiß mit rot/schwarz bei zwischengeschalteter »fliegender« Sicherung.
● Hintere Mittelkonsole ausbauen (Kapitel »Der Innenraum«) und an der Rückseite die Kontakte überbrücken.
● Bei unterbrochener Zuleitung zum Elektromotor Steckverbinder trennen, ein Hilfskabel vom Batterie-Pluspol und ein zweites von Masse zum Elektromotor legen und Scheibe nach oben laufen lassen.
● Ist der Hebermotor blockiert, können Sie bei abgenommener Türverkleidung das Fenster vom Fensterheber abbauen, siehe Kapitel »Die Karosserieteile«.
● Scheibe jetzt nach oben schieben und in dieser Stellung mit starkem Klebeband (z. B. Packband) und einem Holzkeil fixieren.

Radio

Von Mazda gibt es kein eigenes Radio-Programm. Es können also schon bei der Erstauslieferung die unterschiedlichsten Fabrikate eingebaut sein. Wir haben hier nur eine weitverbreitete Version beschrieben.

Ausbau

● Bei Radios mit Anti-Diebstahl-Codierung sicherstellen, daß die Code-Nummer vorliegt.
● Batterie abklemmen.
● Ggf. Blende über den Entriegelungsbohrungen abziehen.
● Zum Radio passendes Ausbauwerkzeug in die entsprechenden Bohrungen im Radio stecken und Radio aus der Mittelkonsole ziehen.
● Bei manchen Radios genügt es, vier passende Nägel oder Drahtstifte in die Bohrungen schieben und damit die Haltefedern entriegeln.
● Radio herausziehen.
● Kabel- und Antennenstecker abziehen.
● Beim Einbau Radio mit angeschlossenen Steckern waagrecht in die Einbauöffnung einschieben.
● Radio jetzt ein wenig in die Montageöffnung drükken, damit die Haltefedern einrasten können.
● Batterie anklemmen.
● Bei einem Radio mit Anti-Diebstahl-Codierung Code-Nummer nach Bedienungsanleitung eingeben.

Fingerzeige: Der Anti-Diebstahl-Code muß bei jeder Unterbrechung der Stromversorgung neu eingegeben werden – nach Abklemmen der Batterie, Auswechseln der Radiosicherung oder Trennen der Radio-Stromversorgung.
Stromversorgung nie bei laufendem Radio trennen. Es kann Schwierigkeiten bei der Wiedereingabe des Anti-Diebstahl-Codes geben.

Radio nachträglich einbauen

Die Verkabelung für den Radioanschluß ist in Form von Mehrfachsteckern bereits vorhanden.
● Abdeckung der Radio-Einbauöffnung abziehen.
● Halterahmen in der Radioöffnung befestigen.
● Massekabel der Batterie abnehmen.
● Radio anschließen.
● Lautsprecher am Radio anschließen.
● Massekabel der Batterie anklemmen, Radio zur Probe einschalten.
● Radio endgültig montieren.

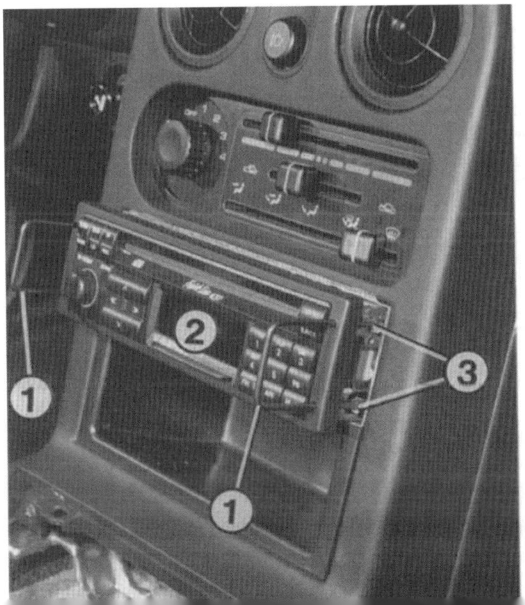

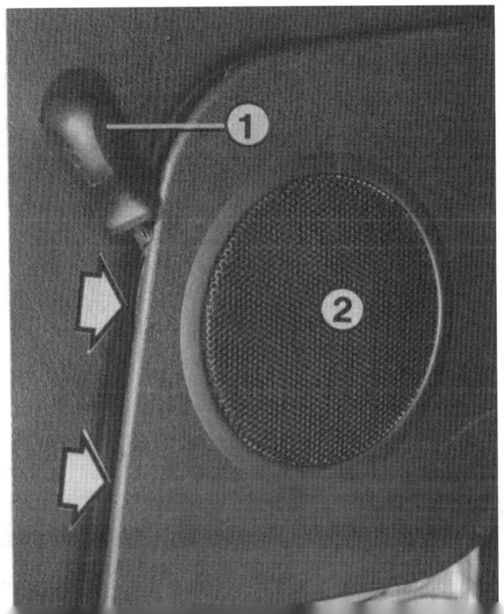

Links: Hier sind die seitlichen Halteklammern (3) des Radios (2) durch Einschieben eines speziellen Bügels (1) zurückgedrückt. Jetzt können Sie das Radio aus der Einbauöffnung herausziehen.
Rechts: Die Lautsprecherabdekkung (2) wird bis MJ 93 mit einem Schraubendreher (1) an den bezeichneten Stellen (Pfeile) von der Türverkleidung abgedrückt.

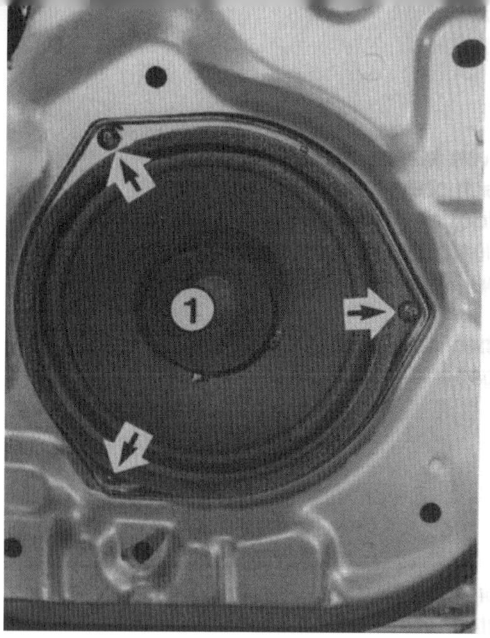

Links: Der Lautsprecher (1) ist mit drei Kreuzschlitzschrauben (Pfeile) in der Tür befestigt.
Rechts: Kontaktstecker (1) aus der Aufnahme am Lautsprecher (2) herausziehen.

Lautsprecher ausbauen

- **Bis MJ 93:** Lautsprecherabdeckung mit einem Schraubendreher von der Tür abhebeln.
- **Ab MJ 94:** Türverkleidung ausbauen.
- **Alle:** Drei Kreuzschlitzschrauben am Lautsprecher losschrauben, Kontaktstecker an der Rückseite abziehen.
- Lautsprecher abnehmen.

Antenne ausbauen

Ist die Antenne defekt, muß im Kofferraum auf der rechten Fahrzeugseite die Kofferraumverkleidung abgenommen werden.

Stabantenne

- Kofferraum öffnen, Reserverad herausnehmen.
- Batterieverkleidung abnehmen (Kapitel »Die Batterie«).
- Im Kofferraum Verkleidung hinter der Batterie nach vorn wegklappen.
- Antennenkabel innen am Antennenfuß abziehen.
- Stabantenne außen am Fuß lösen und abnehmen.
- Antennen-Haltemutter lösen.
- Antennenfuß aus der Karosserie in den Kofferraum herausziehen.
- Ist das Antennenkabel defekt, muß die Mittelkonsole ausgebaut werden, siehe »Der Innenraum«.

Elektrische Antenne

- Kofferraum öffnen, Reserverad herausnehmen.
- Batterie-Verkleidung herausnehmen, siehe Batterie-Kapitel.
- Seitenverkleidung nach vorn klappen.
- Haltering außen an der Antenne losdrehen.
- Hinter dem Antennenmotor den Stecker an der Antenne abziehen.
- Kontaktstecker der Stromversorgung, des Relais und am Steuergerät trennen.
- Sechskantschraube (SW 10) an der Antennenhalterung losdrehen.
- Antenne aus der Karosserie herausnehmen.
- Halterung von der Antenne lösen.
- Ggf. Relais und Steuergerät ausclipsen.
- Antenne abnehmen.

Die Einzelteile der elektrischen Antenne.
1 – Haltering;
2 – Steckverbindung Antennenkabel;
3 – Motor;
4 – Steuergerät;
5 – Relais;
6 – Halteschraube der Motoraufnahme.

Frostfrei!

Die Außenluft kann an der Hinterkante der Motorhaube einströmen und wird vom Fahrtwind oder zusätzlich vom Gebläse in den Innenraum gedrückt. Beim Einschalten der Heizung öffnet eine Klappe dem Luftstrom den Weg durch den Heizkörper, der wie ein kleiner Kühler aussieht. Die durchströmende Außenluft erwärmt sich dann an den Heizkörperlamellen.

Heizung und Belüftung prüfen

- Schieberegler bei warmgefahrenem Motor ganz nach rechts schieben – strömt Warmluft aus?
- Funktioniert die Luftverteilung nach oben und unten?
- Heizregler zurückschieben – nach kurzer Zeit darf nur noch kalte Luft aus den Öffnungen strömen, sonst schließt die Temperaturklappe nicht richtig.
- Strömt aus allen Öffnungen Warm- oder Kaltluft?
- Läuft das Gebläse in sämtlichen Stufen?

Die Umluftklappe

Mit Verschieben des Umluftschalters läßt sich der Außenlufteintritt verschließen. Das geschieht über einen Betätigungszug. Wegen abnehmender Luftqualität im Wageninnern soll das Umluftsystem nur kurzzeitig geschlossen bleiben.

Das Luftgebläse

Der Gebläsemotor läuft in vier Geschwindigkeiten, die durch den Gebläse-Regler am Armaturenbrett eingestellt werden.
Die Geschwindigkeitsstufen werden durch Zuschalten verschieden großer Widerstände (bzw. durch Hintereinanderschalten derselben) erreicht. Die Widerstände sind in die Masse-Zuleitung zum Gebläsemotor eingeschaltet. Die Plus-Verbindung ist konstant, während der Massekontakt »verbessert« bzw. »verschlechtert« wird.

Störungssuche Gebläsemotor

- Läuft das Gebläse **in keiner Schalterstellung**, kontrollieren Sie zuerst die Einzelsicherung Nr. 4.
- Gebläsemotor freilegen, dazu Handschuhfach ausbauen (Kapitel »Der Innenraum«).
- Vierpoligen Stecker am Gebläsemotor abziehen.
- Den blauen Kontakt mit dem blau/weißen Kontakt durch ein Kabelstücke verbinden.
- Ist der Gebläsemotor intakt, muß er sich jetzt mit voller Geschwindigkeit drehen. Wenn nicht, auswechseln.
- Dreht das Lüfterrad **nicht in allen Geschwindigkeiten**, ist möglicherweise einer der Vorwiderstände defekt.
- Widerstandsträger ausbauen.
- Mit einem Voltmeter bei eingeschalteter Zündung und in entsprechender Drehreglerstellung kontrollieren, ob an den verschiedenen Kontakten Spannung anliegt.
- Am Kontakt der blau/weißen Leitung muß volle Batteriespannung ankommen; an den Kontakten des

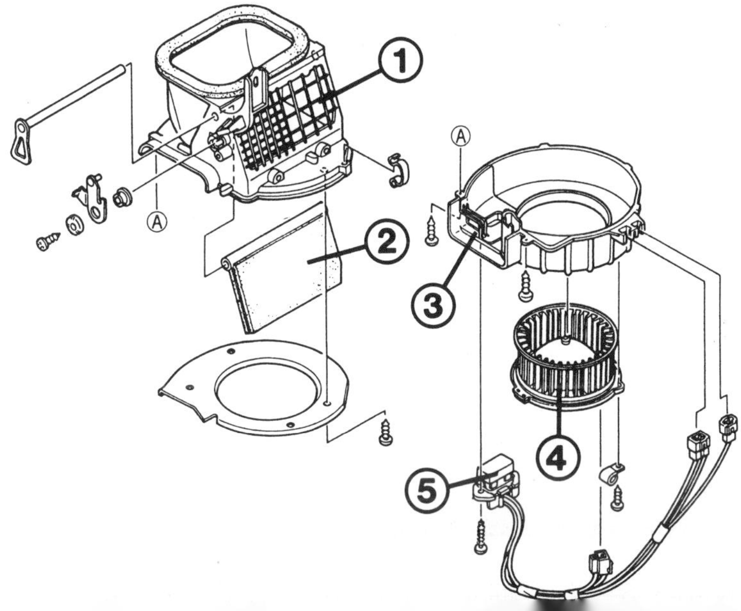

Zum Luftgebläse gehören die hier gezeigten Einzelteile:
1 – Gehäuseabdeckung.
2 – Umluftklappe;
3 – Gehäuse;
4 – Lüfterrad;
5 – Vorwiderstände;

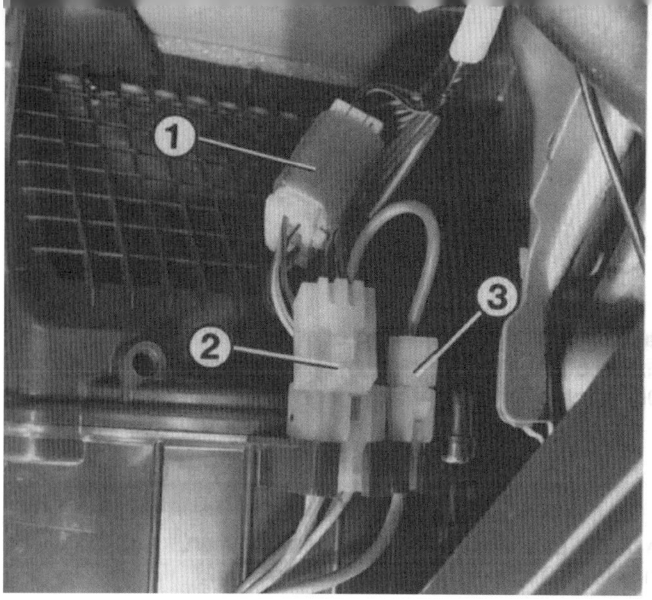

Nach Abnahme des Handschuhfaches (ohne Beifahrerairbag) sehen Sie folgende Teile am Gebläsemotor: 1 – Steckverbindung; 2 – Steckverbindung zum Gebläsewiderstand; 3 – Plusverbindung.

Zum Ausbau des Gebläsewiderstands (1) müssen die Kreuzschlitzschrauben (Pfeile) an der Unterseite des Gehäuses gelöst werden. Mit »2« ist der Motor beziffert.

blau/roten, blau/grünen und blau/gelben Kabels muß jeweils abfallende Spannung angezeigt werden.

- Ist einer der Widerstände durchgebrannt, muß der komplette Widerstandsträger ersetzt werden. Elektronikerfahrene können auch einzelne Bauteile aus- und einlöten.
- Sind die Vorwiderstände intakt, bleibt neben einer Leitungsunterbrechung nur noch der Drehschalter im Armaturenbrett als Übeltäter übrig – anhand des Schaltplans im Kapitel »Die Schaltpläne« auf Durchgang überprüfen.
- Hat der Drehregler in einer Schalterstellung keinen Durchgang, kompletten Gebläseschalter auswechseln.

Gebläsemotor ausbauen

- Handschuhfach ausbauen (Kapitel »Der Innenraum«).
- Vierfachstecker und Einfachstecker an der linken Seite des Motors abziehen.
- Kreuzschlitzschrauben am Gebläsemotor losdrehen.
- Motor ggf. durch leichtes Verdrehen abnehmen.

Widerstandsträger ausbauen

- Handschuhfach ausbauen (Kapitel »Der Innenraum«).
- Der Widerstandsträger befindet sich auf der linken Seite vor dem Gebläsemotor.
- Vierfachstecker oben am Motor trennen. Steckanschluß am Motorgehäuse aus seiner Halterung herausnehmen.
- Zwei Kreuzschlitzschrauben lösen und Träger herausziehen.

Die Lüftungsdüse (2) wird mit einem Schraubendreher (1) aus der Mittelkonsolenblende herausgehebelt (Pfeil).

Nach Ausbau der Mittelkonsolenblende können die mit Pfeilen gekennzeichneten Kreuzschlitzschrauben der Heizungs/Lüftungs-Betätigung (1) losgedreht werden.

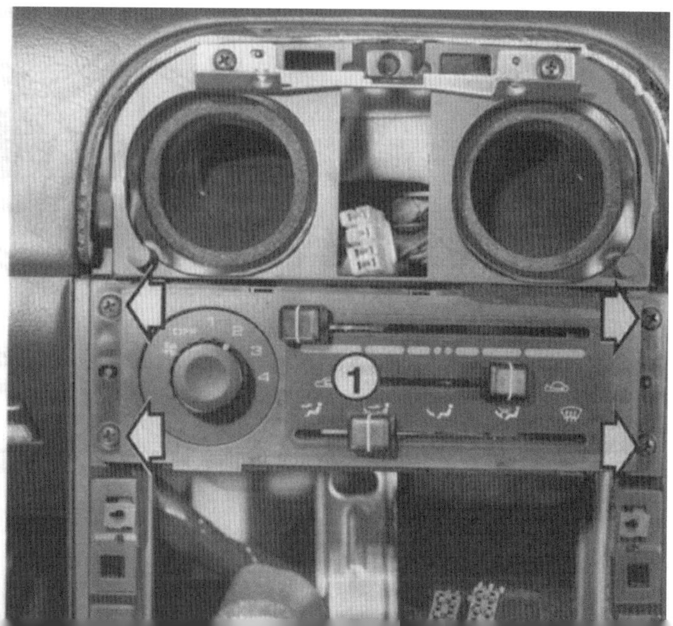

Die Einzelteile der Heizungs/Lüftungs-Betätigung:
1 – Lichtleiter;
2 – Gehäuse;
3 – Blende;
4 – Hebelknöpfe;
5 – Gebläseschalter.

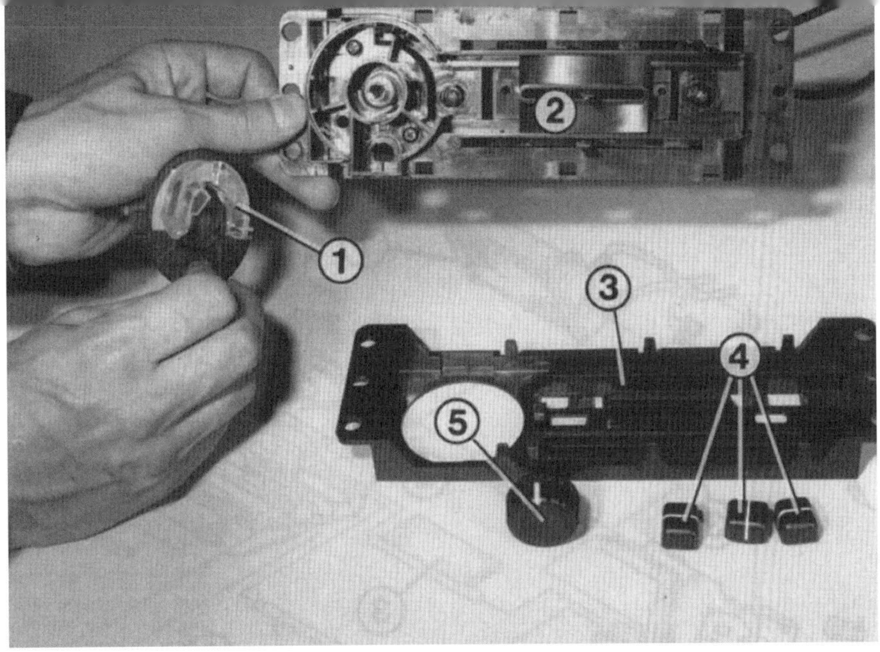

Heizungs/Lüftungs-Betätigung

Alle Funktionen der Heizung/Lüftung im Mazda MX-5 lassen sich von den drei Schiebereglern im Armaturenbrett aus steuern. Zwei Drahtzüge verlaufen zum sogenannten Luftverteilergehäuse. Darin sitzen die Luftklappen, die den Luftstrom in die richtige Richtung leiten. Der dritte Drahtzug verläuft zum Gebläsemotor, über dem die Umluftklappe ihren Platz hat.

Betätigung ausbauen

- Unterhalb der mittleren Ausströmer müssen zwei Kreuzschlitzschrauben (SW 8) gelöst werden.
- Radio ausbauen.
- Bei elektrischer Spiegelverstellung Betätigung heraushebeln und Kontaktstecker abnehmen, siehe »Instrumente und Geräte«.
- Mittelkonsole ausbauen (Kapitel »Der Innenraum«).
- Vier Kreuzschlitzschrauben an der Heizbetätigung lösen.
- Heizbetätigung nach außen ziehen.
- Betätigungszüge lösen.

Betätigungszüge auswechseln

Der Mazda MX-5 hat zwei Züge für die Heizungs/Lüftungs-Betätigung und einen für die Umluftklappe. Der Aus- und Einbau ist bei allen Zügen gleich.

- Heizungs/Lüftungs-Betätigung ausbauen.
- Handschuhfach ausbauen (Kapitel »Der Innenraum«).
- Halteklammer des betreffenden Zuges abdrükken.
- Zugöse an der Klappenbetätigung aushängen.
- Heizbetätigung mit ihren Zügen herausziehen.
- Mehrfachstecker des Luftgebläsemotors abziehen.
- Zum Befestigen des neuen Zuges dessen Öse am betreffenden Hebel an der Betätigung einhängen.
- Heizungs/Lüftungs-Betätigung montieren und Züge einstellen.

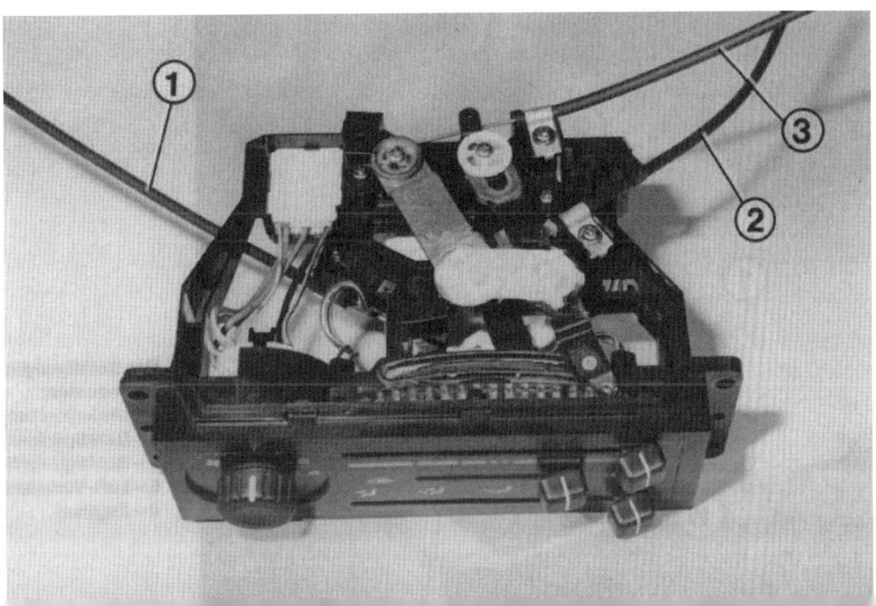

Hier sehen Sie die Betätigungszüge der Heizungs/Lüftungs-Betätigung. Es bedeuten:
1 – Zug der Frischluftklappe;
2 – Zug der Umluftklappe;
3 – Zug der Temperaturklappe.

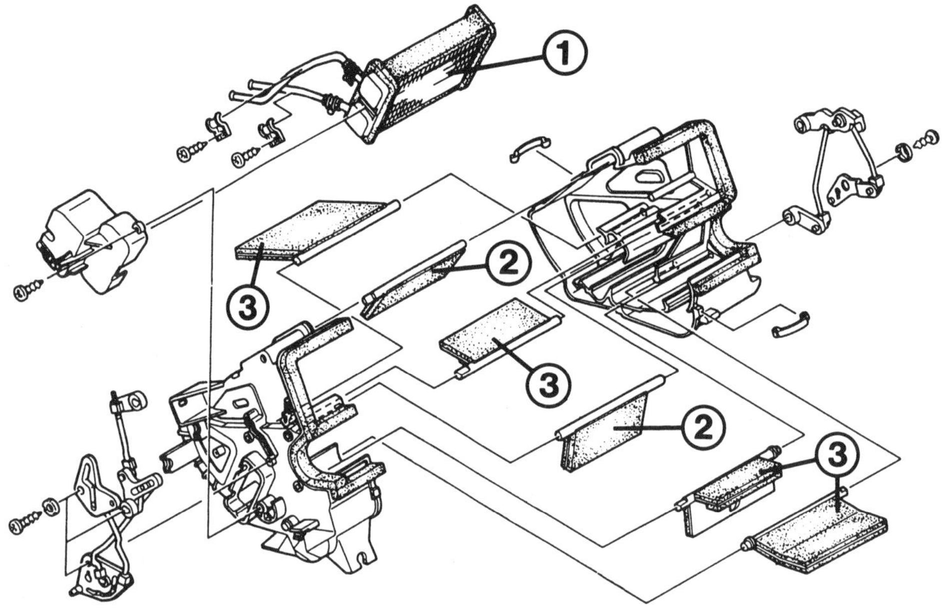

Das Luftverteilergehäuse ist mit folgenden Einzelteilen abgebildet: 1 – Wärmetauscher; 2 – Temperaturklappen; 3 – Luftverteilerklappen.

Züge einstellen

- **Luftverteilungsregler:** Unteren Schieberegler ganz nach links in Stellung »Mittelausströmer« schieben.
- Hebel auf der linken Seite des Luftverteilerkastens nach links (Uhrzeigersinn) schieben.
- **Temperaturregler:** Schieberegler für die Temperatur nach links in Stellung »Warm« schieben.
- Anschließend auf der rechten Seite des Luftverteilerkastens den Hebel nach rechts (Uhrzeigersinn) schieben.
- **Umluftklappe:** Regler ganz nach rechts schieben, der Betätigungshebel der Umluftklappe muß oben (am unteren Anschlag anliegen) stehen.
- **Alle:** Zugöse in den Hebel der betreffenden Klappe einhängen.
- Zug mit seinem Hebel in dieser Stellung in seine Halteklammer anklemmen.
- Funktionskontrolle: Beim Verschieben der Regler müssen alle Klappen hörbar am Anschlag anstoßen bzw. die Hebel am Luftverteilerkasten sich bis in ihre Endstellung bewegen.

Luftdüsen ausbauen

Die Lüftungsdüsen werden an den Seiten mit einem schmalen Schraubendreher herausgehebelt bzw. mit einer Spitzzange vorsichtig am Gitter fassen und herausziehen.

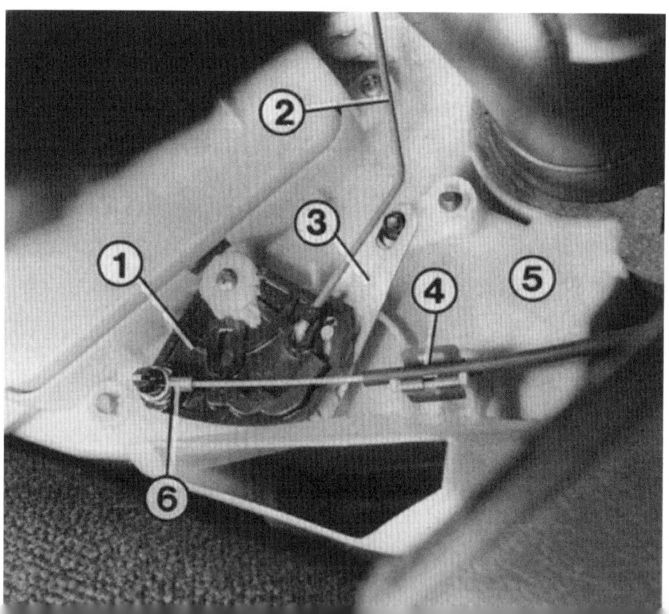

Der Betätigungszug (4) der Luftverteilerklappen. Es bedeuten: 1 – Umlenkhebel; 2 – Betätigungsstange zur oberen Luftklappe; 3 – Betätigungshebel zur Fußraumklappe; 5 – Luft-Verteilergehäuse; 6 – Zugöse.

Hier ist der Betätigungszug (6) zu den Temperaturklappen abgebildet. Der Zug ist mit der Öse am Hebel (3) eingehängt und mit der Federklammer (2) gesichert. Weiter zu sehen:
1, 5 – Betätigungsstange;
4 – Umlenkhebel oben.

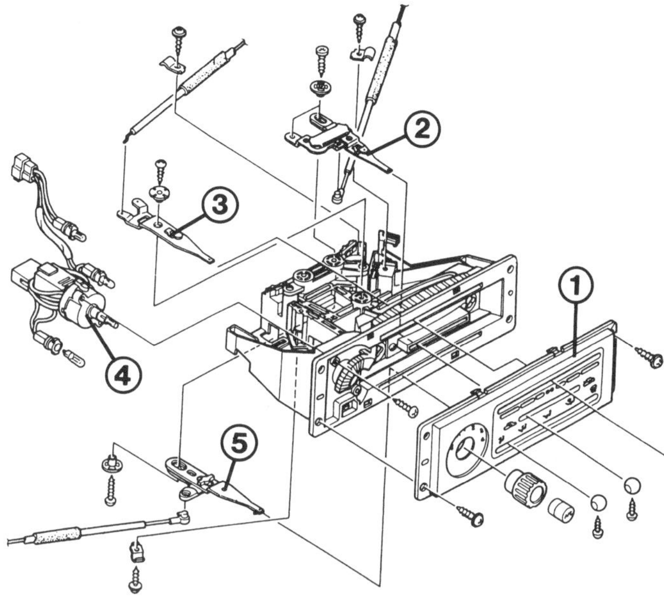

Störungsbeistand

Heizung

Die Störung	– ihre Ursache	– ihre Abhilfe
A Heizleistung ungenügend	1 Heizungszug gerissen	Kontrollieren bzw. auswechseln
	2 Temperaturklappe öffnet nicht	Klappen- und Hebelstellung kontrollieren
	3 Hauptluftklappe öffnet nicht	Betätigungszug, Klappen- und Hebelstellung kontrollieren
	4 Kühlerthermostat schließt nicht völlig, aufgeheiztes Kühlmittel strömt zu früh in den Kühler	Thermostat säubern, ggf. austauschen
B Heizung läßt sich nicht abstellen	Siehe A 1	
C Heizung fällt plötzlich während der Fahrt aus	Wärmetauscher durch Kühlwasserverlust leergelaufen	Sofort anhalten, sonst besteht die Gefahr, daß der Motor überhitzt und die Zylinderkopfdichtung durchbrennt! Undichtigkeit beheben und Kühlsystem auffüllen, notfalls aus der Scheibenwaschanlage

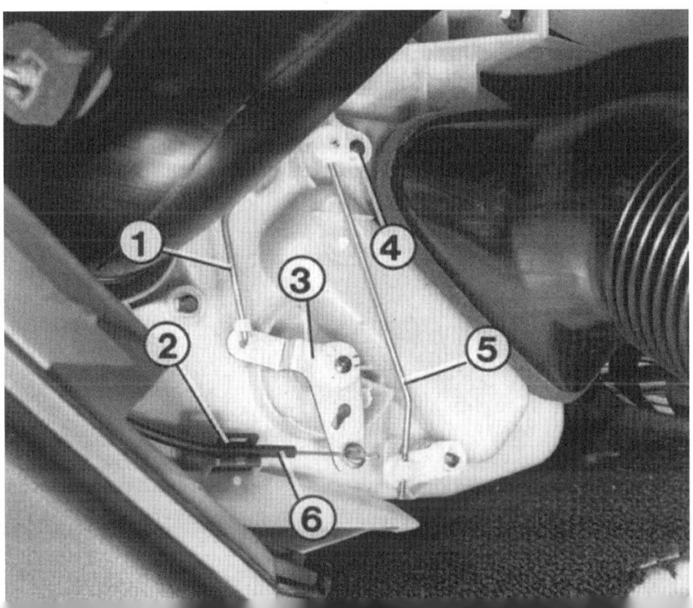

Hier ist der Betätigungszug (6) zur Temperatur-Verteilerklappe abgebildet. Der Zug ist mit der Öse am Hebel (3) eingehängt und mit der Federklammer (2) gesichert. Weiter zu sehen:
1, 5 – Betätigungsstange;
4 – Umlenkhebel oben.

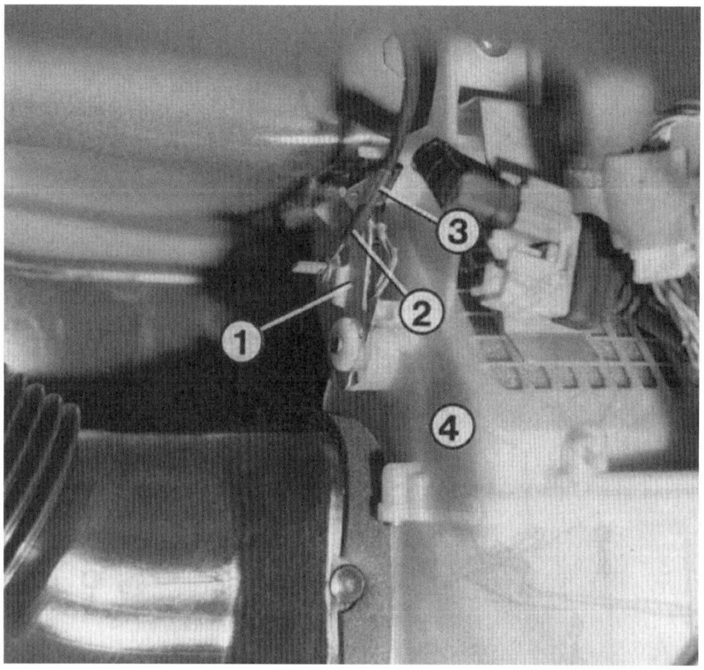

Wenn der Zug (2) zur Umluftklappe abgenommen werden soll, muß die Federklammer (3) leicht nach unten gedrückt werden. Anschließend wird die Zugöse am Umlenkhebel (1) ausgehängt. Mit »4« ist das Umluftgehäuse beziffert.

Die Klimaanlage

Die US-Modelle des Mazda MX-5 sind häufig mit einer Klimaanlage ausgerüstet. Die funktioniert so: Ähnlich wie zu Hause im Kühlschrank wird ein gasförmiges Kältemittel durch einen Kompressor verdichtet. Letzterer wird von der Motor-Kurbelwelle über einen Keilrippenriemen angetrieben. Beim Verdichten verflüssigt sich das Kältemittel und gelangt in den Verdampfer unter dem Armaturenbrett. Der sieht aus wie ein Kühler. Darin verdampft das Kältemittel und kann hierdurch Wärme aufnehmen. Die durch den Verdampfer geführte Luft strömt abgekühlt in den Innenraum. Über einen Kondensator neben dem Wasserkühler im Motorraum gelangt das Kältemittel wieder zurück zum Kompressor. Zur verstärkten Kondensierung läuft ein zusätzlicher Elektroventilator dauernd.
Wichtig für einwandfreie Funktion der Klimaanlage ist, daß sie auch in der kalten Jahreszeit immer wieder aktiviert werden muß. Andernfalls trocknen die Dichtungen im Kältemittelkreislauf aus; sie verhärten und werden undicht. Das hat zur Folge, daß das Kältemittel, das gleichzeitig als Schmiermittel dient, entweichen kann. Deshalb in der kalten Jahreszeit die Klimaanlage in Verbindung mit der Heizung benutzen, der Luft wird Feuchtigkeit entzogen, die beschlagenen Scheiben werden schneller frei.

Der Keilrippenriemen

Der Antrieb des Klimakompressors erfolgt durch einen Keilrippenriemen, der von der Kurbelwelle neben der Pumpe für die Servolenkung auch den Klimakompressor antreibt. Das Spannen des Keilrippenriemens erfolgt an der Pumpe der Servolenkung. Näheres dazu finden Sie im Kapitel »Radaufhängung und Lenkung«.

Fingerzeige: Selbsthilfe ist an der Klimaanlage nicht möglich. Generell ist der direkte Umgang mit Kältemittel gefährlich. Die Berührung mit diesem Stoff verursacht schwere Erfrierungen auf ungeschützter Haut und im Augenbereich.
Auch von den Mazda-Werkstätten versteht sich nicht jede auf die Reparatur der Anlage. Deshalb bei Defekten einen Betrieb mit speziell geschulten Fachkräften erfragen und aufsuchen.

Open house

Die Teile, die den Innenraum eines Autos ausmachen, sind zum optimalen Raumgewinn oft raffiniert geformt. Müssen solche Teile ausgebaut werden, stellt man schnell fest, daß fast keine Befestigungsschraube mehr sichtbar ist. Dann müssen angrenzende oder überdeckende Verkleidungsteile ausgeclipst werden, um an die betreffende Schraube oder Mutter zu gelangen. Hier scheitert die Reparatur, wenn man den Trick zum Ausbauen nicht weiß.

Das Armaturenbrett

Blende links unten ausbauen

- Schalter ausbauen (Kapitel »Instrumente und Geräte«).
- Abdeckungen an der Außenseite des Armaturenbretts abhebeln. Dazu die Abdeckung mit einem lappenumwickelten Schraubendreher an der in Fahrtrichtung hinteren Seite abhebeln.
- Vier Kreuzschlitzschrauben der Abdeckung unter der Lenksäule lösen.
- Je eine Kreuzschlitzschraube rechts neben der Lenksäule lösen.
- Zwei weitere Kreuzschlitzschrauben an der Unterkante der Blende losdrehen.
- Sechskantmutter des Motorhauben-Entriegelungszugs lösen und Zug aus der Blende aushängen.
- Blende abnehmen.

Handschuhfach ausbauen

- Zwei Kreuzschlitzschrauben an der Unterkante des Handschuhfaches am Scharnier lösen.
- Handschuhfach am Scharnier nach außen abziehen und oben an beiden Seiten aushängen.
- Handschuhfach abnehmen.

Hier sind die Einzelteile des Innenraums zu sehen: 1 – Handschuhfach; 2 – obere Lenksäulenverkleidung; 3 – untere Lenksäulenverkleidung; 4 – vordere Mittelkonsole; 5 – Blende links unten; 6 – Kombi-Instrumentenblende; 7 – Mittelkonsole hinten.

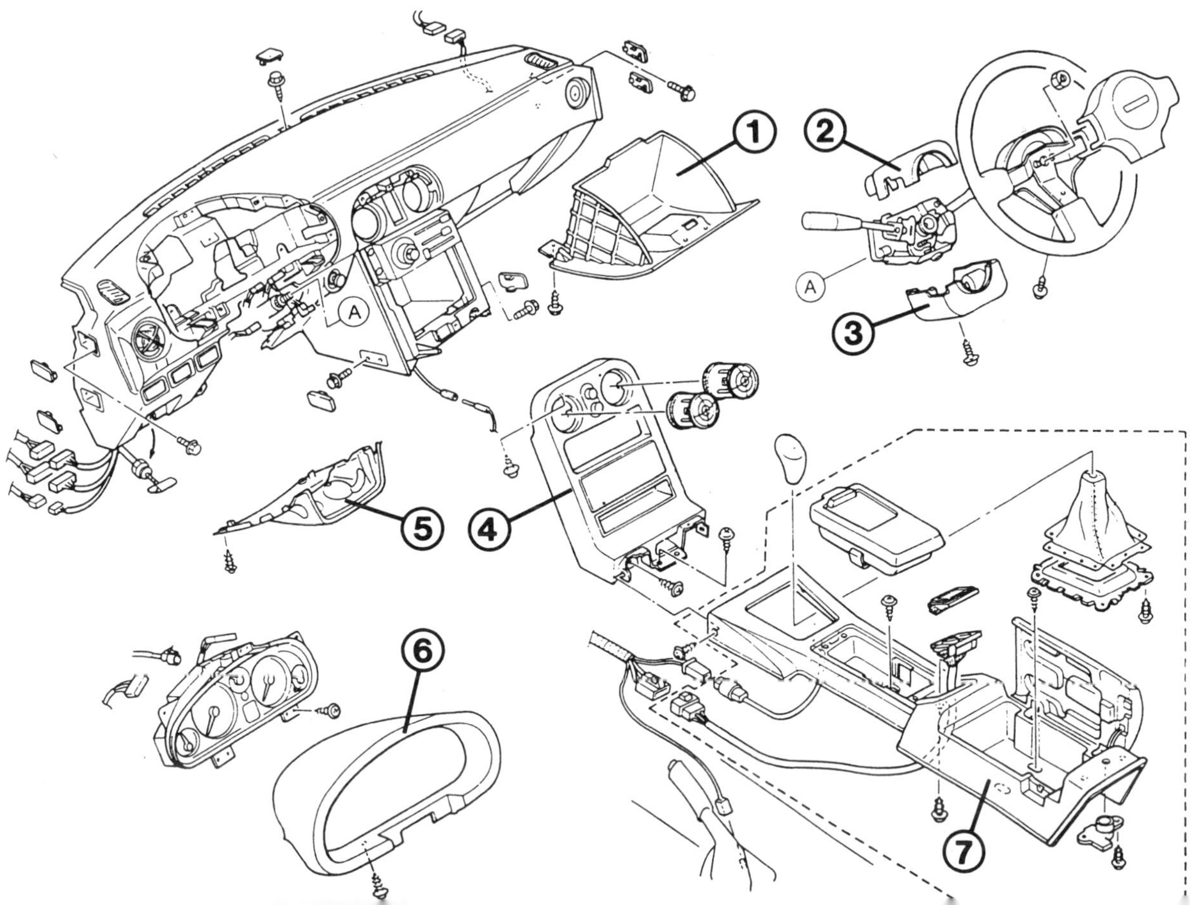

Die Pfeile deuten auf die Kreuzschlitzschrauben, mit denen die vordere Mittelkonsole (1) befestigt ist.

Zum Ausbau des Sitzes müssen vorn die mit Pfeilen gekennzeichneten Sechskantschrauben gelöst werden. Hinten an den Sitzschienen jeweils eine weitere Sechskantschraube losdrehen.

Mittelkonsole

Ausbau

● **Hintere Mittelkonsole:** Zwei Kreuzschlitz-Spreizschrauben links und rechts an der vorderen Mitteltunnel-Abdeckung losdrehen.
● Schalthebelknopf am Schalthebel abschrauben.
● Ascher herausnehmen und darunterliegende Kreuzschlitzschraube lösen.
● Abdeckung in der Mittelkonsole aufklappen.
● Zwei Kreuzschlitzschrauben herausdrehen.
● Mittelkonsole vorn anheben und hinten die Tankklappen- und Kofferraumfernentriegelung aus der Konsole ausfädeln.
● **Vordere Mittelkonsole:** Hintere Mittelkonsole ausbauen.
● Elektrische Spiegelverstellung heraushebeln (Kapitel »Instrumente und Geräte«).
● Lüftungsdüsen herausnehmen, siehe Kapitel »Heizung und Lüftung«.
● An den Lüftungsdüsenausschnitten oben jeweils eine Kreuzschlitzschraube lösen.
● Auf der linken Fahrzeugseite eine Kreuzschlitzschraube der vorderen Konsole und am Mitteltunnel eine Kreuzschlitzschraube lösen.
● Vordere Mittelkonsole abnehmen.

Schloß der Mittelkonsole ausbauen

● Hintere Mittelkonsole ausbauen.
● Schalter der Fensterheber an der Rückseite der hinteren Mittelkonsole lösen.
● Kontaktstecker trennen.
● Beide Kreuzschlitzschrauben am Schloß der hinteren Mittelkonsole losdrehen.
● Schloß herausnehmen.

In dieser Abbildung sind die Kreuzschlitzschrauben (1) im Mittelfach (2) und die Kreuzschlitzschraube (3) unter dem Ascher der hinteren Mittelkonsole zu sehen.

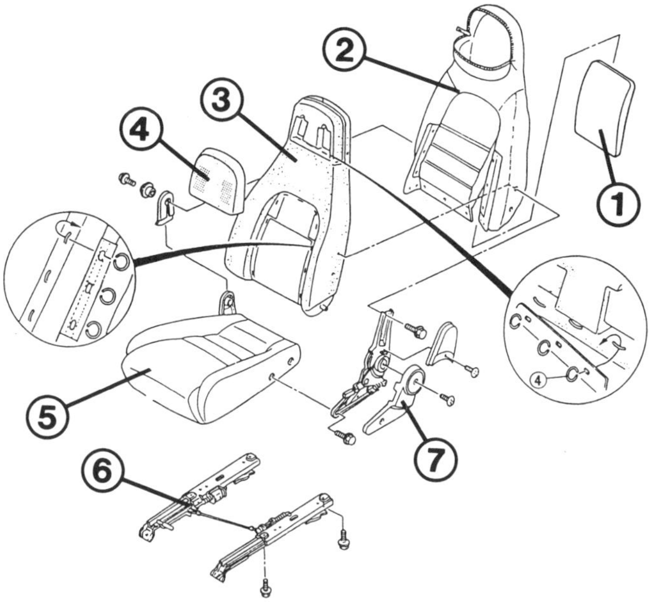

Die Einzelteile des Sitzes: 1 – Kissen der Kopfstütze; 2 – Lehnenüberzug; 3 – Lehnenrahmen; 4 – Lautsprecherabdeckung (USA); 5 – Sitzpolster; 6 – Sitzschienen; 7 – Abdeckung des Sitzlehnengelenks.

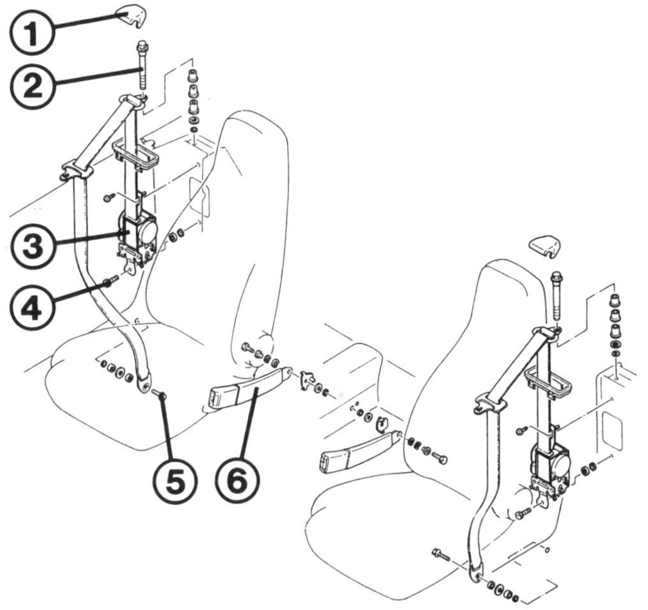

Der Sicherheitsgurt: 1 – Abdeckung am oberen Umlenkpunkt; 2 – Sechskantschraube oben; 3 – Aufrollautomat; 4 – Sechskantschraube Aufrollautomat; 5 – Sechskantschraube am unteren Umlenkpunkt; 6 – Gurtschloß.

Die Sitze

Vordersitz ausbauen

- An der Sitzschiene vorn und hinten eine Sechskantschraube SW 14 herausdrehen.
- Sitz herausnehmen (Teppichboden nicht verschmieren).
- Beim Wiedereinbau die Führungsbolzen der Sitzschienen in ihre Führungen richtig einsetzen.
- Die Schrauben mit **40–50 Nm** anziehen.

Kopfstützen ausbauen ab MJ 94

- Arretierklammern an den Abdeckrosetten nach innen drücken.
- Kopfstützen herausziehen.
- Zum Wiedereinbau Kopfstütze in die Lehne hineindrücken.

Die Verkleidungen

Die Verkleidungen im Innenraum und an den Fenstersäulen sind geschraubt, eingehängt oder festgeclipst.

Windschutzscheibenrahmen-Verkleidung ausbauen

- Innenspiegel ausbauen, dazu die Abdeckung am Fuß abhebeln.
- Kreuzschlitzschraube lösen. Innenspiegel abnehmen.
- Sonnenblenden herunterklappen und die Kreuzschlitzschraube lösen.
- Sonnenblenden abnehmen.
- Verkleidung am Windschutzscheibenrahmen abziehen (ist mit Klammern eingeclipst).

A-Säulen-Verkleidung ausbauen

- Windschutzscheibenrahmen-Verkleidung ausbauen.
- Dichtung entlang der A-Säule abziehen.
- Unten die Verkleidung aus der Karosserie herausziehen.
- Oben ist die Verkleidung eingehängt. Verkleidung nach oben aushängen, **nicht ziehen**, sonst brechen Haken ab.

Seitenverkleidung ausbauen

- An der Schwellerverkleidung Kreuzschlitzschrauben lösen.
- Schwellerverkleidung am Schweller abziehen (ist geklammert).
- Kantenschutz abziehen.
- **Vorn:** Die Verkleidung in den Innenraum von der Karosserie abziehen (ist mit Klammern eingeclipst). Führungsstifte dabei nicht abbrechen.
- **Hinten:** TORX-Schrauben (T40) an der Führung des Verriegelungshakens für die Hardtop-Befestigung lösen.
- Abdeckung am Versteifungsträger (ab MJ 94) abhebeln. Darunterliegende Sechskantschraube lösen.
- Sechskantschraube der Windschottaufnahme und Druckknopfaufnahme der Persenning lösen.
- Abdeckung am Gurtumlenkpunkt abziehen.
- Seitenverkleidung aus der Karosserie herausziehen (ist mit Klammern eingeclipst).
- Sicherheitsgurt aus der Verkleidung ausfädeln, dazu die Abdeckung abziehen.
- Seitenverkleidung abnehmen.

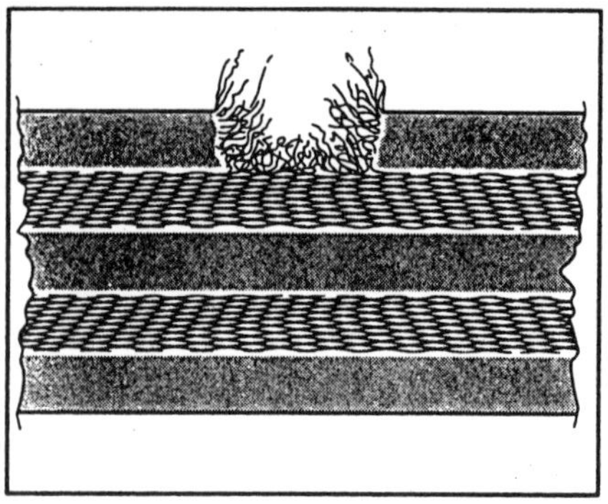

Das Gurtband ist eingeschnitten, eingerissen oder aufgescheuert.

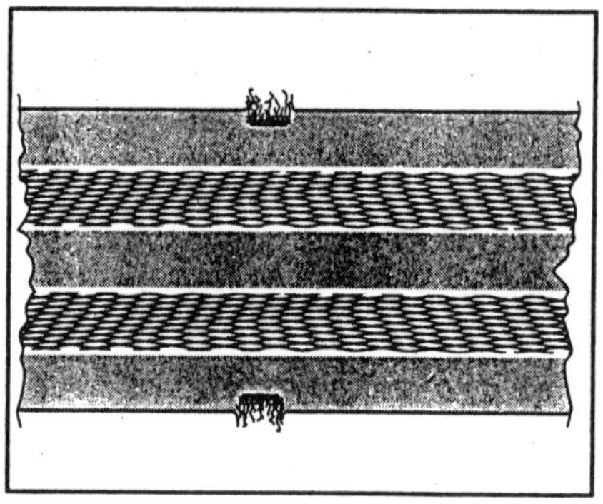

Die Gewebeschlingen an der Gurtkante sind durchgerissen.

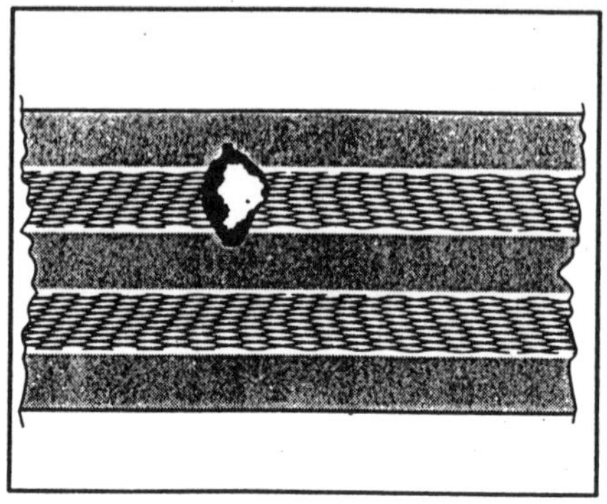

Brandflecken im Gurtband.

Sicherheitsgurte prüfen

Wartung Nr. 7

Der Zustand der Sicherheitsgurte kann im Fall eines Unfalls dafür ausschlaggebend sein, ob der Insasse den Aufprall überlebt. Deshalb ist eine Kontrolle z.B. beim Gebrauchtwagenkauf durchaus empfehlenswert.

● **Gurtband prüfen:** Ziehen Sie das Gurtband vollständig aus dem Aufrollautomaten oder aus der Beckengurt-Verstellzunge.

● Verschmutztes Gurtband mit milder Seifenlauge waschen, keine chemischen Mittel verwenden!

● Eingeschnittene, eingerissene oder aufgescheuerte Stellen im Gurtband?

● Gewebeschlingen an der Gurtkante gerissen?

● Brandflecken im Gurtgewebe von Zigaretten?

● Traten die genannten Schäden durch einen Unfall auf, kompletten Sicherheitsgurt mit Schloß ersetzen. Andernfalls genügt der Austausch des Gurtes.

● **Sperrwirkung:** Gurtband mit kräftigem Ruck aus dem Aufrollautomaten ziehen.

● Durch den schnellen Auszug muß der Automat sperren. Wenn nicht, Gurt komplett mit Gurtschloß ersetzen.

● Bei schlechtem Gurtauszug oder -rückzug Einbaulage des Gurtautomaten kontrollieren.

● Bei einer Probefahrt aus ca. 20 km/h voll abbremsen (nur auf einsamer Straße ohne nachfolgende Verkehrsteilnehmer!).

● Sperrt der Gurtautomat nicht, Sicherheitsgurt komplett mit Gurtschloß ersetzen.

● **Gurtschloß:** Sind Risse oder Abplatzungen zu erkennen, Sicherheitsgurt gemeinsam mit Gurtschloß ersetzen.

● Beim Einschieben der Schloßzunge in das Schloß muß dieses hörbar einrasten. Kräftig am Gurtband ziehen, um sicherzustellen, daß der Schließmechanismus eingerastet ist.

● Prüfung mindestens fünf Mal wiederholen. Funktioniert die Verriegelung nur ein einziges Mal nicht, Sicherheitsgurt und Gurtschloß erneuern.

● **Entriegelung:** Durch Tastendruck den Schließmechanismus am Gurtschloß lösen.

● Die Schloßzunge muß von selbst aus dem Gurtschloß herausspringen.

● Prüfung ebenfalls mindestens fünf Mal wiederholen. Tritt hierbei eine Störung auf, Gurt mit Gurtschloß ersetzen.

● Bei Geräuschen oder Schwergängigkeit dürfen am Gurtschloß keinesfalls irgendwelche Schmiermittel verwendet werden!

● **Umlenkbeschläge und Schloßzunge:** Nach einem Unfall zeigen die kunststoffüberzogenen Beschläge (durch den beim Unfall belasteten Gurt) feine, parallel verlaufende Riefen. Bei normalem Verschleiß entstehen dagegen streifenfreie, glatte Abnutzungsspuren.

● Kunststoff auf Verformung, Abplatzung und Rißbildung kontrollieren.

● Sind genannte Spuren erkennbar, Gurt mit Schloß austauschen.

● **Befestigungsteile und -punkte:** Schloßzunge verformt (gelängt)?

● Befestigungspunkte an Sitz, Fahrzeugboden oder Säule verformt oder Gewinde beschädigt?

● Sind hier Schäden erkennbar, Gurt mit Schloß ersetzen, Befestigungspunkte in der Werkstatt ersetzen lassen.

● Bei Schäden, die nicht durch Unfallfolgen entstanden sind, genügt der Austausch der beschädigten Teile.

Nostalgiekleid

Was das Auto als Anzug zur Schau trägt, soll möglichst unverwechselbar sein. Beim Mazda MX-5 ist dies ohne Zweifel gelungen. Neben dem Aussehen gilt es noch andere Forderungen zu erfüllen, wie geringes Gewicht, Verwindungssteifigkeit, hohe Formfestigkeit der Fahrgastzelle und energievernichtende »Knautschzonen« an Bug und Heck.

Demontierbare Teile

Mit einiger Geschicklichkeit kann man die Frontmaske, den Stoßfänger hinten und die vorderen Kotflügel alleine ausbauen. Wollen Sie aber die Motorhaube, hintere Klappe oder Türen demontieren, brauchen Sie unbedingt einen Helfer, der diese Teile hält, während Sie schrauben. Andernfalls ist schnell irgendwo der Lack zerkratzt.

Fingerzeig: Den Wiedereinbau der bisherigen Motorhaube, Kofferraumklappe oder Tür kann man sich erleichtern, wenn die Lage der Scharniere vor der Demontage angezeichnet wird. Das geschieht am besten mit einem wasserfesten Filzstift.

Die Motorhaube

Haube ausbauen

- An den hinteren Ecken der Haube Lappen auflegen, daß die evtl. abrutschende Haube nicht auf Blech oder Lack aufsitzt.
- Schlauch der Scheibenwascherdüsen abziehen.
- Rechts und links zuerst je eine der beiden Halteschrauben an den Scharnieren losdrehen.
- Jeweils zweite Schraube nur lockern.
- Mit einem Helfer die Haube halten, Schrauben vollends herausdrehen und Haube abnehmen.

Motorhaube einstellen

Bei geschlossener Motorhaube muß der Abstand zu beiden Kotflügeln **5,0 ± 1,0 mm** betragen, zur Frontmaske beträgt der Abstand rundum **5,0 ± 1,5 mm**. In der Höhe soll die Haube den Kotflügeln entsprechen.

- Zur Einstellung in **Längsrichtung** werden die Schrauben zwischen Scharnier und Haube gelöst.
- Haubendeckel verschieben. Damit hierbei kein Lack verkratzt wird, evtl. an den Ecken zum Windlauf einen Lappen unterlegen.
- In **Seitenrichtung** läßt sich der Sitz der Haube durch vorsichtiges Biegen der Scharniere korrigieren.
- Hilft das nicht, muß der Sitz der Kotflügel korrigiert werden.
- Die Höhe der Motorhaube soll zur Frontmaske die gleiche Höhe betragen.
- Zur Einstellung der **Höhe** zwei Sechskantschrauben und Mutter am Haubenschloß lösen. Motorhaube auf die genannten Maße einstellen.

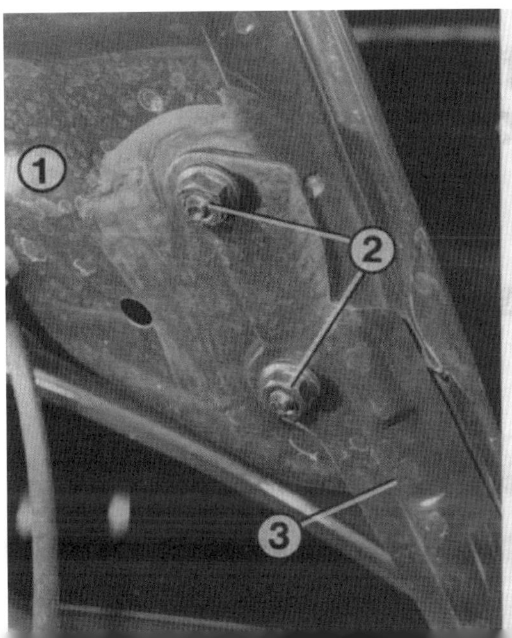

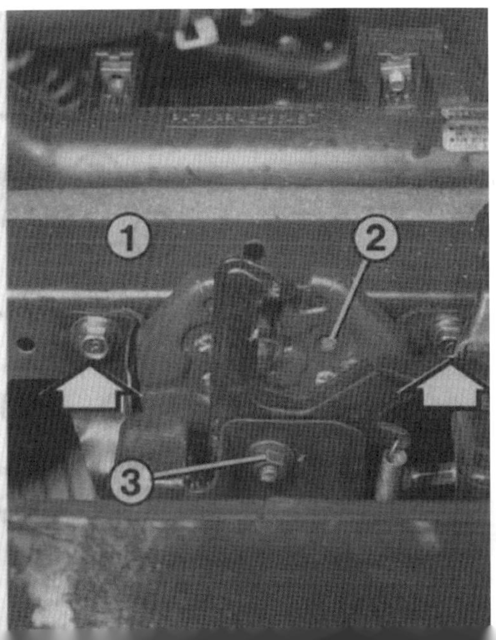

Links: Zum Ausbau der Motorhaube (1) sind rechts und links am Haubenscharnier (3) je zwei Haltemuttern (2) zu lösen.
Rechts: Das Motorhaubenschloß (2) wird von zwei Sechskantschrauben (Pfeile) und einer Mutter (3) am Querträger (1) gehalten.

Zum Ausbau des Zuges (3) muß die Zugsicherung (2) am Haubenschloß (1) abgedrückt werden.

An der Unterseite des Motorhaubenschlosses sind hier folgende Bauteile abgebildet: 1 – kugelförmiges Zugende; 2 – Widerlager; 3 – Einkerbung am Zug (4).

Haubenverschluß einstellen

Funktioniert die Haubenverriegelung nicht einwandfrei, kann das Haubenschloß am Frontblech in der Höhe und in Querrichtung verstellt werden. Der Hauben-Entriegelungszug ist nicht einstellbar.

- Ab MJ 94 an der Abdeckung vier Kreuzschlitz-Spreizschrauben lösen und herausziehen.
- Abdeckung herausnehmen.
- Bei seitlich versetztem Haubenschloß dieses lokkern und entsprechend seitlich verschieben.
- Falsche Schließhöhe wird durch Lockern und Verschieben des Schlosses korrigiert.

Haubenzug auswechseln

- Ab MJ 94 an der Abdeckung vier Kreuzschlitz-Spreizschrauben lösen und herausziehen.
- Abdeckung herausnehmen.
- Bei einem Fahrzeug mit Airbag den Crashsensor am Träger ausbauen. Dazu die Abdeckung abnehmen und die beiden Sechskantschrauben lösen.
- Crashsensor vorsichtig zur Seite legen, so daß er nicht herunterfallen kann.
- Am Haubenschloß zwei Sechskantschrauben und eine Mutter abschrauben.
- An der Verbindung Querträger/Schloßblech unten am Querträger zwei Halteschrauben lösen.
- Halteklammer am Schloß abziehen und Zug aus dem Schloßhebel aushängen.
- Im Innenraum an der unteren Lenksäulenverkleidung die Kontermutter des Entriegelungsgriffes lösen.
- Zug aus der Verkleidung abnehmen.
- Haubenzug aus seinen Haltern aushängen und in den Innenraum durchziehen.
- Beim Einbau den Zug so verlegen, daß er nicht unter Spannung steht.
- Der Zug ist nicht einstellbar.
- Ggf. den Airbag-Crashsensor am Träger mit **10 Nm** festschrauben.

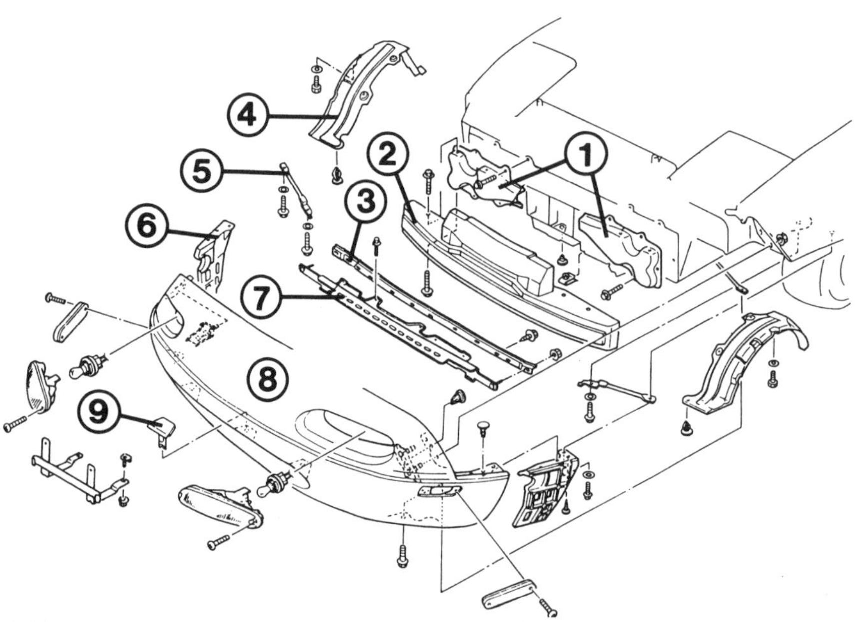

Die Einzelteile der Frontmaske (8). Es sind: 1 – Halterung der Verstärkung (2); 3 – Leiste; 4 – Radhausschale; 5 – Halterung der Frontmaske an den Ecken; 6 – seitliche Halterung; 7 – Halter; 9 – Halteclip im Kühlufteintritt.

Hier sehen Sie die Halteschrauben (Pfeile), mit denen die Frontmaske (2) am oberen Querträger (1) angeschraubt ist.

Links: Im Kühlufteintritt der Frontmaske (2) wird der Halteclip (1) durch leichten Linksdreh herausgenommen.
Rechts: Bei aufgeklapptem Schwenkscheinwerfer (2) wird die Haltemutter (3) der Frontmaske (1) an den Ecken sichtbar.

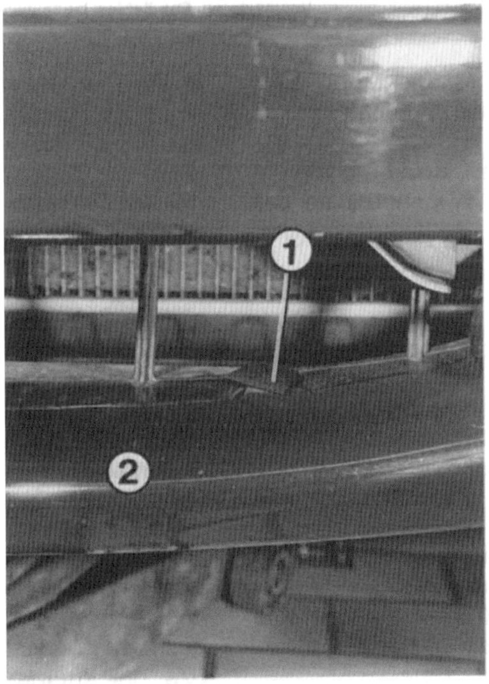

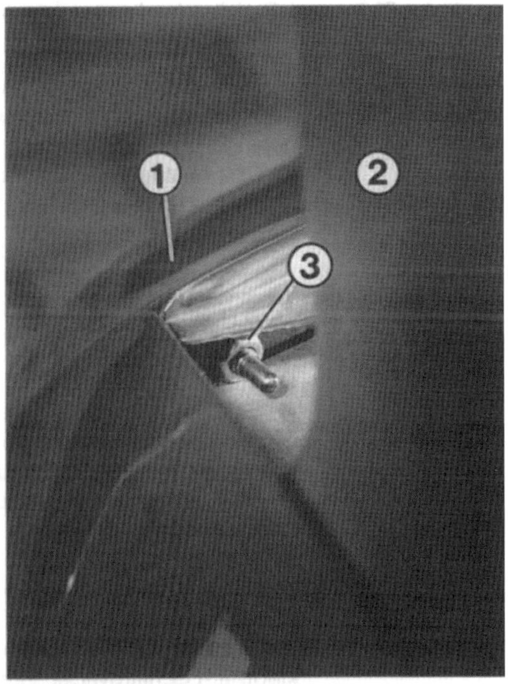

Links: An den mit Pfeilen bezeichneten Stellen müssen die Spreizschrauben und die Sechskantschraube der Frontmaske (1) gelöst werden.
Rechts: Nach Abnahme der Radhausschale sind die beiden Haltemuttern (2) der Frontmaske sichtbar. Mit »1« ist der Kotflügel bezeichnet.

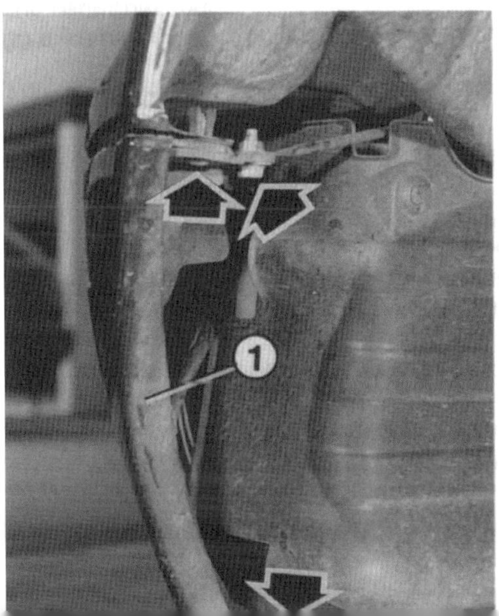

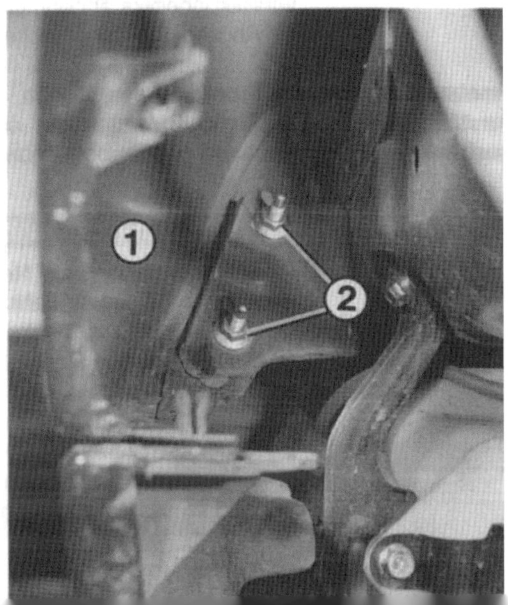

Nach Abnahme der Frontmaske wird die Frontmaskenverstärkung (1) sichtbar. Mit den Pfeilen sind die Halteschrauben bezeichnet.

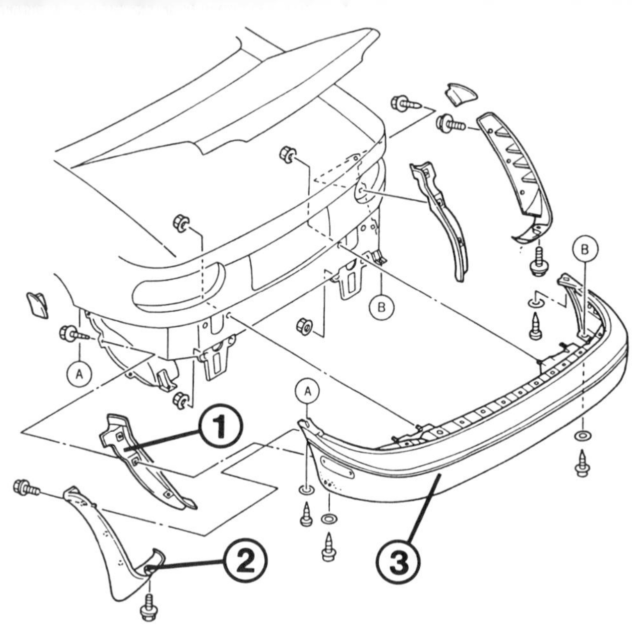

In der Zeichnung sehen Sie die Einzelteile des hinteren Stoßfängers (3) mit Verstärkung. Die Zahlen bedeuten: 1 – hintere Radhausschale; 2 – Radlaufverbreiterung.

Haubenzug gerissen

- Falls der Entriegelungszug für die Motorhaube gerissen ist, können Sie wie folgt in den Motorraum gelangen:
- Den Mazda vorn hochbocken, damit Sie von unten her zwischen Kühler und Wagenfront an das Haubenschloß gelangen.
- Mit Taschenlampe nach oben leuchten.
- Ist am Haubenschloß noch ein Drahtende greifbar, Schloß mit der Zange entriegeln.
- Ist der Zugdraht dagegen in der Hülle gerissen, müssen Sie hinter das Schloß fassen und den Hebel entriegeln.

Die Wagenfront

Frontmaske ausbauen

- Wagen vorn aufbocken, Räder abnehmen.
- Motorhaube öffnen.
- Scheinwerfer mit dem Betätigungsschalter in Stellung »Auf« schwenken. **Sicherheitshinweise beachten**, siehe »Die Beleuchtung«.
- Blinker/Standlicht-Gehäuse lösen (Kapitel »Die Beleuchtung«).
- Am oberen Querträger sechs Sechskantschrauben (SW 10) der Frontmaske lösen.
- An den äußeren Ecken Frontmaske/Kotflügel eine Haltemutter (SW 10) lösen. Das ist nur bei aufgeklapptem Scheinwerfer möglich.
- Radlaufabdeckung und Abdeckung des Waschwasserbehälters abnehmen.
- An den Stoßfängerecken unten eine Sechskantschraube und oben eine Kreuzschlitz-Spreizschraube lösen.
- Oben an der Stoßfängerecke eine Sechskantschraube an der Stoßfänger-Versteifung lösen.
- Hinter der Radlaufabdeckung werden zwei Muttern sichtbar, die gelöst werden müssen.
- Vorne an der Unterseite der Frontmaske vier Halteschrauben lösen.
- Kennzeichenhalterung an der Frontmaske lösen und abnehmen.
- Im »Maul« der Frontmaske an der Unterseite zwei bzw. drei Kreuzschlitz-Spreizschrauben lösen.
- An der Unterseite des »Mauls« drei Halteclips um 90° verdrehen und herausziehen.
- Frontmaske ggf. mit einem Helfer abziehen.

Frontmaskenverstärkung ausbauen

- Frontmaske ausbauen.
- An der Verstärkung oben und unten je zwei Sechskantschrauben losdrehen.
- Anschließend Verstärkung abnehmen.

Stoßfänger hinten ausbauen

- Steckverbindung der Nebelschlußleuchte im Kofferraum an der linken Fahrzeugseite lösen.
- Wagen hinten aufbocken, Räder abnehmen.
- An der hinteren Radlaufverbreiterung vier Kreuzschlitzschrauben lösen.
- Am oberen Ende Halteklammer abziehen.
- Radlaufverbreiterung abnehmen.
- Im oberen Teil der Radlaufverbreiterung das Klebeband vorsichtig abziehen.
- An den Stoßfängerkanten oben und unten je eine Kreuzschlitzschraube lösen.
- An der Rückseite des Stoßfängers auf jeder Seite vier Muttern (SW 14) lösen.
- Stoßfängerecken oben aushängen und Stoßfänger abnehmen.

<u>Links:</u> Die Befestigung der Radlaufverbreiterung (1) besteht aus drei Halteschrauben (Pfeile) und der unteren Halteschraube (2).
<u>Rechts:</u> Zum Abnehmen des Stoßfängers (3) werden die drei Halteschrauben (Pfeile) der Radhausschale (2) und die Halteschraube (1) oben an der Ecke gelöst.

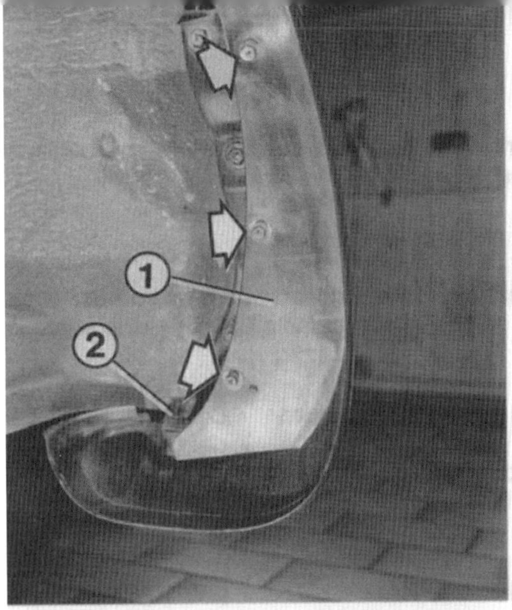

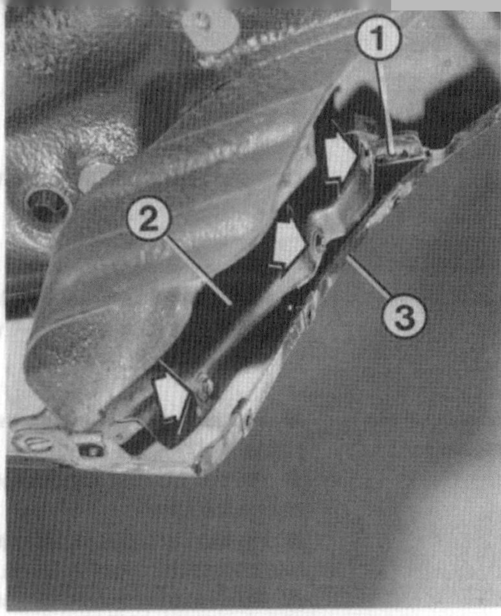

<u>Links:</u> Um den hinteren Stoßfänger (2) abnehmen zu können, müssen die vier Haltemuttern (Pfeile) am hinteren Fahrzeugrahmen (1) gelöst werden.
<u>Rechts:</u> Die vordere Sechskantschraube (2) des Kotflügels (1) kann erst kann Abnahme der Frontmaske gelöst werden.

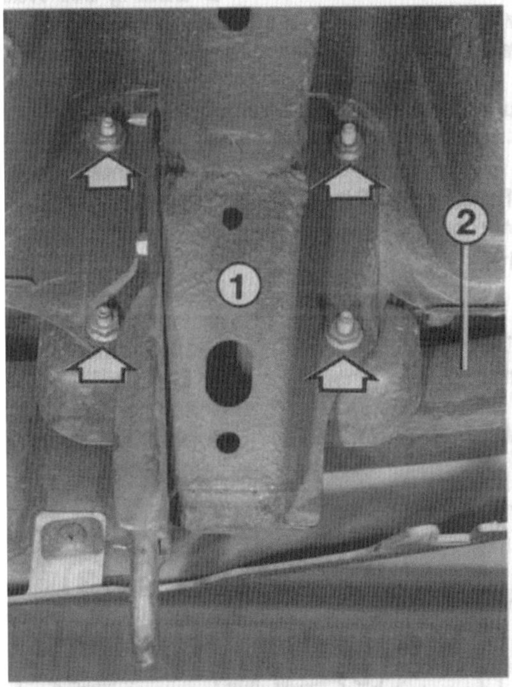

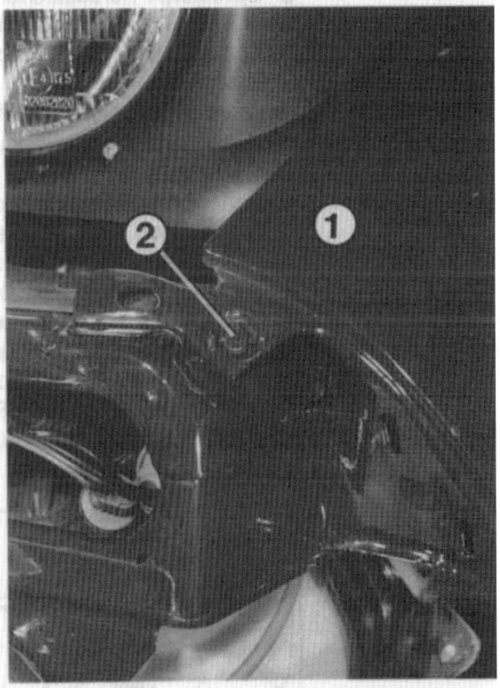

<u>Links:</u> Die Kotflügel-Haltemutter (2) an der A-Säule ist erst nach Abnahme der Radhausschale zugänglich. Die Mutter einige Umdrehungen lösen und Kotflügel (1) aus dem Halter (3) herausziehen.
<u>Rechts:</u> Der Kotflügel (1) ist an der Unterseite des Schwellers mit zwei Sechskantschrauben (Pfeile) angeschraubt.

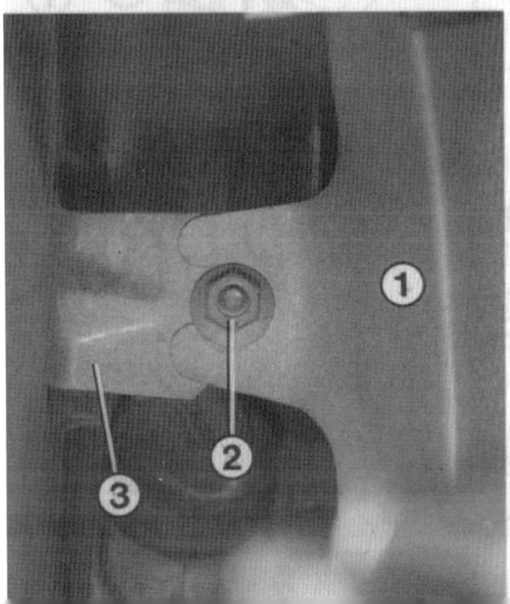

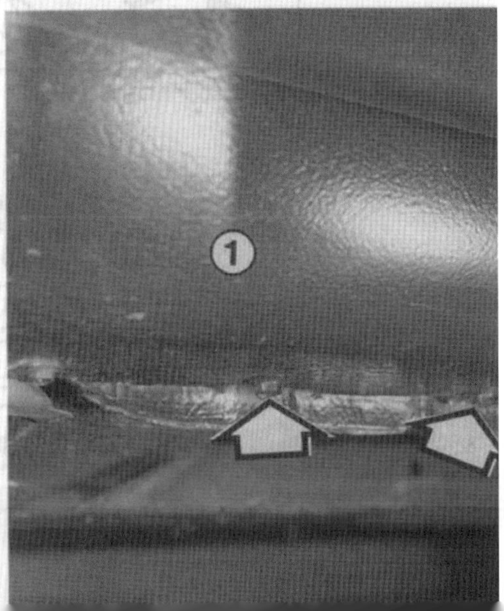

Fingerzeig: Beim Einbau darauf achten, daß der Stoßfänger waagrecht ausgerichtet ist und überall das gleiche Spaltmaß aufweist.

Die Kotflügel

Die vorderen Kotflügel des Mazda MX-5 sind angeschraubt, was deren Austausch vereinfacht. Dagegen bilden die hinteren Seitenteile – wie heutzutage allgemein üblich – eine verschweißte Einheit mit der restlichen Karosserie.

Radhausschale ausbauen

● Wagen vorn aufbocken und betreffendes Vorderrad abnehmen.
● An der oberen Stoßfängerecke eine Kreuzschlitzschraube lösen.
● Hinten an der Unterseite des Kotflügels eine Kreuzschlitzschraube lösen.
● Am inneren Radhaus werden vier Kreuzschlitz-Spreizschrauben an der Radhausschale gelöst.
● Spreizclips herausziehen.
● **Mit ABS:** Drei Kreuzschlitz-Spreizschrauben an der Abdeckung des Waschwasserbehälters lösen. Davon sitzen zwei an der Frontseite und die dritte an der Unterseite der Abdeckung.
● Abdeckung des Waschwasserbehälters abnehmen.
● **Alle:** An der Versteifungsstrebe Frontmaske/Karosserie an beiden Seiten die Sechskantschrauben (SW 10) lösen.
● Radhausschale abnehmen.
● Leitung des Waschwasserbehälters an der Radhausschale aushängen.

Kotflügel ausbauen

Ein Vorderkotflügel läßt sich nur nach Ausbau der Frontmaske und der Radhausschale demontieren.
● Blinker/Standlicht-Gehäuse ausbauen (Kapitel »Die Beleuchtung«).
● Seitenblinker lösen und die Fassung der Glassockellampe nach einer Viertelumdrehung herausnehmen (Kapitel »Die Beleuchtung«).
● Radhausschale ausbauen.
● Frontmaske abschrauben.
● Unterbodenschutz an den Trennfugen erwärmen, damit er sich mit einem scharfen Messer anschließend durchtrennen läßt. Sie brauchen dazu eine Gas-Lötlampe oder einen leistungsstarken Heißluftfön.
● Vier Sechskantschrauben in der Motorhauben-Ablagekante herausdrehen.
● Vorn an der Kante am Kotflügel/oberer Querträger eine Sechskantschraube herausdrehen.
● Unten am Schwellerblech zwei weitere Sechskantschrauben lösen.
● Innen an der A-Säule die Mutter zwei Umdrehungen losdrehen.
● Bei geöffneter Tür oben an der A-Säule eine Schraube lösen, nicht herausdrehen.
● Kotflügel vorsichtig mit einer Spachtel vom Stehblech lösen.

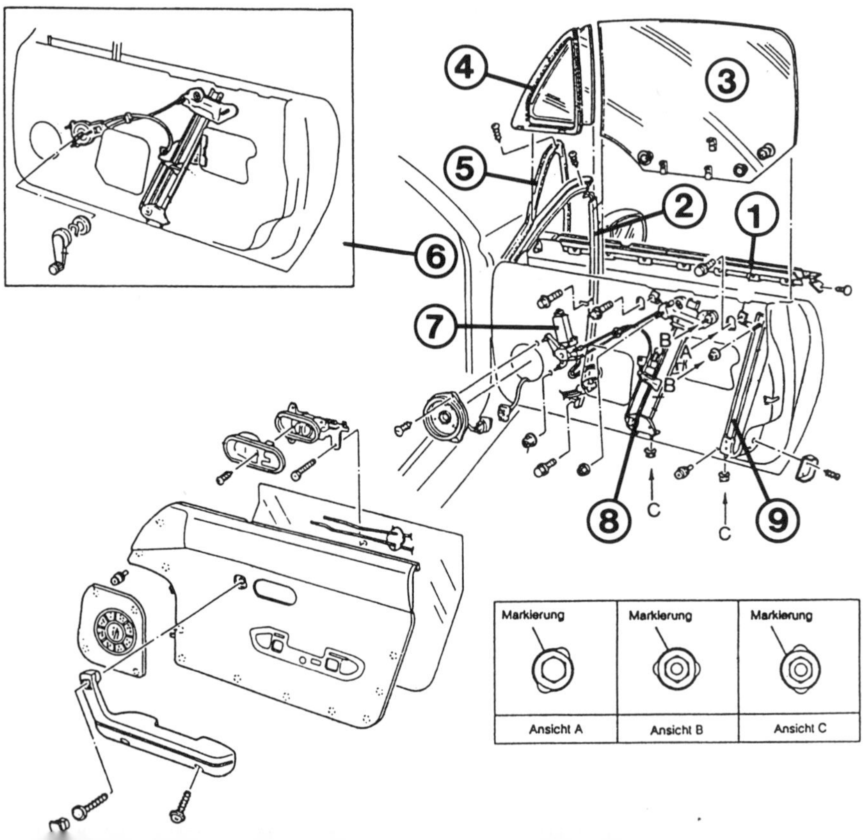

In der Zeichnung sind die Einzelteile der Tür zu sehen:
1 – Fensterschachtdichtung;
2 – Führungsschiene des Dreiecksfensters;
3 – Scheibe;
4 – Dichtung des Dreiecksfensters;
5 – Türdichtung;
6 – Fensterheber manuell;
7 – Fensterhebermotor;
8 – Fensterheberschiene;
9 – Fensterführungsschiene.

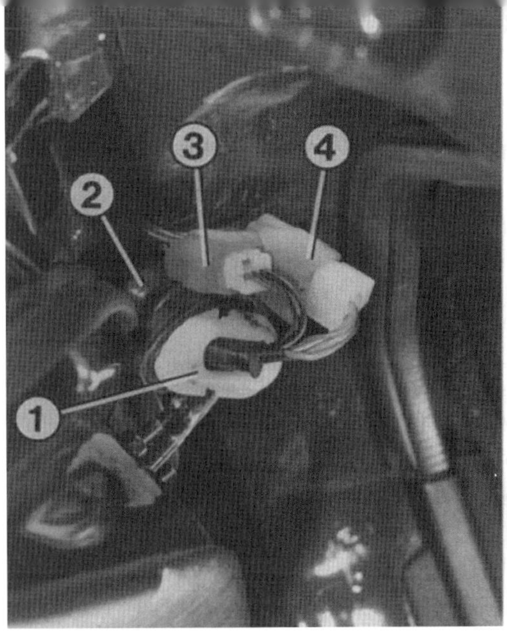

Links: Beim Ausbau der Tür müssen die Stecker der elektrischen Spiegelverstellung (4) und des Türlautsprechers (3) getrennt werden. Dazu die Manschette (2) an der A-Säule abziehen und den Manschettenhalter (1) ausrasten. **Rechts:** Zum Türausbau wird der Haltebolzen (2) des Türfeststellers (1) von unten nach oben herausgeklopft. Mit »3« ist die Drehsicherung beziffert.

- Vor dem Einbau muß das Stehblech an der Anlagefläche des Kotflügels gesäubert sowie ggf. entrostet und lackiert werden.
- Auf das Stehblech Karosseriedichtband aufdrükken oder Dichtmasse auftragen. Für jede Schraube ein entsprechend großes Loch durch das Dichtband stechen.
- Die Spalte zwischen Kotflügel und Motorhauben-Ablagekante werden mit Konservierungswachs satt eingesprüht.

Die Türen

Ausbau

- Bei geöffneter Tür zur Türsäule hin unten den Haltebolzen des Feststellers nach oben herausschlagen.
- Bolzen herausnehmen.
- An der Scharniersäule die zentrale Steckverbindung trennen, dazu die Gummimanschette abziehen.
- Anschließend mit einem schmalen Schraubendreher an der Längsseite die Steckverbindung(en) heraushebeln.
- Steckverbindung(en) nach Entriegeln der Sicherungslasche trennen.
- Tür unten abstützen.
- Oben und unten am Scharnier der Tür die Sechskantschrauben SW 12 lösen.
- Ggf. von einem Helfer die Tür halten lassen.
- Tür abnehmen.
- Beim Einbau das Gewinde der Madenschrauben mit einer Drahtbürste reinigen.
- Sicherungsmittel dünn auf die Schrauben auftragen und mit **20–30 Nm** festziehen.

Tür einpassen

Zur Einstellung einer Tür muß der Mazda mit allen Vieren waagrecht auf dem Boden stehen. Bei aufgebocktem Fahrzeug kann sich die Karosserie etwas verwinden, so daß die Türjustierung anschließend nicht stimmt.

- Schrauben (TORX T40) des Schließbügels, in den das Türschloß einrastet, ein wenig lockern.
- Oben und unten je zwei Schrauben der Türscharniere ein wenig losdrehen, so daß sich die Tür mit nicht zu großem Kraftaufwand nach allen Seiten verschieben läßt.

Zum Abnehmen der Tür (1) von der A-Säule (2) die Haltemuttern (Pfeile) an der Tür losdrehen.

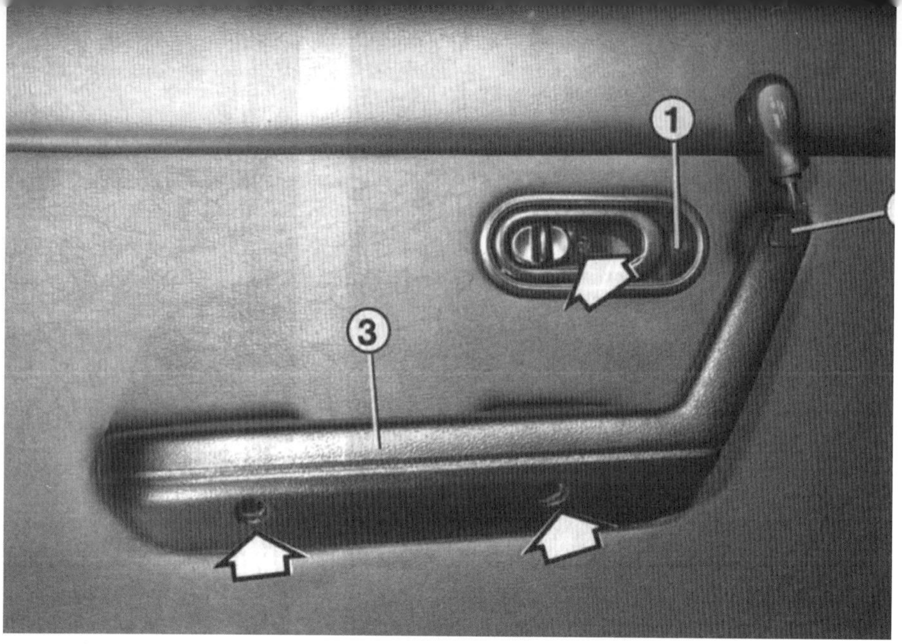

Türverkleidung bis MJ 93. Es bedeuten: 1 – Türöffner; 2 – Abdeckung; 3 – Zuziehgriff. Mit den Pfeilen sind die Kreuzschlitzschrauben bezeichnet, die zum Ausbau des Zuziehgriffes gelöst werden müssen.

- Mit einem Helfer die Tür in den Ausschnitt drükken und so ausrichten, daß die Türkante zum Karosserieblech (B-Säule) einen Spalt von **5,0±1,0 mm** hat.
- Prüfen Sie vom Wageninnern aus, ob die Tür gleichmäßig an ihrer Gummidichtung anliegt.
- Bei richtigem Sitz Scharnierschrauben anziehen.
- Türschloß bei leicht angehobener Tür in den Schließbolzen einrasten lassen.
- Tür loslassen, wieder anziehen und Tür leicht angehoben öffnen.
- Schließbügel in dieser Stellung festziehen.
- Sitz der Tür kontrollieren, ggf. nachjustieren.
- Streift die Tür unten über die Führung beim schließen, beide Kreuzschlitzschrauben etwas lösen und so ausrichten, daß die Tür einwandfrei schließt. Schrauben mit **4–6 Nm** anziehen.

Türverkleidung ausbauen

- Ggf. Fensterkurbel abnehmen. Nehmen Sie dazu als Hilfsmittel ein Kabel.
- Ziehen Sie das Kabel zwischen Türkurbel und Kunststoffring.
- Kabel kräftig nach unten ziehen, gleichzeitig Fensterkurbel langsam drehen, bis sie von der Achse springt.
- Fensterkurbel, Halteklammer und Kunststoffring abnehmen.
- Abdeckung oben am Zuziehgriff mit einem schmalen Schraubendreher abhebeln.
- Drei bzw. zwei Kreuzschlitzschrauben am Zuziehgriff lösen (oben lange Schraube).
- Lautsprecherabdeckung abziehen.
- An der Außenkante der Ablagetasche Abdeckung mit schmalem Schraubendreher abhebeln und die dahinterliegende Kreuzschlitzschraube lösen.
- Am Türöffner eine Kreuzschlitzschraube lösen.
- Türöffnerabdeckung abnehmen.
- Verkleidung aus ihren Halteclips herausziehen.
- Verkleidung anschließend oben aus dem Fensterschacht aushängen.
- Türverkleidung komplett abnehmen.
- Die Ablagetasche kann an der Rückseite der Verkleidung losgeschraubt werden.
- Beim Einbau muß der Führungszapfen vorn an der Verkleidung in die Führungsbohrung eingehängt werden.
- Beachten Sie bei einem Fahrzeug mit manuellen Fensterhebern, daß die Fensterkurbel im Winkel von ca. 45° in Fahrtrichtung nach vorn oben zeigen soll.

Dichtfolie ausbauen

Die Folie hinter der Türverkleidung dämpft Geräusche und verhindert Zugluft und Wassereintritt. Sie darf nicht beschädigt sein, sonst ist die Schutzwirkung dahin.

- Türverkleidung ausbauen.
- Am Türöffner drei Sechskant-Kreuzschlitzschrauben lösen.
- Am Gestänge die Sicherung mit einem Schraubendreher abclipsen und das Gestänge aushängen.
- Mit einem Messer das Klebematerial zwischen der Türaußenhaut und Dichtfolie trennen.
- Dichtfolie in Fahrtrichtung nach vorn verschieben und gleichzeitig das Gestänge der Türinnenbetätigung durch die Öffnung in der Folie herausnehmen.
- Beim Einbau kleine Rißstellen in der Folie mit doppelseitigem Klebeband hinterkleben.
- Zeigen sich jedoch längere Risse, sollte die Folie ersetzt werden.

Türgriff bzw. Schließzylinder ausbauen

- Türverkleidung abnehmen.
- Dichtfolie im Bereich des Türschlosses abziehen.
- Position der Gestänge am Schließzylinder und am Türschloß anzeichnen, bevor die Verriegelung gelöst wird.
- Sicherungslasche an der Verbindungsstange

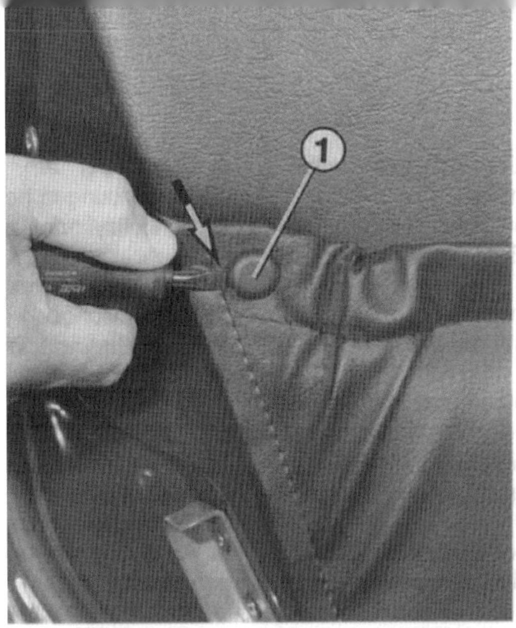

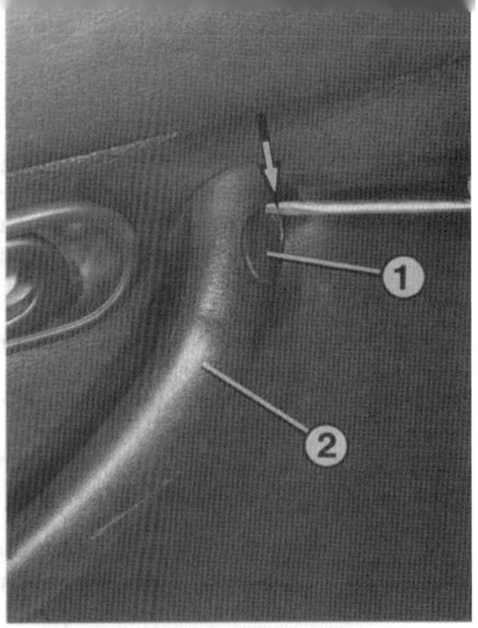

Links: Die Abdeckkappe (1) der Türtasche wird mit einem schmalen Schraubendreher abgehebelt (Pfeil).
Rechts: Am Zuziehgriff (2) wird die Abdeckkappe (1) über der Kreuzschlitzschraube mit einem Schraubendreher abgedrückt (Pfeil).

An der Türverkleidung ab MJ 94 sehen Sie folgende Teile:
1 – Türöffner;
2 – Zuziehgriff;
3 – Türtasche.
Mit den Pfeilen sind die Kreuzschlitzschrauben bezeichnet, die gelöst werden müssen.

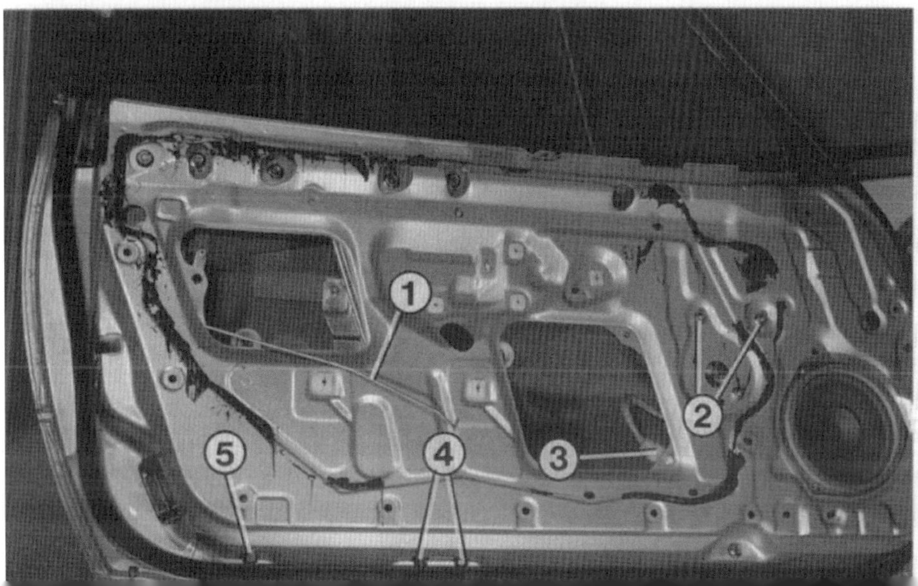

Bei abgenommener Türverkleidung sind zu sehen:
1 – Betätigungsstange des Türöffners;
2 – Haltemuttern des Fensterhebermotors;
3 – Steckverbindung zum Motor;
4 – Halteschrauben des Fensterhebers;
5 – Halteschraube der Fensterführungsschiene.

Schließzylinder/Türschloß am Schließzylinder entriegeln und Gestänge herausnehmen.
- Sicherungslasche an der Verbindungsstange Türöffner/Türschloß am Türschloß entriegeln und Gestänge herausnehmen.
- Türaußengriff lösen und abnehmen.
- Im Türkasten links und rechts die Muttern SW 10 lösen.
- Türgriff unten herausschwenken und abnehmen.
- Bügelfeder am Türschloß/Schließzylinder über die Einkerbungen hebeln und abnehmen.
- Schließzylinder aus der Schloßführung herausnehmen.
- Beim Einbau muß der Dichtring des Schließzylinders aufgeschoben sein und richtig sitzen.
- Schließzylinder mit Molykote-Fett einsetzen; das verhindert Verschmutzen und Einfrieren.

Türschloß ausbauen

- Türverkleidung und Dichtfolie abnehmen.
- Türscheibe in Stellung »Geschlossen« hochkurbeln bzw. -fahren.
- Position der Gestänge am Schließzylinder und am Türschloß anzeichnen, bevor die Verriegelung gelöst wird.
- Sicherungslaschen an den Verbindungsstangen Schließzylinder/Türschloß am Schließzylinder und Türöffner/Türschloß am Türschloß entriegeln, Gestänge herausnehmen.
- Verbindungsstange Türöffner innen aushängen.
- An der Stirnseite der Tür drei Kreuzschlitzschrauben lösen.
- Türschloß herausnehmen.
- Beim Einbau werden die Kreuzschlitzschrauben mit **4–6 Nm** angezogen.

Arbeiten an den Türscheiben

Scheibe ausbauen

- Türverkleidung ausbauen, Dichtfolie abnehmen.
- Scheibe aus der geöffneten Stellung **190 mm** hochkurbeln/-fahren.
- Batterie abklemmen.
- Halteschrauben der Hebeschiene lösen und Klemmbacken auseinanderdrücken.
- Fensterschacht-Abdeckung ausbauen.
- Scheibe vorn absenken und in Schrägstellung aus dem Fensterschacht herausnehmen.
- Beim Einbau die Hebeschiene auf die Führung des Fensterhebers (in Fahrtrichtung hinten) aufsetzen.
- Scheibe unten am Fensterheber anschrauben.
- Scheibe einstellen, wie beschrieben.
- Schrauben mit **7–10 Nm** anziehen.

Dreiecksfenster ausbauen

- Türscheibe ausbauen.
- Fensterführungsschiene vorn am Türblech lösen.
- Türdichtung im Bereich der Führungsschiene aus ihrem Sitz herausziehen. Darunterliegende Kreuzschlitzschraube lösen.
- Vordere Fensterführungsschiene mit der Scheibe etwas nach hinten ziehen.
- Scheibe aus der Führungsschiene herausnehmen.

Fensterheber ausbauen

Die Ausbauweise ist bei der Ausführung mit elektrischen Fensterhebern gleich wie bei der manuellen Betätigung.

Die Schrauben (Pfeile) am Türöffner werden bei abgenommener Türverkleidung gelöst. Weiter gezeigt: 1 – Betätigungsstange Verriegelung; 2 – Betätigungsstange Schloßentriegelung; 3 – Halteclip der Schloßentriegelung.

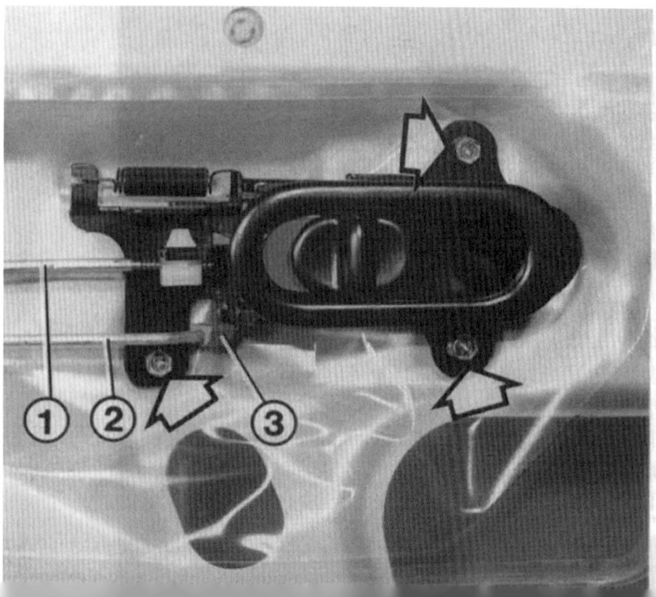

An der Rückseite des äußeren Türöffners sind zu sehen: 1 – Halteclip am Schließzylinder; 2 – Haltemuttern an der Tür; 3 – Umlenkhebel; 4 – Dichtung; 5 – Betätigungsstange zum Entriegeln des Schlosses.

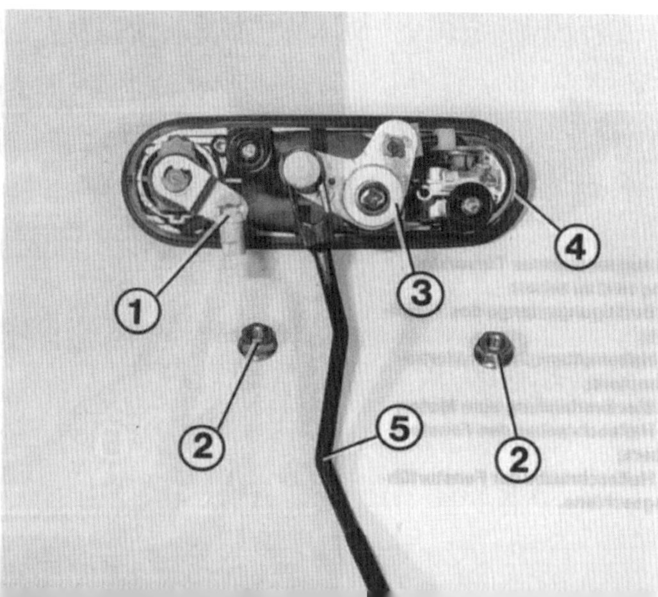

Bei abgenommener Türverkleidung sehen Sie folgende Teile:
1 – Fensterführung außen;
2 – Anschlag;
3 – Fensterführung innen;
4,7 – Befestigungsschrauben der vorderen Fensterführungsschiene und des Dreiecksfensters;
5 – Halteschrauben des Scheibenanschlags;
6 – Halteschrauben am Fensterheber.

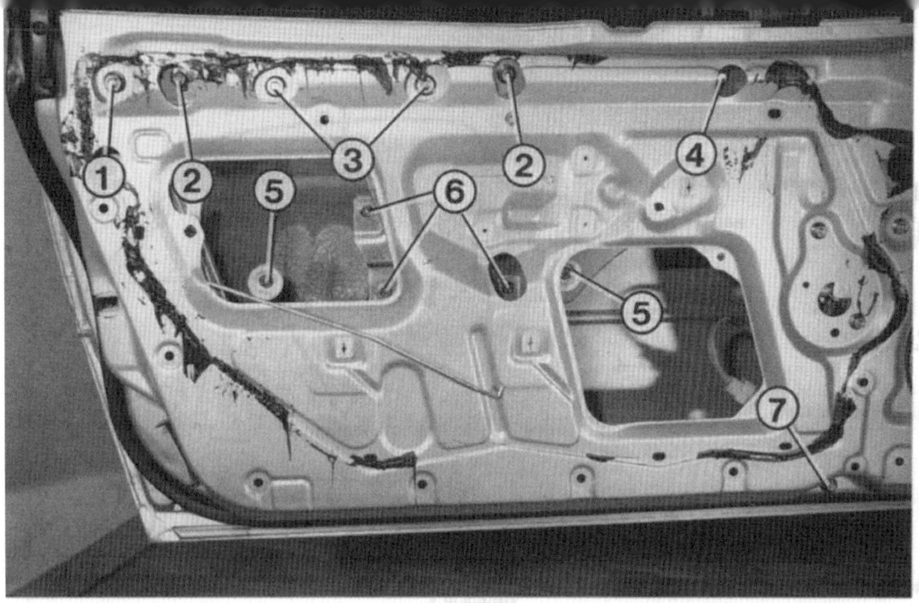

Links: Der Motor (1) des Fensterhebers ist mit drei Muttern (Pfeile) am Türblech angeschraubt.
Rechts: Zum Ausbau des Türschlosses (1) müssen die Kreuzschlitzschrauben (Pfeile) gelöst werden.

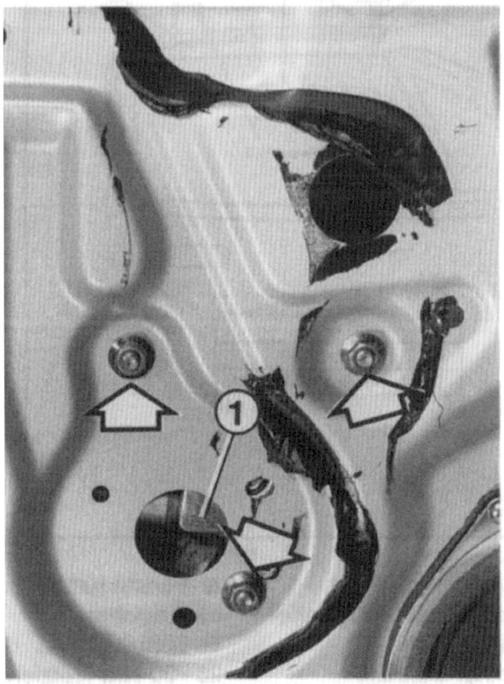

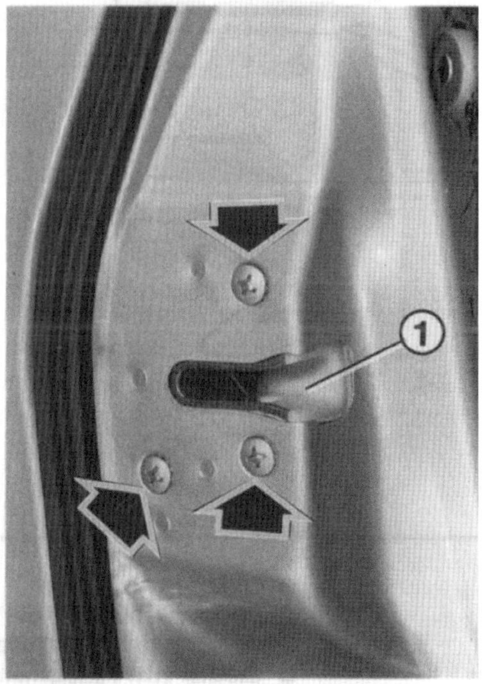

Links: Die Einzelteile am ausgebauten Türschloß (5) sind:
1 – Betätigungshebel zum Entriegeln des Türschlosses;
2 – Betätigungsstange der Verriegelung Türschloß/Türinnenverriegelung;
3 – Betätigungsstange der Verriegelung Türschloß/Schließzylinder;
4 – Betätigungshebel zum Entriegeln vom Türaußengriff/Türschloß.
Rechts: Zum Einpassen der Tür müssen die TORX-Schrauben des Schließbügels (1) ein wenig gelokkert werden; hier mit angesetzter Rätsche (2) gezeigt. Geht die untere Führung der Tür schwer über ihre Aufnahme (3), werden die Einstellschrauben (4) ein wenig gelockert.

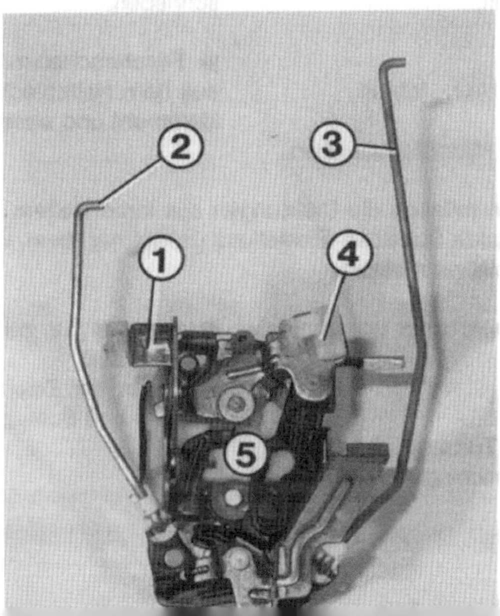

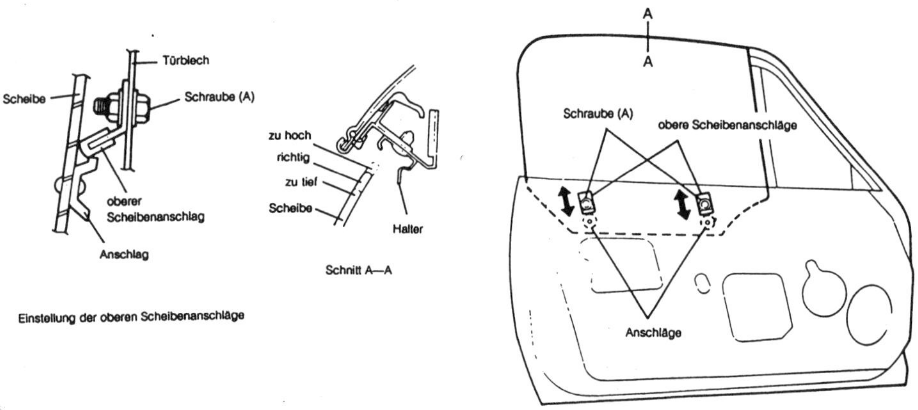

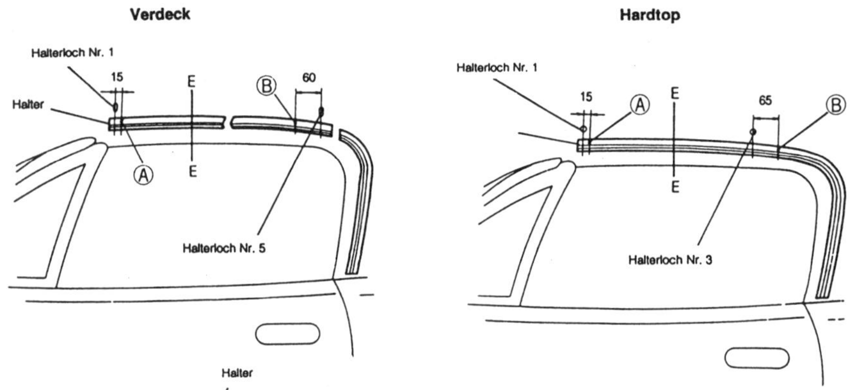

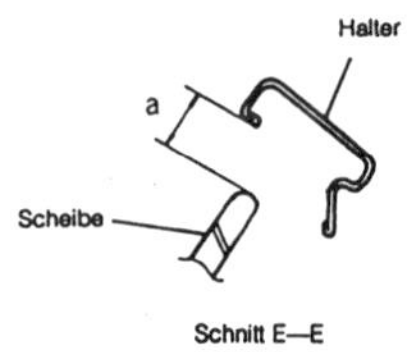

	a
Ⓐ	9,4 ± 2,0
Ⓑ	9,1 ± 2,0

mm

Hier sehen Sie die Einstellmaße für die Scheibenhöhe mit Verdeck und Hardtop. Die Markierungen »A« und »B« finden Sie auf der Seite 252 oben abgebildet.

- Türscheibe ausbauen.
- Die im Bild oben auf der Vorseite gezeigten Halteschrauben des Fensterhebers losdrehen.
- Stecker zum Fensterhebermotor trennen.
- Fensterheber mit Schiene ein Stück zum oberen Ausschnitt in der Tür hochheben.
- Fensterheber unten aus dem Montageausschnitt herausnehmen.
- Beim Einbau des Fensterhebers Muttern mit **25–30 Nm** festziehen.
- Türscheibe einbauen und einstellen, wie beschrieben.

Fensterschacht-Abdeckung ausbauen

- Außenspiegel ausbauen.
- Türscheibe herunterkurbeln bzw. -fahren.
- Türverkleidung abnehmen.
- Oben an der Türschloßseite Halteclip abziehen.
- Fensterschacht-Abeckung an der Türinnenseite aus dem Halteblech kräftig herausziehen (ist eingeklammert) und abnehmen.

Einstellarbeiten an den Türscheiben

Zum Einstellen der Türscheiben müssen die Dichtungen aus ihren Haltern abgenommen werden. Dazu die Halteclips herausziehen. Die exakte Scheiben-Einstellung gelingt nur dann, wenn Sie die angegebenen Maße mit einem Meßschieber (Schieblehre) messen.

Scheiben-Höhe

- Die Höhe der Türscheibe wird vorn und hinten eingestellt.
- Türverkleidung ausbauen.
- Scheibe etwas absenken.
- In der Montageöffnung im Türblech die Sechskantschrauben des Scheibenanschlags eine Umdrehung lösen.
- Scheibe bis zum Anschlag nach oben kurbeln bzw. fahren.
- Die in der Zeichnung oben angegebenen Werte messen und Scheibe ggf. ausrichten.

Hier die Einstellmaße für die Scheibenneigung mit Verdeck und Hardtop. Die Markierungen »A«, »B«, »C« und »D« finden Sie auf der Seite 252 oben abgebildet.

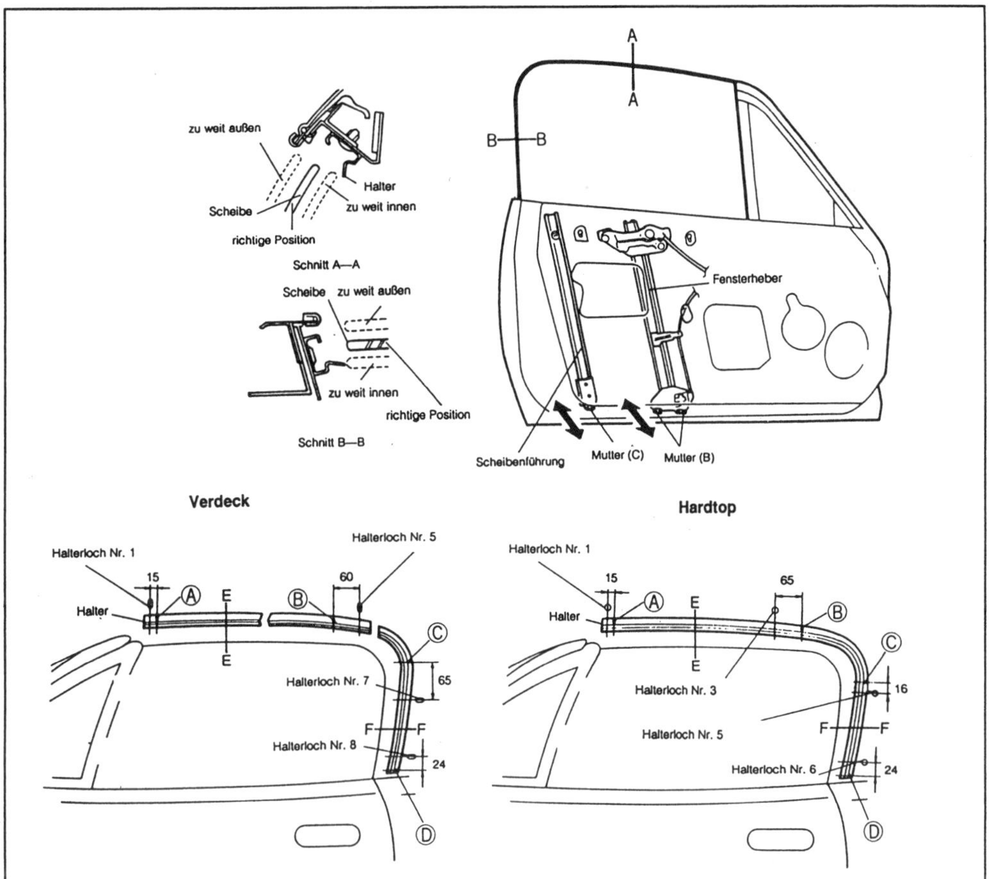

	b
Ⓐ	9,3 ± 2,0
Ⓑ	7,4 ± 2,0

	C
Ⓒ	5,8 ± 2,0
Ⓓ	11,1 ± 2,0

mm

Fingerzeig: Die Seitenscheibe muß in Stellung »Geschlossen« die beiden oberen Scheibenanschläge gleichzeitig berühren.

Scheiben-Neigung

- Die Neigung und damit der Anpreßdruck an die Verdeckdichtung wird mit den Fensterführungsschienen eingestellt.
- An der geöffneten Tür unten die Führungsmutter der Fensterführungsschiene und die Muttern des Fensterhebers lockern.
- Schienen so verschieben, daß die in der Zeichnung oben angegebenen Maße erreicht werden.
- Nach dem Einstellen Muttern festziehen. Siehe Fingerzeige.

Scheiben-Längsverstellung

- Türverkleidung abnehmen und Folie im oberen Bereich abziehen.
- Muttern der Fensterführungsschiene und des Fensterhebers lösen.
- Fensterheber mit dem Schalter oder mit der Kurbel betätigen und gleichzeitig die Scheibe nach vorn oder hinten verschieben, um die Seitenkante zur B-Säule hin auszurichten (siehe Zeichnung auf der folgenden Seite). Muttern festziehen.

Fingerzeige: Fensterheber und die Fensterführung sollen auf gleicher Position der Schlitzbohrungen festgezogen werden.
Die Scheibe muß sich bei geschlossener Tür ohne Widerstand öffnen und schließen lassen.

Einstellung kontrollieren

Zum Schluß der Einstellarbeiten an der Türscheibe werden die nachfolgend genannten Punkte kontrolliert; ggf. nochmals einstellen.

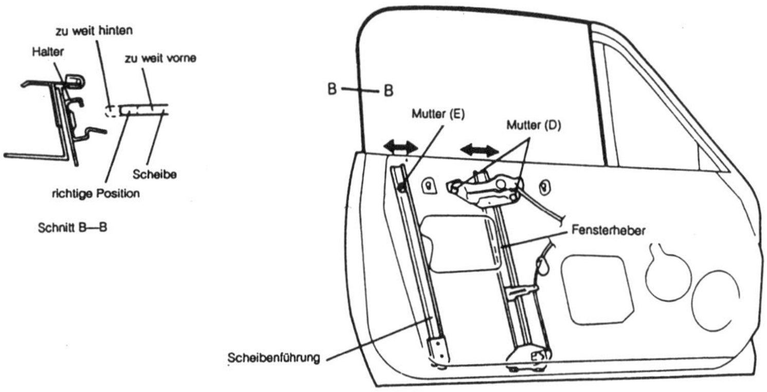

Hier die Einstellmaße für die Längsrichtung der Scheibe mit Verdeck und Hardtop. Die Markierungen »C« und »D« finden Sie auf der Seite 252 oben abgebildet.

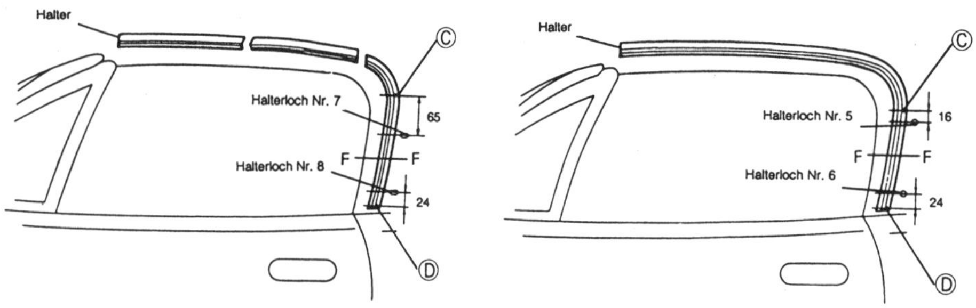

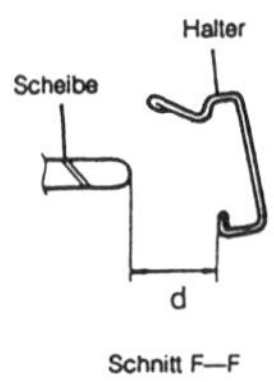

	d
Ⓒ	12,5 ± 2,0
Ⓓ	12,0 ± 2,0

mm

Bei abgenommener Dichtung:

○ In Stellung »Geschlossen« müssen die Scheibenanschläge die oberen Anschläge gleichzeitig berühren.

○ Bei geschlossenem Fenster müssen die eingestellten Maße stimmen.

Bei eingebauter Dichtung:

○ Die Dichtung muß in ihrem Halter richtig montiert sein, damit die folgenden Punkte geprüft werden können.

○ Bei geschlossener Tür muß sich das Fenster ohne spürbaren Widerstand nach oben und unten kurbeln bzw. fahren lassen.

○ Die Dichtung muß am Verdeck in einer Flucht liegen, ggf. ausrichten.

Außenspiegel

● **Manuelle Verstellung:** Außen am Spiegelfuß die Abdeckung mit einem schmalen Schraubendreher an der Kerbe abdrücken.

● **Elektrische Verstellung:** Spiegelgehäuse mit der Spiegelfläche zur Scheibe hin drehen bzw. mit dem Gehäuse zum Dreiecksfenster drehen.

● **Alle:** Zwei Kreuzschlitzschrauben am Spiegelfuß losdrehen.

● Spiegelgehäuse von der Tür abnehmen.

● **Elektrische Verstellung:** Spiegelgehäuse mit dem Kontaktstecker aus der Tür herausziehen.

● Mehrfachstecker trennen.

● Kommen Sie nicht an den Mehrfachstecker, Türverkleidung abnehmen.

● Dichtfolie im oberen Bereich an der Tür lösen.

● Stecker trennen.

Nach der Korrektur von Scheibenhöhe und -neigung sowie in Längsrichtung wird die Einstellung kontrolliert, wie in der Zeichnung zu sehen. Die Markierungen »A«, »B« und »C« finden Sie auf der Seite 252 oben abgebildet.

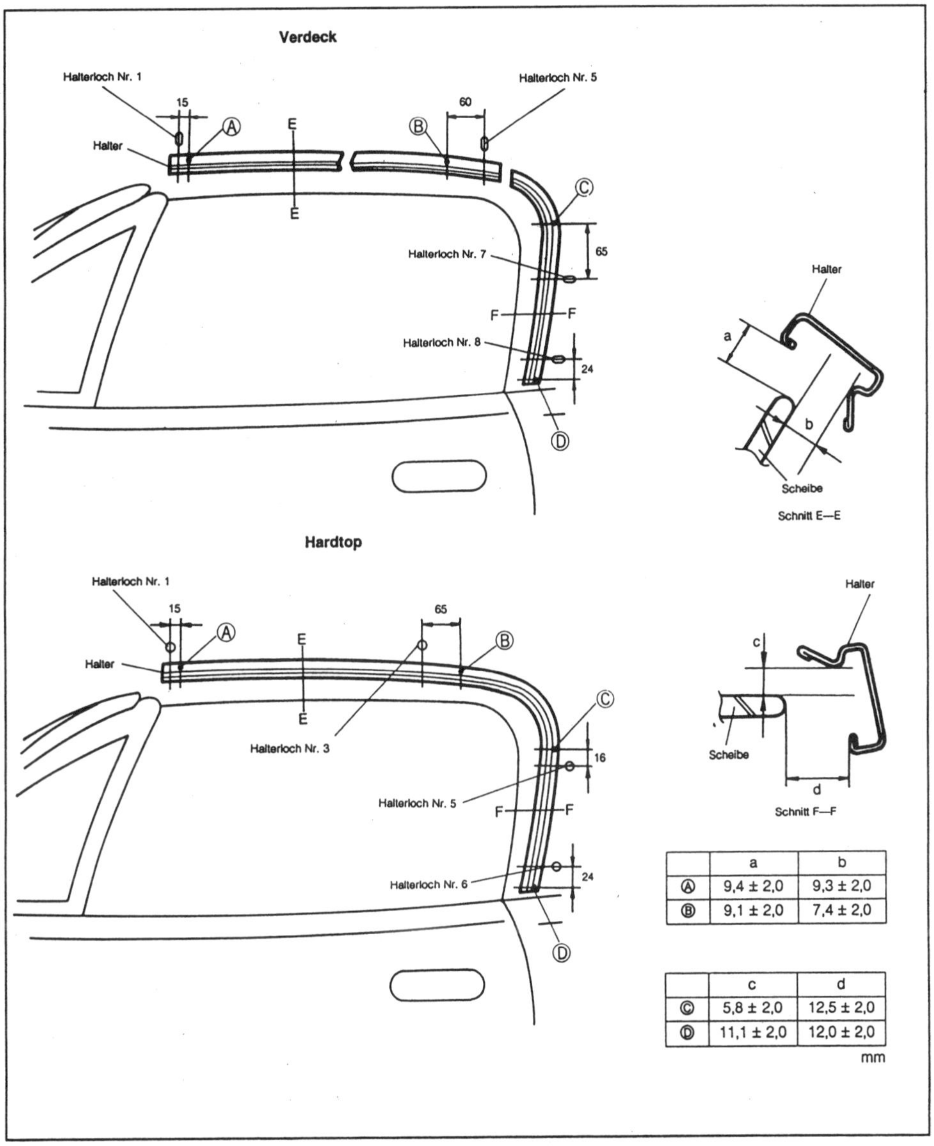

	a	b
Ⓐ	9,4 ± 2,0	9,3 ± 2,0
Ⓑ	9,1 ± 2,0	7,4 ± 2,0

	c	d
Ⓒ	5,8 ± 2,0	12,5 ± 2,0
Ⓓ	11,1 ± 2,0	12,0 ± 2,0

mm

Die Kofferraumklappe

Ausbau

- Kofferraumklappe öffnen.
- Je zwei Haltemuttern der Kofferraumklappenscharniere an der Kofferraumklappe herausdrehen.
- Klappe abnehmen.

Kofferraumklappe einstellen

- Bei klappernder oder schlecht schließender hinterer Klappe die Haltemuttern am Kofferraumdeckel ein wenig lockern.
- Kofferraumklappe schließen und ausrichten.
- Der Kofferraumdeckel muß ringsum einen Spalt von **5 ± 1,2 mm** haben.
- Klappe vorsichtig öffnen, Muttern festziehen.
- Schließt anschließend der Deckel nicht mehr richtig, Heckklappenschloß ein wenig lockern.
- Kofferraumklappe schließen und Schloß ausrichten.
- Klappe vorsichtig öffnen, Schloß festschrauben.
- Sitz und Klapperfreiheit der hinteren Klappe kontrollieren, ggf. nachjustieren.

Kofferraumklappendichtung

Wenn Staub oder Feuchtigkeit eindringt, obgleich die hintere Klappe einwandfrei in ihrem Ausschnitt sitzt, kann es an der Gummidichtung liegen. Ist die spröde oder eingerissen:

- Gummiumrandung abziehen.
- Neue Dichtung mit einem Kunststoffhammer aufschlagen.
- Sie muß rundum gleichmäßig hoch sitzen.
- Zur Pflege der Dichtung eignet sich Glyzerin oder ein Gummipflegemittel.

Heckblech-Verkleidung ausbauen

- Die Verkleidung ist mit fünf Clips befestigt.
- Clips abhebeln.
- Links und rechts neben dem Schloß je eine Schraube herausdrehen.
- Verkleidung herausnehmen.

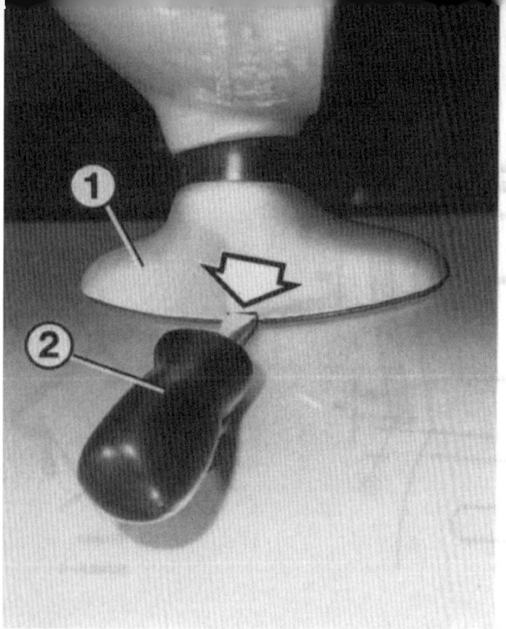

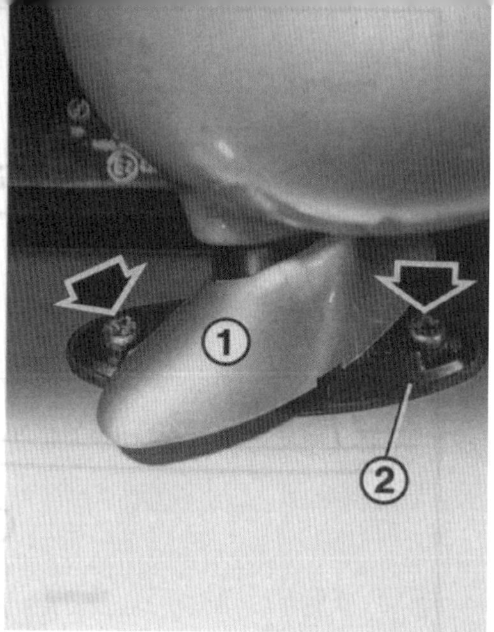

Links: Zum Ausbau des Außenspiegels mit manueller Einstellung wird die Abdeckung (1) über dem Spiegelfuß mit einem Schraubendreher (2) an der Einkerbung (Pfeil) abgedrückt.
Rechts: Nach Verdrehen der Abdeckung (1) sind die Kreuzschlitzschrauben (Pfeile) zum Lösen des Spiegelfußes (2) erreichbar.

Heckblende ausbauen

- Kofferraum öffnen.
- Heckblech-Verkleidung abnehmen.
- Oben am Heckblech zwei Muttern (SW 10) und an der Außenkante unterhalb der Heckleuchte eine Mutter lösen.
- An der Heckblech-Oberkante vier Kreuzschlitz-Spreizschrauben lösen und mit Clip herausziehen.
- Kennzeichen abschrauben. Dahinterliegende Kreuzschlitzschrauben lösen.
- Heckleuchten ausbauen (Kapitel »Die Beleuchtung«).
- Kontaktstecker der Kennzeichenbeleuchtung trennen.
- Heckblende am Kofferraumblech abnehmen.

Typbezeichnung abnehmen

Die erhabenen Modell- und Typbezeichnungen des Mazda MX-5 sind geklebt.

- Zum Abnehmen dünnen und doch stabilen Zwirn in Geschirrspülmittel tauchen und damit die Klebeschicht zwischen Typenschild und Lack »durchsägen«.
- Noch leichter geht die Arbeit, wenn das Typenschild mit einem Fön erwärmt ist.
- Neues Typenschild auf 40–50°C erwärmen und Klebeseite kurz anpressen.

Heckklappenschloß ausbauen

- Heckklappe öffnen.
- Heckblech-Verkleidung abnehmen.
- Zwei Sechskantschrauben (SW 10) am Schloß lösen, Schloß herausnehmen.
- Sicherungslasche am Gestänge abdrücken, Gestänge herausziehen.
- Widerlager des Fernbedienungszuges aus seinem Halter nehmen und Zug aushängen.
- Schloß abnehmen.

Zum Ausbau des Außenspiegels mit elektrischer Verstellung, wird das Spiegelgehäuse (1) um 90° verdeht. Jetzt können Sie die Kreuzschlitzschrauben (Pfeile) am Spiegelfuß (2) lösen.

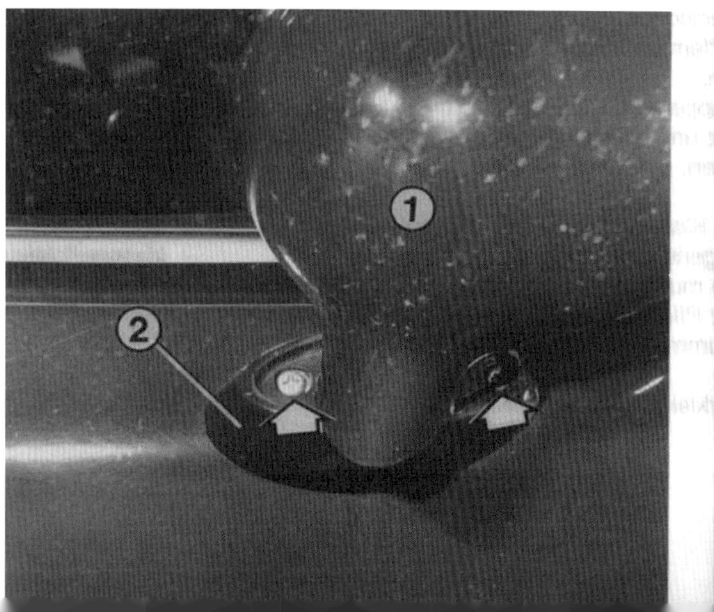

Das Heckklappenschloß (5): 1 – Entriegelungszug der Fernbedienung; 2 – Betätigungsstange Schließzylinder/Schloßentriegelung; 3 – Einstellkerben am Zug; 4 – Widerlager am Schloß; Pfeile – Halteschrauben.

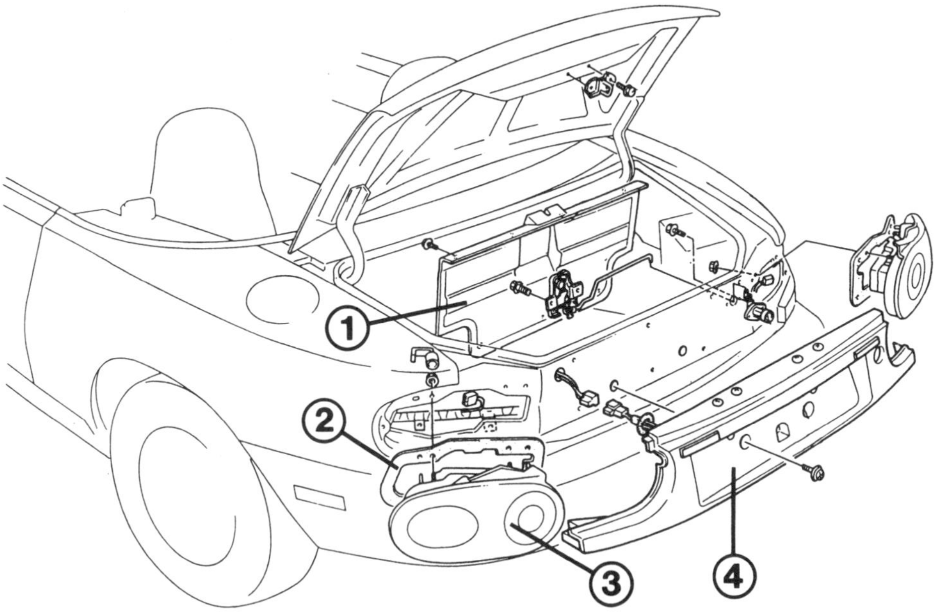

Hier sind die Einzelteile zum Ausbau der Heckleuchten und der Heckblende (4) sichtbar. Es sind:
1 – Kofferraumverkleidung;
2 – Dichtung der Heckleuchte (3).

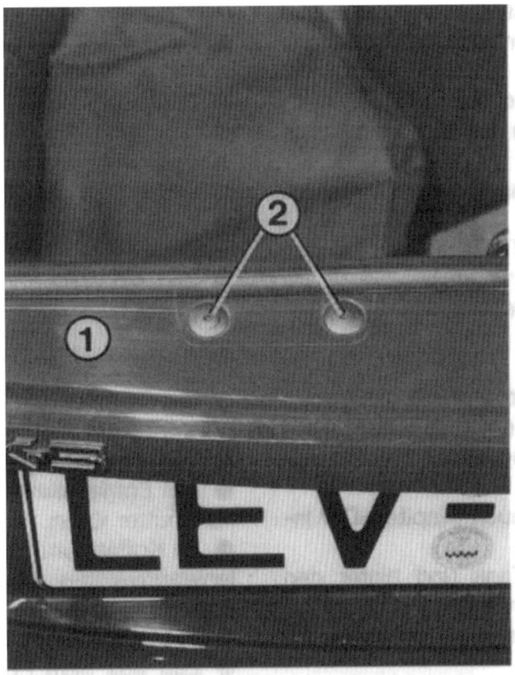

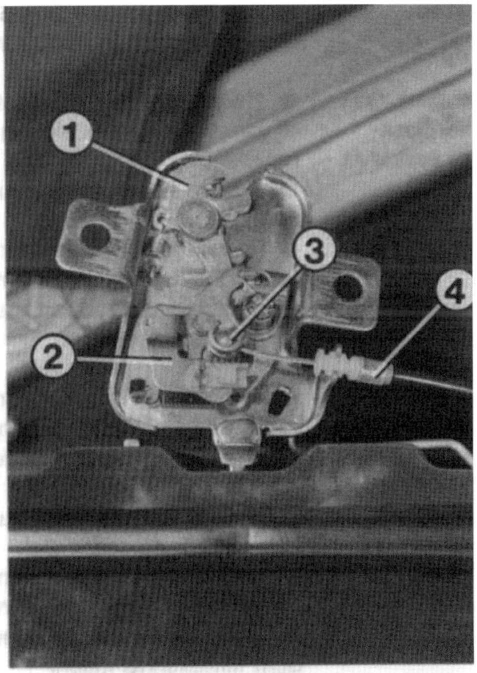

Links: Die Kreuzschlitz-Spreizschrauben (2) müssen gelöst und abgezogen werden, um die Heckblende (1) abnehmen zu können.
Rechts: Bei ausgebautem Heckklappenschloß (2) sehen Sie an der Rückseite:
1 – Halteschrauben;
3 – Entriegelungszug;
4 – Widerlager;
5 – Entriegelungsstange;
6 – Sicherungsclip.

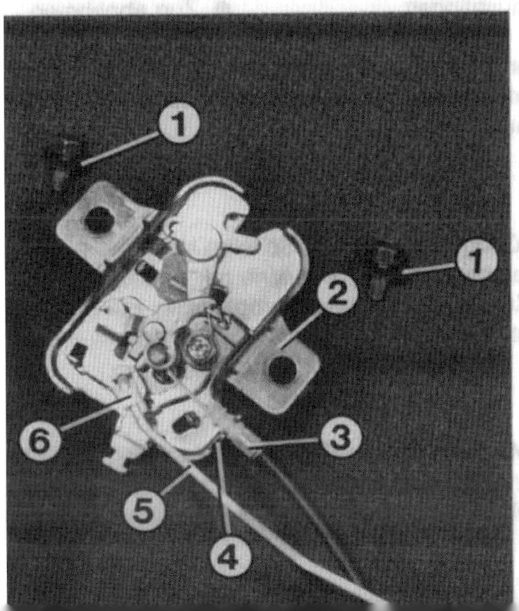

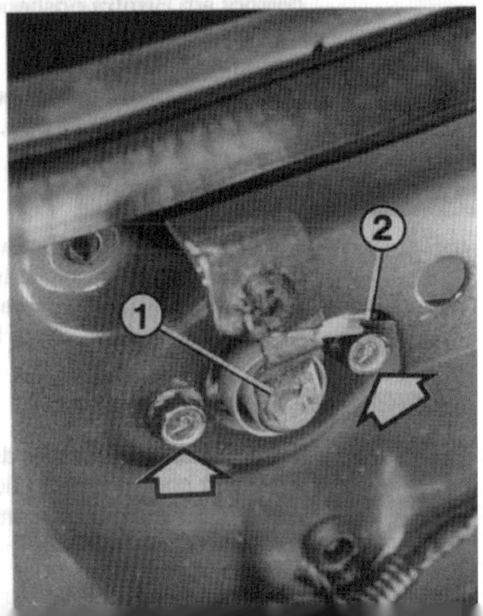

Links: Zum Abnehmen des Entriegelungszuges (4) am Heckklappenschloß muß der Kugelkopf (3) aus dem Betätigungshebel (2) ausgehängt werden.
Rechts: Der Schließzylinder (1) ist mit zwei Sechskantschrauben (Pfeile) am Heckblech (2) angeschraubt.

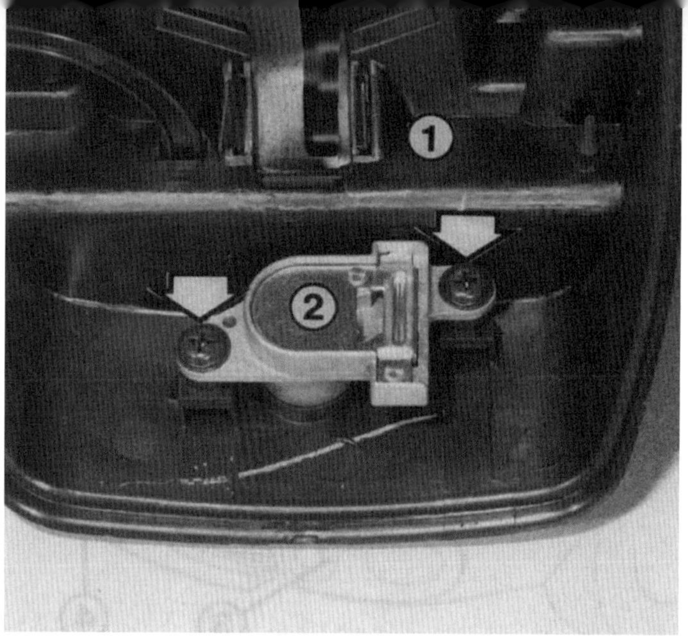

Der Schließzylinder (2) für das Staufach in der hinteren Mittelkonsole (1) ist an der Rückseite mit Kreuzschlitzschrauben (Pfeile) befestigt.

Schließzylinder ausbauen

- Heckblende ausbauen.
- Sicherungslasche am Gestänge abdrücken und dieses aus dem Schließzylinder herausziehen.
- Zwei Sechskantschrauben (SW 10) innen am Schließzylinder lösen.
- Schließzylinder nach außen herausziehen.

Fernbedienungszug der Heckklappe ausbauen

- Heckblech-Verkleidung abnehmen.
- Linke Seitenverkleidung im Kofferraum herausnehmen.
- Hintere Mittelkonsole ausbauen (Kapitel »Der Innenraum«).
- Bodenteppich über dem Tank und hinter den Sitzen lösen (Kapitel »Der Innenraum«).
- Sechskantschrauben der Betätigungshebel über dem Mitteltunnel lösen.
- Zug aus seinem Widerlager aushängen und Kugelkopf am Betätigungshebel aushängen.
- Heckklappenschloß am Heckblech lösen.
- Widerlager des Zuges aus der Halterung nehmen.
- Kugelkopf am Betätigungshebel des Schlosses aushängen.
- Zug am Wagenboden aus seiner Halterung lösen und herausnehmen.

Fernbedienungszug der Tankklappe ausbauen

Ist der Zug der Tankklappenentriegelung gerissen, müssen Sie die linke Seitenverkleidung abnehmen. Hinter die Blechversteifung greifen und die Tankklappe am Hebel entriegeln.

- Linke Seitenwandverkleidung abnehmen (Kapitel »Der Innenraum«).
- Hintere Mittelkonsole ausbauen (Kapitel »Der Innenraum«).
- Bodenteppich über dem Tank und hinter den Sitzen lösen (Kapitel »Der Innenraum«).
- Sechskantschrauben der Betätigungshebel über dem Mitteltunnel lösen.
- Zug aus seinem Widerlager aushängen und Kugelkopf am Betätigungshebel aushängen.
- Tankklappe entriegeln.
- Am Entriegelungsbolzen der Tankklappe Sechskantmutter lösen.
- Im Kofferraum an der linken Seite hinter die Seitenwandverstärkung fassen und den Entriegelungsbolzen herausnehmen.
- Zug aus seinem Widerlager aushängen.
- Zug aus dem Entriegelungshebel schieben und aus seiner Führung nehmen.
- Zug abnehmen.

Fingerzeig: Beim Einbau der Tankklappen-Entriegelung darauf achten, daß der Entriegelungshebel zum Festziehen der Mutter an der Innenseite gegengehalten wird. Andernfalls wird der Zweikant in der Karosserie verdrückt bzw. rund.

Die Frontscheibe

Die Frontscheibe ist »kraftschlüssig verklebt«. Die Scheibe ist damit beim Mazda ein konstruktives Element und wurde in die Festigkeitsberechnung der Karosserie mit einbezogen. Dieses Verfahren ist bei der Suche nach möglichst glattflächigen Karosserien nahezu unumgänglich. Für den Selbsthelfer bedeuten die geklebten Scheiben das »Aus«. Ohne Spezialwerkzeug ist da nichts zu machen – ein Fall für die Werkstatt.

Das Verdeck

Bei der »Kapuze« des Mazda MX-5 gelingt das Öffnen und Schließen ohne Kraftaufwand, die Außenhaut sitzt straff und glatt, und den Blick nach hinten ermöglicht eine Kunststoffscheibe.
Wer lange Freude an seinem MX-5 haben will, sollte einige Punkte im Umgang mit dem Verdeck beachten.

In der Zeichnung ist gezeigt, wie der Entriegelungszug (5) der Tankklappen-Fernbedienung verlegt ist. Die Zahlen bedeuten:
1 – hintere Mittelkonsole;
2 – Betätigungshebel;
3 – Tankklappe;
4 – Entriegelungsstift mit Notbetätigung zum Entriegeln.

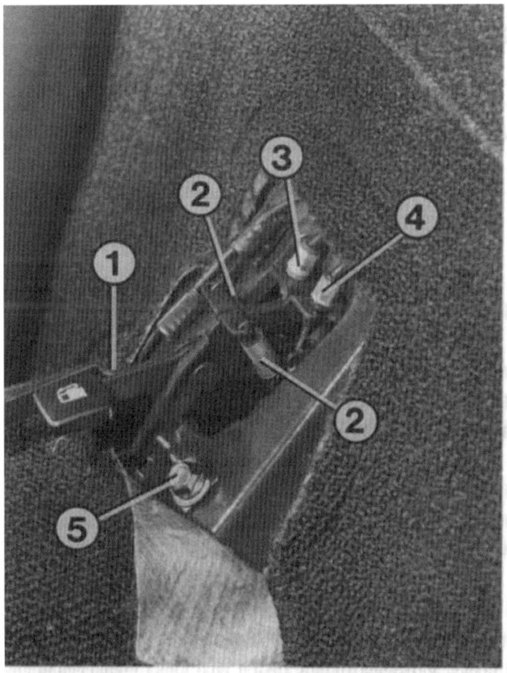

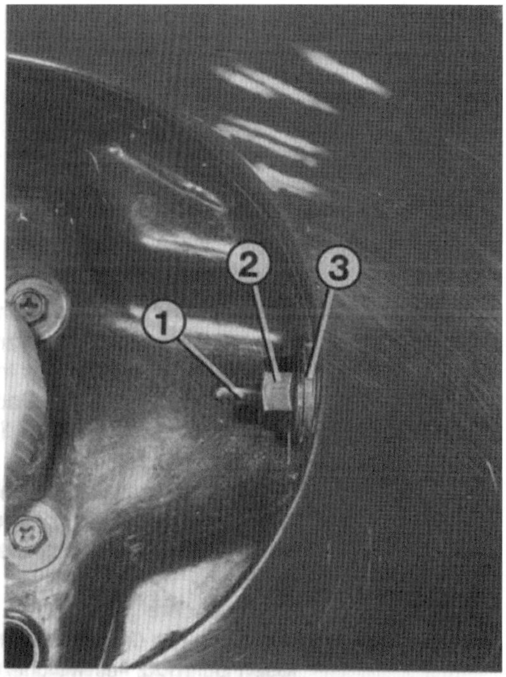

Links: Bei abgenommener hinterer Mittelkonsole sehen Sie die Betätigungshebel (1) zur Fernentriegelung des Kofferraumdeckels und der Tankklappe. Es sind:
2 – Federn;
3 – Zug des Kofferraumdeckels;
4 – Zug der Tankklappe;
5 – Haltemuttern.
Rechts: Zum Lösen des Entriegelungsbolzens (1) muß die Sechskantmutter (2) gelöst werden. Mit Position »3« ist die Unterlegscheibe bezeichnet.

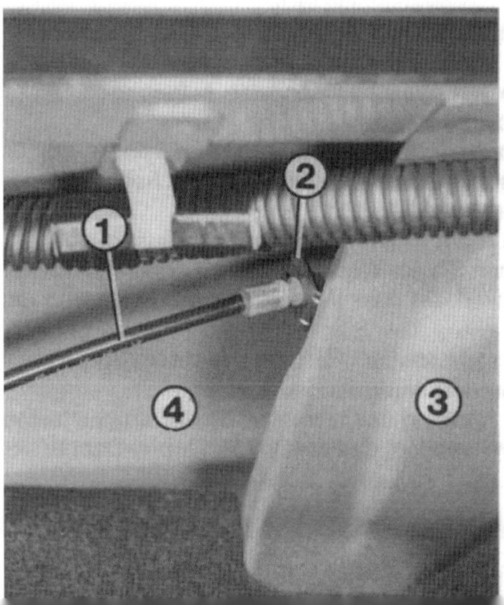

Links: Der Entriegelungszug (1) der Tankklappe verschwindet zwischen dem äußeren Seitenteil (4) und der Versteifung (3) hinter dem inneren Kotflügel. Mit »2« ist das Widerlager beziffert.
Rechts: Zum Ausbau des Zuges (3) aus der Entriegelung werden die Haltekerben (4) aus dem Widerlager (1) herausgezogen. Anschließend den Kugelkopf (2) aus dem Hebel (5) der Notbetätigung aushängen.

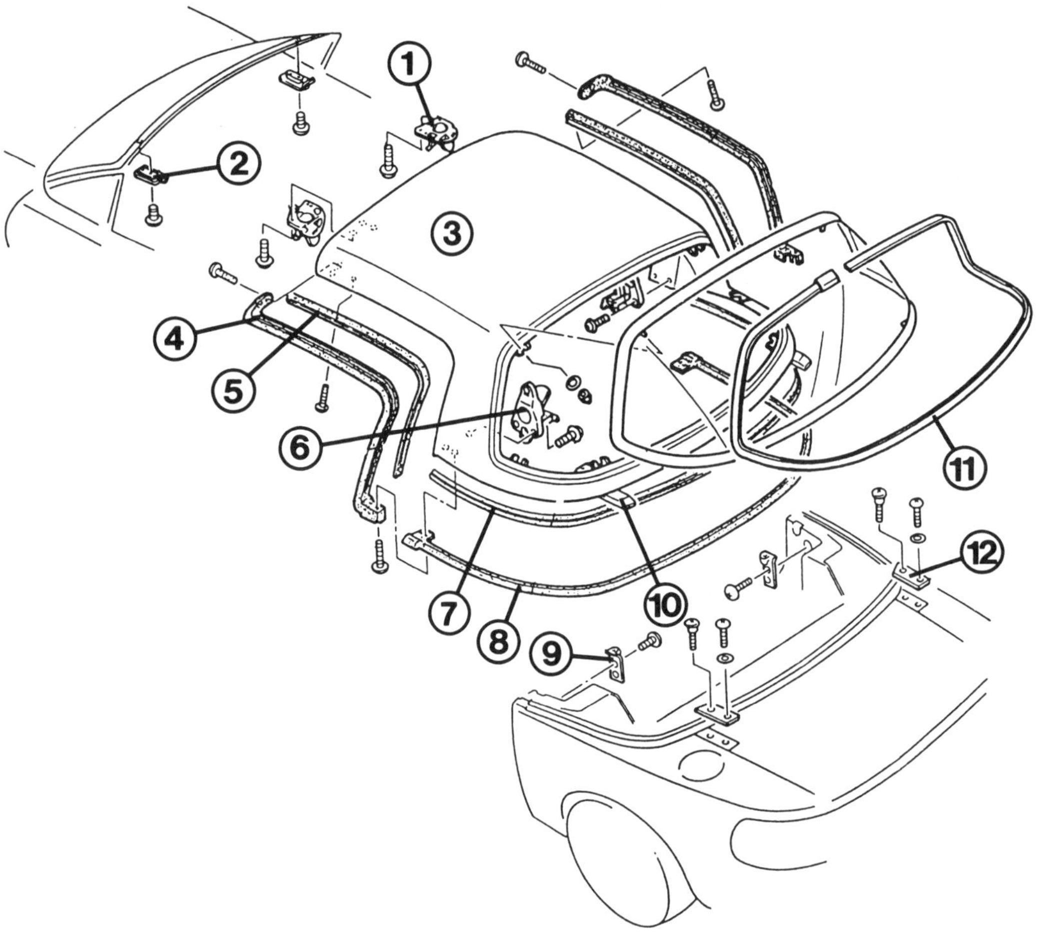

Zum Hardtop (3) gehören folgende Teile:
1 – Ver- und Entriegelungshebel;
2 – Verriegelungs-Führung Windschutzscheibenrahmen;
4 – Dichtung Türscheibe;
5 – Halter;
6 – Ver- und Entriegelungshebel Hardtop;
7 – Kantenschutz;
8 – Dichtung;
9 – Verriegelungs-Führung B-Säule;
10 – Ver- und Entriegelung am Hardtop;
11 – Zierleiste;
12 – Verriegelungsaufnahme Hardtop.

Umgang mit dem Cabriodach

○ Über das Öffnen und Schließen verlieren wir hier keine Worte, das steht ausführlich in der Betriebsanleitung. Falls diese bei Ihrem Fahrzeug fehlt, kann sie beim Mazda-Händler bestellt werden.
○ Wenn Sie das Verdeck in verschmutztem Zustand öffnen, bewirken scharfkantige Staub- und Schmutzteilchen Scheuerstellen im Dachbezug und an der Heckscheibe.
○ Wird der Mazda MX-5 für längere Zeit im Freien abgestellt, sollten Sie das Verdeck mit einer passenden Kapuze schützen.
○ Besitzer einer Garage haben den MX-5 gerne mit offenem Verdeck startbereit für die nächste Schönwetterfahrt. Bei einem wenig genutzten Zweitwagen kann das zur Folge haben, daß das Dach über Wochen nicht mehr geschlossen wird. Dies nimmt der Kunststoffbezug übel. An den Knickstellen kann es zu Verfärbungen kommen.
○ Besondere Vorsicht ist bei der PVC-Heckscheibe angebracht. Das relativ weiche Material ist im Nu verkratzt. **Nie** die Scheibe trocken abreiben, sondern nur mit einem weichen Wasserstrahl abspülen. Hartnäckigen Schmutz »einweichen« lassen. Wasserstrahl nicht auf den Reißverschluß bzw. die Naht zwischen PVC-Scheibe und Verdeck richten.

Verdeckpflege

○ Regelmäßige **Wäsche** ist die wichtigste Pflegemaßnahme für das Verdeck. Staub, Schmutz und Ruß setzen sich auf das Verdeck. Für das Verdeck empfiehlt Mazda eine häufige Wäsche mit normalem Autoshampoo. Wird nach der Wagenwäsche ein Waschkonservierer aufgetragen, sollte dieser nicht auf das Verdeck gelangen; es kann dadurch fleckig werden.
○ Wenn Sie Ihren Wagen an einer **Selbstwasch-Station** wieder auf Glanz bringen, darf das Verdeck keinesfalls mit dem Hochdruckreiniger behandelt werden. Der hohe Druck ggf. in Verbindung mit dem heißen Wasser schadet dem Verdeckmaterial.
○ Mazda empfiehlt, den MX-5 **nicht in der Waschanlage** säubern zu lassen. Wenn sich die Maschinenwäsche nicht umgehen läßt, nehmen Sie ein Waschprogramm ohne anschließende Wachsbehandlung. Das heiß aufgetragene Wachs kann Flecken auf dem Verdeckbezug hinterlassen und im schlimmsten Fall sogar die Kunststoffschicht angreifen.
○ Vogelkot ist ausgesprochen aggressiv, er muß umgehend vom Verdeck (und auch vom Lack) abgewaschen werden, da er das Kunststoffmaterial anfressen kann.
○ Hat sich der Schmutz in der Narbung des Kunststoff-Dachbezuges festgesetzt oder ist er verfleckt, sollten Sie nur ein **Reinigungsmittel** verwenden, das speziell für Cabrio-Dächer vorgesehen ist. Die Arbeit ist etwas mühselig, denn das Verdeck muß mit einer Bürste behandelt werden. Gut geeignet ist nach unseren Erfahrungen eine Handbürste.

○ Einmal monatlich soll die Verdeckaußenhaut mit einem wasserlöslichen Verdeckpflegemittel behandelt werden, damit das Kunststoffmaterial geschmeidig bleibt und seinen Glanz behält.

○ Bei der Lackpflege darf Hartwachs, Politur u. ä. nicht auf den Verdeckbezug gelangen. Ggf. mit Lederreinigungsmittel entfernen.

○ Wenn die PVC-Scheibe trübe wird, kann mit sie mit Lackpolitur wieder durchsichtiger bekommen. Die Behandlung darf nicht in der Sonne stattfinden, sonst wird die Scheibe durch die schnell eintrocknende Politur noch mehr verkratzt.

Einstellarbeiten am Verdeck

Zum Schutz vor Zugluft und Nässe muß das geschlossene Verdeck sauber am Windschutzscheibenrahmen, und an den Türscheiben anliegen. Die hier genannten Teile sehen Sie in den Abbildungen auf diesen Seiten.

- Mit den Verriegelungshaken kann die Anlage Windschutzscheibenrahmen/Verdeckspitze und Verdeck/Türscheibe korrigiert werden.
- Verdeck entriegeln, Verriegelungshaken aushängen.
- Abdeckung über der Einstellmutter lösen, Verriegelungshaken am Winschutzscheibenrahmen wieder einhängen (nicht schließen).
- Wird die Mutter nach links verdreht, vergrößert sich der Abstand zum Rahmen und zur Scheibenfläche.
- Beim Rechtsdrehen der Mutter verkleinert sich der Abstand zum Rahmen und zur Scheibenfläche.
- Sitz prüfen, ggf. nachjustieren, Abdeckung auf die Einstellmutter wieder aufdrücken.
- Greift der Verriegelungshaken nicht richtig in die Führung, mit einem TORX-Schlüssel T40 die Schrauben lösen und die Führung ausrichten.
- Schrauben mit **20 Nm** anziehen.

Dichtung am Verdeck ausrichten

Liegen die Dichtungen am Verdeck nicht in einer Flucht, muß die Dichtung wie folgt ausgerichtet werden:

- Betreffende Dichtung aus ihrem Halter nehmen.
- Halteschraube am Halter lösen.
- Halter ausrichten, daß die Dichtungen in einer Flucht liegen.
- Halteschraube am Halter mit **20 Nm** anziehen, Dichtung wieder anbringen.
- Die Ausrichtung des Halters mit Dichtung am Verdeck kontrollieren, ggf. nochmals lösen und ausrichten.

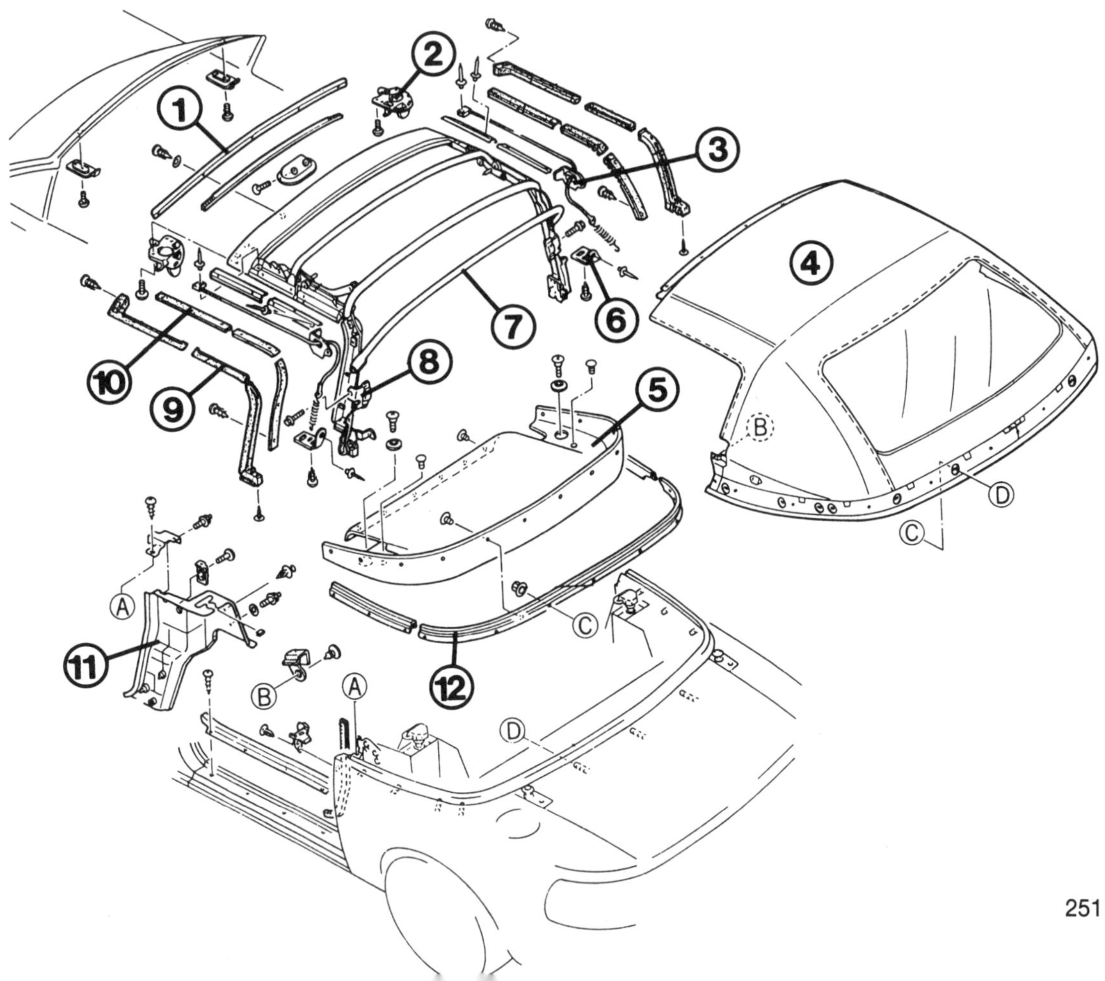

Zum Verdeck (4) gehören folgende Teile:
1 – Leiste vorn;
2 – Ver- und Entriegelungshebel;
3 – Kabelführung;
5 – Verdeckablage;
6 – Endstück;
7 – Verdecksspriegel;
8 – Anschlag;
9 – Dichtung Türscheibe;
10 – Halter;
11 – B-Säulen-Verkleidung;
12 – Leiste an Karosserie.

In dieser Abbildung sind die Markierungen zu sehen. Es sind:
1 – Markierung A;
2 – Markierung B;
3 – Halterloch Nr. 5;
4 – Markierung C;
5 – Halterloch Nr. 7;
6 – Halterloch Nr. 8.

Dichtung am Windschutzscheibenrahmen ersetzen

- Seitlich rechts und links am Rahmen den Halteclip herausziehen.
- Führung des Verriegelunghakens lösen.
- Dichtung abziehen, für Klebstoffreste Klebstoffentferner verwenden.
- Neue Dichtung auflegen und mit einem Kunststoffhammer auf den Flansch des Windschutzscheibenrahmens aufschlagen.
- Dichtungsecken festclipsen.
- Zusätzlich wird die Dichtung im Bereich zur Regenrinne hin vorn festgeklebt.

Windschott/-halterung ausbauen

- Verdeck öffnen.
- Druckknopf des Windschotts an der Verkleidung abziehen.
- Windschott im aufgestellten Zustand aus seiner Halterung herausziehen.
- An der Windschotthalterung eine Sechskantschraube (SW 13) und Druckknopfaufnahme (SW 10) der Persenning lösen.
- Windschotthalterung abnehmen.
- Beim Einbau werden die Schrauben mit **20 Nm** eingedreht.

Verdeck reparieren

Hat das Verdeck kleine Risse oder Löcher, müssen Sie im Wageninnern keine Eimer zum Auffangen des Regenwassers aufstellen bzw. nicht gleich das Verdeck austauschen. Hier die kleine Reparatur der Löcher oder Risse:

- Besorgen Sie sich bei einer Mazda-Werkstatt ein genügend großes Reparaturstück (NAY1 R1 211), das Klebemittel (K180WO313) und etwas Äthylalkohol zum Entfetten.
- **Löcher:** Das Reparaturstück auf die beschädigte Stelle auflegen und das Verdeck mit dem Reparaturstück ausschneiden (ein Quadrat).
- Die Unterlage schneiden Sie aus dem restlichen Reparaturstück etwas größer aus als das ausgeschnittene Quadrat.
- Ggf. das Quadrat und die Unterlage nachschneiden.
- Das Quadrat, die Unterlage und das Loch mit Äthylalkohol entfetten.
- Klebemittel auf das Loch, das Quadrat und die Unterlage auftragen, siehe Fingerzeig.

Achten Sie darauf, daß die Dichtung (1) richtig in ihren Halter (2) eingedrückt wird. So wie in der Abbildung darf die Dichtung nicht in ihrem Halter sitzen (Pfeile).

Links: Zum Ausbau des Halters (1) vom Verdeck die Dichtung (2) abziehen und die darunterliegenden Kreuzschlitzschrauben (Pfeile) lösen.
Rechts: Zum Ausrichten der Dichtung (2) wird diese vom Halter (1) abgezogen. Kreuzschlitzschrauben (Pfeile) einige Umdrehungen lösen.

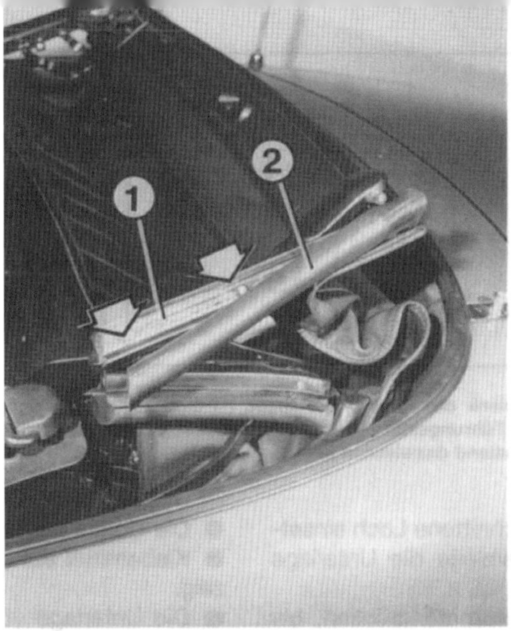

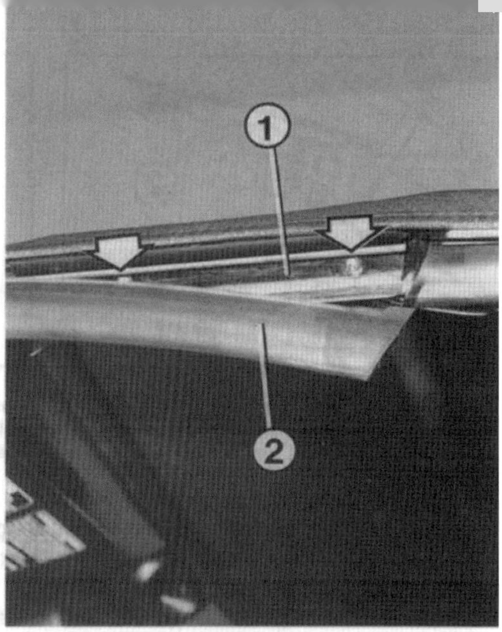

Links: Zum Abnehmen der Dichtung (2) am Windschutzscheibenrahmen wird die Verriegelungs-Führung (3) abgeschraubt, die Verkleidung des Rahmens gelöst, der Halteclip (1) herausgezogen und als letztes die Dichtung vom Scheibenrahmen abgezogen.
Rechts: Hier sind die Teile zum Einstellen des Ver- und Entriegelungshebel gezeigt:
1 – Halteklammer;
2 – Einstellmutter;
3 – Haken;
4 – Verriegelungs-Führung.

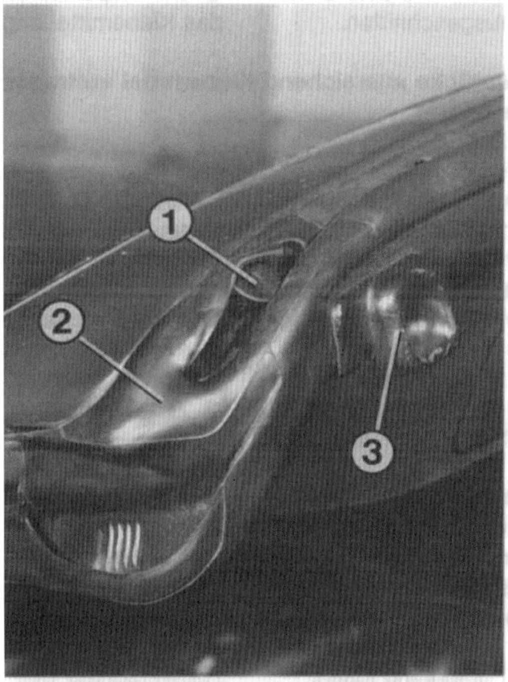

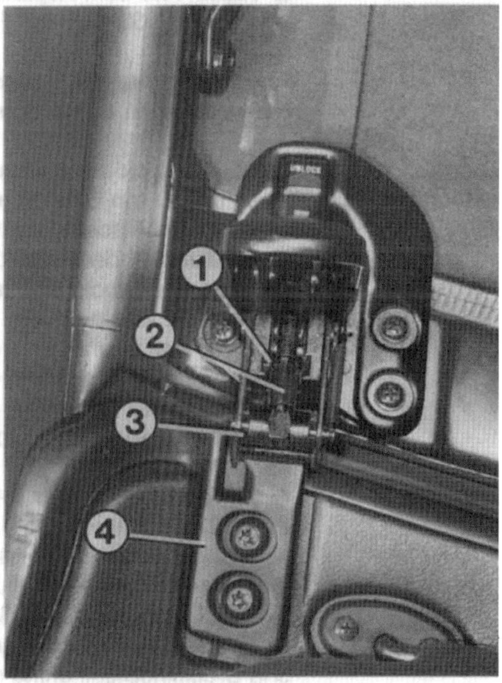

Links: Hier sehen Sie die Windschutzscheibenrahmen-Verkleidung (3) und die TORX-Schrauben (2) der Verriegelungsführung (1).
Rechts: Bei aufgesetztem Hardtop kann es sein, daß Sie an der B-Säule zum Einstellen die TORX-Schrauben (2) der Verriegelungs-Führung (1) einige Umdrehungen lösen müssen.

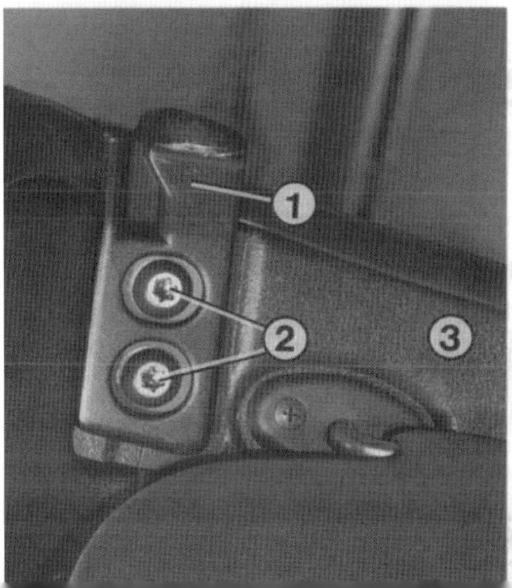

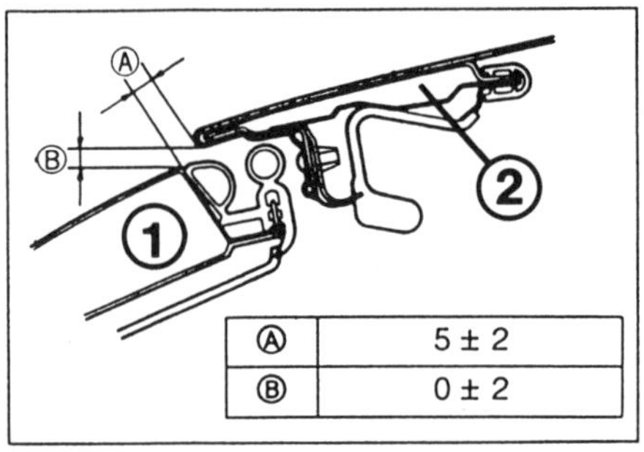

Verdeck bzw. Hardtop (2) müssen wie gezeigt auf den Windschutzscheibenrahmen (1) eingestellt werden. Das geschieht am Ent- und Verriegelungshebel.

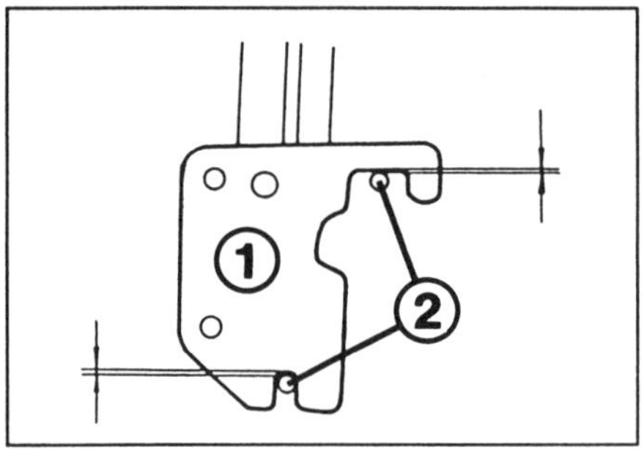

Das Gelenk des Verdeckgestänges (1) muß so auf die Führungsstifte (2) ausgerichtet sein, daß kein Abstand dazwischen ist.

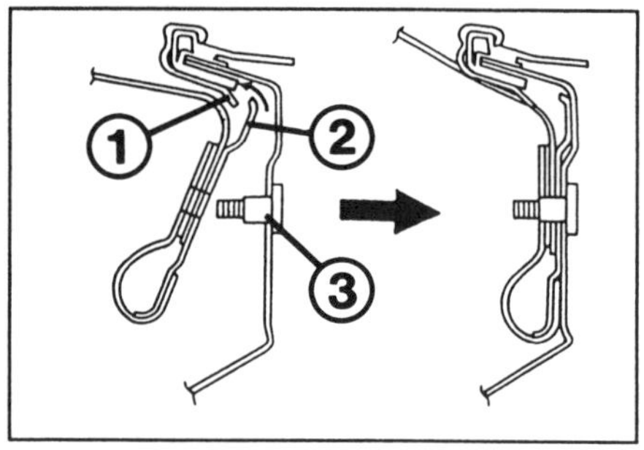

Die Regenrinne (2) muß beim Einbau des Verdecks unter die Dichtlippe (1) und die Bohrung in den Paßstift (3) eingeführt werden.

- Das Quadrat in das ausgeschnittene Loch einsetzen und von der Verdeckinnenseite die Unterlage dagegendrücken.
- Die Reparaturstelle fest zusammendrücken, bis das Klebemittel angetrocknet ist.
- **Risse:** Aus dem Reparaturstück wird eine Unterlage etwas größer als der Riß ausgeschnitten.
- Die Unterlage mit Äthylalkohol entfetten.
- Klebemittel auf den Riß auftragen, siehe Fingerzeig.
- Die Unterlage von der Verdeckinnenseite gegen den Riß drücken.
- Die Reparaturstelle fest zusammendrücken, bis das Klebemittel angetrocknet ist.

Fingerzeig: Auf die Reparaturstücke ausreichend Klebemittel auftragen. Klebemittel ablüften bzw. für einige Minuten antrocknen lassen.

Verdeck ausbauen

Ist das Verdeck am Mazda MX5 nicht mehr reparabel, muß es ersetzt werden. Der Aus- und Einbau ist für einen ungeübten Schrauber nicht einfach zu bewältigen. Wenn Sie es sich nicht zutrauen, sollten Sie diese Arbeit einem Autosattler oder der Mazda-Werkstatt überlassen.

- B-Säulen-Abdeckung abnehmen. Dazu an der Innenseite die Druckknopfaufnahme der Persenning und an der Oberseite die Kreuzschlitzschraube lösen.
- Kreuzschlitzschrauben der Schwellerabdeckung herausdrehen.
- Schwellerabdeckung vom Schweller nach oben abziehen.
- Kantenschutz an der B-Säule abziehen.
- TORX-Schrauben (T40) an der Führung des Verriegelungshakens für die Hardtop-Befestigung lösen.
- Abdeckung am Versteifungsträger (ab MJ 94) abhebeln. Darunterliegende Sechskantschraube lösen.
- Sechskantschraube der Windschottaufnahme und Druckknopfaufnahme der Persenning lösen.
- Abdeckung am Gurtumlenkpunkt abziehen.
- Seitenverkleidung aus der Karosserie herausziehen (ist mit Klammern eingeclipst).
- Sicherheitsgurt aus der Verkleidung ausfädeln, dazu die Abdeckung abziehen.
- Seitenverkleidung abnehmen.
- Am Teppich der Verdeckablage die Halteclips herausziehen. Ggf. neue besorgen, falls sie beim Herausziehen zerstört wurden.
- Kreuzschlitz-Spreizschrauben lösen und herausziehen.
- Die Haltemuttern an der Befestigungsleiste des Verdecks lösen.
- Leiste herausnehmen.
- Ein weiches Tuch auf die Verdeckablage legen, Reißverschluß des Heckfensters lösen und auf das Tuch ablegen.

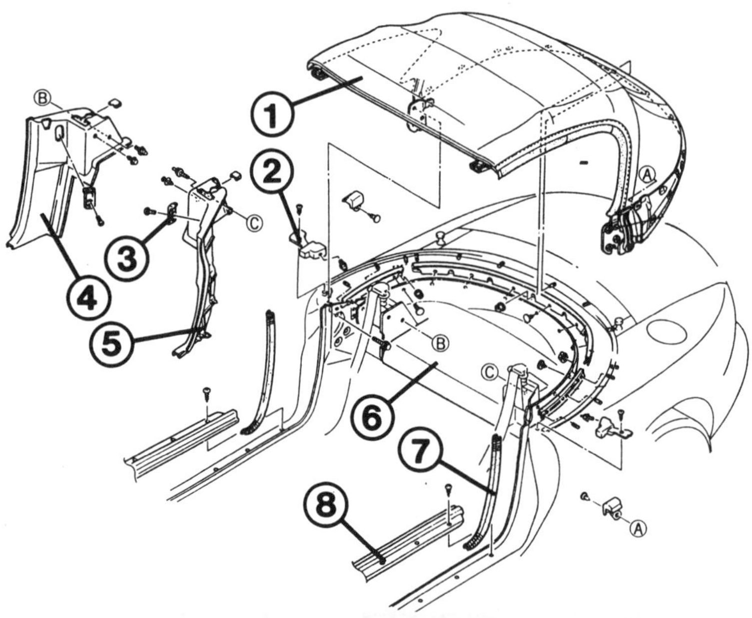

Zum Ausbau des Verdecks (1) müssen folgende Teile ausgebaut werden:
2 – Leistenabdeckung;
3 – Verriegelungs-Führung B-Säule;
4 – B-Säulen-Verkleidung rechts;
5 – B-Säulen-Verkleidung links;
6 – Verdeckablage;
7 – Türdichtung;
8 – Schwellerabdeckung.

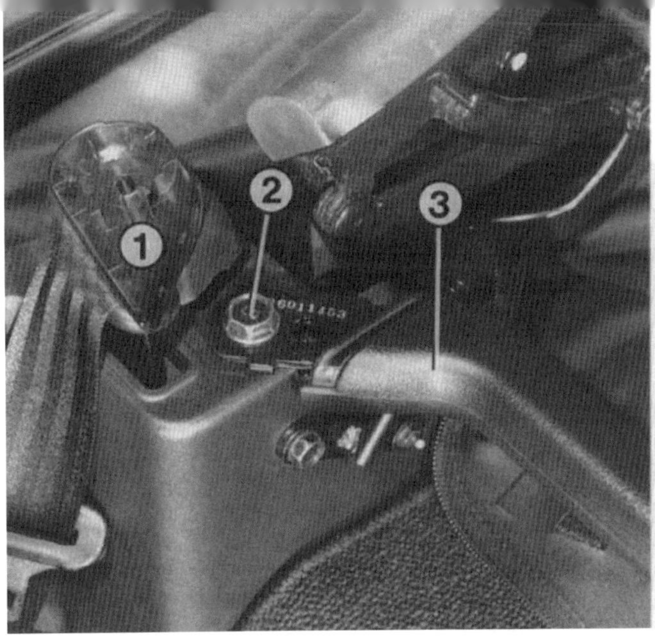

Zum Ausbau der Verstärkungsstrebe (3) bei den 1,9-Liter-Modellen wird die Abdeckung (1) abgehebelt und die Sechskantschraube (2) gelöst.

Beim Einbau der Windschott-Halterung (1) an die B-Säulen-Verkleidung (3) beachten, daß die Schraube mit der Druckknopf-Aufnahme (2) der Persenning unten und die Sechskantschraube (4) oben eingedreht wird.

- Verdeck lösen.
- Sechskantschrauben an der Gestängehalterung der B-Säule lösen.
- Verdeck aus den Gewindestiften vorsichtig herausziehen.
- Verdeck abnehmen und auf eine weiche, saubere Unterlage legen.
- **Einbau:** Das Verdeck hinten in die Karosserie einschwenken, daß die Regenrinne (siehe Zeichnung **S-69**) nirgends eingeklemmt wird. Sonst haben Sie Feuchtigkeit und Wasser im Fahrzeug.
- Verdeck in die Gewindestifte einsetzen.
- Die Gestängehalterung an der B-Säule auf die Fixierstifte ausrichten und darauf achten, daß kein Abstand zwischen Stift und Gestängehalterung vorhanden ist.
- Halteschrauben mit **20–25 Nm** festziehen.
- Die Muttern der Befestigungsleiste werden mit **8–10 Nm** angezogen.
- Druckknopfaufnahme der Persenning mit **7–10 Nm** anschrauben.

Das Hardtop

Das feste Kunststoffdach mit Glasheckscheibe wiegt lediglich 20 kg. Wenn Sie die feste Mütze Ihrem MX-5 nachträglich verpassen, brauchen Sie außerdem einen Schalter für die heizbare Heckscheibe. Die Verkabelung ist bereits vorhanden.
Das schwarze Hardtop ist nicht lackiert, sondern lediglich eingefärbt. Es ist im Umgang etwas empfindlicher als die andersfarbigen, lackierten Dächer. Besondere Vorsicht ist bei Vogelkot, Insektenrückständen und Pflanzensekreten geboten. Solche Verunreinigungen müssen umgehend mit Wasser und Autoshampoo abgewaschen werden. Beachten Sie außerdem, daß das schwarze Hardtop nicht mit Wachs behandelt werden darf!

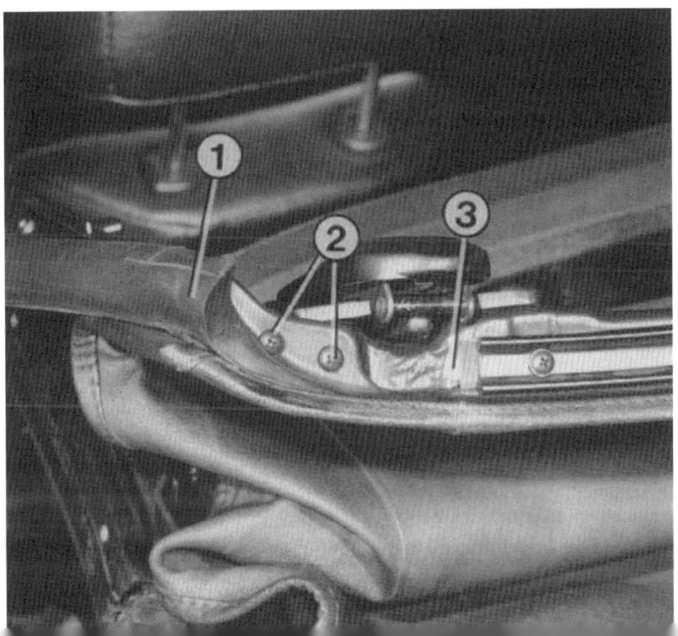

Die Dichtung (1) ist am vorderen Teil mit Kreuzschlitzschrauben (2) am Verdeckrahmen (3) angeschraubt.

Der Ver- und Entriegelungshebel (2) ist mit drei Kreuzschlitzschrauben (1) am Verdeckrahmen (3) angeschraubt.

Ist das Hardtop lackiert (alle Farben außer schwarz), wird es wie der Autolack gepflegt. Mazda nennt als einzige Einschränkung, daß die Dachlackierung nicht mit Lackpflegemitteln mit schleifenden Anteilen behandelt werden darf.

Einstellarbeiten am Hardtop

Damit im Winter keine Zugluft und Nässe in den MX-5 eindringen kann, muß das Hardtop dicht am Windschutzscheibenrahmen sowie am Heck und an den Seitenscheiben sauber anliegen.

- **Vorn:** Einstellarbeiten der Verriegelungshaken am Windschutzscheibenrahmen wie unter »Einstellarbeiten am Verdeck« beschrieben.
- **Mitte:** An der B-Säule sitzt für die Hardtop-Befestigung ebenfalls eine Führung, in die der Verriegelungshaken eingreift.
- Abdeckung über der Einstellmutter lösen, an der B-Säule einhängen (nicht schließen).
- Wird die Mutter nach links verdreht, vergrößert sich der Abstand zur Karosserie.
- Wird die Mutter nach rechts verdreht, verkleinert sich der Abstand zur Karosserie (das Hardtop sitzt dicht auf der Karosserie).
- Sitz prüfen, ggf. nachjustieren, Abdeckung auf die Einstellmutter wieder aufdrücken.
- **Alle:** Greift der Verriegelungshaken nicht richtig in die Führung, mit einem TORX-Schlüssel T40 die Schrauben lösen und die Führung ausrichten.
- Schrauben mit **20 Nm** anziehen.
- **Hinten:** An der Hardtop-Verriegelung Kreuzschlitzschraube der Abdeckkappe lösen. Abdeckkappe zur Seite schwenken.
- Haltemuttern der Hardtop-Verriegelung einige Umdrehungen lösen.
- Hardtop ausrichten, daß es ringsum dicht auf der Karosserie aufsitzt.
- Schrauben mit **20–25 Nm** festziehen.

Pflegeanleitung

Die Karosserie wurde am Fließband in verschiedene Bäder getaucht, wobei sie entfettet, vorbehandelt sowie grundiert wurde. Im Bereich der Türen und der Motorhaube wurden die Kanten und Falze mit einem PVC-Schutz versehen. Im Anschluß folgte die hochglänzende Decklackschicht.

Unterbodenschutz kontrollieren

Wartung Nr. 28

Die Schutzschicht der Wagenunterseite muß sorgsam geprüft und, wo nötig, nachgearbeitet werden. Das können Sie selbst machen, wenn Sie eine sichere Aufbockmöglichkeit für den Mazda MX-5 haben (Hebebühne, Auffahrrampe). Unterbodenschutz kaufen Sie am besten bei Ihrem Mazda-Händler. Nicht alle Unterbodenschutzmaterialien aus dem Zubehörhandel eignen sich für die Verwendung am Mazda MX-5.

- Unterboden gründlich waschen.
- Gesamte Unterseite mit einer hellen Lampe ableuchten und auf schadhafte Stellen untersuchen.
- Beschädigte Stellen im Unterbodenschutz mit Spachtel, Schaber und Drahtbürste bis aufs blanke Blech freilegen.
- Rostansätze so weit als möglich blankschleifen.
- Gesäuberte Fläche mit Zinkstaubfarbe als Rostgrundierung bestreichen.
- Ebene oder größere Flächen werden am besten mit streichbarem Unterbodenschutzmaterial behandelt.
- Für schwer zugängliche Fugen und Ecken ist eine Sprühdose mit Unterbodenschutz günstiger.
- Besser ist Wachs-Unterbodenschutz: Er kann sowohl zum zusätzlichen Konservieren der werksseitig aufgespritzten Unterbodenschutzschicht verwendet werden wie auch zum Behandeln von Reparaturstellen.

Wasserablauflöcher reinigen

Keine Schweißnaht ist so dicht, daß nicht Wasser eindringen kann. Aus diesem Grund sind in allen Hohlprofilen im Wagen Wasserablauflöcher angebracht. Sind diese durch Schmutz oder Unterbodenschutz verstopft, kann eindringendes Wasser nicht mehr ablaufen, sondern fördert den Rostfraß von innen heraus. Besonders gefährdet sind die Längsversteifungen der Karosserie, deshalb die Löcher regelmäßig mit einem Pfeifenreiniger durchstoßen.

Lackierung prüfen

Wartung Nr. 33

- Steinschlagschäden an der Lackierung müssen schon bald ausgebessert werden, bevor sich Rostansatz breit macht. Dazu eignet sich am besten sogenannter Tupflack, den es in kleinen Fläschchen samt Pinsel zu kaufen gibt.
- Ist die beschädigte Lackstelle bereits unterrostet, Rost abschleifen – je nach Umfang mit Glasfaser-Radierstift, Schleifpapier oder elektrischem Winkelschleifer.
- Vor der Decklackierung Rostgrund auftragen.

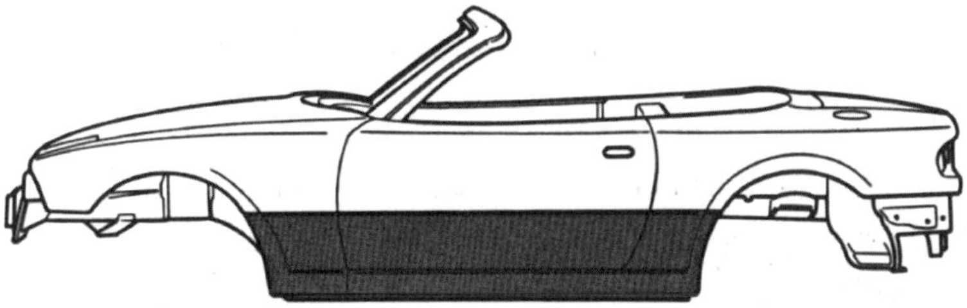

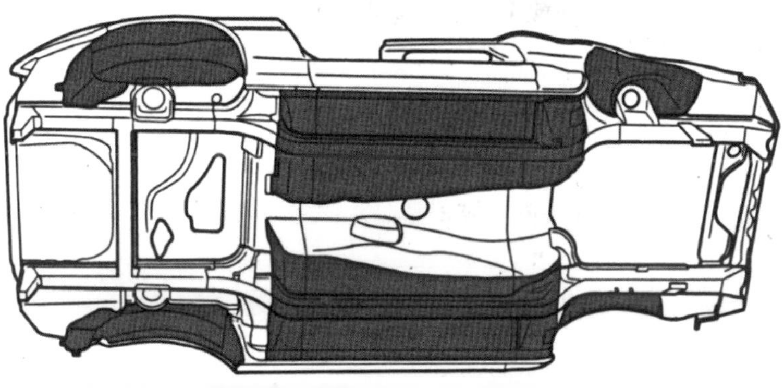

Oben: Der Bereich der grauen Fläche ist mit einem speziellen PVC-Lack als Rostschutz beschichtet.
Unten: An den dunkel abgesetzen Bereichen der Karosserie ist geräuschdämpfendes und rostverhinderndes Unterbodenschutzmaterial aufgetragen.

Störungsdienst

Dreht der Anlasser den Motor durch?

Tut er's nicht oder nur unwillig, lesen Sie bitte rechts weiter unter »Fehlerquelle Elektrik«. Wird der Motor dagegen flott durchgedreht, müssen zur weiteren Eingrenzung die folgenden Fragen der Reihe nach beantwortet werden.

Funken an den Zündkerzen?

Einen Kerzenstecker abziehen, Zündkerze herausschrauben, in den Kerzenstecker hineinstecken und auf blankem Motorblockmetall ablegen. Von einem Helfer den Anlasser durchdrehen lassen. **Wichtig: Wegen der gefährlich hohen Spannungen der Transistorzündanlage Zündkabel und Kerze nicht berühren.** Springen Funken über?
Wenn ja, nächste Frage abklären. Falls nicht, rechts weiterlesen unter »Fehlerquelle Zündung«.

Wird die Einspritzanlage mit Kraftstoff versorgt?

Läuft beim Einschalten der Zündung die Kraftstoffpumpe kurz an? Wenn nicht, lesen Sie bitte rechts unter »Fehlerquelle Kraftstoffversorgung« weiter.
Zum Prüfen, ob die Einspritzanlage Kraftstoff geliefert bekommt, an der Verschlußschraube am Kraftstoffverteiler einen Lappen unterlegen. Schraube lösen. Kommt jetzt Benzin heraus, ist die Kraftstoffversorgung intakt. Die Einspritzanlage kann die Ursache sein.

Zuerst die Sichtprüfung

○ Ist ein Kabelstecker an Teilen der Zündanlage, an einem Teil der Einspritzanlage locker?
○ Kontrollieren Sie den festen Sitz an den Kerzensteckern (die Zündung darf auf keinen Fall eingeschaltet sein!).
○ Sämtliche Unterdruckschläuche im Motorraum auf ihren entsprechenden Stutzen aufgesteckt?
○ Benzingeruch im Motorraum? Ist ein Kraftstoffschlauch undicht oder hat er sich gar gelockert?

Fehlerquelle Elektrik

○ Kontrollampen brennen überhaupt nicht: Batterie ist völlig entladen oder Batterieklemmen lose.
○ Kontrollampen verlöschen beim Schlüsseldreh: Batterie stark entladen oder altersschwach oder Anlasser hat Kurzschluß.
○ Kontrollampen werden beim Schlüsseldreh geringfügig dunkler: Magnetschalter klemmt bzw. defekt oder Anlasser defekt.
○ Kontrollampen brennen hell: Klemme-ST-Kontakt im Zündschloß defekt, Leitung am Magnetschalter lose oder Magnetschalter defekt.

Fehlerquelle Zündung

○ Alle Steckanschlüsse im Bereich Zündspulen, Drehwinkelgeber und Steuergerät der Zünd/Einspritz-Steuerung richtig aufgesteckt?
○ Risse im Zündspulengehäuse, Brandspuren von Funkenüberschlägen?
○ Als letztes hilft nur die Durchprüfung der Zündanlage.

Fehlerquelle Kraftstoffversorgung

○ Kein Benzin im Tank – das ist nicht so abwegig, wie Sie vielleicht denken. Wagen aufschaukeln und horchen, ob es im Tank plätschert.
○ Elektrische Kraftstoffpumpe arbeitet nicht.
○ Benzinfilter verstopft.
○ Bei intaktem Kraftstoffnachschub gerät – z.B. bei ständigen Startproblemen – die Einspritzanlage in Verdacht.

Verzeichnis der Störungsbeistände im Buch

Über das Buch verteilt finden Sie Störungsbeistände zu den einzelnen Bauteilen. Hier die Zusammenstellung:

Gezählt und gemessen

Fahrzeug-Identnummer

Die Fahrzeug-Identnummer (früher: Fahrgestell-Nummer) ist für die Zulassungsbehörde und Versicherung von Interesse. Darüber hinaus wird sie auch für die Ersatzteilbeschaffung benötigt. Damit Sie wissen, was sich hinter den Buchstaben und Zahlen verbirgt, wollen wir sie hier kurz aufschlüsseln. Die Zahlen/Buchstaben-Kombination bedeutet:

JMZ	NA18P2	00	100967
①	②	③	④

① = Welt-Herstellerzeichen: JMZ = Mazda ② = Typbezeichnung ③ = Leerzeichen ④ = Laufende Numerierung

Motor

Typ		1,6/66 kW	1,6/85 kW	1,9/96 kW
Bezeichnung		B6 DOHC	B6 DOHC	BP DOHC
Bauart		Längs eingebauter wassergekühlter Vierzylinder-Viertaktmotor in Reihenbauweise		
Bohrung	mm	78,0	78,0	83,0
Hub	mm	83,6	83,6	85,0
Hubraum effektiv	cm^3	1597	1597	1840
Verdichtung		9,0:1	9,4:1	9,0:1
Höchstleistung nach DIN	kW	66	85	96
bei	1/min	6000	6500	6500
Höchstes Drehmoment	Nm	129	135	152
bei	1/min	4000	5500	5000
Ventilsteuerung		durch zwei obenliegende Nockenwellen über Hydrostößel		
Kompressionsdruck	bar	12,8	13,5	12,8
Mindestwert	bar	9,5	9,5	9,0
Schmiersystem		Druckumlaufschmierung durch Rotorpumpe, Wechselfilter im Ölhauptstrom, 1,9-Liter-Motor mit wasserdurchflossenem Ölkühler		
Öldruck bei 1000/min	bar	2,0–3,0	2,0–3,0	1,0–2,0
Öldruck bei 3000/min	bar	3,0–4,0	3,0–4,0	3,0–4,0
Überdruckventil öffnet bei	bar	3,5–4,5	3,5–4,5	3,5–4,5

Kühlsystem

Art		Wasserumlaufkühlung mit Flügelradpumpe und Thermostat, temperaturgeschalteter Elektroventilator. Wasserpumpenantrieb durch Keilriemen bzw. Keilrippenriemen		
Thermostat		Einventil-Thermostat	Einventil-Thermostat	Zweiventil-Thermostat
öffnet bei	ca. °C	80,5–83,5	80,5–83,5	Nebenventil 83,5–86,5, Hauptventil 86,5–89,5
voll geöffnet bei	ca. °C	95	95	100
Kühler-Verschlußdeckel				
Überdruckventil öffnet bei	bar	0.75–1,05	0.75–1,05	0.75–1,05
Kühlerventilator				
Einschalttemperatur	ca. °C	91	91	97
Ausschalttemperatur	ca. °C	84	84	k. A.

Kraftstoffanlage

Erforderliche Kraftstoffart	ROZ	91	91	91
Kraftstoffpumpe		Elektrische Kraftstoffpumpe im Tank		
max. Kraftstoffdruck	bar	4,5–6,0	4,5–6,0	4,9–6,7

Benzin-Einspritzung

Gemischaufbereitung		Elektronisch gesteuerte Vierpunkt-Einspritzung System Bosch L-Jetronic		
Luftmessung mit		Luftmengenmesser	Luftmengenmesser	Luftmassenmesser
Kraftstoff-Regeldruck	bar	2,7–3,2	2,7–3,2	2,7–3,2
Leerlaufdrehzahl	1/min	850 ± 50	850 ± 50	800–900

Kraftübertragung

Typ	1,6/66 kW	1,6/85 kW	1,9/96 kW
Schaltgetriebe	Fünfgang-Getriebe mit Gestängeschaltung, Vorwärtsgänge und Rückwärtsgang synchronisiert		
Kupplung	Einscheiben-Trockenkupplung mit Membranfeder, hydraulische Kupplungs-Betätigung		
Mitnehmerscheibe ∅ mm	200	200	215
Übersetzungen			
1. Gang	3,136	3,136	3,136
2. Gang	1,888	1,888	1,888
3. Gang	1,330	1,330	1,330
4. Gang	1,000	1,000	1,000
5. Gang	0,814	0,814	0,814
Rückwärtsgang	3,758	3,758	3,758
Hinterachsantrieb	4,300	4,300	4,100

Fahrwerk

Vorderradaufhängung	Einzelradaufhängung mit zwei Dreieckslenkern, Federbein ohne Radführungsfunktion, Drehstab-Stabilisator 1,6-Liter ∅ 19 mm, 1,9-Liter ∅ 20 mm
Lenkung	Zahnstangenlenkung, mit Servounterstützung
Hinterradaufhängung	Einzelradaufhängung mit zwei Dreieckslenkern, Federbein ohne Radführungsfunktion, Drehstab-Stabilisator ∅ 12 mm
Reifen und Felgen	Siehe Tabelle Seite 145
Luftdruck der Reifen	1,8 bar vorn und hinten

Bremsanlage

Fußbremse vorn	Zweikreis-Anlage mit Aufteilung vorne/hinten, Unterdruck-Bremskraftverstärker, Bremsdruckregelventtil zu den Hinterradbremsen		
Bremse vorn	Einkolben-Faustsattel-Scheibenbremse mit automatischer Nachstellung, Bremsscheiben innenbelüftet		
Scheibenstärke neu/mind. mm	18,0/16,0	18,0/16,0	20,0/18,0
Belagstärke neu/mind. mm	9,5/1,0 ohne Trägerplatte	9,5/1,0 ohne Trägerplatte	8,0/1,0 ohne Trägerplatte
Bremse hinten	Einkolben-Faustsattel-Scheibenbremse mit automatischer Nachstellung, Bremsscheiben massiv		
Scheibenstärke neu/mind. mm	9,0/7,0	9,0/7,0	9,0/8,0
Belagstärke neu/mind. mm	8,0/1,0 ohne Trägerplatte	8,0/1,0 ohne Trägerplatte	
Handbremse	Mechanisch über Seilzüge auf die Hinterräder wirkend		
Antiblockiersystem	Dreikanal-Anlage mit elektronischer Steuerung und pneumatischer Bremskraftverstärkung		

Elektrische Anlage

Bordspannung V	12	12	12
Batterie Ah	32	32	32
Generator A	60	60	65
Zündanlage	Kontaktlos gesteuerte Transistor-Spulenzündung mit Drehwinkelgeber, elektronische Zündverstellung, ruhende Zündverteilung		
Zündkerzen	Siehe Tabelle Seite 191		
Glühlampen	Siehe Seite 193		

Füllmengen (in Liter)

Motor-Ölwanne	Siehe Tabelle Seite 21		
Kühlsystem	6,0	6,0	6,0
Kraftstofftank	45	45	48
Schaltgetriebe	2,0	2,0	2,0
Hinterachsgetriebe	0,65	0,65	1,0

Gewichte (in kg)

Leergewicht*	955	955	990
Zulässiges Gesamtgewicht*	1190	1190	1230

* Die für Ihr Fahrzeug geltenden Werte entnehmen Sie bitte den Fahrzeugpapieren. Durch Mehrausstattungen (Airbag, ABS, Klimaanlage usw.) oder nachträglich angebautes Zubehör kann sich das Leergewicht um bis zu 50 kg erhöhen!

WEITERE INTERESSANTE BÜCHER ZUM THEMA

Herausgeber Joachim Hack zeichnet die komplette Geschichte des auch als Mazda Miata (USA) oder Eunos Roadster (Japan) bekannten Wagens nach. Von der Entstehung bis zur Serienreife, von Concept Cars bis hin zu Sonderserien. Pflichtlektüre für alle Fans und Besitzer eines Mazda MX-5.
224 Seiten, 410 Abb., 230x265 mm
ISBN 978-3-613-04141-7
€ 39,90 | € (A) 41,10

Anschaulich bebildert und leicht nachvollziehbar, schildert Wolfgang Weber bis ins Detail, wie man effektive Veränderungen an seinem Fahrzeug vornehmen, sich ein ordentliches Setup erarbeiten und dadurch das Fahrverhalten seines Autos wirklich verbessern kann.
400 Seiten, 350 Abb., 170x240 mm
ISBN 978-3-613-04747-1
€ 34,90 | € (A) 35,90

Frank Lewerenz und Walter Röhrl kennen die Geheimnisse, die hinter einem wirklich guten und sportlichen Fahren stecken. Und sie verstehen es, diese dem wissbegierigen Leser eindrucksvoll näher zu bringen. Dieses Standardwerk hilft mit, einen sicheren, eigenen Fahrstil zu entwickeln.
336 Seiten, 300 Abb., 170x240 mm
ISBN 978-3-613-04646-7
€ 34,90 | € (A) 35,90

Dieser Ratgeber liefert wertvolle Tipps und Tricks rund um die Karosserie. Wie man sein Auto fit für die Jahreszeiten macht, wie man Unfallschäden erkennt, was man beim Ausbeulen, Lackieren und Reparieren beachten muss - dieses Buch gibt präzise und kompetente Antworten.
240 Seiten, 390 Abb., 200x265 mm
ISBN 978-3-613-03082-4
€ 39,90 | € (A) 41,10

Leseproben zu allen Titeln auf unserer Internetseite

Motor buch Verlag

Überall, wo es Bücher gibt, oder unter
WWW.MOTORBUCH-VERSAND.DE
Service-Hotline: 0711 / 78 99 21 51
www.facebook.com/MotorbuchVerlag

Stand April 2025
Änderungen in Preis und Lieferfähigkeit vorbehalten.